양만 많은 문제집
푸느라 부족한 시간과
수능
D-100
눈 뜨고
있어요

오?
20XX
입시 전략
매번 바뀌는 출제 경향에 생기는 혼란

험난한 수능 코스
1등급
난 늘 제자리걸음..

이렇게 된 이상
아삽에
모든 걸 건다!!!
최신 수능 경향
매년 ASAP 반영
3/6/9 모의고사
& 수능 대비
전략적 시즌제 콘텐츠
오답률 높은 문항으로
취약 유형 대비
코칭 선생님께 학습 관리 받는
느낌이 들 정도로 체계적이라
대만족이었습니다!
깔끔한 구성에 좋은 문항들이네요!

수험생 무사 입시 완봉 기원!
아삽부흥회
수능
대박
수능 1등급
가보
자고
아삽
수능 실전 연습
풀 모의고사
국어 | 수학 | 영어 | 사탐 | 과탐

핵심만 뽑은
효율 甲 모의고사

아삽

평가원 기출의 또 다른 이름,

너기출

| For 2026 |

2025 수능 반영

489

확률과 통계

수능코드에 최적화된 최신 21개년 평가원 기출
489문항을 빠짐없이 담았다!

- 수능형 개념이 체화되는 27개의 너기출 수능 개념코드 너코
- 기출학습에 최적화된 38개의 유형 분류

이투스북

| STAFF |

발행인 정선욱
퍼블리싱 총괄 남형주
개발 김태원 김한길 김진솔 김민정 김유진 오소현 이경미 우주리
기획·디자인·마케팅 조비호 김정인
유통·제작 서준성 김경수

너기출 For 2026 확률과 통계 | 202412 제11판 1쇄
펴낸곳 이투스에듀㈜ 서울시 서초구 남부순환로 2547
고객센터 1599-3225 **등록번호** 제2007-000035호 **ISBN** 979-11-389-2790-1 [53410]

서정환 아이디수학
서지은 지은쌤수학
서효언 아이콘수학
서희원 함께하는수학 학원
설성환 설샘수학학원
설성희 설쌤수학
성기주 이젠수학과학학원
성인영 정석 공부방
성지희 snt 수학학원
손동학 자호수학학원
손정현 참교육
손지영 엠베스트에스이프라임학원
손진아 포스엠수학학원
송빛나 원수학학원
송치호 대치명인학원
송태원 송태원1프로수학학원
송혜빈 인재와고수 학원
송호석 수학세상
신경성 한수학전문학원
신수연 동탄 신수연 수학과학
신일호 바른수학교육 한 학원
신정임 정수학학원
신정화 SnP수학학원
신준효 열정과의지 수학보습학원
심은지 고수학학원
심재현 웨이메이커 수학학원
안대호 독강수학학원
안하성 안쌤수학
안현경 전문과외
안효자 진수학
안효정 수학상상수학교습소
안희애 에이엔 수학학원
양병철 우리수학학원
양유열 고수학전문학원
양은진 수플러스 수학교습소
어성웅 어쌤수학학원
엄은희 엄은희스터디
염승호 전문과외
염철호 하비투스학원
오종숙 함께하는 수학
오지혜 ◆수톡수학학원
용다혜 에듀플렉스 동백점
우선혜 HSP수학학원
원준희 수학의 아침
유기정 STUDYTOWN 수학의신
유남기 의치한학원
유대호 플랜지 에듀
유소현 웨이메이커수학학원
유현종 SMT수학전문학원
유혜리 유혜리수학
유호애 지윤 수학
윤고은 윤고은수학
윤덕환 여주비상에듀기숙학원
윤도형 PST CAMP 입시학원
윤명희 사랑셈교실
윤문성 평촌 수학의 봄날 입시학원
윤미영 수주고등학교
윤여태 103수학
윤재은 놀이터수학교실
윤재현 윤수학학원
윤지영 의정부수학공부방
윤채린 전문과외
윤혜원 고수학전문학원
윤 희 희쌤수학과학학원
윤희용 매트릭스 수학학원
이건도 아론에듀학원
이경민 차앤국수학국어전문학원
이광후 수학의 아침 광교 캠퍼스 특목 자사관
이규상 유클리드 수학
이근표 정진학원
이나래 토리103수학학원
이나현 엠브릿지 수학
이다정 능수능란 수학전문학원
이대훈 밀알두레학교
이동희 이쌤 최상위수학교습소
이명환 다산 더원 수학학원
이무송 유투엠수학학원주엽점
이민아 민수학학원
이민영 목동 엘리엔학원
이민하 보듬교육학원
이보형 매쓰코드1학원
이봉주 분당성지수학
이상윤 엘에스수학전문학원
이상일 캔디학원
이상준 E&T수학전문학원
이상철 G1230 옥길
이상형 수학의이상형
이서령 더바른수학전문학원
이서윤 공수학 학원 (동탄)
이성희 피타고라스 셀파수학교실
이세복 퍼스널수학
이수동 부천 E&T수학전문학원
이수정 매쓰투미수학학원
이슬기 대치깊은생각
이승진 안중 호연수학
이승환 우리들의 수학원
이승훈 알찬교육학원
이아현 전문과외
이애경 M4더메타학원
이연수 최상위권수학영어 수지관
이연주 수학연주수학교습소
이영현 대치명인학원
이영훈 펜타수학학원
이예빈 아이콘수학
이우선 효성고등학교
이원녕 대치명인학원
이유림 수학의 아침
이은미 봄수학교습소
이은아 이은아 수학학원
이은지 수학대가 수지캠퍼스
이재욱 KAMI
이재환 칼수학학원
이정은 이루다영수전문학원
이정희 JH영어수학학원
이종익 분당파인만 고등부
이주혁 수학의아침(플로우교육)
이 준 준수학고등관학원
이지연 브레인리그
이지영 GS112 수학 공부방
이지예 대치명인 이매캠퍼스
이지은 리쌤앤탑경시수학학원
이지혜 이자경수학학원 권선관
이진주 분당 원수학학원
이창수 와이즈만 영재교육 일산화정 센터
이창훈 나인에듀학원
이채열 하제입시학원
이철호 파스칼수학
이태희 펜타수학학원 청계관
이한솔 더바른수학전문학원
이현이 함께하는수학
이현희 폴리아에듀
이형강 HK수학학원
이혜민 대감학원
이혜수 송산고등학교
이혜진 S4국영수학원고덕국제점
이화원 탑수학학원
이희연 이엠원학원
임길홍 셀파우등생학원
임동진 S4 고덕국제점학원
임명진 서연고학원
임소미 Sem 영수학원
임율인 탑수학교습소
임은정 마테마티카 수학학원
임재현 임수학교습소
임정혁 하이엔드 수학
임지원 누나수학
임찬혁 차수학동삭캠퍼스
임현주 온수학교습소
임현지 위너스 하이
임형석 전문과외
장미선 하우투스터디학원
장민수 신미주수학
장종민 열정수학학원
장찬수 전문과외
장혜련 푸른나비수학 공부방
장혜민 수학의 아침
전경진 M&S 아카데미
전미영 영재수학
전 일 생각하는수학공간학원
전지원 원프로교육
전진우 플랜지에듀
전희나 대치명인학원 이매캠퍼스
정금재 혜윰수학전문학원
정다해 에픽수학
정미숙 쑥쑥수학교실
정미윤 함께하는수학 학원
정민정 정쌤수학 과외방
정승호 이프수학
정양진 올림피아드학원
정연순 탑클래스 영수학원
정영진 공부의자신감학원
정예철 수이학원
정용석 수학마녀학원
정유정 수학VS영어학원
정은선 아이원수학
정장선 생각하는 황소 동탄점
정재경 산돌수학학원
정지영 SJ대치수학학원
정지훈 수지최상위권수학영어학원
정진욱 수원메가스터디학원
정하준 2H수학학원
정한울 경기도 포천
정해도 목동혜윰수학교습소
정현주 삼성영어쎈수학은계학원
정혜정 JM수학
조기민 일산동고등학교
조민석 마이엠수학학원 철산관
조병욱 PK독학재수학원 미금
조상숙 수학의 아침
조성철 매트릭스수학학원
조성화 SH수학
조연주 YJ수학학원
조 은 전문과외
조은정 최강수학
조의상 메가스터디
조이정 필탑학원
조현웅 추담교육컨설팅
조현정 깨단수학
주소연 알고리즘 수학 연구소
주정례 청운학원
주태빈 수학을 권하다
지슬기 지수학학원
진동준 지트에듀케이션 중등관
진민하 인스카이학원
차동희 수학전문공감학원
차무근 차원이다른수학학원
차일훈 대치엠에스학원
채준혁 인재의 창
천기분 이지(EZ)수학교습소
최경희 최강수학학원
최근정 SKY영수학원
최다혜 싹수학학원
최동훈 고수학 전문학원
최명길 우리학원
최문채 문산 열린학원
최범균 유투엠수학학원 부천옥길점
최보람 꿈꾸는수학연구소
최서현 이룸수학
최소영 키움수학
최수지 싹수학학원
최수진 재밌는수학
최승권 스터디올킬학원
최영성 에이블수학영어학원
최영식 수학의신학원
최영철 고밀도학원
최용희 대치명인학원
최웅용 유타스 수학학원
최유미 분당파인만교육
최윤형 청운수학전문학원
최은혜 전문과외
최재원 하이탑에듀 고등대입전문관
최재원 이지수학
최정아 딱풀리는수학 다산하늘초점
최종찬 초당필탑학원

2024년 이투스북 수학 연간검토단

※지역명, 이름은 가나다순입니다.

◇ 강원 ◇

고민정 로이스 물맷돌 수학
고승희 고수수학
권경준 하이탑수학과학학원
김보건 영탑학원
김성영 빨리 강해지는 수학 과학
김정은 아이탑스터디
김지영 김지영 수학
김진수 MCR융합학원/PF수학
김호동 하이탑수학학원
김희수 이투스247원주
남정훈 으뜸장원학원
노명훈 노명훈쌤의 알수학학원
노명희 탑클래스
박미경 수올림수학전문학원
박상윤 박상윤수학
배형진 화천학습관
백경수 이코수학
서아영 스텝영수단과학원
신동혁 이코수학
심수경 Pf math
안현지 전문과외
양광석 원주고등학교
오준환 수학다움학원
유선형 Pf math
이윤서 더자람교실
이태현 하이탑 수학학원
이현우 베스트수학과학학원
장해연 영탑학원
정복인 하이탑수학과학학원
정인혁 수학과통하다학원
최수남 강릉 영.수배움교실
최재현 원탑M학원
홍지선 홍수학교습소

◇ 경기 ◇

강명식 매쓰온수학학원
강민정 한진홈스쿨
강민종 필에듀학원
강소미 솜수학
강수정 노마드 수학학원
강신충 원리탐구학원
강영미 쌤과통하는학원
강유정 더배움학원
강정희 쓱보고싹푼다
강진욱 고밀도 학원
강태희 한민고등학교
강하나 강하나수학
강현숙 루트엠수학교습소
경유진 오늘부터수학학원
경지현 화서탑이지수학
고규혁 고동국수학학원
고동국 고동국수학학원
고명지 고쌤수학학원
고상준 준수학교습소
고안나 기찬에듀기찬수학
고지윤 고수학전문학원
고진희 지니Go수학
곽병무 뉴파인 동탄 특목관
곽진영 전문과외
구재희 오성학원
구창숙 이룸학원
권영미 에스이마고수학학원
권영아 늘봄수학
권은주 나만수학
권준환 와이솔루션수학
권지우 수학앤마루
기소연 지혜의 틀 수학기지
김강환 뉴파인 동탄고등1관
김강희 수학전문 일비충천
김경민 평촌 바른길수학학원
김경오 더하다학원
김경진 경진수학학원 다산점
김경태 함께수학
김경훈 행복한학생학원
김관태 케이스 수학학원
김국환 전문과외
김덕락 준수학 수학학원
김도완 프라매쓰 수학 학원
김도현 유캔매스수학교습소
김동수 김동수학원
김동은 수학의힘 평택지제캠퍼스
김동현 JK영어수학전문학원
김미선 안양예일영수학원
김미옥 알프 수학교실
김민겸 더퍼스트수학교습소
김민경 경화여자중학교
김민경 더원수학
김민석 전문과외
김보경 새로운희망 수학학원
김보람 효성 스마트해법수학
김복현 시온고등학교
김상욱 Wook Math
김상윤 막강한수학학원
김새로미 뉴파인동탄특목관
김서림 엠베스트갈매
김서영 다인수학교습소
김석호 푸른영수학원
김선혜 분당파인만학원 중등부
김선홍 고밀도학원
김성은 블랙박스수학과학전문학원
김세준 SMC수학학원
김소영 김소영수학학원
김소영 호매실 예스셈올림피아드
김소희 도촌동멘토해법수학
김수림 전문과외
김수연 김포셀파우등생학원
김수진 봉담 자이 라피네 진샘수학
김슬기 용죽 센트로학원
김승현 대치매쓰포유 동탄캠퍼스학원
김시훈 smc수학학원
김연진 수학메디컬센터
김영아 브레인캐슬 사고력학원
김완수 고수학
김용덕 (주)매쓰토리수학학원
김용환 수학의아침
김용희 솔로몬학원
김유리 미사페르마수학
김윤경 구리국빈학원
김윤재 코스매쓰 수학학원
김은미 탑브레인수학과학학원
김은영 세교수학의힘
김은채 채채 수학 교습소
김은향 의왕하이클래스
김정현 채움스쿨
김종균 케이수학
김종남 제너스학원
김종화 퍼스널개별지도학원
김주영 정진학원
김주용 스타수학
김지선 고산원탑학원
김지선 다산참수학영어2관학원
김지영 수이학원
김지윤 광교오드수학
김지현 엠코드수학과학원
김지효 로고스에이
김진만 아빠수학엄마영어학원
김진민 에듀스템수학전문학원
김진영 예미지우등생교실
김창영 하이포스학원
김태익 설봉중학교
김태진 프라임리만수학학원
김태학 평택드림에듀
김하영 막강수학학원
김하현 로지플 수학
김학준 수담 수학 학원
김학진 별을셀수학
김현자 생각하는수학공간학원
김현정 생각하는Y.와이수학
김현주 서부세종학원
김현지 프라임대치수학교습소
김형숙 가우스수학학원
김혜정 수학을말하다
김혜지 전문과외
김혜진 동탄자이교실
김호숙 호수학원
나영우 평촌에듀플렉스
나혜림 마녀수학
남선규 로지플수학
노영하 노크온 수학학원
노진석 고밀도학원
노혜숙 지혜숲수학
도건민 목동 LEN
류은경 매쓰랩수학교습소
마소영 스터디MK
마정이 정이 수학
마지희 이안의학원 화정캠퍼스
문다영 평촌 에듀플렉스
문장원 에스원 영수학원
문재웅 수학의 공간
문제승 성공수학
문지현 문쌤수학
문진희 플랜에이수학학원
민건홍 칼수학학원 중.고등관
민동건 전문과외
민윤기 배곧 알파수학
박강희 끝장수학
박경훈 리버스수학학원
박규진 김포 하이스트
박대수 대수학
박도솔 도솔샘수학
박도현 진성고등학교
박민서 칼수학전문학원
박민정 악어수학
박민주 카라Math
박상일 생각의숲 수풀림수학학원
박성찬 성찬쌤's 수학의공간
박소연 이투스기숙학원
박수민 유레카 영수학원
박수현 용인능원 씨앗학원
박수현 리더가되는수학교습소
박신태 디엘수학전문학원
박연지 상승에듀
박영주 일산 후곡 쉬운수학
박우희 푸른보습학원
박유승 스터디모드
박윤호 이룸학원
박은주 은주짱샘 수학공부방
박은주 스마일수학
박은진 지오수학학원
박은희 수학에빠지다
박장군 수리연학원
박재연 아이셀프수학교습소
박재현 LETS
박재홍 열린학원
박정화 우리들의 수학원
박종림 박쌤수학
박종필 정석수학학원
박주리 수학에반하다
박지영 마이엠수학학원
박지윤 파란수학학원
박지혜 수이학원
박진한 엡실론학원
박진홍 상위권을 만드는 고밀도 학원
박찬현 박종호수학학원
박태수 전문과외
박하늘 일산 후곡 쉬운수학
박현숙 전문과외
박현정 빡꼼수학학원
박현정 탑수학 공부방
박혜림 림스터디 수학
박희동 미르수학학원
방미양 JMI 수학학원
방혜정 리더스수학영어
배재준 연세영어고려수학 학원
배정혜 이화수학
배준용 변화의시작
배탐스 안양 삼성학원
백흥룡 성공수학학원
변상선 바른샘수학전문보습학원
서장호 로켓수학학원

최주영 옥쌤 영어수학 독서논술 전문학원
최지윤 와이즈만 분당영재입시센터
최한나 수학의아침
최호순 관찰과추론
표광수 풀무질 수학전문학원
하정훈 하쌤학원
하창형 오늘부터수학학원
한경태 한경태수학전문학원
한규욱 대치메이드학원
한기언 한스수학학원
한동훈 고밀도학원
한문수 성빈학원
한미정 한쌤수학
한상훈 동탄수학과학학원
한성필 더프라임학원
한세은 이지수학
한수민 SM수학학원
한유호 에듀셀파 독학 기숙학원
한은기 참선생 수학 동탄호수
한지희 이음수학학원
한혜숙 창의수학 플레이팩토
함민호 에듀매쓰수학학원
함영호 함영호고등전문수학클럽
허지현 최상위권수학학원
홍성미 부천옥길홍수학
홍성민 해법영어 셀파우등생 일월 메디 학원
홍세정 인투엠수학과학학원
홍유진 평촌 지수학학원
홍의찬 원수학
홍재욱 켈리윙즈학원
홍재화 아론에듀학원
홍정욱 코스매쓰 수학학원
홍지윤 HONGSSAM창의수학
홍훈희 MAX 수학학원
황두연 전문과외
황민지 수학하는날 입시학원
황선아 서나수학
황애리 애리수학학원
황영미 오산일신학원
황은지 멘토수학과학학원
황인영 더올림수학학원
황지훈 명문JS입시학원

경남

강경희 TOP Edu
강도윤 강도윤수학컨설팅학원
강지혜 강선생수학학원
고병옥 옥쌤수학과학학원
고성대 math911
고은정 수학은고쌤학원
권영애 권쌤수학
김가령 킴스아카데미
김경문 참진학원
김미양 오렌지클래스학원
김민석 한수위 수학학원
김민정 창원스키마수학
김선희 책벌레국영수학원
김송은 은쌤 수학
김수진 수학의봄수학교습소
김양준 이룸학원
김연지 하이퍼영수학원
김옥경 다온수학전문학원
김재현 타임영수학원
김정두 해성고등학교
김진형 수풀림 수학학원
김치남 수나무학원
김해성 AHHA수학(아하수학)
김형균 칠원채움수학
김형신 대치스터디 수학학원
김혜영 프라임수학
김혜인 조이매쓰
김혜정 올림수학 교습소
노현석 비코즈수학전문학원
문소영 문소영수학관리학원
문주란 장유 올바른수학
민동록 민쌤수학
박규태 에듀탑영수학원
박소현 오름수학전문학원
박영진 대치스터디수학학원
박우열 앤즈스터디메이트 학원
박임수 고탑(GO TOP)수학학원
박정길 아쿰수학학원
박주연 마산무학여자고등학교
박진현 박쌤과외
박혜인 참좋은학원
배미나 경남진주시
배종우 매쓰팩토리 수학학원
백은애 매쓰플랜수학학원
성민지 베스트수학교습소
송상윤 비상한수학학원
신동훈 수과람학원
신욱희 창익학원
안성휘 매쓰팩토리 수학학원
안지영 모두의수학학원
어다혜 전문과외
유인영 마산중앙고등학교
유준성 시퀀스영수학원
윤영진 유클리드수학과학학원
이근영 매스마스터수학전문학원
이나영 TOP Edu
이선미 삼성영수학원
이아름 애시앙 수학맛집
이유진 멘토수학교습소
이진우 전문과외
이현주 즐거운 수학 교습소
장초향 이룸플러스수학학원
전창근 수과원학원
정승엽 해냄학원
정주영 다시봄이룸수학학원
조소현 in수학전문학원
조윤호 조윤호수학학원
주기호 비상한수학국어학원
차민성 율하차쌤수학
최소현 펠릭스 수학학원
하윤석 거제 정금학원
황진호 타임수학학원
황혜숙 합포고등학교

경북

강경훈 예천여자고등학교
강혜연 BK 영수전문학원
권오준 필수학영어학원
권호준 위너스터디학원
김대훈 이상렬입시단과학원
김동수 문화고등학교
김동욱 구미정보고등학교
김명훈 김민재수학
김보아 매쓰킹공부방
김수현 꿈꾸는 I
김윤정 더채움영수학원
김은미 매쓰그로우 수학학원
김재경 필즈수학영어학원
김태웅 에듀플렉스
김형진 닥터박수학전문학원
남영준 아르베수학전문학원
문소연 조쌤보습학원
박다현 최상위해법수학학원
박명훈 수학행수학학원
박우혁 예천연세학원
박유건 닥터박 수학학원
박은영 esh수학의달인
박진성 포항제철중학교
방성훈 매쓰그로우 수학학원
배재현 수학만영어도학원
백기남 수학만영어도학원
성세현 이투스수학두호장량학원
손나래 이든샘영수학원
손주희 이루다수학과학
송미경 이로지오 학원
송종진 김천고등학교
신광섭 광 수학학원
신승규 영남삼육고등학교
신승용 유신수학전문학원
신지헌 문영수 학원
신채윤 포항제철고등학교
안지훈 강한수학
염성군 근화여자고등학교
예보경 피타고라스학원
오선민 수학만영어도학원
윤장영 윤쌤아카데미
이경하 안동 풍산고등학교
이다례 문매쓰달쌤수학
이상원 전문가집단 영수학원
이상현 인투학원
이성국 포스카이학원
이송제 다올입시학원
이영성 영주여자고등학교
이재광 생존학원
이준호 이준호수학교습소
이혜민 영남삼육중학교
이혜은 김천고등학교
장아름 아름수학학원
정은미 수학의봄학원
정재훈 현일고등학교
조진우 늘품수학학원
조현정 올댓수학
진성은 전문과외
천경훈 천강수학전문학원
최수영 수학만영어도학원
최진영 구미시 금오고등학교
추민지 닥터박수학학원
추호성 필즈수학영어학원
표현석 안동 풍산고등학교
하홍민 홍수학
홍영준 하이맵수학학원

광주

강민결 광주수피아여자중학교
강승완 블루마인드아카데미
곽웅수 카르페영수학원
권용식 와이엠 수학전문학원
김국진 김국진짜학원
김국철 풍암필즈수학학원
김대균 김대균수학학원
김동희 김동희수학학원
김미경 임팩트학원
김성기 원픽 영수학원
김안나 풍암필즈수학학원
김원진 메이블수학전문학원
김은석 만문제수학전문학원
김재광 디투엠 영수학원
김종민 퍼스트수학학원
김태성 일곡지구 김태성 수학
김현진 에이블수학학원
나혜경 고수학학원
마채연 마채연 수학 전문학원
박서정 더강한수학전문학원
박용우 광주 더샘수학학원
박주홍 KS수학
박충현 본수학과학전문학원
박현영 KS수학
변석주 153유클리드수학 학원
빈선욱 빈선욱수학전문학원
선승연 MATHTOOL수학교습소
소병효 새움수학전문학원
손광일 송원고등학교
손동규 툴즈수학교습소
송승용 송승용수학학원
신성호 신성호수학공화국
신예준 JS영재학원
신현석 프라임 아카데미
심여주 웅진 공부방
양동식 A+수리수학원
어흥범 매쓰피아
위광복 우산해라클래스학원
이만재 매쓰로드수학
이상혁 감성수학
이승현 본(本)영수학원
이창현 알파수학학원
이채연 알파수학학원
이충현 전문과외

이헌기 보문고등학교
임태관 매쓰멘토수학전문학원
장광현 장쌤수학
장민경 일대일코칭수학학원
장영진 새움수학전문학원
전주현 전문과외
정다원 광주인성고등학교
정다희 다희쌤수학
정수인 더최선학원
정원섭 수리수학학원
정인용 일품수학학원
정종규 에스원수학학원
정태규 가우스수학전문학원
정형진 BMA롱맨영수학원
조일양 서안수학
조현진 조현진수학학원
조형서 조형서 수학교습소
채소연 마하나임 영수학원
천지선 고수학학원
최지웅 미라클학원
최혜정 이루다전문학원

◇— 대구 —◇

강민영 매씨지수학학원
고민정 전문과외
곽미선 좀다른수학
구정모 제니스클래스
구현태 대치깊은생각수학학원 시지본원
권기현 이렇게좋은수학교습소
권보경 학문당입시학원
권혜진 폴리아수학2호관학원
김기연 스텝업수학
김대운 그릿수학831
김도영 땡큐수학학원
김동영 통쾌한 수학
김득현 차수학 교습소 사월 보성점
김명서 샘수학
김미경 풀린다수학교습소
김미랑 랑쌤수해
김미소 전문과외
김미정 일등수학학원
김상우 에이치투수학교습소
김선영 수학학원 바른
김성무 김성무수학 수학교습소
김수영 봉덕김쌤수학학원
김수진 지니수학
김연정 유니티영어
김유진 S.M과외교습소
김재홍 경북여자상업고등학교
김정우 이룸수학학원
김종희 학문당 입시학원
김지연 찐수학
김지영 김지영수학교습소
김지은 정화여자고등학교
김채영 전문과외
김태진 스카이루트 수학과학학원
김태환 로고스수학학원(성당원)
김해은 한상철수학과학학원 상인원

김현숙 메타매쓰
남인제 미쓰매쓰수학학원
노현진 트루매쓰 수학학원
민병문 선택과 집중
박경득 파란수학
박도희 전문과외
박민석 아크로수학학원
박민정 빡쎈수학교습소
박산성 Venn수학
박수연 쌤통수학학원
박순찬 찬스수학
박옥기 매쓰플랜수학학원
박장호 대구혜화여자고등학교
박정욱 연세스카이수학학원
박지훈 더엠수학학원
박태호 프라임수학교습소
박현주 매쓰플래너
방소연 대치깊은생각수학학원 시지본원
백승대 백박사학원
백승환 수학의봄 수학교습소
백재규 필즈수학공부방
백태민 학문당입시학원
백현식 바른입시학원
변용기 라온수학학원
서경도 서경도수학교습소
서재은 절대등급수학
성웅경 더빡쎈수학학원
소현주 정S과학수학학원
손승연 스카이수학
손태수 트루매쓰 학원
송영배 수학의정원
신묘숙 매쓰매티카 수학교습소
신수진 폴리아수학학원
신은경 황금라온수학
신은주 하이매쓰학원
양강일 양쌤수학과학학원
양은실 제니스 클래스
오세욱 IP수학과학학원
윤기호 샤인수학학원
이규철 좋은수학
이남희 이남희수학
이만희 오르라수학전문학원
이명희 잇츠생각수학 학원
이상훈 명석수학학원
이수현 하이매쓰 수학교습소
이원경 엠제이통수학영어학원
이인호 본투비수학교습소
이일균 수학의달인 수학교습소
이종환 이꼼수학
이준우 깊을준수학
이지민 아이플러스 수학
이진영 소나무학원
이진욱 시지이룸수학학원
이창우 강철FM수학학원
이태형 가토수학과학학원
이한조 닥터엠에스
이효진 진선생수학학원
임신옥 KS수학학원

임유진 박진수학
장두영 바움수학학원
장세완 장선생수학학원
장시현 전문과외
전동형 땡큐수학학원
전수민 전문과외
전준현 매쓰플랜수학학원
전지영 전지영수학
정민호 스테듀입시학원
정재현 율사학원
조미란 엠투엠수학 학원
조성애 조성애세움학원
조연호 Cho is Math
조유정 다원MDS
조인혁 루트원수학과학 학원
조지연 연쌤영수학원
주기헌 송현여자고등학교
진수정 마틸다수학
최대진 엠프로수학학원
최은미 수학다움 학원
최정이 탑수학교습소(국우동)
최현정 MQ멘토수학
최현희 다온수학학원
하태호 팀하이퍼 수학학원
한원기 한쌤수학
홍은아 탄탄수학교실
황가영 루나수학
황지현 위드제스트수학학원

◇— 대전 —◇

강유식 연세제일학원
강홍규 최강학원
고지훈 고지훈수학 지적공감입시학원
김 일 더브레인코어 학원
김근아 닥터매쓰205
김근하 엠씨스터디수학학원
김남홍 대전종로학원
김덕한 더칸수학학원
김동근 엠투오영재학원
김민지 (주)청명에페보스학원
김복응 더브레인코어 학원
김상현 세종입시학원
김수빈 제타수학전문학원
김승환 청운학원
김윤혜 슬기로운수학교습소
김주성 양영학원
김지현 파스칼 대덕학원
김 진 발상의전환 수학전문학원
김진수 김진수학
김태형 청명대입학원
김하은 전문과외
김한솔 시대인재 대전
김해찬 전문과외
김휘식 양영학원 고등관
나효명 열린아카데미
류재원 양영학원
박가와 마스터플랜 수학전문학원
박솔비 매쓰톡수학 교습소

박주희 빡쌤의 빡센수학
박지성 엠아이큐수학학원
배용제 굿티쳐강남학원
백승정 오르고 수학학원
서동원 수학의 중심 학원
서영준 힐탑학원
선진규 로하스학원
송규성 하이클래스학원
송다인 더브라이트학원
송인석 송인석수학학원
송정은 바른수학전문교실
신성철 도안베스트학원
신성호 수학과학하다
신원진 공감수학학원
신익주 신 수학 교습소
심훈흠 일인주의학원
양지연 자람수학
오우진 양영학원
우현석 EBS 수학우수학원
유수림 수림수학학원
유준호 더브레인코어 학원
윤석주 윤석주수학전문학원
윤찬근 오르고 수학학원
이국빈 케이플러스수학
이규영 쉐마수학학원
이민호 매쓰플랜수학학원 반석지점
이성재 알파수학학원
이소현 바칼로레아영수학원
이수진 대전관저중학교
이용희 수림학원
이일녕 양영학원
이재옥 청명대입학원
이준희 전문과외
이희도 전문과외
인승열 신성 수학나무 공부방
임병수 모티브
임현호 전문과외
장용훈 프라임수학
전병전 더브레인코어 학원
전하윤 전문과외
정순영 공부방,여기
정지윤 더브레인코어 학원
조용호 오르고 수학학원
조창희 시그마수학교습소
조충현 로하스학원
차영진 연세언더우드수학
차지훈 모티브에듀학원
홍진국 저스트학원
황은실 나린학원

◇— 부산 —◇

고경희 대연고등학교
권병국 케이스학원
권순석 남천다수인
권영린 과사람학원
김건우 4퍼센트의 논리 수학
김경희 해운대영수전문y-study
김대현 해운대중학교
김도현 해신수학학원

김도형 명작수학
김민규 다비드수학학원
김민영 정모클입시학원
김성민 직관수학학원
김승호 과사람학원
김애랑 채움수학교습소
김원진 수성초등학교
김지연 김지연수학교습소
김초록 수날다수학교습소
김태영 뉴스터디학원
김태진 한빛단과학원
김효상 코스터디학원
나기열 프로매스수학교습소
노지연 수학공간학원
노향희 노쌤수학학원
류형수 연산 한샘학원
박대성 키움수학교습소
박성찬 프라임학원
박연주 매쓰메이트수학학원
박재용 해운대영수전문y-study
박주형 삼성에듀학원
배철우 명지 명성학원
백융일 과사람학원
부종민 부종민수학
서유진 다올수학
서은지 ESM영수전문학원
서자현 과사람학원
서평승 신의학원
손희옥 매쓰폴수학학원
송다슬 전문과외
심현섭 과사람학원
심혜정 명품수학
안남희 명지 실력을키움수학
안애경 오메가 수학 학원
안찬종 전문과외
양인희 에센셜수학교습소
오인혜 하단초등학교
오희영
옥승길 옥승길수학학원
이가연 엠오엠수학학원
이경덕 수학으로 물들어 가다
이경수 경:수학
이명희 조이수학학원
이아름누리 청어람학원
이정화 수학의 힘 가야캠퍼스
이지영 오늘도,영어그리고수학
이지은 한수연하이매쓰
이 철 과사람학원
이효정 해 수학
장지원 해신수학학원
장진권 오메가수학
전경훈 대치명인학원
전완재 강앤전 수학학원
전우빈 과사람학원
전찬용 다이나믹학원
정운용 정쌤수학교습소
정의진 남천다수인
정휘수 제이매쓰수학방
정희정 정쌤수학

조아영 플레이팩토 오션시티교육원
조우영 위드유수학학원
조은영 MIT수학교습소
조 훈 캔필학원
주유미 엠투수학공부방
채송화 채송화수학
천현민 키움스터디
최광은 럭스 (Lux) 수학학원
최수정 이루다수학
최운교 삼성영어수학전문학원
최준승 주감학원
하 현 하현수학교습소
한주환 으뜸나무수학학원
한혜경 한수학 교습소
허영재 자하연 학원
허윤정 올림수학전문학원
허정은 전문과외
황영찬 수피움 수학
황진영 진심수학
황하남 과학수학의봄날학원

◇— 서울 —◇

강동은 반포 세정학원
강성철 목동 일타수학학원
강수진 블루플랜
강영미 슬로비매쓰수학학원
강은녕 탑수학학원
강종철 쿠메수학교습소
강주석 염광고등학교
강태윤 미래탐구 대치 중등센터
강현숙 유니크학원
계훈범 MathK 공부방
고수환 상승곡선학원
고재일 대치 토브(TOV)수학
고지영 황금열쇠학원
고 현 네오 수학학원
공정현 대공수학학원
곽슬기 목동매쓰원수학학원
구난영 셀프스터디수학학원
구순모 세진학원
권가영 커스텀(CUSTOM)수학
권경아 청담해법수학학원
권민경 전문과외
권상호 수학은권상호 수학학원
권용만 은광여자고등학교
권은진 참수학뿌리국어학원
김가희 에이원수학학원
김강현 구주이배수학학원 송파점
김경진 덕성여자중학교
김경희 전문과외
김규보 메리트수학원
김규연 수력발전소학원
김금화 그루터기 수학학원
김기덕 메가 매쓰 수학학원
김나래 전문과외
김나영 대치 새움학원
김도규 김도규수학학원
김동균 더채움 수학학원

김명후 김명후 수학학원
김미란 퍼펙트수학
김미아 일등수학교습소
김미애 스카이맥에듀
김미영 명수학교습소
김미영 정일품 수학학원
김미진 채움수학
김미희 행복한수학쌤
김민수 대치 원수학
김민정 전문과외
김민지 강북 메가스터디학원
김민창 김민창 수학
김병수 중계 학림학원
김병호 국선수학학원
김보민 이투스수학학원 상도점
김부환 압구정정보강북수학학원
김상철 미래탐구마포
김상호 압구정 파인만 이촌특별관
김선정 이룸학원
김성숙 써큘러스리더 러닝센터
김성현 하이탑수학학원
김성호 개념상상(서초관)
김수민 통수학학원
김수정 유니크 수학
김수진 싸인매쓰수학학원
김수진 깊은수학학원
김승원 솔(sol)수학학원
김승훈 하이스트 염창관
김양식 송파영재센터GTG
김여옥 매쓰홀릭학원
김연정 전문과외
김연주 목동쌤올림수학
김영란 일심수학학원
김영미 제로미수학교습소
김영숙 수 플러스학원
김영재 한그루수학
김영준 강남매쓰탑학원
김영진 세움수학학원
김 유 전문과외
김유진 전문과외
김윤태 두각학원, 김종철 국어수학 전문학원
김윤희 유니수학교습소
김은숙 전문과외
김은영 선우수학
김은영 와이즈만은평
김은영 휘경여자고등학교
김은찬 엑시엄수학학원
김은현 김쌤깨알수학
김의진 서울 성북구 채움수학
김이슬 전문과외
김이현 에듀플렉스 고덕지점
김인기 중계 학림학원
김재산 목동 일타수학학원
김재성 티포인트에듀학원
김재연 규연 수학 학원
김재헌 Creverse 고등관
김정민 청어람 수학원
김정민

김정아 지올수학
김지선 수학전문 순수
김지숙 김쌤수학의숲
김지영 구주이배수학학원
김지은 티포인트 에듀
김지은 수학대장
김지은 분석수학 선두학원
김지훈 드림에듀학원
김지훈 형설학원
김지훈 마타수학
김진규 서울바움수학(역삼럭키)
김진영 이대부속고등학교
김찬열 라엘수학
김창재 중계세일학원
김창주 고등부관 스카이학원
김태현 SMC 세곡관
김태훈 성북 페르마
김하늘 역경패도 수학전문
김하민 서강학원
김하연 전문과외
김항기 동대문중학교
김현미 김현미수학학원
김현욱 리마인드수학
김현유 혜성여자고등학교
김현정 미래탐구 중계
김현주 숙명여자고등학교
김현지 전문과외
김현혁 ◆성북학림
김형진 소자수학학원
김혜연 수학작가
김호영 장학학원
김홍수 김홍학원
김효선 토이300컴퓨터교습소
김효정 블루스카이학원 반포점
김후광 압구정파인만
김희연 이룸공부방
김희원 대일외국어고등학교
김희진 엑시엄 수학학원
나은영 메가스터디 러셀중계
나태산 중계 학림학원
남식훈 수학만
남호성 퍼씰수학전문학원
노동일 형설학원
류도현 서초구 방배동
류정민 사사모플러스수학학원
목영훈 목동 일타수학학원
목지아 수리티수학학원
문근실 시리우스수학
문성호 차원이다른수학학원
문소정 대치명인학원
문용근 올림 고등수학
문지훈 문지훈수학
박경보 최고수챌린지에듀학원
박경원 대치메이드 반포관
박광남 올마이티캠퍼스
박교국 백인대장
박근백 대치멘토스학원
박동진 더힐링수학 교습소
박리안 CMS서초고등부

박명훈 김샘학원 성북캠퍼스
박미라 매쓰몽
박민정 목동 깡수학과학학원
박상길 대길수학
박상후 강북 메가스터디학원
박설아 수학을삼키다학원 흑석2관
박성재 매쓰플러스수학학원
박소영 창동수학
박소윤 제이커브학원
박수견 비채수학원
박연주 물댄동산
박연희 박연희깨침수학교습소
박연희 열방수학
박영규 하이스트핏 수학 교습소
박영욱 태산학원
박용진 푸름을말하다학원
박정아 한신수학과외방
박정훈 전문과외
박종선 스터디153학원
박종원 상아탑학원 / 대치오르비
박종태 일타수학학원
박주현 장훈고등학교
박준하 전문과외
박진희 박선생수학전문학원
박 현 상일여자고등학교
박현주 나는별학원
박혜진 강북수재학원
박혜진 진매쓰
박홍식 송파연세수보습학원
방정은 백인대장 훈련소
방효건 서준학원 지혜관
배재형 배재형수학
백아름 아름쌤수학공부방
서근환 대진고등학교
서다인 수학의봄학원
서민국 시대인재
서민재 서준학원
서수연 수학전문 순수
서승희 딥브레인수학
서용준 와이제이학원
서원준 잠실 시그마 수학학원
서은애 하이탑수학학원
서중은 블루플렉스학원
서한나 라엘수학학원
석현욱 잇올스파르타
선 철 일신학원
설세령 뉴파인 용산중고등관
손권민경 원인학원
손민정 두드림에듀
손전모 다원교육
손정화 4퍼센트수학학원
손충모 공감수학
송경호 스마트스터디 학원
송동인 송동인수학명가
송재혁 엑시엄수학전문학원
송준민 송수학
송진우 도진우 수학 연구소
송해선 불곰에듀
신연우 개념폴리아 삼성청담관
신은숙 마곡펜타곤학원
신은진 상위권수학학원
신정훈 STEP EDU
신지영 아하 김일래 수학 전문학원
신지현 대치미래탐구
신채민 오스카 학원
신현수 현수쌤의 수학해설
심창섭 피앤에스수학학원
심혜진 반포파인만학원
안나연 전문과외
안도연 목동정도수학
안주은 채움수학
양원규 일신학원
양지애 전문과외
양창진 수학의 숲 수림학원
양해영 청출어람학원
엄시온 올마이티캠퍼스
엄유빈 유빈쌤 수학
엄지희 티포인트에듀학원
엄태웅 엄선생수학
여혜연 성북미래탐구
염승훈 이가 수학학원
오명석 대치 미래탐구 영재 경시 특목센터
오재경 성북 학림학원
오재현 강동파인만 고덕 고등관
오종택 에이원수학학원
오한별 광문고등학교
우동훈 헤파학원
위명훈 대치명인학원(마포)
위성웅 시대인재수학스쿨
위형채 에이치앤제이형설학원
유가영 탑솔루션 수학 교습소
유시준 목동깡수학과학학원
유정연 장훈고등학교
유환승 강북청솔학원
윤상문 청어람수학원
윤석원 공감수학
윤여균 전문과외
윤영숙 윤영숙수학학원
윤인영 전문과외
윤형중 씨알학당
은 현 목동 cms 입시센터 과고대비반
이경복 매스타트 수학학원
이경용 열공학원
이경주 생각하는 황소수학 서초학원
이경환 전문과외
이광락 펜타곤학원
이규만 수퍼매스학원
이동규 형설학원
이동훈 PGA
이루마 김샘학원
이명미 ◆대치위더스
이민호 강안교육
이상영 대치명인학원 은평캠퍼스
이상훈 골든벨수학학원
이서경 엘리트탑학원
이성용 수학의원리학원
이성재 지앤정 학원
이소윤 목동선수학
이수지 전문과외
이수호 준토에듀수학학원
이슬기 예친에듀
이시현 SKY미래연수학학원
이어진 신목중학교
이영하 키움수학
이용우 올림피아드 학원
이원용 필과수 학원
이원희 수학공작소
이유예 스카이플러스학원
이윤주 와이제이수학교습소
이은경 신길수학
이은숙 포르테수학 교습소
이은영 은수학교습소
이재봉 형설에듀이스트
이재용 이재용the쉬운수학학원
이정석 CMS서초영재관
이정섭 은지호 영감수학
이정호 정샘수학교습소
이제현 막강수학
이종혁 유인어스 학원
이종호 MathOne수학
이종환 카이수학전문학원
이주연 목동 하이씨앤씨
이준석 이가수학학원
이지연 단디수학학원
이지우 제이 앤 수 학원
이지혜 세레나영어수학학원
이지혜 대치파인만
이지훈 백향목에듀수학학원
이 진 수박에듀학원
이진덕 카이스트수학학원
이진희 서준학원
이창석 핵수학 수학전문학원
이채윤 전문과외
이충안 ◆채움수학
이충훈 QANDA
이학송 뷰티풀마인드 수학학원
이 혁 강동메르센수학학원
이현주 그레잇에듀
이형수 피앤아이수학영어학원
이혜림 다오른수학학원
이혜림 대동세무고등학교
이혜수 대치수학원
이호준 형설학원
이효준 다원교육
이효진 올토 수학학원
이희선 브리스톨
임규철 원수학 대치
임기호 대치 원수학
임다혜 시대인재 수학스쿨
임민정 전문과외
임상혁 임상혁수학학원
임소영 123수학
임영주 송파 세빛학원
임정빈 임정빈수학
임지혜 위드수학교습소
임현우 선덕고등학교
장석진 이덕재수학이미선국어학원
장성훈 미독수학
장세영 스펀지 영어수학 학원
장승희 명품이앤엠학원
장영신 송례중학교
장은영 목동깡수학과학학원
장지식 피큐브아카데미
장희준 대치 미래탐구
전기열 유니크학원
전상현 뉴클리어 수학 교습소
전성식 맥스전성식수학학원
전은나 상상수학학원
전지수 전문과외
전진남 지니어스 논술 교습소
전진아 메가스터디
정광조 로드맵수학
정다운 정다운수학교습소
정대영 대치파인만
정명련 유니크 수학학원
정무웅 강동드림보습학원
정문정 연세수학원
정민교 진학학원
정민준 사과나무학원(양천관)
정수정 대치수학클리닉 대치본점
정슬기 티포인트에듀학원
정승희 뉴파인
정연화 풀우리수학
정영아 정이수학교습소
정유미 휴브레인압구정학원
정은경 제이수학
정은영 CMS
정재윤 성덕고등학교
정진아 정선생수학
정찬민 목동매쓰원수학학원
정화진 진화수학학원
정환동 씨앤씨0.1%의대수학
정효석 최상위하다학원
조경미 레벨업수학(feat.과학)
조병훈 꿈을담는수학
조아라 유일수학
조아라 수학의시점
조아람 서울 양천구 목동
조원해 연세YT학원
조재묵 천광학원
조정은 조수학교습소
조한진 새미기픈수학
조햇봄 너의일등급수학
조현탁 전문가집단
주용호 아찬수학교습소
주은재 주은재수학학원
주정미 수학의꽃수학교습소
지명훈 선덕고등학교
지민경 고래수학교습소
진임진 전문과외
진혜원 더올라수학교습소
차민준 이투스수학학원 중계점
차성철 목동깡수학과학학원
차슬기 사과나무학원 은평관

차용우 서울외국어고등학교
채성진 수학에빠진학원
채우리 라엘수학
채행원 전문과외
최경민 배움틀수학학원
최규식 최강수학학원 보라매캠퍼스
최동영 중계이투스수학학원
최동욱 숭의여자고등학교
최백화 최백화수학
최병옥 최코치수학학원
최서훈 피큐브 아카데미
최성수 알티스수학학원
최성희 최쌤수학학원
최세남 엑시엄수학학원
최소민 최쌤ON수학
최엄견 차수학학원
최영준 문일고등학교
최용재 엠피리언학원
최용주 피크에듀학원
최윤정 최쌤수학학원
최정언 진화수학학원
최종석 강북수재학원
최지나 목동PGA전문가집단학원
최지선
최찬희 CMS중고등관
최철우 탑수학학원
최향애 피크에듀학원
최효원 한국삼육중학교
편순창 알면쉽다연세수학학원
피경민 대치명인sky
하태성 은평G1230
한나희 우리해법수학 교습소
한명석 아드폰테스
한승우 대치 개념상상SM
한승환 짱솔학원 반포점
한유리 강북청솔학원
한정우 휘문고등학교
한태인 러셀 강남
한헌주 PMG학원
현제윤 정명수학교습소
홍경표 ◆숨은원리수학
홍상민 디스토리 수학학원
홍석화 강동홍석화수학학원
홍성윤 센티움
홍성주 굿매쓰 수학
홍성진 문해와 수리 학원
홍정아 홍정아 수학
홍지혜 전문과외
황의숙 The 나은학원

◇— 세종 —◇

강태원 원수학
권정섭 너희가 꽃이다
권현수 권현수 수학전문학원
김광연 반곡고등학교
김기평 바른길수학학원
김서현 봄날영어수학학원
김수경 김수경 수학교실
김우진 정진수학학원
김편전 세종 데카르트 학원
김혜림 단하나수학
류바른 더 바른학원
박민겸 강남한국학원
배명욱 GTM 수학전문학원
배지후 해밀수학과학학원
설지연 수학적상상력
신석현 알파학원
오세은 플러스 학습교실
오현지 오쌤수학
윤여민 윤솔빈 수학하자
이준영 공부는습관이다
이지희 수학의강자
이진원 권현수수학학원
이혜란 마스터수학교습소
임채호 스파르타수학보람학원
장준영 백년대계입시학원
정하윤 공부방
최성실 사위너스학원
최시안 세종 데카르트 수학학원
황성관 카이젠프리미엄 학원

◇— 울산 —◇

강규리 퍼스트클래스 수학영어 전문학원
고규라 고수학
고영준 비엠더블유수학전문학원
권상수 호크마수학전문학원
김민정 전문과외
김봉조 퍼스트클래스 수학영어 전문학원
김수영 울산학명수학학원
김영배 이영수학학원
김제득 퍼스트클래스 수학전문학원
김진희 김진수학학원
김현조 깊은생각수학학원
나순현 물푸레수학교습소
문명화 문쌤수학나무
박국진 강한수학전문학원
박민식 위더스 수학전문학원
반려진 우정 수학의달인
성수경 위룰 수학영어 전문학원
안지환 안누 수학
오종민 수학공작소학원
이윤호 호크마수학
이은수 삼산차수학학원
이한나 꿈꾸는고래학원
정경래 로고스영어수학학원
최규종 울산 뉴토모 수학전문학원
최이영 한양 수학전문학원
허다민 대치동 허쌤수학
황금주 제이티 수학전문학원

◇— 인천 —◇

강동인 전문과외
고준호 베스트교육(마전직영점)
곽나래 일등수학
권경원 강수학학원
권기우 하늘스터디수학학원
금상원 수미다
기미나 기쌤수학
기혜선 체리온탑수학영어학원
김강현 강수학전문학원
김건우 G1230 검단아라캠퍼스
김남신 클라비스학원
김도영 태풍학원
김미희 희수학
김보건 대치S클래스 학원
김보경 오아수학
김연주 하나M수학
김영훈 청라공감수학
김윤경 엠베스트SE학원
김은주 형진수학학원
김응수 메타수학학원
김 준 쭌에듀학원
김준식 동춘아카데미 동춘수학
김진완 성일학원
김현기 옵티머스프라임학원
김현우 더원스터디학원
김현호 온풀이 수학 1관 학원
김형진 형진수학학원
김혜린 밀턴수학
김혜영 김혜영 수학
김혜지 전문과외
김효선 코다수학학원
남덕우 Fun수학
노기성 노기성개인과외교습
렴영순 이텀교육학원
박동석 매쓰플랜수학학원 청라지점
박소이 다빈치창의수학교습소
박용석 절대학원
박재섭 구월SKY수학과학전문학원
박정우 청라디에이블영어수학학원
박치문 제일고등학교
박해석 효성비상영수학원
박혜용 전문과외
박효성 지코스수학학원
서대원 구름주전자
서미란 파이데이아학원
석동방 송도GLA학원
손선진 일품수학과학전문학원
송대익 청라ATOZ수학과학학원
송세진 부평페르마
신현우 다원교육
안서은 Sun매쓰
안예원 전문과외
오정민 갈루아수학학원
오지연 수학의힘 용현캠퍼스
왕건일 토모수학학원
유성규 현수학전문학원
유혜정 유쌤수학
이루다 이루다 교육학원
이민혁 혜윰학원
이애희 부평해법수학교실
이예나 E&M 아카데미
이필규 신현엠베스트SE학원
이혜경 이혜경고등수학학원
이혜선 우리공부
장태식 라이징수학학원
장혜림 와풀수학
전우진 인사이트 수학학원
정대웅 와이드수학
정진영 정선생 수학연구소
조미숙 수학의 신 학원
조민관 이앤에스 수학학원
조현숙 boo1class
차승민 황제수학학원
채선영 전문과외
최덕호 엠스퀘어수학교습소
최문경 (주)영웅아카데미
최웅철 큰샘수학학원
최은진 동춘수학
최 진 절대학원
한성윤 전문과외
한희영 더센플러스학원
허진선 수학나무
현미선 써니수학
현진명 에임학원
홍미영 연세영어수학과외
황규철 혜윰수학전문학원

◇— 전남 —◇

강선희 태강수학영어학원
김경민 한샘수학
김광현 한수위수학학원
김도형 하이수학교실
김도희 가람수학개인과외
김성문 창평고등학교
김윤선 전문과외
김은경 목포덕인고등학교
김은지 나주혁신위즈수학영어학원
김정은 바른사고력수학
박미옥 목포 폴리아학원
박유정 요리수연산&해봄학원
박진성 해남 한가람학원
배미경 창의논리upup
백지하 엠앤엠
서창현 전문과외
성준우 광양제철고등학교
유혜정 전문과외
이강화 강승학원
이미아 한다수학
임정원 순천매산고등학교
임진아 브레인 수학
전윤정 라온수학학원
정은경 목포베스트수학
정정화 올라스터디
정현옥 JK영수전문
조두희 무안 남악초등학교
조예은 스페셜 매쓰
조정인 나주엠베스트학원
주희정 주쌤의과수원
진양수 목포덕인고등학교
한용호 한샘수학
한지선 전문과외
황남일 SM 수학학원

◇─ 전북 ─◇

강원택 탑시드 수학전문학원
고혜련 성영재수학학원
권정욱 권정욱 수학
김상호 휴민고등수학전문학원
김선호 혜명학원
김성혁 S수학전문학원
김수연 전선생수학학원
김윤빈 쿼크수학영어전문학원
김재순 김재순수학학원
김준형 성영재 수학학원
나승현 나승현전유나 수학전문학원
노기한 포스 수학과학학원
박광수 박선생수학학원
박미숙 전문과외
박미화 엄쌤수학전문학원
박선미 박선생수학학원
박세희 멘토이젠수학
박소영 황규종수학전문학원
박은미 박은미수학교습소
박재성 올림수학학원
박재홍 예섬학원
박지유 박지유수학전문학원
박철우 익산 청운학원
배태익 스키마아카데미 수학교실
서영우 서영우수학교실
성영재 성영재수학전문학원
송지연 아이비리그데칼트학원
신영진 유나이츠학원
심우성 오늘은수학학원
양은지 군산중앙고등학교
양재호 양재호카이스트학원
양형준 대들보 수학
오혜진 YMS부송
유현수 수학당
윤병오 이투스247익산
이가영 마루수학국어학원
이보근 미라클입시학원
이송심 와이엠에스입시전문학원
이인성 우림중학교
이지원 긱매쓰
이한나 전문과외
이혜상 S수학전문학원
임승진 이터널수학영어학원
장재은 YMS입시학원
정두리 전문과외
정용재 성영재수학전문학원
정혜승 샤인학원
정환희 릿지수학학원
조세진 수학의길
조영신 성영재 수학전문학원
채승희 채승희수학전문학원
최성훈 최성훈수학학원
최영준 최영준수학학원
최 윤 엠투엠수학학원
최형진 수학본부
황규종 황규종수학전문학원

◇─ 제주 ─◇

강경혜 강경혜수학
강나래 전문과외
김기한 원탑학원
김대환 The원 수학
김보라 라딕스수학
김연희 whyplus 수학교습소
김장훈 프로젝트M수학학원
류혜선 진정성영어수학노형학원
박 찬 찬수학학원
박대희 실전수학
박승우 남녕고등학교
박재현 위더스입시학원
박진석 진리수
백민지 가우스수학학원
양은석 신성여자중학교
여원구 피드백수학전문학원
오가영 ◆메타수학학원
오재일 터닝포인트영어수학학원
이민경 공부의마침표
이상민 서이현아카데미학원
이선혜 STEADY MATH
이영주 전문과외
이현우 전문과외
장영환 제로링수학교실
편미경 편쌤수학
하혜림 제일아카데미
허은지 Hmath학원
현수진 학고제입시학원

◇─ 충남 ─◇

최소영 빛나는수학
강민주 수학하다 수학교습소
강범수 전문과외
강 석 에이커리어
고영지 전문과외
권순필 권쌤수학
권오운 광풍중학교
김경원 한일학원
김명은 더하다 수학학원
김미경 시티자이수학
김태화 김태화수학학원
김한빛 한빛수학학원
김현영 마루공부방
남기용 전문과외
박유진 제이홈스쿨
박재혁 명성수학학원
박지화 MATH1022
박혜정 전문과외
서봉원 서산SM수학교습소
서승우 담다수학
서유리 더배움영수학원
서정기 시너지S클래스 불당
송은선 전문과외
신경미 Honeytip
신유미 무한수학학원
유정수 천안고등학교
유창훈 시그마학원
윤보희 충남삼성고등학교
윤재웅 베테랑수학전문학원
이봉이 더수학교습소
이아람 퍼펙트브레인학원
이연지 하크니스 수학학원
이예진 명성학원
이은아 한다수학학원
이재장 깊은수학학원
이하나 에메트수학
이현주 수학다방
장다희 개인과외교습소
전혜영 타임수학학원
정광수 혜윰국영수단과학원
최원석 명사특강학원
최지원 청수303수학
추교현 더웨이학원
한호선 두드림영어수학학원
허유미 전문과외

◇─ 충북 ─◇

고정균 엠스터디수학학원
구강서 상류수학 전문학원
김가흔 루트 수학학원
김경희 점프업수학학원
김대호 온수학전문학원
김미화 참수학공간학원
김병용 동남수학하는사람들학원
김영은 연세고려E&M
김재광 노블가온수학학원
김정호 생생수학
김주희 매쓰프라임수학학원
김하나 하나수학
김현주 루트수학학원
문지혁 수학의 문 학원
박연경 전문과외
안진아 전문과외
윤성길 엑스클래스 수학학원
윤성희 윤성수학
윤정화 페르마수학교습소
이경미 행복한수학공부방
이연수 오창로뎀학원
이예나 수학여우정철어학원
주니어 옥산캠퍼스
이예찬 입실론수학학원
이윤성 블랙수학 교습소
이지수 일신여자고등학교
전병호 이루다 수학 학원
정수연 모두의수학
조병교 에르매쓰수학학원
조원미 원쌤수학과학교실
조형우 와이파이수학학원
최윤아 피티엠수학학원

평가원 기출의 또 다른 이름,

너기출

| For 2026 |

확률과 통계

평가원 기출부터 제대로 !

2025학년도 대학수학능력시험 수학영역은 9월 모의평가의 출제 기조와 유사하게 지나치게 어려운 문항이나 불필요한 개념으로 실수를 유발하는 문항을 배제하면서도 공통과목과 선택과목 모두 각 단원별로 난이도의 배분이 균형 있게 출제되면서 최상위권 학생부터 중하위권 학생들까지 충분히 변별할 수 있도록 출제되었습니다.
최상위권 학생을 변별하는 문항들을 살펴보면 수학Ⅰ, 확률과 통계 과목에서는 추론능력, 수학Ⅱ, 미적분, 기하 과목에서는 문제해결 능력을 요구하는 문항이 출제되었습니다. 문제의 출제 유형은 이전에 최고난도 문항으로 출제되었던 문항의 출제 유형과 다르지 않지만 새로운 표현으로 조건을 제시하는 문항, 다양한 상황을 고려하면서 조건을 만족시키는 상황을 찾는 과정에서 시행착오를 유발할 수 있는 문항, 두 가지 이상의 수학적 개념을 동시에 적용시켜야 해결 가능한 문항들이 출제되면서 체감 난이도를 높이는 방향으로 출제되었습니다.

수험생들에게 체감난이도가 높았던 익숙하지 않은 유형의 문항을 구체적으로 살펴보면 완전히 새로운 유형이라고 할 수는 없습니다. 기존에 출제된 유형의 문제 표현 방식, 조건 제시 방식을 적은 폭으로 변경하면서 보기에는 다른 문항처럼 보이지만, 기본개념과 원리를 이해한 학생들에게는 어렵지 않게 문제 풀이 해법을 찾아나갈 수 있는 문항으로 출제되었습니다. 이렇듯 대학수학능력시험이 생긴 이후 몇 차례 교육과정과 시험 체재가 바뀌고, 출제되는 문제의 경향성이 조금씩 변화하였지만 큰 틀에서는 여전히 유사한 형태를 유지하고 있음을 알 수 있습니다.

따라서 수능 대비를 하는 수험생이라면 기출문제를 최우선으로 공부하는 것이 가장 효율적인 방법이며, 특히 평가원이 출제한 기출문제 분석은 감히 필수라고 말할 수 있습니다. 수능 시험에 대비하여 공부하려면 그 시험의 출제자인 평가원의 생각을 읽어야 하기 때문입니다. 평가원이 제시하는 학습 방향을 해석해야 한다는 것이지요. 이에 평가원 기출문제가 어떻게 진화되어 왔는지 분석하고 완벽하게 체화하는 과정이 선행되어야 합니다. 즉,

평가원 기출문제로 기출 학습의 중심을 잡은 후 수능 대비의 방향성을 찾아야 하는 것입니다.

지금까지 늘 그래왔던 것처럼 이투스북에서는 매년 수능, 평가원 기출문제를 교육과정에 근거하여 풀어보면서 면밀히 검토하고 심층 논의하여, 수험생들의 기출 분석에 도움을 주는 "너기출"을 출시하고자 노력하고 있습니다. '평가원 코드'를 담아낸 〈너기출 For 2026〉로 평가원 기출부터 제대로 공부할 수 있도록 도와드리겠습니다.

2005학년도~2025학년도 평가원 주관 수능 및 모의평가 기출(일부 단원 1994~) 전체 문항 中
2015 교육과정에 부합하고 최근 수능 경향에 맞는 문항을 빠짐없이 수록

일부 문항의 경우 2015 교육과정에 맞게 용어 및 표현 수정 / 변형 문항 수록

CONTENTS

수능 공통과목 + 확률과 통계 **차례 한 눈에 보기**

※ 수능 공통과목은 별도 판매합니다.

너기출 확률과 통계 **이렇게 개발하였습니다**

1 일부 문항 변형

고난도 문항 위주로 출제된 유형은 초반 접근이 어려울 수 있다는 점을 고려하여 단계적 학습이 가능하도록 일부 문항을 쉽게 변형하여 연습문제로 활용할 수 있도록 하였습니다.

1 평가원 기출 중 2015 개정 교육과정에 부합하고 최근 수능 경향에 맞는 문항을 빠짐없이 수록하였습니다. 이 책에 없는 평가원 기출은 풀지 않아도 됩니다.

2005학년도~2025학년도 평가원 수능 및 모의고사 기출 전체 문항 중 **교육과정에 부합하며 최근 수능 경향에 맞는 문항을 빠짐없이 담았고**, 부합하지 않는 문항은 과감히 수록하지 않았습니다. 일부 단원의 경우 최근 10여 년간 출제된 문항 중 2015 개정 교육과정에 부합하는 것이 적었기 때문에, 전체적인 학습 밸런스를 위하여 1994학년도~2004학년도 평가원 수능 및 모의평가 기출문항을 선별하여 수록하였습니다. 2015 개정 교육과정에서 사용하는 용어 및 기호뿐만 아니라 수학적 논리 전개 과정에서 달라지는 부분을 엄밀히 분석하여 '변형' 문항을 수록하였습니다.

2 수능형 개념의 핵심 정리를 너기출 개념코드(너코)로 담아내고 너코 번호를 문제, 해설에 모두 연결하여 평가원 코드에 최적화된 학습을 할 수 있도록 구성하였습니다.

수능에서 출제될 때 어떻게 심화되고 통합되는지를 분석하여 수능형 개념 정리를 너기출 수능 개념코드(너코)로 담아냈습니다. 평가원 기출문제에서 자주 활용되는 개념들을 좀 더 자세하게 설명하고, 거의 출제되지 않는 부분은 가볍게 정리하여 학생들이 수능에 꼭 맞춘 개념 학습을 할 수 있게 하였습니다. 또한 내용마다 너코 번호를 부여하고 이 너코 번호를 해당 개념이 사용되는 문제와 해설에 모두 연결하여, 문제풀이와 개념을 유기적으로 학습할 수 있도록 하였습니다.

3 단원별, 유형별 세분화한 문항 배열과 친절하고 자세한 풀이로 처음 기출문제를 공부하는 학생들에게 편리하게 구성하였습니다.

2015 개정 교육과정의 단원 구성에 맞추어 기출학습에 최적화된 유형으로 분류하고, 각 유형 내에서는 난이도 순·출제년도 순으로 문항을 배열하였습니다. 쉬운 문제부터 어려운 문제까지 차근차근 풀어가면서 시간의 흐름에 따라 평가원 기출문제가 어떻게 진화했는지도 함께 학습할 수 있게 하였습니다.

4 혼자 기출 학습을 하는 학생들도 쉽게 이해할 수 있도록 친절하고 자세한 풀이를 제공하였습니다.

딱딱하거나 불친절한 해설이 아닌 학생들이 자학으로 공부할 때도 불편함이 없도록 자세하면서 친절한 풀이를 제공하였습니다. 여러 가지 풀이로 다양한 접근법을 제시하였고, 엄밀하고 까다로운 내용도 생략없이 설명하여 이해를 돕고자 했습니다. 학생들이 어려워하는 몇몇 문제의 경우 풀이 전체 과정을 간단히 도식화하여 알기 쉽게 하였고, 이러닝에서 질문이 많았던 부분에 대하여 문답 형식의 설명을 제공하였습니다.

G 경우의 수

1 순열과 조합
· 원순열, 중복순열, 같은 것이 있는 순열을 이해하고, 그 순열의 수를 구할 수 있다.
· 중복조합을 이해하고, 중복조합의 수를 구할 수 있다.
2 이항정리
· 이항정리를 이해하고 이를 이용하여 문제를 해결할 수 있다.
유형 01 원순열
유형 02 중복순열(1)-숫자 또는 문자 나열하기
유형 03 중복순열(2)-집합, 함수의 개수
유형 04 중복순열(3)-나누어 배정하기
유형 05 같은 것이 있는 순열(1) -서로 같은 대상을 포함할 때
유형 06 같은 것이 있는 순열(2) -일부 대상의 순서가 정해져 있을 때
유형 07 최단경로의 수
유형 08 중복조합(1)-내적 문제 해결
유형 09 중복조합(2)-외적 문제 해결
유형 10 이항정리(1)-전개식에서 특정 항의 계수 구하기
유형 11 이항정리(2)-전개식에서 미지수 구하기
유형 12 이항정리의 응용

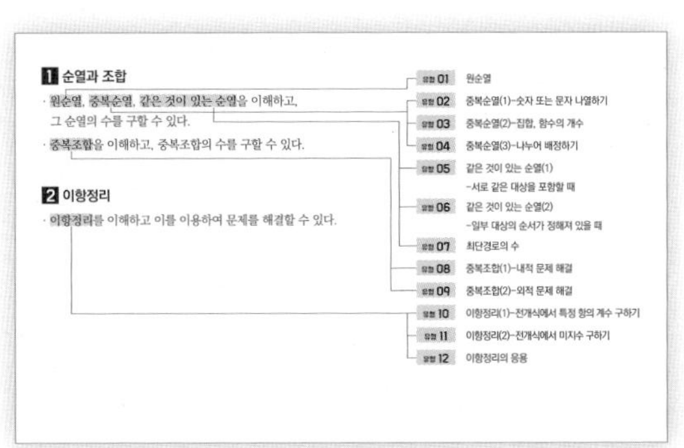

◎ 개정 교육과정의 포인트

해당 단원의 2015 개정 교육과정 원문과 함께 각 유형이 어떻게 연결되는지 보여주었습니다. 교육과정 상의 용어와 기호를 정확히 사용하였고, 교수·학습상의 유의점을 깊이 있게 분석하여 부합한 문항을 빠짐없이 담았습니다.

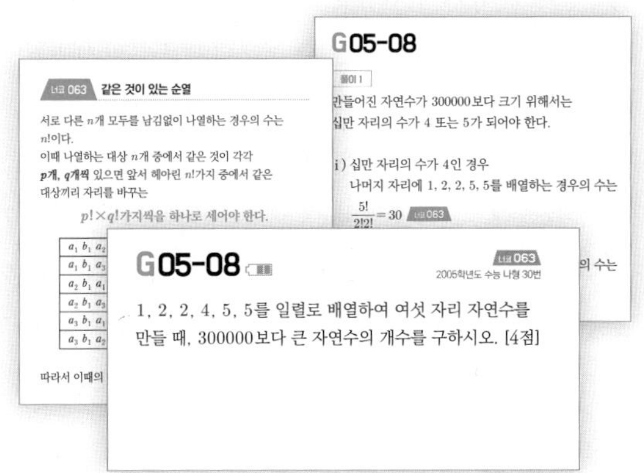

◎ 너기출 개념 코드를 활용한 개념, 문제, 해설의 유기적 학습

평가원 기출문항의 핵심 개념을 담아낸 너기출 개념코드(너코)를 제공하고 너코 번호를 문제와 해설에 모두 연결하여 실제 수능 및 평가원 기출문항에서 어떻게 적용되는지 통합적으로 학습하도록 하였습니다.

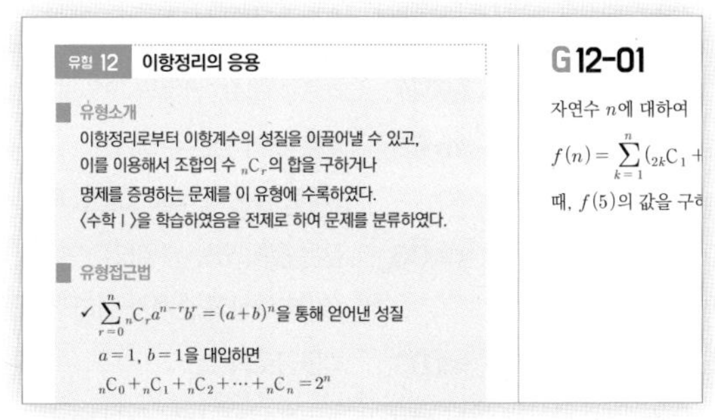

◎ 유형별 기출문제

기출문항의 핵심 개념에 따른 내용을 세분화하여 모든 문제들을 유형별로 정리하였습니다. 어떤 문항을 분류하였는지, 해당 유형에서 어떤 점을 유의해야 할지 아울러 볼 수 있도록 유형 소개를 적었습니다. 각 유형 안에서는 난이도 순·출제년도 순으로 문항을 정렬하여 학습이 용이하도록 하였습니다.

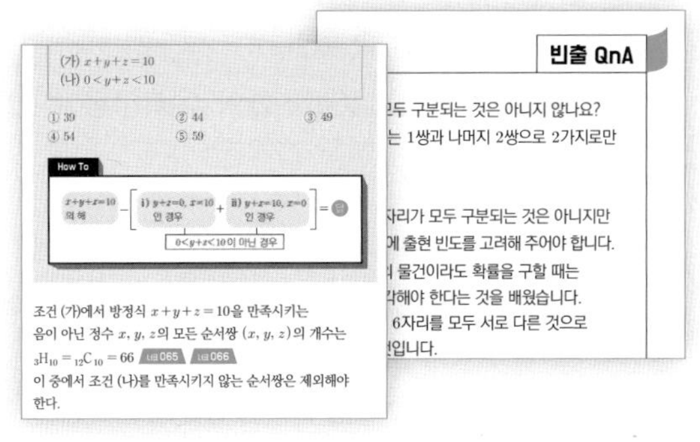

◎ 정답과 풀이

각 문항을 독립적으로 이해할 수 있도록 친절하고 자세하게 작성하였고, 피상적인 문구의 나열이 아닌 각 유형별로 핵심적이고 실전적인 접근법을 서술하였습니다. 여러 가지 풀이가 있는 경우 풀이 2, 풀이 3 으로, 풀이가 길고 복잡한 경우 풀이 과정을 간단히 도식화한 How To 로, 이러닝에서 학생들이 자주 질문하는 내용에 대한 답을 빈출 QnA 로 제공하여 풍부한 해설을 담았습니다.

학습요소

· 원순열, 중복순열, 중복조합, 이항정리, 이항계수, 파스칼의 삼각형 ${}_n\Pi_r$, ${}_n\mathrm{H}_r$

교수·학습상의 유의점

· 염주순열, 같은 것이 있는 원순열은 다루지 않는다.
· 중복순열, 중복조합을 실생활 문제 해결에 활용해 봄으로써 그 유용성을 인식하게 한다.

평가방법 및 유의사항

· 허수단위 i가 포함된 이항정리에 관한 문제는 다루지 않는다.
· 항이 세 개 이상인 다항정리에 관한 문제는 다루지 않는다.

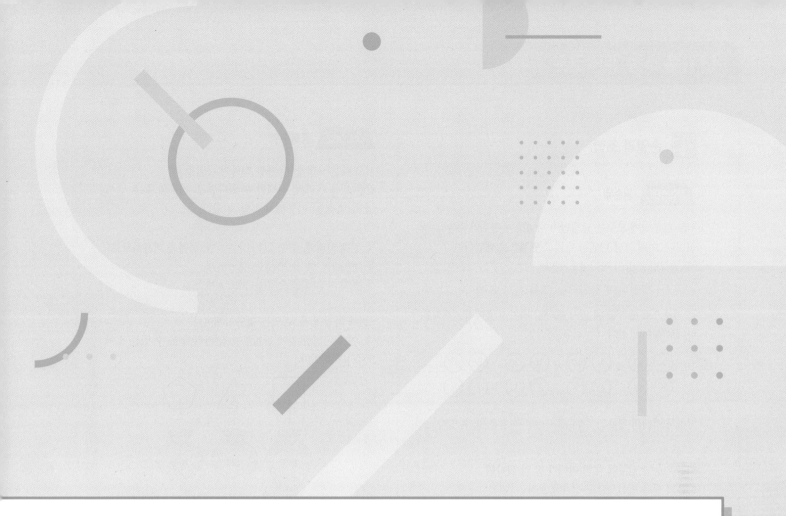

1 순열과 조합

너코 061 원순열

서로 다른 n개 모두를 남김없이 나열하는 경우의 수는 $n!$이다. 이때 그냥 나열하지 않고 원형으로 배열하면 (꼭 동그란 모양이 아니어도 된다)

'회전하여 일치하는 것을 하나로 센다'

는 기준으로 생각할 때 앞서 헤아린 $n!$가지 중에서 n개씩을 하나로 세어야 한다.

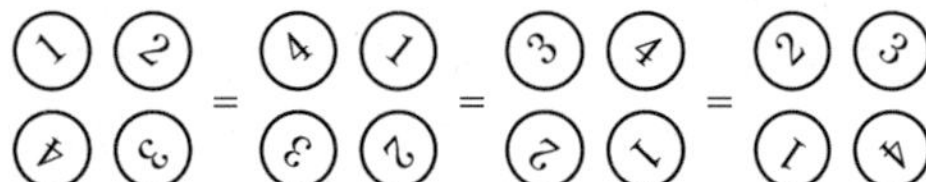

따라서 이때의 경우의 수는 $n!\div n=\dfrac{n!}{n}$임을 알 수 있다.

회전 가능한 상황에 대해 이해가 잘 안 된다면 다음과 같은 방식으로도 생각해 보자.
서로 다른 n개 중에서 특정한 1개(아무거나)가 놓일 위치를 고려하면 회전 가능하지 않을 경우 '**n가지**'이지만

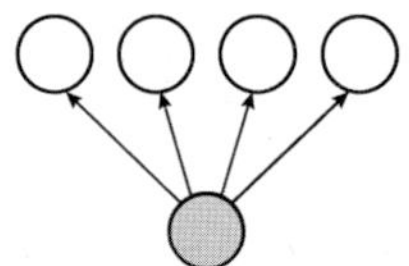

회전 가능할 경우 어디에 놓이든 결국 돌려서 마찬가지가 되기 때문에 '1가지'이다.

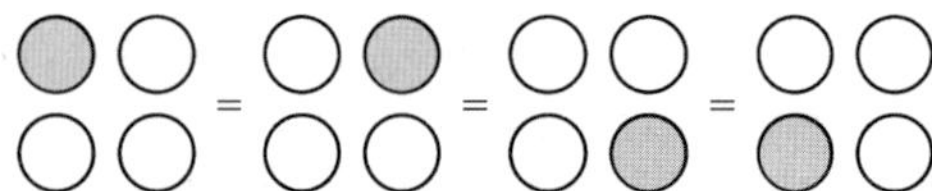

이 특정한 1개가 어딘가 놓인 다음에는 남은 $n-1$개가 회전 가능하지 않은 자리에 배열되므로 $(n-1)!$가지이다.

따라서 $\dfrac{n!}{n}$이나 $1\times(n-1)!$은 서로 같은 결과임을 알 수 있다.

한편, 이와 같은 기본꼴이 아니라 변형된 조건일 경우 첫 번째 방식에서 '$\dfrac{1}{n}$', 두 번째 방식에서 '$1\times$' 부분이 바뀔 수 있다.

너코 062 중복순열

서로 다른 n개에서 r개를 택하여 나열할 때,
같은 것을 여러 번 선택할 수 있다면 그 경우의 수는
곱의 법칙을 이용해서 구할 수 있다.

첫 번째 자리에 올 수 있는 것은 n개, 중복을 허용하므로
두 번째 자리에 올 수 있는 것도 n개,
세 번째 자리에 올 수 있는 것도 n개,
⋮
r번째 자리에 올 수 있는 것도 n개이다.
즉, 이미 나열한 것에 관계없이 각 자리에 올 수 있는 것이 모두 n개씩이다.

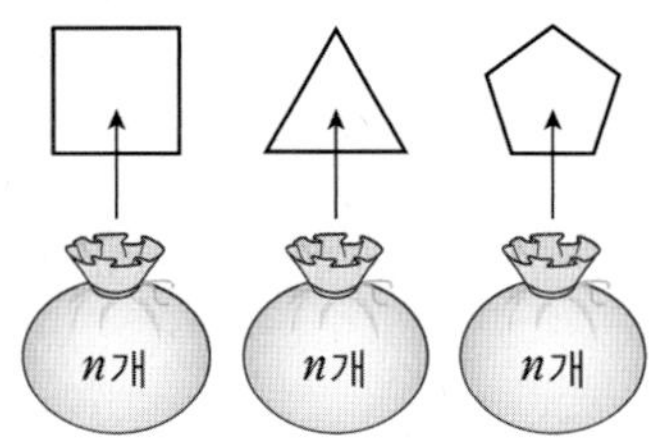

따라서 서로 다른 n개에서 중복을 허락하여 r개를 택하는 중복순열의 수는 ${}_n\Pi_r=\underbrace{n\times n\times n\times\cdots\times n}_{r\text{개}}=n^r$이다.

이때 문제에서 **중복을 허락한다는 직접적인 언급이 없어도** 조건을 파악해서 중복순열을 적용할 수 있어야 한다.

너코 063 같은 것이 있는 순열

서로 다른 n개 모두를 남김없이 나열하는 경우의 수는 $n!$이다.
이때 나열하는 대상 n개 중에서 같은 것이 각각 **p개, q개씩** 있으면 앞서 헤아린 $n!$가지 중에서 같은 대상끼리 자리를 바꾸는

$p!\times q!$가지씩을 하나로 세어야 한다.

$a_1\ b_1\ a_2\ a_3\ b_2$	$a_1\ b_2\ a_2\ a_3\ b_1$	
$a_1\ b_1\ a_3\ a_2\ b_2$	$a_1\ b_2\ a_3\ a_2\ b_1$	
$a_2\ b_1\ a_1\ a_3\ b_2$	$a_2\ b_2\ a_1\ a_3\ b_1$	$a\ b\ a\ a\ b$
$a_2\ b_1\ a_3\ a_1\ b_2$	$a_2\ b_2\ a_3\ a_1\ b_1$	
$a_3\ b_1\ a_1\ a_2\ b_2$	$a_3\ b_2\ a_1\ a_2\ b_1$	
$a_3\ b_1\ a_2\ a_1\ b_2$	$a_3\ b_2\ a_2\ a_1\ b_1$	

따라서 이때의 경우의 수는 $\dfrac{n!}{p!\times q!}$인 것을 알 수 있다.

(물론 같은 것이 3가지 종류 이상 존재해도 같은 방식으로 계산한다.)

한편, 나열하는 대상 중에서 같은 것이 없더라도
일부 대상의 순서가 정해져 있을 때,
같은 것이 있는 순열을 활용할 수 있다.

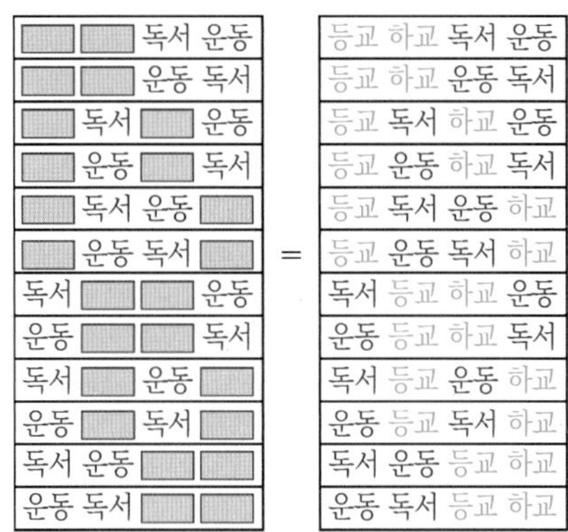

순서가 정해진 대상들을 같은 것으로 보고 나열한 다음,
그 자리에 대상들을 정해진 순서에 맞게 넣는다고 생각할 수 있다.

너코 064 최단경로의 수

너코 063 의 같은 것이 있는 순열을 이용하여 최단거리로 가는 방법의 수를 구할 수 있다.
주어진 도로망에서 도로를 따라 A 지점에서 B 지점으로 최단 거리로 갈 때 오른쪽 방향으로 p번, 아래쪽 방향으로 q번 이동한다면 최단경로는

서로 같은 p개의 '→'와 q개의 '↓'를 모두 나열하는 것과 같다.

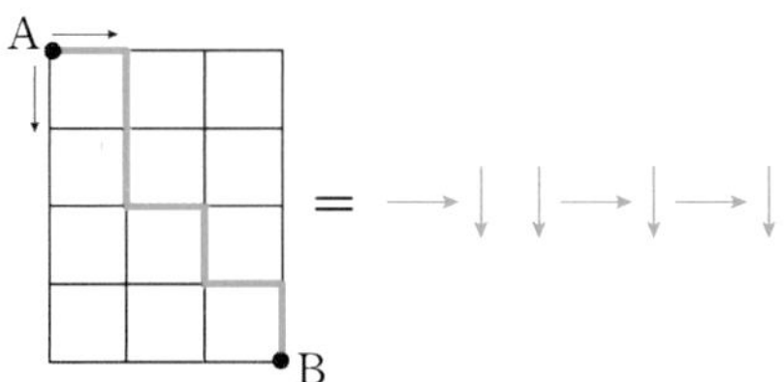

따라서 최단경로의 수는 $\dfrac{(p+q)!}{p!\times q!}$이다.

복잡한 도로망이 주어질 경우 불필요한 도로는 지워버리고,
구조만 유지하되 형태는 적절히 바꾸어 해석한다.

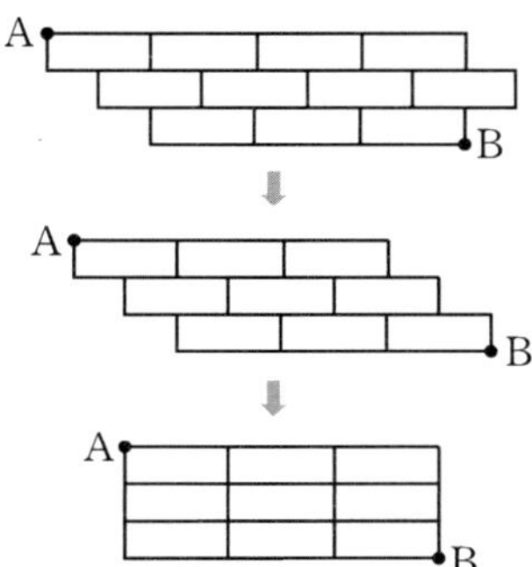

한편, 최단경로의 수는 합의 법칙을 이용하여 **일일이 세어** 구할 수도 있다.

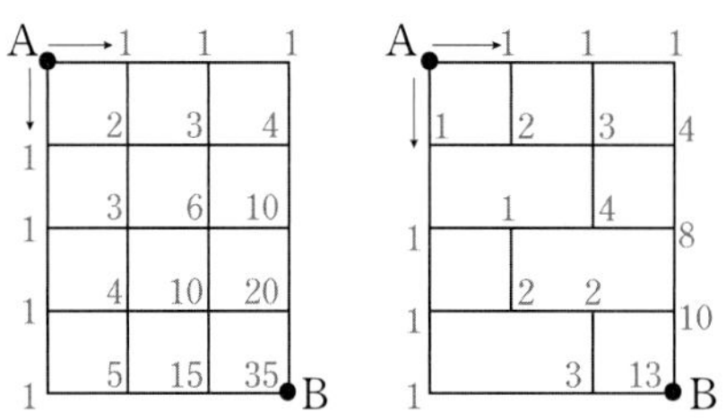

너코 065 중복조합

서로 다른 n개 중에서 r개를 택할 때,
같은 것을 여러 번 선택할 수 있다면 선택하는 횟수만큼의 ●와 서로 다른 대상을 구분할 수 있는 개수만큼의 ▌를 나열하는 것과 같다.
즉, r개의 ●와 $(n-1)$개의 ▌를 모두 나열하는 것과 같고 이를 너코 063 의 같은 것이 있는 순열을 이용하여 계산할 수 있다.

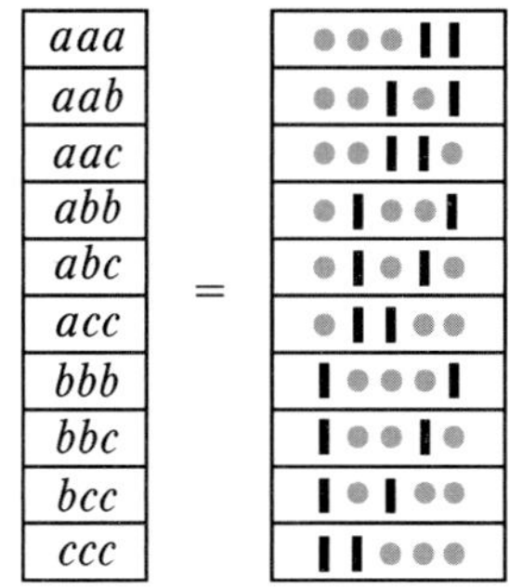

따라서 서로 다른 n개 중에서 중복을 허락하여
r개를 택하는 중복조합의 수는

$${}_{n}\mathrm{H}_{r}=\frac{(r+n-1)!}{r!(n-1)!}={}_{n+r-1}\mathrm{C}_{r}$$이다.

순열 ${}_{n}\mathrm{P}_{r}$, 조합 ${}_{n}\mathrm{C}_{r}$과 중복순열 ${}_{n}\Pi_{r}$, 중복조합 ${}_{n}\mathrm{H}_{r}$의 의미를 비교하면 다음과 같다.

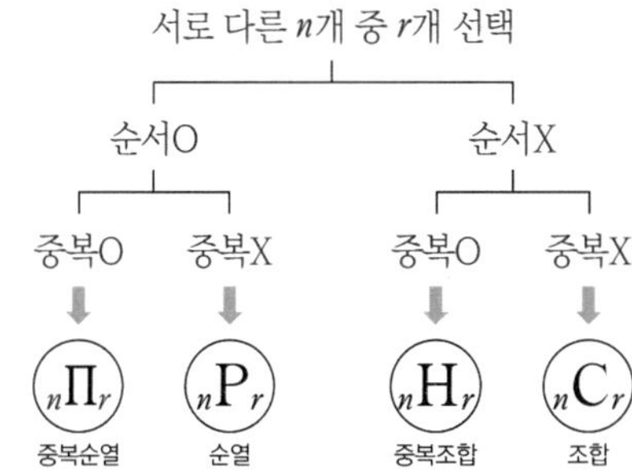

너코 066 중복조합과 부정방정식의 해

자연수 n에 대하여 방정식 $x+y+z=n$을 만족시키는 음이 아닌 정수 x, y, z는 각각 서로 다른 3개의 문자 x, y, z 중에서 중복을 허락하여 n번 선택하는 경우와 각각 대응시킬 수 있다.

(x, y, z)	뽑은 것
(2, 0, 0)	x, x
(0, 2, 0)	y, y
(0, 0, 2)	z, z
(1, 1, 0)	x, y
(1, 0, 1)	x, z
(0, 1, 1)	y, z

그러므로 방정식 $x+y+z=n$을 만족시키는 음이 아닌 정수 x, y, z의 순서쌍의 개수는 서로 다른 3개의 문자 x, y, z 중에서 중복을 허락하여 n번 선택하는 중복조합의 수 ${}_3\mathrm{H}_n$과 같다.

만약 방정식의 특정 항에 추가 조건이 주어진 경우 방정식에서 최대한

모든 항이 음이 아닌 정수가 되게 변형

하여 중복조합을 적용하여 풀이한다.
대표적인 추가 조건에서 음이 아닌 정수가 되도록 변형하는 방법은 다음과 같다.

1 특정 항에 범위가 제한된 경우
특정 항 x가 **$x \ge k$ (단, k는 정수)로 범위가 제한된 경우**

$$x = x' + k$$

로 정의한다.
특히 x, y, z가 모두 자연수인 경우 **x, y, z를 각각 한 번씩 택했다고 하고 x, y, z 중에서 나머지 $n-3$번**을 택하면 되므로 방정식의 해의 개수는 중복조합의 수 ${}_3\mathrm{H}_{n-3}$과 같다.

2 특정 항이 홀수 또는 짝수인 경우
특정 항 x가 **홀수이면 $x=2x'+1$, 짝수이면 $x=2x'+2$** 라 변형한다.
한편 x가 2로 나누어떨어지는 음이 아닌 정수이면 $x=0$도 가능하므로 **$x=2x'$**으로 정의한다.

3 계수가 다른 항이 포함된 경우
방정식에서 **계수가 다른 항의 값에 대하여 경우를 나눈다.**
각각의 경우에 대하여 계수가 같은 항들만 남게 되면 상황에 따라 1, 2를 이용한다.

너코 067 순열과 조합을 이용한 함수의 개수

두 자연수 m, n에 대하여 원소의 개수가 m인 집합 X에서 원소의 개수가 n인 집합 Y로의 함수 f의 개수는 다음과 같다.

❶ 전체 함수의 개수
모든 정의역의 원소에 공역의 원소를 중복을 허락하여 하나씩 대응시키면 함수가 정의된다.
첫 번째 정의역의 원소를 대응시키는 경우의 수는 n,
두 번째 정의역의 원소를 대응시키는 경우의 수도 n,
⋮
m번째 정의역의 원소를 대응시키는 경우의 수도 n이다.
즉, 전체 함수의 개수는 **공역의 원소 n개 중에서 중복을 허락하고 순서를 따져서 m번 택하는 중복순열의 수** ${}_n\Pi_m = n^m$과 같다.

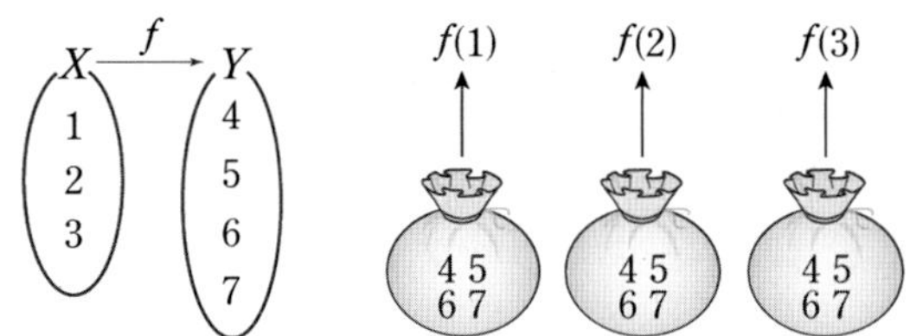

❷ 일대일함수(일대일대응)의 개수
일대일함수는 정의역의 임의의 원소 x_1, x_2에 대하여

$$x_1 \ne x_2 \text{이면 } f(x_1) \ne f(x_2)$$

이다.(이때 $m=n$이면 일대일대응이 된다.)
그러므로 일대일함수의 개수는
공역의 원소 n개 중에서 중복을 허락하지 않고 순서를 따져서 m번 택하는 순열의 수 ${}_n\mathrm{P}_m$과 같다.

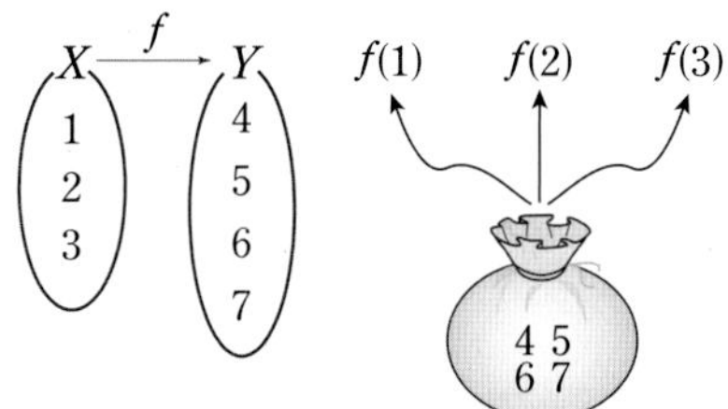

❸ 증가하는 함수/감소하는 함수의 개수
증가하는 함수는 정의역의 임의의 원소 x_1, x_2에 대하여

$$x_1 < x_2 \text{이면 } f(x_1) < f(x_2)$$

이다. 그러므로 공역의 원소 중 정의역과 대응될 m개를 뽑기만 하면 증가하는 함수가 되도록 정의역의 원소와 대응시키는 방법은 정해진다.
따라서 증가하는 함수의 개수는 **공역의 원소 n개 중에서 중복을 허락하지 않고 순서도 따지지 않으면서 m번 택하는 조합의 수** ${}_n\mathrm{C}_m$과 같다.

(한편, 감소하는 함수는
$x_1 < x_2$**이면** $f(x_1) > f(x_2)$이고,
이와 동일한 아이디어로 적용할 수 있다.)

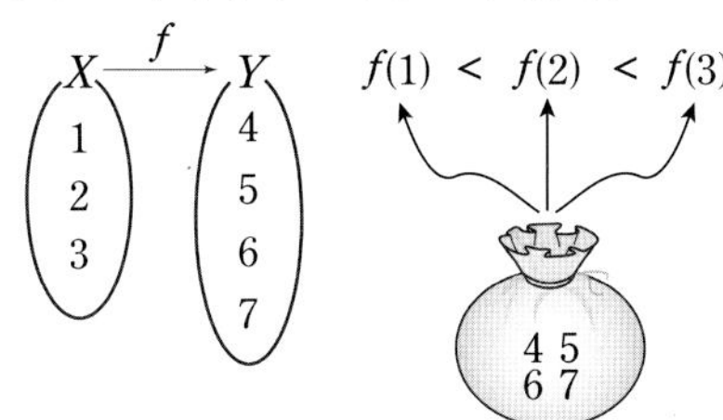

❹ 감소하지 않는 함수/증가하지 않는 함수의 개수
감소하지 않는 함수는 정의역의 임의의 원소 x_1, x_2에 대하여

$$x_1 < x_2 \text{이면 } f(x_1) \le f(x_2)$$

이다. 그러므로 공역의 원소 중 중복을 허락하여 m개를 뽑기만 하면 감소(증가)하지 않는 함수가 되도록 정의역의 원소와 대응시키는 방법은 정해진다.
따라서 감소(증가)하지 않는 함수의 개수는
공역의 원소 n개 중에서 중복을 허락하되 순서를 따지지 않으면서 m번 택하는 중복조합의 수 ${}_n\mathrm{H}_m$과 같다.
(한편, 증가하지 않는 함수는
$x_1 < x_2$**이면** $f(x_1) \ge f(x_2)$이고,
이와 동일한 아이디어로 적용할 수 있다.)

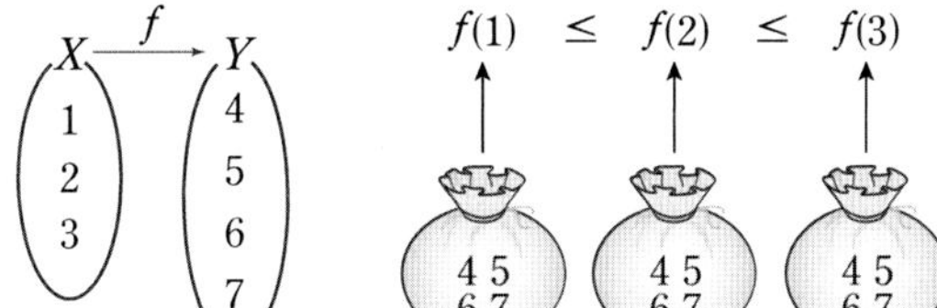

2 이항정리

너코 068 이항정리

자연수 n에 대하여 $(a+b)^n$의 전개식은
곱의 법칙에 의하여 2^n개의 항을 갖게 되고,
a 와 b 중에서 하나를 택하는 과정을 n번 하여 곱한 것이 각각의 항이다.

$(a+b)(a+b)(a+b)(a+b) \longrightarrow aaab=a^3b$
$(a+b)(a+b)(a+b)(a+b) \longrightarrow aaba=a^3b$
$(a+b)(a+b)(a+b)(a+b) \longrightarrow abaa=a^3b$
$(a+b)(a+b)(a+b)(a+b) \longrightarrow baaa=a^3b$

그러므로 b를 전체 n번 중 r번 택하는 경우의 수가 ${}_n\mathrm{C}_r$임을 이용하여 $(a+b)^n$의 전개식은 다음과 같이 나타낼 수 있고, 이를 **이항정리**라 한다.

$$(a+b)^n = {}_n\mathrm{C}_0a^n + {}_n\mathrm{C}_1a^{n-1}b + {}_n\mathrm{C}_2a^{n-2}b^2 + \cdots + {}_n\mathrm{C}_ra^{n-r}b^r + \cdots + {}_n\mathrm{C}_nb^n$$

(Σ를 사용해서 표현하면 $(a+b)^n = \sum_{r=0}^{n} {}_n\mathrm{C}_r a^{n-r}b^r$)
이항정리의 일반항

$${}_n\mathrm{C}_r a^{n-r}b^r$$

을 이용하여 $(a+b)^n$의 전개식에서 **특정 항의 계수**를 구할 수 있다.

너코 069 이항계수의 성질

이항계수를 다음과 같이 삼각형으로 배열한 파스칼의 삼각형을 통해서

$${}_{n-1}\mathrm{C}_{r-1} + {}_{n-1}\mathrm{C}_r = {}_n\mathrm{C}_r$$

이 성립함을 알 수 있다. 또한 ${}_n\mathrm{C}_r = {}_n\mathrm{C}_{n-r}$이므로
$(a+b)^n$의 전개식에서 이항계수는 **좌우대칭**을 이룬다.

$(a+b)^1$: ${}_1\mathrm{C}_0$ ${}_1\mathrm{C}_1$ → 1 1
$(a+b)^2$: ${}_2\mathrm{C}_0$ ${}_2\mathrm{C}_1$ ${}_2\mathrm{C}_2$ → 1 2 1
$(a+b)^3$: ${}_3\mathrm{C}_0$ ${}_3\mathrm{C}_1$ ${}_3\mathrm{C}_2$ ${}_3\mathrm{C}_3$ → 1 3 3 1
$(a+b)^4$: ${}_4\mathrm{C}_0$ ${}_4\mathrm{C}_1$ ${}_4\mathrm{C}_2$ ${}_4\mathrm{C}_3$ ${}_4\mathrm{C}_4$ → 1 4 6 4 1
$(a+b)^5$: ${}_5\mathrm{C}_0$ ${}_5\mathrm{C}_1$ ${}_5\mathrm{C}_2$ ${}_5\mathrm{C}_3$ ${}_5\mathrm{C}_4$ ${}_5\mathrm{C}_5$ → 1 5 10 10 5 1
⋮

다음 항등식에서

$$(a+b)^n = {}_n\mathrm{C}_0a^n + {}_n\mathrm{C}_1a^{n-1}b + {}_n\mathrm{C}_2a^{n-2}b^2 + \cdots + {}_n\mathrm{C}_ra^{n-r}b^r + \cdots + {}_n\mathrm{C}_nb^n$$

$a=1$, $b=1$일 때 ${}_n\mathrm{C}_0 + {}_n\mathrm{C}_1 + {}_n\mathrm{C}_2 + \cdots + {}_n\mathrm{C}_n = 2^n$이고
$a=1$, $b=-1$일 때
${}_n\mathrm{C}_0 - {}_n\mathrm{C}_1 + {}_n\mathrm{C}_2 - \cdots + (-1)^n {}_n\mathrm{C}_n = 0$이다.
또한 이 두 식을 결합하면
${}_n\mathrm{C}_0 + {}_n\mathrm{C}_2 + {}_n\mathrm{C}_4 + \cdots = {}_n\mathrm{C}_1 + {}_n\mathrm{C}_3 + {}_n\mathrm{C}_5 + \cdots = 2^{n-1}$
가 성립함을 보일 수 있다.

그리고 ${}_{n-1}\mathrm{C}_{r-1} + {}_{n-1}\mathrm{C}_r = {}_n\mathrm{C}_r$임을 이용하여

1
${}_1\mathrm{C}_0$ ${}_1\mathrm{C}_1$
${}_2\mathrm{C}_0$ ${}_2\mathrm{C}_1$ ${}_2\mathrm{C}_2$
${}_3\mathrm{C}_0$ ${}_3\mathrm{C}_1$ ${}_3\mathrm{C}_2$ ${}_3\mathrm{C}_3$
${}_4\mathrm{C}_0$ ${}_4\mathrm{C}_1$ ${}_4\mathrm{C}_2$ ${}_4\mathrm{C}_3$ ${}_4\mathrm{C}_4$
${}_5\mathrm{C}_0$ ${}_5\mathrm{C}_1$ ${}_5\mathrm{C}_2$ ${}_5\mathrm{C}_3$ ${}_5\mathrm{C}_4$ ${}_5\mathrm{C}_5$
⋮

${}_n\mathrm{C}_n + {}_{n+1}\mathrm{C}_n + {}_{n+2}\mathrm{C}_n + \cdots + {}_{n+r}\mathrm{C}_n = {}_{n+r+1}\mathrm{C}_{n+1}$와
${}_n\mathrm{C}_0 + {}_{n+1}\mathrm{C}_1 + {}_{n+2}\mathrm{C}_2 + \cdots + {}_{n+r}\mathrm{C}_r = {}_{n+r+1}\mathrm{C}_r$가
성립함을 유추할 수 있다.

1 순열과 조합

유형 01 원순열

유형소개

서로 다른 대상을 배열하되 회전하여 같은 것이 생기는 경우의 수를 구하는 유형이다. 염주순열, 같은 것이 있는 원순열 등이 다뤄질 수 없으므로 간단한 수준으로 나올 것으로 예상된다.

유형접근법

서로 다른 n개를 원형으로 배열하는 경우의 수는 $\dfrac{n!}{n}=(n-1)!$으로 계산한다.

G01-01

너코 061
2018학년도 9월 평가원 나형 6번

서로 다른 5개의 접시를 원 모양의 식탁에 일정한 간격을 두고 원형으로 놓는 경우의 수는?
(단, 회전하여 일치하는 것은 같은 것으로 본다.) [3점]

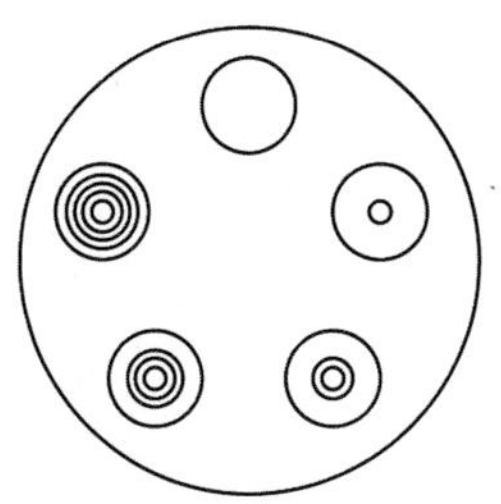

① 6 ② 12 ③ 18
④ 24 ⑤ 30

G01-02

너코 061
2021학년도 6월 평가원 나형 12번 / 가형 8번

1학년 학생 2명, 2학년 학생 2명, 3학년 학생 3명이 있다. 이 7명의 학생이 일정한 간격을 두고 원 모양의 탁자에 모두 둘러앉을 때, 1학년 학생끼리 이웃하고 2학년 학생끼리 이웃하게 되는 경우의 수는?
(단, 회전하여 일치하는 것은 같은 것으로 본다.) [3점]

① 96 ② 100 ③ 104
④ 108 ⑤ 112

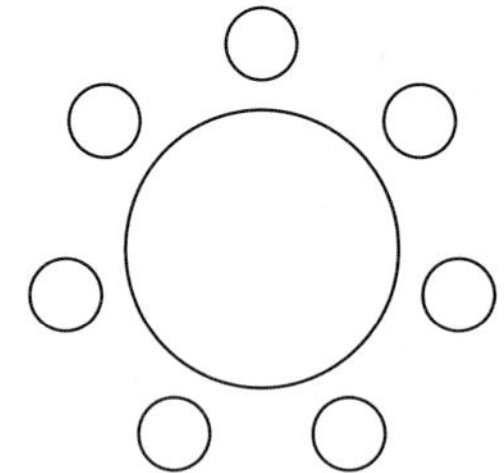

G01-03

너코 061
2012학년도 9월 평가원 가형 6번

그림과 같이 최대 6개의 용기를 넣을 수 있는 원형의 실험 기구가 있다. 서로 다른 6개의 용기 A, B, C, D, E, F를 이 실험 기구에 모두 넣을 때, A와 B가 이웃하게 되는 경우의 수는?

(단, 회전하여 일치하는 것은 같은 것으로 본다) [3점]

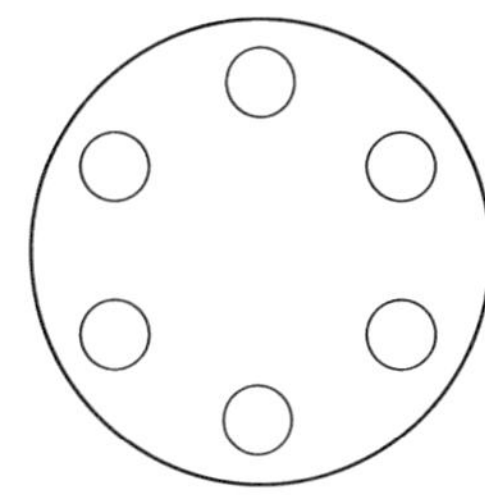

① 36 ② 48 ③ 60
④ 72 ⑤ 84

G01-04

너코 061
2013학년도 5월 예비 시행 평가원 B형 6번

빨간색과 파란색을 포함한 서로 다른 6가지의 색을 모두 사용하여, 날개가 6개인 바람개비의 각 날개에 색칠하려고 한다. 빨간색과 파란색을 서로 맞은편의 날개에 칠하는 경우의 수는? (단, 각 날개에는 한 가지 색만 칠하고, 회전하여 일치하는 것은 같은 것으로 본다.) [3점]

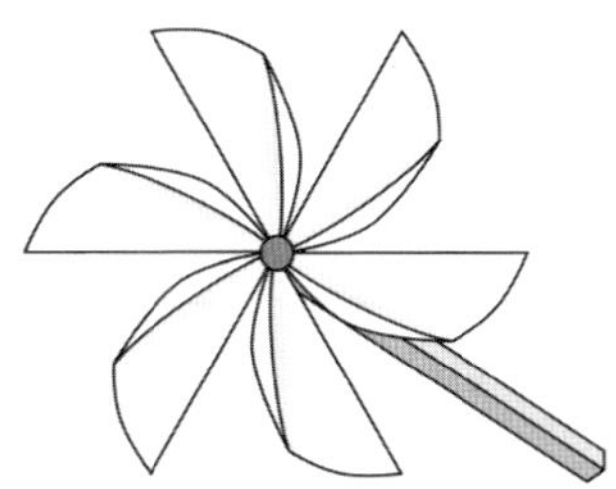

① 12 ② 18 ③ 24
④ 30 ⑤ 36

G01-05

너코 061
2021학년도 9월 평가원 나형 14번 / 가형 9번

다섯 명이 둘러앉을 수 있는 원 모양의 탁자와 두 학생 A, B를 포함한 8명의 학생이 있다. 이 8명의 학생 중에서 A, B를 포함하여 5명을 선택하고 이 5명의 학생 모두를 일정한 간격으로 탁자에 둘러앉게 할 때, A와 B가 이웃하게 되는 경우의 수는?

(단, 회전하여 일치하는 것은 같은 것으로 본다.) [4점]

① 180 ② 200 ③ 220
④ 240 ⑤ 260

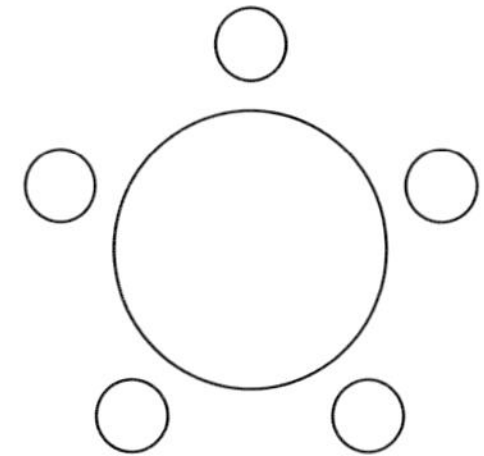

G01-06

2021학년도 수능 나형 15번 / 가형 26번

세 학생 A, B, C를 포함한 6명의 학생이 있다. 이 6명의 학생이 일정한 간격을 두고 원 모양의 탁자에 다음 조건을 만족시키도록 모두 둘러앉는 경우의 수는?

(단, 회전하여 일치하는 것은 같은 것으로 본다.) [4점]

(가) A와 B는 이웃한다.
(나) B와 C는 이웃하지 않는다.

① 32　② 34　③ 36　④ 38　⑤ 40

G01-07

2025학년도 6월 평가원 (확률과 통계) 27번

1부터 6까지의 자연수가 하나씩 적혀 있는 6개의 의자가 있다. 이 6개의 의자를 일정한 간격을 두고 원형으로 배열할 때, 서로 이웃한 2개의 의자에 적혀 있는 수의 합이 11이 되지 않도록 배열하는 경우의 수는?

(단, 회전하여 일치하는 것은 같은 것으로 본다.) [3점]

① 72　② 78　③ 84　④ 90　⑤ 96

G01-08

너코 061

2012학년도 6월 평가원 가형 15번

그림과 같이 정삼각형과 정삼각형의 각 꼭짓점을 중심으로 하고 정삼각형의 각 변의 중점에서만 서로 만나는 크기가 같은 원 3개가 있다. 정삼각형의 내부 또는 원의 내부에 만들어지는 7개의 영역에 서로 다른 7가지 색을 모두 사용하여 칠하려고 한다. 한 영역에 한 가지 색만을 칠할 때, 색칠한 결과로 나올 수 있는 경우의 수는?

(단, 회전하여 일치하는 것은 같은 것으로 본다.) [4점]

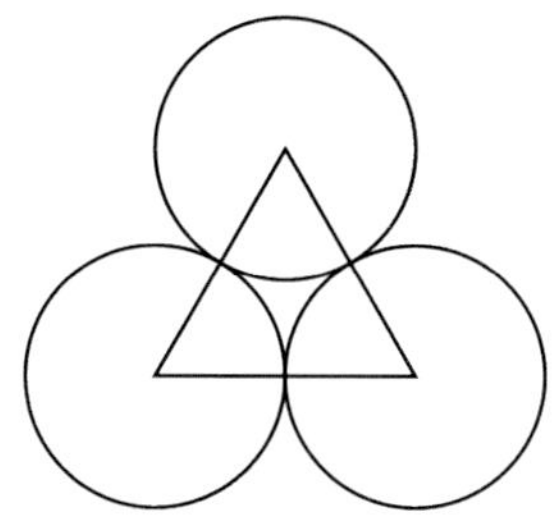

① 1260 ② 1680 ③ 2520
④ 3760 ⑤ 5040

G01-09

너코 061

2022학년도 6월 평가원 (확률과 통계) 29번

1부터 6까지의 자연수가 하나씩 적혀 있는 6개의 의자가 있다. 이 6개의 의자를 일정한 간격을 두고 원형으로 배열할 때, 서로 이웃한 2개의 의자에 적혀 있는 수의 곱이 12가 되지 않도록 배열하는 경우의 수를 구하시오.

(단, 회전하여 일치하는 것은 같은 것으로 본다.) [4점]

유형 02 중복순열(1) - 숫자 또는 문자 나열하기

유형소개

서로 다른 숫자 또는 문자를 중복을 허용하여 선택한 뒤 순서를 정해주는 경우의 수인 중복순열(${}_n\Pi_r$)을 이용하여 구하는 문제를 이 유형에 수록하였다.

유형접근법

서로 다른 n개의 대상 중에서 중복을 허락하여 r개를 택해 일렬로 나열하는 경우의 수는 ${}_n\Pi_r = n^r$으로 계산한다.

G02-01

너코 062

2017학년도 수능 가형 5번

숫자 1, 2, 3, 4, 5 중에서 중복을 허락하여 네 개를 택해 일렬로 나열하여 만든 네 자리의 자연수가 5의 배수인 경우의 수는? [3점]

① 115 ② 120 ③ 125 ④ 130 ⑤ 135

G02-02

너코 062

2023학년도 수능 (확률과 통계) 24번

숫자 1, 2, 3, 4, 5 중에서 중복을 허락하여 4개를 택해 일렬로 나열하여 만들 수 있는 네 자리의 자연수 중 4000 이상인 홀수의 개수는? [3점]

① 125 ② 150 ③ 175 ④ 200 ⑤ 225

G02-03

너코 062

2023학년도 6월 평가원 (확률과 통계) 27번

네 문자 a, b, X, Y 중에서 중복을 허락하여 6개를 택해 일렬로 나열하려고 한다. 다음 조건이 성립하도록 나열하는 경우의 수는? [3점]

(가) 양 끝 모두에 대문자가 나온다.
(나) a는 한 번만 나온다.

① 384 ② 408 ③ 432 ④ 456 ⑤ 480

G 02-04

너코 062
2006학년도 6월 평가원 나형 30번

어느 건물에서는 출입을 통제하기 위하여 각 자리가 '0'과 '1'로 이루어진 8자리 문자열의 보안카드를 이용하고 있다. 보안카드의 8자리 문자열에 '1'의 개수가 5이거나 문자열의 처음 4자리가 '0110'이면 이 건물의 출입문을 통과할 수 있다. 예를 들어, 보안카드의 문자열이 '10110011'이거나 '01100101'이면 이 건물에 출입할 수 있다. 이 건물의 출입문을 통과할 수 있는 서로 다른 보안카드의 총 개수를 구하시오. [4점]

유형 03 중복순열(2) - 집합, 함수의 개수

유형소개

중복순열(${}_n\Pi_r$)을 이용하여 집합, 함수의 개수를 구하는 문제를 이 유형에 수록하였다.

유형접근법

중복순열 ${}_n\Pi_r = n^r$를 계산할 때
n은 선택받는 것의 개수, r는 선택하는 것의 개수임을 이해하고 다음과 같이 접근해보자.

❶ 집합의 개수
전체집합을 $U = A_1 \cup A_2 \cup \cdots \cup A_n$이라 하고,
전체집합 U의 원소의 개수를 r라 하자.
(단, A_1, A_2, $\cdots$, A_n은 서로소인 집합)
순서쌍 $(A_1, A_2, A_3, \cdots, A_n)$의 개수는
${}_n\Pi_r = n^r$이다.

❷ 집합 X에서 Y로의 함수의 개수
두 집합 X, Y의 원소의 개수가 각각 a, b일 때
구하는 함수의 개수는 ${}_b\Pi_a = b^a$이다.

G 03-01

너코 062
변형문항(2005학년도 수능 가형 (이산수학) 28번)

서로소인 두 집합 A, B가 $A \cup B = \{1, 2, 3, 4, 5\}$일 때, 순서쌍 (A, B)의 개수는? [3점]

① 8 ② 16 ③ 24
④ 32 ⑤ 40

G03-02

너코 062
2005학년도 수능 가형 (이산수학) 28번

집합 $\{1, 2, 3, 4, 5, 6\}$의 서로소인 두 부분집합 A, B의 순서쌍 (A, B)의 개수는? [3점]

① 729 ② 720 ③ 243 ④ 64 ⑤ 36

G03-03

너코 062 너코 067
2022학년도 수능 예시문항 (확률과 통계) 27번

집합 $X = \{1, 2, 3, 4\}$에 대하여 다음 조건을 만족시키는 모든 함수 $f : X \to X$의 개수는? [3점]

(가) $f(1) + f(2) + f(3) \geq 3f(4)$
(나) $k = 1, 2, 3$일 때 $f(k) \neq f(4)$이다.

① 41 ② 45 ③ 49 ④ 53 ⑤ 57

G03-04

너코 062 너코 067
2022학년도 9월 평가원 (확률과 통계) 28번

집합 $X=\{1,\ 2,\ 3,\ 4,\ 5,\ 6\}$에 대하여 다음 조건을 만족시키는 함수 $f : X \to X$의 개수는? [4점]

> (가) $f(3)+f(4)$는 5의 배수이다.
> (나) $f(1)<f(3)$이고 $f(2)<f(3)$이다.
> (다) $f(4)<f(5)$이고 $f(4)<f(6)$이다.

① 384 ② 394 ③ 404
④ 414 ⑤ 424

G03-05

너코 062 너코 067
2022학년도 수능 (확률과 통계) 28번

두 집합 $X=\{1,\ 2,\ 3,\ 4,\ 5\}$, $Y=\{1,\ 2,\ 3,\ 4\}$에 대하여 다음 조건을 만족시키는 X에서 Y로의 함수 f의 개수는? [4점]

> (가) 집합 X의 모든 원소 x에 대하여
> $f(x) \geq \sqrt{x}$이다.
> (나) 함수 f의 치역의 원소의 개수는 3이다.

① 128 ② 138 ③ 148
④ 158 ⑤ 168

G03-06

너코 062 너코 067
2023학년도 9월 평가원 (확률과 통계) 30번

집합 $X = \{1, 2, 3, 4, 5\}$와 함수 $f : X \to X$에 대하여 함수 f의 치역을 A, 합성함수 $f \circ f$의 치역을 B라 할 때, 다음 조건을 만족시키는 함수 f의 개수를 구하시오. [4점]

> (가) $n(A) \leq 3$
> (나) $n(A) = n(B)$
> (다) 집합 X의 모든 원소 x에 대하여 $f(x) \neq x$이다.

G03-07

너코 062 너코 067
2024학년도 6월 평가원 (확률과 통계) 28번

집합 $X = \{1, 2, 3, 4, 5\}$에 대하여 다음 조건을 만족시키는 함수 $f : X \to X$의 개수는? [4점]

> (가) $f(1) \times f(3) \times f(5)$는 홀수이다.
> (나) $f(2) < f(4)$
> (다) 함수 f의 치역의 원소의 개수는 3이다.

① 128　② 132　③ 136　④ 140　⑤ 144

유형 04 중복순열(3) - 나누어 배정하기

유형소개

중복순열(${}_{n}\Pi_{r}$)을 이용하여 서로 구분이 되는 대상을 나누어 배정하는 문제를 이 유형에 수록하였다.

유형접근법

유형 03 과 마찬가지로 중복순열 ${}_{n}\Pi_{r} = n^{r}$를 계산할 때 n은 선택받는 것의 개수, r는 선택하는 것의 개수임을 이해하고 접근해보자.

G04-01

너코 062

변형문항(2016학년도 6월 평가원 B형 9번)

4명의 학생 A, B, C, D가 3개의 동아리 등산반, 영어회화반, 독서반 중 하나씩 선택하는 방법의 수는? [3점]

① 64 ② 81 ③ 243
④ 256 ⑤ 1024

G04-02

너코 062

2016학년도 6월 평가원 B형 9번

서로 다른 종류의 연필 5자루를 4명의 학생 A, B, C, D에게 남김없이 나누어 주는 경우의 수는?
(단, 연필을 받지 못하는 학생이 있을 수 있다.) [3점]

① 1024 ② 1034 ③ 1044
④ 1054 ⑤ 1064

G04-03

너코 062

2017학년도 9월 평가원 가형 19번

서로 다른 과일 5개를 3개의 그릇 A, B, C에 남김없이 담으려고 할 때, 그릇 A에는 과일 2개만 담는 경우의 수는?
(단, 과일을 하나도 담지 않은 그릇이 있을 수 있다.) [4점]

① 60 ② 65 ③ 70
④ 75 ⑤ 80

G04-04

너코 062

2007학년도 수능 14번

1, 2, 3, 4, 5의 숫자가 하나씩 적힌 5개의 공을 3개의 상자 A, B, C에 넣으려고 한다. 어느 상자에도 넣어진 공에 적힌 수의 합이 13 이상이 되는 경우가 없도록 공을 상자에 넣는 방법의 수는? (단, 빈 상자의 경우에는 넣어진 공에 적힌 수의 합을 0으로 한다.) [4점]

① 233 ② 228 ③ 222
④ 215 ⑤ 211

G04-05

너코 062
2018학년도 수능 가형 18번

서로 다른 공 4개를 남김없이 서로 다른 상자 4개에 나누어 넣으려고 할 때, 넣은 공의 개수가 1인 상자가 있도록 넣는 경우의 수는?

(단, 공을 하나도 넣지 않은 상자가 있을 수 있다.) [4점]

① 220 ② 216 ③ 212
④ 208 ⑤ 204

유형 05 같은 것이 있는 순열(1) - 서로 같은 대상을 포함할 때

유형소개

몇 개의 대상을 일렬로 나열하는 경우의 수를 구할 때, 대상에 같은 것이 포함되어 있는 문제를 이 유형에 수록하였다.

유형접근법

n개 중 같은 것이 각각 p개, q개, $\cdots$, r개씩 있을 때 이 대상을 일렬로 나열하는 경우의 수는 $\dfrac{n!}{p!q!\cdots r!}$로 계산한다.

G05-01

너코 063
2012학년도 수능 가형 5번

흰색 깃발 5개, 파란색 깃발 5개를 일렬로 모두 나열할 때, 양 끝에 흰색 깃발이 놓이는 경우의 수는?

(단, 같은 색 깃발끼리는 서로 구별하지 않는다.) [3점]

① 56 ② 63 ③ 70
④ 77 ⑤ 84

G05-02

너코 063
2021학년도 6월 평가원 가형 4번

6개의 문자 a, a, a, b, b, c를 모두 일렬로 나열하는 경우의 수는? [3점]

① 52 ② 56 ③ 60
④ 64 ⑤ 68

G05-03

너코 063
2023학년도 6월 평가원 (확률과 통계) 23번

5개의 문자 a, a, a, b, c를 모두 일렬로 나열하는 경우의 수는? [2점]

① 16 ② 20 ③ 24
④ 28 ⑤ 32

G05-04

너코 063
2024학년도 6월 평가원 (확률과 통계) 23번

5개의 문자 a, a, b, c, d를 모두 일렬로 나열하는 경우의 수는? [2점]

① 50 ② 55 ③ 60
④ 65 ⑤ 70

G05-05

너코 063
2024학년도 수능 (확률과 통계) 23번

5개의 문자 x, x, y, y, z를 모두 일렬로 나열하는 경우의 수는? [2점]

① 10 ② 20 ③ 30
④ 40 ⑤ 50

G05-06

너코 063
2025학년도 6월 평가원 (확률과 통계) 23번

네 개의 숫자 1, 1, 2, 3을 모두 일렬로 나열하는 경우의 수는? [2점]

① 8 ② 10 ③ 12
④ 14 ⑤ 16

G05-07

너코 063
2025학년도 9월 평가원 (확률과 통계) 23번

다섯 개의 숫자 $1,\ 2,\ 2,\ 3,\ 3$을 모두 일렬로 나열하는 경우의 수는? [2점]

① 10　② 15　③ 20　④ 25　⑤ 30

G05-08

너코 063
2005학년도 수능 나형 30번

$1,\ 2,\ 2,\ 4,\ 5,\ 5$를 일렬로 배열하여 여섯 자리 자연수를 만들 때, 300000보다 큰 자연수의 개수를 구하시오. [4점]

G05-09

너코 063
2011학년도 6월 평가원 나형 30번

0을 한 개 이하 사용하여 만든 세 자리 자연수 중에서 각 자리의 수의 합이 3인 자연수는 $111,\ 120,\ 210,\ 102,\ 201$이다. 0을 한 개 이하 사용하여 만든 다섯 자리 자연수 중에서 각 자리의 수의 합이 5인 자연수의 개수를 구하시오. [4점]

G05-10

너코 063
2011학년도 수능 6번

어느 행사장에는 현수막을 1개씩 설치할 수 있는 장소가 5곳이 있다. 현수막은 $\mathrm{A},\ \mathrm{B},\ \mathrm{C}$ 세 종류가 있고, A는 1개, B는 4개, C는 2개가 있다. 다음 조건을 만족시키도록 현수막 5개를 택하여 5곳을 설치할 때, 그 결과로 나타날 수 있는 경우의 수는?

(단, 같은 종류의 현수막끼리는 구분하지 않는다.) [3점]

(가) A는 반드시 설치한다. (나) B는 2곳 이상 설치한다.

① 55　② 65　③ 75　④ 85　⑤ 95

G05-11

너코 063
2019학년도 6월 평가원 가형 27번

세 문자 a, b, c 중에서 중복을 허락하여 4개를 택해 일렬로 나열할 때, 문자 a가 두 번 이상 나오는 경우의 수를 구하시오. [4점]

G05-12

너코 063
2022학년도 6월 평가원 (확률과 통계) 28번

한 개의 주사위를 한 번 던져 나온 눈의 수가 3 이하이면 나온 눈의 수를 점수로 얻고, 나온 눈의 수가 4 이상이면 0점을 얻는다. 이 주사위를 네 번 던져 나온 눈의 수를 차례로 a, b, c, d라 할 때, 얻은 네 점수의 합이 4가 되는 모든 순서쌍 (a, b, c, d)의 개수는? [4점]

① 187 ② 190 ③ 193
④ 196 ⑤ 199

G05-13

너코 063
2005학년도 6월 평가원 나형 30번

7개의 문자 a, a, b, b, c, d, e를 일렬로 나열할 때, a끼리 또는 b끼리 이웃하게 되는 모든 경우의 수를 구하시오. [4점]

G05-14

너코 063
2009학년도 6월 평가원 나형 30번

$\frac{4}{4}$박자는 4분음을 한 박으로 하여 한 마디가 네 박으로 구성된다. 예를 들어 $\frac{4}{4}$박자 한 마디는 4분 음표(♩) 또는 8분 음표(♪)만을 사용하여 ♩♩♩♩ 또는 ♪♩♪♩♩와 같이 구성할 수 있다. 4분 음표 또는 8분 음표만 사용하여 $\frac{4}{4}$박자의 한 마디를 구성하는 경우의 수를 구하시오. [4점]

G05-15

너코 063
2009학년도 수능 15번

어떤 사회봉사센터에서는 다음과 같은 4가지 봉사활동 프로그램을 매일 운영하고 있다.

프로그램	A	B	C	D
봉사활동 시간	1시간	2시간	3시간	4시간

철수는 이 사회봉사센터에서 5일간 매일 하나씩의 프로그램에 참여하여 다섯 번의 봉사활동 시간 합계가 8시간이 되도록 아래와 같은 봉사활동 계획서를 작성하려고 한다. 작성할 수 있는 봉사활동 계획서의 가짓수는? [4점]

봉사활동 계획서

성명 :

참여일	참여 프로그램	봉사활동 시간
2009. 1. 5		
2009. 1. 6		
2009. 1. 7		
2009. 1. 8		
2009. 1. 9		
봉사활동 시간 합계		8시간

① 47　② 44　③ 41　④ 38　⑤ 35

G05-16

너코 063
2020학년도 수능 나형 19번 / 가형 28번

숫자 1, 2, 3, 4, 5, 6 중에서 중복을 허락하여 다섯 개를 다음 조건을 만족시키도록 선택한 후, 일렬로 나열하여 만들 수 있는 모든 다섯 자리의 자연수의 개수는? [4점]

> (가) 각각의 홀수는 선택하지 않거나 한 번만 선택한다.
> (나) 각각의 짝수는 선택하지 않거나 두 번만 선택한다.

① 450 ② 445 ③ 440
④ 435 ⑤ 430

유형 06 같은 것이 있는 순열(2) - 일부 대상의 순서가 정해져 있을 때

유형소개

서로 다른 n개를 일렬로 나열할 때, 일부 대상의 순서 관계가 정해진 경우 같은 것이 있는 순열을 활용하는 유형이다.

유형접근법

서로 다른 n개를 일렬로 나열할 때, p개의 순서 관계가 정해진 경우의 수는 $\frac{n!}{p!}$으로 계산한다.

예를 들어 a, b, c, d를 일렬로 나열할 때 a를 b보다 왼쪽에 나열하는 경우는 a, b를 같은 것(A)으로 보고 A, A, c, d를 일렬로 나열하는 경우의 수 $\frac{4!}{2!}$으로 계산한다.

G06-01

너코 063
변형문항(2014학년도 6월 평가원 B형 5번)

1, 2, 3, 4, 5의 5개의 숫자가 하나씩 적혀 있는 5장의 카드가 있다. 이 5장의 카드를 모두 일렬로 나열할 때, 2가 적힌 카드를 4가 적힌 카드보다 왼쪽에 나열하는 경우의 수는? [3점]

① 24 ② 30 ③ 40
④ 60 ⑤ 120

G06-02

너코 063
변형문항(2014학년도 6월 평가원 B형 5번)

a, b, c, d, e, f의 6개의 문자를 일렬로 나열할 때, a를 b보다 왼쪽에 나열하고, b를 c보다 왼쪽에 나열하는 경우의 수를 구하시오. [3점]

G06-03

너코 063
2010학년도 수능 6번

어느 회사원이 처리해야 할 업무는 A, B를 포함하여 모두 6가지이다. 이 중에서 A, B를 포함한 4가지 업무를 오늘 처리하려고 하는데, A를 B보다 먼저 처리해야 한다.
오늘 처리할 업무를 택하고, 택한 업무의 처리 순서를 정하는 경우의 수는? [3점]

① 60　② 66　③ 72
④ 78　⑤ 84

G06-04

너코 063
2011학년도 6월 평가원 나형 28번

1개의 본사와 5개의 지사로 이루어진 어느 회사의 본사로부터 각 지사까지의 거리가 표와 같다.

지사	가	나	다	라	마
거리(km)	50	50	100	150	200

본사에서 각 지사에 A, B, C, D, E를 지사장으로 각각 발령할 때, A보다 B가 본사로부터 거리가 먼 지사의 지사장이 되도록 5명을 발령하는 경우의 수는? [4점]

① 50　② 52　③ 54
④ 56　⑤ 58

G06-05

너코 063
2014학년도 6월 평가원 B형 5번

1부터 6까지의 자연수가 하나씩 적혀 있는 6장의 카드가 있다. 이 카드를 모두 한 번씩 사용하여 일렬로 나열할 때, 2가 적혀 있는 카드는 4가 적혀 있는 카드보다 왼쪽에 나열하고 홀수가 적혀 있는 카드는 작은 수부터 크기 순서로 왼쪽부터 나열하는 경우의 수는? [3점]

① 56　② 60　③ 64
④ 68　⑤ 72

G06-06

너코 063
2010학년도 9월 평가원 나형 30번

다음 표와 같이 3개 과목에 각각 2개의 수준으로 구성된 6개의 과제가 있다. 각 과목의 과제는 수준 Ⅰ의 과제를 제출한 후에만 수준 Ⅱ의 과제를 제출할 수 있다. 예를 들어 '국어A → 수학A → 국어B → 영어A → 영어B → 수학B' 순서로 과제를 제출할 수 있다.

수준＼과목	국어	수학	영어
Ⅰ	국어A	수학A	영어A
Ⅱ	국어B	수학B	영어B

6개의 과제를 모두 제출할 때, 제출 순서를 정하는 경우의 수를 구하시오. [4점]

유형 07 최단경로의 수

유형소개

바둑판 모양의 길을 따라 두 지점 사이를 최단거리로 움직이는 경우의 수를 구하는 문제를 이 유형에 수록하였다.
꼭 직사각형 모양이 아니라 마름모나 원과 같이 형태가 달라 보이거나, 중간에 삭제된 길이 있거나, 지나지 않는 길이 있는 등 여러 가지로 변형된 문항들이 있다.

유형접근법

A지점에서 출발하여 B지점까지 최단거리로 갈 때,
→방향으로 p번, ↓방향으로 q번 움직여야 한다면
서로 같은 p개의 →와 서로 같은 q개의 ↓를 일렬로 나열하는 경우의 수 $\dfrac{(p+q)!}{p!\times q!}$으로 계산한다.

G07-01

너코 064
2013학년도 9월 평가원 가형 5번

그림과 같이 마름모 모양으로 연결된 도로망이 있다.
이 도로망을 따라 A 지점에서 출발하여 B 지점까지 최단거리로 가는 경우의 수는? [3점]

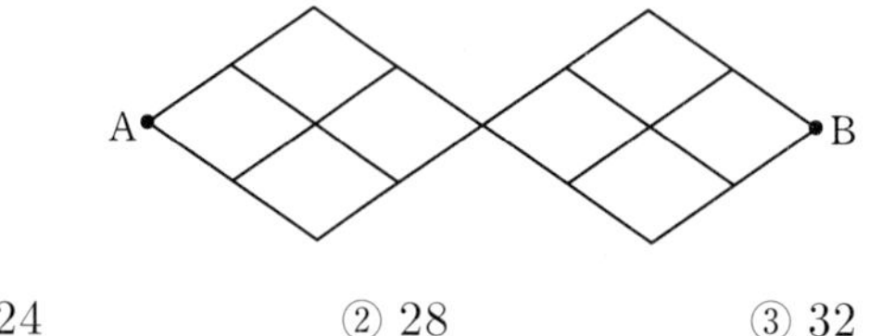

① 24 ② 28 ③ 32
④ 36 ⑤ 40

G07-02

너코 064
2013학년도 수능 가형 5번

그림과 같이 마름모 모양으로 연결된 도로망이 있다.
이 도로망을 따라 A 지점에서 출발하여 C 지점을 지나지 않고, D 지점도 지나지 않으면서 B 지점까지 최단거리로 가는 경우의 수는? [3점]

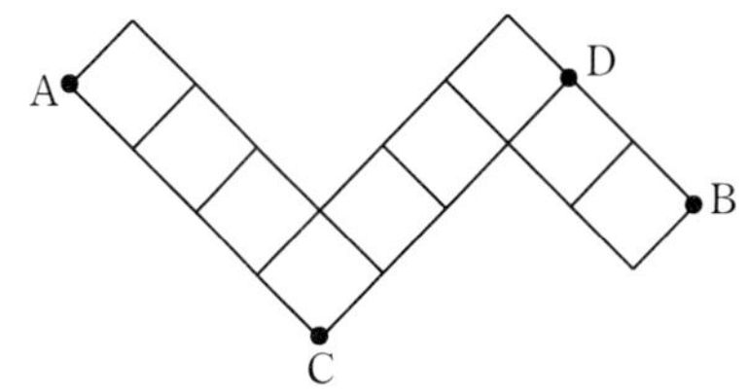

① 26 ② 24 ③ 22
④ 20 ⑤ 18

G07-03

너코 064
2018학년도 6월 평가원 나형 7번

그림과 같이 직사각형 모양으로 연결된 도로망이 있다. 이 도로망을 따라 A 지점에서 출발하여 P 지점을 지나 B 지점까지 최단거리로 가는 경우의 수는? [3점]

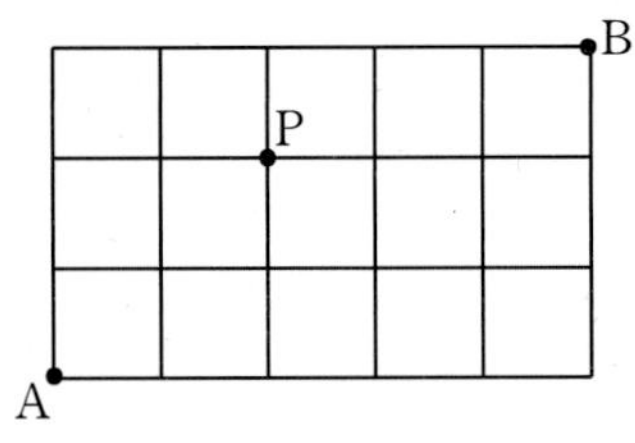

① 16　② 18　③ 20　④ 22　⑤ 24

G07-04

너코 064
2024학년도 9월 평가원 (확률과 통계) 24번

그림과 같이 직사각형 모양으로 연결된 도로망이 있다. 이 도로망을 따라 A 지점에서 출발하여 P 지점을 거쳐 B 지점까지 최단 거리로 가는 경우의 수는? [3점]

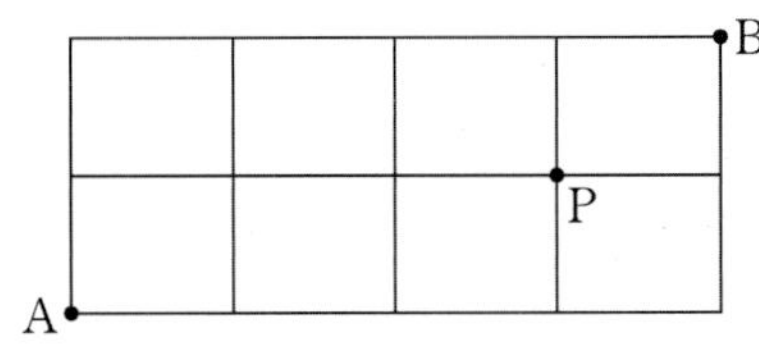

① 6　② 7　③ 8　④ 9　⑤ 10

G07-05

너코 064
2005학년도 9월 평가원 나형 22번

그림과 같은 바둑판 모양의 도로망이 있다. 갑은 A 에서 C 까지 굵은 선을 따라 걷고, 을은 C 에서 A 까지 굵은 선을 따라 걸으며, 병은 B 에서 D 까지 도로를 따라 최단거리로 걷는다. 갑, 을, 병 세 사람이 모두 만나도록 병이 B 에서 D 까지 가는 경우의 수를 구하시오. (단, 갑, 을, 병은 동시에 출발하고 같은 속력으로 걷는다고 가정한다.) [4점]

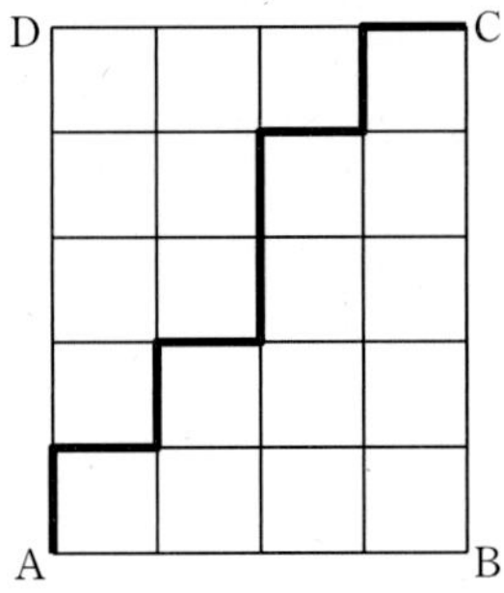

G07-06

너코 064
2008학년도 9월 평가원 12번

그림과 같은 모양의 도로망이 있다. 지점 A에서 지점 B까지 도로를 따라 최단거리로 가는 경우의 수는? (단, 가로 방향 도로와 세로 방향 도로는 각각 서로 평행하다.) [4점]

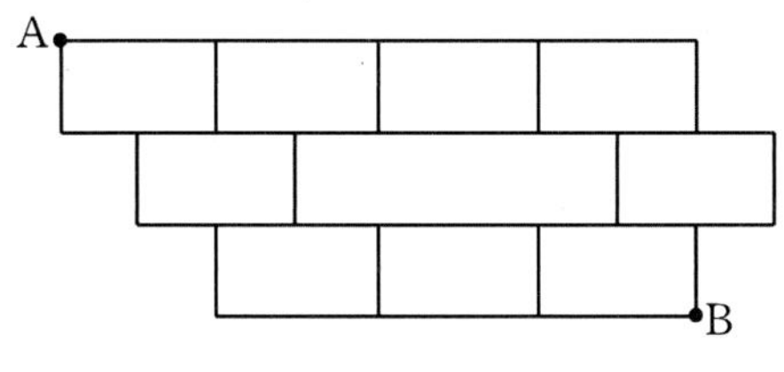

① 14 ② 16 ③ 18
④ 20 ⑤ 22

G07-07

너코 064
2009학년도 수능 나형 25번

직사각형 모양의 잔디밭에 산책로가 만들어져 있다.
이 산책로는 그림과 같이 반지름의 길이가 같은 원 8개가 각각 서로 한 점에서 만나는 형태이다.

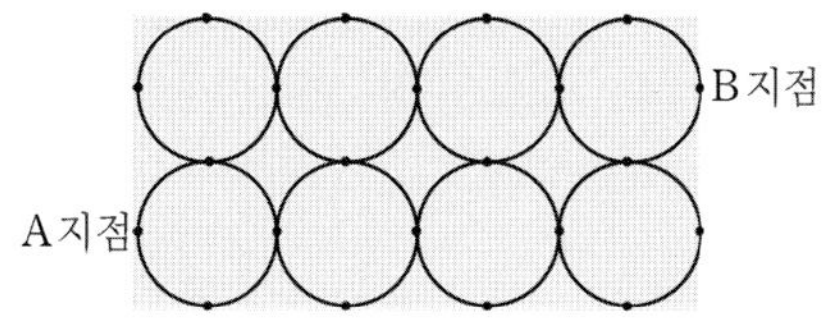

A 지점에서 출발하여 산책로를 따라 최단거리로 B 지점에 도착하는 경우의 수를 구하시오. (단, 원 위에 표시된 점은 원과 직사각형 또는 원과 원의 접점을 나타낸다.) [4점]

G07-08

너코 064
2010학년도 6월 평가원 25번

좌표평면 위의 점들의 집합 $S=\{(x,\ y)\,|\,x$와 y는 정수$\}$가 있다. 집합 S에 속하는 한 점에서 S에 속하는 다른 점으로 이동하는 '점프'는 다음 규칙을 만족시킨다.

> 점 P에서 한 번의 '점프'로 점 Q로 이동할 때, 선분 PQ의 길이는 1 또는 $\sqrt{2}$이다.

점 $\mathrm{A}(-2,\ 0)$에서 점 $\mathrm{B}(2,\ 0)$까지 4번만 '점프'하여 이동하는 경우의 수를 구하시오. (단, 이동하는 과정에서 지나는 점이 다르면 다른 경우이다.) [4점]

유형 08 중복조합(1) – 내적 문제 해결

유형소개

서로 구분이 되는 n개의 대상에서 중복을 허락하여 순서를 고려하지 않고 r개를 뽑는 경우의 수를 중복조합(${}_{n}\mathrm{H}_{r}$)을 이용하여 계산하는 유형이다.
중복조합에 관하여 유형 08 에서는 수학 내적 문제를, 유형 09 에서는 수학 외적 문제를 다룬다. ⟨수학 I⟩을 학습하였음을 전제로 하여 Σ를 활용하는 문항을 포함시켜 분류하였다.

유형접근법

✓ 방정식을 만족시키는 순서쌍의 개수 (단, n은 자연수)
방정식 $x+y+z=n$을 만족시키는
음이 아닌 정수 $x,\ y,\ z$의 순서쌍 $(x,\ y,\ z)$의 개수는
$x,\ y,\ z$ 3개 중에서 중복을 허락하여 n개를 선택하는
경우의 수와 같으므로 ${}_{3}\mathrm{H}_{n}$으로 계산한다.

✓ 부등식을 만족시키는 순서쌍의 개수 (단, $m,\ n$은 정수)
부등식 $m \le x \le y \le z \le n$을 만족시키는
정수 $x,\ y,\ z$의 순서쌍 $(x,\ y,\ z)$의 개수는
m부터 n까지의 정수 $n-m+1$개 중에서
중복을 허락하여 3개를 선택하는 경우의 수와 같으므로
${}_{n-m+1}\mathrm{H}_{3}$으로 계산한다.

✓ 두 집합 $X=\{x_1,\ x_2,\ \cdots,\ x_m\}$, $Y=\{y_1,\ y_2,\ \cdots,\ y_n\}$에 대하여 $x_i < x_j$이면 $f(x_i) \le f(x_j)$인
X에서 Y로의 함수 f의 개수는
$y_1,\ y_2,\ \cdots,\ y_n$의 n개 중에서 중복을 허락하여 m개를
선택하는 경우의 수와 같으므로 ${}_{n}\mathrm{H}_{m}$으로 계산한다.

G08-01

너코 065 너코 066
2012학년도 6월 평가원 가형 22번

방정식 $x+y+z=17$을 만족시키는 음이 아닌 정수 $x,\ y,\ z$에 대하여 순서쌍 $(x,\ y,\ z)$의 개수를 구하시오. [3점]

G08-02

너코 065 너코 066
2013학년도 6월 평가원 가형 25번

방정식 $x+y+z+w=4$를 만족시키는 음이 아닌 정수해의 순서쌍 $(x,\ y,\ z,\ w)$의 개수를 구하시오. [3점]

G08-03

너코 065 너코 067
2021학년도 수능 나형 13번

집합 $X=\{1,\ 2,\ 3,\ 4\}$에 대하여 다음 조건을 만족시키는 함수 $f: X \to X$의 개수는? [3점]

$$f(2) \le f(3) \le f(4)$$

① 64 ② 68 ③ 72 ④ 76 ⑤ 80

G08-04

너코 065 너코 067
2006학년도 6월 평가원 가형 (이산수학) 30번

$\{1,\ 2,\ 3,\ 4\}$에서 $\{1,\ 2,\ 3,\ 4,\ 5,\ 6,\ 7\}$로의 함수 중에서 $x_1 < x_2$ 일 때, $f(x_1) \ge f(x_2)$를 만족시키는 함수 f의 개수를 구하시오. [4점]

G08-05

너코 065
2014학년도 9월 평가원 A형 10번

$3 \le a \le b \le c \le d \le 10$을 만족시키는 자연수 $a,\ b,\ c,\ d$의 모든 순서쌍 $(a,\ b,\ c,\ d)$의 개수는? [3점]

① 240 ② 270 ③ 300 ④ 330 ⑤ 360

G08-06

너코 065 너코 066
2014학년도 9월 평가원 B형 8번

방정식 $x+y+z=4$를 만족시키는 -1 이상의 정수 $x,\ y,\ z$의 모든 순서쌍 $(x,\ y,\ z)$의 개수는? [3점]

① 21 ② 28 ③ 36 ④ 45 ⑤ 56

G08-07

너코 065
2014학년도 수능 B형 9번

숫자 1, 2, 3, 4에서 중복을 허락하여 5개를 택할 때, 숫자 4가 한 개 이하가 되는 경우의 수는? [3점]

① 45 ② 42 ③ 39
④ 36 ⑤ 33

G08-08

너코 065 너코 066
2015학년도 수능 A형 18번

연립방정식

$$\begin{cases} x+y+z+3w=14 \\ x+y+z+w=10 \end{cases}$$

을 만족시키는 음이 아닌 정수 x, y, z, w의 모든 순서쌍 (x, y, z, w)의 개수는? [4점]

① 40 ② 45 ③ 50
④ 55 ⑤ 60

G08-09

너코 065
2015학년도 수능 B형 26번

다음 조건을 만족시키는 자연수 a, b, c의 모든 순서쌍 (a, b, c)의 개수를 구하시오. [4점]

(가) $a \times b \times c$는 홀수이다.
(나) $a \le b \le c \le 20$

G08-10

너코 065 너코 066
2016학년도 9월 평가원 A형 19번

다음 조건을 만족시키는 음이 아닌 정수 a, b, c, d의 모든 순서쌍 (a, b, c, d)의 개수는? [4점]

(가) $a+b+c+3d=10$
(나) $a+b+c \le 5$

① 18 ② 20 ③ 22
④ 24 ⑤ 26

G08-11

너코 065 너코 066
2016학년도 수능 A형 17번

다음 조건을 만족시키는 음이 아닌 정수 a, b, c, d, e의 모든 순서쌍 (a, b, c, d, e)의 개수는? [4점]

> (가) a, b, c, d, e 중에서 0의 개수는 2이다.
> (나) $a+b+c+d+e=10$

① 240 ② 280 ③ 320
④ 360 ⑤ 400

G08-12

너코 065
2016학년도 수능 B형 14번

세 정수 a, b, c에 대하여

$$1 \leq |a| \leq |b| \leq |c| \leq 5$$

를 만족시키는 모든 순서쌍 (a, b, c)의 개수는? [4점]

① 360 ② 320 ③ 280
④ 240 ⑤ 200

G08-13

너코 065 너코 066
2017학년도 6월 평가원 나형 14번

방정식 $x+y+z+5w=14$를 만족시키는 양의 정수 x, y, z, w의 모든 순서쌍 (x, y, z, w)의 개수는? [4점]

① 27 ② 29 ③ 31
④ 33 ⑤ 35

G08-14

너코 065 너코 066
2017학년도 9월 평가원 나형 19번 / 가형 15번

각 자리의 수가 0이 아닌 네 자리의 자연수 중 각 자리의 수의 합이 7인 모든 자연수의 개수는? [4점]

① 11 ② 14 ③ 17
④ 20 ⑤ 23

G08-15

너코 065 너코 066
2018학년도 9월 평가원 나형 16번

다음 조건을 만족시키는 음이 아닌 정수 x, y, z의 모든 순서쌍 (x, y, z)의 개수는? [4점]

> (가) $x+y+z=10$
> (나) $0<y+z<10$

① 39　② 44　③ 49　④ 54　⑤ 59

G08-16

너코 065
2020학년도 6월 평가원 나형 29번

다음 조건을 만족시키는 음이 아닌 정수 x_1, x_2, x_3의 모든 순서쌍 (x_1, x_2, x_3)의 개수를 구하시오. [4점]

> (가) $n=1$, 2일 때, $x_{n+1}-x_n \geq 2$이다.
> (나) $x_3 \leq 10$

G08-17

너코 065
2020학년도 6월 평가원 가형 19번

다음 조건을 만족시키는 음이 아닌 정수 x_1, x_2, x_3, x_4의 모든 순서쌍 (x_1, x_2, x_3, x_4)의 개수는? [4점]

> (가) $n=1$, 2, 3일 때, $x_{n+1}-x_n \geq 2$이다.
> (나) $x_4 \leq 12$

① 210　② 220　③ 230　④ 240　⑤ 250

G08-18

너코 065 너코 066
2020학년도 수능 가형 16번

다음 조건을 만족시키는 음이 아닌 정수 a, b, c, d의 모든 순서쌍 (a, b, c, d)의 개수는? [4점]

> (가) $a+b+c-d=9$
> (나) $d \leq 4$이고 $c \geq d$이다.

① 265　② 270　③ 275　④ 280　⑤ 285

G08-19

너코 065 너코 066
2021학년도 6월 평가원 나형 27번

다음 조건을 만족시키는 음이 아닌 정수 a, b, c, d의 모든 순서쌍 (a, b, c, d)의 개수를 구하시오. [4점]

(가) $a+b+c+d=6$
(나) a, b, c, d 중에서 적어도 하나는 0이다.

G08-20

너코 065 너코 066
2022학년도 수능 (확률과 통계) 25번

다음 조건을 만족시키는 자연수 a, b, c, d, e의 모든 순서쌍 (a, b, c, d, e)의 개수는? [3점]

(가) $a+b+c+d+e=12$
(나) $|a^2-b^2|=5$

① 30 ② 32 ③ 34
④ 36 ⑤ 38

G08-21

너코 065
2024학년도 수능 (확률과 통계) 29번

다음 조건을 만족시키는 6 이하의 자연수 a, b, c, d의 모든 순서쌍 (a, b, c, d)의 개수를 구하시오. [4점]

$a \le c \le d$이고 $b \le c \le d$이다.

G08-22

너코 065
2014학년도 5월 예비 시행 평가원 A형 27번

$(a+b+c)^4(x+y)^3$의 전개식에서 서로 다른 항의 개수를 구하시오. [4점]

G08-23

너코 065 너코 066
2015학년도 6월 평가원 B형 20번

다음 조건을 만족시키는 음이 아닌 정수 a, b, c의 모든 순서쌍 (a, b, c)의 개수는? [4점]

> (가) $a+b+c=6$
> (나) 좌표평면에서 세 점 $(1, a)$, $(2, b)$, $(3, c)$가 한 직선 위에 <u>있지 않다.</u>

① 19 ② 20 ③ 21
④ 22 ⑤ 23

G08-24

너코 065
2015학년도 9월 평가원 A형 15번

네 개의 자연수 1, 2, 4, 8 중에서 중복을 허락하여 세 수를 선택할 때, 세 수의 곱이 100 이하가 되도록 선택하는 경우의 수는? [4점]

① 12 ② 14 ③ 16
④ 18 ⑤ 20

G08-25

너코 065 너코 066
2015학년도 9월 평가원 B형 26번

자연수 n에 대하여 $abc=2^n$을 만족시키는 1보다 큰 자연수 a, b, c의 순서쌍 (a, b, c)의 개수가 28일 때, n의 값을 구하시오. [4점]

G08-26

너코 065 너코 066
2016학년도 6월 평가원 B형 27번

다음 조건을 만족시키는 음이 아닌 정수 x, y, z, u의 모든 순서쌍 (x, y, z, u)의 개수를 구하시오. [4점]

(가) $x+y+z+u=6$
(나) $x \neq u$

G08-27

너코 065 너코 066
2016학년도 9월 평가원 B형 27번

다음 조건을 만족시키는 2 이상의 자연수 a, b, c, d의 모든 순서쌍 (a, b, c, d)의 개수를 구하시오. [4점]

(가) $a+b+c+d=20$
(나) a, b, c는 모두 d의 배수이다.

G08-28

너코 065 너코 066
2017학년도 수능 27번

다음 조건을 만족시키는 음이 아닌 정수 a, b, c의 모든 순서쌍 (a, b, c)의 개수를 구하시오. [4점]

(가) $a+b+c=7$
(나) $2^a \times 4^b$은 8의 배수이다.

G08-29

너코 028 너코 065 너코 066 너코 069
2019학년도 6월 평가원 20번

자연수 n에 대하여 $2a+2b+c+d=2n$을 만족시키는 음이 아닌 정수 a, b, c, d의 모든 순서쌍 (a, b, c, d)의 개수를 a_n이라 하자. 다음은 $\sum_{n=1}^{8} a_n$의 값을 구하는 과정이다.

> 음이 아닌 정수 a, b, c, d가
> $2a+2b+c+d=2n$을 만족시키려면 음이 아닌 정수 k에 대하여 $c+d=2k$이어야 한다.
> $c+d=2k$인 경우는
> ⅰ) 음이 아닌 정수 k_1, k_2에 대하여
> $c=2k_1$, $d=2k_2$인 경우이거나
> ⅱ) 음이 아닌 정수 k_3, k_4에 대하여
> $c=2k_3+1$, $d=2k_4+1$인 경우이다.
>
> ⅰ) $c=2k_1$, $d=2k_2$인 경우:
> $2a+2b+c+d=2n$을 만족시키는 음이 아닌 정수 a, b, c, d의 모든 순서쌍 (a, b, c, d)의 개수는 (가) 다.
>
> ⅱ) $c=2k_3+1$, $d=2k_4+1$인 경우:
> $2a+2b+c+d=2n$을 만족시키는 음이 아닌 정수 a, b, c, d의 모든 순서쌍 (a, b, c, d)의 개수는 (나) 이다.
>
> ⅰ), ⅱ)에 의하여 $2a+2b+c+d=2n$을 만족시키는 음이 아닌 정수 a, b, c, d의 모든 순서쌍 (a, b, c, d)의 개수 a_n은
> $$a_n = \text{(가)} + \text{(나)}$$
> 이다. 자연수 m에 대하여
> $$\sum_{n=1}^{m} \text{(나)} = {}_{m+3}\mathrm{C}_4$$
> 이므로
> $$\sum_{n=1}^{8} a_n = \text{(다)}$$
> 이다.

위의 (가), (나)에 알맞은 식을 각각 $f(n)$, $g(n)$이라 하고, (다)에 알맞은 수를 r라 할 때, $f(6)+g(5)+r$의 값은? [4점]

① 893　② 918　③ 943　④ 968　⑤ 993

G08-30

너코 065 너코 066
2022학년도 수능 예시문항 (확률과 통계) 29번

다음 조건을 만족시키는 음이 아닌 정수 a, b, c, d의 모든 순서쌍 (a, b, c, d)의 개수를 구하시오. [4점]

> (가) $a+b+c+d=12$
> (나) $a \neq 2$이고 $a+b+c \neq 10$이다.

G08-31

너코 065 너코 067
2023학년도 6월 평가원 (확률과 통계) 29번

집합 $X=\{1,\ 2,\ 3,\ 4,\ 5\}$에 대하여 다음 조건을 만족시키는 함수 $f: X \to X$의 개수를 구하시오. [4점]

(가) $f(f(1))=4$
(나) $f(1) \le f(3) \le f(5)$

G08-32

너코 065 너코 067
2023학년도 수능 (확률과 통계) 30번

집합 $X=\{x \mid x$는 10 이하의 자연수$\}$에 대하여 다음 조건을 만족시키는 함수 $f: X \to X$의 개수를 구하시오. [4점]

(가) 9 이하의 모든 자연수 x에 대하여
$f(x) \le f(x+1)$이다.
(나) $1 \le x \le 5$일 때 $f(x) \le x$이고,
$6 \le x \le 10$일 때 $f(x) \ge x$이다.
(다) $f(6)=f(5)+6$

G08-33

너코 065

2024학년도 9월 평가원 (확률과 통계) 30번

다음 조건을 만족시키는 13 이하의 자연수 a, b, c, d의 모든 순서쌍 $(a,\ b,\ c,\ d)$의 개수를 구하시오. [4점]

> (가) $a \le b \le c \le d$
> (나) $a \times d$는 홀수이고, $b+c$는 짝수이다.

G08-34

너코 065 너코 067

2025학년도 6월 평가원 (확률과 통계) 30번

집합 $X = \{-2,\ -1,\ 0,\ 1,\ 2\}$에 대하여 다음 조건을 만족시키는 함수 $f : X \to X$의 개수를 구하시오. [4점]

> (가) X의 모든 원소 x에 대하여 $x + f(x) \in X$이다.
> (나) $x = -2,\ -1,\ 0,\ 1$일 때
> $f(x) \ge f(x+1)$이다.

G08-35

너코 065 너코 067
2025학년도 수능 (확률과 통계) 28번

집합 $X = \{1,\ 2,\ 3,\ 4,\ 5,\ 6\}$에 대하여 다음 조건을 만족시키는 함수 $f : X \rightarrow X$의 개수는? [4점]

(가) $f(1) \times f(6)$의 값이 6의 약수이다.
(나) $2f(1) \le f(2) \le f(3) \le f(4) \le f(5) \le 2f(6)$

① 166 ② 171 ③ 176
④ 181 ⑤ 186

유형 09 중복조합(2) – 외적 문제 해결

유형소개

유형 08 에서 공부한 내용을 실생활에 적용시켜 수학 외적 문제를 해결하는 문항을 이 유형에 수록하였다.

유형접근법

수학 외적 상황을 이해한 후 유형 08 과 같은 방법으로 해결하면 된다. 이때 다음의 순서도를 통해 문제 상황에 맞는 계산을 해내도록 하자.

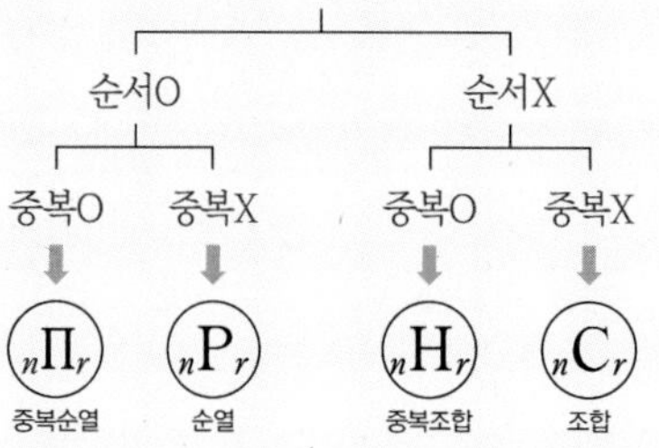

G09-01

너코 065
2009학년도 9월 평가원 가형 (이산수학) 27번

사과 주스, 포도 주스, 감귤 주스 중에서 8병을 선택하려고 한다. 사과 주스, 포도 주스, 감귤 주스를 각각 적어도 1병 이상씩 선택하는 경우의 수는?

(단, 각 종류의 주스는 8병 이상씩 있다.) [3점]

① 17 ② 19 ③ 21
④ 23 ⑤ 25

G09-02

너코 065
2010학년도 수능 가형 (이산수학) 27번

같은 종류의 사탕 5개를 3명의 아이에게 1개 이상씩 나누어 주고, 같은 종류의 초콜릿 5개를 1개의 사탕을 받은 아이에게만 1개 이상씩 나누어 주려고 한다. 사탕과 초콜릿을 남김없이 나누어 주는 경우의 수는? [3점]

① 27 ② 24 ③ 21
④ 18 ⑤ 15

G09-03

너코 065
2011학년도 6월 평가원 가형 (이산수학) 30번

어느 상담 교사는 월요일, 화요일, 수요일 3일 동안 학생 9명과 상담하기 위하여 상담 계획표를 작성하려고 한다.

[상담 계획표]

요일	월요일	화요일	수요일
학생 수(명)	a	b	c

상담 교사는 각 학생과 한 번만 상담하고, 요일별로 적어도 한 명의 학생과 상담한다. 상담 계획표에 학생 수만을 기록할 때, 작성할 수 있는 상담 계획표의 가짓수를 구하시오.
(단, a, b, c는 자연수이다.) [4점]

G09-04

너코 065
2013학년도 수능 나형 12번

같은 종류의 주스 4병, 같은 종류의 생수 2병, 우유 1병을 3명에게 남김없이 나누어 주는 경우의 수는?
(단, 1병도 받지 못하는 사람이 있을 수 있다.) [3점]

① 330 ② 315 ③ 300
④ 285 ⑤ 270

G09-05

너코 065
2014학년도 6월 평가원 B형 10번

고구마피자, 새우피자, 불고기피자 중에서 m개를 주문하는 경우의 수가 36일 때, 고구마피자, 새우피자, 불고기피자를 적어도 하나씩 포함하여 m개를 주문하는 경우의 수는?
[3점]

① 12 ② 15 ③ 18
④ 21 ⑤ 24

G09-06

너코 065
2014학년도 수능 A형 18번

흰색 탁구공 8개와 주황색 탁구공 7개를 3명의 학생에게 남김없이 나누어 주려고 한다. 각 학생이 흰색 탁구공과 주황색 탁구공을 각각 한 개 이상 갖도록 나누어 주는 경우의 수는? [4점]

① 295　② 300　③ 305
④ 310　⑤ 315

G09-07

너코 065
2017학년도 6월 평가원 가형 27번

사과, 감, 배, 귤 네 종류의 과일 중에서 8개를 선택하려고 한다. 사과는 1개 이하를 선택하고 감, 배, 귤은 각각 1개 이상을 선택하는 경우의 수를 구하시오.

(단, 각 종류의 과일은 8개 이상씩 있다.) [4점]

G09-08

너코 065
2019학년도 9월 평가원 나형 16번

서로 다른 종류의 사탕 3개와 같은 종류의 구슬 7개를 같은 종류의 주머니 3개에 남김없이 나누어 넣으려고 한다. 각 주머니에 사탕과 구슬이 각각 1개 이상씩 들어가도록 나누어 넣는 경우의 수는? [4점]

① 11　② 12　③ 13
④ 14　⑤ 15

G09-09

너코 065
2019학년도 수능 가형 12번

네 명의 학생 A, B, C, D에게 같은 종류의 초콜릿 8개를 다음 규칙에 따라 남김없이 나누어 주는 경우의 수는? [3점]

(가) 각 학생은 적어도 1개의 초콜릿을 받는다.
(나) 학생 A는 학생 B보다 더 많은 초콜릿을 받는다.

① 11　② 13　③ 15
④ 17　⑤ 19

G09-10

너코 065

2022학년도 6월 평가원 (확률과 통계) 26번

빨간색 카드 4장, 파란색 카드 2장, 노란색 카드 1장이 있다. 이 7장의 카드를 세 명의 학생에게 남김없이 나누어 줄 때, 3가지 색의 카드를 각각 한 장 이상 받는 학생이 있도록 나누어 주는 경우의 수는? (단, 같은 색 카드끼리는 서로 구별하지 않고, 카드를 받지 못하는 학생이 있을 수 있다.) [3점]

① 78　　② 84　　③ 90
④ 96　　⑤ 102

G09-11

너코 065 너코 066

2006학년도 수능 가형 (이산수학) 30번

네 종류의 사탕 중에서 15개를 선택하려고 한다.
초콜릿사탕은 4개 이하, 박하사탕은 3개 이상, 딸기사탕은 2개 이상, 버터사탕은 1개 이상을 선택하는 경우의 수를 구하시오. (단, 각 종류의 사탕은 15개 이상씩 있다.) [4점]

G09-12

너코 065
2007학년도 6월 평가원 가형 (이산수학) 30번

그림과 같이 8개의 포트를 가진 컴퓨터용 허브가 있다. 이 허브에 컴퓨터 C_1, C_2, C_3을 왼쪽부터 이 순서로 다음 조건을 만족시키도록 연결하는 방법의 수를 구하시오. [4점]

> 컴퓨터 C_k가 연결되는 포트와 컴퓨터 C_{k+1}이 연결되는 포트 사이에는 k개 이상의 포트가 비어 있다.
> (단, $k=1$, 2이다.)

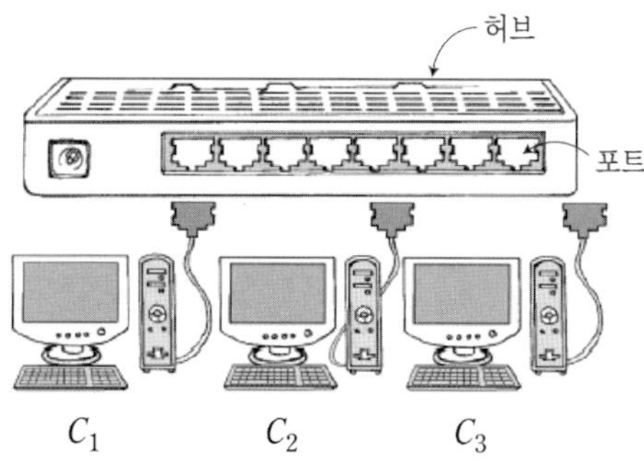

G09-13

너코 065 너코 066
2008학년도 9월 평가원 가형 (이산수학) 28번

점수가 표시된 그림과 같은 과녁에 6개의 화살을 쏘아 점수를 얻는 경기가 있다. 6개의 화살을 모두 과녁에 맞혔을 때, 점수의 합계가 51점 이상이 되는 경우의 수는?
(단, 화살이 과녁의 경계에 맞는 경우는 없다.) [3점]

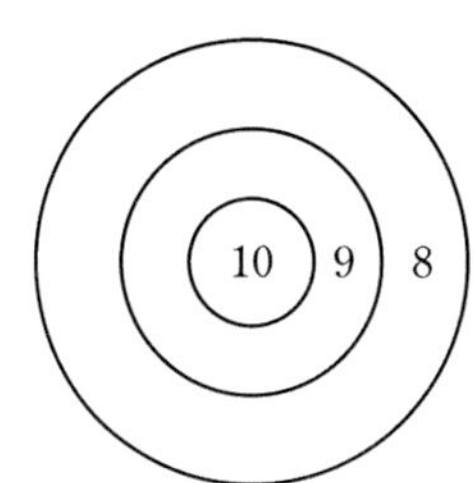

① 15 ② 18 ③ 21 ④ 24 ⑤ 27

G09-14

너코 065 너코 066 너코 069
2010학년도 6월 평가원 가형 (이산수학) 30번

빨간색, 파란색, 노란색 색연필이 있다. 각 색의 색연필을 적어도 하나씩 포함하여 15개 이하의 색연필을 선택하는 방법의 수를 구하시오. (단, 각 색의 색연필은 15개 이상씩 있고, 같은 색의 색연필은 서로 구별이 되지 않는다.) [4점]

G09-15

너코 065
2018학년도 9월 평가원 가형 20번

다음은 n명의 사람이 각자 세 상자 A, B, C 중 2개의 상자를 선택하여 각 상자에 공을 하나씩 넣을 때, 세 상자에 서로 다른 개수의 공이 들어가는 경우의 수를 구하는 과정이다. (단, n은 6의 배수인 자연수이고 공은 구별하지 않는다.)

> 세 상자에 서로 다른 개수의 공이 들어가는 경우는 'i) 세 상자에 공이 들어가는 모든 경우'에서 'ii) 세 상자에 모두 같은 개수의 공이 들어가는 경우'와 'iii) 세 상자 중 두 상자에만 같은 개수의 공이 들어가는 경우'를 제외하면 된다.
>
> i)의 경우 :
> n명의 사람이 각자 세 상자 중 공을 넣을 두 상자를 선택하는 경우의 수는 n명의 사람이 각자 공을 넣지 않을 한 상자를 선택하는 경우의 수와 같다.
> 따라서 세 상자에서 중복을 허락하여 n개의 상자를 선택하는 경우의 수인 (가) 이다.
>
> ii)의 경우 :
> 각 상자에 $\frac{2n}{3}$개의 공이 들어가는 경우뿐이므로 경우의 수는 1이다.
>
> iii)의 경우 :
> 두 상자 A, B에 같은 개수의 공이 들어가면 상자 C에는 최대 n개의 공을 넣을 수 있으므로 두 상자 A, B에 각각 $\frac{n}{2}$개보다 작은 개수의 공이 들어갈 수 없다.
> 따라서 두 상자 A, B에 같은 개수의 공이 들어가는 경우의 수는 (나) 이다.
> 그러므로 세 상자 중 두 상자에만 같은 개수의 공이 들어가는 경우의 수는 ${}_3C_2\times($ (나) $-1)$이다.
>
> 따라서 세 상자에 서로 다른 개수의 공이 들어가는 경우의 수는 (다) 이다.

위의 (가), (나), (다)에 알맞은 식을 각각 $f(n)$, $g(n)$, $h(n)$이라 할 때, $\frac{f(30)}{g(30)}+h(30)$의 값은? [4점]

① 481 ② 491 ③ 501 ④ 511 ⑤ 521

G09-16

너코 065

2020학년도 9월 평가원 나형 29번 / 가형 28번

연필 7자루와 볼펜 4자루를 다음 조건을 만족시키도록 여학생 3명과 남학생 2명에게 남김없이 나누어 주는 경우의 수를 구하시오. (단, 연필끼리는 서로 구별하지 않고, 볼펜끼리도 서로 구별하지 않는다.) [4점]

(가) 여학생이 각각 받는 연필의 개수는 서로 같고, 남학생이 각각 받는 볼펜의 개수도 서로 같다.
(나) 여학생은 연필을 1자루 이상 받고, 볼펜을 받지 못하는 여학생이 있을 수 있다.
(다) 남학생은 볼펜을 1자루 이상 받고, 연필을 받지 못하는 남학생이 있을 수 있다.

G09-17

너코 065 너코 066

2020학년도 수능 나형 29번

세 명의 학생 A, B, C에게 같은 종류의 사탕 6개와 같은 종류의 초콜릿 5개를 다음 규칙에 따라 남김없이 나누어 주는 경우의 수를 구하시오. [4점]

(가) 학생 A가 받는 사탕의 개수는 1 이상이다.
(나) 학생 B가 받는 초콜릿의 개수는 1 이상이다.
(다) 학생 C가 받는 사탕의 개수와 초콜릿의 개수의 합은 1 이상이다.

G09-18

너코 065

2021학년도 6월 평가원 가형 29번

검은색 볼펜 1자루, 파란색 볼펜 4자루, 빨간색 볼펜 4자루가 있다. 이 9자루의 볼펜 중에서 5자루를 선택하여 2명의 학생에게 남김없이 나누어 주는 경우의 수를 구하시오. (단, 같은 색 볼펜끼리는 서로 구별하지 않고, 볼펜을 1자루도 받지 못하는 학생이 있을 수 있다.) [4점]

G09-19

너코 065

2021학년도 9월 평가원 나형 29번 / 가형 29번

흰 공 4개와 검은 공 6개를 세 상자 A, B, C에 남김없이 나누어 넣을 때, 각 상자에 공이 2개 이상씩 들어가도록 나누어 넣는 경우의 수를 구하시오.

(단, 같은 색 공끼리는 서로 구별하지 않는다.) [4점]

G09-20

너코 065 너코 066
2021학년도 수능 가형 29번

네 명의 학생 A, B, C, D에게 검은색 모자 6개와 흰색 모자 6개를 다음 규칙에 따라 남김없이 나누어 주는 경우의 수를 구하시오.

(단, 같은 색 모자끼리는 서로 구별하지 않는다.) [4점]

> (가) 각 학생은 1개 이상의 모자를 받는다.
> (나) 학생 A가 받는 검은색 모자의 개수는 4 이상이다.
> (다) 흰색 모자보다 검은색 모자를 더 많이 받는 학생은 A를 포함하여 2명뿐이다.

G09-21

너코 063 너코 065 너코 066
2022학년도 9월 평가원 (확률과 통계) 30번

네 명의 학생 A, B, C, D에게 같은 종류의 사인펜 14개를 다음 규칙에 따라 남김없이 나누어 주는 경우의 수를 구하시오. [4점]

> (가) 각 학생은 1개 이상의 사인펜을 받는다.
> (나) 각 학생이 받는 사인펜의 개수는 9 이하이다.
> (다) 적어도 한 학생은 짝수 개의 사인펜을 받는다.

G09-22

너코 065 너코 066
2024학년도 6월 평가원 (확률과 통계) 29번

그림과 같이 2장의 검은색 카드와 1부터 8까지의 자연수가 하나씩 적혀 있는 8장의 흰색 카드가 있다. 이 카드를 모두 한 번씩 사용하여 왼쪽에서 오른쪽으로 일렬로 배열할 때, 다음 조건을 만족시키는 경우의 수를 구하시오.

(단, 검은색 카드는 서로 구별하지 않는다.) [4점]

> (가) 흰색 카드에 적힌 수가 작은 수부터 크기순으로 왼쪽에서 오른쪽으로 배열되도록 카드가 놓여 있다.
> (나) 검은색 카드 사이에는 흰색 카드가 2장 이상 놓여 있다.
> (다) 검은색 카드 사이에는 3의 배수가 적힌 흰색 카드가 1장 이상 놓여 있다.

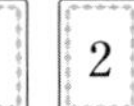
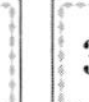

G09-23

너코 065
2025학년도 9월 평가원 (확률과 통계) 30번

흰 공 4개와 검은 공 4개를 세 명의 학생 A, B, C에게 다음 규칙에 따라 남김없이 나누어 주는 경우의 수를 구하시오. (단, 같은 색 공끼리는 서로 구별하지 않고, 공을 받지 못하는 학생이 있을 수 있다.) [4점]

> (가) 학생 A가 받는 공의 개수는 0 이상 2 이하이다.
> (나) 학생 B가 받는 공의 개수는 2 이상이다.

2 이항정리

유형 10 이항정리(1) – 전개식에서 특정 항의 계수 구하기

유형소개

이항정리를 이용하여 다항식 또는 유리식의 전개식에서 특정 계수를 구하는 문제를 이 유형에 수록하였다.

유형접근법

$(a+b)^n$의 전개식에서 일반항이 ${}_n\mathrm{C}_r a^{n-r}b^r$임을 이용하면 특정 계수를 구할 수 있다.

G10-01

너코 068 | 2019학년도 수능 나형 6번

다항식 $(1+x)^7$의 전개식에서 x^4의 계수는? [3점]

① 42　② 35　③ 28　④ 21　⑤ 14

G10-02

너코 068 | 2021학년도 6월 평가원 나형 8번 / 가형 22번

다항식 $(1+2x)^4$의 전개식에서 x^2의 계수는? [3점]

① 12　② 16　③ 20　④ 24　⑤ 28

G10-03

너코 068 | 2021학년도 9월 평가원 나형 22번

다항식 $(x+3)^8$의 전개식에서 x^7의 계수를 구하시오. [3점]

G10-04

너코 068 | 2021학년도 수능 나형 22번

다항식 $(3x+1)^8$의 전개식에서 x의 계수를 구하시오. [3점]

G10-05

너코 068 | 2022학년도 6월 평가원 (확률과 통계) 23번

다항식 $(2x+1)^5$의 전개식에서 x^3의 계수는? [2점]

① 20　② 40　③ 60　④ 80　⑤ 100

G10-06

너코 068
2022학년도 수능 (확률과 통계) 23번

다항식 $(x+2)^7$의 전개식에서 x^5의 계수는? [2점]

① 42 ② 56 ③ 70
④ 84 ⑤ 98

G10-07

너코 068
2023학년도 9월 평가원 (확률과 통계) 23번

다항식 $(x^2+2)^6$의 전개식에서 x^4의 계수는? [2점]

① 240 ② 270 ③ 300
④ 330 ⑤ 360

G10-08

너코 068
2023학년도 수능 (확률과 통계) 23번

다항식 $(x^3+3)^5$의 전개식에서 x^9의 계수는? [2점]

① 30 ② 60 ③ 90
④ 120 ⑤ 150

G10-09

너코 068
2025학년도 6월 평가원 (확률과 통계) 25번

다항식 $(x^2-2)^5$의 전개식에서 x^6의 계수는? [3점]

① -50 ② -20 ③ 10
④ 40 ⑤ 70

G10-10

너코 068
2025학년도 수능 (확률과 통계) 23번

다항식 $(x^3+2)^5$의 전개식에서 x^6의 계수는? [2점]

① 40 ② 50 ③ 60
④ 70 ⑤ 80

G10-11

너코 068

2017학년도 6월 평가원 6번

$\left(x+\frac{1}{3x}\right)^6$의 전개식에서 x^2의 계수는? [3점]

① $\frac{4}{3}$ ② $\frac{13}{9}$ ③ $\frac{14}{9}$
④ $\frac{5}{3}$ ⑤ $\frac{16}{9}$

G10-12

너코 068

2018학년도 수능 나형 12번 / 가형 6번

$\left(x+\frac{2}{x}\right)^8$의 전개식에서 x^4의 계수는? [3점]

① 128 ② 124 ③ 120
④ 116 ⑤ 112

G10-13

너코 068

2019학년도 6월 평가원 나형 26번

다항식 $(1+2x)(1+x)^5$의 전개식에서 x^4의 계수를 구하시오. [4점]

G10-14

너코 068

2020학년 9월 평가원 가형 7번

다항식 $(2+x)^4(1+3x)^3$의 전개식에서 x의 계수는? [3점]

① 174 ② 176 ③ 178
④ 180 ⑤ 182

G10-15

너코 068
2020학년도 수능 가형 4번

$\left(2x+\frac{1}{x^2}\right)^4$의 전개식에서 x의 계수는? [3점]

① 16 ② 20 ③ 24
④ 28 ⑤ 32

G10-16

너코 068
2022학년도 수능 예시문항 (확률과 통계) 24번

$\left(x^5+\frac{1}{x^2}\right)^6$의 전개식에서 x^2의 계수는? [3점]

① 3 ② 6 ③ 9
④ 12 ⑤ 15

G10-17

너코 068
2021학년도 9월 평가원 가형 22번

$\left(x+\frac{4}{x^2}\right)^6$의 전개식에서 x^3의 계수를 구하시오. [3점]

G10-18

너코 068
2021학년도 수능 가형 22번

$\left(x+\frac{3}{x^2}\right)^5$의 전개식에서 x^2의 계수를 구하시오. [3점]

유형 11 이항정리(2) - 전개식에서 미지수 구하기

유형소개

유형 10 과 반대로 특정 계수 또는 차수가 미지수로 표현된 다항식 또는 유리식의 전개식에서 어떤 항의 계수가 주어졌을 때, 미지수를 구하는 문제를 이 유형에 수록하였다.

유형접근법

미지수가 포함되었을 뿐이므로 유형 10 과 마찬가지로 $(a+b)^n$의 전개식에서 일반항이 ${}_n\mathrm{C}_r a^{n-r}b^r$임을 이용하면 미지수의 값을 구할 수 있다.

G11-01

너크 068
2010학년도 수능 나형 19번

다항식 $(1+x)^n$의 전개식에서 x^2의 계수가 45일 때, 자연수 n의 값을 구하시오. [3점]

G11-02

너크 068
2015학년도 수능 A형 7번

다항식 $(x+a)^6$의 전개식에서 x^4의 계수가 60일 때, 양수 a의 값은? [3점]

① 1　② 2　③ 3　④ 4　⑤ 5

G11-03

너크 068
변형문항(2014학년도 9월 평가원 A형 26번)

n이 3 이상의 자연수일 때, x에 대한 다항식 $\left(1+\frac{x}{n}\right)^n$의 전개식에서 x^3의 계수를 a_n, x^2의 계수를 b_n이라 하자. $\frac{b_n}{a_n}=5$일 때, n의 값을 구하시오. [4점]

G11-04

너코 068

2015학년도 6월 평가원 B형 23번

$\left(ax+\frac{1}{x}\right)^4$의 전개식에서 상수항이 54일 때, 양수 a의 값을 구하시오. [3점]

G11-05

너코 068

2019학년도 9월 평가원 나형 9번

다항식 $(x+a)^5$의 전개식에서 x^3의 계수가 40일 때, x의 계수는? (단, a는 상수이다.) [3점]

① 60　② 65　③ 70
④ 75　⑤ 80

G11-06

너코 068

2019학년도 9월 평가원 가형 8번

다항식 $(x+2)^{19}$의 전개식에서 x^k의 계수가 x^{k+1}의 계수보다 크게 되는 자연수 k의 최솟값은? [3점]

① 4　② 5　③ 6
④ 7　⑤ 8

G11-07

너코 068

2020학년도 6월 평가원 나형 14번

$\left(x^2-\frac{1}{x}\right)\left(x+\frac{a}{x^2}\right)^4$의 전개식에서 x^3의 계수가 7일 때, 상수 a의 값은? [4점]

① 1　② 2　③ 3
④ 4　⑤ 5

G11-08

너코 068

2022학년도 9월 평가원 (확률과 통계) 25번

$\left(x^2+\frac{a}{x}\right)^5$의 전개식에서 $\frac{1}{x^2}$의 계수와 x의 계수가 같을 때, 양수 a의 값은? [3점]

① 1 ② 2 ③ 3
④ 4 ⑤ 5

G11-09

너코 068

2023학년도 6월 평가원 (확률과 통계) 26번

다항식 $(x^2+1)^4(x^3+1)^n$의 전개식에서 x^5의 계수가 12일 때, x^6의 계수는? (단, n은 자연수이다.) [3점]

① 6 ② 7 ③ 8
④ 9 ⑤ 10

G11-10

너코 068

2024학년도 6월 평가원 (확률과 통계) 26번

다항식 $(x-1)^6(2x+1)^7$의 전개식에서 x^2의 계수는? [3점]

① 15 ② 20 ③ 25
④ 30 ⑤ 35

G11-11

너코 068
2006학년도 수능 나형 30번

다항식 $2(x+a)^n$의 전개식에서 x^{n-1}의 계수와 다항식 $(x-1)(x+a)^n$의 전개식에서 x^{n-1}의 계수가 같게 되는 모든 순서쌍 $(a,\ n)$에 대하여 an의 최댓값을 구하시오.
(단, a는 자연수이고, n은 $n \geq 2$인 자연수이다.) [4점]

G11-12

너코 068
2018학년도 6월 평가원 19번

다음은 x에 대한 다항식 $(x+a^2)^n$과 $(x^2-2a)(x+a)^n$의 전개식에서 x^{n-1}의 계수가 같게 되는 두 자연수 a와 $n\ (n \geq 4)$의 값을 구하는 과정의 일부이다.

> $(x+a^2)^n$의 전개식에서 x^{n-1}의 계수는 a^2n이다.
> $(x^2-2a)(x+a)^n = x^2(x+a)^n - 2a(x+a)^n$
> 에서 $x^2(x+a)^n$을 전개하면 x^{n-1}의 계수는
> (가) $\times a^3$이고, $2a(x+a)^n$을 전개하면 x^{n-1}의 계수는 $2a^2n$이다.
> 따라서 $(x^2-2a)(x+a)^n$의 전개식에서 x^{n-1}의 계수는
> $$\text{(가)} \times a^3 - 2a^2n$$
> 이다. 그러므로
> $$a^2n = \text{(가)} \times a^3 - 2a^2n$$
> 이고, 이 식을 정리하여 a를 n에 관한 식으로 나타내면
> $$a = \frac{18}{\text{(나)}}$$
> 이다. 여기서 a는 자연수이고 n은 4 이상의 자연수이므로
> $$n = \text{(다)}$$
> 이다.

위의 (가), (나)에 알맞은 식을 각각 $f(n)$, $g(n)$이라 하고, (다)에 알맞은 수를 k라 할 때, $f(k)+g(k)$의 값은? [4점]

① 10 ② 16 ③ 22 ④ 28 ⑤ 34

유형 12 이항정리의 응용

유형소개

이항정리로부터 이항계수의 성질을 이끌어낼 수 있고,
이를 이용해서 조합의 수 ${}_nC_r$의 합을 구하거나
명제를 증명하는 문제를 이 유형에 수록하였다.
〈수학 I〉을 학습하였음을 전제로 하여 문제를 분류하였다.

유형접근법

✓ $\sum_{r=0}^{n} {}_nC_r a^{n-r}b^r = (a+b)^n$을 통해 얻어낸 성질

$a=1,\ b=1$을 대입하면

${}_nC_0 + {}_nC_1 + {}_nC_2 + \cdots + {}_nC_n = 2^n$

$a=1,\ b=-1$을 대입하면

${}_nC_0 - {}_nC_1 + {}_nC_2 - \cdots + (-1)^n {}_nC_n = 0$

이 두 식으로부터

${}_nC_0 + {}_nC_2 + {}_nC_4 + \cdots = 2^{n-1}$,

${}_nC_1 + {}_nC_3 + {}_nC_5 + \cdots = 2^{n-1}$을 얻을 수 있다.

✓ ${}_{n-1}C_{r-1} + {}_{n-1}C_r = {}_nC_r$를 통해 얻어낸 성질

${}_nC_n + {}_{n+1}C_n + {}_{n+2}C_n + \cdots + {}_{n+r}C_n = {}_{n+r+1}C_{n+1}$

${}_nC_0 + {}_{n+1}C_1 + {}_{n+2}C_2 + \cdots + {}_{n+r}C_r = {}_{n+r+1}C_r$

G12-01

너코 026 너코 028 너코 068 너코 069

2006학년도 9월 평가원 25번

자연수 n에 대하여

$f(n) = \sum_{k=1}^{n} ({}_{2k}C_1 + {}_{2k}C_3 + {}_{2k}C_5 + \cdots + {}_{2k}C_{2k-1})$일

때, $f(5)$의 값을 구하시오. [4점]

G 12-02

너코 026 너코 068 너코 069
2005학년도 6월 평가원 나형 17번

다음은 두 자연수 m과 $n\ (m < n)$에 대하여 ${}_{m}\mathrm{C}_{m} + {}_{m+1}\mathrm{C}_{m} + \cdots + {}_{n}\mathrm{C}_{m}$의 값을 이항정리를 이용하여 구하는 과정이다.

> x는 0이 아닌 실수라 하자.
> ${}_{m}\mathrm{C}_{m}$은 다항식 $(1+x)^{m}$에서 x^{m}의 계수이다.
> ${}_{m+1}\mathrm{C}_{m}$은 다항식 $(1+x)^{m+1}$에서 x^{m}의 계수이다.
> $\vdots$
> ${}_{n}\mathrm{C}_{m}$은 다항식 $(1+x)^{n}$에서 x^{m}의 계수이다.
> 따라서
> ${}_{m}\mathrm{C}_{m} + {}_{m+1}\mathrm{C}_{m} + \cdots + {}_{n}\mathrm{C}_{m}$
> 은 다항식 (가) 에서 x^{m}의 계수이다.
> 그러므로
> ${}_{m}\mathrm{C}_{m} + {}_{m+1}\mathrm{C}_{m} + \cdots + {}_{n}\mathrm{C}_{m} =$ (나)
> 이다.

위의 과정에서 (가)와 (나)에 알맞은 것을 차례로 나열한 것은? [4점]

	(가)	(나)
①	$\dfrac{(1+x)^{n+1}-(1+x)^{m}}{x}$	${}_{n+1}\mathrm{C}_{m+1}$
②	$\dfrac{(1+x)^{n+1}-(1+x)^{m}}{x}$	${}_{n+1}\mathrm{C}_{m}$
③	$(1+x)^{n+1}-(1+x)^{m}$	${}_{n+1}\mathrm{C}_{m}$
④	$\dfrac{(1+x)^{n+1}-1}{x}$	${}_{n+1}\mathrm{C}_{m+1}$
⑤	$\dfrac{(1+x)^{n+1}-1}{x}$	${}_{n+1}\mathrm{C}_{m}$

G 12-03

너코 028 너코 068
2010학년도 6월 평가원 15번

다음은 n이 2 이상의 자연수일 때 $\displaystyle\sum_{k=1}^{n} k({}_{n}\mathrm{C}_{k})^{2}$의 값을 구하는 과정이다.

> 두 다항식의 곱
> $(a_0 + a_1 x + \cdots + a_{n-1}x^{n-1})(b_0 + b_1 x + \cdots + b_n x^{n})$
> 에서 x^{n-1}의 계수는
> $a_0 b_{n-1} + a_1 b_{n-2} + \cdots + a_{n-1} b_0$ $\cdots\cdots(*)$
> 이다.
> 등식 $(1+x)^{2n-1} = (1+x)^{n-1}(1+x)^{n}$의 좌변에서 x^{n-1}의 계수는 (가) 이고,
> $(*)$을 이용하여 우변에서 x^{n-1}의 계수를 구하면
> $\displaystyle\sum_{k=1}^{n}({}_{n-1}\mathrm{C}_{k-1} \times$ (나) $)$이다.
> 따라서 (가) $= \displaystyle\sum_{k=1}^{n}({}_{n-1}\mathrm{C}_{k-1} \times$ (나) $)$이다.
> 한편 $1 \le k \le n$일 때
> $k \times {}_{n}\mathrm{C}_{k} = n \times {}_{n-1}\mathrm{C}_{k-1}$이므로
> $\displaystyle\sum_{k=1}^{n} k({}_{n}\mathrm{C}_{k})^{2} = \sum_{k=1}^{n}(n \times {}_{n-1}\mathrm{C}_{k-1} \times$ (나) $)$
> $\displaystyle = n \times \sum_{k=1}^{n}({}_{n-1}\mathrm{C}_{k-1} \times$ (나) $)$
> $=$ (다)
> 이다.

위의 과정에서 (가), (나), (다)에 알맞은 것은? [4점]

	(가)	(나)	(다)
①	${}_{2n}\mathrm{C}_{n}$	${}_{n}\mathrm{C}_{n-k+1}$	$\dfrac{n}{2} \times {}_{2n}\mathrm{C}_{n+1}$
②	${}_{2n-1}\mathrm{C}_{n-1}$	${}_{n}\mathrm{C}_{n-k+1}$	$\dfrac{n}{2} \times {}_{2n}\mathrm{C}_{n}$
③	${}_{2n-1}\mathrm{C}_{n-1}$	${}_{n}\mathrm{C}_{n-k}$	$\dfrac{n}{2} \times {}_{2n}\mathrm{C}_{n}$
④	${}_{2n}\mathrm{C}_{n}$	${}_{n}\mathrm{C}_{n-k+1}$	$n \times {}_{2n}\mathrm{C}_{n+1}$
⑤	${}_{2n-1}\mathrm{C}_{n-1}$	${}_{n}\mathrm{C}_{n-k}$	$n \times {}_{2n}\mathrm{C}_{n}$

G 12-04

너코 028 너코 069
2010학년도 6월 평가원 나형 23번

50 이하의 자연수 n 중에서 $\sum_{k=1}^{n} {}_{n}\mathrm{C}_{k}$의 값이 3의 배수가 되도록 하는 n의 개수를 구하시오. [4점]

G 12-05

너코 028 너코 069
2010학년도 9월 평가원 10번

1부터 9까지 자연수가 하나씩 적혀 있는 9장의 카드가 있다. 다음은 이 카드 중에서 동시에 3장을 선택할 때, 카드에 적힌 어느 두 수도 연속하지 않는 경우의 수를 구하는 과정이다.

> 두 자연수 m, $n\,(2 \le m \le n)$에 대하여 1부터 n까지 자연수가 하나씩 적혀 있는 n장의 카드에서 동시에 m장을 선택할 때, 카드에 적힌 어느 두 수도 연속하지 않는 경우의 수를 $N(n, m)$이라 하자.
> 9장의 카드에서 3장의 카드를 선택할 때, 9가 적힌 카드가 선택되는 경우와 선택되지 않는 경우로 나누면 $N(9, 3)$에 대하여 다음 관계식을 얻을 수 있다.
> $N(9, 3) = N(\boxed{(가)}, 2) + N(8, 3)$
> $N(8, 3)$에 8이 적힌 카드가 선택되는 경우와 선택되지 않는 경우로 나누어 적용하면
> $N(9, 3) = N(\boxed{(가)}, 2) + N(6, 2) + N(7, 3)$
> 이다. 이와 같은 방법을 계속 적용하면
> $N(9, 3) = \sum_{k=3}^{7} N(k, 2)$ 이다. 여기서
> $N(k, 2) = \boxed{(나)} - (k-1)$이므로
> $N(9, 3) = \boxed{(다)}$ 이다.

위의 과정에서 (가), (나), (다)에 알맞은 것은? [4점]

	(가)	(나)	(다)
①	7	${}_{k}\mathrm{C}_{2}$	35
②	8	${}_{k+1}\mathrm{C}_{2}$	48
③	7	${}_{k}\mathrm{C}_{2}$	48
④	8	${}_{k}\mathrm{C}_{2}$	48
⑤	7	${}_{k+1}\mathrm{C}_{2}$	35

H 확률

1 확률의 뜻과 활용

· 통계적 확률과 수학적 확률의 의미를 이해한다.
· 확률의 기본 성질을 이해한다.
· 확률의 덧셈정리를 이해하고, 이를 활용할 수 있다.
· 여사건의 확률의 뜻을 알고, 이를 활용할 수 있다.

유형 01 수학적 확률의 뜻(1)-일일이 세기
유형 02 수학적 확률의 뜻(2)-순열·조합을 이용하여 세기
유형 03 확률의 덧셈정리(1)-확률로 확률 계산
유형 04 확률의 덧셈정리(2)-활용

2 조건부확률

· 조건부확률의 의미를 이해하고, 이를 구할 수 있다.
· 사건의 독립과 종속의 의미를 이해하고, 이를 설명할 수 있다.
· 확률의 곱셈정리를 이해하고, 이를 활용할 수 있다.

유형 05 조건부확률의 뜻과 계산
유형 06 조건부확률의 활용(1)-확률 주어질 때
유형 07 조건부확률의 활용(2)-원소 개수 주어질 때
유형 08 조건부확률의 활용(3)-비율 주어질 때
유형 09 확률의 곱셈정리
유형 10 사건의 독립과 종속(1)-확률로 확률 계산
유형 11 사건의 독립과 종속(2)-뜻과 활용
유형 12 독립시행의 확률

학습요소

· 시행, 통계적 확률, 수학적 확률, 여사건, 배반사건, 조건부확률, 종속, 독립, 독립시행, $\mathrm{P}(A)$, $\mathrm{P}(B|A)$

교수·학습상의 유의점

· 생활 주변의 다양한 소재를 활용하여 확률을 도입한다.
· 통계적 확률과 수학적 확률의 관계를 이해하고 통계적 확률을 다룰 때 충분히 많은 횟수의 시행을 구현하기 위하여 공학적 도구를 이용할 수 있다.
· 수학적 확률을 다룰 때, 근원사건의 발생 가능성이 동등하다는 것을 가정한다는 점에 유의한다.
· 확률의 계산이 복잡한 경우는 다루지 않는다.
· **독립시행의 확률**은 통계 영역의 이항분포와 함께 도입하여 다룰 수도 있다.

평가방법 및 유의사항

· 세 사건 이상에서 서로 배반이거나 서로 독립임을 가정한 복잡한 문제는 다루지 않는다.
· 조건부 확률에 대한 이해를 평가할 때에는 과정 중심 평가를 할 수 있다.

1 확률의 뜻과 활용

너코 070 시행과 사건

확률의 이해를 위해 기본 바탕이 되는 다음 용어를 숙지하자.

1 기본 용어의 정의

시행 (trial)	같은 조건에서 몇 번이고 **반복할 수** 있으며 그 결과가 **우연에 의하여 결정**되는 실험이나 관찰
표본공간	어떤 시행에서 일어날 수 있는 **모든 결과**의 **집합**, 즉 전체집합이며 보통 S로 나타낸다.
사건	표본공간의 **부분집합**
근원사건	원소의 개수가 1인 사건 표본공간인 전체집합의 각각의 원소를 의미한다.

2 두 사건의 관계를 나타내는 용어의 정의

위와 같이 사건을 집합으로 정의함으로써 표본공간 S의 두 사건 A, B 사이의 관계에 다음과 같이 집합의 연산 법칙을 적용할 수 있다.

합사건 $(A\cup B)$	A 또는 B가 일어나는 사건	S, A, B
곱사건 $(A\cap B)$	A와 B가 모두 일어나는 사건	S, A, B

이때 곱사건$(A\cap B)$의 확률이 0인 경우, 즉 A와 B가 모두 일어날 가능성이 전혀 없을 때, A, B의 관계를 배반사건이라 한다.

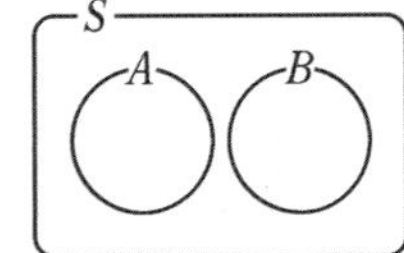

또한 사건 A가 일어나지 않는 사건을 $\boldsymbol{A}$의 여사건$(\boldsymbol{A^C})$이라 한다.

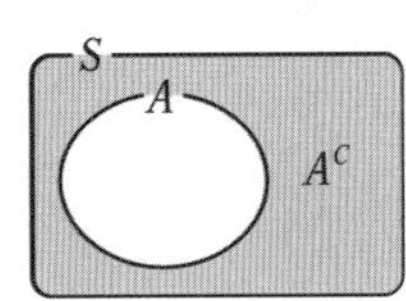

두 사건 A와 A^C이 모두 일어날 수 없으므로

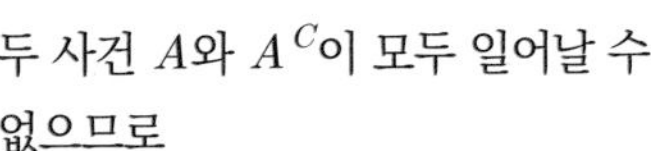

A와 A^C은 서로 배반사건이고, 표본공간을 A와 A가 아닌 것 둘로 분할한다.

한편 두 사건의 관계를 나타내는 용어로 **독립**과 **종속**이 있는데 이는 너코 076에서 별도로 다룬다.

너코 071 수학적 확률

확률은 어떤 **사건이 일어날 가능성을 수로** 나타낸 것이고, 어떤 사건 A가 일어날 확률을 기호로 $\mathrm{P}(A)$라 한다.
일반적으로 어떤 시행에서 일어날 수 있는 **모든 경우의 수가** $\boldsymbol{s}$이고, 각 경우가 일어날 가능성이 모두 같다고 할 때, 사건 $\boldsymbol{A}$가 일어날 경우의 수가 $\boldsymbol{a}$이면

$$\mathrm{P}(A)=\frac{a}{s}$$

이다. 이때 표본공간을 S라 하면
s 대신 $n(S)$로, a 대신 $n(A)$로 표현하여
$\mathrm{P}(A)=\dfrac{n(A)}{n(S)}$라 나타낼 수 있다.
확률의 정의에 의하여 다음이 항상 성립한다.

❶ $0\le \mathrm{P}(A)\le 1$
❷ $\mathrm{P}(S)=1$
❸ 절대로 일어나지 않는 사건 $\varnothing$에 대하여 $\mathrm{P}(\varnothing)=0$이다.

수학적 확률의 가장 중요한 전제는

'근원사건의 발생 가능성이 모두 동일해야'

한다는 것이다. 즉, 확률을 제대로 구하려면 **각 경우가 일어날 가능성이 모두 같게 되도록 표본공간을 설정**해야 하므로 이를 위해 서로 같은 사물이 주어진 상황이라도 모두 서로 다른 사물로 취급하여 그 경우의 수를 헤아려야 한다.

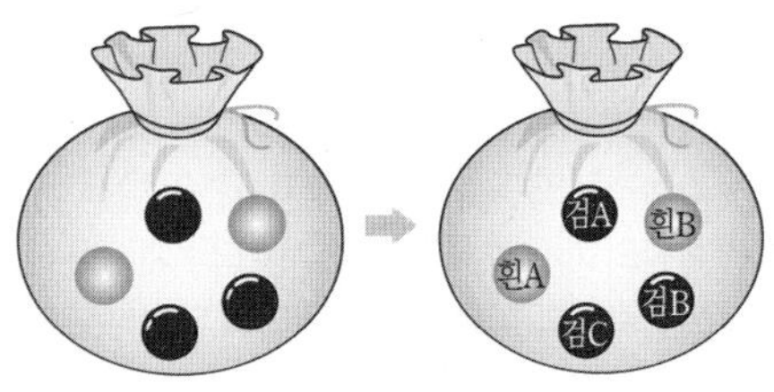

이때 수학적 확률의 분모와 분자에 해당하는 값 모두 일관된 관점(서로 다른 사물로 취급)을 유지해야 함에 주의하자.

너코 072 확률의 덧셈정리

표본공간 S의 두 사건 A, B에 대하여
합사건($A\cup B$)의 확률은

$$\mathrm{P}(A\cup B)=\mathrm{P}(A)+\mathrm{P}(B)-\mathrm{P}(A\cap B)$$

이다. 이를 확률의 덧셈정리라 한다.

확률의 덧셈정리는 어떠한 두 사건 A, B라도 항상 성립한다. 실전에서는 A, B, $A\cup B$, $A\cap B$의 네 사건의 확률 중 어느 **세 사건의 확률이 주어지면 나머지 하나의 확률을 구하는데** 쓰인다.

이때 **두 사건 A, B가 배반사건**이면 $\mathrm{P}(A\cap B)=0$이므로 $\mathrm{P}(A\cup B)=\mathrm{P}(A)+\mathrm{P}(B)$이다.
이는 별도로 암기할 것이 아니라 배반사건의 정의에 의하여 자연스럽게 유도된 결과물로 이해하자.

너코 073 여사건의 확률

표본공간 S의 사건 A에 대하여
사건 A와 그 여사건 A^C은 서로 배반사건이므로
너코 072 에서 보인 것처럼 **확률의 덧셈정리에 의하여**
$\mathrm{P}(A\cup A^C)=\mathrm{P}(A)+\mathrm{P}(A^C)$이다.
이때 $\mathrm{P}(A\cup A^C)=\mathrm{P}(S)=1$이므로 사건 A^C의 확률은

$$\mathrm{P}(A^C)=1-\mathrm{P}(A)$$

이다.

문제를 풀 때,
사건 A를 만족시키는 경우가 세야 할 것이 너무 많아 '번거로움'을 느끼면 이와 같은 개념을 떠올리자.
즉, 사건 A^C의 확률을 구하는 것이 더 '편리'하다면 이를 이용해서 사건 A의 확률을 구하는 것이다.

2 조건부확률

너코 074 조건부확률

사건 A가 이미 일어났을 때(또는 일어났다고 가정할 때), 사건 B가 일어날 확률을 사건 A가 일어났을 때의 사건 B의 조건부확률이라 한다. 이를 기호로 $\mathrm{P}(B|A)$로 나타내고

$$\mathrm{P}(B|A)=\frac{\mathrm{P}(A\cap B)}{\mathrm{P}(A)}\ (\text{단, } \mathrm{P}(A)>0)$$

이다.

조건부확률의 핵심은 전체집합이 되는

표본공간을 축소

하여 제시하고 있다는 것이다. S를 표본공간으로 생각하지 않고 이미 일어난 **사건 A를 표본공간으로 생각**하며, 그때에 **사건 B가 일어날 가능성**을 따진다.

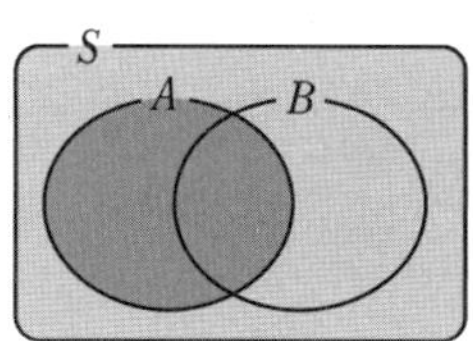

$\mathrm{P}(A)=\dfrac{n(A)}{n(S)}$

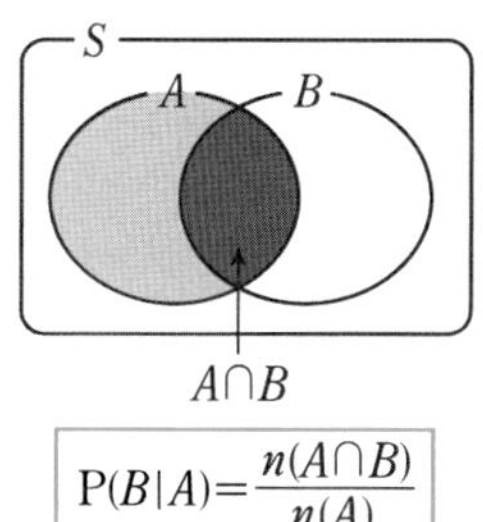

$\mathrm{P}(B|A)=\dfrac{n(A\cap B)}{n(A)}$

이때 $\mathrm{P}(A)=\mathrm{P}(A\cap B)+\mathrm{P}(A\cap B^C)$임을 이용하여

$$\mathrm{P}(B|A)=\frac{\mathrm{P}(A\cap B)}{\mathrm{P}(A)}=\frac{\mathrm{P}(A\cap B)}{\mathrm{P}(A\cap B)+\mathrm{P}(A\cap B^C)}$$

로 계산할 수 있다. (단, 3개 이상의 사건에 대해서도 동일하게 적용할 수 있다.)

한편, 문제의 주어진 조건에서
기준 하나에 대하여 2개 또는 3개의 집합으로 나누어지는 경우 표를 그려서 상황을 파악하면 유용하다.

너기출 수능 개념코드

너코 075 확률의 곱셈정리

조건부확률의 정의

$\mathrm{P}(B|A)=\dfrac{\mathrm{P}(A\cap B)}{\mathrm{P}(A)}$, $\mathrm{P}(A|B)=\dfrac{\mathrm{P}(A\cap B)}{\mathrm{P}(B)}$를

곱사건$(A\cap B)$의 확률을 주어로 하여 다시 서술한 것이 확률의 곱셈정리이다.

$$\mathrm{P}(A\cap B)=\mathrm{P}(A)\times\mathrm{P}(B|A)=\mathrm{P}(B)\times\mathrm{P}(A|B)$$

(단, $\mathrm{P}(A)>0$, $\mathrm{P}(B)>0$)

확률의 곱셈정리 또한 확률의 덧셈정리와 마찬가지로 임의의 두 사건 A, B에 대하여 성립한다.

이때 **'곱셈'**을 **순차적 진행의 의미**로 이해할 수 있다.
즉, 두 사건 A, B가 모두 일어나려면[$\mathrm{P}(A\cap B)$]
사건 A가 일어나고[$\mathrm{P}(A)$], 그 다음 순차적으로
(사건 A가 일어났을 때) 사건 B가 일어나면 된다[$\mathrm{P}(B|A)$].

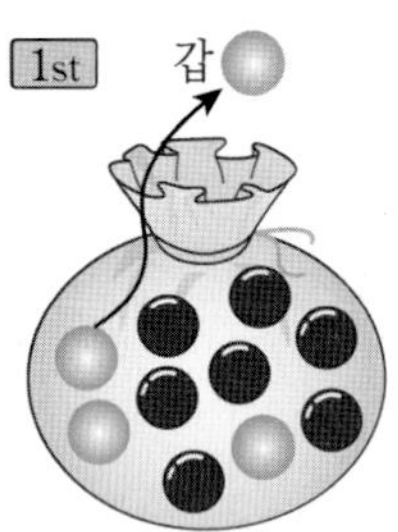

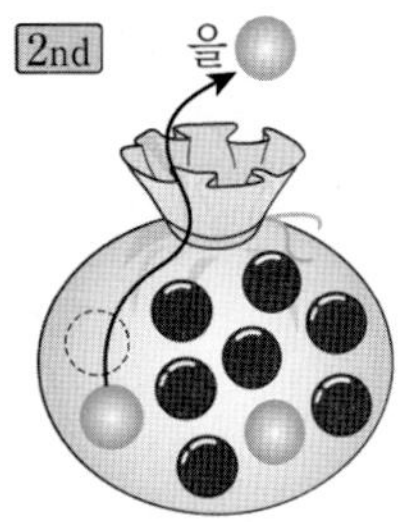

P(갑 흰공) × P(을 흰공|갑 흰공)

너코 076 독립과 종속

두 사건의 관계를 설명하는 용어로 독립과 종속이 있다.
두 사건 A, B에 대하여 한 사건이 일어나는 것이
다른 사건이 일어날 확률에 아무런 영향을 주지 않을 때, 즉

$$\mathrm{P}(A|B)=\mathrm{P}(A)\Leftrightarrow\mathrm{P}(B|A)=\mathrm{P}(B)$$

이면 두 사건 A, B가 독립이라 한다.

이때 위의 식을 변형하면 $\dfrac{\mathrm{P}(A\cap B)}{\mathrm{P}(B)}=\mathrm{P}(A)$에서
$\mathrm{P}(A\cap B)=\mathrm{P}(A)\mathrm{P}(B)$ (단, $\mathrm{P}(A)>0$, $\mathrm{P}(B)>0$)
로 나타낼 수 있다.
즉, $\mathrm{P}(A\cap B)$의 값이 $\mathrm{P}(A)$와 $\mathrm{P}(B)$의 곱과
같으면 독립이고, **같지 않으면 종속**이다.

독립의 정의에서 '한 사건이 일어나는 것이 다른 사건이 일어날 확률에 아무런 영향을 주지 않는다'의 의미를 음미해보자.
앞서 설명한 바와 같이

$$\mathrm{P}(A|B)=\mathrm{P}(A)\Leftrightarrow\frac{\mathrm{P}(A\cap B)}{\mathrm{P}(B)}=\frac{\mathrm{P}(A)}{\mathrm{P}(S)}$$

이면 두 사건 A, B는 독립이다. ($\because\ \mathrm{P}(S)=1$)
이는 **B 중에 A가 차지하는** 비율[$\mathrm{P}(A|B)$]과
S 중에 A가 차지하는 비율[$\mathrm{P}(A)$]이
서로 같다는 것을 의미한다.
그러므로 사건 B를 표본공간으로 생각해도
사건 A가 일어날 가능성은 같다.

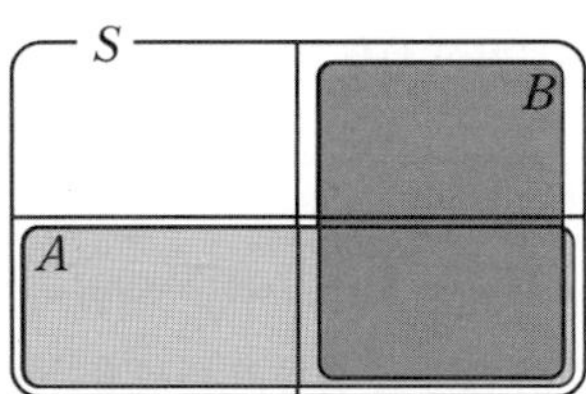

두 사건 A와 B가 독립이면
A와 B^C도 독립이고, A^C와 B도 독립이며,
A^C와 B^C도 독립이다. (이는 독립의 정의에 의하여 간단히 증명할 수 있다.)

정리해보면 두 사건의 관계에서 독립, 종속, 배반인지의 여부는 각각의 **정의에 의하여 판단**하여야 한다.
독립 : $\mathrm{P}(A\cap B)$와 $\mathrm{P}(A)\times\mathrm{P}(B)$가 **같다.**
종속 : $\mathrm{P}(A\cap B)$와 $\mathrm{P}(A)\times\mathrm{P}(B)$가 **다르다.**
배반 : $\mathrm{P}(A\cap B)$가 0이다.

너코 077 독립시행의 확률

어떤 시행을 여러 번 반복해도 매회마다

처음 상태로 reset

될 때, 즉 각 시행의 결과가 다른 시행의 결과에 아무런 영향을 주지 않을 때 이와 같은 시행을 **독립시행**이라 한다.
그리고 어떤 시행에서 사건 A가 일어날 확률이 p이면 **독립시행을 n번 반복할 때, 사건 A가 r번 일어날 확률**은

$${}_{n}\mathrm{C}_{r}p^{r}(1-p)^{n-r} \text{ (단, } r=0, 1, 2, \cdots, n)$$

이며 이를 독립시행의 확률이라 한다.

독립시행을 n번 반복할 때,
사건 A가 r번 일어나면 나머지 $n-r$번은 사건 A^{C}이 일어난다.
그러므로 r개의 A와 $n-r$개의 A^{C}을 나열하는
$\dfrac{n!}{r!(n-r)!}={}_{n}\mathrm{C}_{r}$가지 경우가 발생하고,
이때 각각의 경우마다 확률은 $p^{r}(1-p)^{n-r}$이다.

따라서 동일한 '**확률**'을 '**배열의 수**'만큼 거듭 더해야 하므로 ${}_{n}\mathrm{C}_{r}\times p^{r}(1-p)^{n-r}$은 (배열)×(확률)의 구조로 이해할 수 있다.

배열				
첫번째	두번째	세번째	네번째	확률
⚂	⚂	×	×	$\left(\frac{1}{6}\right)^{2}\times\left(\frac{5}{6}\right)^{2}$
⚂	×	⚂	×	$\left(\frac{1}{6}\right)^{2}\times\left(\frac{5}{6}\right)^{2}$
⚂	×	×	⚂	$\left(\frac{1}{6}\right)^{2}\times\left(\frac{5}{6}\right)^{2}$
×	⚂	⚂	×	$\left(\frac{1}{6}\right)^{2}\times\left(\frac{5}{6}\right)^{2}$
×	⚂	×	⚂	$\left(\frac{1}{6}\right)^{2}\times\left(\frac{5}{6}\right)^{2}$
×	×	⚂	⚂	$\left(\frac{1}{6}\right)^{2}\times\left(\frac{5}{6}\right)^{2}$

1 확률의 뜻과 활용

유형 01 수학적 확률의 뜻(1) - 일일이 세기

유형소개

수학적 확률을 구할 때 특정 사건에 해당하는 경우의 수를 일일이 나열하거나 표를 그려 세는 문제를 이 유형에 수록하였다.

유형접근법

어떤 시행에서 일어날 수 있는 모든 경우의 수가 s이고 각 경우가 일어날 가능성이 모두 같을 때, 사건 A가 일어날 경우의 수가 a이면

사건 A가 일어날 확률은 $\mathrm{P}(A)=\frac{a}{s}$이다.

이때 경우의 수를 구하는 과정에서 〈수학〉 과목에서 다뤄진 내용이 사용되므로 복습하면 다음과 같다.

❶ 합의 법칙 : 두 사건 A, B가 동시에 일어나지 않고 두 사건이 일어나는 경우의 수가 각각 m, n일 때, 사건 A 또는 B가 일어나는 경우의 수는 $m+n$이다.

❷ 곱의 법칙 : 사건 A가 일어나는 경우의 수가 m이고 그 각각에 대하여 사건 B가 일어나는 경우의 수가 n일 때, 사건 A, B가 동시에 일어나는 경우의 수는 $m\times n$이다.

H01-01

너코 071

2021학년도 9월 평가원 나형 8번

네 개의 수 1, 3, 5, 7 중에서 임의로 선택한 한 개의 수를 a라 하고, 네 개의 수 4, 6, 8, 10 중에서 임의로 선택한 한 개의 수를 b라 하자. $1<\frac{b}{a}<4$일 확률은? [3점]

① $\frac{1}{2}$ ② $\frac{9}{16}$ ③ $\frac{5}{8}$ ④ $\frac{11}{16}$ ⑤ $\frac{3}{4}$

H01-02

너코 071

2021학년도 수능 나형 8번

한 개의 주사위를 세 번 던져서 나오는 눈의 수를 차례로 a, b, c라 할 때, $a\times b\times c=4$일 확률은? [3점]

① $\frac{1}{54}$ ② $\frac{1}{36}$ ③ $\frac{1}{27}$ ④ $\frac{5}{108}$ ⑤ $\frac{1}{18}$

H01-03

너코 071

2022학년도 9월 평가원 (확률과 통계) 24번

네 개의 수 1, 3, 5, 7 중에서 임의로 선택한 한 개의 수를 a라 하고, 네 개의 수 2, 4, 6, 8 중에서 임의로 선택한 한 개의 수를 b라 하자. $a \times b > 31$일 확률은? [3점]

① $\frac{1}{16}$ ② $\frac{1}{8}$ ③ $\frac{3}{16}$ ④ $\frac{1}{4}$ ⑤ $\frac{5}{16}$

H01-04

너코 071

2023학년도 6월 평가원 (확률과 통계) 24번

주머니 A에는 1부터 3까지의 자연수가 하나씩 적혀 있는 3장의 카드가 들어 있고, 주머니 B에는 1부터 5까지의 자연수가 하나씩 적혀 있는 5장의 카드가 들어 있다. 두 주머니 A, B에서 각각 카드를 임의로 한 장씩 꺼낼 때, 꺼낸 두 장의 카드에 적힌 수의 차가 1일 확률은? [3점]

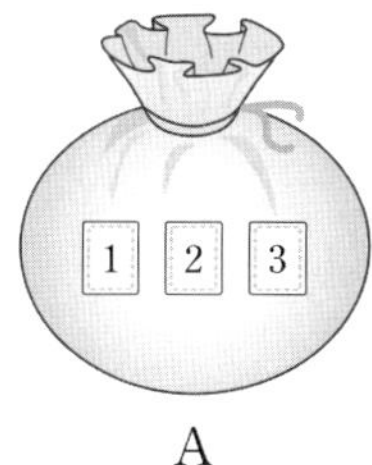

A

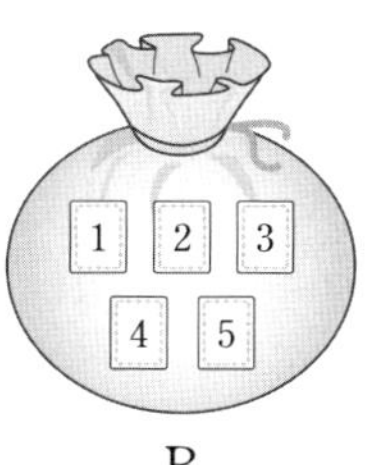

B

① $\frac{1}{3}$ ② $\frac{2}{5}$ ③ $\frac{7}{15}$ ④ $\frac{8}{15}$ ⑤ $\frac{3}{5}$

H01-05

너코 071

2005학년도 9월 평가원 13번

좌표평면에서 원 $x^2+y^2=1$ 위에 있는 7개의 점

$P_1(1, 0)$, $P_2\left(\frac{\sqrt{2}}{2}, \frac{\sqrt{2}}{2}\right)$, $P_3\left(\frac{1}{2}, \frac{\sqrt{3}}{2}\right)$, $P_4(0, 1)$,

$P_5\left(-\frac{\sqrt{2}}{2}, \frac{\sqrt{2}}{2}\right)$, $P_6(-1, 0)$, $P_7\left(-\frac{\sqrt{3}}{2}, -\frac{1}{2}\right)$

에서 임의로 세 점을 선택할 때, 이 세 점을 꼭짓점으로 하는 삼각형이 직각삼각형일 확률은? [4점]

① $\frac{1}{7}$ ② $\frac{6}{35}$ ③ $\frac{1}{5}$ ④ $\frac{8}{35}$ ⑤ $\frac{9}{35}$

H01-06

너코 071
2005학년도 수능 나형 29번

두 개의 주사위를 동시에 던질 때, 한 주사위 눈의 수가 다른 주사위 눈의 수의 배수가 될 확률은? [4점]

① $\frac{7}{18}$ ② $\frac{1}{2}$ ③ $\frac{11}{18}$
④ $\frac{13}{18}$ ⑤ $\frac{5}{6}$

H01-07

너코 071
2008학년도 6월 평가원 가형 10번

1부터 10까지의 자연수가 하나씩 적힌 10개의 구슬이 들어 있는 주머니가 있다. 이 주머니에서 임의로 한 개의 구슬을 꺼내어 그 구슬에 적힌 수를 m이라 할 때, 직선 $y=m$과 포물선 $y=-x^2+5x-\frac{3}{4}$이 만나도록 하는 수가 적힌 구슬을 꺼낼 확률은? [4점]

① $\frac{1}{5}$ ② $\frac{3}{10}$ ③ $\frac{2}{5}$
④ $\frac{1}{2}$ ⑤ $\frac{3}{5}$

H01-08

너코 071
2009학년도 6월 평가원 가형 (확률과 통계) 29번

A, B, C 세 명이 이 순서대로 주사위를 한 번씩 던져 가장 큰 눈의 수가 나온 사람이 우승하는 규칙으로 게임을 한다. 이때 가장 큰 눈의 수가 나온 사람이 두 명 이상이면 그 사람들끼리 다시 주사위를 던지는 방식으로 게임을 계속하여 우승자를 가린다. A가 처음 던진 주사위의 눈의 수가 3일 때, C가 한 번만 주사위를 던지고 우승할 확률은? [4점]

① $\frac{2}{9}$ ② $\frac{5}{18}$ ③ $\frac{1}{3}$
④ $\frac{7}{18}$ ⑤ $\frac{4}{9}$

H01-09

너코 071
2017학년도 6월 평가원 가형 14번

한 개의 주사위를 두 번 던질 때 나오는 눈의 수를 차례로 a, b라 하자. 이차함수 $f(x)=x^2-7x+10$에 대하여 $f(a)f(b)<0$이 성립할 확률은? [4점]

① $\frac{1}{18}$ ② $\frac{1}{9}$ ③ $\frac{1}{6}$
④ $\frac{2}{9}$ ⑤ $\frac{5}{18}$

H01-10

너코 071
2019학년도 6월 평가원 나형 19번

한 개의 주사위를 세 번 던질 때 나오는 눈의 수를 차례로 a, b, c라 하자. 세 수 a, b, c가 $a < b-2 \leq c$를 만족시킬 확률은? [4점]

① $\frac{2}{27}$ ② $\frac{1}{12}$ ③ $\frac{5}{54}$
④ $\frac{11}{108}$ ⑤ $\frac{1}{9}$

H01-11

너코 071
2019학년도 수능 가형 10번

주머니 속에 2부터 8까지의 자연수가 각각 하나씩 적힌 구슬 7개가 들어 있다. 이 주머니에서 임의로 2개의 구슬을 동시에 꺼낼 때, 꺼낸 구슬에 적힌 두 자연수가 서로소일 확률은? [3점]

① $\frac{8}{21}$ ② $\frac{10}{21}$ ③ $\frac{4}{7}$
④ $\frac{2}{3}$ ⑤ $\frac{16}{21}$

H01-12

너코 071
2021학년도 6월 평가원 나형 16번 / 가형 13번

한 개의 주사위를 두 번 던져서 나오는 눈의 수를 차례로 a, b라 할 때, $|a-3|+|b-3|=2$이거나 $a=b$일 확률은? [4점]

① $\frac{1}{4}$ ② $\frac{1}{3}$ ③ $\frac{5}{12}$
④ $\frac{1}{2}$ ⑤ $\frac{7}{12}$

H01-13

너코 071
2009학년도 수능 나형 22번

주사위를 두 번 던질 때, 나오는 눈의 수를 차례로 m, n이라 하자. $i^m \times (-i)^n$의 값이 1이 될 확률이 $\frac{q}{p}$일 때, $p+q$의 값을 구하시오. (단, $i=\sqrt{-1}$이고 p, q는 서로소인 자연수이다.) [4점]

H01-14

너코 018 너코 020 너코 071
2019학년도 6월 평가원 가형 18번

좌표평면 위에 두 점 $A(0,\ 4)$, $B(0,\ -4)$가 있다. 한 개의 주사위를 두 번 던질 때 나오는 눈의 수를 차례로 m, n이라 하자. 점 $C\left(m\cos\frac{n\pi}{3},\ m\sin\frac{n\pi}{3}\right)$에 대하여 삼각형 ABC의 넓이가 12보다 작을 확률은? [4점]

① $\frac{1}{2}$　② $\frac{5}{9}$　③ $\frac{11}{18}$
④ $\frac{2}{3}$　⑤ $\frac{13}{18}$

유형 02 수학적 확률의 뜻(2) - 순열·조합을 이용하여 세기

유형소개

순열, 조합을 이용하여 사건의 원소의 개수를 구하고 수학적 확률을 계산하는 문제를 이 유형에 수록하였다.
이전에 학습한 순열, 조합, 원순열, 중복순열, 같은 것이 있는 순열, 중복조합 등을 이용하여 여러 가지 방법으로 셀 수 있다.

유형접근법

유형 01 과 마찬가지로 수학적 확률을 계산하면 된다.
경우의 수를 구하는 과정에서 〈수학〉 과목에서 다뤄진 내용이 사용되므로 복습하면 다음과 같다.

✓ 순열

서로 다른 n개 중에서 r개를 택해 일렬로 나열하는 경우의 수는 ${}_n\mathrm{P}_r=\frac{n!}{(n-r)!}$ 이다.

✓ 조합

서로 다른 n개 중에서 순서를 생각하지 않고 r개를 택하는 경우의 수는 ${}_n\mathrm{C}_r=\frac{{}_n\mathrm{P}_r}{r!}=\frac{n!}{r!(n-r)!}$ 이다.

조합에 대하여 다음이 성립한다.

❶ ${}_n\mathrm{C}_r={}_n\mathrm{C}_{n-r}$ (단, $n\ge 1,\ 0\le r\le n$)
❷ ${}_n\mathrm{C}_r={}_{n-1}\mathrm{C}_{r-1}+{}_{n-1}\mathrm{C}_r$ (단, $1\le r\le n-1$)
❸ $r\times{}_n\mathrm{C}_r=n\times{}_{n-1}\mathrm{C}_{r-1}$ (단, $n\ge 2,\ 1\le r\le n$)
❹ 서로 다른 n개를 p개, q개, r개로 나누는 경우의 수는

$p,\ q,\ r$가 모두 다른 수이면 ${}_n\mathrm{C}_p\times{}_{n-p}\mathrm{C}_q\times{}_r\mathrm{C}_r$

$p,\ q,\ r$ 중 두 수만 같으면 ${}_n\mathrm{C}_p\times{}_{n-p}\mathrm{C}_q\times{}_r\mathrm{C}_r\times\frac{1}{2!}$

$p,\ q,\ r$가 모두 같으면 ${}_n\mathrm{C}_p\times{}_{n-p}\mathrm{C}_q\times{}_r\mathrm{C}_r\times\frac{1}{3!}$

(단, $p+q+r=n$)

H02-01

너코 071

2011학년도 9월 평가원 나형 22번

어느 여객선의 좌석이 A구역에 2개, B구역에 1개, C구역에 1개 남아 있다. 남아 있는 좌석을 남자 승객 2명과 여자 승객 2명에게 임의로 배정할 때, 남자 승객 2명이 모두 A구역에 배정될 확률을 p라 하자. $120p$의 값을 구하시오. [3점]

H02-02

너코 071

2017학년도 9월 평가원 나형 26번 / 가형 24번

흰 공 2개, 빨간 공 4개가 들어 있는 주머니가 있다. 이 주머니에서 임의로 2개의 공을 동시에 꺼낼 때, 꺼낸 2개의 공이 모두 흰 공일 확률이 $\frac{q}{p}$이다. $p+q$의 값을 구하시오. (단, p와 q는 서로소인 자연수이다.) [3점]

H02-03

너코 071

2020학년도 9월 평가원 가형 10번

1부터 7까지의 자연수 중에서 임의로 서로 다른 3개의 수를 선택한다. 선택된 3개의 수의 곱을 a, 선택되지 않은 4개의 수의 곱을 b라 할 때, a와 b가 모두 짝수일 확률은? [3점]

① $\frac{4}{7}$ ② $\frac{9}{14}$ ③ $\frac{5}{7}$ ④ $\frac{11}{14}$ ⑤ $\frac{6}{7}$

H02-04

너코 071

2020학년도 수능 가형 6번

흰 공 3개, 검은 공 4개가 들어 있는 주머니가 있다. 이 주머니에서 임의로 네 개의 공을 동시에 꺼낼 때, 흰 공 2개와 검은 공 2개가 나올 확률은? [3점]

① $\frac{2}{5}$ ② $\frac{16}{35}$ ③ $\frac{18}{35}$ ④ $\frac{4}{7}$ ⑤ $\frac{22}{35}$

H02-05

너코 071
2021학년도 수능 가형 9번

문자 A, B, C, D, E가 하나씩 적혀 있는 5장의 카드와 숫자 1, 2, 3, 4가 하나씩 적혀 있는 4장의 카드가 있다. 이 9장의 카드를 모두 한 번씩 사용하여 일렬로 임의로 나열할 때, 문자 A가 적혀 있는 카드의 바로 양옆에 각각 숫자가 적혀 있는 카드가 놓일 확률은? [3점]

① $\frac{5}{12}$ ② $\frac{1}{3}$ ③ $\frac{1}{4}$
④ $\frac{1}{6}$ ⑤ $\frac{1}{12}$

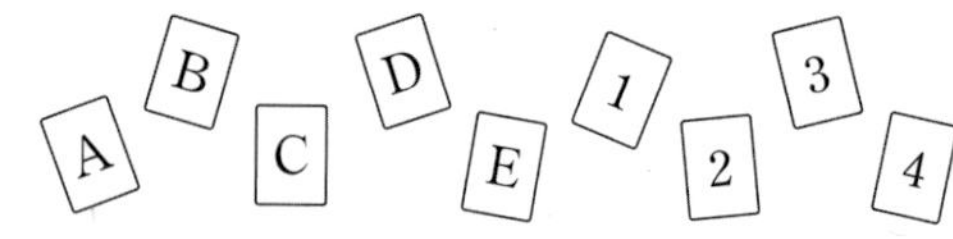

H02-06

너코 062 너코 071
2022학년도 6월 평가원 (확률과 통계) 25번

숫자 1, 2, 3, 4, 5 중에서 중복을 허락하여 4개를 택해 일렬로 나열하여 만들 수 있는 모든 네 자리의 자연수 중에서 임의로 하나의 수를 선택할 때, 선택한 수가 3500보다 클 확률은? [3점]

① $\frac{9}{25}$ ② $\frac{2}{5}$ ③ $\frac{11}{25}$
④ $\frac{12}{25}$ ⑤ $\frac{13}{25}$

H02-07

너코 071
2006학년도 9월 평가원 가형 (확률과 통계) 27번

주머니 A에는 1부터 10까지의 자연수가 적힌 10개의 구슬이 들어 있고, 주머니 B에는 1부터 8까지의 자연수가 적힌 8개의 구슬이 들어 있다. 다음 각 경우의 확률을 비교하고자 한다.

> (가) 주머니 A에서 구슬을 임의로 한 개씩 두 번 꺼낼 때, 차례로 1, 2가 적힌 구슬이 나오는 경우
> (단, 꺼낸 구슬은 다시 넣지 않는다.)
> (나) 주머니 B에서 임의로 3개의 구슬을 동시에 꺼낼 때, 1, 2, 3이 적힌 구슬이 나오는 경우
> (다) 각 주머니에서 구슬을 임의로 한 개씩 꺼낼 때, 모두 1이 적힌 구슬이 나오는 경우

(가), (나), (다) 각 경우의 확률을 차례로 p, q, r라 할 때, p, q, r의 대소 관계를 옳게 나타낸 것은?
(단, 모든 구슬은 크기와 모양이 같다고 한다.) [3점]

① $p<q<r$ ② $p<r<q$ ③ $q<p<r$
④ $r<p<q$ ⑤ $r<q<p$

H02-08

너코 071
2008학년도 6월 평가원 가형 (확률과 통계) 28번

1부터 9까지의 자연수 중에서 임의로 서로 다른 4개의 수를 선택하여 네 자리의 자연수를 만들 때, 백의 자리의 수와 십의 자리의 수의 합이 짝수가 될 확률은? [3점]

① $\frac{4}{9}$　② $\frac{1}{2}$　③ $\frac{5}{9}$　④ $\frac{11}{18}$　⑤ $\frac{13}{18}$

H02-09

너코 071
2008학년도 6월 평가원 가형 (확률과 통계) 30번

○표가 있는 4개의 제비와 ×표가 있는 4개의 제비가 있다. 이 8개의 제비 중에서 임의로 4개를 한 번에 뽑았을 때, ○표가 있는 제비가 3개 이상이 나오거나 4개 모두 ×표인 제비가 나올 확률을 $\frac{q}{p}$라 하자. $p+q$의 값을 구하시오.

(단, p와 q는 서로소인 자연수이다.) [4점]

H02-10

너코 071
2008학년도 9월 평가원 가형 (확률과 통계) 26번

학생 9명의 혈액형을 조사하였더니 A형, B형, O형인 학생이 각각 2명, 3명, 4명이었다. 이 9명의 학생 중에서 임의로 2명을 뽑을 때, 혈액형이 같을 확률은? [3점]

① $\frac{13}{36}$　② $\frac{1}{3}$　③ $\frac{11}{36}$　④ $\frac{5}{18}$　⑤ $\frac{1}{4}$

H02-11

너코 071
2008학년도 수능 나형 27번

6명의 학생 A, B, C, D, E, F를 임의로 2명씩 짝을 지어 3개의 조로 편성하려고 한다. A와 B는 같은 조에 편성되고, C와 D는 서로 다른 조에 편성될 확률은? [4점]

① $\frac{1}{15}$　② $\frac{1}{10}$　③ $\frac{2}{15}$　④ $\frac{1}{6}$　⑤ $\frac{1}{5}$

H02-12

너코 071
2009학년도 9월 평가원 가형 (확률과 통계) 26번

1부터 10까지의 자연수가 하나씩 적혀 있는 10개의 공이 주머니에 들어있다. 이 주머니에서 철수, 영희, 은지 순서로 공을 임의로 한 개씩 꺼내기로 하였다. 철수가 꺼낸 공에 적혀 있는 수가 6일 때, 남은 두 사람이 꺼낸 공에 적혀 있는 수가 하나는 6보다 크고 다른 하나는 6보다 작을 확률은? (단, 꺼낸 공은 다시 넣지 않는다.) [3점]

① $\frac{1}{9}$ ② $\frac{2}{9}$ ③ $\frac{1}{3}$ ④ $\frac{4}{9}$ ⑤ $\frac{5}{9}$

H02-13

너코 071
2011학년도 수능 가형 (확률과 통계) 27번

남자 탁구 선수 4명과 여자 탁구 선수 4명이 참가한 탁구 시합에서 임의로 2명씩 4개의 조를 만들 때, 남자 1명과 여자 1명으로 이루어진 조가 2개일 확률은? [3점]

① $\frac{3}{7}$ ② $\frac{18}{35}$ ③ $\frac{3}{5}$ ④ $\frac{24}{35}$ ⑤ $\frac{27}{35}$

H02-14

너코 071
2013학년도 9월 평가원 나형 12번

주머니 안에 1, 2, 3, 4의 숫자가 하나씩 적혀 있는 4장의 카드가 있다. 주머니에서 갑이 2장의 카드를 임의로 뽑고 을이 남은 2장의 카드 중에서 1장의 카드를 임의로 뽑을 때, 갑이 뽑은 2장의 카드에 적힌 수의 곱이 을이 뽑은 카드에 적힌 수보다 작을 확률은? [3점]

① $\frac{1}{12}$ ② $\frac{1}{6}$ ③ $\frac{1}{4}$ ④ $\frac{1}{3}$ ⑤ $\frac{5}{12}$

H02-15

너코 071
2016학년도 9월 평가원 B형 15번

주머니에 1, 1, 2, 3, 4의 숫자가 하나씩 적혀 있는 5개의 공이 들어 있다. 이 주머니에서 임의로 4개의 공을 동시에 꺼내어 임의로 일렬로 나열하고, 나열된 순서대로 공에 적혀 있는 수를 a, b, c, d라 할 때, $a \le b \le c \le d$일 확률은? [4점]

① $\frac{1}{15}$ ② $\frac{1}{12}$ ③ $\frac{1}{9}$ ④ $\frac{1}{6}$ ⑤ $\frac{1}{3}$

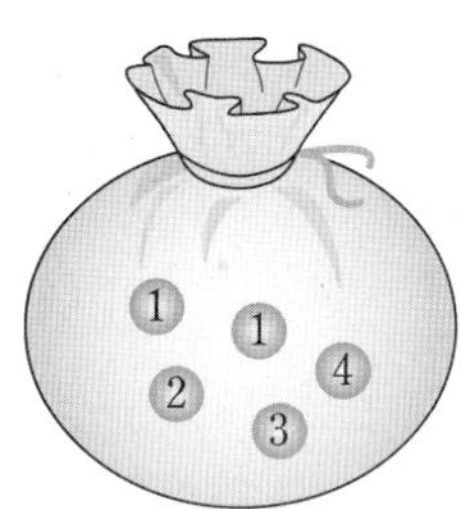

H02-16

너코 071

2017학년도 수능 가형 26번

두 주머니 A와 B에는 숫자 1, 2, 3, 4가 하나씩 적혀 있는 4장의 카드가 각각 들어 있다. 갑은 주머니 A에서, 을은 주머니 B에서 각자 임의로 두 장의 카드를 꺼내어 가진다. 갑이 가진 두 장의 카드에 적힌 수의 합과 을이 가진 두 장의 카드에 적힌 수의 합이 같을 확률은 $\frac{q}{p}$이다. $p+q$의 값을 구하시오. (단, p, q는 서로소인 자연수이다.) [4점]

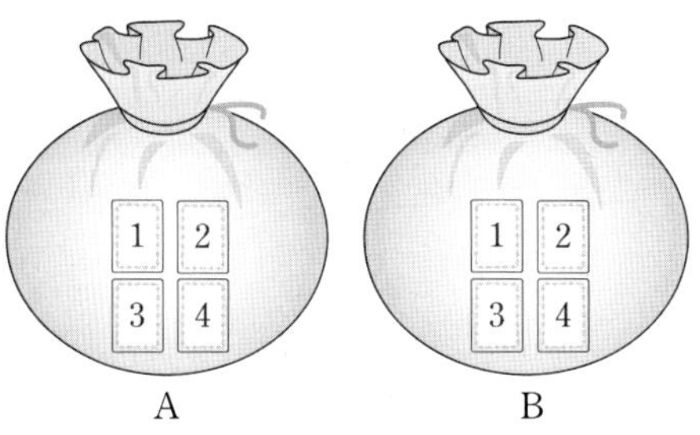

H02-17

너코 071

2018학년도 9월 평가원 나형 15번 / 가형 10번

A, A, A, B, B, C의 문자가 하나씩 적혀 있는 6장의 카드가 있다. 이 카드를 모두 한 번씩 사용하여 일렬로 임의로 나열할 때, 양 끝 모두에 A가 적힌 카드가 나오게 나열될 확률은? [4점]

① $\frac{3}{20}$ ② $\frac{1}{5}$ ③ $\frac{1}{4}$ ④ $\frac{3}{10}$ ⑤ $\frac{7}{20}$

H02-18

너코 063 너코 071

2020학년도 6월 평가원 나형 16번

한 개의 주사위를 네 번 던질 때 나오는 눈의 수를 차례로 a, b, c, d라 하자. 네 수 a, b, c, d의 곱 $a\times b\times c\times d$가 12일 확률은? [4점]

① $\frac{1}{36}$ ② $\frac{5}{72}$ ③ $\frac{1}{9}$ ④ $\frac{11}{72}$ ⑤ $\frac{7}{36}$

H02-19

너코 071

2020학년도 6월 평가원 가형 14번

한 개의 주사위를 세 번 던져서 나오는 눈의 수를 차례로 a, b, c라 할 때, $a>b$이고 $a>c$일 확률은? [4점]

① $\frac{13}{54}$ ② $\frac{55}{216}$ ③ $\frac{29}{108}$ ④ $\frac{61}{216}$ ⑤ $\frac{8}{27}$

H02-20

너코 071

2021학년도 6월 평가원 가형 17번

숫자 1, 2, 3, 4, 5, 6, 7이 하나씩 적혀 있는 7장의 카드가 있다. 이 7장의 카드를 모두 한 번씩 사용하여 일렬로 임의로 나열할 때, 다음 조건을 만족시킬 확률은? [4점]

> (가) 4가 적혀 있는 카드의 바로 양옆에는 각각 4보다 큰 수가 적혀 있는 카드가 있다.
> (나) 5가 적혀 있는 카드의 바로 양옆에는 각각 5보다 작은 수가 적혀 있는 카드가 있다.

① $\frac{1}{28}$ ② $\frac{1}{14}$ ③ $\frac{3}{28}$
④ $\frac{1}{7}$ ⑤ $\frac{5}{28}$

H02-21

너코 071

2023학년도 6월 평가원 (확률과 통계) 28번

숫자 1, 2, 3, 4, 5 중에서 서로 다른 4개를 택해 일렬로 나열하여 만들 수 있는 모든 네 자리의 자연수 중에서 임의로 하나의 수를 택할 때, 택한 수가 5의 배수 또는 3500 이상일 확률은? [4점]

① $\frac{9}{20}$ ② $\frac{1}{2}$ ③ $\frac{11}{20}$
④ $\frac{3}{5}$ ⑤ $\frac{13}{20}$

H02-22

너코 061 너코 071
2023학년도 9월 평가원 (확률과 통계) 26번

세 학생 A, B, C를 포함한 7명의 학생이 원 모양의 탁자에 일정한 간격을 두고 임의로 모두 둘러앉을 때, A가 B 또는 C와 이웃하게 될 확률은? [3점]

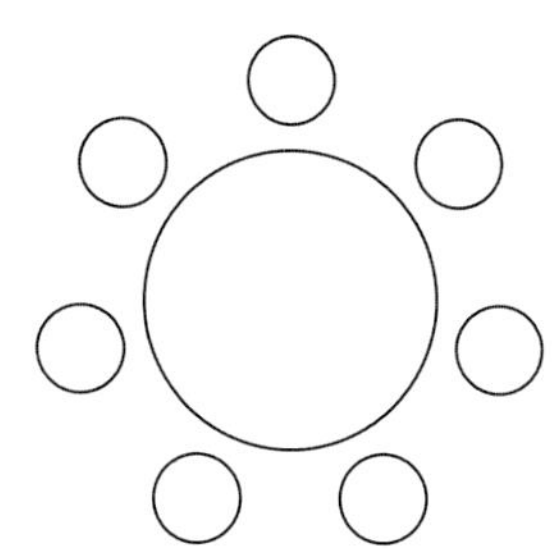

① $\frac{1}{2}$　② $\frac{3}{5}$　③ $\frac{7}{10}$　④ $\frac{4}{5}$　⑤ $\frac{9}{10}$

H02-23

너코 067 너코 071
2024학년도 9월 평가원 (확률과 통계) 27번

두 집합 $X=\{1,\ 2,\ 3,\ 4\}$, $Y=\{1,\ 2,\ 3,\ 4,\ 5,\ 6,\ 7\}$에 대하여 X에서 Y로의 모든 일대일함수 f 중에서 임의로 하나를 선택할 때, 이 함수가 다음 조건을 만족시킬 확률은? [3점]

(가) $f(2)=2$
(나) $f(1)\times f(2)\times f(3)\times f(4)$는 4의 배수이다.

① $\frac{1}{14}$　② $\frac{3}{35}$　③ $\frac{1}{10}$　④ $\frac{4}{35}$　⑤ $\frac{9}{70}$

H 확률

H02-24

너코 071

2025학년도 6월 평가원 (확률과 통계) 29번

40개의 공이 들어 있는 주머니가 있다. 각각의 공은 흰 공 또는 검은 공 중 하나이다. 이 주머니에서 임의로 2개의 공을 동시에 꺼낼 때, 흰 공 2개를 꺼낼 확률을 p, 흰 공 1개와 검은 공 1개를 꺼낼 확률을 q, 검은 공 2개를 꺼낼 확률을 r이라 하자. $p=q$일 때, $60r$의 값을 구하시오.

(단, $p>0$) [4점]

H02-25

너코 070 너코 071

2007학년도 6월 평가원 가형 (확률과 통계) 29번

표본공간 S는 $S=\{1, 2, 3, 4, 5\}$이고 모든 근원사건의 확률은 같다. 표본공간 S의 두 사건 A, B가 서로 배반사건이고 $0<\mathrm{P}(B)<\mathrm{P}(A)$가 되도록 두 사건 A, B를 선택하는 경우의 수는? [4점]

① 45 ② 50 ③ 55
④ 60 ⑤ 65

H02-26

너코 028 너코 029 너코 071
변형문항(2007학년도 수능 15번)

1, 2, 3, $\cdots$, $3n$ (n은 자연수)의 숫자가 하나씩 적혀 있는 $3n$장의 카드 중 임의로 꺼낸 2장의 카드에 적혀 있는 두 수를 각각 a, b ($a<b$)라 하자. $3a<b$일 확률을 P_n이라 할 때, 다음은 P_n의 값을 구하는 과정이다.

> $3n$장의 카드 중 2장의 카드를 꺼내는 경우의 수는 ${}_{3n}\mathrm{C}_2$이다.
> $3a<b$인 경우에는 $b\le 3n$이므로 $1\le a<n$이다.
> 따라서 $a=k$라 하면 $3a<b$를 만족시키는 b의 경우의 수는 (가) 이므로
> $\mathrm{P}_n=\dfrac{\text{(나)}}{{}_{3n}\mathrm{C}_2}$이다.

위의 과정에서 (가), (나)에 알맞은 것은? [4점]

	(가)	(나)
①	$3(n-k)$	$\frac{3}{2}n(n-1)$
②	$3(n-k)$	$3n(n-1)$
③	$3(n-k+1)$	$\frac{3}{2}n(n-1)$
④	$3(n-k+1)$	$3n(n-1)$
⑤	$3(n-k+1)$	$3n^2$

H02-27

너코 071
2009학년도 수능 가형 (확률과 통계) 28번

1부터 9까지의 자연수가 하나씩 적혀 있는 9개의 공이 주머니에 들어 있다. 이 주머니에서 임의로 4개의 공을 동시에 꺼낼 때, 꺼낸 공에 적혀 있는 수 중에서 가장 큰 수와 가장 작은 수의 합이 7 이상이고 9 이하일 확률은? [3점]

① $\frac{5}{9}$ ② $\frac{1}{2}$ ③ $\frac{4}{9}$ ④ $\frac{7}{18}$ ⑤ $\frac{1}{3}$

H 확률

H02-28

너코 071

2010학년도 6월 평가원 가형 (확률과 통계) 30번

어느 동호회 회원 21명이 5인승, 7인승, 9인승의 차 3대에 나누어 타고 여행을 떠나려고 한다. 현재 5인승, 7인승, 9인승의 차에 각각 4명, 5명, 6명이 타고 있고, A와 B를 포함한 6명이 아직 도착하지 않았다. 이 6명을 차 3대에 임의로 배정할 때, A와 B가 같은 차에 배정될 확률은 $\frac{q}{p}$이다. $10p+q$의 값을 구하시오.

(단, p, q는 서로소인 자연수이다.) [4점]

H02-29

너코 071

2010학년도 9월 평가원 나형 12번

1부터 9까지 자연수가 하나씩 적혀 있는 9개의 공이 주머니에 들어 있다. 이 주머니에서 임의로 3개의 공을 동시에 꺼낼 때, 꺼낸 공에 적혀 있는 수 a, b, c $(a<b<c)$가 다음 조건을 만족시킬 확률은? [4점]

> (가) $a+b+c$는 홀수이다.
> (나) $a\times b\times c$는 3의 배수이다.

① $\frac{5}{14}$ ② $\frac{8}{21}$ ③ $\frac{17}{42}$
④ $\frac{3}{7}$ ⑤ $\frac{19}{42}$

H02-30

너코 071
2011학년도 수능 나형 17번

한국, 중국, 일본 학생이 2명씩 있다. 이 6명이 그림과 같이 좌석번호가 지정된 6개의 좌석 중 임의로 1개씩 선택하여 앉을 때, 같은 나라의 두 학생끼리는 좌석 번호의 차가 1 또는 10이 되도록 앉게 될 확률은? [4점]

11	12	13
21	22	23

① $\frac{1}{20}$ ② $\frac{1}{10}$ ③ $\frac{3}{20}$
④ $\frac{1}{5}$ ⑤ $\frac{1}{4}$

H02-31

너코 062 너코 067 너코 071
2021학년도 6월 평가원 나형 29번

집합 $A=\{1,\ 2,\ 3,\ 4\}$에 대하여 A에서 A로의 모든 함수 f 중에서 임의로 하나를 선택할 때, 이 함수가 다음 조건을 만족시킬 확률은 p이다. $120p$의 값을 구하시오. [4점]

(가) $f(1)\times f(2)\geq 9$
(나) 함수 f의 치역의 원소의 개수는 3이다.

H02-32

너코 071

2021학년도 9월 평가원 가형 19번

집합 $X = \{1, 2, 3, 4\}$의 공집합이 아닌 모든 부분집합 15개 중에서 임의로 서로 다른 세 부분집합을 뽑아 임의로 일렬로 나열하고, 나열된 순서대로 A, B, C라 할 때, $A \subset B \subset C$일 확률은? [4점]

① $\frac{1}{91}$　② $\frac{2}{91}$　③ $\frac{3}{91}$　④ $\frac{4}{91}$　⑤ $\frac{5}{91}$

H02-33

너코 071

2023학년도 9월 평가원 (확률과 통계) 28번

1부터 10까지의 자연수 중에서 임의로 서로 다른 3개의 수를 선택한다. 선택된 세 개의 수의 곱이 5의 배수이고 합은 3의 배수일 확률은? [4점]

① $\frac{3}{20}$　② $\frac{1}{6}$　③ $\frac{11}{60}$　④ $\frac{1}{5}$　⑤ $\frac{13}{60}$

H02-34

너코 071

2024학년도 6월 평가원 (확률과 통계) 30번

주머니에 숫자 1, 2, 3, 4가 하나씩 적혀 있는 흰 공 4개와 숫자 4, 5, 6, 7이 하나씩 적혀 있는 검은 공 4개가 들어 있다. 이 주머니를 사용하여 다음 규칙에 따라 점수를 얻는 시행을 한다.

> 주머니에서 임의로 2개의 공을 동시에 꺼내어
> 꺼낸 공이 서로 다른 색이면 12를 점수로 얻고,
> 꺼낸 공이 서로 같은 색이면 꺼낸 두 공에 적힌 수의
> 곱을 점수로 얻는다.

이 시행을 한 번 하여 얻은 점수가 24 이하의 짝수일 확률이 $\frac{q}{p}$일 때, $p+q$의 값을 구하시오.

(단, p와 q는 서로소인 자연수이다.) [4점]

유형 03 확률의 덧셈정리(1) – 확률로 확률 계산

유형소개

두 사건 A, B에 대하여 $\mathrm{P}(A)$, $\mathrm{P}(B)$ 또는 $\mathrm{P}(A\cap B)$, $\mathrm{P}(A\cup B)$와 같은 확률이 주어졌을 때 배반사건, 여사건의 성질 및 확률의 덧셈정리를 이용하여 확률을 계산하는 문제를 이 유형에 수록하였다.

유형접근법

표본공간이 S인 두 사건 A, B에 대하여

$\mathrm{P}(A\cup B)=\mathrm{P}(A)+\mathrm{P}(B)-\mathrm{P}(A\cap B)$

이때 두 사건 A, B가 서로 배반사건이면

$\mathrm{P}(A\cup B)=\mathrm{P}(A)+\mathrm{P}(B)$이다.

이 유형에서 여사건 A^C, B^C과 관련하여 자주 나오는 확률 계산은 다음과 같다.

$\mathrm{P}(A^C)=1-\mathrm{P}(A)$

$\mathrm{P}(A)=\mathrm{P}(A\cap B)+\mathrm{P}(A\cap B^C)$

$\mathrm{P}(A\cup B)=\mathrm{P}(A)+\mathrm{P}(A^C\cap B)$

$\mathrm{P}(A^C\cup B^C)=\mathrm{P}((A\cap B)^C)=1-\mathrm{P}(A\cap B)$

$\mathrm{P}(A^C\cap B^C)=\mathrm{P}((A\cup B)^C)=1-\mathrm{P}(A\cup B)$

H 확률

H03-01

너코 072 너코 073
2019학년도 6월 평가원 가형 4번

두 사건 A, B에 대하여

$$P(A)=\frac{2}{3},\ P(A\cap B)=\frac{1}{4}$$

일 때, $P(A^C\cup B)$의 값은? (단, A^C은 A의 여사건이다.) [3점]

① $\frac{1}{2}$ ② $\frac{7}{12}$ ③ $\frac{2}{3}$
④ $\frac{3}{4}$ ⑤ $\frac{5}{6}$

H03-02

너코 072 너코 073
2019학년도 9월 평가원 나형 5번 / 가형 4번

두 사건 A, B에 대하여

$$P(A)=\frac{1}{2},\ P(A\cap B^C)=\frac{1}{5}$$

일 때, $P(A^C\cup B^C)$의 값은? (단, A^C은 A의 여사건이다.) [3점]

① $\frac{2}{5}$ ② $\frac{1}{2}$ ③ $\frac{3}{5}$
④ $\frac{7}{10}$ ⑤ $\frac{4}{5}$

H03-03

너코 072 너코 073
2019학년도 수능 나형 8번 / 가형 4번

두 사건 A, B에 대하여 A와 B^C은 서로 배반사건이고

$$P(A)=\frac{1}{3},\ P(A^C\cap B)=\frac{1}{6}$$

일 때, $P(B)$의 값은? (단, A^C은 A의 여사건이다.) [3점]

① $\frac{5}{12}$ ② $\frac{1}{2}$ ③ $\frac{7}{12}$
④ $\frac{2}{3}$ ⑤ $\frac{3}{4}$

H03-04

너코 071
2020학년도 6월 평가원 나형 6번 / 가형 4번

두 사건 A, B에 대하여

$$P(A\cup B)=\frac{3}{4},\ P(A^C\cap B)=\frac{2}{3}$$

일 때, $P(A)$의 값은? (단, A^C은 A의 여사건이다.) [3점]

① $\frac{1}{12}$ ② $\frac{1}{8}$ ③ $\frac{1}{6}$
④ $\frac{5}{24}$ ⑤ $\frac{1}{4}$

H03-05

너코 072 너코 073
2020학년도 수능 나형 5번

두 사건 A, B에 대하여

$$P(A^C) = \frac{2}{3},\ P(A^C \cap B) = \frac{1}{4}$$

일 때, $P(A \cup B)$의 값은? (단, A^C은 A의 여사건이다.) [3점]

① $\frac{1}{2}$ ② $\frac{7}{12}$ ③ $\frac{2}{3}$ ④ $\frac{3}{4}$ ⑤ $\frac{5}{6}$

H03-06

너코 072 너코 073
2022학년도 수능 예시문항 (확률과 통계) 25번

두 사건 A, B에 대하여 A^C과 B는 서로 배반사건이고,

$$P(A) = \frac{1}{2},\ P(A \cap B^C) = \frac{2}{7}$$

일 때, $P(B)$의 값은? (단, A^C은 A의 여사건이다.) [3점]

① $\frac{5}{28}$ ② $\frac{3}{14}$ ③ $\frac{1}{4}$ ④ $\frac{2}{7}$ ⑤ $\frac{9}{28}$

H03-07

너코 072 너코 073
2021학년도 6월 평가원 나형 6번

두 사건 A, B에 대하여

$$P(A \cup B) = 1,\ P(B) = \frac{1}{3},\ P(A \cap B) = \frac{1}{6}$$

일 때, $P(A^C)$의 값은? (단, A^C은 A의 여사건이다.) [3점]

① $\frac{1}{3}$ ② $\frac{1}{4}$ ③ $\frac{1}{5}$ ④ $\frac{1}{6}$ ⑤ $\frac{1}{7}$

H03-08

너코 072 너코 073
2024학년도 6월 평가원 (확률과 통계) 24번

두 사건 A, B에 대하여

$$P(A \cap B^C) = \frac{1}{9},\ P(B^C) = \frac{7}{18}$$

일 때, $P(A \cup B)$의 값은? (단, B^C는 B의 여사건이다.) [3점]

① $\frac{5}{9}$ ② $\frac{11}{18}$ ③ $\frac{2}{3}$ ④ $\frac{13}{18}$ ⑤ $\frac{7}{9}$

H03-09

너코 072 너코 073
2024학년도 9월 평가원 (확률과 통계) 25번

두 사건 A, B에 대하여 A와 B^C은 서로 배반사건이고

$$\mathrm{P}(A \cap B)=\frac{1}{5},\ \mathrm{P}(A)+\mathrm{P}(B)=\frac{7}{10}$$

일 때, $\mathrm{P}(A^C \cap B)$의 값은? (단, A^C은 A의 여사건이다.) [3점]

① $\frac{1}{10}$　② $\frac{1}{5}$　③ $\frac{3}{10}$　④ $\frac{2}{5}$　⑤ $\frac{1}{2}$

H03-10

너코 072 너코 073
2025학년도 6월 평가원 (확률과 통계) 24번

두 사건 A, B는 서로 배반사건이고

$$\mathrm{P}(A^C)=\frac{5}{6},\ \mathrm{P}(A \cup B)=\frac{3}{4}$$

일 때, $\mathrm{P}(B^C)$의 값은? (단, A^C는 A의 여사건이다.) [3점]

① $\frac{3}{8}$　② $\frac{5}{12}$　③ $\frac{11}{24}$　④ $\frac{1}{2}$　⑤ $\frac{13}{24}$

H03-11

너코 072 너코 073
2014학년도 수능 B형 5번

두 사건 A, B에 대하여

$$\mathrm{P}(A^C \cup B^C)=\frac{4}{5},\ \mathrm{P}(A \cap B^C)=\frac{1}{4}$$

일 때, $\mathrm{P}(A^C)$의 값은? (단, A^C은 A의 여사건이다.) [3점]

① $\frac{1}{2}$　② $\frac{11}{20}$　③ $\frac{3}{5}$　④ $\frac{13}{20}$　⑤ $\frac{7}{10}$

H03-12

너코 072
2015학년도 9월 평가원 B형 9번

두 사건 A, B에 대하여

$$\mathrm{P}(A \cap B)=\frac{2}{3}\mathrm{P}(A)=\frac{2}{5}\mathrm{P}(B)$$

일 때, $\frac{\mathrm{P}(A \cup B)}{\mathrm{P}(A \cap B)}$의 값은? (단, $\mathrm{P}(A \cap B) \neq 0$이다.) [3점]

① 3　② $\frac{7}{2}$　③ 4　④ $\frac{9}{2}$　⑤ 5

H03-13

너코 072
2015학년도 수능 B형 8번

두 사건 A, B에 대하여 A^C과 B는 서로 배반사건이고

$$\mathrm{P}(A) = 2\mathrm{P}(B) = \frac{3}{5}$$

일 때, $\mathrm{P}(A \cap B^C)$의 값은? (단, A^C은 A의 여사건이다.) [3점]

① $\frac{7}{20}$ ② $\frac{3}{10}$ ③ $\frac{1}{4}$ ④ $\frac{1}{5}$ ⑤ $\frac{3}{20}$

H03-14

너코 072
2016학년도 9월 평가원 A형 15번

두 사건 A, B에 대하여

$$\mathrm{P}(A \cap B^C) = \mathrm{P}(A^C \cap B) = \frac{1}{6},$$

$$\mathrm{P}(A \cup B) = \frac{2}{3}$$

일 때, $\mathrm{P}(A \cap B)$의 값은? (단, A^C은 A의 여사건이다.) [4점]

① $\frac{1}{12}$ ② $\frac{1}{6}$ ③ $\frac{1}{4}$ ④ $\frac{1}{3}$ ⑤ $\frac{5}{12}$

유형 04 확률의 덧셈정리(2) - 활용

유형소개

유형 03 에서 공부한 내용을 수학 내적, 외적 활용 문제에 적용하여 배반사건, 여사건 및 확률의 덧셈정리를 이용하여 해결하는 문제를 이 유형에 수록하였다.

유형접근법

유형 03 에서 공부한 바와 같이 확률을 계산할 때 '중복 또는 누락되는 사건이 없도록' 확률의 덧셈정리를 활용하여 문제를 해결해보자.

특히 사건 A의 확률을 구하기 복잡할 때, 여사건 A^C의 확률을 이용하면 비교적 수월하게 해결할 수 있으므로 참고하자.

H 확률

H04-01

너코 071 너코 072 너코 073
2019학년도 6월 평가원 가형 10번

어느 지구대에서는 학생들의 안전한 통학을 위한 귀가도우미 프로그램에 참여하기로 하였다. 이 지구대의 경찰관은 모두 9명이고, 각 경찰관은 두 개의 근무조 A, B 중 한 조에 속해 있다. 이 지구대의 근무조 A는 5명, 근무조 B는 4명의 경찰관으로 구성되어 있다. 이 지구대의 경찰관 9명 중에서 임의로 3명을 동시에 귀가도우미로 선택할 때, 근무조 A와 근무조 B에서 적어도 1명씩 선택될 확률은? [3점]

① $\frac{1}{2}$ ② $\frac{7}{12}$ ③ $\frac{2}{3}$ ④ $\frac{3}{4}$ ⑤ $\frac{5}{6}$

H04-02

너코 071 너코 073
2020학년도 6월 평가원 나형 10번

검은 공 3개, 흰 공 4개가 들어 있는 주머니가 있다. 이 주머니에서 임의로 3개의 공을 동시에 꺼낼 때, 꺼낸 3개의 공 중에서 적어도 한 개가 검은 공일 확률은? [3점]

① $\frac{19}{35}$ ② $\frac{22}{35}$ ③ $\frac{5}{7}$ ④ $\frac{4}{5}$ ⑤ $\frac{31}{35}$

H04-03

너코 071 너코 073
2020학년도 9월 평가원 나형 14번

다음 조건을 만족시키는 좌표평면 위의 점 (a, b) 중에서 임의로 서로 다른 두 점을 선택할 때, 선택된 두 점 사이의 거리가 1보다 클 확률은? [4점]

(가) a, b는 자연수이다.
(나) $1 \le a \le 4$, $1 \le b \le 3$

① $\frac{41}{66}$ ② $\frac{43}{66}$ ③ $\frac{15}{22}$ ④ $\frac{47}{66}$ ⑤ $\frac{49}{66}$

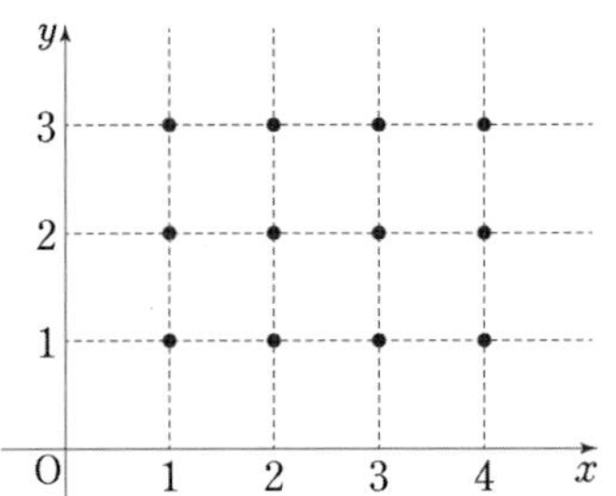

H04-04

너코 071 너코 073
2022학년도 수능 (확률과 통계) 26번

1부터 10까지 자연수가 하나씩 적혀 있는 10장의 카드가 들어 있는 주머니가 있다. 이 주머니에서 임의로 카드 3장을 동시에 꺼낼 때, 꺼낸 카드에 적혀 있는 세 자연수 중에서 가장 작은 수가 4 이하이거나 7 이상일 확률은? [3점]

① $\frac{4}{5}$ ② $\frac{5}{6}$ ③ $\frac{13}{15}$ ④ $\frac{9}{10}$ ⑤ $\frac{14}{15}$

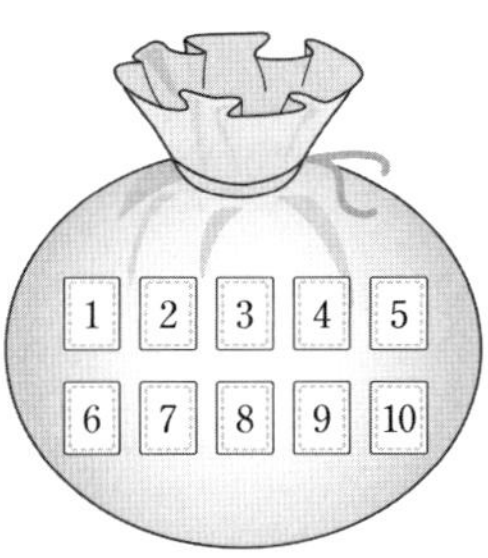

H04-05

너코 071 너코 073
2023학년도 수능 (확률과 통계) 25번

흰색 마스크 5개, 검은색 마스크 9개가 들어 있는 상자가 있다. 이 상자에서 임의로 3개의 마스크를 동시에 꺼낼 때, 꺼낸 3개의 마스크 중에서 적어도 한 개가 흰색 마스크일 확률은? [3점]

① $\frac{8}{13}$ ② $\frac{17}{26}$ ③ $\frac{9}{13}$ ④ $\frac{19}{26}$ ⑤ $\frac{10}{13}$

H04-06

너코 071 너코 073
2024학년도 6월 평가원 (확률과 통계) 25번

흰색 손수건 4장, 검은색 손수건 5장이 들어 있는 상자가 있다. 이 상자에서 임의로 4장의 손수건을 동시에 꺼낼 때, 꺼낸 4장의 손수건 중에서 흰색 손수건이 2장 이상일 확률은? [3점]

① $\frac{1}{2}$ ② $\frac{4}{7}$ ③ $\frac{9}{14}$ ④ $\frac{5}{7}$ ⑤ $\frac{11}{14}$

H04-07

너코 071 너코 073
2024학년도 수능 (확률과 통계) 25번

숫자 1, 2, 3, 4, 5, 6이 하나씩 적혀 있는 6장의 카드가 있다. 이 6장의 카드를 모두 한 번씩 사용하여 일렬로 임의로 나열할 때, 양 끝에 놓인 카드에 적힌 두 수의 합이 10 이하가 되도록 카드가 놓일 확률은? [3점]

① $\frac{8}{15}$ ② $\frac{19}{30}$ ③ $\frac{11}{15}$ ④ $\frac{5}{6}$ ⑤ $\frac{14}{15}$

H04-08

너코 062 너코 071 너코 072
2025학년도 6월 평가원 (확률과 통계) 26번

문자 a, b, c, d 중에서 중복을 허락하여 4개를 택해 일렬로 나열하여 만들 수 있는 모든 문자열 중에서 임의로 하나를 선택할 때, 문자 a가 한 개만 포함되거나 문자 b가 한 개만 포함된 문자열이 선택될 확률은? [3점]

① $\frac{5}{8}$ ② $\frac{41}{64}$ ③ $\frac{21}{32}$ ④ $\frac{43}{64}$ ⑤ $\frac{11}{16}$

H04-09

너코 071 너코 073
2025학년도 9월 평가원 (확률과 통계) 25번

1부터 11까지의 자연수 중에서 임의로 서로 다른 2개의 수를 선택한다. 선택한 2개의 수 중 적어도 하나가 7 이상의 홀수일 확률은? [3점]

① $\frac{23}{55}$ ② $\frac{24}{55}$ ③ $\frac{5}{11}$ ④ $\frac{26}{55}$ ⑤ $\frac{27}{55}$

H04-10

너코 071 너코 073
2025학년도 수능 (확률과 통계) 26번

어느 학급의 학생 16명을 대상으로 과목 A와 과목 B에 대한 선호도를 조사하였다. 이 조사에 참여한 학생은 과목 A와 과목 B 중 하나를 선택하였고, 과목 A를 선택한 학생은 9명, 과목 B를 선택한 학생은 7명이다. 이 조사에 참여한 학생 16명 중에서 임의로 3명을 선택할 때, 선택한 3명의 학생 중에서 적어도 한 명이 과목 B를 선택한 학생일 확률은? [3점]

① $\frac{3}{4}$　② $\frac{4}{5}$　③ $\frac{17}{20}$　④ $\frac{9}{10}$　⑤ $\frac{19}{20}$

H04-11

너코 071 너코 073
2018학년도 6월 평가원 가형 15번

그림과 같이 1, 2, 3, 4의 숫자가 하나씩 적혀 있는 카드가 각각 3장씩 12장이 있다. 이 12장의 카드 중에서 임의로 3장의 카드를 선택할 때, 선택한 카드 중에 같은 숫자가 적혀 있는 카드가 2장 이상일 확률은? [4점]

1	1	1	2	2	2	3	3	3	4	4	4

① $\frac{12}{55}$　② $\frac{16}{55}$　③ $\frac{4}{11}$　④ $\frac{24}{55}$　⑤ $\frac{28}{55}$

H04-12

너코 065 너코 066 너코 071 너코 073
2018학년도 수능 가형 28번

방정식 $x+y+z=10$을 만족시키는 음이 아닌 정수 x, y, z의 모든 순서쌍 (x, y, z) 중에서 임의로 한 개를 선택한다. 선택한 순서쌍 (x, y, z)가 $(x-y)(y-z)(z-x) \neq 0$을 만족시킬 확률은 $\frac{q}{p}$이다. $p+q$의 값을 구하시오. (단, p와 q는 서로소인 자연수이다.) [4점]

H 확률

H04-13

너코 065 너코 066 너코 071 너코 073
2019학년도 9월 평가원 가형 28번

방정식 $a+b+c=9$를 만족시키는 음이 아닌 정수 a, b, c의 모든 순서쌍 (a, b, c) 중에서 임의로 한 개를 선택할 때, 선택한 순서쌍 (a, b, c)가

$a<2$ 또는 $b<2$

를 만족시킬 확률은 $\frac{q}{p}$이다. $p+q$의 값을 구하시오.
(단, p와 q는 서로소인 자연수이다.) [4점]

H04-14

너코 071 너코 073
2019학년도 수능 나형 28번

숫자 1, 2, 3, 4가 하나씩 적혀 있는 흰 공 4개와 숫자 4, 5, 6이 하나씩 적혀 있는 검은 공 3개가 있다.
이 7개의 공을 임의로 일렬로 나열할 때, 같은 숫자가 적혀 있는 공이 서로 이웃하지 않게 나열될 확률은 $\frac{q}{p}$이다.
$p+q$의 값을 구하시오. (단, p와 q는 서로소인 자연수이다.) [4점]

H04-15

너코 062 너코 067 너코 071 너코 073
2021학년도 6월 평가원 가형 19번

두 집합 $A=\{1, 2, 3, 4\}$, $B=\{1, 2, 3\}$에 대하여 A에서 B로의 모든 함수 f 중에서 임의로 하나를 선택할 때, 이 함수가 다음 조건을 만족시킬 확률은? [4점]

> $f(1) \geq 2$이거나 함수 f의 치역은 B이다.

① $\frac{16}{27}$ ② $\frac{2}{3}$ ③ $\frac{20}{27}$ ④ $\frac{22}{27}$ ⑤ $\frac{8}{9}$

H04-16

너코 071 너코 072
2021학년도 9월 평가원 가형 17번

어느 고등학교에는 5개의 과학 동아리와 2개의 수학 동아리 A, B가 있다. 동아리 학술 발표회에서 이 7개 동아리가 모두 발표하도록 발표 순서를 임의로 정할 때, 수학 동아리 A가 수학 동아리 B보다 먼저 발표하는 순서로 정해지거나 두 수학 동아리의 발표 사이에는 2개의 과학 동아리만이 발표하는 순서로 정해질 확률은? (단, 발표는 한 동아리씩 하고, 각 동아리는 1회만 발표한다.) [4점]

① $\frac{4}{7}$ ② $\frac{7}{12}$ ③ $\frac{25}{42}$ ④ $\frac{17}{28}$ ⑤ $\frac{13}{21}$

H04-17

너코 071 너코 073
2021학년도 9월 평가원 나형 19번

1부터 6까지의 자연수가 하나씩 적혀 있는 6장의 카드가 들어 있는 주머니가 있다. 이 주머니에서 임의로 두 장의 카드를 동시에 꺼내어 적혀 있는 수를 확인한 후 다시 넣는 시행을 두 번 반복한다. 첫 번째 시행에서 확인한 두 수 중 작은 수를 a_1, 큰 수를 a_2라 하고, 두 번째 시행에서 확인한 두 수 중 작은 수를 b_1, 큰 수를 b_2라 하자. 두 집합 A, B를

$$A = \{x \mid a_1 \le x \le a_2\},$$
$$B = \{x \mid b_1 \le x \le b_2\}$$

라 할 때, $A \cap B \neq \varnothing$일 확률은? [4점]

① $\frac{3}{5}$ ② $\frac{2}{3}$ ③ $\frac{11}{15}$
④ $\frac{4}{5}$ ⑤ $\frac{13}{15}$

H04-18

너코 062 너코 071 너코 073
2022학년도 6월 평가원 (확률과 통계) 30번

숫자 1, 2, 3이 하나씩 적혀 있는 3개의 공이 들어 있는 주머니가 있다. 이 주머니에서 임의로 한 개의 공을 꺼내어 공에 적혀 있는 수를 확인한 후 다시 넣는 시행을 한다. 이 시행을 5번 반복하여 확인한 5개의 수의 곱이 6의 배수일 확률이 $\frac{q}{p}$일 때, $p+q$의 값을 구하시오.

(단, p와 q는 서로소인 자연수이다.) [4점]

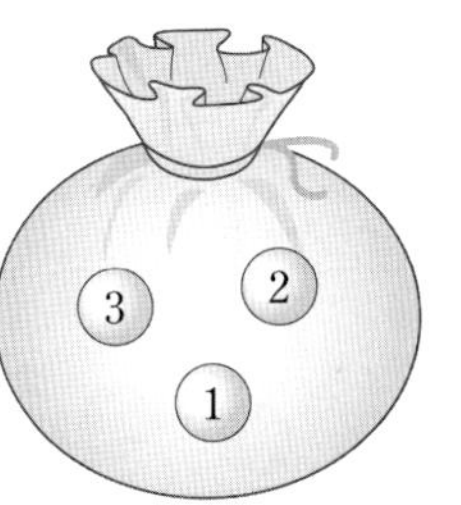

H04-19

너코 071 너코 072

2023학년도 수능 (확률과 통계) 26번

주머니에 1이 적힌 흰 공 1개, 2가 적힌 흰 공 1개, 1이 적힌 검은 공 1개, 2가 적힌 검은 공 3개가 들어 있다. 이 주머니에서 임의로 3개의 공을 동시에 꺼내는 시행을 한다. 이 시행에서 꺼낸 3개의 공 중에서 흰 공이 1개이고 검은 공이 2개인 사건을 A, 꺼낸 3개의 공에 적혀 있는 수를 모두 곱한 값이 8인 사건을 B라 할 때, $\mathrm{P}(A \cup B)$의 값은? [3점]

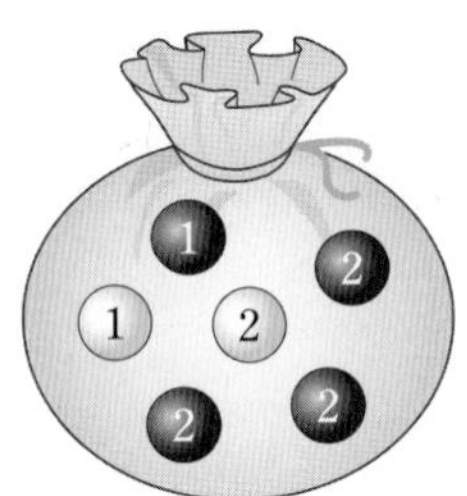

① $\frac{11}{20}$ ② $\frac{3}{5}$ ③ $\frac{13}{20}$

④ $\frac{7}{10}$ ⑤ $\frac{3}{4}$

H04-20

너코 062 너코 067 너코 071 너코 073

2009학년도 6월 평가원 가형 24번

집합 $X=\{1, 2, 3\}$, $Y=\{1, 2, 3, 4\}$, $Z=\{0, 1\}$에 대하여 조건 (가)를 만족시키는 모든 함수 $f: X \to Y$ 중에서 임의로 하나를 선택하고, 조건 (나)를 만족시키는 모든 함수 $g: Y \to Z$ 중에서 임의로 하나를 선택하여 합성함수 $g \circ f: X \to Z$를 만들 때, 이 합성함수의 치역이 Z일 확률은 $\frac{q}{p}$이다. $p+q$의 값을 구하시오.

(단, p, q는 서로소인 자연수이다.) [4점]

(가) X의 임의의 두 원소 x_1, x_2에 대하여 $x_1 \neq x_2$이면 $f(x_1) \neq f(x_2)$이다.

(나) g의 치역은 Z이다.

H04-21

너코 071 너코 073
2013학년도 수능 나형 29번

다음 좌석표에서 2행 2열 좌석을 제외한 8개의 좌석에 여학생 4명과 남학생 4명을 1명씩 임의로 배정할 때, 적어도 2명의 남학생이 서로 이웃하게 배정될 확률은 p이다. $70p$의 값을 구하시오.
(단, 2명이 같은 행의 바로 옆이나 같은 열의 바로 앞뒤에 있을 때 이웃한 것으로 본다.) [4점]

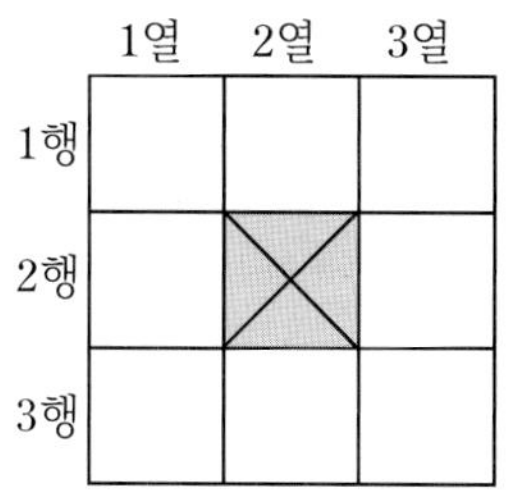

2 조건부확률

유형 05 조건부확률의 뜻과 계산

유형소개

조건부확률의 정의를 이용하여 해결하는 수학 내적 문제를 이 유형에 수록하였다.

유형접근법

두 사건 A, B에 대하여

$\mathrm{P}(B|A)=\dfrac{\mathrm{P}(A\cap B)}{\mathrm{P}(A)}$로 계산한다.

$\mathrm{P}(A)$, $\mathrm{P}(B|A)$의 값을 주고 $\mathrm{P}(A\cap B)$의 값을 묻거나 $\mathrm{P}(A\cap B)$, $\mathrm{P}(B|A)$의 값을 주고 $\mathrm{P}(A)$의 값을 묻기도 하므로 식을 적절히 변형할 줄 알아야 한다.

H05-01

너코 073 너코 074
2020학년도 9월 평가원 나형 8번

두 사건 A, B에 대하여

$$\mathrm{P}(A)=\frac{7}{10},\ \mathrm{P}(A\cup B)=\frac{9}{10}$$

일 때, $\mathrm{P}(B^C|A^C)$의 값은? (단, A^C은 A의 여사건이다.) [3점]

① $\frac{1}{6}$ ② $\frac{1}{5}$ ③ $\frac{1}{4}$ ④ $\frac{1}{3}$ ⑤ $\frac{1}{2}$

H05-02

너코 072 너코 074
2021학년도 9월 평가원 나형 5번 / 가형 3번

두 사건 A, B에 대하여

$$\mathrm{P}(A)=\frac{2}{5},\ \mathrm{P}(B)=\frac{4}{5},\ \mathrm{P}(A\cup B)=\frac{9}{10}$$

일 때, $\mathrm{P}(B|A)$의 값은? [3점]

① $\frac{5}{12}$ ② $\frac{1}{2}$ ③ $\frac{7}{12}$ ④ $\frac{2}{3}$ ⑤ $\frac{3}{4}$

H05-03

너코 074
2021학년도 수능 가형 4번

두 사건 A, B에 대하여

$$\mathrm{P}(B|A)=\frac{1}{4},\ \mathrm{P}(A|B)=\frac{1}{3},$$

$$\mathrm{P}(A)+\mathrm{P}(B)=\frac{7}{10}$$

일 때, $\mathrm{P}(A\cap B)$의 값은? [3점]

① $\frac{1}{7}$ ② $\frac{1}{8}$ ③ $\frac{1}{9}$ ④ $\frac{1}{10}$ ⑤ $\frac{1}{11}$

H05-04

너코 072 너코 074
2023학년도 9월 평가원 (확률과 통계) 24번

두 사건 A, B에 대하여

$$\mathrm{P}(A\cup B)=1,\ \mathrm{P}(A\cap B)=\frac{1}{4},$$

$$\mathrm{P}(A|B)=\mathrm{P}(B|A)$$

일 때, $\mathrm{P}(A)$의 값은? [3점]

① $\frac{1}{2}$ ② $\frac{9}{16}$ ③ $\frac{5}{8}$ ④ $\frac{11}{16}$ ⑤ $\frac{3}{4}$

H05-05

너코 072 너코 074
2025학년도 수능 (확률과 통계) 24번

두 사건 A, B에 대하여

$$\mathrm{P}(A\mid B)=\mathrm{P}(A)=\frac{1}{2},\ \mathrm{P}(A\cap B)=\frac{1}{5}$$

일 때, $\mathrm{P}(A\cup B)$의 값은? [3점]

① $\frac{1}{2}$ ② $\frac{3}{5}$ ③ $\frac{7}{10}$ ④ $\frac{4}{5}$ ⑤ $\frac{9}{10}$

H05-06

너코 073 너코 074
2009학년도 9월 평가원 가형 (확률과 통계) 26번

두 사건 A, B에 대하여 $\mathrm{P}(A\cup B)=\frac{5}{8}$, $\mathrm{P}(B)=\frac{1}{4}$일 때, $\mathrm{P}(A\mid B^{C})$의 값은? (단, B^{C}는 B의 여사건이다.) [3점]

① $\frac{1}{2}$ ② $\frac{1}{3}$ ③ $\frac{1}{4}$ ④ $\frac{1}{5}$ ⑤ $\frac{1}{6}$

H05-07

너코 072 너코 073 너코 074
2009학년도 수능 나형 26번

두 사건 A, B에 대하여 $\mathrm{P}(A)=\frac{1}{2}$, $\mathrm{P}(B^{C})=\frac{2}{3}$이며 $\mathrm{P}(B\mid A)=\frac{1}{6}$일 때, $\mathrm{P}(A^{C}\mid B)$의 값은?

(단, A^{C}은 A의 여사건이다.) [3점]

① $\frac{1}{2}$ ② $\frac{7}{12}$ ③ $\frac{2}{3}$ ④ $\frac{3}{4}$ ⑤ $\frac{5}{6}$

H 확률

H05-08

너코 072 너코 074
2013학년도 수능 나형 8번

두 사건 A, B에 대하여

$$P(A\cap B)=\frac{1}{8},\ P(B^C|A)=2P(B|A)$$

일 때, $P(A)$의 값은? (단, B^C은 B의 여사건이다.) [3점]

① $\frac{5}{12}$ ② $\frac{3}{8}$ ③ $\frac{1}{3}$
④ $\frac{7}{24}$ ⑤ $\frac{1}{4}$

H05-09

너코 072 너코 074
2015학년도 수능 A형 16번

두 사건 A, B에 대하여

$$P(A)=\frac{1}{3},\ P(A\cap B)=\frac{1}{8}$$

일 때, $P(B^C|A)$의 값은? (단, B^C은 B의 여사건이다.) [4점]

① $\frac{11}{24}$ ② $\frac{1}{2}$ ③ $\frac{13}{24}$
④ $\frac{7}{12}$ ⑤ $\frac{5}{8}$

H05-10

너코 072 너코 074
2020학년도 9월 평가원 가형 5번

두 사건 A, B에 대하여

$$P(A)=\frac{2}{5},\ P(B^C)=\frac{3}{10},\ P(A\cap B)=\frac{1}{5}$$

일 때, $P(A^C|B^C)$의 값은? (단, A^C은 A의 여사건이다.) [3점]

① $\frac{1}{6}$ ② $\frac{1}{5}$ ③ $\frac{1}{4}$
④ $\frac{1}{3}$ ⑤ $\frac{1}{2}$

유형 06 조건부확률의 활용(1) – 확률 주어질 때

유형소개

조건부확률을 구하는 문제로서 두 사건의 수학적 확률 각각을 구하고 조건부확률의 정의를 이용하여 해결하는 문제를 이 유형에 수록하였다. 〈수학 I〉을 학습하였음을 전제로 Σ를 활용하는 문제도 포함시켰다.

유형접근법

'사건 A가 일어났을 때, 사건 B가 일어날 확률'의 구조를 이해하고 조건부확률을 적용하면 된다.
이때 $\mathrm{P}(A)=\mathrm{P}(A\cap B)+\mathrm{P}(A\cap B^C)$임을 이용하기 위해 $\mathrm{P}(A\cap B)$, $\mathrm{P}(A\cap B^C)$의 값을 각각 구한 뒤
$\mathrm{P}(B|A)=\dfrac{\mathrm{P}(A\cap B)}{\mathrm{P}(A)}=\dfrac{\mathrm{P}(A\cap B)}{\mathrm{P}(A\cap B)+\mathrm{P}(A\cap B^C)}$로
조건부확률을 쉽게 구할 수 있다.

H06-01

너코 071 너코 074
2007학년도 6월 평가원 가형 (확률과 통계) 28번

어느 반에서 후보로 추천된 A, B, C, D 네 학생 중에서 반장과 부반장을 각각 한 명씩 임의로 뽑으려고 한다.
A 또는 B가 반장으로 뽑혔을 때, C가 부반장이 될 확률은? [3점]

① $\dfrac{1}{2}$ ② $\dfrac{1}{3}$ ③ $\dfrac{1}{4}$
④ $\dfrac{1}{5}$ ⑤ $\dfrac{1}{6}$

H06-02

너코 071 너코 074
2006학년도 9월 평가원 가형 23번 / 나형 23번

네 학생 A, B, C, D가 각각 자신의 수학 교과서를 한 권씩 꺼내어 4권을 섞어 놓고, 한 권씩 임의로 선택하기로 하였다. D가 먼저 A의 교과서를 선택하였을 때, 나머지 세 학생이 아무도 자신의 교과서를 선택하지 못할 확률은 $\dfrac{q}{p}$이다. $10(p+q)$의 값을 구하시오.
(단, p와 q는 서로소인 자연수이다.) [4점]

H06-03

너코 071 너코 074 너코 075
2008학년도 수능 12번

주머니 A에는 1, 2, 3, 4, 5의 숫자가 하나씩 적혀 있는 5장의 카드가 들어 있고, 주머니 B에는 6, 7, 8, 9, 10의 숫자가 하나씩 적혀 있는 5장의 카드가 들어 있다.
두 주머니 A, B에서 각각 카드를 임의로 한 장씩 꺼냈다.
꺼낸 2장의 카드에 적혀 있는 두 수의 합이 홀수일 때, 주머니 A에서 꺼낸 카드에 적혀 있는 수가 짝수일 확률은? [3점]

① $\dfrac{5}{13}$ ② $\dfrac{4}{13}$ ③ $\dfrac{3}{13}$
④ $\dfrac{2}{13}$ ⑤ $\dfrac{1}{13}$

H06-04

너코 071 너코 074 너코 075
2012학년도 수능 나형 13번

주머니 A에는 1, 2, 3, 4, 5의 숫자가 하나씩 적혀 있는 5장의 카드가 들어 있고, 주머니 B에는 1, 2, 3, 4, 5, 6의 숫자가 하나씩 적혀 있는 6장의 카드가 들어 있다. 한 개의 주사위를 한 번 던져서 나온 눈의 수가 3의 배수이면 주머니 A에서 임의로 카드를 한 장 꺼내고, 3의 배수가 아니면 주머니 B에서 임의로 카드를 한 장 꺼낸다. 주머니에서 꺼낸 카드에 적힌 수가 짝수일 때, 그 카드가 주머니 A에서 꺼낸 카드일 확률은? [3점]

① $\frac{1}{5}$ ② $\frac{2}{9}$ ③ $\frac{1}{4}$
④ $\frac{2}{7}$ ⑤ $\frac{1}{3}$

H06-05

너코 071 너코 074 너코 075
2013학년도 5월 평가원 B형 10번

주머니 A에는 검은 구슬 3개가 들어 있고, 주머니 B에는 검은 구슬 2개와 흰 구슬 2개가 들어 있다. 두 주머니 A, B 중 임의로 선택한 하나의 주머니에서 동시에 꺼낸 2개의 구슬이 모두 검은 색일 때, 선택된 주머니가 B이었을 확률은? [3점]

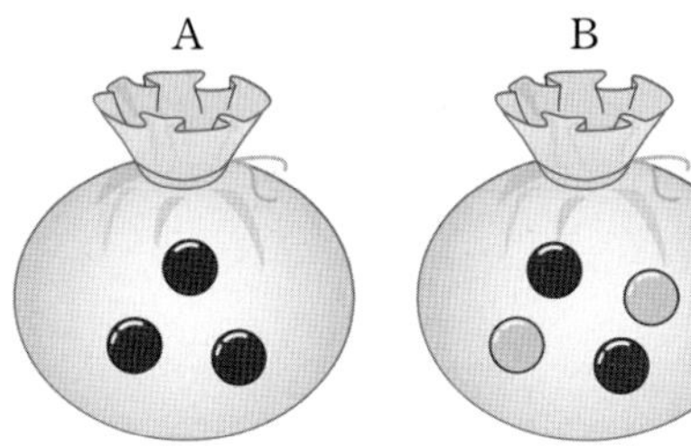

① $\frac{5}{14}$ ② $\frac{2}{7}$ ③ $\frac{3}{14}$
④ $\frac{1}{7}$ ⑤ $\frac{1}{14}$

H06-06

너코 071 너코 074 너코 075
2017학년도 6월 평가원 나형 27번

표와 같이 두 상자 A, B에는 흰 구슬과 검은 구슬이 섞여서 각각 100개씩 들어 있다.

(단위 : 개)

	상자 A	상자 B
흰 구슬	a	$100-2a$
검은 구슬	$100-a$	$2a$
합계	100	100

두 상자 A, B에서 각각 1개씩 임의로 꺼낸 구슬이 서로 같은 색일 때, 그 색이 흰색일 확률은 $\frac{2}{9}$이다. 자연수 a의 값을 구하시오. [4점]

H06-07

너코 071 너코 074
2017학년도 9월 평가원 가형 12번

한 개의 주사위를 두 번 던질 때 나오는 눈의 수를 차례로 a, b라 하자. 두 수의 곱 ab가 6의 배수일 때, 이 두 수의 합 $a+b$가 7일 확률은? [3점]

① $\frac{1}{5}$ ② $\frac{7}{30}$ ③ $\frac{4}{15}$
④ $\frac{3}{10}$ ⑤ $\frac{1}{3}$

H06-08

너코 071 너코 074
2018학년도 9월 평가원 가형 28번

그림과 같이 주머니 A에는 1부터 6까지의 자연수가 하나씩 적힌 6장의 카드가 들어 있고 주머니 B와 C에는 1부터 3까지의 자연수가 하나씩 적힌 3장의 카드가 각각 들어 있다. 갑은 주머니 A에서, 을은 주머니 B에서, 병은 주머니 C에서 각자 임의로 1장의 카드를 꺼낸다. 이 시행에서 갑이 꺼낸 카드에 적힌 수가 을이 꺼낸 카드에 적힌 수보다 클 때, 갑이 꺼낸 카드에 적힌 수가 을과 병이 꺼낸 카드에 적힌 수의 합보다 클 확률이 k이다. $100k$의 값을 구하시오. [4점]

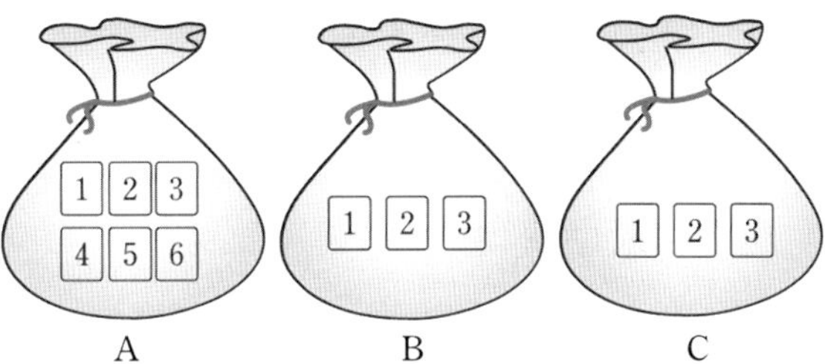

H06-09

너코 071 너코 074
2018학년도 수능 가형 13번

한 개의 주사위를 두 번 던진다. 6의 눈이 한 번도 나오지 않을 때, 나온 두 눈의 수의 합이 4의 배수일 확률은? [3점]

① $\frac{4}{25}$ ② $\frac{1}{5}$ ③ $\frac{6}{25}$
④ $\frac{7}{25}$ ⑤ $\frac{8}{25}$

H06-10

너코 071 너코 074
2021학년도 6월 평가원 나형 20번 / 가형 27번

주머니에 숫자 1, 2, 3, 4가 하나씩 적혀 있는 흰 공 4개와 숫자 3, 4, 5, 6이 하나씩 적혀 있는 검은 공 4개가 들어 있다. 이 주머니에서 임의로 4개의 공을 동시에 꺼내는 시행을 한다. 이 시행에서 꺼낸 공에 적혀 있는 수가 같은 것이 있을 때, 꺼낸 공 중 검은 공이 2개일 확률은? [4점]

① $\frac{13}{29}$ ② $\frac{15}{29}$ ③ $\frac{17}{29}$
④ $\frac{19}{29}$ ⑤ $\frac{21}{29}$

H06-11

너코 071 너코 074 너코 075
2022학년도 9월 평가원 (확률과 통계) 26번

주머니 A에는 흰 공 2개, 검은 공 4개가 들어 있고, 주머니 B에는 흰 공 3개, 검은 공 3개가 들어 있다. 두 주머니 A, B와 한 개의 주사위를 사용하여 다음 시행을 한다.

> 주사위를 한 번 던져
> 나온 눈의 수가 5 이상이면
> 주머니 A에서 임의로 2개의 공을 동시에 꺼내고,
> 나온 눈의 수가 4 이하이면
> 주머니 B에서 임의로 2개의 공을 동시에 꺼낸다.

이 시행을 한 번 하여 주머니에서 꺼낸 2개의 공이 모두 흰색일 때, 나온 눈의 수가 5 이상일 확률은? [3점]

① $\frac{1}{7}$ ② $\frac{3}{14}$ ③ $\frac{2}{7}$ ④ $\frac{5}{14}$ ⑤ $\frac{3}{7}$

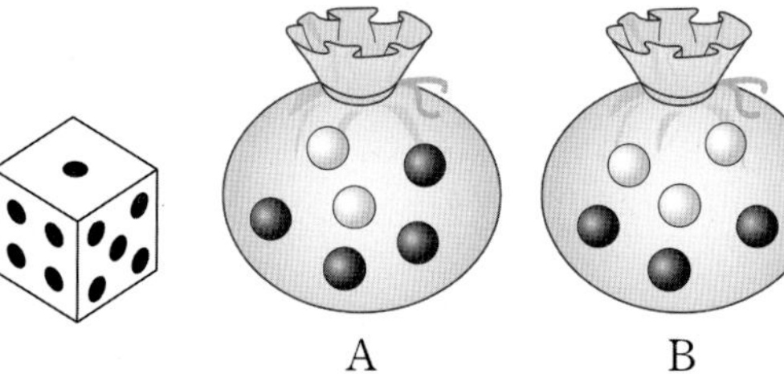

H06-12

너코 071 너코 074
2024학년도 6월 평가원 (확률과 통계) 27번

한 개의 주사위를 두 번 던질 때 나오는 눈의 수를 차례로 a, b라 하자. $a \times b$가 4의 배수일 때, $a+b \leq 7$일 확률은? [3점]

① $\frac{2}{5}$ ② $\frac{7}{15}$ ③ $\frac{8}{15}$ ④ $\frac{3}{5}$ ⑤ $\frac{2}{3}$

H06-13

너코 071 너코 074 너코 075
2010학년도 수능 가형 (확률과 통계) 28번

세 코스 A, B, C를 순서대로 한 번씩 체험하는 수련장이 있다. A 코스에는 30개, B 코스에는 60개, C 코스에는 90개의 봉투가 마련되어 있고, 각 봉투에는 1장 또는 2장 또는 3장의 쿠폰이 들어 있다. 다음 표는 쿠폰 수에 따른 봉투의 수를 코스별로 나타낸 것이다.

쿠폰 수 \ 코스	1장	2장	3장	계
A	20	10	0	30
B	30	20	10	60
C	40	30	20	90

각 코스를 마친 학생은 그 코스에 있는 봉투를 임의로 1개 선택하여 봉투 속에 들어있는 쿠폰을 받는다.
첫째 번에 출발한 학생이 세 코스를 모두 체험한 후 받은 쿠폰이 모두 4장이었을 때, B 코스에서 받은 쿠폰이 2장일 확률은? [3점]

① $\frac{6}{23}$ ② $\frac{8}{23}$ ③ $\frac{10}{23}$
④ $\frac{12}{23}$ ⑤ $\frac{14}{23}$

H06-14

너코 071 너코 074
2011학년도 6월 평가원 가형 (확률과 통계) 27번

14명의 학생이 특별활동 시간에 연주할 악기를 다음과 같이 하나씩 선택하였다.

피아노	바이올린	첼로
3명	5명	6명

14명의 학생 중에서 임의로 뽑은 3명이 선택한 악기가 모두 같을 때, 그 악기가 피아노이거나 첼로일 확률은? [3점]

① $\frac{13}{31}$ ② $\frac{15}{31}$ ③ $\frac{17}{31}$
④ $\frac{19}{31}$ ⑤ $\frac{21}{31}$

H06-15

너코 071 너코 074 너코 075
2013학년도 5월 평가원 A형 29번

한 개의 주사위를 사용하여 다음 규칙에 따라 점수를 얻는 시행을 한다.

> (가) 한 번 던져 나온 눈의 수가 5 이상이면 나온 눈의 수를 점수로 한다.
> (나) 한 번 던져 나온 눈의 수가 5보다 작으면 한 번 더 던져 나온 눈의 수를 점수로 한다.

시행의 결과로 얻은 점수가 5점 이상일 때, 주사위를 한 번만 던졌을 확률을 $\frac{q}{p}$라 하자. p^2+q^2의 값을 구하시오.

(단, p와 q는 서로소인 자연수이다.) [4점]

H06-16

너코 071 너코 074
2015학년도 9월 평가원 B형 17번

다음 조건을 만족시키는 좌표평면 위의 점 $(a,\ b)$ 중에서 임의로 서로 다른 두 점을 선택한다. 선택된 두 점의 y좌표가 같을 때, 이 두 점의 y좌표가 2일 확률은? [4점]

> (가) $a,\ b$는 정수이다.
> (나) $0 < b < 4-\dfrac{a^2}{4}$

① $\frac{4}{17}$ ② $\frac{5}{17}$ ③ $\frac{6}{17}$ ④ $\frac{7}{17}$ ⑤ $\frac{8}{17}$

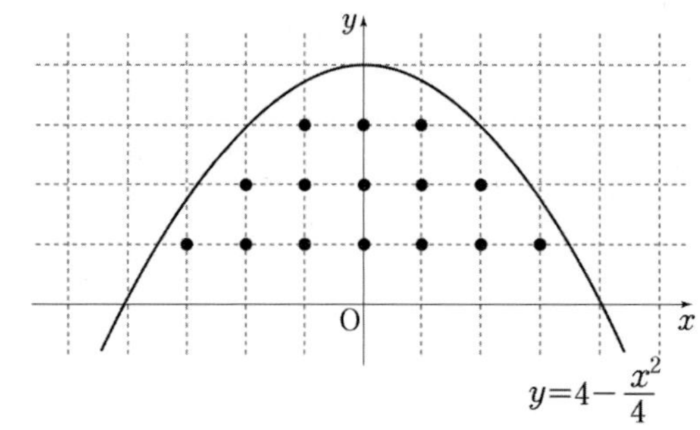

H06-17

너코 071 너코 074
2018학년도 6월 평가원 나형 28번

흰 공 3개, 검은 공 4개가 들어 있는 주머니가 있다. 이 주머니에서 임의로 3개의 공을 동시에 꺼내어, 꺼낸 흰 공과 검은 공의 개수를 각각 m, n이라 하자. 이 시행에서 $2m \geq n$일 때, 꺼낸 흰 공의 개수가 2일 확률은 $\frac{q}{p}$이다. $p+q$의 값을 구하시오.

(단, p와 q는 서로소인 자연수이다.) [4점]

H06-18

너코 029 너코 065 너코 071 너코 074
2019학년도 6월 평가원 가형 28번

자연수 $n\,(n \geq 3)$에 대하여 집합 A를

$$A = \{(x,\ y) \mid 1 \leq x \leq y \leq n,\ x\text{와 } y\text{는 자연수}\}$$

라 하자. 집합 A에서 임의로 선택된 한 개의 원소 $(a,\ b)$에 대하여 b가 3의 배수일 때, $a=b$일 확률이 $\frac{1}{9}$이 되도록 하는 모든 자연수 n의 값의 합을 구하시오. [4점]

H06-19

너코 071 너코 073 너코 074
2022학년도 수능 예시문항 (확률과 통계) 28번

1부터 10까지의 자연수 중에서 임의로 서로 다른 3개의 수를 선택한다. 선택한 세 개의 수의 곱이 짝수일 때, 그 세 개의 수의 합이 3의 배수일 확률은? [4점]

① $\frac{14}{55}$ ② $\frac{3}{10}$ ③ $\frac{19}{55}$
④ $\frac{43}{110}$ ⑤ $\frac{24}{55}$

H06-20

너코 071 너코 074
2023학년도 6월 평가원 (확률과 통계) 30번

주머니에 1부터 12까지의 자연수가 각각 하나씩 적혀 있는 12개의 공이 들어 있다. 이 주머니에서 임의로 3개의 공을 동시에 꺼내어 공에 적혀 있는 수를 작은 수부터 크기 순서대로 a, b, c라 하자. $b-a \geq 5$일 때, $c-a \geq 10$일 확률은 $\frac{q}{p}$이다. $p+q$의 값을 구하시오.

(단, p와 q는 서로소인 자연수이다.) [4점]

H06-21

너코 071 너코 074 너코 075
2024학년도 수능 (확률과 통계) 28번

하나의 주머니와 두 상자 A, B가 있다. 주머니에는 숫자 1, 2, 3, 4가 하나씩 적힌 4장의 카드가 들어 있고, 상자 A에는 흰 공과 검은 공이 각각 8개 이상 들어 있고, 상자 B는 비어 있다. 이 주머니와 두 상자 A, B를 사용하여 다음 시행을 한다.

> 주머니에서 임의로 한 장의 카드를 꺼내어
> 카드에 적힌 수를 확인한 후 다시 주머니에 넣는다.
> 확인한 수가 1이면
> 상자 A에 있는 흰 공 1개를 상자 B에 넣고,
> 확인한 수가 2 또는 3이면
> 상자 A에 있는 흰 공 1개와 검은 공 1개를 상자 B에 넣고,
> 확인한 수가 4이면
> 상자 A에 있는 흰 공 2개와 검은 공 1개를 상자 B에 넣는다.

이 시행을 4번 반복한 후 상자 B에 들어 있는 공의 개수가 8일 때, 상자 B에 들어 있는 검은 공의 개수가 2일 확률은? [4점]

① $\frac{3}{70}$ ② $\frac{2}{35}$ ③ $\frac{1}{14}$
④ $\frac{3}{35}$ ⑤ $\frac{1}{10}$

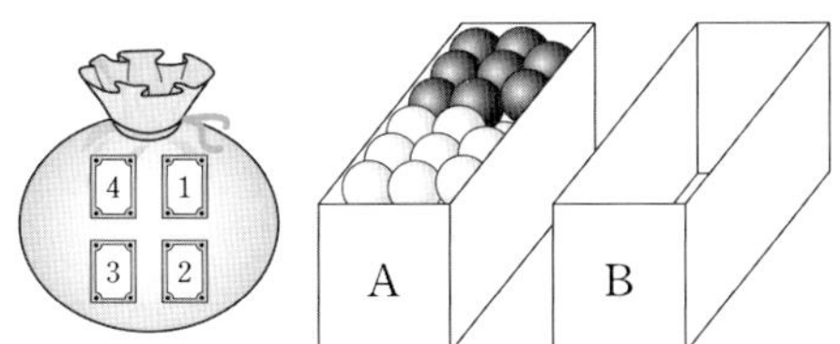

H06-22

너코 063 너코 071 너코 074
2025학년도 6월 평가원 (확률과 통계) 28번

탁자 위에 놓인 4개의 동전에 대하여 다음 시행을 한다.

> 4개의 동전 중 임의로 한 개의 동전을 택하여 한 번 뒤집는다.

처음에 3개의 동전은 앞면이 보이도록, 1개의 동전은 뒷면이 보이도록 놓여 있다. 위의 시행을 5번 반복한 후 4개의 동전이 모두 같은 면이 보이도록 놓여 있을 때, 모두 앞면이 보이도록 놓여 있을 확률은? [4점]

① $\frac{17}{32}$ ② $\frac{35}{64}$ ③ $\frac{9}{16}$
④ $\frac{37}{64}$ ⑤ $\frac{19}{32}$

오백원 · 2025 500

앞면 앞면 앞면 뒷면

H06-23

너코 067 너코 071 너코 074
2025학년도 9월 평가원 (확률과 통계) 28번

집합 $X=\{1,\ 2,\ 3,\ 4\}$에 대하여 $f : X \rightarrow X$인 모든 함수 f 중에서 임의로 하나를 선택하는 시행을 한다. 이 시행에서 선택한 함수 f가 다음 조건을 만족시킬 때, $f(4)$가 짝수일 확률은? [4점]

> $a \in X$, $b \in X$에 대하여
> a가 b의 약수이면 $f(a)$는 $f(b)$의 약수이다.

① $\frac{9}{19}$　② $\frac{8}{15}$　③ $\frac{3}{5}$　④ $\frac{27}{40}$　⑤ $\frac{19}{25}$

유형 07 조건부확률의 활용(2) - 원소 개수 주어질 때

유형소개

조건부확률의 수학 외적 상황을 묻는 문제 중
각 집합의 원소의 개수가 주어진 문제를 이 유형에 수록하였다.

유형접근법

각 사건의 원소의 개수가 제시된 경우에는
사건 A와 사건 $A \cap B$에 해당하는 원소의 개수를 각각 찾아서
$\mathrm{P}(B|A)=\frac{\mathrm{P}(A \cap B)}{\mathrm{P}(A)}=\frac{n(A \cap B)}{n(A)}$로 계산한다.

H07-01

너코 074
2019학년도 6월 평가원 나형 14번

어느 인공지능 시스템에 고양이 사진 40장과 강아지 사진 40장을 입력한 후, 이 인공지능 시스템이 각각의 사진을 인식하는 실험을 실시하여 다음 결과를 얻었다.

(단위 : 장)

입력 \ 인식	고양이 사진	강아지 사진	합계
고양이 사진	32	8	40
강아지 사진	4	36	40
합계	36	44	80

이 실험에서 입력된 80장의 사진 중에서 임의로 선택한 1장이 인공지능 시스템에 의해 고양이 사진으로 인식된 사진일 때, 이 사진이 고양이 사진일 확률은? [4점]

① $\frac{4}{9}$　② $\frac{5}{9}$　③ $\frac{2}{3}$　④ $\frac{7}{9}$　⑤ $\frac{8}{9}$

H07-02

너코 074
2020학년도 수능 나형 9번

어느 학교 학생 200명을 대상으로 체험활동에 대한 선호도를 조사하였다. 이 조사에 참여한 학생은 문화체험과 생태연구 중 하나를 선택하였고, 각각의 체험활동을 선택한 학생의 수는 다음과 같다.

(단위 : 명)

구분	문화체험	생태연구	합계
남학생	40	60	100
여학생	50	50	100
합계	90	110	200

이 조사에 참여한 학생 200명 중에서 임의로 선택한 1명이 생태연구를 선택한 학생일 때, 이 학생이 여학생일 확률은? [3점]

① $\frac{5}{11}$　② $\frac{1}{2}$　③ $\frac{6}{11}$　④ $\frac{5}{9}$　⑤ $\frac{3}{5}$

H07-03

너코 074
2022학년도 6월 평가원 (확률과 통계) 24번

어느 동아리의 학생 20명을 대상으로 진로활동 A와 진로활동 B에 대한 선호도를 조사하였다. 이 조사에 참여한 학생은 진로활동 A와 진로활동 B중 하나를 선택하였고, 각각의 진로활동을 선택한 학생 수는 다음과 같다.

(단위 : 명)

구분	진로활동 A	진로활동 B	합계
1학년	7	5	12
2학년	4	4	8
합계	11	9	20

이 조사에 참여한 학생 20명 중에서 임의로 선택한 한 명이 진로활동 B를 선택한 학생일 때, 이 학생이 1학년일 확률은? [3점]

① $\frac{1}{2}$　② $\frac{5}{9}$　③ $\frac{3}{5}$　④ $\frac{7}{11}$　⑤ $\frac{2}{3}$

H07-04

너코 074
2009학년도 9월 평가원 5번

다음은 어느 고등학교 학생 1000명을 대상으로 혈액형을 조사한 표이다.

남학생 (단위 : 명)

	A형	B형	AB형	O형
Rh+형	203	150	71	159
Rh-형	7	6	1	3

여학생 (단위 : 명)

	A형	B형	AB형	O형
Rh+형	150	80	40	115
Rh-형	6	4	0	5

이 1000명의 학생 중에서 임의로 선택한 한 학생의 혈액형이 B형일 때, 이 학생이 Rh+형의 남학생일 확률은? [3점]

① $\frac{1}{4}$ ② $\frac{3}{8}$ ③ $\frac{1}{2}$
④ $\frac{5}{8}$ ⑤ $\frac{3}{4}$

H07-05

너코 074
2010학년도 9월 평가원 11번

어느 공항에는 A, B 두 대의 검색대만 있으며, 비행기 탑승 전에는 반드시 공항 검색대를 통과하여야 한다. 남학생 7명, 여학생 7명이 모두 A, B 검색대를 통과하였는데, A 검색대를 통과한 남학생은 4명, B검색대를 통과한 남학생은 3명이다. 여학생 중에서 한 학생을 임의로 선택할 때, 이 학생이 A 검색대를 통과한 여학생일 확률을 p라 하자. B 검색대를 통과한 학생 중에서 한 학생을 임의로 선택할 때 이 학생이 남학생일 확률을 q라 하자.
$p=q$일 때, A검색대를 통과한 여학생은 모두 몇 명인가? (단, 두 검색대를 모두 통과한 학생은 없으며, 각 검색대로 적어도 1명의 여학생이 통과하였다.) [3점]

① 1 ② 2 ③ 3
④ 4 ⑤ 5

H07-06

너코 074
2014학년도 9월 평가원 B형 25번

휴대 전화의 메인 보드 또는 액정 화면 고장으로 서비스센터에 접수된 200 건에 대하여 접수 시기를 품질보증 기간 이내, 이후로 구분한 결과는 다음과 같다.

(단위 : 건)

구분	메인 보드 고장	액정 화면 고장	합계
품질보증 기간 이내	90	50	140
품질보증 기간 이후	a	b	60

접수된 200건 중에서 임의로 선택한 1건이 액정 화면 고장 건일 때, 이 건의 접수 시기가 품질보증 기간 이내일 확률이 $\frac{2}{3}$이다. $a-b$의 값을 구하시오. (단, 메인 보드와 액정 화면 둘 다 고장인 경우는 고려하지 않는다.) [3점]

H07-07

너코 074
2016학년도 9월 평가원 A형 26번

어느 도서관 이용자 300명을 대상으로 각 연령대별, 성별 이용 현황을 조사한 결과는 다음과 같다.

(단위 : 명)

구분	19세 이하	20대	30대	40세 이상	계
남성	40	a	$60-a$	100	200
여성	35	$45-b$	b	20	100

이 도서관 이용자 300명 중에서 30대가 차지하는 비율은 12%이다. 이 도서관 이용자 300명 중에서 임의로 선택한 1명이 남성일 때 이 이용자가 20대일 확률과, 이 도서관 이용자 300명 중에서 임의로 선택한 1명이 여성일 때 이 이용자가 30대일 확률이 서로 같다. $a+b$의 값을 구하시오. [4점]

H07-08

너코 074
2017학년도 수능 나형 13번

어느 학교의 전체 학생은 360명이고, 각 학생은 체험 학습 A, 체험 학습 B 중 하나를 선택하였다. 이 학교의 학생 중 체험 학습 A를 선택한 학생은 남학생 90명과 여학생 70명이다. 이 학교의 학생 중 임의로 뽑은 1명의 학생이 체험 학습 B를 선택한 학생일 때, 이 학생이 남학생일 확률은 $\frac{2}{5}$이다. 이 학교의 여학생의 수는? [3점]

① 180 ② 185 ③ 190
④ 195 ⑤ 200

H07-09

너코 074

2008학년도 9월 평가원 나형 29번

여학생 100명과 남학생 200명을 대상으로 영화 A와 영화 B의 관람 여부를 조사하였다. 그 결과 모든 학생은 적어도 한 편의 영화를 관람하였고, 영화 A를 관람한 학생 150명 중 여학생이 45명이었으며, 영화 B를 관람한 학생 180명 중 여학생이 72명이었다. 두 영화 A, B를 모두 관람한 학생들 중에서 한 명을 임의로 뽑을 때, 이 학생이 여학생일 확률은? [4점]

① $\frac{31}{60}$　② $\frac{8}{15}$　③ $\frac{11}{20}$

④ $\frac{17}{30}$　⑤ $\frac{7}{12}$

유형 08 조건부확률의 활용(3) – 비율 주어질 때

유형소개

조건부확률의 수학 외적 상황을 묻는 문제 중
각 집합의 비율이 주어진 문제를 이 유형에 수록하였다.

유형접근법

비율이 주어진 경우 유형 07 과 마찬가지로
$\mathrm{P}(A)$, $\mathrm{P}(A\cap B)$에 해당하는 값을 각각 찾아서
$\mathrm{P}(B|A)=\dfrac{\mathrm{P}(A\cap B)}{\mathrm{P}(A)}$를 계산하면 된다.

H08-01

너코 074
2008학년도 6월 평가원 가형 (확률과 통계) 29번

가수 A 의 팬클럽 회원 150명과 가수 B 의 팬클럽 회원 200명을 대상으로 가수 C 에 대한 선호도를 조사하였다. 그 결과, 가수 A 의 팬클럽 회원 중에서 70%, 가수 B 의 팬클럽 회원 중에서 50%가 가수 C 를 선호하였다. 가수 A 와 가수 B 의 팬클럽 회원 전체 350명 중에서 임의로 선택된 한 사람이 가수 C 를 선호하였을 때, 이 사람이 가수 A 의 팬클럽 회원일 확률은? (단, 가수 A 의 팬클럽과 가수 B 의 팬클럽에 동시에 가입한 회원은 없고, 모든 회원이 선호도 조사에 응답하였다.) [4점]

① $\frac{15}{41}$ ② $\frac{17}{41}$ ③ $\frac{19}{41}$ ④ $\frac{21}{41}$ ⑤ $\frac{23}{41}$

H08-02

너코 074 너코 075
2009학년도 6월 평가원 가형 (확률과 통계) 27번

어느 산악회 전체 회원의 60%가 남성이다. 이 산악회에서 남성의 50%가 기혼이고 여성의 40%가 기혼이다. 이 산악회의 회원 중에서 임의로 뽑은 한 명이 기혼일 때, 이 회원이 여성일 확률은? [3점]

① $\frac{6}{23}$ ② $\frac{8}{23}$ ③ $\frac{10}{23}$ ④ $\frac{12}{23}$ ⑤ $\frac{14}{23}$

H08-03

너코 074 너코 075
2010학년도 수능 7번

철수가 받은 전자우편의 10%는 '여행'이라는 단어를 포함한다. '여행'을 포함한 전자우편의 50%가 광고이고, '여행'을 포함하지 않은 전자우편의 20%가 광고이다. 철수가 받은 한 전자우편이 광고일 때, 이 전자우편이 '여행'을 포함할 확률은? [3점]

① $\frac{5}{23}$ ② $\frac{6}{23}$ ③ $\frac{7}{23}$ ④ $\frac{8}{23}$ ⑤ $\frac{9}{23}$

H08-04

너코 074
2012학년도 9월 평가원 가형 10번

남학생 수와 여학생 수의 비가 2 : 3인 어느 고등학교에서 전체 학생의 70%가 K 자격증을 가지고 있고, 나머지 30%는 가지고 있지 않다. 이 학교의 학생 중에서 임의로 한 명을 선택할 때, 이 학생이 K 자격증을 가지고 있는 남학생일 확률이 $\frac{1}{5}$이다. 이 학교의 학생 중에서 임의로 선택한 학생이 K 자격증을 가지고 있지 않을 때, 이 학생이 여학생일 확률은? [3점]

① $\frac{1}{4}$ ② $\frac{1}{3}$ ③ $\frac{5}{12}$ ④ $\frac{1}{2}$ ⑤ $\frac{7}{12}$

H08-05

너코 074 너코 075
2013학년도 수능 가형 8번

어느 학교 전체 학생의 60%는 버스로, 나머지 40%는 걸어서 등교하였다. 버스로 등교한 학생의 $\frac{1}{20}$이 지각하였고, 걸어서 등교한 학생의 $\frac{1}{15}$이 지각하였다. 이 학교 전체 학생 중 임의로 선택한 1명의 학생이 지각하였을 때, 이 학생이 버스로 등교하였을 확률은? [3점]

① $\frac{3}{7}$ ② $\frac{9}{20}$ ③ $\frac{9}{19}$
④ $\frac{1}{2}$ ⑤ $\frac{9}{17}$

H08-06

너코 074
2019학년도 9월 평가원 나형 12번

여학생이 40명이고 남학생이 60명인 어느 학교 전체 학생을 대상으로 축구와 야구에 대한 선호도를 조사하였다. 이 학교 학생의 70%가 축구를 선택하였으며, 나머지 30%는 야구를 선택하였다. 이 학교의 학생 중 임의로 뽑은 1명이 축구를 선택한 남학생일 확률은 $\frac{2}{5}$이다. 이 학교의 학생 중 임의로 뽑은 1명이 야구를 선택한 학생일 때, 이 학생이 여학생일 확률은? (단, 조사에서 모든 학생들은 축구와 야구 중 한 가지만 선택하였다.) [3점]

① $\frac{1}{4}$ ② $\frac{1}{3}$ ③ $\frac{5}{12}$
④ $\frac{1}{2}$ ⑤ $\frac{7}{12}$

H08-07

너코 074
2015학년도 수능 B형 15번

어느 학교의 전체 학생 320명을 대상으로 수학동아리 가입 여부를 조사한 결과 남학생의 60%와 여학생의 50%가 수학동아리에 가입하였다고 한다. 이 학교의 수학동아리에 가입한 학생 중 임의로 1명을 선택할 때 이 학생이 남학생일 확률을 p_1, 이 학교의 수학동아리에 가입한 학생 중 임의로 1명을 선택할 때 이 학생이 여학생일 확률을 p_2라 하자. $p_1 = 2p_2$일 때, 이 학교의 남학생의 수는? [3점]

① 170 ② 180 ③ 190
④ 200 ⑤ 210

H08-08

너코 074
2016학년도 수능 A형 26번

어느 회사의 직원은 모두 60명이고, 각 직원은 두 개의 부서 A, B 중 한 부서에 속해 있다. 이 회사의 A 부서는 20명, B 부서는 40명의 직원으로 구성되어 있다. 이 회사의 A 부서에 속해 있는 직원의 50%가 여성이다. 이 회사 여성 직원의 60%가 B 부서에 속해 있다. 이 회사의 직원 60명 중에서 임의로 선택한 한 명이 B 부서에 속해 있을 때, 이 직원이 여성일 확률은 p이다. $80p$의 값을 구하시오. [4점]

유형 09 확률의 곱셈정리

유형소개

확률의 곱셈정리를 이용하여 두 사건이 동시에(또는 연달아) 일어날 확률을 구하는 문제를 이 유형에 수록하였다.

유형접근법

확률의 곱셈정리는 조건부확률의 정의에서 변형된
$\mathrm{P}(A\cap B)=\mathrm{P}(A)\times\mathrm{P}(B|A)$,
$\mathrm{P}(A\cap B)=\mathrm{P}(B)\times\mathrm{P}(A|B)$임에 불과하다.
'곱셈'을 순차적 진행의 의미로 이해해 보자.

H09-01

너코 071 너코 072 너코 075
2006학년도 수능 가형 23번 / 나형 23번

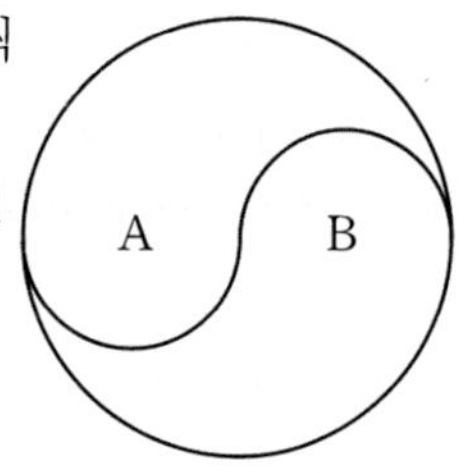

각 면에 1, 1, 1, 2의 숫자가 하나씩 적혀 있는 정사면체 모양의 상자가 있다. 이 상자를 던져서 밑면에 적힌 숫자가 1이면 오른쪽 그림의 영역 A에, 숫자가 2이면 영역 B에 색을 칠하기로 하였다. 두 영역에 색이 모두 칠해질 때까지 이 상자를 계속 던질 때, 3번째에 마칠 확률을 $\frac{q}{p}$라 하자. $p+q$의 값을 구하시오.

(단, p, q는 서로소인 자연수이다.) [4점]

H09-02

너코 071 너코 072 너코 075
2007학년도 6월 평가원 가형 11번

3학년에 7개의 반이 있는 어느 고등학교에서 토너먼트 방식으로 축구 시합을 하려고 하는데 이미 1반은 부전승으로 결정되어 있다. 다음과 같은 형태의 대진표를 만들어 시합을 할 때, 1반과 2반이 축구 시합을 할 확률은? (단, 각 반이 시합에서 이길 확률은 모두 $\frac{1}{2}$이고, 기권하는 반은 없다고 한다.) [3점]

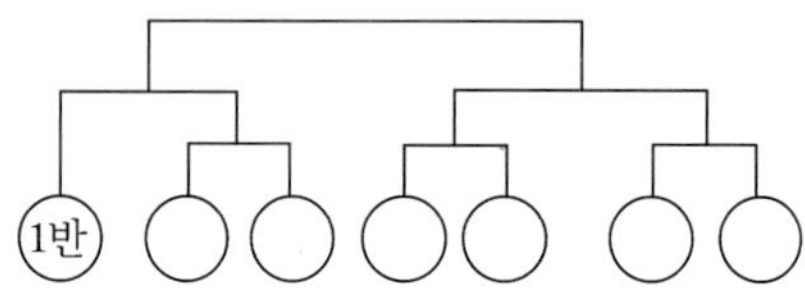

① $\frac{3}{4}$ ② $\frac{5}{8}$ ③ $\frac{1}{2}$
④ $\frac{3}{8}$ ⑤ $\frac{1}{4}$

H09-03

너코 071 너코 075
2009학년도 수능 16번

주머니 A와 B에는 1, 2, 3, 4, 5의 숫자가 하나씩 적혀 있는 다섯 개의 구슬이 각각 들어 있다. 철수는 주머니 A에서, 영희는 주머니 B에서 각자 구슬을 임의로 한 개씩 꺼내어 두 구슬에 적혀 있는 숫자를 확인한 후 다시 넣지 않는다. 이와 같은 시행을 반복할 때, 첫 번째 꺼낸 두 구슬에 적혀 있는 숫자가 서로 다르고, 두 번째 꺼낸 두 구슬에 적혀 있는 숫자가 같을 확률은? [4점]

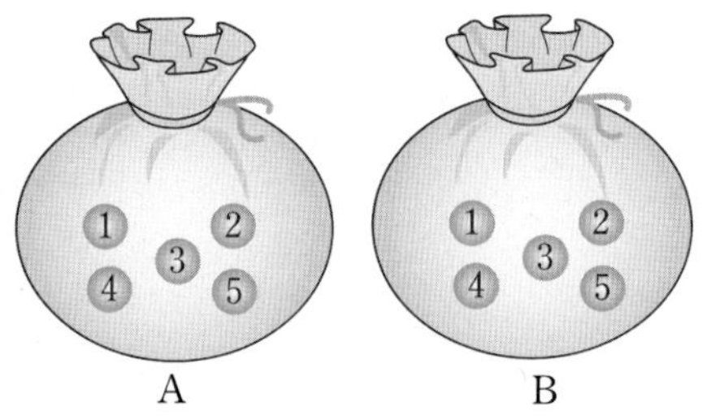

① $\frac{3}{20}$ ② $\frac{1}{5}$ ③ $\frac{1}{4}$
④ $\frac{3}{10}$ ⑤ $\frac{7}{20}$

H09-04

너코 071 너코 072 너코 075
2010학년도 수능 나형 29번

각 면에 1, 1, 1, 2, 2, 3의 숫자가 하나씩 적혀 있는 정육면체 모양의 상자를 던져 윗면에 적힌 수를 읽기로 한다. 이 상자를 3번 던질 때, 첫 번째와 두 번째 나온 수의 합이 4이고 세 번째 나온 수가 홀수일 확률은? [4점]

① $\frac{5}{27}$　② $\frac{11}{54}$　③ $\frac{2}{9}$　④ $\frac{13}{54}$　⑤ $\frac{7}{27}$

H09-05

너코 071 너코 072 너코 075
2014학년도 수능 A형 15번

주머니 A에는 흰 공 2개와 검은 공 3개가 들어 있고, 주머니 B에는 흰 공 1개와 검은 공 3개가 들어 있다. 주머니 A에서 임의로 1개의 공을 꺼내어 흰 공이면 흰 공 2개를 주머니 B에 넣고 검은 공이면 검은 공 2개를 주머니 B에 넣은 후, 주머니 B에서 임의로 1개의 공을 꺼낼 때 꺼낸 공이 흰 공일 확률은? [4점]

① $\frac{1}{6}$　② $\frac{1}{5}$　③ $\frac{7}{30}$　④ $\frac{4}{15}$　⑤ $\frac{3}{10}$

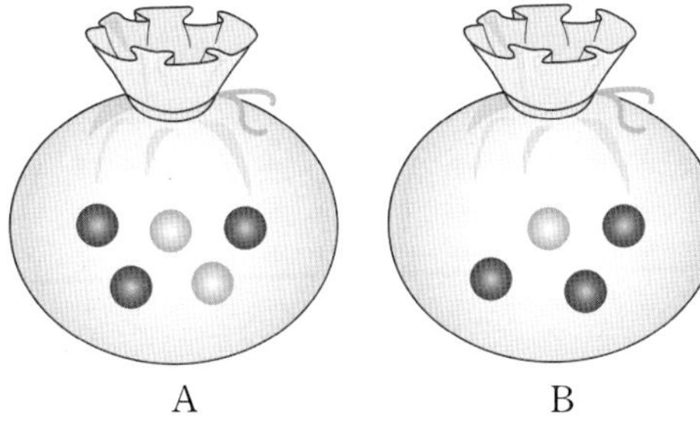

H09-06

너코 071 너코 072 너코 075
2007학년도 9월 평가원 17번

9개의 수 2^1, 2^2, 2^3, $\cdots$, 2^9이 오른쪽 표와 같이 배열되어 있다. 각 행에서 한 개씩 임의로 선택한 세 수의 곱을 3으로 나눈 나머지가 1이 될 확률은? [4점]

2^1	2^2	2^3
2^4	2^5	2^6
2^7	2^8	2^9

① $\frac{10}{27}$　② $\frac{4}{9}$　③ $\frac{14}{27}$　④ $\frac{16}{27}$　⑤ $\frac{2}{3}$

H09-07

너코 071 너코 072 너코 075
2010학년도 9월 평가원 가형 (확률과 통계) 29번

각각 3명의 선수로 구성된 A 팀과 B 팀이 있다. 각 팀 3명의 순번을 1, 2, 3번으로 정하고 다음 규칙에 따라 경기를 한다.

> (가) A 팀 1번 선수와 B 팀 1번 선수가 먼저 대결한다.
> (나) 대결에서 승리한 선수는 상대 팀의 다음 순번 선수와 대결한다.
> (다) 어느 팀이든 3명이 모두 패하면 경기가 종료된다.

A 팀의 2번 선수가 승리한 횟수가 1인 확률은?

(단, 각 선수가 승리할 확률은 $\frac{1}{2}$이고 무승부는 없다.) [4점]

① $\frac{1}{32}$ ② $\frac{1}{16}$ ③ $\frac{1}{8}$
④ $\frac{1}{4}$ ⑤ $\frac{1}{2}$

H09-08

너코 072 너코 075
2011학년도 6월 평가원 가형 (확률과 통계) 30번

A, B 두 사람이 탁구 시합을 할 때, 한 사람이 먼저 세 세트를 이기거나 연속하여 두 세트를 이기면 승리하기로 한다. 각 세트에서 A가 이길 확률은 $\frac{1}{3}$이고, B가 이길 확률은 $\frac{2}{3}$이다. 첫 세트에서 A가 이겼을 때, 이 시합에서 A가 승리할 확률은 $\frac{q}{p}$이다. $p+q$의 값을 구하시오.

(단, p와 q는 서로소인 자연수이다.) [4점]

H09-09

너코062 너코063 너코071 너코073 너코075

2011학년도 9월 평가원 24번

주머니 안에 스티커가 1개, 2개, 3개 붙어 있는 카드가 각각 1장씩 들어 있다. 주머니에서 임의로 카드 1장을 꺼내어 스티커 1개를 더 붙인 후 다시 주머니에 넣는 시행을 반복한다. 주머니 안의 각 카드에 붙어 있는 스티커의 개수를 3으로 나눈 나머지가 모두 같아지는 사건을 A라 하자. 시행을 6번 하였을 때, 1회부터 5회까지는 사건 A가 일어나지 않고, 6회에서 사건 A가 일어날 확률을 $\frac{q}{p}$라 하자. $p+q$의 값을 구하시오.

(단, p와 q는 서로소인 자연수이다.) [4점]

H09-10

너코071 너코072 너코075

2012학년도 수능 가형 13번

상자 A에는 빨간 공 3개와 검은 공 5개가 들어 있고, 상자 B는 비어 있다. 상자 A에서 임의로 2개의 공을 꺼내어 빨간 공이 나오면 [실행 1]을, 빨간 공이 나오지 않으면 [실행 2]를 할 때, 상자 B에 있는 빨간 공의 개수가 1일 확률은? [3점]

> [실행 1] 꺼낸 공을 상자 B에 넣는다.
> [실행 2] 꺼낸 공을 상자 B에 넣고, 상자 A에서 임의로 2개의 공을 더 꺼내어 상자 B에 넣는다.

① $\frac{1}{2}$ ② $\frac{7}{12}$ ③ $\frac{2}{3}$
④ $\frac{3}{4}$ ⑤ $\frac{5}{6}$

H 확률

H09-11

너코 073 너코 075

2020학년도 6월 평가원 가형 27번

숫자 1, 1, 2, 2, 3, 3이 하나씩 적혀 있는 6개의 공이 들어 있는 주머니가 있다. 이 주머니에서 한 개의 공을 임의로 꺼내어 공에 적힌 수를 확인한 후 다시 넣지 않는다. 이와 같은 시행을 6번 반복할 때, $k\ (1 \le k \le 6)$번째 꺼낸 공에 적힌 수를 a_k라 하자. 두 자연수 m, n을

$$m = a_1 \times 100 + a_2 \times 10 + a_3,$$
$$n = a_4 \times 100 + a_5 \times 10 + a_6$$

이라 할 때, $m > n$일 확률은 $\frac{q}{p}$이다. $p+q$의 값을 구하시오. (단, p와 q는 서로소인 자연수이다.) [4점]

H09-12

너코 071 너코 072 너코 075

2020학년도 9월 평가원 나형 20번 / 가형 18번

빨간색 공 6개, 파란색 공 3개, 노란색 공 3개가 들어 있는 주머니가 있다. 이 주머니에서 임의로 한 개의 공을 꺼내는 시행을 하여, 다음 규칙에 따라 세 사람 A, B, C가 점수를 얻는다. (단, 한 번 꺼낸 공은 다시 주머니에 넣지 않는다.)

- 빨간색 공이 나오면 A는 3점, B는 1점, C는 1점을 얻는다.
- 파란색 공이 나오면 A는 2점, B는 6점, C는 2점을 얻는다.
- 노란색 공이 나오면 A는 2점, B는 2점, C는 6점을 얻는다.

이 시행을 계속하여 얻는 점수의 합이 처음으로 24점 이상인 사람이 나오면 시행을 멈춘다. 다음은 얻는 점수의 합이 24점 이상인 사람이 A뿐일 확률을 구하는 과정이다.

꺼낸 빨간색 공의 개수를 x, 파란색 공의 개수를 y, 노란색 공의 개수를 z라 할 때, 얻은 점수의 합이 24점 이상인 사람이 A뿐이기 위해서는 x, y, z가 다음 조건을 만족시켜야 한다.

$$x = 6,\ 0 < y < 3,\ 0 < z < 3,\ y + z \ge 3$$

이 조건을 만족시키는 순서쌍 $(x,\ y,\ z)$는

$$(6,\ 1,\ 2),\ (6,\ 2,\ 1),\ (6,\ 2,\ 2)$$

이다.

i) $(x,\ y,\ z) = (6,\ 1,\ 2)$인 경우의 확률은 (가) 이다.

ii) $(x,\ y,\ z) = (6,\ 2,\ 1)$인 경우의 확률은 (가) 이다.

iii) $(x,\ y,\ z) = (6,\ 2,\ 2)$인 경우는 10번째 시행에서 빨간색 공이 나와야 하므로 그 확률은 (나) 이다.

i), ii), iii)에 의하여 구하는 확률은

$2 \times$ (가) $+$ (나) 이다.

위의 (가), (나)에 알맞은 수를 각각 p, q라 할 때, $p+q$의 값은? [4점]

① $\frac{13}{110}$ ② $\frac{27}{220}$ ③ $\frac{7}{55}$ ④ $\frac{29}{220}$ ⑤ $\frac{3}{22}$

H09-13

너코 065 너코 066 너코 071 너코 072 너코 075
2021학년도 수능 나형 29번 / 가형 19번

숫자 3, 3, 4, 4, 4가 하나씩 적힌 5개의 공이 들어 있는 주머니가 있다. 이 주머니와 한 개의 주사위를 사용하여 다음 규칙에 따라 점수를 얻는 시행을 한다.

> 주머니에서 임의로 한 개의 공을 꺼내어
> 꺼낸 공에 적힌 수가 3이면 주사위를 3번 던져서 나오는 세 눈의 수의 합을 점수로 하고,
> 꺼낸 공에 적힌 수가 4이면 주사위를 4번 던져서 나오는 네 눈의 수의 합을 점수로 한다.

이 시행을 한 번 하여 얻은 점수가 10점일 확률은 $\frac{q}{p}$이다. $p+q$의 값을 구하시오. (단, p와 q는 서로소인 자연수이다.) [4점]

유형 10 사건의 독립과 종속(1) - 확률로 확률 계산

유형소개

사건의 독립을 이해하여 확률을 구하는 단순 계산 위주의 유형이다.

유형접근법

두 사건 A, B가 독립이기 위한 필요충분조건은 $\mathrm{P}(A\cap B)=\mathrm{P}(A)\mathrm{P}(B)$이다.
이때 두 사건이 독립이 아니면 서로 종속이라고 한다.
두 사건 A, B가 독립일 때 다음 계산이 자주 사용된다.

❶ $\mathrm{P}(A\cup B)=\mathrm{P}(A)+\mathrm{P}(B)-\mathrm{P}(A)\mathrm{P}(B)$
❷ $\mathrm{P}(B|A)=\mathrm{P}(B)$
❸ $\mathrm{P}(A|B)=\mathrm{P}(A)$

또한 여사건 A^C, B^C에 대하여
두 사건 A, B^C도 서로 독립, 두 사건 A^C, B도 서로 독립, 두 사건 A^C, B^C도 서로 독립이다.

H 확률

H10-01

너코 073 너코 076
2016학년도 수능 B형 5번

두 사건 A, B가 서로 독립이고

$$\mathrm{P}(A^C) = \frac{1}{4},\ \mathrm{P}(A \cap B) = \frac{1}{2}$$

일 때, $\mathrm{P}(B|A^C)$의 값은? (단, A^C은 A의 여사건이다.) [3점]

① $\frac{5}{12}$ ② $\frac{1}{2}$ ③ $\frac{7}{12}$ ④ $\frac{2}{3}$ ⑤ $\frac{3}{4}$

H10-02

너코 073 너코 076
2017학년도 수능 가형 4번

두 사건 A와 B는 서로 독립이고

$$\mathrm{P}(B^C) = \frac{1}{3},\ \mathrm{P}(A|B) = \frac{1}{2}$$

일 때, $\mathrm{P}(A)\mathrm{P}(B)$의 값은? (단, B^C은 B의 여사건이다.) [3점]

① $\frac{5}{6}$ ② $\frac{2}{3}$ ③ $\frac{1}{2}$ ④ $\frac{1}{3}$ ⑤ $\frac{1}{6}$

H10-03

너코 076
2018학년도 6월 평가원 나형 5번 / 가형 4번

두 사건 A와 B는 서로 독립이고

$$\mathrm{P}(A) = \frac{2}{3},\ \mathrm{P}(A \cap B) = \frac{1}{9}$$

일 때, $\mathrm{P}(B)$의 값은? [3점]

① $\frac{1}{6}$ ② $\frac{1}{3}$ ③ $\frac{1}{2}$ ④ $\frac{2}{3}$ ⑤ $\frac{5}{6}$

H10-04

너코 072 너코 076
2018학년도 수능 나형 10번 / 가형 4번

두 사건 A와 B는 서로 독립이고

$$\mathrm{P}(A) = \frac{2}{3},\ \mathrm{P}(A \cup B) = \frac{5}{6}$$

일 때, $\mathrm{P}(B)$의 값은? [3점]

① $\frac{1}{3}$ ② $\frac{5}{12}$ ③ $\frac{1}{2}$ ④ $\frac{7}{12}$ ⑤ $\frac{2}{3}$

H10-05

너코 076
2021학년도 수능 나형 5번

두 사건 A와 B는 서로 독립이고

$$\mathrm{P}(A|B)=\mathrm{P}(B),\ \mathrm{P}(A\cap B)=\frac{1}{9}$$

일 때, $\mathrm{P}(A)$의 값은? [3점]

① $\frac{7}{18}$ ② $\frac{1}{3}$ ③ $\frac{5}{18}$
④ $\frac{2}{9}$ ⑤ $\frac{1}{6}$

H10-06

너코 073 너코 076
2024학년도 수능 (확률과 통계) 24번

두 사건 A, B는 서로 독립이고

$$\mathrm{P}(A\cap B)=\frac{1}{4},\ \mathrm{P}(A^C)=2\mathrm{P}(A)$$

일 때, $\mathrm{P}(B)$의 값은? (단, A^C은 A의 여사건이다.) [3점]

① $\frac{3}{8}$ ② $\frac{1}{2}$ ③ $\frac{5}{8}$
④ $\frac{3}{4}$ ⑤ $\frac{7}{8}$

H10-07

너코 072 너코 076
2025학년도 9월 평가원 (확률과 통계) 24번

두 사건 A, B는 서로 독립이고

$$\mathrm{P}(A)=\frac{2}{3},\ \mathrm{P}(A\cap B)=\frac{1}{6}$$

일 때, $\mathrm{P}(A\cup B)$의 값은? [3점]

① $\frac{3}{4}$ ② $\frac{19}{24}$ ③ $\frac{5}{6}$
④ $\frac{7}{8}$ ⑤ $\frac{11}{12}$

H10-08

너코 073 너코 076
2007학년도 수능 가형 (확률과 통계) 26번

서로 독립인 두 사건 A, B에 대하여

$$\mathrm{P}(A\cap B)=2\mathrm{P}(A\cap B^C),\ \mathrm{P}(A^C\cap B)=\frac{1}{12}$$

일 때, $\mathrm{P}(A)$의 값은?
(단, A^C은 A의 여사건이고 $\mathrm{P}(A)\neq 0$이다.) [3점]

① $\frac{1}{2}$ ② $\frac{5}{8}$ ③ $\frac{3}{4}$
④ $\frac{7}{8}$ ⑤ $\frac{15}{16}$

H 확률

H 10-09

너코 072 너코 073 너코 076
2011학년도 6월 평가원 가형 (확률과 통계) 26번

두 사건 A, B가 서로 독립이고

$$P(A)=\frac{1}{4},\ P(A\cup B)=\frac{1}{2}$$

일 때, $P(B^C|A)$의 값은? (단, B^C은 B의 여사건이다.) [3점]

① $\frac{1}{6}$　② $\frac{1}{3}$　③ $\frac{1}{2}$　④ $\frac{2}{3}$　⑤ $\frac{5}{6}$

H 10-10

너코 072 너코 073 너코 076
2012학년도 수능 나형 10번

두 사건 A와 B는 서로 독립이고,

$$P(A\cup B)=\frac{1}{2},\ P(A|B)=\frac{3}{8}$$

일 때, $P(A\cap B^C)$의 값은? (단, B^C은 B의 여사건이다.) [3점]

① $\frac{1}{10}$　② $\frac{3}{20}$　③ $\frac{1}{5}$　④ $\frac{1}{4}$　⑤ $\frac{3}{10}$

H 10-11

너코 072 너코 076
2016학년도 9월 평가원 B형 9번

두 사건 A, B가 서로 독립이고

$$P(A)=\frac{1}{6},\ P(A\cap B^C)+P(A^C\cap B)=\frac{1}{3}$$

일 때, $P(B)$의 값은? (단, A^C은 A의 여사건이다.) [3점]

① $\frac{1}{8}$　② $\frac{1}{4}$　③ $\frac{3}{8}$　④ $\frac{1}{2}$　⑤ $\frac{5}{8}$

H 10-12

너코 072 너코 076
2006학년도 6월 평가원 가형 (확률과 통계) 28번

서로 독립인 두 사건 A와 B에 대하여 갑은 두 사건이 서로 독립이라고 생각하여 $\mathrm{P}(A \cup B) = 0.7$의 값을 얻었고, 을은 두 사건이 서로 배반이라고 잘못 생각하여 $\mathrm{P}(A \cup B) = 0.9$의 값을 얻었다. $|\mathrm{P}(A) - \mathrm{P}(B)|$의 값은? [3점]

① 0.1 ② 0.2 ③ 0.3
④ 0.4 ⑤ 0.5

유형 11 사건의 독립과 종속(2) – 뜻과 활용

유형소개

유형 10 에서 공부한 내용을 바탕으로 수학 내적 또는 외적 활용 문제에서 두 사건이 서로 독립인 조건을 이용하여 확률을 계산하는 문제를 이 유형에 수록하였다.

유형접근법

두 사건이 서로 독립이라는 것을 감으로 대충 해석해서는 안 되고, 반드시 $\mathrm{P}(A \cap B) = \mathrm{P}(A)\mathrm{P}(B)$임을 만족시키는지 따져주도록 하자.

H 확률

H 11-01

너코 076
2005학년도 수능 나형 24번

다음은 어느 회사에서 전체 직원 360명을 대상으로 재직 연수와 새로운 조직 개편안에 대한 찬반 여부를 조사한 표이다.

(단위 : 명)

찬반 여부 / 재직 연수	찬성	반대	계
10년 미만	a	b	120
10년 이상	c	d	240
계	150	210	360

재직 연수가 10년 미만일 사건과 조직 개편안에 찬성할 사건이 서로 독립일 때, a의 값을 구하시오. [4점]

H11-02

너코 072 너코 076
2011학년도 수능 7번

어느 디자인 공모 대회에 철수가 참가하였다. 참가자는 두 항목에서 점수를 받으며, 각 항목에서 받을 수 있는 점수는 표와 같이 3가지 중 하나이다. 철수가 각 항목에서 점수 A를 받을 확률은 $\frac{1}{2}$, 점수 B를 받을 확률은 $\frac{1}{3}$, 점수 C를 받을 확률은 $\frac{1}{6}$이다. 관람객 투표 점수를 받는 사건과 심사 위원 점수를 받는 사건이 서로 독립일 때, 철수가 받는 두 점수의 합이 70 일 확률은? [3점]

항목 \ 점수	점수 A	점수 B	점수 C
관람객 투표	40	30	20
심사 위원	50	40	30

① $\frac{1}{3}$ ② $\frac{11}{36}$ ③ $\frac{5}{18}$
④ $\frac{1}{4}$ ⑤ $\frac{2}{9}$

H11-03

너코 072 너코 076
2017학년도 6월 평가원 나형 19번

한 개의 주사위를 두 번 던질 때 나오는 눈의 수를 차례로 a, b라 하자. 다음은 이차함수 $f(x)=x^2-7x+12$에 대하여 $f(a)f(b)=0$이 성립할 확률을 구하는 과정이다.

> 첫 번째 던져서 나오는 주사위의 눈의 수를 a라 할 때 $f(a)=0$이 되는 사건을 A라 하고,
> 두 번째 던져서 나오는 주사위의 눈의 수를 b라 할 때 $f(b)=0$이 되는 사건을 B라 하자. 이차방정식 $f(x)=0$의 해는
> $x=3$ 또는 $x=4$이므로
> $\mathrm{P}(A)=$ (가), $\mathrm{P}(B)=$ (가)
> 이다.
> 구하는 확률 $\mathrm{P}(A\cup B)$는
> $\mathrm{P}(A\cup B)=\mathrm{P}(A)+\mathrm{P}(B)-\mathrm{P}(A\cap B)$
> 이고, 두 사건 A와 B는 서로 독립이므로
> $\mathrm{P}(A\cap B)=$ (나)
> 이다. 그러므로
> $\mathrm{P}(A\cup B)=$ (다)
> 이다.

위의 (가), (나), (다)에 알맞은 수를 각각 m, n, k라 할 때, $m\times n\times k$의 값은? [4점]

① $\frac{1}{81}$ ② $\frac{5}{243}$ ③ $\frac{7}{243}$
④ $\frac{1}{27}$ ⑤ $\frac{11}{243}$

H11-04

너코 071 너코 076
2005학년도 6월 평가원 가형 (확률과 통계) 30번

표본공간 S는 $S=\{1, 2, 3, \cdots, 12\}$이고 모든 근원사건의 확률은 같다. 사건 A가 $A=\{4, 8, 12\}$일 때, 사건 A와 독립이고 $n(A\cap X)=2$인 사건 X의 개수를 구하시오. (단, $n(B)$는 집합 B의 원소의 개수를 나타낸다.) [4점]

H11-05

너코 076
2006학년도 6월 평가원 가형 25번

어느 회사의 전체 직원은 기혼남성 6명, 미혼남성 20명, 기혼여성 36명, 미혼여성 x명이다. 이 회사에서 직원 중 한 사람을 선택하여 선물을 주기로 하였다. 선택된 직원이 남성인 경우를 사건 A라 하고, 미혼인 경우를 사건 B라 하자. 두 사건 A와 B가 서로 독립일 때, x의 값을 구하시오.

(단, 각 직원이 선택될 확률은 같다고 가정한다.) [4점]

H11-06

너코 071 너코 076
2019학년도 수능 가형 27번

한 개의 주사위를 한 번 던진다. 홀수의 눈이 나오는 사건을 A, 6 이하의 자연수 m에 대하여 m의 약수의 눈이 나오는 사건을 B라 하자. 두 사건 A와 B가 서로 독립이 되도록 하는 모든 m의 값의 합을 구하시오. [4점]

H11-07

너코 071 너코 076
2020학년도 6월 평가원 나형 19번 / 가형 17번

1부터 8까지의 자연수가 하나씩 적혀 있는 8장의 카드가 있다. 이 카드를 모두 한 번씩 사용하여 그림과 같은 8개의 자리에 각각 한 장씩 임의로 놓을 때, 8 이하의 자연수 k에 대하여 k번째 자리에 놓인 카드에 적힌 수가 k 이하인 사건을 A_k라 하자.

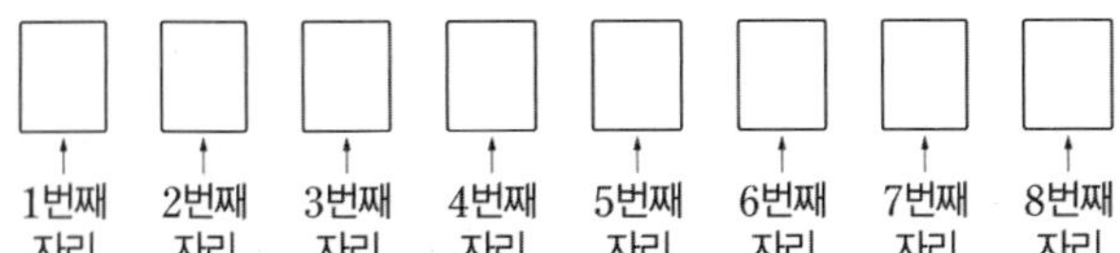

다음은 두 자연수 m, n $(1 \le m < n \le 8)$에 대하여 두 사건 A_m과 A_n이 서로 독립이 되도록 하는 m, n의 모든 순서쌍 (m, n)의 개수를 구하는 과정이다.

> A_k는 k번째 자리에 k 이하의 자연수 중 하나가 적힌 카드가 놓여 있고, k번째 자리를 제외한 7개의 자리에 나머지 7장의 카드가 놓여 있는 사건이므로
>
> $\mathrm{P}(A_k) =$ (가)
>
> 이다.
>
> $A_m \cap A_n$ $(m < n)$은 m번째 자리에 m 이하의 자연수 중 하나가 적힌 카드가 놓여 있고, n번째 자리에 n 이하의 자연수 중 m번째 자리에 놓인 카드에 적힌 수가 아닌 자연수가 적힌 카드가 놓여 있고, m번째와 n번째 자리를 제외한 6개의 자리에 나머지 6장의 카드가 놓여 있는 사건이므로
>
> $\mathrm{P}(A_m \cap A_n) =$ (나)
>
> 이다.
>
> 한편, 두 사건 A_m과 A_n이 서로 독립이기 위해서는
>
> $\mathrm{P}(A_m \cap A_n) = \mathrm{P}(A_m)\mathrm{P}(A_n)$
>
> 을 만족시켜야 한다.
>
> 따라서 두 사건 A_m과 A_n이 서로 독립이 되도록 하는 m, n의 모든 순서쌍 (m, n)의 개수는 (다) 이다.

위의 (가)에 알맞은 식에 $k=4$를 대입한 값을 p, (나)에 알맞은 식에 $m=3$, $n=5$를 대입한 값을 q, (다)에 알맞은 수를 r라 할 때, $p \times q \times r$의 값은? [4점]

① $\frac{3}{8}$　② $\frac{1}{2}$　③ $\frac{5}{8}$　④ $\frac{3}{4}$　⑤ $\frac{7}{8}$

유형 12 독립시행의 확률

유형소개

주사위나 동전을 던지는 것처럼 어떤 시행을 반복하여 일어날 수 있는 사건의 '횟수'에 대한 확률을 구하는 독립시행의 확률 문제를 이 유형에 수록하였다.

유형접근법

어떤 시행 1번에서 사건 A가 일어날 확률이 p이면, n번의 독립시행 중 A가 r번 일어날 확률은 ${}_n\mathrm{C}_r p^r (1-p)^{n-r}$이다. (단, $r = 0, 1, 2, \cdots, n$)
동전, 주사위, 상자 등을 던지는 것과 같이 매 회마다 reset되는 상황이 주어졌다면 독립시행의 확률을 이용하여 답을 구하도록 하자.

H12-01

너코 071 너코 077
2013학년도 9월 평가원 가형 3번

한 개의 주사위를 6번 던질 때, 홀수의 눈이 5번 나올 확률은? [2점]

① $\frac{1}{16}$　② $\frac{3}{32}$　③ $\frac{1}{8}$　④ $\frac{5}{32}$　⑤ $\frac{3}{16}$

H12-02

너코 072 너코 077
2016학년도 수능 B형 8번

한 개의 동전을 5번 던질 때, 앞면이 나오는 횟수와 뒷면이 나오는 횟수의 곱이 6일 확률은? [3점]

① $\frac{5}{8}$ ② $\frac{9}{16}$ ③ $\frac{1}{2}$
④ $\frac{7}{16}$ ⑤ $\frac{3}{8}$

H12-03

너코 071 너코 077
2017학년도 수능 나형 11번 / 가형 7번

한 개의 주사위를 3번 던질 때, 4의 눈이 한 번만 나올 확률은? [3점]

① $\frac{25}{72}$ ② $\frac{13}{36}$ ③ $\frac{3}{8}$
④ $\frac{7}{18}$ ⑤ $\frac{29}{72}$

H12-04

너코 071 너코 077
2008학년도 9월 평가원 나형 24번

어느 스포츠 용품 가게에서는 별(★) 모양이 그려져 있는 야구공 한 개를 포함하여 모두 20개의 야구공을 한 상자에 넣어 상자 단위로 판매한다. 한 상자에서 5개의 야구공을 임의추출하여 별(★) 모양이 그려져 있는 야구공이 있으면 축구공 한 개를 경품으로 준다. 어느 고객이 이 가게에서 야구공 3상자를 구입하여 경품 당첨 여부를 모두 확인할 때, 축구공 2개를 경품으로 받을 확률은 $\frac{q}{p}$이다. $p+q$의 값을 구하시오. (단, p, q는 서로소인 자연수이다.) [4점]

H12-05

너코 076 너코 077
2010학년도 6월 평가원 가형 (확률과 통계) 28번

어느 질병에 대한 치료법으로 1단계 치료를 하고, 1단계 치료에 성공한 환자만 2단계 치료를 하여 2단계 치료까지 성공한 환자는 완치된 것으로 판단한다. 1단계 치료 결과와 2단계 치료 결과는 서로 독립이며, 1단계 치료와 2단계 치료에 성공할 확률은 각각 $\frac{1}{2}$과 $\frac{2}{3}$이다. 4명의 환자를 대상으로 이 치료법을 적용하였을 때, 완치된 것으로 판단된 환자가 2명일 확률은? [4점]

① $\frac{13}{54}$ ② $\frac{8}{27}$ ③ $\frac{19}{54}$
④ $\frac{11}{27}$ ⑤ $\frac{25}{54}$

H 12-06

너코 077
2011학년도 9월 평가원 가형 (확률과 통계) 27번

어느 인터넷 사이트에서 회원을 대상으로 행운권 추첨 행사를 하고 있다. 행운권이 당첨될 확률은 $\frac{1}{3}$ 이고, 당첨되는 경우에는 회원 점수가 5점, 당첨되지 않는 경우에는 1점 올라간다. 행운권 추첨에 4회 참여하여 회원 점수가 16점 올라갈 확률은?

(단, 행운권을 추첨하는 시행은 서로 독립이다.) [3점]

① $\frac{8}{81}$ ② $\frac{10}{81}$ ③ $\frac{4}{27}$ ④ $\frac{14}{81}$ ⑤ $\frac{16}{81}$

H 12-07

너코 071 너코 072 너코 077
2012학년도 9월 평가원 나형 12번

주사위를 1개 던져서 나오는 눈의 수가 6의 약수이면 동전을 3개 동시에 던지고, 6의 약수가 아니면 동전을 2개 동시에 던진다. 1개의 주사위를 1번 던진 후 그 결과에 따라 동전을 던질 때, 앞면이 나오는 동전의 개수가 1일 확률은? [3점]

① $\frac{1}{3}$ ② $\frac{3}{8}$ ③ $\frac{5}{12}$ ④ $\frac{11}{24}$ ⑤ $\frac{1}{2}$

H 12-08

너코 074 너코 075 너코 077
2013학년도 9월 평가원 가형 11번

A가 동전을 2개 던져서 나온 앞면의 개수만큼 B가 동전을 던진다. B가 던져서 나온 앞면의 개수가 1일 때, A가 던져서 나온 앞면의 개수가 2일 확률은? [3점]

① $\frac{1}{6}$ ② $\frac{1}{5}$ ③ $\frac{1}{4}$ ④ $\frac{1}{3}$ ⑤ $\frac{1}{2}$

H 12-09

너코 071 너코 072 너코 075 너코 077
2013학년도 수능 가형 11번

흰 공 4개, 검은 공 3개가 들어 있는 주머니가 있다. 이 주머니에서 임의로 2개의 공을 동시에 꺼내어, 꺼낸 2개의 공의 색이 서로 다르면 1개의 동전을 3번 던지고, 꺼낸 2개의 공의 색이 서로 같으면 1개의 동전을 2번 던진다. 이 시행에서 동전의 앞면이 2번 나올 확률은? [3점]

① $\frac{9}{28}$ ② $\frac{19}{56}$ ③ $\frac{5}{14}$ ④ $\frac{3}{8}$ ⑤ $\frac{11}{28}$

H 12-10

너코 072 너코 077
2017학년도 6월 평가원 가형 19번

각 면에 1, 2, 3, 4의 숫자가 하나씩 적혀 있는 정사면체 모양의 상자를 던져 밑면에 적힌 숫자를 읽기로 한다. 이 상자를 3번 던져 2가 나오는 횟수를 m, 2가 아닌 숫자가 나오는 횟수를 n이라 할 때, $i^{|m-n|}=-i$일 확률은?

(단, $i=\sqrt{-1}$) [4점]

① $\frac{3}{8}$ ② $\frac{7}{16}$ ③ $\frac{1}{2}$
④ $\frac{9}{16}$ ⑤ $\frac{5}{8}$

H 12-11

너코 073 너코 074 너코 075 너코 077
2018학년도 6월 평가원 가형 17번

서로 다른 2개의 주사위를 동시에 던져 나온 눈의 수가 같으면 한 개의 동전을 4번 던지고, 나온 눈의 수가 다르면 한 개의 동전을 2번 던진다. 이 시행에서 동전의 앞면이 나온 횟수와 뒷면이 나온 횟수가 같을 때, 동전을 4번 던졌을 확률은? [4점]

① $\frac{3}{23}$ ② $\frac{5}{23}$ ③ $\frac{7}{23}$
④ $\frac{9}{23}$ ⑤ $\frac{11}{23}$

H 12-12

너코 072 너코 077
2018학년도 수능 나형 28번

한 개의 동전을 6번 던질 때, 앞면이 나오는 횟수가 뒷면이 나오는 횟수보다 클 확률은 $\frac{q}{p}$이다. $p+q$의 값을 구하시오.

(단, p와 q는 서로소인 자연수이다.) [4점]

H 12-13

너코 072 너코 075 너코 077
2020학년도 수능 가형 25번

한 개의 주사위를 5번 던질 때 홀수의 눈이 나오는 횟수를 a라 하고, 한 개의 동전을 4번 던질 때 앞면이 나오는 횟수를 b라 하자. $a-b$의 값이 3일 확률을 $\frac{q}{p}$라 할 때, $p+q$의 값을 구하시오.

(단, p와 q는 서로소인 자연수이다.) [3점]

H12-14

너코 072 너코 075 너코 077
2022학년도 6월 평가원 (확률과 통계) 27번

주사위 2개와 동전 4개를 동시에 던질 때, 나오는 주사위의 눈의 수의 곱과 앞면이 나오는 동전의 개수가 같을 확률은? [3점]

① $\frac{3}{64}$　② $\frac{5}{96}$　③ $\frac{11}{192}$
④ $\frac{1}{16}$　⑤ $\frac{13}{192}$

H12-15

너코 073 너코 077
2023학년도 6월 평가원 (확률과 통계) 25번

수직선의 원점에 점 P가 있다. 한 개의 주사위를 사용하여 다음 시행을 한다.

> 주사위를 한 번 던져 나온 눈의 수가
> 6의 약수이면 점 P를 양의 방향으로 1만큼 이동시키고,
> 6의 약수가 아니면 점 P를 이동시키지 않는다.

이 시행을 4번 반복할 때, 4번째 시행 후 점 P의 좌표가 2 이상일 확률은? [3점]

① $\frac{13}{18}$　② $\frac{7}{9}$　③ $\frac{5}{6}$
④ $\frac{8}{9}$　⑤ $\frac{17}{18}$

H12-16

너코 072 너코 077
2024학년도 9월 평가원 (확률과 통계) 29번

앞면에는 문자 A, 뒷면에는 문자 B가 적힌 한 장의 카드가 있다. 이 카드와 한 개의 동전을 사용하여 다음 시행을 한다.

> 동전을 두 번 던져
> 앞면이 나온 횟수가 2이면 카드를 한 번 뒤집고,
> 앞면이 나온 횟수가 0 또는 1이면 카드를 그대로 둔다.

처음에 문자 A가 보이도록 카드가 놓여 있을 때, 이 시행을 5번 반복한 후 문자 B가 보이도록 카드가 놓일 확률은 p이다. $128 \times p$의 값을 구하시오. [4점]

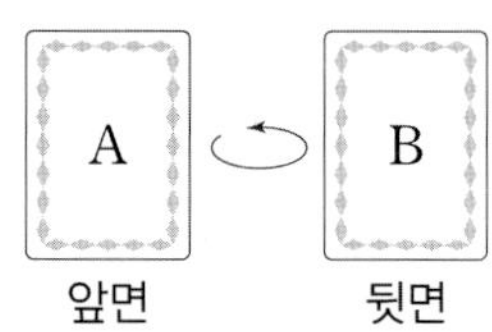

H 12-17

너코 072 너코 073 너코 077

2006학년도 수능 가형 (확률과 통계) 29번

상자 A에는 빨간 공 1개, 흰 공 2개가 들어 있고, 상자 B에는 빨간 공 2개, 흰 공 1개가 들어 있다. 갑은 을이 모르게 두 상자 A, B 중에서 하나를 선택한 후, 그 상자에서 공을 한 번에 한 개씩 복원추출로 5번 꺼내었다. 을은 갑이 꺼낸 공에서 빨간 공이 나온 횟수를 세어 갑이 어느 상자를 선택하였는지 다음과 같은 방법으로 판단하기로 하였다.

> (가) 빨간 공이 3회 이하 나온 경우
> '갑이 상자 A를 선택하였다.'라고 판단한다.
> (나) 빨간 공이 4회 이상 나온 경우
> '갑이 상자 B를 선택하였다.'라고 판단한다.

갑이 상자 B를 선택하였을 때, 을의 판단이 틀릴 확률은? [4점]

① $\frac{232}{3^5}$ ② $\frac{64}{3^4}$ ③ $\frac{131}{3^5}$ ④ $\frac{20}{3^4}$ ⑤ $\frac{17}{3^4}$

H 12-18

너코 072 너코 077

2011학년도 6월 평가원 가형 14번

A, B를 포함한 6명이 정육각형 모양의 탁자에 그림과 같이 둘러 앉아 주사위 한 개를 사용하여 다음 규칙을 따르는 시행을 한다.

> 주사위를 가진 사람이 주사위를 던져 나온 눈의 수가 3의 배수이면 시계 방향으로, 3의 배수가 아니면 시계 반대 방향으로 이웃한 사람에게 주사위를 준다.

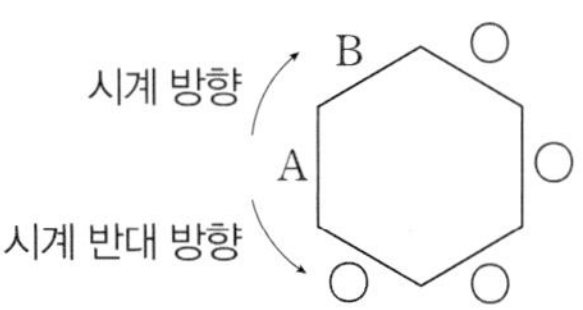

A부터 시작하여 이 시행을 5번 한 후 B가 주사위를 가지고 있을 확률은? [4점]

① $\frac{4}{27}$ ② $\frac{2}{9}$ ③ $\frac{8}{27}$ ④ $\frac{10}{27}$ ⑤ $\frac{4}{9}$

H 12-19

너코 072 너코 075 너코 077
2011학년도 9월 평가원 가형 (확률과 통계) 30번

어떤 제품을 생산하는 세 공장 A, B, C가 있다. 공장 A에서 생산한 제품의 불량률은 2%이고, 공장 B, C에서 생산한 제품의 불량률은 각각 1%이다. 세 공장 중 임의로 한 공장을 선택하고, 그 공장에서 생산한 제품 3개를 임의추출하여 조사할 때, 2개가 불량품일 확률을 p라 하자. $10^6 p$의 값을 구하시오. [4점]

H 12-20

너코 072 너코 075 너코 077
2014학년도 9월 평가원 B형 6번

한 개의 주사위를 A는 4번 던지고 B는 3번 던질 때, 3의 배수의 눈이 나오는 횟수를 각각 a, b라 하자. $a+b$의 값이 6일 확률은? [3점]

① $\frac{10}{3^7}$ ② $\frac{11}{3^7}$ ③ $\frac{4}{3^6}$
④ $\frac{13}{3^7}$ ⑤ $\frac{14}{3^7}$

H 12-21

너코 077
2019학년도 9월 평가원 나형 20번

상자 A와 상자 B에 각각 6개의 공이 들어 있다.
동전 1개를 사용하여 다음 시행을 한다.

> 동전을 한 번 던져
> 앞면이 나오면 상자 A에서 공 1개를 꺼내어
> 상자 B에 넣고,
> 뒷면이 나오면 상자 B에서 공 1개를 꺼내어
> 상자 A에 넣는다.

위의 시행을 6번 반복할 때, 상자 B에 들어 있는 공의 개수가 6번째 시행 후 처음으로 8이 될 확률은? [4점]

① $\frac{1}{64}$ ② $\frac{3}{64}$ ③ $\frac{5}{64}$
④ $\frac{7}{64}$ ⑤ $\frac{9}{64}$

H 12-22

너코 072 너코 075 너코 077
2019학년도 9월 평가원 가형 15번

동전 A의 앞면과 뒷면에는 각각 1과 2가 적혀 있고 동전 B의 앞면과 뒷면에는 각각 3과 4가 적혀 있다. 동전 A를 세 번, 동전 B를 네 번 던져 나온 7개의 수의 합이 19 또는 20일 확률은? [4점]

① $\frac{7}{16}$ ② $\frac{15}{32}$ ③ $\frac{1}{2}$
④ $\frac{17}{32}$ ⑤ $\frac{9}{16}$

H 12-23

너코 074 너코 075 너코 077
2019학년도 수능 나형 18번

좌표평면의 원점에 점 A가 있다. 한 개의 동전을 사용하여 다음 시행을 한다.

> 동전을 한 번 던져
> 앞면이 나오면 점 A를 x축의 양의 방향으로 1만큼,
> 뒷면이 나오면 점 A를 y축의 양의 방향으로 1만큼
> 이동시킨다.

위의 시행을 반복하여 점 A의 x좌표 또는 y좌표가 처음으로 3이 되면 이 시행을 멈춘다. 점 A의 y좌표가 처음으로 3이 되었을 때, 점 A의 x좌표가 1일 확률은? [4점]

① $\frac{1}{4}$ ② $\frac{5}{16}$ ③ $\frac{3}{8}$
④ $\frac{7}{16}$ ⑤ $\frac{1}{2}$

H12-24

너코 072 너코 077
2020학년도 수능 가형 20번

한 개의 동전을 7번 던질 때, 다음 조건을 만족시킬 확률은? [4점]

> (가) 앞면이 3번 이상 나온다.
> (나) 앞면이 연속해서 나오는 경우가 있다.

① $\frac{11}{16}$ ② $\frac{23}{32}$ ③ $\frac{3}{4}$
④ $\frac{25}{32}$ ⑤ $\frac{13}{16}$

H12-25

너코 073 너코 074 너코 077
2022학년도 수능 (확률과 통계) 30번

흰 공과 검은 공이 각각 10개 이상 들어 있는 바구니와 비어 있는 주머니가 있다. 한 개의 주사위를 사용하여 다음 시행을 한다.

> 주사위를 한 번 던져
> 나온 눈의 수가 5 이상이면
> 바구니에 있는 흰 공 2개를 주머니에 넣고,
> 나온 눈의 수가 4 이하이면
> 바구니에 있는 검은 공 1개를 주머니에 넣는다.

위의 시행을 5번 반복할 때, $n\,(1 \le n \le 5)$번째 시행 후 주머니에 들어 있는 흰 공과 검은 공의 개수를 각각 a_n, b_n이라 하자. $a_5 + b_5 \ge 7$일 때, $a_k = b_k$인 자연수 $k\,(1 \le k \le 5)$가 존재할 확률은 $\frac{q}{p}$이다. $p+q$의 값을 구하시오. (단, p와 q는 서로소인 자연수이다.) [4점]

H 12-26

너코 072 너코 074 너코 077
2023학년도 수능 (확률과 통계) 29번

앞면에는 1부터 6까지의 자연수가 하나씩 적혀 있고 뒷면에는 모두 0이 하나씩 적혀 있는 6장의 카드가 있다. 이 6장의 카드가 그림과 같이 6 이하의 자연수 k에 대하여 k번째 자리에 자연수 k가 보이도록 놓여 있다.

이 6장의 카드와 한 개의 주사위를 사용하여 다음 시행을 한다.

> 주사위를 한 번 던져 나온 눈의 수가 k이면
> k번째 자리에 놓여 있는 카드를 한 번 뒤집어
> 제자리에 놓는다.

위의 시행을 3번 반복한 후 6장의 카드에 보이는 모든 수의 합이 짝수일 때, 주사위의 1의 눈이 한 번만 나왔을 확률은 $\frac{q}{p}$이다. $p+q$의 값을 구하시오.

(단, p와 q는 서로소인 자연수이다.) [4점]

H 12-27

너코 072 너코 077
2025학년도 수능 (확률과 통계) 30번

탁자 위에 5개의 동전이 일렬로 놓여 있다. 이 5개의 동전 중 1번째 자리와 2번째 자리의 동전은 앞면이 보이도록 놓여 있고, 나머지 자리의 3개의 동전은 뒷면이 보이도록 놓여 있다. 이 5개의 동전과 한 개의 주사위를 사용하여 다음 시행을 한다.

> 주사위를 한 번 던져 나온 눈의 수가 k일 때,
> $k \leq 5$이면 k번째 자리의 동전을 한 번 뒤집어
> 제자리에 놓고,
> $k=6$이면 모든 동전을 한 번씩 뒤집어 제자리에
> 놓는다.

위의 시행을 3번 반복한 후 이 5개의 동전이 모두 앞면이 보이도록 놓여 있을 확률은 $\frac{q}{p}$이다. $p+q$의 값을 구하시오.

(단, p와 q는 서로소인 자연수이다.) [4점]

I 통계

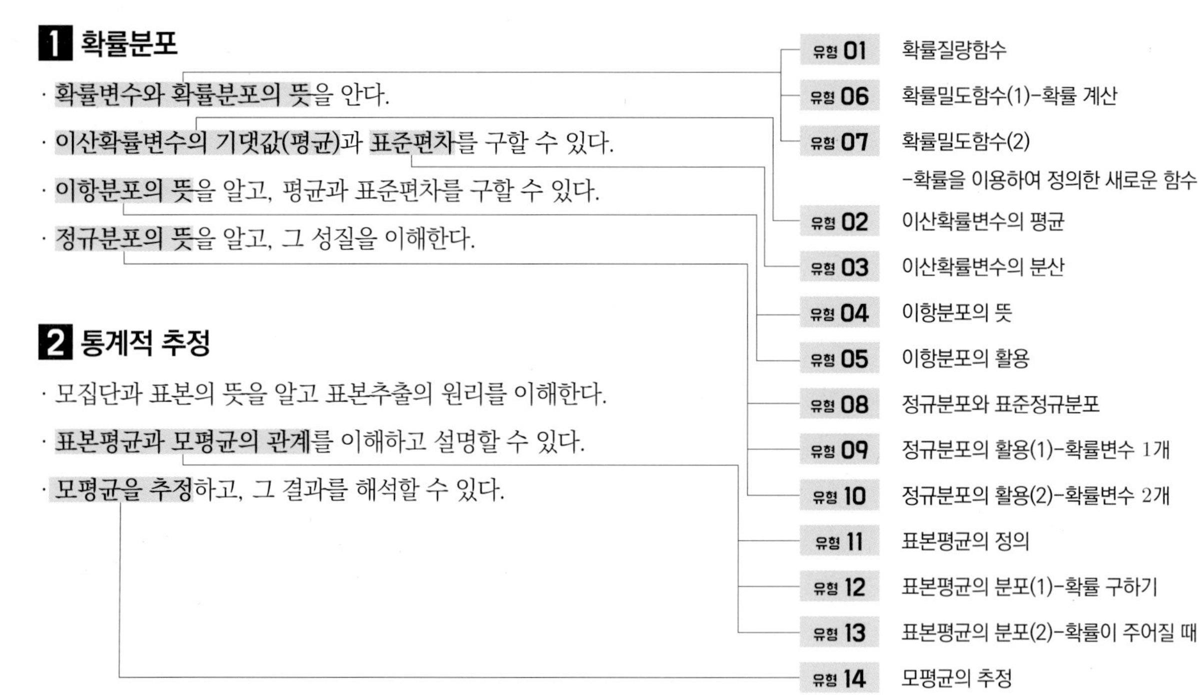
1 확률분포
· 확률변수와 확률분포의 뜻을 안다.
· 이산확률변수의 기댓값(평균)과 표준편차를 구할 수 있다.
· 이항분포의 뜻을 알고, 평균과 표준편차를 구할 수 있다.
· 정규분포의 뜻을 알고, 그 성질을 이해한다.
2 통계적 추정
· 모집단과 표본의 뜻을 알고 표본추출의 원리를 이해한다.
· 표본평균과 모평균의 관계를 이해하고 설명할 수 있다.
· 모평균을 추정하고, 그 결과를 해석할 수 있다.
유형 01 확률질량함수
유형 06 확률밀도함수(1)-확률 계산
유형 07 확률밀도함수(2)
-확률을 이용하여 정의한 새로운 함수
유형 02 이산확률변수의 평균
유형 03 이산확률변수의 분산
유형 04 이항분포의 뜻
유형 05 이항분포의 활용
유형 08 정규분포와 표준정규분포
유형 09 정규분포의 활용(1)-확률변수 1개
유형 10 정규분포의 활용(2)-확률변수 2개
유형 11 표본평균의 정의
유형 12 표본평균의 분포(1)-확률 구하기
유형 13 표본평균의 분포(2)-확률이 주어질 때
유형 14 모평균의 추정

학습요소

· 확률변수, 이산확률변수, 확률분포, 연속확률변수, 기댓값, 이항분포, 큰수의 법칙, 정규분포, 표준정규분포, 모집단, 표본, 전수조사, 표본조사, 임의추출, 모평균, 모분산, 모표준편차, 표본평균, 표본분산, 표본표준편차, 추정, 신뢰도, 신뢰구간, $\mathrm{P}(X=x)$, $\mathrm{E}(X)$, $\mathrm{V}(X)$, $\sigma(X)$, $\mathrm{B}(n, p)$, $\mathrm{N}(m, \sigma^2)$ $\mathrm{N}(0, 1)$, $\overline{X}$, S^2, S

교수·학습상의 유의점

· 이산확률변수와 연속확률변수를 다룰 때 구체적인 예를 통해 이해하게 한다.
· 실생활 자료로 확률분포와 통계적 추정을 다룰 때 공학적 도구를 이용할 수 있다.
· 실제적인 예를 통하여 표본조사의 필요성을 알게 하고, 올바른 표본추출이 모집단의 성질을 예측하는 기본조건임을 이해하게 한다.
· 표본평균은 추출한 표본에 따라 다른 값을 가질 수 있는 확률변수임을 알게 한다.
· 표본평균의 분포를 도입할 때 공학적 도구를 이용할 수 있다.
· 모평균의 추정은 모집단의 분포가 정규분포인 경우만 다룬다.
· 자료를 수집하고 정리하여 결과를 분석하는 활동을 통해 통계와 관련된 실생활 문제를 해결함으로써 통계의 유용성과 가치를 인식하게 한다.
· 〈수학Ⅱ〉를 이수한 학생들에게는 연속확률변수와 관련된 내용을 적분을 이용하여 설명할 수 있다.
· '확률질량함수', '확률밀도함수' 용어는 교수·학습 상황에서 사용할 수 있다.

평가방법 및 유의사항

· 이항분포의 평균과 분산을 구하는 식을 증명하는 문제는 다루지 않는다.
· 모평균의 신뢰구간을 다룰 때 지나치게 복잡한 계산을 포함하는 문제는 다루지 않는다.
· 모평균의 추정과 그 결과의 해석을 평가할 때에는 과정 중심 평가를 할 수 있다.

1 확률분포

너코 078 확률변수와 이산확률분포

어떤 시행에서 각각의 결과에 실수 값 하나씩을 대응시킬 수 있을 때, 이 변수를 **확률변수**라 한다.

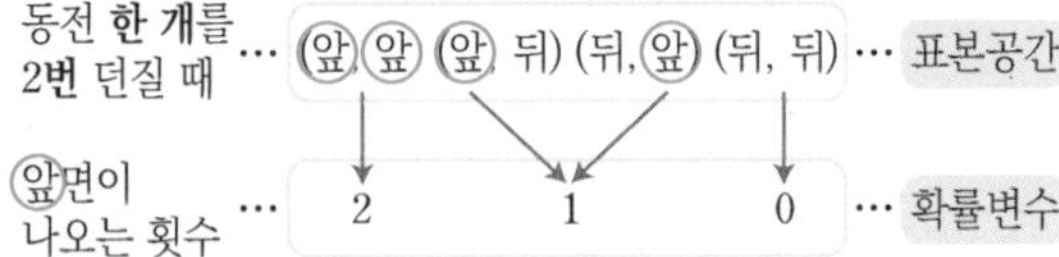

확률변수가 **유한개**이거나,
자연수와 같이 **셀 수 있을 때 이산확률변수**라 하고,
어떤 범위에 속하는 임의의 실수의 값,
즉 **셀 수 없는 연속적인 값**을 가지는 확률변수를
연속확률변수라 한다.

이산확률변수 □가 어떤 값 △일 확률을 기호로

P(□ = △)

로 나타낸다.
또한 **이산확률변수 □가 어떤 값 △일 확률이 ☆이면** 기호로

P(□ = △) = ☆

로 나타낸다. 일반적으로
X가 어떤 값 x_i $(i=1, 2, 3, \cdots, n)$일 확률이 p_i라는
x_i와 p_i에 대한 대응관계를 기호로

$$\mathrm{P}(X=x_i)=p_i \ (i=1, 2, 3, \cdots, n)$$

로 나타내며 이산확률변수 X의 확률분포라 한다.
이때 확률분포를 나타내는 관계식을 확률질량함수라 하고,
X가 x_i일 확률 값을 표로 정리해서 나타낸 것을
이산확률분포표라 한다.

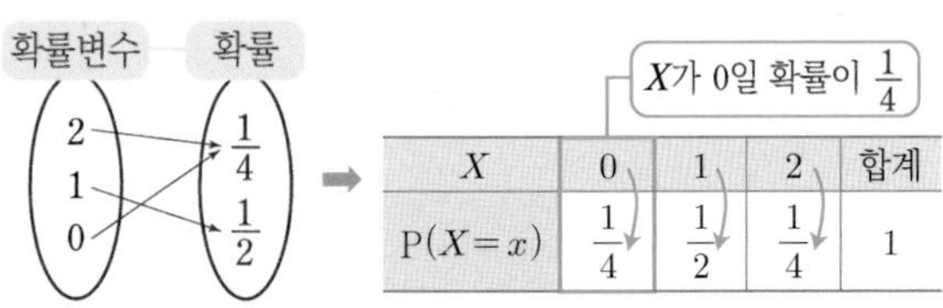

X	0	1	2	합계
$\mathrm{P}(X=x)$	$\frac{1}{4}$	$\frac{1}{2}$	$\frac{1}{4}$	1

너코 079에서 다루는 평균, 분산, 표준편차를 구할 때,
확률변수와 그때의 확률을 각각 곱하여 차례로 더하는 계산을 자주 다루게 된다.
그러므로 실전에서 주어진 확률변수에 대하여
확률분포를 표로 정리해 두는 것이 계산에 유용하다.

확률질량함수는 항상 다음을 만족시킨다.

❶ $0 \le p_i \le 1$

❷ $p_1+p_2+p_3+\cdots+p_n=\sum_{i=1}^{n} p_i=1$ (확률의 총합은 1)

❸ $\mathrm{P}(x_l \le X \le x_m)=p_l+p_{l+1}+p_{l+2}+\cdots+p_m=\sum_{i=l}^{m} p_i$

너코 079 이산확률변수의 평균, 분산, 표준편차

중학교에서 다음 내용을 학습하였다.

도수의 총합을 N이라 하고 도수분포표가 다음과 같을 때,

변량	x_1	x_2	x_3	$\cdots$	x_n	합계
도수	f_1	f_2	f_3	$\cdots$	f_n	N

평균 m은 변량의 산술평균이므로

$m=\dfrac{x_1f_1+x_2f_2+\cdots+x_nf_n}{N}$ 이고,

분산은 편차 제곱의 평균이므로

$\dfrac{(x_1-m)^2f_1+(x_2-m)^2f_2+\cdots+(x_n-m)^2f_n}{N}$ 이다.

확률변수 X의 확률분포가 다음 표와 같을 때,

X	x_1	x_2	x_3	$\cdots$	x_n	합계
$\mathrm{P}(X=x_i)$	p_1	p_2	p_3	$\cdots$	p_n	1

전체 경우의 수를 N, $X=x_i$인 경우의 수를 f_i라 하면

$\dfrac{f_i}{N}=p_i$이고, 확률변수 X의 평균과 분산은
도수분포표에서의 평균과 분산의 계산과 동일하다.
그러므로 평균은

$$\mathrm{E}(X)=x_1p_1+x_2p_2+\cdots+x_np_n=\sum_{i=1}^{n} x_ip_i$$

이다. $\mathrm{E}(X)=m$이라 하면,
분산은 편차 제곱 $(X-m)^2$의 평균이므로

$$\mathrm{V}(X)=\mathrm{E}((X-m)^2)$$

이다. 즉,

$$\begin{aligned}&\mathrm{V}(X)\\&=(x_1-m)^2p_1+(x_2-m)^2p_2+\cdots+(x_n-m)^2p_n\\&=\sum_{i=1}^{n}(x_i-m)^2p_i\end{aligned}$$

이고, 이를 정리하여 다르게 표기해보면

$$V(X)=E(X^2)-\{E(X)\}^2$$

이다. 분산을 구할 때 위의

$V(X)=E((X-m)^2)$ 또는 $V(X)=E(X^2)-\{E(X)\}^2$

중 문제의 조건에 따라 쓰기 편한 것을 선택해서 사용하자.
또한 표준편차는 분산의 양의 제곱근이므로
$\sigma(X)=\sqrt{V(X)}$ 이다.

이때 X의 분산이 작다는 것은
$(X-m)^2$의 값이 대체적으로 작다는 것이므로
X의 값이 **대부분 평균 m과 가깝게 몰려 있음**을 의미한다.
이와 반대로 분산이 커지면
X의 값이 평균 주위에 몰려 있지 않고 **넓게 퍼지게** 된다.

한편, 확률변수 $aX+b$에 대하여

❶ $E(aX+b)=aE(X)+b$
❷ $V(aX+b)=a^2V(X)$
❸ $\sigma(aX+b)=\sqrt{V(aX+b)}=|a|\sigma(X)$

이다. (이는 앞서 다룬 평균의 정의, 분산의 정의를 이용하여 간단히 보일 수 있다.)
즉, 직접 계산하지 않아도
X의 평균을 알면 $aX+b$의 평균을,
X의 분산을 알면 $aX+b$의 분산을,
X의 표준편차를 알면 $aX+b$의 표준편차를 구할 수 있다.

너코 080 이항분포

일어날 확률이 p인 특정 사건 A에 대하여
n번의 독립시행에서 이 사건 A가 몇 번 일어나는지를 살펴보는 확률분포를 생각한다.
확률변수 X는 **사건 A가 일어나는 횟수로 정의**하며
한 번도 일어나지 않는 경우부터
n번 모두 일어나는 경우까지 가능하므로
X가 취할 수 있는 값은 $X=0, 1, 2, \cdots, n$이다.
이때 사건 A가 x번 일어날 확률, 즉 X가 x일 확률은
독립시행의 확률에 의하여 $P(X=x)={}_nC_x p^x q^{n-x}$이다.
이 확률분포를 표로 나타내면 다음과 같다.

X	0	1	2	$\cdots$	n	합계
$P(X=x)$	${}_nC_0p^0q^n$	${}_nC_1p^1q^{n-1}$	${}_nC_2p^2q^{n-2}$	$\cdots$	${}_nC_np^nq^0$	1

이와 같이 주어지는 이산확률분포를 특별히
이항분포라 하며 기호로 $B(n, p)$라 나타낸다.

확률변수 X가 이항분포 $B(n, p)$를 따를 때 평균은
너코 079 에서 다룬 이산확률변수의 평균의 정의에 따라
$E(X)=0\times{}_nC_0p^0q^n+1\times{}_nC_1p^1q^{n-1}+\cdots+n\times{}_nC_np^nq^0$
이고, 이를 정리하면

$$E(X)=np$$

이다. 마찬가지의 과정으로 분산을 계산해보면

$$V(X)=np(1-p)$$

이다. (단, 증명과정은 교육과정 외이다.)

실전에서 이항분포가 고난도로 출제되는 것은
'주어진 조건이 이항분포인가'를 판단하는 경우이다.
이때 문맥적, 상황적인 이해를 필요로 한다.
즉, **확률변수**가 어떤 사건이 일어나는 횟수이면서
그 때의 확률이 독립시행의 확률인지를 확인해야 한다.

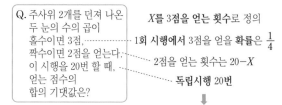

Q. 주사위 2개를 던져 나온 두 눈의 수의 곱이 홀수이면 3점, 짝수이면 2점을 얻는다. 이 시행을 20번 할 때, 얻는 점수의 합의 기댓값은?

X를 3점을 얻는 횟수로 정의
1회 시행에서 3점을 얻을 **확률**은 $\frac{1}{4}$
2점을 얻는 횟수는 $20-X$
독립시행 20번
⬇
X는 이항분포 $B\left(20, \frac{1}{4}\right)$를 따르고
얻는 **점수의 합**은 $3X+2(20-X)=X+40$
이므로 **구하는 것**은 $E(X+40)$이다.

너코 081 연속확률분포

연속확률변수는 취하는 값의 개수가 정해질 수 없으므로
각 X의 값에 확률 값을 하나씩 대응시킬 수 없다.
그러므로 X의 값이 일정 범위 $a\le X\le b$ 안에 속할 확률 $P(a\le X\le b)$을 정의한다.

어떤 함수 $y=f(x)$의 그래프와
x축 및 두 직선 $x=a$, $x=b$에 둘러싸인 부분의 넓이가
확률변수 X가 $a\le X\le b$ 안에 속할 확률과 같을 때,
함수 $f(x)$를 확률밀도함수라 한다.

너코 079 에서 다룬 것과 같이
확률질량함수의 함숫값 $f(a)$는 $X=a$일 확률이다.
하지만 확률밀도함수는 넓이가 확률이 되므로
함숫값 $f(a)$는 $X=a$일 확률과 같지 않음에 유의한다.
(이때 $P(X=a)$의 값은 0이다.)

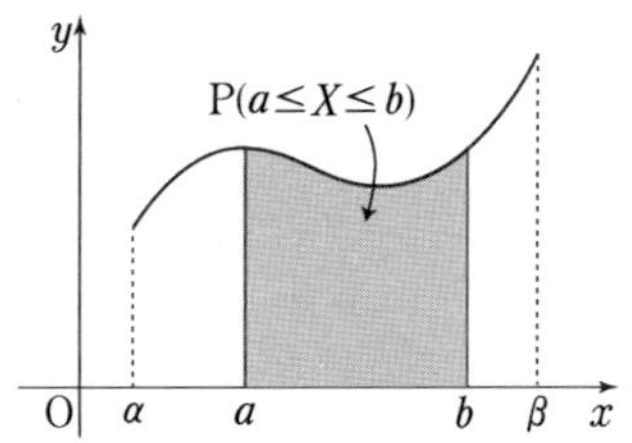

$\alpha \le X \le \beta$에서 정의되는 확률밀도함수 $f(x)$는 항상 다음을 만족시킨다.

❶ $f(x) \ge 0$

❷ 함수 $f(x)$의 그래프와 x축 및 두 직선 $x=\alpha$와 $x=\beta$로 둘러싸인 부분의 넓이는 1이다. (확률의 총합은 1)

❸ $\mathrm{P}(a \le X \le b)$는 함수 $f(x)$의 그래프와 x축 및 두 직선 $x=a$와 $x=b$로 둘러싸인 넓이와 같다. (필요에 따라 정적분을 이용하여 $\mathrm{P}(a \le X \le b) = \int_a^b f(x)dx$로 계산할 수 있다.)

너코 082 정규분포

키, 몸무게, 강수량 등 자연 현상이나 사회 현상과 관련된 확률변수의 확률밀도함수의 그래프가 좌우 대칭인 종 모양의 어떤 특정한 곡선에 가까워지는 경우가 많다.

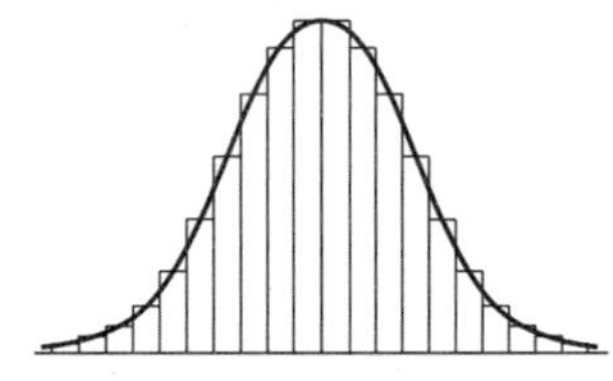

확률밀도함수가 $f(x) = \dfrac{1}{\sqrt{2\pi}\,\sigma} e^{-\frac{(x-m)^2}{2\sigma^2}}$ 일 때,

실수 전체의 집합에서 정의되는 연속확률변수 X의 평균이 m, 표준편차는 σ가 된다.

이와 같이 주어지는 연속확률분포를 특별히 정규분포라 하며 기호로 $\mathrm{N}(m, \sigma^2)$이라 나타낸다.

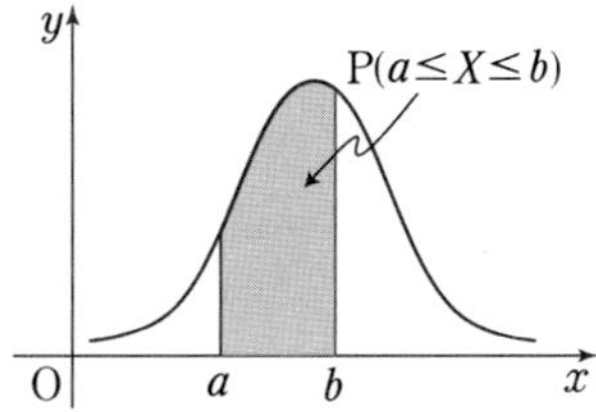

정규분포 곡선은 항상 다음을 만족시킨다.

❶ **직선 $x=m$에 대하여 대칭**이고 **x축을 점근선**으로 하는 **종 모양의 곡선**이다.

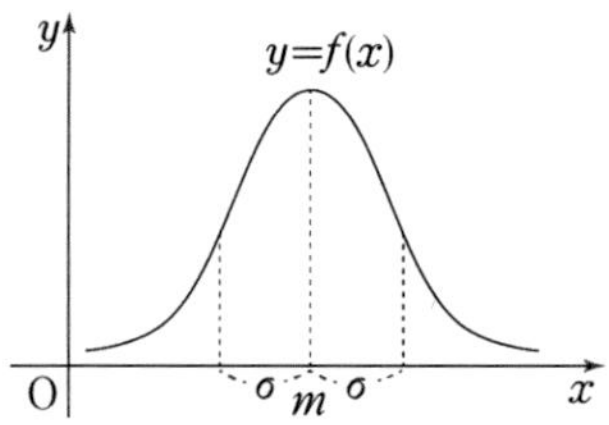

❷ 곡선과 x축 사이의 넓이는 1이다. (확률의 총합은 1)

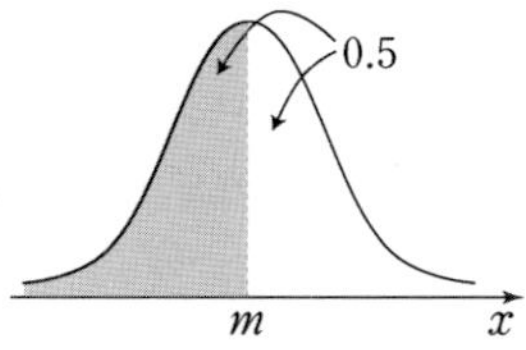

❸ m과 σ의 값에 따라 **곡선의 모양이 결정**된다.
σ의 값이 일정할 때, **m의 값이 커질수록** 곡선은 모양은 바뀌지 않으면서 **오른쪽으로 평행이동**하고,
m의 값이 일정할 때, **σ의 값이 커질수록** 곡선은 **높이가 낮아지면서 양옆으로 넓게 퍼진다.**

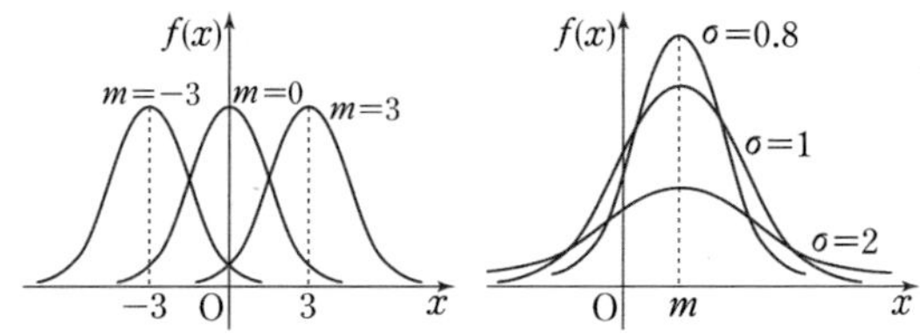

한편, 너코 080 에서 다룬 이항분포 $\mathrm{B}(n, p)$에 대하여 시행횟수 n이 충분히 크면 그 분포는 **근사적으로** 평균과 분산이 각각 $\mathrm{E}(X)=np$, $\mathrm{V}(X)=np(1-p)$인 **정규분포 $\mathrm{N}(np, np(1-p))$를 따른다.**

너코 083 표준정규분포

정규분포가 중요한 이유는
여러 통계에서 이와 같은 분포가 나타난다는 것이다.
그런데 그 함수식이 복잡해서 확률을 계산하기가 번거롭다.

그러므로 여러 가지 정규분포 중에 **가장 간단한 평균이 0, 표준편차가 1인 정규분포를 '표준'으로 삼아** 표준정규분포라 하고 기호로 $\mathrm{N}(0, 1)$이라 나타낸다.
표준정규분포를 따르는 확률변수는 관습적으로 Z를 사용한다.

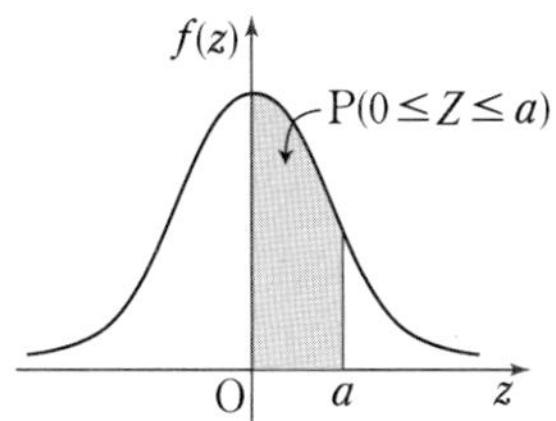

$\mathrm{P}(0 \le Z \le z)$의 값을 미리 계산해 놓은
표준정규분포표의 값을 사용하여 확률을 구한다.
이때 표준정규분포 곡선이 **직선 $z=0$에 대하여 대칭**임을 이용하자.

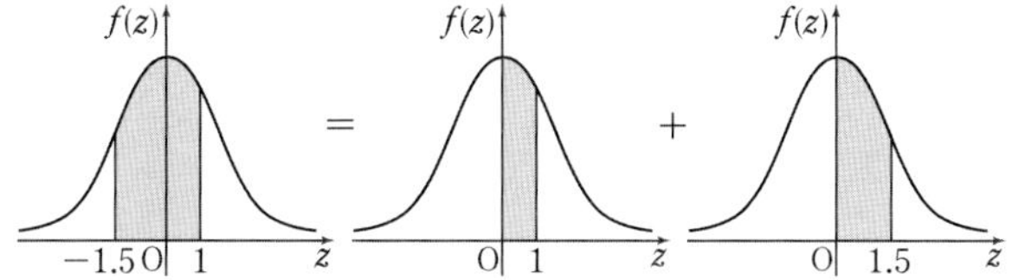

표준정규분포가 아닌 정규분포의 경우

표준정규분포를 따르도록 변수를 변환

하여 확률을 구할 수 있다.

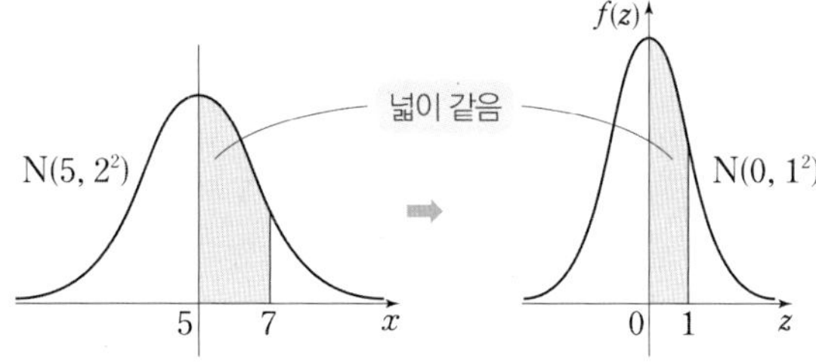

확률변수 X가 정규분포 $\mathrm{N}(m, \sigma^2)$을 따를 때
너코 079 에서 다룬 확률변수 $aX+b$의 평균과 분산에 의하여

$$\mathrm{E}\left(\frac{X-m}{\sigma}\right)=\frac{1}{\sigma}\mathrm{E}(X)-\frac{m}{\sigma}=0,$$

$$\mathrm{V}\left(\frac{X-m}{\sigma}\right)=\frac{1}{\sigma^2}\mathrm{V}(X)=1$$

이다. 즉, $\frac{X-m}{\sigma}$는 표준정규분포 $\mathrm{N}(0, 1)$을 따른다.

따라서 □가 정규분포를 따를 때 **확률변수**

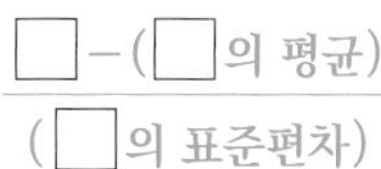

는 표준정규분포를 따른다.

이를 이용하여 서로 다른 임의의 정규분포를
표준정규분포를 따르도록 변수를 변환하면
두 집단의 상대적인 위치를 비교할 수 있다.

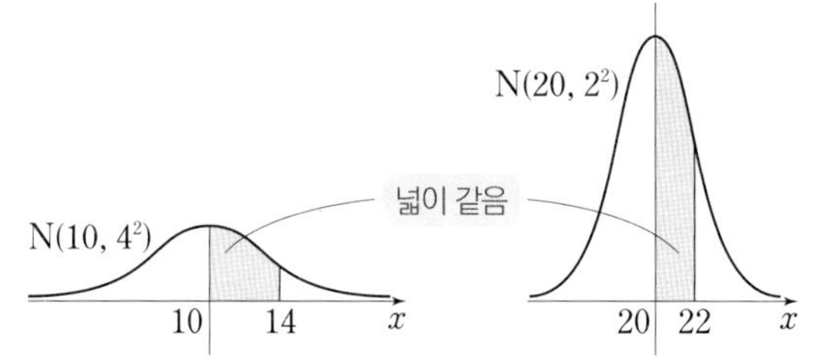

2 통계적 추정

너코 084 모집단과 표본

통계 조사를 하려는 전체 **모집단의 정보를 알아내기 위하여**
모집단에서 뽑은 일부 대상인
표본을 조사하여 모집단을 추정한다.

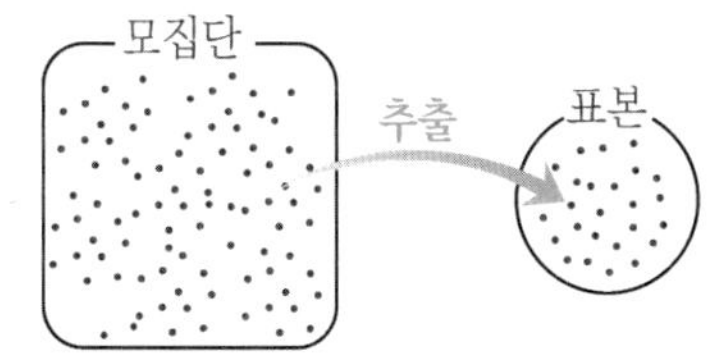

이때 표본에 포함된 대상의 개수를 **표본의 크기**라 하고,
모집단에서 표본을 뽑는 것을 **추출**이라 한다.
각 대상이 추출될 확률이 동일하도록 뽑는 추출을 임의추출,
한 번 추출된 원소를 다시 되돌려 놓은 후
다음 원소를 뽑는 추출을 복원추출이라 한다.

$X=1\ 2\ 3\ 4$ $\quad$ $X=1\ 2\ 3\ 4$

X	1	2	3	4
1	(1, 1)	(1, 2)	(1, 3)	(1, 4)
2	(2, 1)	(2, 2)	(2, 3)	(2, 4)
3	(3, 1)	(3, 2)	(3, 3)	(3, 4)
4	(4, 1)	(4, 2)	(4, 3)	(4, 4)

복원추출 2번 $\quad$ 표본들

모집단 전체에 대한 평균, 분산, 표준편차를 각각
모평균$[m]$, 모분산$[\sigma^2]$, 모표준편차$[\sigma]$라 한다.
또한 추출한 표본에 대한 평균, 분산, 표준편차를 각각
표본평균$[\overline{X}]$, 표본분산$[S^2]$, 표본표준편차$[S]$라 한다.

크기가 n인 1개의 표본이
$X_1,\ X_2,\ X_3,\ \cdots,\ X_n$으로 구성되어 있다고 하면
표본평균 $\overline{X}$와 표본분산 S^2은

$\overline{X}=\dfrac{1}{n}\sum_{i=1}^{n}X_i,\ S^2=\dfrac{1}{n-1}\sum_{i=1}^{n}(X_i-\overline{X})^2$이다.

이때 표본평균 $\overline{X}$는 이산확률변수의 평균의 정의와 같지만,
표본분산 S^2은 n이 아닌 $\boldsymbol{n-1}$로 나눠야 함에 주의하자.
(이는 표본분산과 모분산의 오차를 줄여서
모평균을 추정할 때 표본분산을 모분산의 근삿값으로
사용하기 위함이다. 단, 증명은 교육과정 외이다.)

또한 $\overline{X}$의 분산은
너코 079 에서 다룬 이산확률변수의 분산의 정의와 같고
그 결과는

$$\mathrm{V}(\overline{X})=\frac{\sigma^2}{n}$$

으로 **모분산을 표본의 크기 n으로 나눈 값**과 같다.
(단, 증명은 교육과정 외이다.)
즉, 직접 계산하지 않아도
모평균을 알면 $\overline{X}$의 평균을 알 수 있고,
모분산 또는 모표준편차를 알면
$\overline{X}$의 분산과 표준편차를 알 수 있다.

너코 085 표본평균 $\overline{X}$의 분포

모집단의 크기가 k이고 표본의 크기가 n이면
복원추출로 만들 수 있는 모든 **표본의 개수**는
전체 k개 중에서 중복을 허락하여 n번 뽑아 나열하는
중복순열의 수와 같으므로 ${}_k\Pi_n=\boldsymbol{k^n}$이다.
그리고 각각의 표본마다 $\overline{X}$의 값이 하나씩 새롭게
결정되므로

$\overline{X}$를 확률변수로 정의

하여 $\overline{X}$의 분포를 파악할 수 있다.

X	1	2	3	4
1	1	$\frac{3}{2}$	2	$\frac{5}{2}$
2	$\frac{3}{2}$	2	$\frac{5}{2}$	3
3	2	$\frac{5}{2}$	3	$\frac{7}{2}$
4	$\frac{5}{2}$	3	$\frac{7}{2}$	4

평균이 m이고 분산이 σ^2인 모집단에서
크기가 n인 표본을 추출할 때, **표본평균 $\overline{X}$의 평균**은
너코 079 에서 다룬 이산확률변수의 평균의 정의와 같고
그 결과는

$$\mathrm{E}(\overline{X})=m$$

으로 모평균과 같다.

너코 086 표본평균 $\overline{X}$의 분포와 정규분포

평균이 m이고 분산이 σ^2인 모집단에서
크기가 n인 표본을 추출할 때, 표본평균 $\overline{X}$의 분포는
정규분포와 관련하여 일반적으로 다음을 만족시킨다.

❶ **모집단의 분포가 정규분포**이면
$\overline{X}$는 표본의 크기에 관계없이
정규분포 $\mathrm{N}\left(m,\ \dfrac{\sigma^2}{n}\right)$을 따른다.

❷ 모집단의 분포가 정규분포가 아닐 때도
표본의 크기가 충분히 크면
$\overline{X}$는 근사적으로 정규분포 $\mathrm{N}\left(m,\ \dfrac{\sigma^2}{n}\right)$을 따른다.

즉, 표본의 크기가 충분히 크면
모집단이 정규분포를 이루는지 여부에 상관없이
표본평균 $\overline{X}$는 정규분포 $\mathrm{N}\left(m,\ \dfrac{\sigma^2}{n}\right)$을 따른다고 볼 수
있다.

이를 이용하여 너코 083 에서 다룬 것과 같이
정규분포를 따르는 확률변수 $\overline{X}$를
표준정규분포를 따르도록 변수를 변환하여
$\overline{X}$가 일정 구간 안에 속할 확률
$\mathrm{P}(a\le\overline{X}\le b)$의 값을 구할 수 있다.

너코 087 모평균의 추정

모집단에서 **임의추출한 (크기가 n인) 표본 1개**에 대하여
그 표본의 평균 $\overline{x}$를 구하고,
이를 이용하여 모평균 m을 추정할 수 있다.

너코 086에서 다룬 것과 같이
정규분포 $\mathrm{N}(m, \sigma^2)$을 따르는 모집단에서
임의추출한 크기가 n인 표본의 표본평균 $\overline{X}$는
정규분포 $\mathrm{N}\left(m, \dfrac{\sigma^2}{n}\right)$을 따른다.
이때 너코 083에서 다룬 것과 같이
$Z=\dfrac{\overline{X}-m}{\dfrac{\sigma}{\sqrt{n}}}$이 표준정규분포를 따르므로
표준정규분포표에 주어진 확률 $\mathrm{P}(|Z| \le 1.96)=0.95$에
이를 대입하여 정리하면 다음과 같다.

$$\mathrm{P}\left(\overline{X}-1.96\times\frac{\sigma}{\sqrt{n}} \le m \le \overline{X}+1.96\times\frac{\sigma}{\sqrt{n}}\right)=0.95$$

따라서 실제 구한 표본 1개의 평균 $\overline{x}$에 대하여 구간

$$\left[\overline{x}-1.96\times\frac{\sigma}{\sqrt{n}},\ \overline{x}+1.96\times\frac{\sigma}{\sqrt{n}}\right]$$

를 얻을 수 있는데,
이는 추출된 표본에 따라 $\overline{x}$의 값은 달라질 수 있지만
모집단에서 **표본을 100개 뽑아 신뢰구간을 각각 구하면 이 중 95개는 모평균 m을 포함할 것으로 기대**할 수 있음을 의미한다.

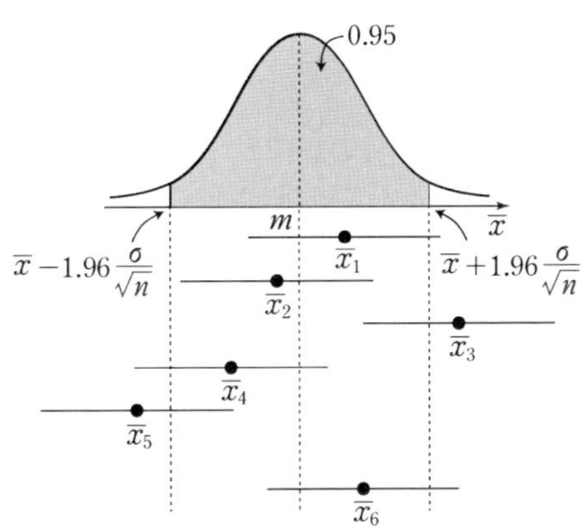

이때 이 구간을 $\overline{x}$를 이용하여 구한

모평균 m에 대한 95 %의 신뢰구간

이라 한다.
같은 방식으로 모평균 m에 대한 99 %의 신뢰구간은
$\overline{x}-2.58\times\dfrac{\sigma}{\sqrt{n}} \le m \le \overline{x}+2.58\times\dfrac{\sigma}{\sqrt{n}}$이다.

(1.96 및 2.58과 같은 수치는 암기할 필요는 없고,
각 문제에서 $\mathrm{P}(0 \le Z \le 1.96)=0.475$와
$\mathrm{P}(0 \le Z \le 2.58)=0.495$임을 밝혀주므로 이를 활용할
수만 있으면 된다.)

신뢰구간을 구할 때, **모표준편차를 모르는 경우**
표본의 크기가 충분히 크면(보통 30 이상)
모표준편차 대신 그 근삿값으로 표본표준편차[S]를 사용한다.

신뢰구간은 $\overline{x}-k \le m \le \overline{x}+k$의 구조를 갖는다.
양끝 값을 더하면 $(\overline{x}+k)+(\overline{x}-k)=2\overline{x}$
양끝 값을 빼면 $(\overline{x}+k)-(\overline{x}-k)=2k$
이다. 이를 이용하면 문제에서
$\overline{x}$, σ, n, 신뢰도 중 어느 것이 주어지지 않았을 때
그 값을 찾는 것에 유용하다.

한편, $\mathrm{P}(-k \le Z \le k)=\dfrac{\alpha}{100}$일 때,
모평균 m에 대한 α %의 신뢰구간
$\overline{x}-k\times\dfrac{\sigma}{\sqrt{n}} \le m \le \overline{x}+k\times\dfrac{\sigma}{\sqrt{n}}$에 대하여

신뢰구간의 길이는 $\overline{x}$의 값에 관계없이 $2\times k\times\dfrac{\sigma}{\sqrt{n}}$이다.

신뢰도가 일정할 때,
표본의 크기가 커질수록 $k\times\dfrac{\sigma}{\sqrt{n}}$의 값이 작아지므로
신뢰구간의 길이는 짧아지고,
표본의 크기가 일정할 때,
신뢰도가 커질수록 $k\times\dfrac{\sigma}{\sqrt{n}}$의 값이 커지므로
신뢰구간의 길이는 길어진다.

1 확률분포

유형 01 확률질량함수

유형소개

이산확률변수의 확률질량함수가 주어지거나 확률분포의 기본 성질을 이용하는 문제를 이 유형에 수록하였다.
또한 〈수학 I〉을 학습하였음을 전제로 하여 $\sum$를 활용하는 문항도 포함시켰다.

유형접근법

이산확률변수 X가 x_i의 값을 가질 확률 $\mathrm{P}(X=x_i)$에 대하여 다음이 성립함을 이용하자. ($i=1,\ 2,\ 3,\ \cdots,\ n$)

❶ $0 \le \mathrm{P}(X=x_i) \le 1$

❷ $\displaystyle\sum_{i=1}^{n}\mathrm{P}(X=x_i)=1$

❸ $\displaystyle\sum_{i=l}^{m}\mathrm{P}(X=x_i)=\mathrm{P}(X=x_l)+\cdots+\mathrm{P}(X=x_m)$

$\mathrm{P}(X=x_i)$의 값이 주어진 경우도 있지만 문제의 상황에 따라 직접 확률을 구해야 하는 경우도 있으므로 H 확률 단원을 확실히 이해하고 이 유형에 접근하도록 하자.

01-01

너코 078
2009학년도 9월 가형 (확률과 통계) 27번

이산확률변수 X가 취할 수 있는 값이 $-2,\ -1,\ 0,\ 1,\ 2$이고 X의 확률질량함수가

$$\mathrm{P}(X=x)=\begin{cases} k-\dfrac{x}{9} & (x=-2,\ -1,\ 0) \\ k+\dfrac{x}{9} & (x=1,\ 2) \end{cases}$$

일 때, 상수 k의 값은? [3점]

① $\frac{1}{15}$　② $\frac{2}{15}$　③ $\frac{1}{5}$　④ $\frac{4}{15}$　⑤ $\frac{1}{3}$

01-02

너코 077 너코 078
2018학년도 수능 가형 19번

무게가 1인 추 6개, 무게가 2인 추 3개와 비어 있는 주머니 1개가 있다. 주사위 한 개를 사용하여 다음의 시행을 한다. (단, 무게의 단위는 g이다.)

> 주사위를 한 번 던져 나온 눈의 수가 2 이하이면 무게가 1인 추 1개를 주머니에 넣고, 눈의 수가 3 이상이면 무게가 2인 추 1개를 주머니에 넣는다.

위의 시행을 반복하여 주머니에 들어 있는 추의 총무게가 처음으로 6보다 크거나 같을 때, 주머니에 들어 있는 추의 개수를 확률변수 X라 하자. 다음은 X의 확률분포 $\mathrm{P}(X=x)$ $(x=3,\ 4,\ 5,\ 6)$을 구하는 과정이다.

> i) $X=3$인 사건은 주머니에 무게가 2인 추 3개가 들어 있는 경우이므로
> $\mathrm{P}(X=3)=$ (가)
>
> ii) $X=4$인 사건은
> 세 번째 시행까지 넣은 추의 총무게가 4이고 네 번째 시행에서 무게가 2인 추를 넣는 경우와 세 번째 시행까지 넣은 추의 총무게가 5인 경우로 나눌 수 있다. 그러므로
> $\mathrm{P}(X=4)=$ (나) $+\,{}_3\mathrm{C}_1\left(\frac{1}{3}\right)^1\left(\frac{2}{3}\right)^2$
>
> iii) $X=5$인 사건은
> 네 번째 시행까지 넣은 추의 총무게가 4이고 다섯 번째 시행에서 무게가 2인 추를 넣는 경우와 네 번째 시행까지 넣은 추의 총무게가 5인 경우로 나눌 수 있다. 그러므로
> $\mathrm{P}(X=5)={}_4\mathrm{C}_4\left(\frac{1}{3}\right)^4\left(\frac{2}{3}\right)^0\times\frac{2}{3}+$ (다)
>
> iv) $X=6$인 사건은 다섯 번째 시행까지 넣은 추의 총무게가 5인 경우이므로
> $\mathrm{P}(X=6)=\left(\frac{1}{3}\right)^5$

위의 (가), (나), (다)에 알맞은 수를 각각 $a,\ b,\ c$라 할 때, $\frac{ab}{c}$의 값은? [4점]

① $\frac{4}{9}$　② $\frac{7}{9}$　③ $\frac{10}{9}$　④ $\frac{13}{9}$　⑤ $\frac{16}{9}$

01-03

너코 071 너코 078
2008학년도 6월 평가원 가형 23번

검은 공 3개, 흰 공 2개가 들어 있는 주머니가 있다. 이 주머니에서 한 개의 공을 꺼내어 색을 확인한 후 다시 넣지 않는다. 이와 같은 시행을 반복할 때, 흰 공 2개가 나올 때까지의 시행 횟수를 X라 하면

$\mathrm{P}(X>3)=\dfrac{q}{p}$ 이다. $p+q$의 값을 구하시오.

(단, p와 q는 서로소인 자연수이다.) [4점]

01-04

너코 071 너코 078
2010학년도 9월 평가원 16번

한 개의 동전을 한 번 던지는 시행을 5번 반복한다. 각 시행에서 나온 결과에 대하여 다음 규칙에 따라 표를 작성한다.

> (가) 첫 번째 시행에서 앞면이 나오면 △, 뒷면이 나오면 ○를 표시한다.
> (나) 두 번째 시행부터
> (1) 뒷면이 나오면 ○를 표시하고,
> (2) 앞면이 나왔을 때, 바로 이전 시행의 결과가 앞면이면 ○, 뒷면이면 △를 표시한다.

예를 들어 동전을 5번 던져 '앞면, 뒷면, 앞면, 앞면, 뒷면'이 나오면 다음과 같은 표가 작성된다.

시행	1	2	3	4	5
표시	△	○	△	○	○

한 개의 동전을 5번 던질 때 작성되는 표에 표시된 △의 개수를 확률변수 X라 하자. $\mathrm{P}(X=2)$의 값은? [4점]

① $\dfrac{13}{32}$　② $\dfrac{15}{32}$　③ $\dfrac{17}{32}$　④ $\dfrac{19}{32}$　⑤ $\dfrac{21}{32}$

Ⅰ 통계

유형 02 이산확률변수의 평균

유형소개

이산확률변수의 확률분포가 표로 주어졌거나 표로 직접 나타낸 후 그 평균(기댓값)을 구하는 문항, 반대로 평균이 주어질 때 확률분포표의 빈 칸을 채우는 문항 등을 수록하였다. 또한 〈수학 I〉을 학습하였음을 전제로 하여 Σ를 활용하는 문항도 포함시켰다.

유형접근법

이산확률변수 X가 가질 수 있는 값이 $x_1, x_2, \cdots, x_n$일 때 평균은 다음과 같이 계산한다.

$$\mathrm{E}(X)=x_1\times \mathrm{P}(X=x_1)+x_2\times \mathrm{P}(X=x_2)+\cdots+x_n\times \mathrm{P}(X=x_n)$$
$$=\sum_{i=1}^{n}\{x_i\times \mathrm{P}(X=x_i)\}$$

또한 이산확률변수 $aX+b$의 평균은 직접 계산하지 않아도 $\mathrm{E}(X)$의 값을 알면 $\mathrm{E}(aX+b)=a\mathrm{E}(X)+b$로 구해진다.

02-01

너코 078 너코 079
2010학년도 9월 평가원 가형 (확률과 통계) 27번

이산확률변수 X의 확률질량함수가

$$\mathrm{P}(X=x)=\frac{|x-4|}{7}\quad (x=1,\ 2,\ 3,\ 4,\ 5)$$

일 때, $\mathrm{E}(14X+5)$의 값은? [3점]

① 31 ② 35 ③ 39 ④ 43 ⑤ 47

02-02

너코 078 너코 079
2011학년도 수능 나형 8번

확률변수 X의 확률분포표는 다음과 같다.

X	-1	0	1	2	합계
$\mathrm{P}(X=x)$	$\frac{3-a}{8}$	$\frac{1}{8}$	$\frac{3+a}{8}$	$\frac{1}{8}$	1

$\mathrm{P}(0\le X\le 2)=\frac{7}{8}$일 때, 확률변수 X의 평균 $\mathrm{E}(X)$의 값은? [3점]

① $\frac{1}{4}$ ② $\frac{3}{8}$ ③ $\frac{1}{2}$ ④ $\frac{5}{8}$ ⑤ $\frac{3}{4}$

02-03

너코 078 너코 079
2012학년도 9월 평가원 나형 6번

확률변수 X의 확률분포표가 다음과 같다.

X	1	3	7	계
$\mathrm{P}(X=x)$	a	$\frac{1}{4}$	b	1

$\mathrm{E}(X)=5$일 때, b의 값은? (단, a와 b는 상수이다.) [3점]

① $\frac{19}{36}$ ② $\frac{5}{9}$ ③ $\frac{7}{12}$
④ $\frac{11}{18}$ ⑤ $\frac{23}{36}$

02-04

너코 078 너코 079
2012학년도 수능 나형 6번

확률변수 X의 확률분포를 표로 나타내면 다음과 같다.

X	0	1	2	계
$\mathrm{P}(X=x)$	$\frac{1}{4}$	a	$2a$	1

$\mathrm{E}(4X+10)$의 값은? [3점]

① 11 ② 12 ③ 13
④ 14 ⑤ 15

02-05

너코 079
2016학년도 9월 평가원 A형 6번

확률변수 X의 확률분포를 표로 나타내면 다음과 같다.

X	-4	0	4	8	계
$\mathrm{P}(X=x)$	$\frac{1}{5}$	$\frac{1}{10}$	$\frac{1}{5}$	$\frac{1}{2}$	1

$\mathrm{E}(3X)$의 값은? [3점]

① 4 ② 6 ③ 8
④ 10 ⑤ 12

02-06

너코 079
2016학년도 수능 A형 25번

이산확률변수 X의 확률분포를 표로 나타내면 다음과 같다.

X	-5	0	5	계
$\mathrm{P}(X=x)$	$\frac{1}{5}$	$\frac{1}{5}$	$\frac{3}{5}$	1

$\mathrm{E}(4X+3)$의 값을 구하시오. [3점]

02-07

너코 071 너코 078 너코 079
2007학년도 6월 평가원 가형 20번

오른쪽 그림과 같이 한 변의 길이가 3인 정사각형을 한 변의 길이가 1인 정사각형 9개로 나누고, 이 중에서 3개를 색칠할 때 나타나는 모양은 다음과 같이 세 가지 유형으로 분류할 수 있다.

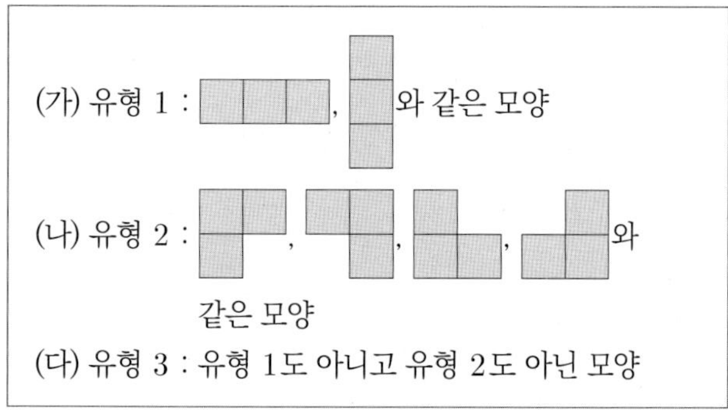

(가) 유형 1 : , 와 같은 모양
(나) 유형 2 : , , , 와
같은 모양
(다) 유형 3 : 유형 1도 아니고 유형 2도 아닌 모양

한 변의 길이가 1인 위의 정사각형 9개 중에서 임의로 3개를 색칠하여 얻은 모양의 유형에 따라 확률변수 X는 다음과 같다고 하자.

$$X=\begin{cases}1 & (\text{유형 1인 경우})\\2 & (\text{유형 2인 경우})\\3 & (\text{유형 3인 경우})\end{cases}$$

$\mathrm{E}(42X)$의 값을 구하시오. [3점]

02-08

너코 071 너코 078 너코 079
2013학년도 5월 예비 시행 A형 13번

그림과 같이 8개의 지점 A, B, C, D, E, F, G, H를 잇는 도로망이 있다.

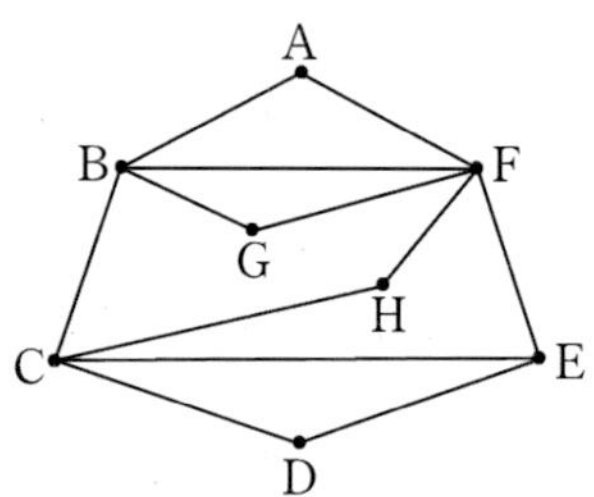

8개의 지점 중에서 한 지점을 임의로 선택할 때, 선택된 지점에 연결된 도로의 개수를 확률변수 X라 하자. 확률변수 $3X+1$의 평균 $\mathrm{E}(3X+1)$의 값은? [3점]

① 8 ② 9 ③ 10
④ 11 ⑤ 12

02-09

너코 071 너코 078 너코 079
2014학년도 수능 A형 27번

1부터 5까지의 자연수가 각각 하나씩 적혀 있는 5개의 서랍이 있다. 5개의 서랍 중 영희에게 임의로 2개를 배정해주려고 한다. 영희에게 배정되는 서랍에 적혀 있는 자연수 중 작은 수를 확률변수 X라 할 때, $\mathrm{E}(10X)$의 값을 구하시오. [4점]

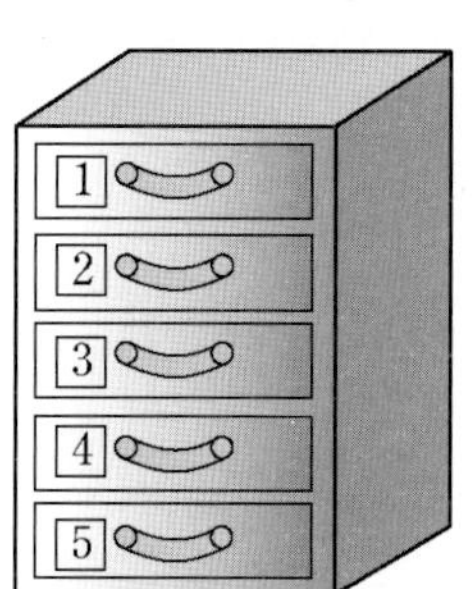

02-10

너코 028 너코 069 너코 071 너코 079
2017학년도 9월 평가원 나형 18번 / 가형 17번

1부터 n까지의 자연수가 하나씩 적혀 있는 n장의 카드가 있다. 이 카드 중에서 임의로 서로 다른 4장의 카드를 선택할 때, 선택한 카드 4장에 적힌 수 중 가장 큰 수를 확률변수 X라 하자. 다음은 $\mathrm{E}(X)$를 구하는 과정이다. (단, $n \geq 4$)

> 자연수 $k\,(4 \leq k \leq n)$에 대하여 확률변수 X의 값이 k일 확률은 1부터 $k-1$까지의 자연수가 적혀 있는 카드 중에서 서로 다른 3장의 카드와 k가 적혀 있는 카드를 선택하는 경우의 수를 전체 경우의 수로 나누는 것이므로
>
> $$\mathrm{P}(X=k)=\frac{\boxed{(가)}}{{}_{n}\mathrm{C}_{4}}$$
>
> 이다. 자연수 $r\,(1 \leq r \leq k)$에 대하여
>
> $${}_{k}\mathrm{C}_{r}=\frac{k}{r}\times{}_{k-1}\mathrm{C}_{r-1}$$
>
> 이므로
>
> $$k\times\boxed{(가)}=4\times\boxed{(나)}$$
>
> 이다. 그러므로
>
> $$\mathrm{E}(X)=\sum_{k=4}^{n}\{k\times\mathrm{P}(X=k)\}$$
> $$=\frac{1}{{}_{n}\mathrm{C}_{4}}\sum_{k=4}^{n}\left(k\times\boxed{(가)}\right)$$
> $$=\frac{4}{{}_{n}\mathrm{C}_{4}}\sum_{k=4}^{n}\boxed{(나)}$$
>
> 이다.
>
> $$\sum_{k=4}^{n}\boxed{(나)}={}_{n+1}\mathrm{C}_{5}$$
>
> 이므로
>
> $$\mathrm{E}(X)=(n+1)\times\boxed{(다)}$$
>
> 이다.

위의 (가), (나)에 알맞은 식을 각각 $f(k)$, $g(k)$라 하고, (다)에 알맞은 수를 a라 할 때, $a\times f(6)\times g(5)$의 값은? [4점]

① 40 ② 45 ③ 50
④ 55 ⑤ 60

02-11

너코 028 너코 063 너코 078 너코 079
2017학년도 수능 나형 19번 / 가형 17번

좌표평면 위의 한 점 $(x,\ y)$에서 세 점 $(x+1,\ y)$, $(x,\ y+1)$, $(x+1,\ y+1)$ 중 한 점으로 이동하는 것을 점프라 하자. 점프를 반복하여 점 $(0,\ 0)$에서 점 $(4,\ 3)$까지 이동하는 모든 경우 중에서, 임의로 한 경우를 선택할 때 나오는 점프의 횟수를 확률변수 X라 하자. 다음은 확률변수 X의 평균 $\mathrm{E}(X)$를 구하는 과정이다.

(단, 각 경우가 선택되는 확률은 동일하다.)

> 점프를 반복하여 점 $(0,\ 0)$에서 점 $(4,\ 3)$까지 이동하는 모든 경우의 수를 N이라 하자.
> 확률변수 X가 가질 수 있는 값 중 가장 작은 값을 k라 하면 $k=\boxed{(가)}$이고, 가장 큰 값은 $k+3$이다.
>
> $$\mathrm{P}(X=k)=\frac{1}{N}\times\frac{4!}{3!}=\frac{4}{N}$$
> $$\mathrm{P}(X=k+1)=\frac{1}{N}\times\frac{5!}{2!2!}=\frac{30}{N}$$
> $$\mathrm{P}(X=k+2)=\frac{1}{N}\times\boxed{(나)}$$
> $$\mathrm{P}(X=k+3)=\frac{1}{N}\times\frac{7!}{3!4!}=\frac{35}{N}$$
>
> 이고
>
> $$\sum_{i=k}^{k+3}\mathrm{P}(X=i)=1$$
>
> 이므로 $N=\boxed{(다)}$이다.
> 따라서 확률변수 X의 평균 $\mathrm{E}(X)$는 다음과 같다.
>
> $$\mathrm{E}(X)=\sum_{i=k}^{k+3}\{i\times\mathrm{P}(X=i)\}=\frac{257}{43}$$

위의 (가), (나), (다)에 알맞은 수를 각각 a, b, c라 할 때, $a+b+c$의 값은? [4점]

① 190 ② 193 ③ 196
④ 199 ⑤ 202

Ⅰ 통계

02-12

너코 028 너코 029 너코 079
2018학년도 9월 평가원 나형 28번 / 가형 14번

두 이산확률변수 X와 Y가 가지는 값이 각각 1부터 5까지의 자연수이고

$$\mathrm{P}(Y=k)=\frac{1}{2}\mathrm{P}(X=k)+\frac{1}{10}$$
$$(k=1,\ 2,\ 3,\ 4,\ 5)$$

이다. $\mathrm{E}(X)=4$일 때, $\mathrm{E}(Y)=a$이다. $8a$의 값을 구하시오. [4점]

02-13

너코 077 너코 078 너코 079
2024학년도 수능 (확률과 통계) 26번

4개의 동전을 동시에 던져서 앞면이 나오는 동전의 개수를 확률변수 X라 하고, 이산확률변수 Y를

$$Y=\begin{cases} X & (X\text{가 0 또는 1의 값을 가지는 경우}) \\ 2 & (X\text{가 2 이상의 값을 가지는 경우}) \end{cases}$$

라 하자. $\mathrm{E}(Y)$의 값은? [3점]

① $\frac{25}{16}$ ② $\frac{13}{8}$ ③ $\frac{27}{16}$ ④ $\frac{7}{4}$ ⑤ $\frac{29}{16}$

02-14

너코 078 너코 079
2025학년도 9월 평가원 (확률과 통계) 27번

이산확률변수 X가 가지는 값이 0부터 4까지의 정수이고

$$\mathrm{P}(X=k)=\mathrm{P}(X=k+2)\ (k=0,\ 1,\ 2)$$

이다. $\mathrm{E}(X^2)=\frac{35}{6}$일 때, $\mathrm{P}(X=0)$의 값은? [3점]

① $\frac{1}{24}$ ② $\frac{1}{12}$ ③ $\frac{1}{8}$ ④ $\frac{1}{6}$ ⑤ $\frac{5}{24}$

02-15

너코 062 너코 071 너코 078 너코 079
2009학년도 9월 평가원 가형 (확률과 통계) 28번

그림과 같이 반지름의 길이가 1인 원의 둘레를 6등분한 점에 1부터 6까지의 번호를 하나씩 부여하였다. 한 개의 주사위를 두 번 던져 나온 눈의 수에 해당하는 점을 각각 A, B라 하자. 두 점 A, B 사이의 거리를 확률변수 X라 할 때, X의 평균 $E(X)$는? [3점]

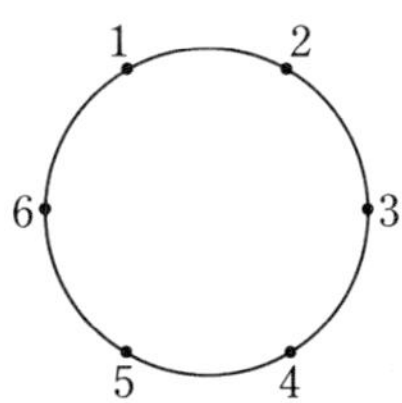

① $\dfrac{1+\sqrt{2}}{3}$ ② $\dfrac{1+\sqrt{3}}{3}$ ③ $\dfrac{2+\sqrt{2}}{3}$
④ $\dfrac{2+\sqrt{3}}{3}$ ⑤ $\dfrac{1+2\sqrt{3}}{3}$

02-16

너코 017 너코 078 너코 079
2015학년도 9월 평가원 B형 14번

그림과 같이 중심이 O, 반지름의 길이가 1이고 중심각의 크기가 $\dfrac{\pi}{2}$인 부채꼴 OAB가 있다. 자연수 n에 대하여 호 AB를 $2n$ 등분한 각 분점(양 끝점도 포함)을 차례로 $P_0(=A)$, P_1, P_2, $\cdots$, P_{2n-1}, $P_{2n}(=B)$라 하자.

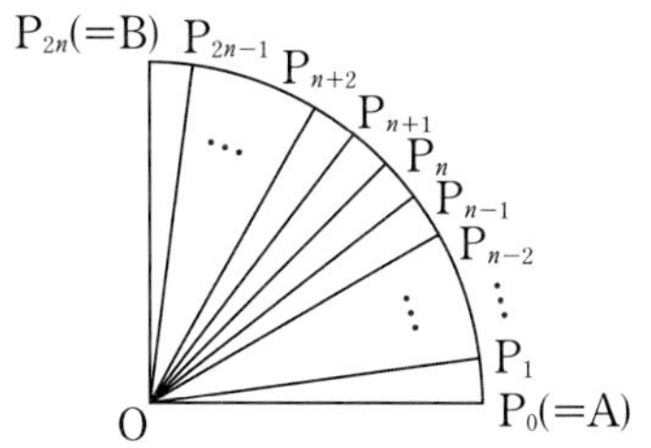

$n=3$일 때, 점 P_1, P_2, P_3, P_4, P_5 중에서 임의로 선택한 한 개의 점을 P라 하자. 부채꼴 OPA의 넓이와 부채꼴 OPB의 넓이의 차를 확률변수 X라 할 때, $E(X)$의 값은? [4점]

① $\dfrac{\pi}{11}$ ② $\dfrac{\pi}{10}$ ③ $\dfrac{\pi}{9}$
④ $\dfrac{\pi}{8}$ ⑤ $\dfrac{\pi}{7}$

유형 03 이산확률변수의 분산

유형소개

이산확률변수의 확률분포가 표로 주어졌거나 표를 직접 나타낸 후 그 분산을 구하는 문항, 반대로 분산이 주어질 때 확률분포표의 빈 칸을 채우는 문항 등을 수록하였다.

유형접근법

이산확률변수 X가 가질 수 있는 값이 $x_1, x_2, \cdots, x_n$일 때 분산은 문제의 조건에 따라 둘 중 계산이 편한 것을 사용한다.

$\mathrm{V}(X)=\mathrm{E}(X^2)-\{\mathrm{E}(X)\}^2$ 또는

$\mathrm{V}(X)=\mathrm{E}((X-m)^2)$

대체적으로 $\mathrm{E}(X^2)-\{\mathrm{E}(X)\}^2$으로 계산하는 것이 편하고, 이때 $\mathrm{E}(X^2)$은 다음과 같이 계산한다.

$$\mathrm{E}(X^2)=x_1{}^2\times\mathrm{P}(X=x_1)+x_2{}^2\times\mathrm{P}(X=x_2)+\cdots+x_n{}^2\times\mathrm{P}(X=x_n)$$

$$=\sum_{i=1}^{n}\{x_i{}^2\times\mathrm{P}(X=x_i)\}$$

또한 이산확률변수 $aX+b$의 분산은 직접 계산하지 않아도 $\mathrm{V}(X)$의 값을 알면 $\mathrm{V}(aX+b)=a^2\mathrm{V}(X)$로 구해진다.

03-01

너코 079

2005학년도 수능 나형 20번

확률변수 X의 확률분포표가 아래와 같을 때, 확률변수 $Y=10X+5$의 분산을 구하시오. [3점]

X	0	1	2	3	계
$\mathrm{P}(X=x)$	$\frac{2}{10}$	$\frac{3}{10}$	$\frac{3}{10}$	$\frac{2}{10}$	1

03-02

너코 079

2010학년도 수능 나형 8번

확률변수 X의 확률분포표는 다음과 같다.

X	0	1	2	계
$\mathrm{P}(X=x)$	$\frac{2}{7}$	$\frac{3}{7}$	$\frac{2}{7}$	1

확률변수 $7X$의 분산 $\mathrm{V}(7X)$의 값은? [3점]

① 14 ② 21 ③ 28 ④ 35 ⑤ 42

03-03

너코 078 너코 079

2008학년도 수능 가형 (확률과 통계) 27번

이산확률변수 X에 대하여

$$\mathrm{P}(X=2)=1-\mathrm{P}(X=0),$$
$$0<\mathrm{P}(X=0)<1,$$
$$\{\mathrm{E}(X)\}^2=2\mathrm{V}(X)$$

일 때, 확률 $\mathrm{P}(X=2)$의 값은? [3점]

① $\frac{1}{6}$ ② $\frac{1}{3}$ ③ $\frac{1}{2}$ ④ $\frac{2}{3}$ ⑤ $\frac{5}{6}$

03-04

너코 062 너코 071 너코 078 너코 079

2009학년도 수능 가형 (확률과 통계) 27번

한 개의 동전을 세 번 던져 나온 결과에 대하여, 다음 규칙에 따라 얻은 점수를 확률변수 X라 하자.

> (가) 같은 면이 연속하여 나오지 않으면 0점으로 한다.
> (나) 같은 면이 연속하여 두 번만 나오면 1점으로 한다.
> (다) 같은 면이 연속하여 세 번 나오면 3점으로 한다.

확률변수 X의 분산 $\mathrm{V}(X)$의 값은? [3점]

① $\frac{9}{8}$ ② $\frac{19}{16}$ ③ $\frac{5}{4}$ ④ $\frac{21}{16}$ ⑤ $\frac{11}{8}$

03-05

너코 078 너코 079
2011학년도 수능 가형 (확률과 통계) 26번

이산확률변수 X의 확률질량함수가

$$P(X=x)=\frac{ax+2}{10}\quad(x=-1,\ 0,\ 1,\ 2)$$

일 때, 확률변수 $3X+2$의 분산 $V(3X+2)$의 값은?
(단, a는 상수이다.) [3점]

① 9 ② 18 ③ 27
④ 36 ⑤ 45

03-06

너코 078 너코 079
2018학년도 수능 나형 17번

확률변수 X의 확률분포를 표로 나타내면 다음과 같다.

X	0.121	0.221	0.321	합계
$P(X=x)$	a	b	$\frac{2}{3}$	1

다음은 $E(X)=0.271$일 때, $V(X)$를 구하는 과정이다.

$Y=10X-2.21$이라 하자. 확률변수 Y의 확률분포를 표로 나타내면 다음과 같다.

Y	-1	0	1	합계
$P(Y=y)$	a	b	$\frac{2}{3}$	1

$E(Y)=10E(X)-2.21=0.5$이므로
$a=$ (가) , $b=$ (나)
이고 $V(Y)=\frac{7}{12}$이다.
한편, $Y=10X-2.21$이므로
$V(Y)=$ (다) $\times V(X)$이다.
따라서
$V(X)=\frac{1}{\text{(다)}}\times\frac{7}{12}$이다.

위의 (가), (나), (다)에 알맞은 수를 각각 p, q, r라 할 때, pqr의 값은? (단, a, b는 상수이다.) [4점]

① $\frac{13}{9}$ ② $\frac{16}{9}$ ③ $\frac{19}{9}$
④ $\frac{22}{9}$ ⑤ $\frac{25}{9}$

I 통계

03-07

너코 079

2021학년도 9월 평가원 나형 27번 / 가형 26번

두 이산확률변수 X, Y의 확률분포를 표로 나타내면 각각 다음과 같다.

X	1	2	3	4	합계
$\mathrm{P}(X=x)$	a	b	c	d	1

Y	11	21	31	41	합계
$\mathrm{P}(Y=y)$	a	b	c	d	1

$\mathrm{E}(X)=2$, $\mathrm{E}(X^2)=5$일 때, $\mathrm{E}(Y)+\mathrm{V}(Y)$의 값을 구하시오. [4점]

03-08

너코 079

2022학년도 9월 평가원 (확률과 통계) 29번

두 이산확률변수 X, Y의 확률분포를 표로 나타내면 각각 다음과 같다.

X	1	3	5	7	9	합계
$\mathrm{P}(X=x)$	a	b	c	b	a	1

Y	1	3	5	7	9	합계
$\mathrm{P}(Y=y)$	$a+\frac{1}{20}$	b	$c-\frac{1}{10}$	b	$a+\frac{1}{20}$	1

$\mathrm{V}(X)=\frac{31}{5}$일 때, $10\times\mathrm{V}(Y)$의 값을 구하시오. [4점]

03-09

너코 079

2023학년도 9월 평가원 (확률과 통계) 27번

이산확률변수 X의 확률분포를 표로 나타내면 다음과 같다.

X	0	1	a	합계
$\mathrm{P}(X=x)$	$\frac{1}{10}$	$\frac{1}{2}$	$\frac{2}{5}$	1

$\sigma(X)=\mathrm{E}(X)$일 때, $\mathrm{E}(X^2)+\mathrm{E}(X)$의 값은? (단, $a>1$) [3점]

① 29 ② 33 ③ 37
④ 41 ⑤ 45

03-10

너코 078 너코 079
2005학년도 9월 평가원 11번

다음과 같이 정의된 확률변수 X, Y, Z의 분산의 대소 관계를 바르게 나타낸 것은?

(단, $\mathrm{V}(X)$는 확률변수 X의 분산이다.) [3점]

X : 연속하는 100개의 자연수에서 임의로 뽑은 두 수의 차 Y : 연속하는 100개의 홀수에서 임의로 뽑은 두 수의 차 Z : 연속하는 100개의 짝수에서 임의로 뽑은 두 수의 차

① $\mathrm{V}(X) < \mathrm{V}(Y) < \mathrm{V}(Z)$
② $\mathrm{V}(X) = \mathrm{V}(Y) = \mathrm{V}(Z)$
③ $\mathrm{V}(X) > \mathrm{V}(Y) = \mathrm{V}(Z)$
④ $\mathrm{V}(X) = \mathrm{V}(Y) < \mathrm{V}(Z)$
⑤ $\mathrm{V}(X) < \mathrm{V}(Y) = \mathrm{V}(Z)$

유형 04 이항분포의 뜻

유형소개

이항분포를 따르는 확률변수의 평균, 분산, 표준편차를 구하거나 이와 반대로 평균, 분산, 표준편차에 대한 값 또는 식이 주어졌을 때 독립시행의 횟수, 특정 사건이 일어날 확률을 구하는 유형이다.

유형접근법

확률변수 X가 이항분포 $\mathrm{B}(n, p)$를 따른다고 주어지면 $\mathrm{E}(X) = np$, $\mathrm{V}(X) = np(1-p)$로 계산한다.
이산확률변수 X가 이항분포를 따른다는 직접적인 표현을 사용하지 않았더라도 확률변수 X가 값 x를 가질 확률이 $\mathrm{P}(X=x) = {}_n\mathrm{C}_x p^x (1-p)^{n-x}$와 같이 주어졌다면 $\mathrm{B}(n, p)$로 해석해내도록 하자.

I
통계

04-01

너코 079 너코 080
2019학년도 9월 평가원 나형 27번 / 가형 24번

이항분포 $\mathrm{B}\left(n,\ \frac{1}{2}\right)$을 따르는 확률변수 X에 대하여 $\mathrm{V}\left(\frac{1}{2}X+1\right)=5$일 때, n의 값을 구하시오. [3점]

04-02

너코 079 너코 080
2019학년도 수능 가형 8번

확률변수 X가 이항분포 $\mathrm{B}\left(n,\ \frac{1}{2}\right)$을 따르고 $\mathrm{E}(X^2)=\mathrm{V}(X)+25$를 만족시킬 때, n의 값은? [3점]

① 10 ② 12 ③ 14
④ 16 ⑤ 18

04-03

너코 080
2020학년도 9월 평가원 가형 22번

확률변수 X가 이항분포 $\mathrm{B}\left(n,\ \frac{1}{4}\right)$을 따르고 $\mathrm{V}(X)=6$일 때, n의 값을 구하시오. [3점]

04-04

너코 080
2020학년도 수능 나형 24번 / 가형 23번

확률변수 X가 이항분포 $\mathrm{B}(80,\ p)$를 따르고 $\mathrm{E}(X)=20$일 때, $\mathrm{V}(X)$의 값을 구하시오. [3점]

04-05

너코 080
2022학년도 수능 예시문항 (확률과 통계) 23번

확률변수 X가 이항분포 $\mathrm{B}\left(80,\ \frac{1}{8}\right)$을 따를 때, $\mathrm{E}(X)$의 값은? [2점]

① 10 ② 12 ③ 14
④ 16 ⑤ 18

04-06

너코 080
2022학년도 9월 평가원 (확률과 통계) 23번

확률변수 X가 이항분포 $\mathrm{B}\left(60, \frac{1}{4}\right)$을 따를 때, $\mathrm{E}(X)$의 값은? [2점]

① 5　② 10　③ 15　④ 20　⑤ 25

04-07

너코 080
2022학년도 수능 (확률과 통계) 24번

확률변수 X가 이항분포 $\mathrm{B}\left(n, \frac{1}{3}\right)$을 따르고 $\mathrm{V}(2X)=40$일 때, n의 값은? [3점]

① 30　② 35　③ 40　④ 45　⑤ 50

04-08

너코 080
2024학년도 9월 평가원 (확률과 통계) 23번

확률변수 X가 이항분포 $\mathrm{B}\left(30, \frac{1}{5}\right)$을 따를 때, $\mathrm{E}(X)$의 값은? [2점]

① 6　② 7　③ 8　④ 9　⑤ 10

04-09

너코 079 너코 080
2010학년도 9월 평가원 나형 23번

확률변수 X가 이항분포 $\mathrm{B}(10, p)$를 따르고,

$$\mathrm{P}(X=4)=\frac{1}{3}\mathrm{P}(X=5)$$

일 때, $\mathrm{E}(7X)$의 값을 구하시오. (단, $0<p<1$) [3점]

04-10

너코 079 너코 080
2013학년도 수능 나형 10번

확률변수 X가 이항분포 $\mathrm{B}(n, p)$를 따른다. 확률변수 $2X-5$의 평균과 표준편차가 각각 175와 12일 때, n의 값은? [3점]

① 130　② 135　③ 140　④ 145　⑤ 150

I 통계

04-11

너코 080
2007학년도 9월 평가원 나형 29번

이산확률변수 X가 값 x를 가질 확률이

$$\mathrm{P}(X=x)={}_{n}\mathrm{C}_{x}p^{x}(1-p)^{n-x}$$

(단, $x=0,\ 1,\ 2,\ \cdots,\ n$이고 $0<p<1$)

이다. $\mathrm{E}(X)=1$, $\mathrm{V}(X)=\dfrac{9}{10}$일 때, $\mathrm{P}(X<2)$의 값은? [4점]

① $\dfrac{19}{10}\left(\dfrac{9}{10}\right)^{9}$ ② $\dfrac{17}{9}\left(\dfrac{8}{9}\right)^{8}$ ③ $\dfrac{15}{8}\left(\dfrac{7}{8}\right)^{7}$
④ $\dfrac{13}{7}\left(\dfrac{6}{7}\right)^{6}$ ⑤ $\dfrac{11}{6}\left(\dfrac{5}{6}\right)^{5}$

유형 05 이항분포의 활용

유형소개

유형 04 에서 배운 내용을 수학 외적 상황에 적용시켜 이항분포를 따르는 확률변수의 평균과 분산 및 표준편차를 구하는 문제를 이 유형에 수록하였다.

유형접근법

이산확률변수 X가 이항분포를 따른다는 직접적인 표현을 사용하지 않았더라도
어떤 독립시행을 'n회' 시행할 때 확률이 'p'인 사건 A가 일어나는 횟수를 확률변수 X라 하는 실생활 문제를 이항분포 $\mathrm{B}(n,\ p)$로 해석하여
$\mathrm{E}(X)=np$, $\mathrm{V}(X)=np(1-p)$를 구해내도록 하자.

05-01

너코 071 너코 080
2015학년도 9월 평가원 A형 13번

이차함수 $y=f(x)$의 그래프는 그림과 같고,
$f(0)=f(3)=0$이다.

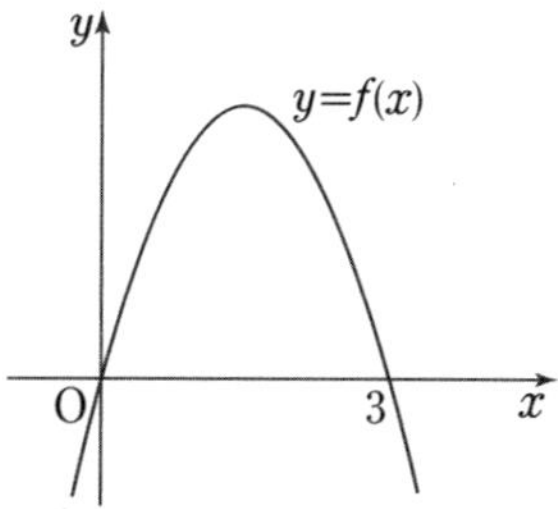

한 개의 주사위를 던져 나온 눈의 수 m에 대하여 $f(m)$이 0보다 큰 사건을 A라 하자. 한 개의 주사위를 15회 던지는 독립시행에서 사건 A가 일어나는 횟수를 확률변수 X라 할 때, $\mathrm{E}(X)$의 값은? [3점]

① 3 ② $\dfrac{7}{2}$ ③ 4
④ $\dfrac{9}{2}$ ⑤ 5

05-02

너코 071 너코 080
2008학년도 수능 나형 23번

한 개의 주사위를 20번 던질 때 1의 눈이 나오는 횟수를 확률변수 X라 하고, 한 개의 동전을 n번 던질 때 앞면이 나오는 횟수를 확률변수 Y라 하자. Y의 분산이 X의 분산보다 크게 되도록 하는 n의 최솟값을 구하시오. [4점]

05-03

너코 071 너코 080
2009학년도 9월 평가원 나형 8번

한 개의 주사위를 던져 나온 눈의 수 a에 대하여 직선 $y=ax$와 곡선 $y=x^2-2x+4$가 서로 다른 두 점에서 만나는 사건을 A라 하자. 한 개의 주사위를 300회 던지는 독립시행에서 사건 A가 일어나는 횟수를 확률변수 X라 할 때, X의 평균 $\mathrm{E}(X)$는? [4점]

① 100 ② 150 ③ 180
④ 200 ⑤ 240

05-04

너코 071 너코 080
2010학년도 수능 가형 (확률과 통계) 27번

어느 수학반에 남학생 3명, 여학생 2명으로 구성된 모둠이 10개 있다. 각 모둠에서 임의로 2명씩 선택할 때, 남학생들만 선택된 모둠의 수를 확률변수 X라 하자. X의 평균 $\mathrm{E}(X)$의 값은?
(단, 두 모둠 이상에 속한 학생은 없다.) [3점]

① 6 ② 5 ③ 4
④ 3 ⑤ 2

05-05

너코 077 너코 079 너코 080
2011학년도 수능 나형 21번

동전 2개를 동시에 던지는 시행을 10회 반복할 때, 동전 2개 모두 앞면이 나오는 횟수를 확률변수 X라 하자. 확률변수 $4X+1$의 분산 $\mathrm{V}(4X+1)$의 값을 구하시오.
[3점]

05-06

너코 071 너코 079 너코 080
2007학년도 9월 평가원 가형 (확률과 통계) 28번

어느 농장에서 한 상자에 40개의 과일을 넣어 판매하고 있는데, 한 상자당 상한 과일은 2개라 한다. 한 상자에서 3개의 과일을 임의추출하여 상한 과일이 없으면 이 상자를 5,000원에 판매하고, 상한 과일이 1개 이상이면 상자 속의 상한 과일을 모두 정상인 과일로 바꾸어 6,000원에 판매한다. 이러한 방식으로 130상자를 판매할 때, 전체 판매액의 기댓값은? [3점]

① 749,000원 ② 729,000원 ③ 709,000원
④ 689,000원 ⑤ 669,000원

05-07

너코 079 너코 080
2007학년도 수능 가형 (확률과 통계) 30번

어느 공장에서 생산되는 제품은 한 상자에 50개씩 넣어 판매되는데, 상자에 포함된 불량품의 개수는 이항분포를 따르고 평균이 m, 분산이 $\frac{48}{25}$이라 한다.

한 상자를 판매하기 전에 불량품을 찾아내기 위하여 50개의 제품을 모두 검사하는 데 총 60000원의 비용이 발생한다. 검사하지 않고 한 상자를 판매할 경우에는 한 개의 불량품에 a원의 애프터서비스 비용이 필요하다. 한 상자의 제품을 모두 검사하는 비용과 애프터서비스로 인해 필요한 비용의 기댓값이 같다고 할 때, $\frac{a}{1000}$의 값을 구하시오.

(단, a는 상수이고, m은 5 이하인 자연수이다.) [4점]

05-08

너코 071 너코 080
2009학년도 수능 나형 30번

두 주사위 A, B를 동시에 던질 때, 나오는 각각의 눈의 수 m, n에 대하여 $m^2+n^2 \le 25$가 되는 사건을 E라 하자. 두 주사위 A, B를 동시에 던지는 12회의 독립시행에서 사건 E가 일어나는 횟수를 확률변수 X라 할 때, X의 분산 $\mathrm{V}(X)$는 $\frac{q}{p}$이다. $p+q$의 값을 구하시오.

(단, p, q는 서로소인 자연수이다.) [4점]

05-09

너코 074 너코 075 너코 080
2010학년도 6월 평가원 가형 13번

어느 창고에 부품 S가 3개, 부품 T가 2개 있는 상태에서 부품 2개를 추가로 들여왔다. 추가된 부품은 S 또는 T이고, 추가된 부품 중 S의 개수는 이항분포 $\mathrm{B}\left(2,\ \frac{1}{2}\right)$을 따른다. 이 7개의 부품 중 임의로 1개를 선택한 것이 T일 때, 추가된 부품이 모두 S였을 확률은? [4점]

① $\frac{1}{6}$ ② $\frac{1}{4}$ ③ $\frac{1}{3}$ ④ $\frac{1}{2}$ ⑤ $\frac{3}{4}$

I 통계

05-10

너코 071 너코 080
2011학년도 9월 평가원 13번

두 사람 A와 B가 각각 주사위를 한 개씩 동시에 던지는 시행을 한다. 이 시행에서 나온 두 주사위의 눈의 수의 차가 3보다 작으면 A가 1점을 얻고, 그렇지 않으면 B가 1점을 얻는다. 이와 같은 시행을 15회 반복할 때, A가 얻는 점수의 합의 기댓값과 B가 얻는 점수의 합의 기댓값의 차는? [4점]

① 1 ② 3 ③ 5
④ 7 ⑤ 9

05-11

너코 071 너코 079 너코 080
2021학년도 수능 가형 17번

좌표평면의 원점에 점 P가 있다. 한 개의 주사위를 사용하여 다음 시행을 한다.

> 주사위를 한 번 던져 나온 눈의 수가
> 2 이하이면 점 P를 x축의 양의 방향으로 3만큼,
> 3 이상이면 점 P를 y축의 양의 방향으로 1만큼
> 이동시킨다.

이 시행을 15번 반복하여 이동된 점 P와 직선 $3x+4y=0$ 사이의 거리를 확률변수 X라 하자. $\mathrm{E}(X)$의 값은? [4점]

① 13 ② 15 ③ 17
④ 19 ⑤ 21

유형 06 확률밀도함수(1) - 확률 계산

유형소개

연속확률변수의 확률밀도함수가 그래프로 주어졌거나 그래프를 직접 그려서 확률 혹은 미지수를 구하는 문제를 이 유형에 수록하였다.

유형접근법

$\alpha \le X \le \beta$에서 모든 실수의 값을 가질 수 있는 연속확률변수 X와 임의의 두 실수 a, $b(\alpha \le a \le b \le \beta)$에 대하여 $\mathrm{P}(a \le X \le b)$의 값이 어떤 함수 $y=f(x)$의 그래프와 x축 및 두 직선 $x=a$, $x=b$로 둘러싸인 부분의 넓이가 같다는 조건이 주어졌을 때, $\mathrm{P}(\alpha \le X \le \beta)=1$임을 이용하여 문제에서 주어진 미지수의 값을 찾도록 하자.

06-01

너코 081
2010학년도 수능 나형 21번

연속확률변수 X가 갖는 값의 범위는 $0 \le X \le 4$이고 X의 확률밀도함수의 그래프는 다음과 같다.
$100\mathrm{P}(0 \le X \le 2)$의 값을 구하시오. [4점]

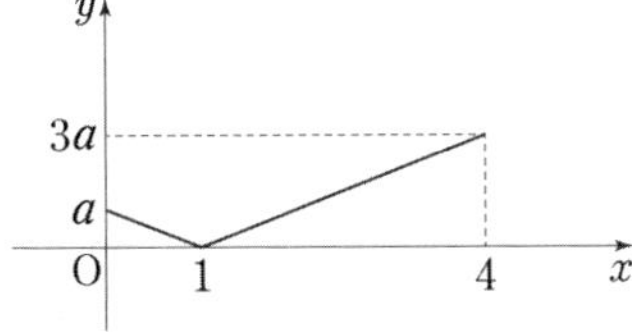

06-02

너코 081
2015학년도 수능 A형 27번

구간 $[0, 3]$의 모든 실수 값을 가지는 연속확률변수 X에 대하여 X의 확률밀도함수의 그래프는 그림과 같다.

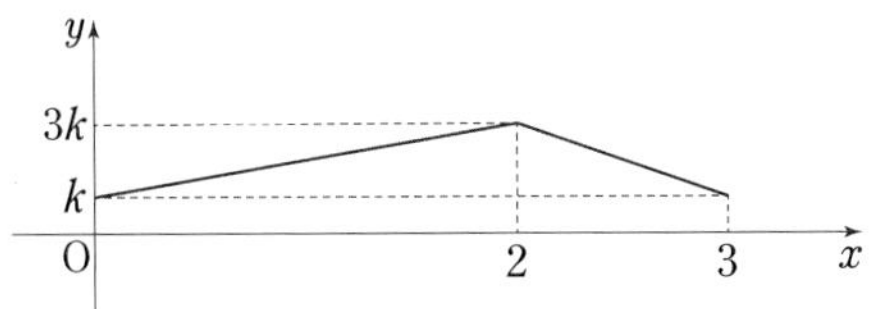

$\mathrm{P}(0 \le X \le 2)=\dfrac{q}{p}$라 할 때, $p+q$의 값을 구하시오.
(단, k는 상수이고, p와 q는 서로소인 자연수이다.) [4점]

06-03

너코 081
2017학년도 9월 평가원 나형 11번

연속확률변수 X가 갖는 값의 범위는 $0 \le X \le 1$이고, X의 확률밀도함수의 그래프는 그림과 같다.

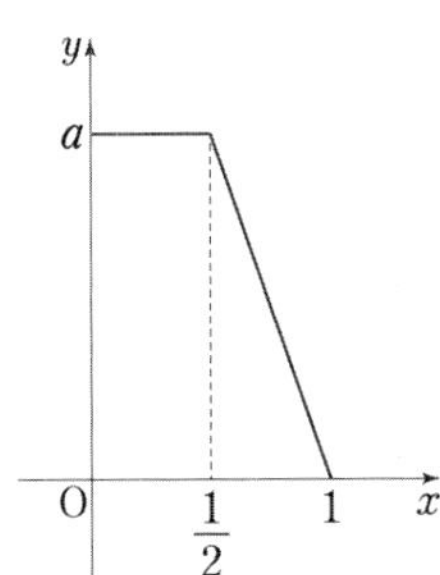

상수 a의 값은? [3점]

① $\dfrac{10}{9}$ ② $\dfrac{11}{9}$ ③ $\dfrac{4}{3}$
④ $\dfrac{13}{9}$ ⑤ $\dfrac{14}{9}$

I 통계

06-04

너코 081
2019학년도 수능 나형 10번

연속확률변수 X가 갖는 값의 범위는 $0 \le X \le 2$이고, X의 확률밀도함수의 그래프가 그림과 같을 때, $\mathrm{P}\left(\frac{1}{3} \le X \le a\right)$의 값은? (단, a는 상수이다.) [3점]

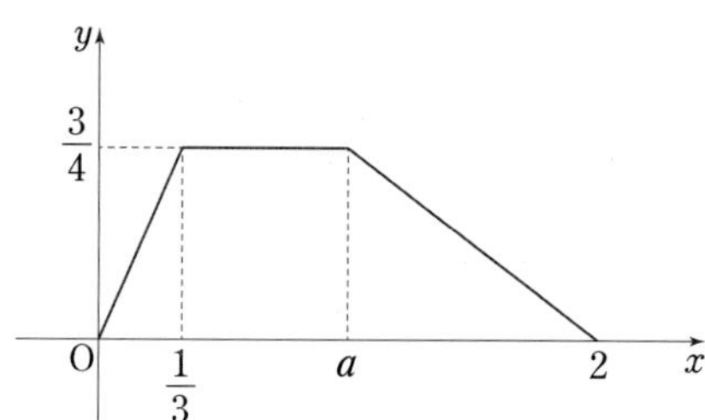

① $\frac{11}{16}$　② $\frac{5}{8}$　③ $\frac{9}{16}$　④ $\frac{1}{2}$　⑤ $\frac{7}{16}$

06-05

너코 081
2021학년도 9월 평가원 가형 5번

연속확률변수 X가 갖는 값의 범위는 $0 \le X \le 8$이고, X의 확률밀도함수 $f(x)$의 그래프는 직선 $x=4$에 대하여 대칭이다.

$$3\mathrm{P}(2 \le X \le 4) = 4\mathrm{P}(6 \le X \le 8)$$

일 때, $\mathrm{P}(2 \le X \le 6)$의 값은? [3점]

① $\frac{3}{7}$　② $\frac{1}{2}$　③ $\frac{4}{7}$　④ $\frac{9}{14}$　⑤ $\frac{5}{7}$

06-06

너코 081
2011학년도 6월 평가원 가형 22번

실수 $a\,(1 < a < 2)$에 대하여 $0 \le X \le 2$에서 정의된 연속확률변수 X의 확률밀도함수 $f(x)$가

$$f(x) = \begin{cases} \dfrac{x}{a} & (0 \le x \le a) \\ \dfrac{x-2}{a-2} & (a < x \le 2) \end{cases}$$

이다. $\mathrm{P}(1 \le X \le 2) = \frac{3}{5}$일 때, $100a$의 값을 구하시오. [3점]

06-07

너코 081
2011학년도 9월 평가원 나형 14번

연속확률변수 X가 갖는 값의 범위는 $0 \le X \le 2$이고, X의 확률밀도함수의 그래프는 그림과 같다.

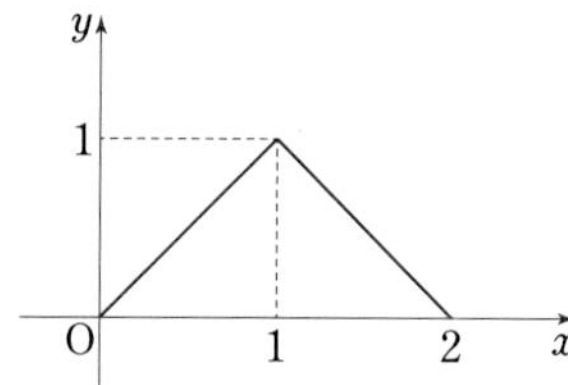

확률 $\mathrm{P}\left(a \le X \le a+\frac{1}{2}\right)$의 값이 최대가 되도록 하는 상수 a의 값은? [3점]

① $\frac{3}{8}$　② $\frac{1}{2}$　③ $\frac{5}{8}$　④ $\frac{3}{4}$　⑤ $\frac{7}{8}$

06-08

너코 081

2022학년도 수능 (확률과 통계) 29번

두 연속확률변수 X와 Y가 갖는 값의 범위는 $0 \le X \le 6$, $0 \le Y \le 6$이고, X와 Y의 확률밀도함수는 각각 $f(x)$, $g(x)$이다. 확률변수 X의 확률밀도함수 $f(x)$의 그래프는 그림과 같다.

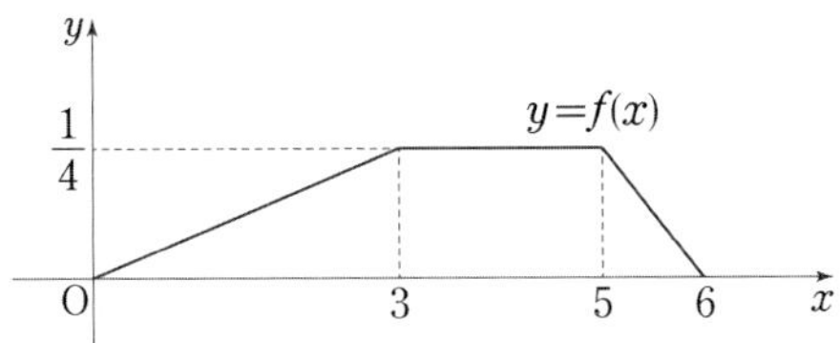

$0 \le x \le 6$인 모든 x에 대하여

$$f(x)+g(x)=k \text{ (}k\text{는 상수)}$$

를 만족시킬 때, $\mathrm{P}(6k \le Y \le 15k)=\dfrac{q}{p}$이다. $p+q$의 값을 구하시오. (단, p와 q는 서로소인 자연수이다.) [4점]

06-09

너코 081

2023학년도 수능 (확률과 통계) 28번

연속확률변수 X가 갖는 값의 범위는 $0 \le X \le a$이고, X의 확률밀도함수의 그래프가 그림과 같다.

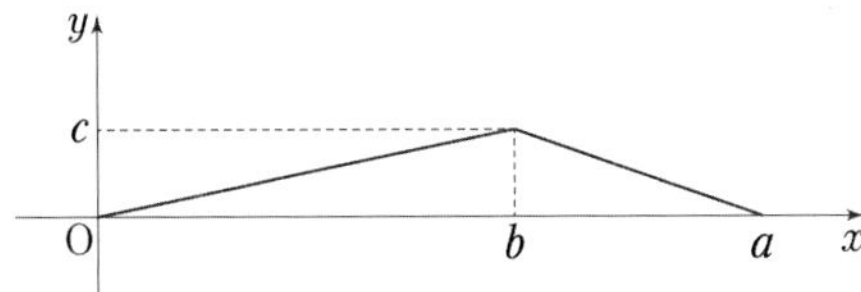

$\mathrm{P}(X \le b)-\mathrm{P}(X \ge b)=\dfrac{1}{4}$, $\mathrm{P}(X \le \sqrt{5})=\dfrac{1}{2}$일 때, $a+b+c$의 값은? (단, a, b, c는 상수이다.) [4점]

① $\dfrac{11}{2}$ ② 6 ③ $\dfrac{13}{2}$ ④ 7 ⑤ $\dfrac{15}{2}$

Ⅰ 통계

유형 07 확률밀도함수(2) - 확률을 이용하여 정의한 새로운 함수

유형소개

연속확률변수 X에 대하여 $f(x)=\mathrm{P}(0 \le X \le x)$와 같이 변수 x에 관한 새로운 함수 $f(x)$가 확률을 이용하여 정의된 문제를 이 유형에 수록하였다.
여기서 말하는 $f(x)=\mathrm{P}(0 \le X \le x)$는 X의 확률밀도함수와는 다른 것임에 유의하도록 한다.

유형접근법

연속확률변수 X가 갖는 값의 범위가 $0 \le X \le \alpha$일 때,
$f(x)=\mathrm{P}(0 \le X \le x)$라 하면

$$\begin{aligned}\mathrm{P}(a \le X \le b) &= \mathrm{P}(0 \le X \le b)-\mathrm{P}(0 \le X \le a)\\ &= f(b)-f(a) \ (\text{단, } 0 \le a \le b \le \alpha)\end{aligned}$$

와 같이 함숫값 $f(a)$, $f(b)$를 이용하여 확률을 구할 수 있다.

07-01

너코 081
변형문항(2008학년도 9월 평가원 가형 (확률과 통계) 27번)

연속확률변수 X가 갖는 값의 범위가 $0 \le X \le 2$일 때, 다음은 함수 $f(x)=\mathrm{P}(0 \le X \le x)$의 그래프이다.
확률 $\mathrm{P}\left(\frac{1}{2} \le X \le 2\right)$의 값은? [3점]

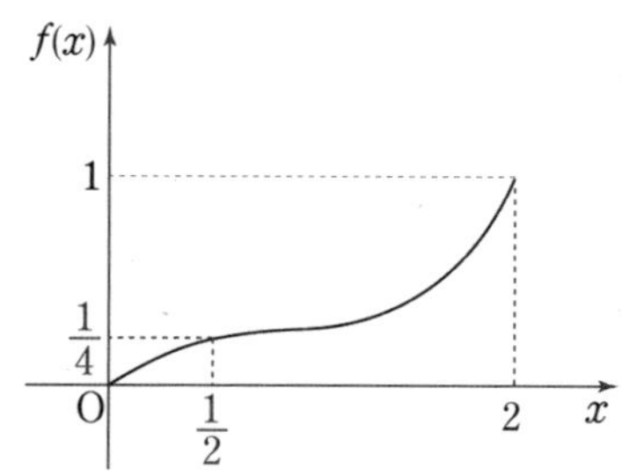

① $\frac{1}{4}$ ② $\frac{3}{8}$ ③ $\frac{1}{2}$
④ $\frac{3}{4}$ ⑤ $\frac{7}{8}$

07-02

너코 081
2008학년도 9월 평가원 가형 (확률과 통계) 27번

연속확률변수 X가 갖는 값의 범위가 $0 \le X \le 4$일 때, 다음은 함수 $g(x)=\mathrm{P}(0 \le X \le x)$의 그래프이다.
확률 $\mathrm{P}\left(\frac{5}{4} \le X \le 4\right)$의 값은? [3점]

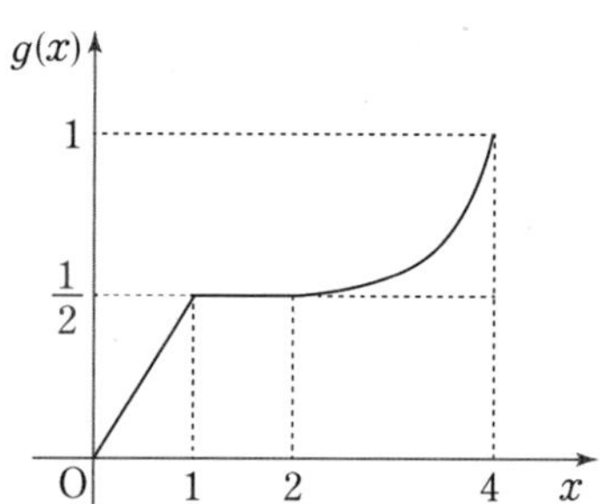

① $\frac{1}{4}$ ② $\frac{3}{8}$ ③ $\frac{1}{2}$
④ $\frac{3}{4}$ ⑤ $\frac{7}{8}$

07-03

너코 081
2008학년도 수능 가형 (확률과 통계) 29번

두 연속확률변수 X, Y에 대하여 $0 \le x \le 1$에서 정의된 두 함수 $G(x)$, $H(x)$를 각각

$$G(x)=\mathrm{P}(X>x),\ H(x)=\mathrm{P}(Y>x)$$

라 할 때, 함수 $G(x)$는 $G(x)=-x+1\ (0 \le x \le 1)$이고, 함수 $H(x)$의 그래프의 개형은 다음과 같다.

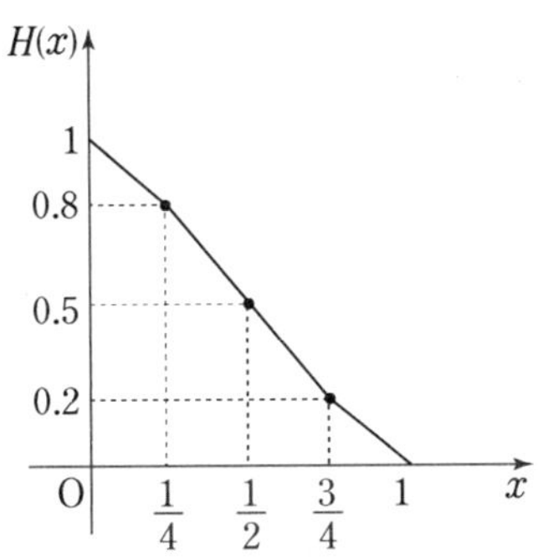

$\mathrm{P}(X>k)=\mathrm{P}\left(\frac{1}{4}<Y\le\frac{3}{4}\right)$을 만족시키는 k의 값은? [4점]

① $\frac{2}{15}$ ② $\frac{1}{5}$ ③ $\frac{4}{15}$ ④ $\frac{1}{3}$ ⑤ $\frac{2}{5}$

07-04

너코 081
2015학년도 9월 평가원 A형 29번

연속확률변수 X가 갖는 값의 범위는 $0 \le X \le 3$이고

$$\mathrm{P}(x \le X \le 3)=a(3-x)\ (0 \le x \le 3)$$

이 성립할 때, $\mathrm{P}(0 \le X < a)=\frac{q}{p}$이다. $p+q$의 값을 구하시오. (단, a는 상수이고, p와 q는 서로소인 자연수이다.) [4점]

유형 08 정규분포와 표준정규분포

유형소개

정규분포와 표준정규분포의 뜻을 이해하고 정규분포를 따르는 연속확률변수를 표준정규분포를 따르도록 변형하여 확률을 구하거나 두 확률변수의 확률을 비교하는 문제를 이 유형에 수록하였다.

유형접근법

확률변수 X가 정규분포 $\mathrm{N}(m, \sigma^2)$을 따를 때,

확률변수 $Z=\frac{X-m}{\sigma}$은 표준정규분포 $\mathrm{N}(0, 1)$을 따르므로

$\mathrm{P}(a \le X \le b)=\mathrm{P}\left(\frac{a-m}{\sigma} \le Z \le \frac{b-m}{\sigma}\right)$으로

구할 수 있다.

이때 표준정규분포 곡선이 직선 $z=0$에 대하여 대칭임을 이용하여 다음과 같이 식을 변형할 수 있다. (단, $0<c<d$)

$\mathrm{P}(Z \le c)=\mathrm{P}(Z \le 0)+\mathrm{P}(0 \le Z \le c)$
$=0.5+\mathrm{P}(0 \le Z \le c)$

$\mathrm{P}(Z \ge c)=\mathrm{P}(Z \ge 0)-\mathrm{P}(0 \le Z \le c)$
$=0.5-\mathrm{P}(0 \le Z \le c)$

$\mathrm{P}(Z \ge -c)=\mathrm{P}(Z \le c)$

$\mathrm{P}(Z \le -c)=\mathrm{P}(Z \ge c)$

$\mathrm{P}(c \le Z \le d)=\mathrm{P}(0 \le Z \le d)-\mathrm{P}(0 \le Z \le c)$

$\mathrm{P}(-d \le Z \le -c)=\mathrm{P}(c \le Z \le d)$

$\mathrm{P}(-c \le Z \le d)=\mathrm{P}(0 \le Z \le c)+\mathrm{P}(0 \le Z \le d)$

08-01

너코 082 너코 083
2020학년도 9월 평가원 나형 13번 / 가형 12번

확률변수 X가 평균이 m, 표준편차가 $\frac{m}{3}$인 정규분포를 따르고

$$\mathrm{P}\left(X \le \frac{9}{2}\right)=0.9987$$

일 때, 오른쪽 표준정규분포표를 이용하여 m의 값을 구한 것은? [3점]

z	$\mathrm{P}(0 \le Z \le z)$
1.5	0.4332
2.0	0.4772
2.5	0.4938
3.0	0.4987

① $\frac{3}{2}$ ② $\frac{7}{4}$ ③ 2 ④ $\frac{9}{4}$ ⑤ $\frac{5}{2}$

I 통계

08-02

너코 082 너코 083
2022학년도 수능 예시문항 (확률과 통계) 26번

확률변수 X가 정규분포 $\mathrm{N}(m,\ 10^2)$을 따르고 $\mathrm{P}(X \leq 50) = 0.2119$일 때, m의 값을 오른쪽 표준정규분포표를 이용하여 구한 것은? [3점]

z	$\mathrm{P}(0 \leq Z \leq z)$
0.6	0.2257
0.7	0.2580
0.8	0.2881
0.9	0.3159

① 55 ② 56 ③ 57
④ 58 ⑤ 59

08-03

너코 082
변형문항(2013학년도 수능 가형 13번)

확률변수 X가 정규분포 $\mathrm{N}(m,\ \sigma^2)$을 따르고 다음 조건을 만족시킨다.

x	$\mathrm{P}(m \leq X \leq x)$
$m+1.5\sigma$	0.4332
$m+2\sigma$	0.4772
$m+2.5\sigma$	0.4938

(가) $\mathrm{P}(X \geq 64) = \mathrm{P}(X \leq 56)$
(나) $m^2 + \sigma^2 = 3616$

$\mathrm{P}(X \leq 68)$의 값을 위의 표를 이용하여 구한 것은? [3점]

① 0.9104 ② 0.9332 ③ 0.9544
④ 0.9772 ⑤ 0.9938

08-04

너코 082 너코 083
2014학년도 9월 평가원 A형 19번

확률변수 X가 평균이 $\frac{3}{2}$, 표준편차가 2인 정규분포를 따를 때, 실수 전체의 집합에서 정의된 함수 $H(t)$는

$$H(t) = \mathrm{P}(t \leq X \leq t+1)$$

이다. $H(0)+H(2)$의 값을 오른쪽 표준정규분포표를 이용하여 구한 것은? [4점]

z	$\mathrm{P}(0 \leq Z \leq z)$
0.25	0.0987
0.50	0.1915
0.75	0.2734
1.00	0.3413

① 0.3494 ② 0.4649 ③ 0.4852
④ 0.5468 ⑤ 0.6147

08-05

너코 028 너코 082
2016학년도 9월 평가원 A형 29번

확률변수 X가 정규분포 $\mathrm{N}(4,\ 3^2)$을 따를 때, $\displaystyle\sum_{n=1}^{7} \mathrm{P}(X \leq n) = a$이다. $10a$의 값을 구하시오. [4점]

08-06

너코 082 너코 083
2016학년도 9월 평가원 B형 18번

확률변수 X는 정규분포 $\mathrm{N}(10,\ 4^2)$, 확률변수 Y는 정규분포 $\mathrm{N}(m,\ 4^2)$을 따르고, 확률변수 X와 Y의 확률밀도함수는 각각 $f(x)$와 $g(x)$이다.

$f(12)=g(26)$,
$\mathrm{P}(Y \geq 26) \geq 0.5$

일 때, $\mathrm{P}(Y \leq 20)$의 값을 오른쪽 표준정규분포표를 이용하여 구한 것은? [4점]

z	$\mathrm{P}(0 \leq Z \leq z)$
1.0	0.3413
1.5	0.4332
2.0	0.4772
2.5	0.4938

① 0.0062 ② 0.0228 ③ 0.0896
④ 0.1587 ⑤ 0.2255

08-07

너코 082 너코 083
2017학년도 수능 나형 29번 / 가형 18번

확률변수 X는 평균이 m, 표준편차가 5인 정규분포를 따르고, 확률변수 X의 확률밀도함수 $f(x)$가 다음 조건을 만족시킨다.

(가) $f(10) > f(20)$
(나) $f(4) < f(22)$

m이 자연수일 때, $\mathrm{P}(17 \leq X \leq 18)$의 값을 오른쪽 표준정규분포표를 이용하여 구한 것은? [4점]

z	$\mathrm{P}(0 \leq Z \leq z)$
0.6	0.226
0.8	0.288
1.0	0.341
1.2	0.385
1.4	0.419

① 0.044 ② 0.053
③ 0.062 ④ 0.078
⑤ 0.097

08-08

너코 082 너코 083
2018학년도 9월 평가원 나형 14번 / 가형 12번

확률변수 X는 평균이 m, 표준편차가 σ인 정규분포를 따르고 다음 등식을 만족시킨다.

$$\mathrm{P}(m \leq X \leq m+12)-\mathrm{P}(X \leq m-12)=0.3664$$

오른쪽 표준정규분포표를 이용하여 σ의 값을 구한 것은? [4점]

z	$\mathrm{P}(0 \leq Z \leq z)$
0.5	0.1915
1.0	0.3413
1.5	0.4332
2.0	0.4772

① 4 ② 6
③ 8 ④ 10
⑤ 12

08-09

너코 082 너코 083
2018학년도 수능 가형 26번

확률변수 X가 평균이 m, 표준편차가 σ인 정규분포를 따르고

$$\mathrm{P}(X \leq 3)=\mathrm{P}(3 \leq X \leq 80)=0.3$$

일 때, $m+\sigma$의 값을 구하시오. (단, Z가 표준정규분포를 따르는 확률변수일 때, $\mathrm{P}(0 \leq Z \leq 0.25)=0.1$, $\mathrm{P}(0 \leq Z \leq 0.52)=0.2$로 계산한다.) [4점]

08-10

너코 082 너코 083
2020학년도 수능 가형 18번

확률변수 X는 정규분포 $\mathrm{N}(10,\ 2^2)$, 확률변수 Y는 정규분포 $\mathrm{N}(m,\ 2^2)$을 따르고, 확률변수 X와 Y의 확률밀도함수는 각각 $f(x)$와 $g(x)$이다.

$$f(12) \le g(20)$$

을 만족시키는 m에 대하여 $\mathrm{P}(21 \le Y \le 24)$의 최댓값을 오른쪽 표준정규분포표를 이용하여 구한 것은? [4점]

z	$\mathrm{P}(0 \le Z \le z)$
0.5	0.1915
1.0	0.3413
1.5	0.4332
2.0	0.4772

① 0.5328 ② 0.6247 ③ 0.7745 ④ 0.8185 ⑤ 0.9104

08-11

너코 082 너코 083
2021학년도 수능 나형 19번 / 가형 12번

확률변수 X는 평균이 8, 표준편차가 3인 정규분포를 따르고, 확률변수 Y는 평균이 m, 표준편차가 σ인 정규분포를 따른다. 두 확률변수 X, Y가

$$\mathrm{P}(4 \le X \le 8) + \mathrm{P}(Y \ge 8) = \frac{1}{2}$$

을 만족시킬 때, $\mathrm{P}\left(Y \le 8 + \frac{2\sigma}{3}\right)$의 값을 오른쪽 표준정규분포표를 이용하여 구한 것은? [4점]

z	$\mathrm{P}(0 \le Z \le z)$
1.0	0.3413
1.5	0.4332
2.0	0.4772
2.5	0.4938

① 0.8351 ② 0.8413 ③ 0.9332 ④ 0.9772 ⑤ 0.9938

08-12

너코 044 너코 049 너코 051 너코 082 너코 083

2014학년도 9월 평가원 B형 20번

양의 실수 전체의 집합에서 정의된 함수 $G(t)$는 평균이 t, 표준편차가 $\frac{1}{t^2}$인 정규분포를 따르는 확률변수 X에 대하여

$$G(t)=\mathrm{P}\left(X \leq \frac{3}{2}\right)$$

이다. 함수 $G(t)$의 최댓값을 오른쪽 표준정규분포표를 이용하여 구한 것은? [4점]

z	$\mathrm{P}(0 \leq Z \leq z)$
0.4	0.1554
0.5	0.1915
0.6	0.2257
0.7	0.2580

① 0.3085 ② 0.3446 ③ 0.6915 ④ 0.7257 ⑤ 0.7580

08-13

너코 082 너코 083

2024학년도 수능 (확률과 통계) 30번

양수 t에 대하여 확률변수 X가 정규분포 $\mathrm{N}(1,\ t^2)$을 따른다.

$$\mathrm{P}(X \leq 5t) \geq \frac{1}{2}$$

이 되도록 하는 모든 양수 t에 대하여

$\mathrm{P}(t^2-t+1 \leq X \leq t^2+t+1)$

의 최댓값을 오른쪽 표준정규분포표를 이용하여 구한 값을 k라 하자. $1000 \times k$의 값을 구하시오. [4점]

z	$\mathrm{P}(0 \leq Z \leq z)$
0.6	0.226
0.8	0.288
1.0	0.341
1.2	0.385
1.4	0.419

08-14

너코 071 너코 080 너코 082 너코 083
2025학년도 9월 평가원 (확률과 통계) 29번

수직선의 원점에 점 A가 있다. 한 개의 주사위를 사용하여 다음 시행을 한다.

> 주사위를 한 번 던져 나온 눈의 수가
> 4 이하이면 점 A를 양의 방향으로 1만큼 이동시키고,
> 5 이상이면 점 A를 음의 방향으로 1만큼 이동시킨다.

이 시행을 16200번 반복하여 이동된 점 A의 위치가 5700 이하일 확률을 오른쪽 표준정규분포표를 이용하여 구한 값을 k라 하자. $1000 \times k$의 값을 구하시오. [4점]

z	$\mathrm{P}(0 \le Z \le z)$
1.0	0.341
1.5	0.433
2.0	0.477
2.5	0.494

08-15

너코 082 너코 083
2025학년도 수능 (확률과 통계) 29번

정규분포 $\mathrm{N}(m_1, \sigma_1^2)$을 따르는 확률변수 X와 정규분포 $\mathrm{N}(m_2, \sigma_2^2)$을 따르는 확률변수 Y가 다음 조건을 만족시킨다.

> 모든 실수 x에 대하여
> $\mathrm{P}(X \le x) = \mathrm{P}(X \ge 40 - x)$이고
> $\mathrm{P}(Y \le x) = \mathrm{P}(X \le x + 10)$이다.

$\mathrm{P}(15 \le X \le 20) + \mathrm{P}(15 \le Y \le 20)$의 값을 오른쪽 표준정규분포표를 이용하여 구한 것이 0.4772일 때, $m_1 + \sigma_2$의 값을 구하시오. (단, σ_1과 σ_2는 양수이다.) [4점]

z	$\mathrm{P}(0 \le Z \le z)$
0.5	0.1915
1.0	0.3413
1.5	0.4332
2.0	0.4772

유형 09 정규분포의 활용(1) - 확률변수 1개

유형소개

정규분포를 따르는 확률변수에 대한 수학 외적 활용 문제를 유형 08 에서 공부한 내용을 바탕으로 해결하는 유형이다.
이 유형에서는 확률변수가 1개인 것을 표준정규분포를 따르도록 변수를 변형하여 그 확률을 구하는 문제를 다룬다.

유형접근법

실생활 문제에서 먼저 확률변수 X를 정하고 이 확률변수가 정규분포 $\mathrm{N}(m, \sigma^2)$을 따른다는 조건이 제시되었는지 확인한다. 그 후 'a 이상 b 이하의 확률'과 같이 말로 설명된 표현을 $\mathrm{P}(a \le X \le b)$로 나타낸 다음 유형 08 에서 다룬 것과 같은 방법으로 확률을 구한다.

09-01

너코 082 너코 083
2016학년도 수능 A형 12번

어느 쌀 모으기 행사에 참여한 각 학생이 기부한 쌀의 무게는 평균이 1.5kg, 표준편차가 0.2kg인 정규분포를 따른다고 한다. 이 행사에 참여한 학생 중 임의로 1명을 선택할 때, 이 학생이 기부한 쌀의 무게가 1.3kg 이상이고 1.8kg 이하일 확률을 오른쪽 표준정규분포표를 이용하여 구한 것은? [3점]

z	$\mathrm{P}(0 \le Z \le z)$
1.00	0.3413
1.25	0.3944
1.50	0.4332
1.75	0.4599

① 0.8543 ② 0.8012 ③ 0.7745
④ 0.7357 ⑤ 0.6826

09-02

너코 082 너코 083
2017학년도 9월 평가원 나형 15번

어느 공항에서 처리되는 각 수하물의 무게는 평균이 18kg, 표준편차가 2kg인 정규분포를 따른다고 한다. 이 공항에서 처리되는 수하물 중에서 임의로 한 개를 선택할 때, 이 수하물의 무게가 16kg 이상이고 22kg 이하일 확률을 오른쪽 표준정규분포표를 이용하여 구한 것은? [4점]

z	$\mathrm{P}(0 \le Z \le z)$
0.5	0.1915
1.0	0.3413
1.5	0.4332
2.0	0.4772

① 0.5328 ② 0.6247 ③ 0.7745
④ 0.8185 ⑤ 0.9104

09-03

너코 082 너코 083
2017학년도 9월 평가원 가형 10번

어느 실험실의 연구원이 어떤 식물로부터 하루 동안 추출하는 호르몬의 양은 평균이 30.2mg, 표준편차가 0.6mg인 정규분포를 따른다고 한다. 어느 날 이 연구원이 하루 동안 추출한 호르몬의 양이 29.6mg 이상이고 31.4mg 이하일 확률을 오른쪽 표준정규분포표를 이용하여 구한 것은? [3점]

z	$\mathrm{P}(0 \le Z \le z)$
0.5	0.1915
1.0	0.3413
1.5	0.4332
2.0	0.4772

① 0.3830 ② 0.5328 ③ 0.6247
④ 0.7745 ⑤ 0.8185

09-04

너코 082 너코 083
2020학년도 수능 나형 13번

어느 농장에서 수확하는 파프리카 1개의 무게는 평균이 180 g, 표준편차가 20 g인 정규분포를 따른다고 한다. 이 농장에서 수확한 파프리카 중에서 임의로 선택한 파프리카 1개의 무게가 190 g 이상이고 210 g 이하일 확률을 오른쪽 표준정규분포표를 이용하여 구한 것은? [3점]

z	$\mathrm{P}(0 \le Z \le z)$
0.5	0.1915
1.0	0.3413
1.5	0.4332
2.0	0.4772

① 0.0440 ② 0.0919 ③ 0.1359
④ 0.1498 ⑤ 0.2417

09-05

너코 082 너코 083
2024학년도 9월 평가원 (확률과 통계) 26번

어느 고등학교의 수학 시험에 응시한 수험생의 시험 점수는 평균이 68점, 표준편차가 10점인 정규분포를 따른다고 한다. 이 수학 시험에 응시한 수험생 중 임의로 선택한 수험생 한 명의 시험 점수가 55점 이상이고 78점 이하일 확률을 오른쪽 표준정규분포표를 이용하여 구한 것은? [3점]

z	$\mathrm{P}(0 \le Z \le z)$
1.0	0.3413
1.1	0.3643
1.2	0.3849
1.3	0.4032

① 0.7262 ② 0.7445 ③ 0.7492
④ 0.7675 ⑤ 0.7881

09-06

너코 082 너코 083
2010학년도 수능 9번

어느 공장에서 생산되는 병의 내압강도는 정규분포 $\mathrm{N}(m, \sigma^2)$을 따르고, 내압강도가 40보다 작은 병은 불량품으로 분류한다. 이 공장의 공정능력을 평가하는 공정능력지수 G는

$$G = \frac{m-40}{3\sigma}$$

으로 계산한다. $G = 0.8$일 때, 임의로 추출한 한 개의 병이 불량품일 확률을 오른쪽 표준정규분포표를 이용하여 구한 것은? [4점]

z	$\mathrm{P}(0 \le Z \le z)$
2.2	0.4861
2.3	0.4893
2.4	0.4918
2.5	0.4938

① 0.0139 ② 0.0107 ③ 0.0082
④ 0.0062 ⑤ 0.0038

09-07

너코 082 너코 083
2011학년도 9월 평가원 나형 8번

어느 동물의 특정 자극에 대한 반응 시간은 평균이 m, 표준편차가 1인 정규분포를 따른다고 한다. 반응 시간이 2.93 미만일 확률이 0.1003일 때, m의 값을 오른쪽 표준정규분포표를 이용하여 구한 것은? [3점]

z	$\mathrm{P}(0 \le Z \le z)$
0.91	0.3186
1.28	0.3997
1.65	0.4505
2.02	0.4783

① 3.47 ② 3.84 ③ 4.21
④ 4.58 ⑤ 4.95

09-08

너코 075 너코 082 너코 083
2019학년도 수능 가형 15번

어느 회사 직원들의 어느 날의 출근 시간은 평균이 66.4분, 표준편차가 15분인 정규분포를 따른다고 한다. 이 날 출근 시간이 73분 이상인 직원들 중에서 40%, 73분 미만인 직원들 중에서 20%가 지하철을 이용하였고, 나머지 직원들은 다른 교통수단을 이용하였다. 이 날 출근한 이 회사 직원들 중 임의로 선택한 1명이 지하철을 이용하였을 확률은? (단, Z가 표준정규분포를 따르는 확률변수일 때, $\mathrm{P}(0 \le Z \le 0.44) = 0.17$로 계산한다.) [4점]

① 0.306 ② 0.296 ③ 0.286
④ 0.276 ⑤ 0.266

09-09

너코 082 너코 083
2006학년도 9월 평가원 나형 30번

어느 회사에서는 신입사원 300명에게 연수를 실시하고 연수 점수에 따라 상위 36명을 뽑아 해외 연수의 기회를 제공하고자 한다. 신입사원 전체의 연수 점수가 평균 83점, 표준편차 5점인 정규분포를 따른다고 할 때, 해외 연수의 기회를 얻기 위한 최소 점수를 오른쪽 표준정규분포표를 이용하여 구하시오. (단, 연수 점수는 최소 0점에서 최대 100점 사이의 정수이다.) [4점]

z	$\mathrm{P}(0 \le Z \le z)$
1.0	0.34
1.1	0.36
1.2	0.38
1.3	0.40

09-10

너코 082 너코 083
2007학년도 9월 평가원 10번

어느 농장의 생후 7개월 된 돼지 200마리의 무게는 평균 110 kg, 표준편차 10 kg인 정규분포를 따른다고 한다. 이 200마리의 돼지 중 무거운 것부터 차례로 3마리를 뽑아 우량 돼지 선발대회에 보내려고 한다. 우량 돼지 선발대회에 보낼 돼지의 최소 무게를 오른쪽 표준정규분포표를 이용하여 구한 것은? [3점]

z	$\mathrm{P}(0 \le Z \le z)$
2.12	0.4830
2.17	0.4850
2.29	0.4890

① 121.6 kg ② 126.7 kg ③ 130.7 kg
④ 131.7 kg ⑤ 132.9 kg

09-11

너코 082 너코 083
2008학년도 수능 13번

어느 회사의 전체 신입 사원 1000명을 대상으로 신체검사를 한 결과, 키는 평균 m, 표준편차 10인 정규분포를 따른다고 한다. 전체 신입 사원 중에서 키가 177 이상인 사원이 242명이었다. 전체 신입 사원 중에서 임의로 선택한 한 명의 키가 180 이상일 확률을 오른쪽 표준정규분포표를 이용하여 구한 것은? (단, 키의 단위는 cm이다.) [4점]

z	$\mathrm{P}(0 \le Z \le z)$
0.7	0.2580
0.8	0.2881
0.9	0.3159
1.0	0.3413

① 0.1587 ② 0.1841 ③ 0.2119
④ 0.2267 ⑤ 0.2420

I 통계

09-12

너코 073 너코 074 너코 082 너코 083
2011학년도 수능 13번

어느 재래시장을 이용하는 고객의 집에서 시장까지의 거리는 평균이 1740 m, 표준편차가 500 m 인 정규분포를 따른다고 한다. 집에서 시장까지의 거리가 2000 m 이상인 고객 중에서 15%, 2000 m 미만인 고객 중에서 5%는 자가용을 이용하여 시장에 온다고 한다.
자가용을 이용하여 시장에 온 고객 중에서 임의로 1명을 선택할 때, 이 고객의 집에서 시장까지의 거리가 2000 m 미만일 확률은? (단, Z가 표준정규분포를 따르는 확률변수일 때, $\mathrm{P}(0 \le Z \le 0.52) = 0.2$로 계산한다.) [3점]

① $\frac{3}{8}$ ② $\frac{7}{16}$ ③ $\frac{1}{2}$
④ $\frac{9}{16}$ ⑤ $\frac{5}{8}$

유형 10 정규분포의 활용(2) – 확률변수 2개

유형소개

유형 09 와 비슷한 유형이나 서로 다른 평균과 표준편차를 갖는 두 집단에 대한 확률을 묻는 유형이다.

유형접근법

확률변수를 2개 설정하여 유형 09 의 과정으로 2번 풀이하면 된다.

10-01

너코 082 너코 083
변형문항(2013학년도 9월 평가원 나형 27번)

어떤 공장에서 두 제품 A, B를 생산한다. 제품 A의 무게를 확률변수 X라 하면 X는 정규분포 $\mathrm{N}(40,\ 5^2)$을 따르고, 제품 B의 무게를 확률변수 Y라 하면 Y는 정규분포 $\mathrm{N}(24,\ 3^2)$을 따른다. $\mathrm{P}(X \ge 50) = \mathrm{P}(Y \ge k)$일 때, k의 값을 구하시오. (단, 제품의 무게의 단위는 g이다.) [3점]

10-02

너코 082 너코 083
변형문항(2013학년도 9월 평가원 나형 27번)

어느 고등학교에서 A과목 성적을 확률변수 X라 할 때 X는 정규분포 $\mathrm{N}(72,\ 6^2)$을 따르고, B과목 성적을 확률변수 Y라 할 때 Y는 정규분포 $\mathrm{N}(80,\ \sigma^2)$을 따른다. $\mathrm{P}(X \le 78) = \mathrm{P}(Y \le 83)$일 때 σ의 값을 구하시오. [3점]

10-03

너코 082 너코 083
2008학년도 9월 평가원 17번

어느 회사에서는 두 종류의 막대 모양 과자 A, B를 생산하고 있다. 과자 A의 길이의 분포는 평균 m, 표준편차 σ_1인 정규분포이고, 과자 B의 길이의 분포는 평균 $m+25$, 표준편차 σ_2인 정규분포이다. 과자 A의 길이가 $m+10$ 이상일 확률과 과자 B의 길이가 $m+10$ 이하일 확률이 같을 때, $\frac{\sigma_2}{\sigma_1}$의 값은? [4점]

① $\frac{3}{2}$　② 2　③ $\frac{5}{2}$　④ 3　⑤ $\frac{7}{2}$

10-04

너코 082 너코 083
2010학년도 수능 가형 (확률과 통계) 29번

어느 뼈 화석이 두 동물 A와 B 중에서 어느 동물의 것인지 판단하는 방법 가운데 한 가지는 특정 부위의 길이를 이용하는 것이다. 동물 A의 이 부위의 길이는 정규분포 $N(10, 0.4^2)$을 따르고, 동물 B의 이 부위의 길이는 정규분포 $N(12, 0.6^2)$을 따른다. 이 부위의 길이가 d 미만이면 동물 A의 화석으로 판단하고 d 이상이면 동물 B의 화석으로 판단한다. 동물 A의 화석을 동물 A의 화석으로 판단할 확률과 동물 B의 화석을 동물 B의 화석으로 판단할 확률이 같아지는 d의 값은?
(단, 길이의 단위는 cm이다.) [4점]

① 10.4　② 10.5　③ 10.6　④ 10.7　⑤ 10.8

10-05

너코 082 너코 083
2011학년도 수능 가형 (확률과 통계) 28번

어느 회사 직원의 하루 생산량은 근무 기간에 따라 달라진다고 한다. 근무 기간이 n개월($1 \le n \le 100$)인 직원의 하루 생산량은 평균이 $an+100$ (a는 상수), 표준편차가 12인 정규분포를 따른다고 한다. 근무 기간이 16개월인 직원의 하루 생산량이 84 이하일 확률이 0.0228일 때, 근무 기간이 36개월인 직원의 하루 생산량이 100 이상이고 142 이하일 확률을 오른쪽 표준정규분포표를 이용하여 구한 것은? [3점]

z	$P(0 \le Z \le z)$
1.0	0.3413
1.5	0.4332
2.0	0.4772
2.5	0.4938

① 0.7745　② 0.8185　③ 0.9104　④ 0.9270　⑤ 0.9710

10-06

너코 082 너코 083
2012학년도 9월 평가원 나형 16번

어느 공장에서 생산되는 제품 A의 무게는 정규분포 $N(m, 1)$을 따르고, 제품 B의 무게는 정규분포 $N(2m, 4)$를 따른다. 이 공장에서 생산된 제품 A와 제품 B에서 임의로 제품을 1개씩 선택할 때, 선택된 제품 A의 무게가 k 이상일 확률과 선택된 제품 B의 무게가 k 이하일 확률이 같다. $\frac{k}{m}$의 값은? [4점]

① $\frac{11}{9}$　② $\frac{5}{4}$　③ $\frac{23}{18}$　④ $\frac{47}{36}$　⑤ $\frac{4}{3}$

10-07

너코 082 너코 083
2013학년도 9월 평가원 나형 27번

A 과수원에서 생산하는 귤의 무게는 평균이 86, 표준편차가 15인 정규분포를 따르고, B 과수원에서 생산하는 귤의 무게는 평균이 88, 표준편차가 10인 정규분포를 따른다고 한다. A 과수원에서 임의로 선택한 귤의 무게가 98 이하일 확률과 B 과수원에서 임의로 선택한 귤의 무게가 a 이하일 확률이 같을 때, a의 값을 구하시오.

(단, 귤의 무게의 단위는 g이다.) [4점]

10-08

너코 082 너코 083
2023학년도 9월 평가원 (확률과 통계) 25번

어느 인스턴트 커피 제조 회사에서 생산하는 A 제품 1개의 중량은 평균이 9, 표준편차가 0.4인 정규분포를 따르고, B 제품 1개의 중량은 평균이 20, 표준편차가 1인 정규분포를 따른다고 한다. 이 회사에서 생산한 A 제품 중에서 임의로 선택한 1개의 중량이 8.9 이상 9.4 이하일 확률과 B 제품 중에서 임의로 선택한 1개의 중량이 19 이상 k 이하일 확률이 서로 같다. 상수 k의 값은?

(단, 중량의 단위는 g이다.) [3점]

① 19.5 ② 19.75 ③ 20
④ 20.25 ⑤ 20.5

10-09

너코 082 너코 083
2015학년도 9월 평가원 B형 19번

어느 학교 3학년 학생의 A 과목 시험 점수는 평균이 m, 표준편차가 σ인 정규분포를 따르고, B 과목 시험 점수는 평균이 $m+3$, 표준편차가 σ인 정규분포를 따른다고 한다. 이 학교 3학년 학생 중에서 A 과목 시험 점수가 80점 이상인 학생의 비율이 9%이고, B 과목 시험 점수가 80점 이상인 학생의 비율이 15%일 때, $m+\sigma$의 값은?
(단, Z가 표준정규분포를 따르는 확률변수일 때, $\mathrm{P}(0 \le Z \le 1.04)=0.35$, $\mathrm{P}(0 \le Z \le 1.34)=0.41$로 계산한다.) [4점]

① 68.6 ② 70.6 ③ 72.6
④ 74.6 ⑤ 76.6

2 통계적 추정

유형 11 표본평균의 정의

유형소개

표본평균의 정의를 이용하여 표본평균의 평균과 표준편차를 구하는 문제를 이 유형에 수록하였다.

유형접근법

평균이 m이고 분산이 σ^2인 모집단에서 크기가 n인 표본을 추출할 때, 표본평균 $\overline{X}$의 평균과 분산은 각각 다음과 같다.

❶ $\mathrm{E}(\overline{X})=m$

❷ $\mathrm{V}(\overline{X})=\dfrac{\sigma^2}{n}$

즉, 직접 계산하지 않아도 모평균과 모분산을 알면 표본평균의 평균과 분산을 구할 수 있다.

이때 '표본평균 $\overline{X}$', '표본평균의 평균 $\mathrm{E}(\overline{X})$'와 같은 표현을 혼동하지 말고 주의하여 문제를 해결하자.

11-01

너코 084 너코 085
2016학년도 수능 A형 9번

모표준편차가 14인 모집단에서 크기가 n인 표본을 임의추출하여 구한 표본평균을 $\overline{X}$라 하자. $\sigma(\overline{X})=2$일 때, n의 값은? [3점]

① 9 ② 16 ③ 25 ④ 36 ⑤ 49

11-02

너코 084 너코 085
2021학년도 수능 나형 11번 / 가형 6번

정규분포 $\mathrm{N}(20,\ 5^2)$을 따르는 모집단에서 크기가 16인 표본을 임의추출하여 구한 표본평균을 $\overline{X}$라 할 때, $\mathrm{E}(\overline{X})+\sigma(\overline{X})$의 값은? [3점]

① $\dfrac{91}{4}$ ② $\dfrac{89}{4}$ ③ $\dfrac{87}{4}$ ④ $\dfrac{85}{4}$ ⑤ $\dfrac{83}{4}$

11-03

너코 084 너코 085
2005학년도 수능 가형 (확률과 통계) 30번

다음은 어떤 모집단의 확률분포표이다.

X	1	2	3	계
$\mathrm{P}(X)$	0.5	0.3	0.2	1

이 모집단에서 크기 2인 표본을 복원추출할 때, 표본평균 $\overline{X}$의 확률분포표는 다음과 같다.

$\overline{X}$	1	1.5	2	2.5	3
도수	1	a	b	2	1
$\mathrm{P}(\overline{X})$	0.25	c	d	0.12	0.04

이때, $100(b+c)$의 값을 구하시오. [4점]

11-04

너코 085
2008학년도 9월 평가원 가형 (확률과 통계) 30번

정규분포 $\mathrm{N}(m,\ \sigma^2)$을 따르는 모집단에서 크기가 24인 표본을 임의추출할 때, 표본평균 $\overline{X}$의 평균은 다음 자료 5개의 평균과 같고, 표본평균 $\overline{X}$의 분산은 이 자료의 분산과 같다. 모집단의 평균 m과 표준편차 σ의 합 $m+\sigma$의 값을 구하시오. [4점]

8, 9, 11, 12, 15

Ⅰ 통계

11-05

너코 078 너코 079 너코 085
2011학년도 9월 평가원 나형 29번

다음은 어느 모집단의 확률분포표이다.

X	-2	0	1	계
$\mathrm{P}(X=x)$	$\frac{1}{4}$	a	$\frac{1}{2}$	1

이 모집단에서 크기가 16인 표본을 임의추출할 때, 표본평균 $\overline{X}$의 표준편차는? (단, a는 상수이다.) [4점]

① $\frac{\sqrt{6}}{8}$　② $\frac{\sqrt{6}}{6}$　③ $\frac{\sqrt{6}}{4}$
④ $\frac{\sqrt{6}}{2}$　⑤ $\sqrt{6}$

11-06

너코 075 너코 078 너코 085
2015학년도 수능 B형 18번

주머니 속에 1의 숫자가 적혀 있는 공 1개, 2의 숫자가 적혀 있는 공 2개, 3의 숫자가 적혀 있는 공 5개가 들어 있다. 이 주머니에서 임의로 1개의 공을 꺼내어 공에 적혀 있는 수를 확인한 후 다시 넣는다. 이와 같은 시행을 2번 반복할 때, 꺼낸 공에 적혀 있는 수의 평균을 $\overline{X}$라 하자. $\mathrm{P}(\overline{X}=2)$의 값은? [4점]

① $\frac{5}{32}$　② $\frac{11}{64}$　③ $\frac{3}{16}$
④ $\frac{13}{64}$　⑤ $\frac{7}{32}$

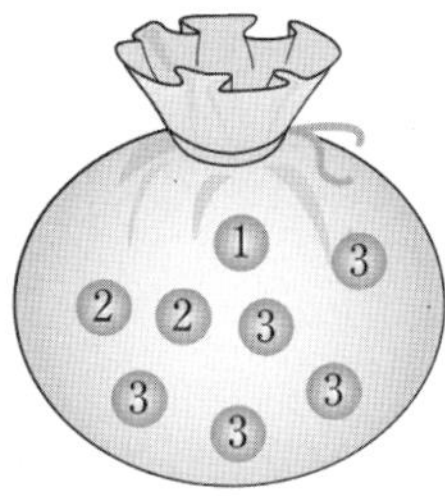

11-07

너코 078 너코 079 너코 085
2019학년도 9월 평가원 가형 13번

어느 모집단의 확률변수 X의 확률분포가 다음 표와 같다.

X	0	2	4	합계
$\mathrm{P}(X=x)$	$\frac{1}{6}$	a	b	1

$\mathrm{E}(X^2)=\frac{16}{3}$일 때, 이 모집단에서 임의추출한 크기가 20인 표본의 표본평균 $\overline{X}$에 대하여 $\mathrm{V}(\overline{X})$의 값은? [3점]

① $\frac{1}{60}$　② $\frac{1}{30}$　③ $\frac{1}{20}$
④ $\frac{1}{15}$　⑤ $\frac{1}{12}$

11-08

너코 078 너코 079 너코 085
2025학년도 수능 (확률과 통계) 27번

숫자 1, 3, 5, 7, 9가 각각 하나씩 적혀 있는 5장의 카드가 들어 있는 주머니가 있다. 이 주머니에서 임의로 1장의 카드를 꺼내어 카드에 적혀 있는 수를 확인한 후 다시 넣는 시행을 한다. 이 시행을 3번 반복하여 확인한 세 개의 수의 평균을 $\overline{X}$ 라 하자. $\mathrm{V}(a\overline{X}+6)=24$일 때, 양수 a의 값은? [3점]

① 1 ② 2 ③ 3
④ 4 ⑤ 5

11-09

너코 075 너코 078 너코 085
2009학년도 수능 나형 29번

다음은 어떤 모집단의 확률분포표이다.

X	10	20	30	계
$\mathrm{P}(X=x)$	$\frac{1}{2}$	a	$\frac{1}{2}-a$	1

이 모집단에서 크기가 2인 표본을 복원추출하여 구한 표본평균을 $\overline{X}$ 라 하자. $\overline{X}$ 의 평균이 18일 때, $\mathrm{P}(\overline{X}=20)$의 값은? [4점]

① $\frac{2}{5}$ ② $\frac{19}{50}$ ③ $\frac{9}{25}$
④ $\frac{17}{50}$ ⑤ $\frac{8}{25}$

11-10

너코 079 너코 085
2020학년도 수능 나형 16번 / 가형 14번

숫자 1이 적혀 있는 공 10개, 숫자 2가 적혀 있는 공 20개, 숫자 3이 적혀 있는 공 30개가 들어 있는 주머니가 있다. 이 주머니에서 임의로 한 개의 공을 꺼내어 공에 적혀 있는 수를 확인한 후 다시 넣는다. 이와 같은 시행을 10번 반복하여 확인한 10개의 수의 합을 확률변수 Y라 하자. 다음은 확률변수 Y의 평균 $\mathrm{E}(Y)$와 분산 $\mathrm{V}(Y)$를 구하는 과정이다.

> 주머니에 들어 있는 60개의 공을 모집단으로 하자. 이 모집단에서 임의로 한 개의 공을 꺼낼 때, 이 공에 적혀 있는 수를 확률변수 X라 하면 X의 확률분포, 즉 모집단의 확률분포는 다음 표와 같다.
>
> | X | 1 | 2 | 3 | 합계 |
> |---|---|---|---|---|
> | $\mathrm{P}(X=x)$ | $\frac{1}{6}$ | $\frac{1}{3}$ | $\frac{1}{2}$ | 1 |
>
> 따라서 모평균 m과 모분산 σ^2은
>
> $$m=\mathrm{E}(X)=\frac{7}{3},\ \sigma^2=\mathrm{V}(X)=\boxed{\text{(가)}}$$
>
> 이다.
>
> 모집단에서 크기가 10인 표본을 임의추출하여 구한 표본평균을 $\overline{X}$라 하면
>
> $$\mathrm{E}(\overline{X})=\frac{7}{3},\ \mathrm{V}(\overline{X})=\boxed{\text{(나)}}$$
>
> 이다.
>
> 주머니에서 n번째 꺼낸 공에 적혀 있는 수를 X_n이라 하면
>
> $$Y=\sum_{n=1}^{10} X_n = 10\overline{X}$$
>
> 이므로
>
> $$\mathrm{E}(Y)=\frac{70}{3},\ \mathrm{V}(Y)=\boxed{\text{(다)}}$$
>
> 이다.

위의 (가), (나), (다)에 알맞은 수를 각각 p, q, r라 할 때, $p+q+r$의 값은? [4점]

① $\frac{31}{6}$　② $\frac{11}{2}$　③ $\frac{35}{6}$

④ $\frac{37}{6}$　⑤ $\frac{13}{2}$

11-11

너코 075 너코 078 너코 085
2022학년도 수능 예시문항 (확률과 통계) 30번

주머니 A에는 숫자 1, 2가 하나씩 적혀 있는 2개의 공이 들어 있고, 주머니 B에는 숫자 3, 4, 5가 하나씩 적혀 있는 3개의 공이 들어 있다. 다음의 시행을 3번 반복하여 확인한 세 개의 수의 평균을 $\overline{X}$라 하자.

> 두 주머니 A, B 중 임의로 선택한 하나의 주머니에서 임의로 한 개의 공을 꺼내어 공에 적혀 있는 수를 확인한 후 꺼낸 주머니에 다시 넣는다.

$\mathrm{P}(\overline{X}=2)=\frac{q}{p}$일 때, $p+q$의 값을 구하시오.

(단, p와 q는 서로소인 자연수이다.) [4점]

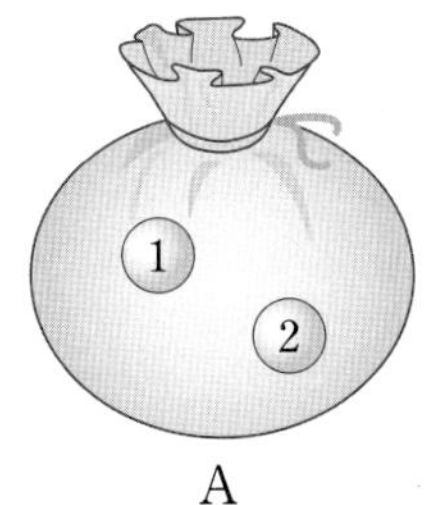

A

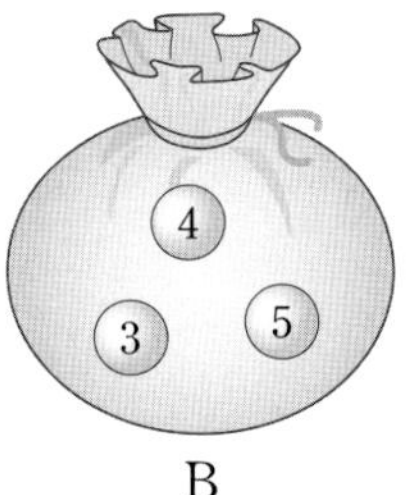

B

11-12

너코 063 너코 065 너코 066 너코 071 너코 085
2023학년도 9월 평가원 (확률과 통계) 29번

1부터 6까지의 자연수가 하나씩 적힌 6장의 카드가 들어 있는 주머니가 있다. 이 주머니에서 임의로 한 장의 카드를 꺼내어 카드에 적힌 수를 확인한 후 다시 넣는 시행을 한다. 이 시행을 4번 반복하여 확인한 네 개의 수의 평균을 $\overline{X}$라 할 때, $\mathrm{P}\left(\overline{X}=\frac{11}{4}\right)=\frac{q}{p}$이다. $p+q$의 값을 구하시오.

(단, p와 q는 서로소인 자연수이다.) [4점]

11-13

너코 072 너코 073 너코 075 너코 078 너코 085
2024학년도 9월 평가원 (확률과 통계) 28번

주머니 A에는 숫자 1, 2, 3이 하나씩 적힌 3개의 공이 들어 있고, 주머니 B에는 숫자 1, 2, 3, 4가 하나씩 적힌 4개의 공이 들어 있다. 두 주머니 A, B와 한 개의 주사위를 사용하여 다음 시행을 한다.

> 주사위를 한 번 던져
> 나온 눈의 수가 3의 배수이면
> 주머니 A에서 임의로 2개의 공을 동시에 꺼내고,
> 나온 눈의 수가 3의 배수가 아니면
> 주머니 B에서 임의로 2개의 공을 동시에 꺼낸다.
> 꺼낸 2개의 공에 적혀 있는 수의 차를 기록한 후,
> 공을 꺼낸 주머니에 이 2개의 공을 다시 넣는다.

이 시행을 2번 반복하여 기록한 두 개의 수의 평균을 $\overline{X}$라 할 때, $\mathrm{P}(\overline{X}=2)$의 값은? [4점]

① $\frac{11}{81}$ ② $\frac{13}{81}$ ③ $\frac{5}{27}$
④ $\frac{17}{81}$ ⑤ $\frac{19}{81}$

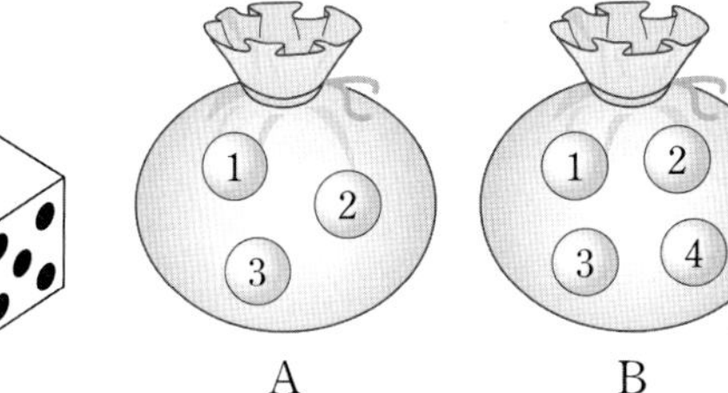

유형 12 표본평균의 분포(1) - 확률 구하기

유형소개

표본평균이 정규분포를 이룬다는 것을 알고
표준정규분포표를 이용하여 표본평균에 관한 확률을 구하는
문제를 이 유형에 수록하였다.

유형접근법

모집단이 정규분포 $\mathrm{N}(m, \sigma^2)$을 따를 때
크기가 n인 표본의 표본평균 $\overline{X}$는 정규분포 $\mathrm{N}\left(m, \frac{\sigma^2}{n}\right)$을
따른다. 이 성질을 이용하여
$\mathrm{P}(a \le \overline{X} \le b) = \mathrm{P}\left(\frac{a-m}{\frac{\sigma}{\sqrt{n}}} \le Z \le \frac{b-m}{\frac{\sigma}{\sqrt{n}}}\right)$으로
계산한다.

12-01

너코 083 너코 085 너코 086
2010학년도 6월 평가원 가형 5번

어느 회사 직원들이 일주일 동안 운동하는 시간은 평균 65분, 표준편차 15분인 정규분포를 따른다고 한다. 이 회사 직원 중 임의추출한 25명이 일주일 동안 운동하는 시간의 평균이 68분 이상일 확률을 오른쪽 표준정규분포표를 이용하여 구한 것은? [3점]

z	$\mathrm{P}(0 \le Z \le z)$
0.5	0.1915
1.0	0.3413
1.5	0.4332
2.0	0.4772

① 0.0228 ② 0.0668 ③ 0.1587
④ 0.3085 ⑤ 0.4332

12-02

너코 083 너코 085 너코 086
2010학년도 수능 나형 27번

어느 방송사의 'ㅇㅇ뉴스'의 방송시간은 평균이 50분, 표준편차가 2분인 정규분포를 따른다. 방송된 'ㅇㅇ뉴스'를 대상으로 크기가 9인 표본을 임의추출하여 조사한 방송시간의 표본평균을 $\overline{X}$라 할 때, $\mathrm{P}(49 \le \overline{X} \le 51)$의 값을 오른쪽 표준정규분포표를 이용하여 구한 것은? [3점]

z	$\mathrm{P}(0 \le Z \le z)$
1.5	0.4332
1.6	0.4452
1.7	0.4554
1.8	0.4641

① 0.8664 ② 0.8904 ③ 0.9108
④ 0.9282 ⑤ 0.9452

12-03

너코 083 너코 085 너코 086
2018학년도 수능 나형 15번 / 가형 10번

어느 공장에서 생산하는 화장품 1개의 내용량은 평균이 201.5 g이고 표준편차가 1.8 g인 정규분포를 따른다고 한다. 이 공장에서 생산한 화장품 중 임의추출한 9개의 화장품 내용량의 표본평균이 200 g 이상일 확률을 오른쪽 표준정규분포표를 이용하여 구한 것은? [4점]

z	$\mathrm{P}(0 \le Z \le z)$
1.0	0.3413
1.5	0.4332
2.0	0.4772
2.5	0.4938

① 0.7745 ② 0.8413 ③ 0.9932
④ 0.9772 ⑤ 0.9938

12-04

너코 083 너코 085 너코 086
2011학년도 수능 나형 27번

어느 도시에서 공용 자전거의 1회 이용 시간은 평균이 60분, 표준편차가 10분인 정규분포를 따른다고 한다. 공용 자전거를 이용한 25회를 임의추출하여 조사할 때, 25회 이용시간의 총합이 1450분 이상일 확률을 오른쪽 표준정규분포표를 이용하여 구한 것은? [3점]

z	$\mathrm{P}(0 \le Z \le z)$
1.0	0.3413
1.5	0.4332
2.0	0.4772
2.5	0.4938

① 0.8351 ② 0.8413 ③ 0.9332
④ 0.9772 ⑤ 0.9938

12-05

너코 083 너코 085 너코 086
2013학년도 5월 평가원 A형 14번

어느 고등학교 학생들의 일주일 독서 시간은 평균 7시간, 표준편차 2시간인 정규분포를 따른다고 한다. 이 고등학교 학생 중 임의추출한 36명의 일주일 독서 시간의 평균이 6시간 40분 이상 7시간 30분 이하일 확률을 오른쪽 표준정규분포표를 이용하여 구한 것은? [4점]

z	$\mathrm{P}(0 \le Z \le z)$
0.5	0.1915
1.0	0.3413
1.5	0.4332
2.0	0.4772

① 0.8185 ② 0.7745 ③ 0.6687
④ 0.6247 ⑤ 0.5328

12-06

너코 083 너코 085 너코 086
2014학년도 9월 평가원 A형 11번

어느 전화 상담원 A가 지난해 받은 상담 전화의 상담 시간은 평균이 20분, 표준편차가 5분인 정규분포를 따른다고 한다. 전화 상담원 A가 지난해 받은 상담 전화를 대상으로 크기가 16인 표본을 임의추출할 때, 상담 시간의 표본평균이 19분 이상이고 22분 이하일 확률을 오른쪽 표준정규분포표를 이용하여 구한 것은? [3점]

z	$\mathrm{P}(0 \le Z \le z)$
0.8	0.2881
1.2	0.3849
1.6	0.4452
2.0	0.4772

① 0.6730 ② 0.7333 ③ 0.7653
④ 0.8301 ⑤ 0.9224

12-07

너코 083 너코 085 너코 086
2016학년도 9월 평가원 A형 11번

어느 지역의 1인 가구의 월 식료품 구입비는 평균이 45만 원, 표준편차가 8만 원인 정규분포를 따른다고 한다.
이 지역의 1인 가구 중에서 임의로 추출한 16가구의 월 식료품 구입비의 표본평균이 44만 원 이상이고 47만 원 이하일 확률을 오른쪽 표준정규분포표를 이용하여 구한 것은? [3점]

z	$\mathrm{P}(0 \leq Z \leq z)$
0.5	0.1915
1.0	0.3413
1.5	0.4332
2.0	0.4772

① 0.3830 ② 0.5328 ③ 0.6915
④ 0.8185 ⑤ 0.8413

12-08

너코 082 너코 083
2021학년도 9월 평가원 가형 14번

어느 지역 신생아의 출생 시 몸무게 X가 정규분포를 따르고

$$\mathrm{P}(X \geq 3.4) = \frac{1}{2},$$
$$\mathrm{P}(X \leq 3.9) + \mathrm{P}(Z \leq -1) = 1$$

이다. 이 지역 신생아 중에서 임의추출한 25명의 출생 시 몸무게의 표본평균을 $\overline{X}$라 할 때, $\mathrm{P}(\overline{X} \geq 3.55)$의 값을 오른쪽 표준정규분포표를 이용하여 구한 것은?
(단, 몸무게의 단위는 kg이고, Z는 표준정규분포를 따르는 확률변수이다.) [4점]

z	$\mathrm{P}(0 \leq Z \leq z)$
1.0	0.3413
1.5	0.4332
2.0	0.4772
2.5	0.4938

① 0.0062 ② 0.0228 ③ 0.0668
④ 0.1587 ⑤ 0.3413

14-14

너코 087
2015학년도 9월 평가원 A형 20번

어느 나라에서 작년에 운행된 택시의 연간 주행거리는 모평균이 m인 정규분포를 따른다고 한다. 이 나라에서 작년에 운행된 택시 중에서 16대를 임의추출하여 구한 연간 주행거리의 표본평균이 $\overline{x}$이고, 이 결과를 이용하여 신뢰도 95%로 추정한 m에 대한 신뢰구간이 $\overline{x}-c \le m \le \overline{x}+c$이었다. 이 나라에서 작년에 운행된 택시 중에서 임의로 1대를 선택할 때, 이 택시의 연간 주행거리가 $m+c$ 이하일 확률을 오른쪽 표준정규분포표를 이용하여 구한 것은? (단, 주행거리의 단위는 km이다.) [4점]

z	$\mathrm{P}(0 \le Z \le z)$
0.49	0.1879
0.98	0.3365
1.47	0.4292
1.96	0.4750

① 0.6242 ② 0.6635 ③ 0.6879
④ 0.8365 ⑤ 0.9292

14-15

너코 087
2019학년도 9월 평가원 가형 17번

어느 고등학교 학생들의 1개월 자율학습실 이용 시간은 평균이 m, 표준편차가 5인 정규분포를 따른다고 한다. 이 고등학교 학생 25명을 임의추출하여 1개월 자율학습실 이용 시간을 조사한 표본평균이 $\overline{x_1}$일 때, 모평균 m에 대한 신뢰도 95%의 신뢰구간이 $80-a \le m \le 80+a$이었다. 또 이 고등학교 학생 n명을 임의추출하여 1개월 자율학습실 이용 시간을 조사한 표본평균이 $\overline{x_2}$일 때, 모평균 m에 대한 신뢰도 95%의 신뢰구간이 다음과 같다.

$$\frac{15}{16}\overline{x_1}-\frac{5}{7}a \le m \le \frac{15}{16}\overline{x_1}+\frac{5}{7}a$$

$n+\overline{x_2}$의 값은? (단, 이용 시간의 단위는 시간이고, Z가 표준정규분포를 따르는 확률변수일 때, $\mathrm{P}(0 \le Z \le 1.96)=0.475$로 계산한다.) [4점]

① 121 ② 124 ③ 127
④ 130 ⑤ 133

I 통계

너기출

| For 2026 | 확률과 통계

너기출
평가원 기출
완전 분석

수능 수학을 책임지는
이투스북

어삼쉬사 Plus
수능의 허리
완벽 대비

실전+수능 고쟁이
실전 대비
고난도 집중 훈련

평가원 기출의 또 다른 이름,

너기출

| For 2026 |

확률과 통계

정답과 풀이

이투스북

G 경우의 수

1 순열과 조합 본문 12~52쪽

01-01 ④ 01-02 ① 01-03 ② 01-04 ③
01-05 ④ 01-06 ③ 01-07 ① 01-08 ②
01-09 48
02-01 ③ 02-02 ② 02-03 ③ 02-04 68
03-01 ④ 03-02 ① 03-03 ⑤ 03-04 ④
03-05 ① 03-06 260 03-07 ⑤
04-01 ② 04-02 ① 04-03 ⑤ 04-04 ②
04-05 ②
05-01 ① 05-02 ③ 05-03 ② 05-04 ③
05-05 ③ 05-06 ③ 05-07 ⑤ 05-08 90
05-09 17 05-10 ① 05-11 33 05-12 ⑤
05-13 600 05-14 34 05-15 ⑤ 05-16 ①
06-01 ④ 06-02 120 06-03 ③ 06-04 ③
06-05 ② 06-06 90
07-01 ④ 07-02 ② 07-03 ⑤ 07-04 ③
07-05 36 07-06 ① 07-07 40 07-08 19
08-01 171 08-02 35 08-03 ⑤ 08-04 210
08-05 ④ 08-06 ③ 08-07 ④ 08-08 ②
08-09 220 08-10 ① 08-11 ④ 08-12 ③
08-13 ③ 08-14 ④ 08-15 ④ 08-16 84
08-17 ① 08-18 ③ 08-19 74 08-20 ①
08-21 196 08-22 60 08-23 ⑤ 08-24 ③
08-25 9 08-26 68 08-27 32 08-28 32
08-29 ③ 08-30 332 08-31 115 08-32 100
08-33 336 08-34 108 08-35 ②
09-01 ③ 09-02 ⑤ 09-03 28 09-04 ⑤
09-05 ② 09-06 ⑤ 09-07 36 09-08 ⑤
09-09 ② 09-10 ③ 09-11 185 09-12 10
09-13 ④ 09-14 455 09-15 ① 09-16 49
09-17 285 09-18 114 09-19 168 09-20 201
09-21 218 09-22 25 09-23 93

2 이항정리 본문 53~63쪽

10-01 ② 10-02 ④ 10-03 24 10-04 24
10-05 ④ 10-06 ④ 10-07 ① 10-08 ③
10-09 ④ 10-10 ⑤ 10-11 ④ 10-12 ⑤
10-13 25 10-14 ② 10-15 ⑤ 10-16 ⑤
10-17 24 10-18 15
11-01 10 11-02 ② 11-03 5 11-04 3
11-05 ⑤ 11-06 ③ 11-07 ② 11-08 ②
11-09 ② 11-10 ① 11-11 12 11-12 ①
12-01 682 12-02 ① 12-03 ③ 12-04 25
12-05 ①

H 확률

1 확률의 뜻과 활용

본문 70~99쪽

01-01 ② 01-02 ② 01-03 ③ 01-04 ①
01-05 ① 01-06 ③ 01-07 ④ 01-08 ③
01-09 ④ 01-10 ④ 01-11 ④ 01-12 ②
01-13 23 01-14 ④
02-01 20 02-02 16 02-03 ⑤ 02-04 ③
02-05 ④ 02-06 ③ 02-07 ② 02-08 ①
02-09 44 02-10 ④ 02-11 ③ 02-12 ⑤
02-13 ④ 02-14 ③ 02-15 ① 02-16 11
02-17 ② 02-18 ① 02-19 ② 02-20 ②
02-21 ④ 02-22 ② 02-23 ④ 02-24 6
02-25 ⑤ 02-26 ① 02-27 ⑤ 02-28 154
02-29 ① 02-30 ④ 02-31 15 02-32 ②
02-33 ③ 02-34 51
03-01 ② 03-02 ④ 03-03 ② 03-04 ①
03-05 ② 03-06 ② 03-07 ④ 03-08 ④
03-09 ③ 03-10 ② 03-11 ② 03-12 ①
03-13 ② 03-14 ④
04-01 ⑤ 04-02 ⑤ 04-03 ⑤ 04-04 ③
04-05 ⑤ 04-06 ③ 04-07 ⑤ 04-08 ③
04-09 ⑤ 04-10 ③ 04-11 ⑤ 04-12 19
04-13 89 04-14 12 04-15 ④ 04-16 ③
04-17 ⑤ 04-18 47 04-19 ③ 04-20 13
04-21 68

2 조건부확률

본문 99~141쪽

05-01 ④ 05-02 ⑤ 05-03 ④ 05-04 ③
05-05 ③ 05-06 ① 05-07 ④ 05-08 ②
05-09 ⑤ 05-10 ④
06-01 ② 06-02 30 06-03 ② 06-04 ④
06-05 ④ 06-06 30 06-07 ③ 06-08 50
06-09 ③ 06-10 ③ 06-11 ① 06-12 ②
06-13 ② 06-14 ⑤ 06-15 34 06-16 ②
06-17 43 06-18 48 06-19 ③ 06-20 9
06-21 ④ 06-22 ① 06-23 ④
07-01 ⑤ 07-02 ① 07-03 ② 07-04 ④
07-05 ③ 07-06 10 07-07 72 07-08 ③
07-09 ④
08-01 ④ 08-02 ② 08-03 ① 08-04 ②
08-05 ⑤ 08-06 ② 08-07 ④ 08-08 30
09-01 19 09-02 ⑤ 09-03 ① 09-04 ①
09-05 ⑤ 09-06 ③ 09-07 ④ 09-08 118
09-09 11 09-10 ④ 09-11 22 09-12 ②
09-13 587
10-01 ④ 10-02 ④ 10-03 ① 10-04 ③
10-05 ② 10-06 ④ 10-07 ① 10-08 ④
10-09 ④ 10-10 ⑤ 10-11 ② 10-12 ①
11-01 50 11-02 ③ 11-03 ② 11-04 252
11-05 120 11-06 8 11-07 ④
12-01 ② 12-02 ① 12-03 ① 12-04 73
12-05 ② 12-06 ① 12-07 ③ 12-08 ④
12-09 ① 12-10 ② 12-11 ① 12-12 43
12-13 137 12-14 ① 12-15 ④ 12-16 62
12-17 ③ 12-18 ③ 12-19 590 12-20 ⑤
12-21 ③ 12-22 ① 12-23 ③ 12-24 ①
12-25 191 12-26 49 12-27 19

통계

1 확률분포

본문 150~184쪽

01-01 ①	01-02 ①	01-03 17	01-04 ②
02-01 ②	02-02 ⑤	02-03 ③	02-04 ⑤
02-05 ⑤	02-06 11	02-07 112	02-08 ③
02-09 20	02-10 ①	02-11 ②	02-12 28
02-13 ②	02-14 ④	02-15 ④	02-16 ②
03-01 105	03-02 ③	03-03 ④	03-04 ②
03-05 ①	03-06 ⑤	03-07 121	03-08 78
03-09 ⑤	03-10 ⑤		
04-01 80	04-02 ①	04-03 32	04-04 15
04-05 ①	04-06 ③	04-07 ④	04-08 ①
04-09 50	04-10 ⑤	04-11 ①	
05-01 ⑤	05-02 12	05-03 ④	05-04 ④
05-05 30	05-06 ⑤	05-07 30	05-08 47
05-09 ①	05-10 ③	05-11 ③	
06-01 20	06-02 5	06-03 ③	06-04 ④
06-05 ③	06-06 125	06-07 ④	06-08 31
06-09 ④			
07-01 ④	07-02 ③	07-03 ⑤	07-04 10
08-01 ④	08-02 ④	08-03 ④	08-04 ①
08-05 35	08-06 ②	08-07 ③	08-08 ③
08-09 155	08-10 ①	08-11 ④	08-12 ③
08-13 673	08-14 994	08-15 25	
09-01 ③	09-02 ④	09-03 ⑤	09-04 ⑤
09-05 ②	09-06 ③	09-07 ③	09-08 ⑤
09-09 89	09-10 ④	09-11 ①	09-12 ②
10-01 30	10-02 3	10-03 ①	10-04 ⑤
10-05 ③	10-06 ⑤	10-07 96	10-08 ④
10-09 ⑤			

2 통계적 추정

본문 185~203쪽

11-01 ⑤	11-02 ④	11-03 330	11-04 23
11-05 ①	11-06 ⑤	11-07 ④	11-08 ③
11-09 ④	11-10 ④	11-11 71	11-12 175
11-13 ⑤			
12-01 ③	12-02 ①	12-03 ⑤	12-04 ②
12-05 ②	12-06 ②	12-07 ②	12-08 ③
12-09 ②			
13-01 16	13-02 ②	13-03 ③	13-04 ②
13-05 ③	13-06 25	13-07 ③	13-08 ③
13-09 ①	13-10 ①	13-11 ⑤	
14-01 ①	14-02 ①	14-03 ④	14-04 25
14-05 ②	14-06 12	14-07 10	14-08 ②
14-09 ②	14-10 ②	14-11 249	14-12 ③
14-13 51	14-14 ③	14-15 ②	

너기출

평가원 기출의 또 다른 이름,

너기출

| For 2026 |

확률과 통계

정답과 풀이

정답과 풀이

G

경우의 수

1 순열과 조합

G01-01

서로 다른 5개의 접시를 원 모양의 식탁에 일정한 간격을 두고 원형으로 놓는 경우의 수는

$\frac{5!}{5}=4!=24$ 너코 061

답 ④

G01-02

1학년 학생끼리 이웃하고 2학년 학생끼리 이웃하므로
1학년 학생 2명을 한 묶음, 2학년 학생 2명을 한 묶음으로 보고
(1학년), (2학년), 3학년 학생 3명을 원형으로 배열하는
원순열의 수는 $\frac{5!}{5}=4!=24$ 너코 061
이때 1학년 학생끼리 자리를 바꾸는 경우의 수는 $2!=2$
2학년 학생끼리 자리를 바꾸는 경우의 수는 $2!=2$
따라서 구하는 경우의 수는 $24\times2\times2=96$

답 ①

G01-03

풀이 1

A와 B를 한 묶음으로 두고,
5개를 원형으로 배열하는 원순열의 수는 $\frac{5!}{5}=4!$ 너코 061

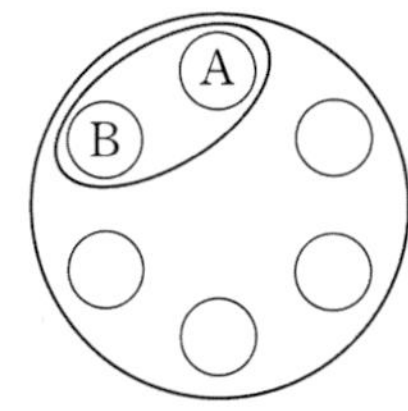

이때 A와 B의 자리를 서로 바꾸는 경우의 수는 $2!$
따라서 구하는 경우의 수는 $4!\times2!=48$

풀이 2

아무것도 넣지 않은 상태에서
A의 자리를 정하는 방법의 수는 1이고,
A의 자리를 다음과 같이 고정하면 나머지 자리는
모두 서로 구분된다. 너코 061

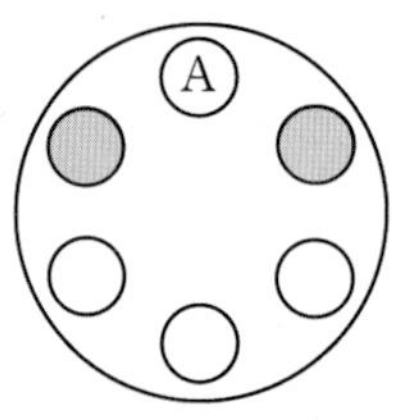

이때 B가 올 수 있는 자리는
어둡게 색칠한 A의 양 옆 2가지이고

나머지 4개를 서로 구분되는 4개의 자리에 배열하는 경우의 수는 $4!$이므로
구하는 경우의 수는 $1\times2\times4!=48$

답 ②

G01-04

풀이 1

파란색을 제외한 5가지 색을 원 모양으로 배열하는 경우의 수는 $\frac{5!}{5}=4!$이고 너코 061

빨간색의 맞은편 날개에 파란색이 오도록 하는 경우의 수는 1
따라서 구하는 경우의 수는 $4!\times1=24$

풀이 2

아무것도 칠하지 않은 상태에서 빨간색과 파란색을 서로 맞은편의 날개에 칠하는 방법의 수는 1이고,
빨간색과 파란색을 칠하면 다음과 같이 나머지 4개의 날개는 서로 구분된다. 너코 061

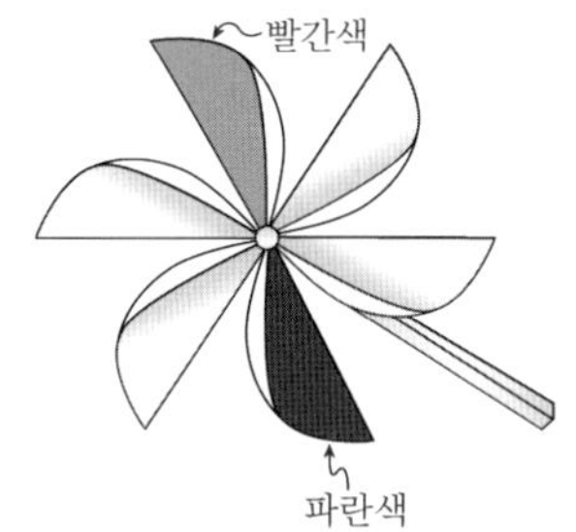

나머지 4가지 색을 칠해주는 경우의 수는 $4!$이므로
구하는 경우의 수는 $1\times4!=24$

답 ③

G01-05

A, B를 포함한 8명의 학생 중에서 A, B를 포함하여 5명을 선택하는 경우의 수는 A, B를 제외한 6명의 학생 중에서 3명을 선택하는 경우의 수와 같으므로
$_6C_3=\frac{6\times5\times4}{3\times2\times1}=20$
A와 B를 한 묶음으로 두고,
이 묶음과 선택된 3명을 원형으로 배열하는 원순열의 수는
$\frac{4!}{4}=3!$ 너코 061
이때 A와 B의 자리를 서로 바꾸는 경우의 수는 $2!$
따라서 구하는 경우의 수는 $20\times3!\times2!=240$

답 ④

G01-06

조건 (가)를 만족시키는 경우의 수를 구해 보자.
A와 B를 한 묶음으로 보고 5명을 원 모양의 탁자에 배열하는 경우의 수는 $\frac{5!}{5}$ 너코 061
이때 A와 B가 자리를 바꾸는 경우의 수는 $2!$
따라서 조건 (가)를 만족시키는 경우의 수는
$\frac{5!}{5}\times2!=48$
한편 구하는 경우의 수는 조건 (가)를 만족시키면서 조건 (나)를 만족시키지 않는 경우의 수인
B가 A, C와 모두 이웃하는 경우의 수를 제외해 주어야 한다.
B의 양 옆에 A, C를 배열하여 한 묶음으로 보고
4명을 원 모양의 탁자에 배열하는 경우의 수는 $\frac{4!}{4}$
이때 A와 C가 자리를 바꾸는 경우의 수는 $2!$
즉, 조건 (가)를 만족시키면서 조건 (나)를 만족시키지 않는 경우의 수는
$\frac{4!}{4}\times2!=12$
따라서 구하는 경우의 수는 $48-12=36$

답 ③

G01-07

(구하는 경우의 수)
=(원형으로 배열하는 전체 경우의 수)
−(서로 이웃한 2개의 의자에 적혀 있는 수의 합이 11이 되는 경우의 수)
로 구할 수 있다.

6개의 의자를 원형으로 배열하는 전체 경우의 수는
$\frac{6!}{6}=5!=120$ 너코 061
이때 이웃한 2개의 의자에 적혀 있는 수의 합이 11이 되는 경우는 5와 6이 적힌 의자가 이웃하는 경우뿐이므로 5와 6이 적힌 의자를 한 묶음으로 보고 5개의 의자를 원형으로 배열하는 경우의 수는 $\frac{5!}{5}\times2!=48$
따라서 구하는 경우의 수는
$120-48=72$

답 ①

G01-08

풀이 1

7개의 영역을 서로 다른 7가지 색으로 칠하는 방법의 수는 $7!$
위의 $7!$가지의 각 경우는 회전하여 3개씩 같은 모양이 된다.
너코 061
따라서 구하는 경우의 수는 $\frac{7!}{3}=1680$

풀이 2

그림과 같이 정삼각형과 정삼각형의 각 꼭짓점을 중심으로 하고 정삼각형의 각 변의 중점에서만 서로 만나는 크기가 같은 원 3개가 있다. 정삼각형의 내부 또는 원의 내부에 만들어지는 7개의 영역에 서로 다른 7가지 색을 모두 사용하여 칠하려고 한다. 한 영역에 한 가지 색만을 칠할 때, 색칠한 결과로 나올 수 있는 경우의 수는?
(단, 회전하여 일치하는 것은 같은 것으로 본다.) [4점]

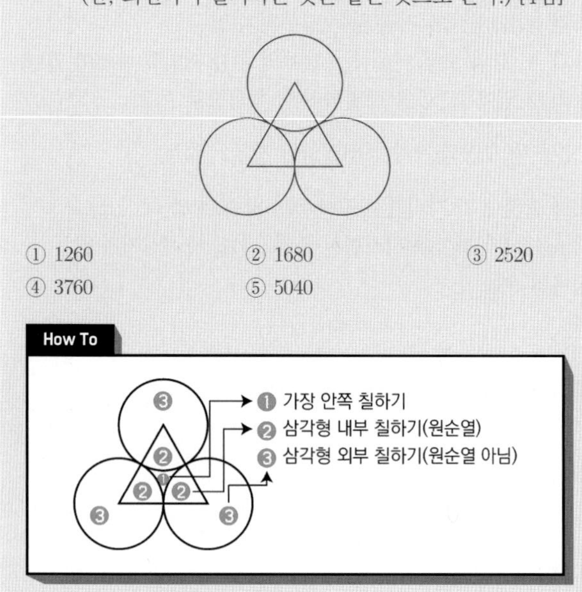

① 1260 ② 1680 ③ 2520
④ 3760 ⑤ 5040

How To

❶ 가장 안쪽 칠하기
❷ 삼각형 내부 칠하기(원순열)
❸ 삼각형 외부 칠하기(원순열 아님)

❶ 그림에서 가장 가운데 영역을 칠할 색을 선택하는 경우의 수는 7,

❷ 삼각형의 내부의 합동인 3개의 영역에 칠할 색을 선택하는 방법의 수는 ${}_6C_3$,
선택한 색을 3개의 영역에 칠하는 경우의 수는
$\frac{3!}{3}=2!$이다. 너코 061

❸ 이때 삼각형의 외부의 합동인 3개의 영역은 모두 구분되므로 색을 칠하는 경우의 수는 3!이다.

따라서 구하는 경우의 수는
$7\times{}_6C_3\times2!\times3!=1680$

풀이 3

그림에서 가장 가운데 영역을 칠할 색을
선택하는 경우의 수는 7이고,
회전이 가능한 상태이므로
나머지 6개의 영역 중 먼저 한 영역에 색을 칠할 때
삼각형의 내부와 삼각형의 외부 중에
하나를 선택할 수 있으므로 2가지 너코 061
한 영역을 칠해서 고정하면 나머지 5개의 영역이
모두 구분되므로 색을 칠하는 방법의 수는 5!
따라서 구하는 경우의 수는
$7\times2\times5!=1680$

답 ②

G01-09

(구하는 경우의 수)
= (원형으로 배열하는 전체 경우의 수)
−(서로 이웃한 어떤 2개의 의자에 적혀 있는 수의 곱이 12가 되는 경우의 수)
로 구할 수 있다.
이때 $2\times6=3\times4=12$이므로 서로 이웃한 어떤 2개의 의자에 적혀 있는 수의 곱이 12가 되는 경우는
2와 6이 적혀 있는 의자가 서로 이웃하거나
3과 4가 적혀 있는 의자가 서로 이웃하는 경우이다.
먼저 6개의 의자를 원형으로 배열하는 전체 경우의 수는
$\frac{6!}{6}=120$ 너코 061

i) 2와 6이 적혀 있는 의자가 서로 이웃하는 경우
2와 6이 적혀 있는 의자를 한 묶음으로 보고 5개의 의자를 원형으로 배열하는 경우의 수는 $\frac{5!}{5}=4!$이고,
2와 6이 적혀 있는 의자의 자리를 바꾸는 경우의 수는 2!이므로 이 경우의 수는
$4!\times2!=48$

ii) 3과 4가 적혀 있는 의자가 서로 이웃하는 경우
i)과 같은 방법으로 하면 되므로 이 경우의 수는
$4!\times2!=48$

iii) 2와 6이 적혀 있는 의자가 서로 이웃하고 동시에 3과 4가 적혀 있는 의자도 이웃하는 경우
2와 6이 적혀 있는 의자를 한 묶음으로, 3과 4가 적혀 있는 의자를 한 묶음으로 보고 4개의 의자를 원형으로 배열하는 경우의 수는 $\frac{4!}{4}=3!$이고,
묶음 안에서 2와 6, 3과 4가 적혀 있는 의자의 자리를 각각 바꾸는 경우의 수는 $2!\times2!$이므로 이 경우의 수는
$3!\times2!\times2!=24$

i)~iii)에서 구하는 경우의 수는
$120-(48+48-24)=120-72=48$

답 48

G02-01

1, 2, 3, 4, 5를 이용하여 만든 네 자리의 자연수가 5의 배수이려면
일의 자리의 수는 반드시 5이어야 하므로 1가지
1, 2, 3, 4, 5 중에서 중복을 허락하여 3개 뽑고
천의 자리, 백의 자리, 십의 자리의 수로 나열하면 되므로
구하는 자연수의 개수는
$1\times{}_5\Pi_3=5^3=125$ 너코 062

답 ③

G02-02

1, 2, 3, 4, 5를 이용하여 만든 네 자리의 자연수가
4000 이상인 홀수이려면
천의 자리의 수는 4, 5 중 하나이므로 2가지
일의 자리의 수는 1, 3, 5 중 하나이므로 3가지
백의 자리와 십의 자리의 수는 1, 2, 3, 4, 5 중에서
중복을 허락하여 2개 뽑아 나열하면 되므로
구하는 홀수의 개수는
$2\times3\times{}_5\Pi_2=2\times3\times25=150$ 너코 062

답 ②

G02-03

조건 (가)에 의하여 양 끝에 오는 문자를 정하는 경우의 수는
두 문자 X, Y 중에서 중복을 허락하여 2개를 택해 일렬로
나열하는 중복순열의 수와 같으므로
${}_2\Pi_2=2^2=4$ 너코 062

■□□□□■

이때 조건 (나)에 의하여 문자 a는 한 번만 나와야 하므로
양 끝을 제외한 남은 4개의 자리 중 문자 a의 자리를 정하는
경우의 수는
${}_4C_1=4$
남은 3개의 자리에 오는 문자를 정하는 경우의 수는
세 문자 b, X, Y 중에서 중복을 허락하여 3개를 택해 일렬로
나열하는 중복순열의 수와 같으므로
${}_3\Pi_3=3^3=27$
따라서 구하는 경우의 수는
$4\times4\times27=432$

답 ③

G02-04

어느 건물에서는 출입을 통제하기 위하여 각 자리가 '0'과 '1'로 이루어진 8자리 문자열의 보안카드를 이용하고 있다. 보안카드의 8자리 문자열에 '1'의 개수가 5이거나 문자열의 처음 4자리가 '0110'이면 이 건물의 출입문을 통과할 수 있다. 예를 들어, 보안카드의 문자열이 '10110011'이거나 '01100101'이면 이 건물에 출입할 수 있다. 이 건물의 출입문을 통과할 수 있는 서로 다른 보안카드의 총 개수를 구하시오. [4점]

How To

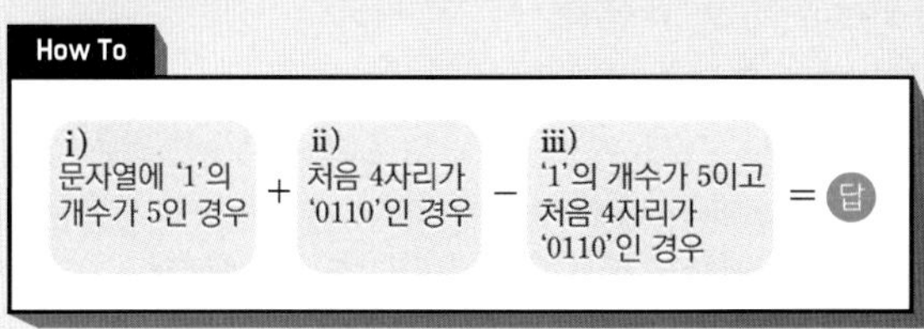

i) 문자열에 '1'의 개수가 5인 경우
8개의 자리 중 '1'을 나열할 5자리를
선택하는 방법의 수는 ${}_8C_5=56$이고,
남은 자리는 모두 0이어야 하므로
나열하는 경우는 1가지이다.
그러므로 8자리 문자열의 개수는 $56\times1=56$

ii) 처음 4자리가 '0110'인 경우
'0110' 뒤의 4자리에 각각 0 또는 1 중
중복을 허락하여 4개를 뽑아 나열하면 되므로
8자리 문자열의 개수는 ${}_2\Pi_4=2^4=16$ 너코 062

iii) '1'의 개수가 5이고 처음 4자리가 '0110'인 경우
'0110' 뒤의 4자리에 1의 개수가 3이어야 하므로
1을 나열할 3자리를 선택하는 방법의 수는 ${}_4C_3=4$

따라서 서로 다른 보안카드의 총 개수는
$56+16-4=68$

답 68

G03-01

두 집합 A, B가 서로소이므로 집합
$A\cup B=\{1, 2, 3, 4, 5\}$의 원소는 각각
다음과 같이 두 집합 A, B 중 하나에만 속한다.

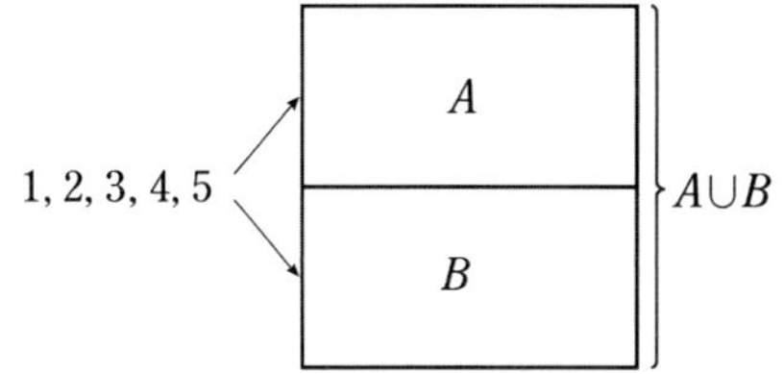

즉, 5개의 원소는 각각 두 집합 A, B 중에
중복을 허락하여 하나씩 택해야 하므로
순서쌍 (A, B)의 개수는 ${}_2\Pi_5=2^5=32$이다. 너코 062

답 ④

G03-02

두 집합 A, B가 서로소이므로 집합 $\{1, 2, 3, 4, 5, 6\}$의
각 원소는 각각 다음과 같이 전체집합 U에 대하여
세 집합 A, B, $U-(A\cup B)$중 한 집합에만 속한다.

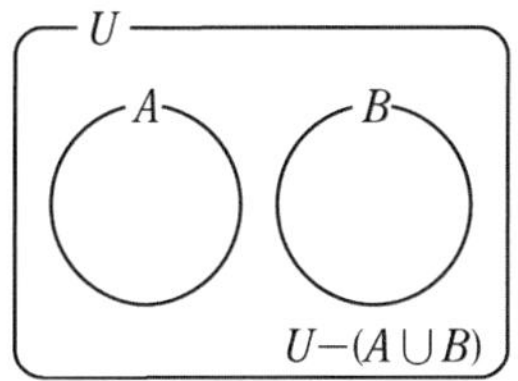

즉, 6개의 원소는 각각 A, B, $(A\cup B)^C$의 3개 중에서
중복을 허락하여 하나씩 택해야 하므로
순서쌍 (A, B)의 개수는 ${}_3\Pi_6=3^6=729$이다. 너코 062

답 ①

빈출 QnA

Q. 두 집합이 서로소라는 것의 정의를 잘 모르겠습니다.
두 집합이 모두 공집합이어도 서로소인가요?

A. 네 그렇습니다.
두 집합 A, B에 대하여 $A \cap B = \varnothing$이면
두 집합 A, B가 서로소가 됩니다.
두 집합이 모두 공집합이어도
$A \cap B = \varnothing$을 만족시키므로 서로소가 맞습니다.

G03-03

i) $f(4)=1$일 때
$f(1)+f(2)+f(3) \geq 3$과 조건 (나)를 만족시키는 모든 순서쌍 $(f(1), f(2), f(3))$의 개수는
2, 3, 4 중에서 중복을 허락하여 3개를 택하는 경우의 수와 같으므로 ${}_3\Pi_3 = 27$ 너코 062 너코 067

ii) $f(4)=2$일 때
$f(1)+f(2)+f(3) \geq 6$과 조건 (나)를 만족시키는 모든 순서쌍 $(f(1), f(2), f(3))$의 개수는
1, 3, 4 중에서 중복을 허락하여 3개를 택하는 경우의 수 ${}_3\Pi_3 = 27$에서
$f(1)+f(2)+f(3)$의 값이
$1+1+1$인 순서쌍 $(f(1), f(2), f(3))$의 개수 1과
$1+1+3$인 순서쌍 $(f(1), f(2), f(3))$의 개수 3을
제외해 주어야 하므로 $27-(1+3)=23$

iii) $f(4)=3$일 때
$f(1)+f(2)+f(3) \geq 9$와 조건 (나)를 만족시키는 모든 순서쌍 $(f(1), f(2), f(3))$의 개수는
1, 2, 4 중에서 중복을 허락하여 택한 3개의 합이 9 이상인 경우의 수와 같다.
따라서 $f(1)+f(2)+f(3)$의 값이
$1+4+4$인 순서쌍 $(f(1), f(2), f(3))$의 개수 3,
$2+4+4$인 순서쌍 $(f(1), f(2), f(3))$의 개수 3,
$4+4+4$인 순서쌍 $(f(1), f(2), f(3))$의 개수 1을
모두 더한 것과 같으므로 $3+3+1=7$

iv) $f(4)=4$일 때
$f(1)+f(2)+f(3) \geq 12$와 조건 (나)를 만족시키는 순서쌍 $(f(1), f(2), f(3))$은 존재하지 않는다.

i)~iv)에 의하여 구하는 함수의 개수는 $27+23+7=57$

답 ⑤

G03-04

조건 (가)에 의하여
$f(3)+f(4)=5$ 또는 $f(3)+f(4)=10$이다.
또한 조건 (나)에 의하여 $f(3)>1$이고
조건 (다)에 의하여 $f(4)<6$이므로
다음과 같이 경우를 나누어 생각할 수 있다.

i) $f(3)=2$, $f(4)=3$인 경우
$f(1)$, $f(2)$가 될 수 있는 값은 1뿐이고
$f(5)$, $f(6)$이 될 수 있는 값은 4, 5, 6이므로
함수 f의 개수는 $1 \times {}_3\Pi_2 = 1 \times 3^2 = 9$ 너코 062 너코 067

ii) $f(3)=3$, $f(4)=2$인 경우
$f(1)$, $f(2)$가 될 수 있는 값은 1, 2이고
$f(5)$, $f(6)$이 될 수 있는 값은 3, 4, 5, 6이므로
함수 f의 개수는 ${}_2\Pi_2 \times {}_4\Pi_2 = 2^2 \times 4^2 = 64$

iii) $f(3)=4$, $f(4)=1$인 경우
$f(1)$, $f(2)$가 될 수 있는 값은 1, 2, 3이고
$f(5)$, $f(6)$이 될 수 있는 값은 2, 3, 4, 5, 6이므로
함수 f의 개수는 ${}_3\Pi_2 \times {}_5\Pi_2 = 3^2 \times 5^2 = 225$

iv) $f(3)=5$, $f(4)=5$인 경우
$f(1)$, $f(2)$가 될 수 있는 값은 1, 2, 3, 4이고
$f(5)$, $f(6)$이 될 수 있는 값은 6뿐이므로
함수 f의 개수는 ${}_4\Pi_2 \times 1 = 4^2 \times 1 = 16$

v) $f(3)=6$, $f(4)=4$인 경우
$f(1)$, $f(2)$가 될 수 있는 값은 1, 2, 3, 4, 5이고
$f(5)$, $f(6)$이 될 수 있는 값은 5, 6이므로
함수 f의 개수는 ${}_5\Pi_2 \times {}_2\Pi_2 = 5^2 \times 2^2 = 100$

i)~v)에서 구하는 함수 f의 개수는
$9+64+225+16+100=414$

답 ④

G03-05

조건 (가)에서
$f(1) \geq 1$, $f(2) \geq 2$, $f(3) \geq 2$, $f(4) \geq 2$, $f(5) \geq 3$
이고, 조건 (나)에 의하여 치역으로 가능한 경우는
$\{1, 2, 3\}$, $\{1, 2, 4\}$, $\{1, 3, 4\}$, $\{2, 3, 4\}$
이므로 치역에 따라 다음과 같이 나누어 생각할 수 있다.

i) 치역이 $\{1, 2, 3\}$일 때
반드시 $f(1)=1$, $f(5)=3$이어야 한다.
이때 $f(2)$, $f(3)$, $f(4)$의 값으로 가능한 것은 2, 3이고,
이 중 세 값이 모두 3인 경우는 제외해야 하므로
이를 만족시키는 함수의 개수는
${}_2\Pi_3 - 1 = 2^3 - 1 = 7$ 너코 062 너코 067

ii) 치역이 $\{1, 2, 4\}$일 때
반드시 $f(1)=1$, $f(5)=4$이어야 한다.
이때 $f(2)$, $f(3)$, $f(4)$의 값으로 가능한 것은 2, 4이고,
이 중 세 값이 모두 4인 경우는 제외해야 하므로
이를 만족시키는 함수의 개수는
${}_2\Pi_3 - 1 = 2^3 - 1 = 7$

iii) 치역이 $\{1, 3, 4\}$일 때
반드시 $f(1)=1$이어야 한다.
이때 $f(2)$, $f(3)$, $f(4)$, $f(5)$의 값으로 가능한 것은
3, 4이고, 이 중 네 값이 모두 3이거나 모두 4인 경우는
제외해야 하므로 이를 만족시키는 함수의 개수는
${}_2\Pi_4 - 2 = 2^4 - 2 = 14$

ⅳ) 치역이 $\{2, 3, 4\}$일 때

❶ $f(5)=3$인 경우

$f(1)$, $f(2)$, $f(3)$, $f(4)$의 값으로 가능한 것은 2, 3, 4이다.

이 중 네 값이 2, 3 중에서 정해지거나 3, 4 중에서 정해지는 경우의 수를 제외해야 하고,

이 두 경우에서 네 값이 모두 3인 경우가 중복해서 세어지므로 이를 만족시키는 함수의 개수는

$_3\Pi_4 - 2\times{}_2\Pi_4 + 1 = 3^4 - 2\times 2^4 + 1 = 50$

❷ $f(5)=4$인 경우

$f(1)$, $f(2)$, $f(3)$, $f(4)$의 값으로 가능한 것은 2, 3, 4이다.

이 중 네 값이 2, 4 중에서 정해지거나 3, 4 중에서 정해지는 경우의 수를 제외해야 하고,

이 두 경우에서 네 값이 모두 4인 경우가 중복해서 세어지므로 이를 만족시키는 함수의 개수는

$_3\Pi_4 - 2\times{}_2\Pi_4 + 1 = 3^4 - 2\times 2^4 + 1 = 50$

ⅰ)~ⅳ)에 의하여 구하는 함수의 개수는

$7+7+14+50+50=128$

답 ①

G03-06

조건 (가)를 만족시키는 경우에 따라 다음 세 가지 경우로 나누어 생각할 수 있다.

ⅰ) $n(A)=1$인 경우

치역 A의 원소의 개수가 1이므로 함수 f는 상수함수이다.

그런데 이는 조건 (다)를 만족시킬 수 없다.

ⅱ) $n(A)=2$인 경우

치역 A의 원소를 선택하는 경우의 수는

$_5C_2=10$

$A=\{1, 2\}$라 할 때 조건 (나), (다)를 모두 만족시키려면

$f(1)=2$, $f(2)=1$에 대응시키고

$f(3)$, $f(4)$, $f(5)$의 값은 1 또는 2에 대응시키면 된다.

즉, $A=\{1, 2\}$일 때 함수 f의 개수는

$_2\Pi_3=2^3=8$ 너코 062 너코 067

각각의 A에 대하여 같은 방법으로 생각할 수 있으므로

$n(A)=2$인 함수 f의 개수는

$10\times 8=80$

ⅲ) $n(A)=3$인 경우

치역 A의 원소를 선택하는 경우의 수는

$_5C_3=10$

$A=\{1, 2, 3\}$이라 할 때 조건 (나), (다)를 모두 만족시키려면

$f(1)=2$, $f(2)=3$, $f(3)=1$에 대응시키거나

$f(1)=3$, $f(2)=1$, $f(3)=2$에 대응시키고

$f(4)$, $f(5)$의 값은 1 또는 2 또는 3에 대응시키면 된다.

즉, $A=\{1, 2, 3\}$일 때 함수 f의 개수는

$2\times{}_3\Pi_2=2\times 3^2=18$

각각의 A에 대하여 같은 방법으로 생각할 수 있으므로

$n(A)=3$인 함수 f의 개수는

$10\times 18=180$

ⅰ)~ⅲ)에 의하여 구하는 함수 f의 개수는

$80+180=260$

답 260

G03-07

조건 (가)에서 $f(1)\times f(3)\times f(5)$가 홀수이므로

$f(1)$, $f(3)$, $f(5)$는 모두 홀수이어야 한다. ……㉠

또한 조건 (나)에서 $f(2)<f(4)$이므로

$f(2)$, $f(4)$는 크기순으로 대응시켜야 한다. ……㉡

이때 조건 (다)에서 치역의 원소의 개수가 3이므로

구하는 함수 f의 개수는 1, 2, 3, 4, 5의 5개의 원소 중에서 3개의 원소를 택해 중복을 허락하여 ㉠, ㉡을 만족시키도록 다음 표의 빈칸에 일렬로 나열하는 경우의 수와 같다.

$f(1)$	$f(2)$	$f(3)$	$f(4)$	$f(5)$
a	x	b	y	c

$f(1)$, $f(3)$, $f(5)$에 대응시킬 수 있는 홀수의 개수에 따라 다음과 같이 세 가지 경우로 나누어 함수 f의 개수를 구해보자.

ⅰ) 1개의 홀수를 $f(1)$, $f(3)$, $f(5)$에 대응시키는 경우

1, 3, 5 중에서 1개를 택해 a, b, c 모두에 이 수를 나열하는 경우의 수는 $_3C_1=3$

이때 치역의 원소가 1개뿐이므로

각각에 대하여 x, y에는 나머지 4개의 수 중에서 2개를 더 택하여 이 두 수를 크기순으로 일렬로 나열해야 한다.

즉, 이 경우의 수는 $_4C_2=6$ 너코 067

따라서 이때의 함수 f의 개수는 $3\times 6=18$이다.

ⅱ) 2개의 홀수를 $f(1)$, $f(3)$, $f(5)$에 대응시키는 경우

1, 3, 5 중에서 2개를 택해 중복을 허락하여 a, b, c에 일렬로 나열하는 경우의 수는

$_3C_2\times({}_2\Pi_3-2)=3\times(2^3-2)=18$ 너코 062

(∵ 모두 같은 홀수에 대응시키는 경우는 제외)

이때 치역의 원소가 2개뿐이므로

각각에 대하여 x, y에는 나머지 3개의 수 중에서 1개를 더 택한 후 미리 택한 두 수 중 1개와 함께 크기순으로 일렬로 나열해야 한다.

즉, 이 경우의 수는 $_3C_1\times{}_2C_1=6$

따라서 이때의 함수 f의 개수는 $18\times 6=108$이다.

ⅲ) 3개의 홀수를 $f(1)$, $f(3)$, $f(5)$에 대응시키는 경우

1, 3, 5를 모두 택하여 a, b, c에 일렬로 나열하는 경우의 수는 $3!=6$

이때 치역의 원소가 3개이므로

각각에 대하여 x, y에는 치역의 세 수 중에서 2개를 택하여 크기순으로 일렬로 나열하면 된다.

즉, 이 경우의 수는 $_3C_2=3$

따라서 이때의 함수 f의 개수는 $6\times 3=18$이다.

ⅰ)~ⅲ)에 의하여 조건을 만족시키는 함수 f의 개수는

$18+108+18=144$

답 ⑤

G04-01

4명의 학생 A, B, C, D가 각각 3개의 동아리 중에서 중복을 허락하여 하나씩 선택하는 방법의 수는

${}_3\Pi_4 = 3^4 = 81$ 너코 062

답 ②

G04-02

서로 다른 종류의 연필 5자루는 각각 4명의 학생 A, B, C, D 중에서 한 명씩 중복을 허락하여 선택해서 나누어 주면 되므로 구하는 경우의 수는

${}_4\Pi_5 = 4^5 = 1024$ 너코 062

답 ①

G04-03

서로 다른 5개의 과일 중에서 그릇 A에 담을 2개의 과일을 선택하는 경우의 수는

${}_5C_2 = 10$

남은 서로 다른 3개의 과일은 각각

서로 다른 2개의 그릇 B, C 중에서 중복을 허락하여

하나씩 선택해서 담으면 되므로 ${}_2\Pi_3 = 2^3 = 8$ 너코 062

따라서 구하는 경우의 수는

$10 \times 8 = 80$

답 ⑤

G04-04

1, 2, 3, 4, 5의 숫자가 하나씩 적힌 5개의 공을 3개의 상자 A, B, C에 넣으려고 한다. 어느 상자에도 넣어진 공에 적힌 수의 합이 13 이상이 되는 경우가 없도록 공을 상자에 넣는 방법의 수는? (단, 빈 상자의 경우에는 넣어진 공에 적힌 수의 합을 0으로 한다.) [4점]

① 233 ② 228 ③ 222
④ 215 ⑤ 211

How To

공 5개를 담는 전체 경우의 수 − [i) 공에 적힌 수의 합이 13인 경우 + ii) 공에 적힌 수의 합이 14인 경우 + iii) 공에 적힌 수의 합이 15인 경우] = 답

(공에 적힌 수의 합이 13 이상인 경우)

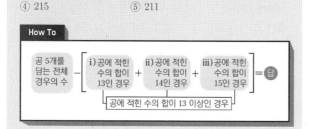

1, 2, 3, 4, 5의 숫자가 하나씩 적힌 5개의 공을 각각 3개의 상자 A, B, C 중에서 중복을 허락하여 하나씩 선택해서 넣는 방법의 수는

${}_3\Pi_5 = 3^5 = 243$ 너코 062 ……㉠

공에 적힌 수의 합이 13 이상이 되는 경우는

$1+2+3+4+5=15$, $2+3+4+5=14$,

$1+3+4+5=13$ 의 세 가지이다.

i) 공에 적힌 수의 합이 $1+2+3+4+5=15$일 때,
1, 2, 3, 4, 5가 적힌 공을 모두 넣을 상자를 선택하면 되므로 ${}_3C_1 = 3$

ii) 공에 적힌 수의 합이 $2+3+4+5=14$일 때,
2, 3, 4, 5가 적힌 공이 들어가는 상자와
1이 적힌 공만 들어가는 상자를 정해주면 되므로
${}_3P_2 = 6$

iii) 공에 적힌 수의 합이 $1+3+4+5=13$일 때,
1, 3, 4, 5가 적힌 공이 들어가는 상자와 2가 적힌 공만 들어가는 상자를 정해주면 되므로
${}_3P_2 = 6$

따라서 구하는 방법의 수는 ㉠의 전체 방법의 수에서

i)~iii)의 경우를 뺀 것과 같으므로

$243-(3+6+6)=228$

답 ②

G04-05

풀이 1

서로 다른 공 4개를 남김없이 서로 다른 상자 4개에 나누어 넣으려고 할 때, 넣은 공의 개수가 1인 상자가 있도록 넣는 경우의 수는? (단, 공을 하나도 넣지 않은 상자가 있을 수 있다.) [4점]

① 220 ② 216 ③ 212
④ 208 ⑤ 204

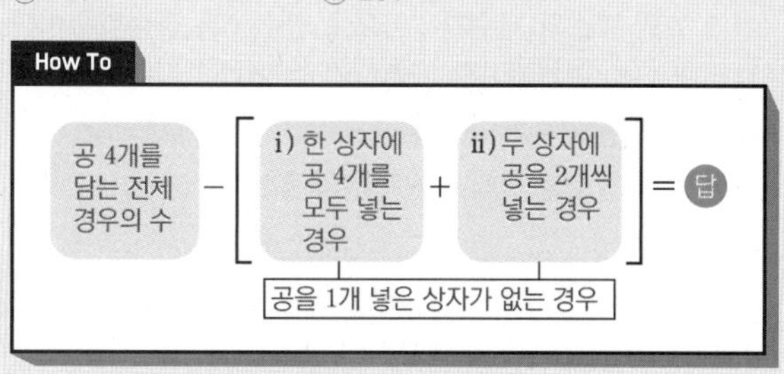

서로 다른 공 4개를 서로 다른 상자 4개에

중복을 허락하여 하나씩 넣는 전체 경우의 수는

${}_4\Pi_4 = 4^4 = 256$ 너코 062 ……㉠

이때 넣은 공의 개수가 1인 상자가 없는 경우는

모든 상자에 공을 짝수 개씩 나누어 넣는 경우이다.

즉, 한 상자에 공을 4개 모두 넣거나

두 상자에 공을 2개씩 넣는 것이다.

그러므로 전체 경우의 수에서 이러한 경우는 제외해야 한다.

i) 한 상자에 공을 4개 모두 넣는 경우
네 상자 중 공을 모두 넣을 상자를 선택하면 되므로
${}_4C_1 = 4$

ii) 두 상자에 공을 2개씩 넣는 경우
네 상자 중 공을 넣을 두 상자를 선택하는 경우의 수는
${}_4C_2 = 6$

공을 2개씩 나누는 경우의 수는

$_4C_2 \times {_2C_2} \times \frac{1}{2} = 3$

나눈 공 2개씩을 선택한 두 상자에 나누어 넣는 경우의 수는

$_2P_2 = 2! = 2$

그러므로 $6 \times 3 \times 2 = 36$

따라서 ㉠의 전체 경우의 수에서 i), ii)의 경우를 빼주면

$256 - (4 + 36) = 216$

풀이 2

서로 다른 공 4개를 남김없이 서로 다른 상자 4개에 나누어 넣으려고 할 때, 넣은 공의 개수가 1인 상자가 있도록 넣는 경우의 수는?
(단, 공을 하나도 넣지 않은 상자가 있을 수 있다.) [4점]

① 220 ② 216 ③ 212
④ 208 ⑤ 204

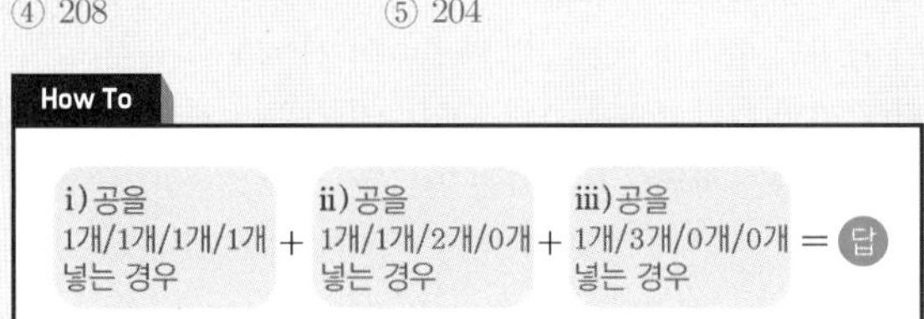

How To
i)공을 1개/1개/1개/1개 넣는 경우
+
ii)공을 1개/1개/2개/0개 넣는 경우
+
iii)공을 1개/3개/0개/0개 넣는 경우
=
답

넣은 공의 개수가 1인 상자가 있는 경우는 다음과 같다.

i) 각 상자에 공이 모두 1개씩 들어가는 경우
4개의 공을 4개의 상자에 하나씩 넣는 경우의 수는
$_4P_4 = 4! = 24$

ii) 각 상자에 공이 1개, 1개, 2개, 0개 들어가는 경우
공 4개를 1개, 1개, 2개로 나누는 경우의 수는
$_4C_1 \times {_3C_1} \times {_2C_2} \times \frac{1}{2!} = 6$
나눠진 공을 상자에 넣는 경우의 수는
$_4P_3 = 24$
그러므로 경우의 수는
$6 \times 24 = 144$

iii) 각 상자에 공이 1개, 3개, 0개, 0개 들어가는 경우
공 4개를 1개, 3개로 나누는 경우의 수는
$_4C_1 \times {_3C_3} = 4$
나눠진 공을 상자에 넣는 경우의 수는
$_4P_2 = 12$
그러므로 경우의 수는
$4 \times 12 = 48$

따라서 구하는 경우의 수는 $24 + 144 + 48 = 216$이다.

답 ②

빈출 QnA

Q. 공을 1개 넣을 상자를 선택하는 것이 4가지
넣을 공을 선택하는 것이 4가지
나머지 3개의 공을 나머지 3개의 상자 중에서 중복을 허락하여 하나씩 선택해서 넣는 경우의 수는 $_3\Pi_3 = 3^3 = 27$
따라서 $4 \times 4 \times 27 = 432$이다.
이렇게 풀이하면 왜 틀린 건가요?

A. 학생이 생각하는 경우는 중복되는 경우를 포함하기 때문입니다.
4개의 상자를 각각 A, B, C, D,
4개의 공을 각각 a, b, c, d 라 하고 예를 들어보겠습니다.
먼저 상자 A를 골라 그 안에 공 a를 넣었다고 하고,
나머지 세 상자 B, C, D에 각각 공 b, c, d가 들어갔다고 합시다.
이번에는 먼저 상자 B를 골라 그 안에 공 b를 넣었다고 하고,
나머지 세 상자 A, C, D에 각각 공 a, c, d가 들어갔다고 합시다.

두 가지 경우는 학생의 풀이에서는
먼저 선택한 상자와 공이 다르므로 다른 경우라 세어지지만
결과적으로 네 상자 A, B, C, D에 각각
공이 a, b, c, d로 하나씩 넣어지는 같은 경우입니다.
이와 같이 중복되는 경우를 서로 다른 것처럼 세어주었기 때문에 올바른 답이 나오지 않은 것입니다.

G05-01

풀이 1

양 끝에 각각 흰색 깃발을 놓고
그 사이에 흰색 깃발 3개, 파란색 깃발 5개를
일렬로 나열하면 되므로

흰색깃발									흰색깃발

$\frac{8!}{3!5!} = 56$ 너코 063

풀이 2

깃발이 일렬로 놓이는 10개의 자리 중에서
양 끝의 2자리를 제외하고 나머지 8개의 자리 중 파란색 깃발 5개가 놓일 자리를 선택하는 경우의 수와 같으므로
$_8C_5 = 56$

답 ①

G05-02

a는 3개, b는 2개, c는 1개이므로 주어진 6개의 문자를 일렬로 나열하는 경우의 수는
$\frac{6!}{3!2!1!} = 60$ 너코 063

답 ③

G05-03

a는 3개, b와 c는 각각 1개씩이므로 5개의 문자를 일렬로 나열하는 경우의 수는

$\frac{5!}{3!1!1!}=20$ 너코 063

답 ②

G05-04

a가 2개이므로 주어진 5개의 문자를 모두 일렬로 나열하는 경우의 수는

$\frac{5!}{2!}=60$ 너코 063

답 ③

G05-05

x는 2개, y는 2개, z는 1개이므로 주어진 5개의 문자를 일렬로 나열하는 경우의 수는

$\frac{5!}{2!\times 2!}=30$ 너코 063

답 ③

G05-06

1이 2개이므로 네 개의 숫자를 일렬로 나열하는 경우의 수는

$\frac{4!}{2!}=12$ 너코 063

답 ③

G05-07

1은 1개, 2는 2개, 3은 2개이므로 다섯 개의 숫자를 일렬로 나열하는 경우의 수는

$\frac{5!}{2!2!}=30$ 너코 063

답 ⑤

G05-08

풀이 1

만들어진 자연수가 300000보다 크기 위해서는
십만 자리의 수가 4 또는 5가 되어야 한다.

ⅰ) 십만 자리의 수가 4인 경우
나머지 자리에 1, 2, 2, 5, 5를 배열하는 경우의 수는
$\frac{5!}{2!2!}=30$ 너코 063

ⅱ) 십만 자리의 수가 5인 경우
나머지 자리에 1, 2, 2, 4, 5를 배열하는 경우의 수는
$\frac{5!}{2!}=60$

ⅰ), ⅱ)에서 구하는 자연수의 개수는
$30+60=90$

풀이 2

주어진 6개의 수를 일렬로 배열하는 전체 경우의 수는
$\frac{6!}{2!2!}=180$ 너코 063
십만 자리의 수가 1 또는 2이면
만들어진 자연수가 300000보다 작고,
4 또는 5이면 만들어진 자연수가 300000보다 크다.
이때 1, 2, 2, 4, 5, 5에서 1 또는 2의 개수도 3이고,
4 또는 5의 개수도 3이므로
십만 자리의 수가 1 또는 2인 자연수의 개수와
십만 자리의 수가 4 또는 5인 자연수의 개수는 서로 같다.
따라서 구하는 자연수의 개수는

$180\times\frac{1}{2}=90$

답 90

G05-09

풀이 1

0을 사용하는 개수에 따라 다음과 같이 구한다.

ⅰ) 0을 한 개 사용하는 경우
각 자리의 수의 합이 5인 경우는 $0+1+1+1+2=5$이다.
그러므로 0, 1, 1, 1, 2를 일렬로 배열하는 경우의 수는
$\frac{5!}{3!}=20$ 너코 063
이 중 0이 맨 앞에 오는 경우는 다섯 자리 자연수가
만들어지지 않고, 그 개수는 $\frac{4!}{3!}=4$
그러므로 자연수의 개수는 $20-4=16$

ⅱ) 0을 사용하지 않는 경우
각 자리의 수의 합이 5인 경우는 $1+1+1+1+1=5$이다.
이때 만들 수 있는 다섯 자리 자연수는 11111로 1개뿐이다.

ⅰ), ⅱ)에서 구하는 자연수의 개수는 $16+1=17$

풀이 2

0을 사용하는 개수에 따라 다음과 같이 구한다.

ⅰ) 0을 한 개 사용하는 경우
각 자리의 수의 합이 5인 경우는 $0+1+1+1+2=5$이다.
0은 만의 자리에 넣을 수 없으므로 4가지,
2는 0이 들어간 자리를 제외한 자리에 넣으므로 4가지

나머지 세 자리에 1을 써넣으면 된다.

그러므로 경우의 수는 $4\times4=16$ 개

ii) 0을 사용하지 않는 경우

각 자리의 수의 합이 5인 경우는 $1+1+1+1+1=5$이다.

이때 만들 수 있는 다섯 자리 자연수는 11111로 1개뿐이다.

i)~ii)에서 구하는 자연수의 개수는

$16+1=17$

답 17

G05-10

풀이 1

어느 행사장에는 현수막을 1개씩 설치할 수 있는 장소가 5곳이 있다. 현수막은 A, B, C 세 종류가 있고, A는 1개, B는 4개, C는 2개가 있다. 다음 조건을 만족시키도록 현수막 5개를 택하여 5곳을 설치할 때, 그 결과로 나타날 수 있는 경우의 수는?

(단, 같은 종류의 현수막끼리는 구분하지 않는다.) [3점]

〈보 기〉

(가) A는 반드시 설치한다.

(나) B는 2곳 이상 설치한다.

① 55 ② 65 ③ 75 ④ 85 ⑤ 95

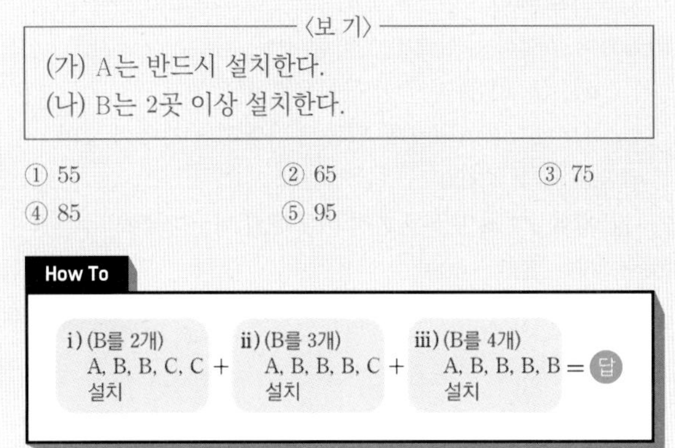

How To
i) (B를 2개) A, B, B, C, C 설치
+
ii) (B를 3개) A, B, B, B, C 설치
+
iii) (B를 4개) A, B, B, B, B 설치
= 답

A는 1개이고

조건 (가)에 의하여 항상 A를 1개 설치하게 되고,

조건 (나)에 의하여 B는 2개 이상 설치해야 한다.

B를 설치하는 개수에 따라 경우를 나누어 보면

i) B를 2개 설치할 때

설치하는 현수막은 A, B, B, C, C이고

A, B, B, C, C를 나열하는 경우의 수는 $\frac{5!}{2!2!}=30$ 너코 063

ii) B를 3개 설치할 때

설치하는 현수막은 A, B, B, B, C이고

A, B, B, B, C를 나열하는 경우의 수는 $\frac{5!}{3!}=20$

iii) B를 4개 설치할 때

설치하는 현수막은 A, B, B, B, B이고

A, B, B, B, B를 나열하는 경우의 수는 $\frac{5!}{4!}=5$

i)~iii)에서 구하는 경우의 수는

$30+20+5=55$

풀이 2

A를 1개 설치할 장소를 정하는 경우의 수는 5이고

B와 C가 충분히 많다고 생각하고 남은 4개의 장소에

B 또는 C를 설치하는 방법의 수는 ${}_2\Pi_4=16$이다. 너코 062

이때 C는 총 2개 있으므로

C를 4개 설치하거나 C를 3개, B를 1개 설치하는 경우는

제외해 주어야 한다.

C를 4개 설치하는 방법의 수는 1,

C를 3개, B를 1개 설치하는 경우의 수는 $\frac{4!}{3!}=4$ 너코 063

따라서 구하는 경우의 수는

$5\times(16-1-4)=55$

답 ①

G05-11

풀이 1

세 문자 a, b, c 중에서 중복을 허락하여 4개를 택해 일렬로 나열할 때, 문자 a가 두 번 이상 나오는 경우의 수를 구하시오. [4점]

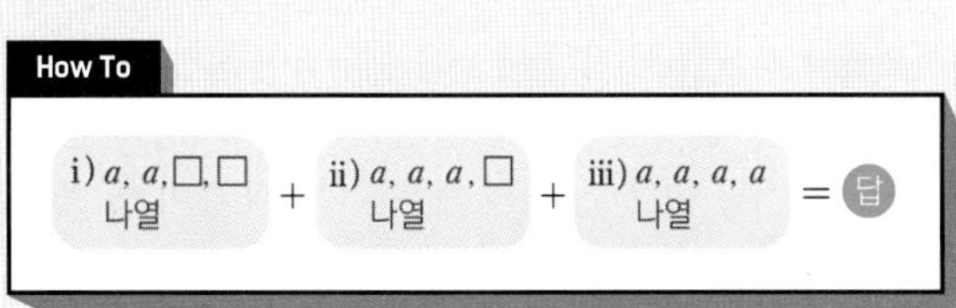

How To
i) a, a, □, □ 나열
+
ii) a, a, a, □ 나열
+
iii) a, a, a, a 나열
= 답

a가 두 번 이상 나오고 총 4개를 택하므로

a는 두 번 이상 네 번 이하로 나올 수 있다.

i) a가 두 번 나오는 경우

a, a, b, b를 배열하는 경우의 수는 $\frac{4!}{2!2!}=6$ 너코 063

a, a, c, c를 배열하는 경우의 수는 마찬가지로 6

a, a, b, c를 배열하는 경우의 수는 $\frac{4!}{2!}=12$

그러므로 $6\times2+12=24$

ii) a가 세 번 나오는 경우

a, a, a, b를 배열하는 경우의 수는 $\frac{4!}{3!}=4$

a, a, a, c를 배열하는 경우의 수는 마찬가지로 4

그러므로 $4\times2=8$

iii) a가 네 번 나오는 경우

a, a, a, a를 배열하는 경우의 수는 1

i)~iii)에서 구하는 경우의 수는 $24+8+1=33$이다.

풀이 2

(구하는 경우의 수)

=(a, b, c 중 중복을 허락하여 4개를 택해 배열하는 전체 경우의 수)

−(a가 두 번 미만 나오는 경우의 수)

로 구할 수 있다.

a, b, c 중 중복을 허락하여 4개를 택해 일렬로 배열하는 경우의 수는

${}_{3}\Pi_{4}=3^{4}=81$ 너코 062

이고 a가 두 번 미만 나오는 경우의 수는 다음과 같다.

i) a가 0번 나오는 경우

b, c 중 중복을 허락하여 4개를 택해 배열하는 경우의 수는

${}_{2}\Pi_{4}=2^{4}=16$

ii) a가 1번 나오는 경우

a를 배열하는 경우의 수는 ${}_{4}C_{1}=4$

나머지 세 자리에 b, c 중 중복을 허락하여 택해 배열하는 경우의 수는

${}_{2}\Pi_{3}=2^{3}=8$

그러므로 $4\times8=32$

i), ii)에서 구하는 경우의 수는

$81-(16+32)=33$

답 33

G05-12

주사위에서 4, 5, 6이 적힌 세 눈을 모두 0이 적힌 눈으로 바꾸어 생각할 때, 주사위를 네 번 던져 얻은 네 점수의 합이 4가 되는 순서쌍 (a, b, c, d)의 개수는 다음과 같이 네 경우로 나누어 생각할 수 있다.

i) 3, 1, 0, 0점을 얻은 경우

3, 1, 0, 0을 일렬로 나열하는 경우의 수는

$\frac{4!}{2!}=12$이고, 너코 063

이때 0은 4, 5, 6의 3가지 중 하나이므로

순서쌍 (a, b, c, d)의 개수는

$12\times3\times3=108$

ii) 2, 2, 0, 0점을 얻은 경우

2, 2, 0, 0을 일렬로 나열하는 경우의 수는

$\frac{4!}{2!2!}=6$이고,

이때 0은 4, 5, 6의 3가지 중 하나이므로

순서쌍 (a, b, c, d)의 개수는

$6\times3\times3=54$

iii) 2, 1, 1, 0점을 얻은 경우

2, 1, 1, 0을 일렬로 나열하는 경우의 수는

$\frac{4!}{2!}=12$이고,

이때 0은 4, 5, 6의 3가지 중 하나이므로

순서쌍 (a, b, c, d)의 개수는

$12\times3=36$

iv) 1, 1, 1, 1점을 얻은 경우

순서쌍 (a, b, c, d)는 $(1, 1, 1, 1)$로 1가지이다.

i)~iv)에서 구하는 모든 순서쌍 (a, b, c, d)의 개수는

$108+54+36+1=199$

답 ⑤

G05-13

7개의 문자 a, a, b, b, c, d, e를 일렬로 나열할 때, a끼리 또는 b끼리 이웃하게 되는 모든 경우의 수를 구하시오. [4점]

How To

i) a끼리 이웃하는 경우 + ii) b끼리 이웃하는 경우 − iii) a끼리, b끼리 이웃하는 경우 = 답

a끼리 또는 b끼리 이웃하는 각각의 경우는 다음과 같다.

i) a끼리 이웃하는 경우

(a, a)를 한 묶음으로 생각하면

(a, a), b, b, c, d, e를 일렬로 나열하는 경우의 수와

같으므로 $\frac{6!}{2!}=360$ 너코 063

ii) b끼리 이웃하는 경우

i)과 마찬가지로 (b, b)를 한 묶음으로 생각하면

a, a, (b, b), c, d, e를 일렬로 나열하는 경우의 수와

같으므로 360

iii) a끼리, b끼리 동시에 이웃하는 경우

(a, a), (b, b)를 각각 한 묶음으로 생각하면

(a, a), (b, b), c, d, e를 일렬로 나열하는 경우의 수와

같으므로 $5!=120$

i)~iii)에서 a끼리 또는 b끼리 이웃하게 되는 경우의 수는

$360+360-120=600$

답 600

G05-14

$\frac{4}{4}$박자는 4분음을 한 박으로 하여 한 마디가 네 박으로 구성된다. 예를 들어 $\frac{4}{4}$박자 한 마디는 4분 음표(♩) 또는 8분 음표(♪)만을 사용하여 ♩♩♩♩ 또는 ♪♩♪♩♩와 같이 구성할 수 있다. 4분 음표 또는 8분 음표만 사용하여 $\frac{4}{4}$박자의 한 마디를 구성하는 경우의 수를 구하시오. [4점]

How To

i) ♩♩♩♩ 나열 + ii) ♩♩♩♪♪ 나열 + iii) ♩♩♪♪♪♪ 나열 + iv) ♩♪♪♪♪♪♪ 나열 + v) ♪♪♪♪♪♪♪♪ 나열 = 답

사용하는 4분 음표의 개수에 따라 나누면 다음과 같다.

i) 4분 음표 4개를 사용하는 경우
♩♩♩♩만 가능하므로 1가지
ii) 4분 음표 3개, 8분 음표 2개를 사용하는 경우
♩♩♩♪♪를 나열하는 경우의 수이므로 $\frac{5!}{3!2!}=10$ 너코 063
iii) 4분 음표 2개, 8분 음표 4개를 사용하는 경우
♩♩♪♪♪♪를 나열하는 경우의 수이므로 $\frac{6!}{2!4!}=15$
iv) 4분 음표 1개, 8분 음표 6개를 사용하는 경우
♩♪♪♪♪♪♪를 나열하는 경우의 수이므로 $\frac{7!}{6!}=7$
v) 4분 음표 0개, 8분 음표 8개를 사용하는
♪♪♪♪♪♪♪♪만 가능하므로 1 가지
i)~v)에서 구하는 경우의 수는 $1+10+15+7+1=34$

답 34

G05-15

어떤 사회봉사센터에서는 다음과 같은 4가지 봉사활동 프로그램을 매일 운영하고 있다.

프로그램	A	B	C	D
봉사활동 시간	1시간	2시간	3시간	4시간

철수는 이 사회봉사센터에서 5일간 매일 하나씩의 프로그램에 참여하여 다섯 번의 봉사활동 시간 합계가 8시간이 되도록 아래와 같은 봉사활동 계획서를 작성하려고 한다. 작성할 수 있는 봉사활동 계획서의 가짓수는? [4점]

봉사활동 계획서

성명 :

참여일	참여 프로그램	봉사활동 시간
2009. 1. 5		
2009. 1. 6		
2009. 1. 7		
2009. 1. 8		
2009. 1. 9		
봉사활동 시간 합계		8시간

① 47 ② 44 ③ 41
④ 38 ⑤ 35

How To

i) 봉사 시간 4, 1, 1, 1, 1 + ii) 봉사 시간 3, 2, 1, 1, 1 + iii) 봉사 시간 2, 2, 2, 1, 1 = 답

풀이 1

봉사활동 프로그램을 5번 참여하여
시간 합계가 8시간이 되어야 하므로
자연수 8을 4 이하의 자연수 5개의 합으로 나타내면

$8=4+1+1+1+1$
$=3+2+1+1+1$
$=2+2+2+1+1$
이다.

i) $4+1+1+1+1=8$의 경우
봉사활동 프로그램 중 D를 1번, A를 4번 하면 되므로 DAAAA를 나열하는 경우의 수는
$\frac{5!}{4!}=5$ 너코 063
ii) $3+2+1+1+1=8$의 경우
봉사활동 프로그램 중 C를 1번, B를 1번, A를 3번 하면 되므로 CBAAA를 나열하는 경우의 수는 $\frac{5!}{3!}=20$
iii) $2+2+2+1+1=8$의 경우
봉사활동 프로그램 중 B를 3번, A를 2번 하면 되므로 BBBAA를 나열하는 경우의 수는
$\frac{5!}{3!2!}=10$
i)~iii)에서 구하는 봉사활동 계획서의 가짓수는
$5+20+10=35$

풀이 2

5일간의 봉사활동 시간을 각각
a, b, c, d, e (단, a, b, c, d, e는 4 이하의 자연수)라 하면
시간 합계가 8시간이 되어야 하므로 $a+b+c+d+e=8$이다.
구하는 계획서의 가짓수는 방정식 $a+b+c+d+e=8$을 만족시키는 자연수의 순서쌍의 개수와 같다.
$a=a'+1,\ b=b'+1,\ c=c'+1,\ d=d'+1,\ e=e'+1$ 너코 066
(단, a', b', c', d', e'은 음이 아닌 정수)이라 하면
$a'+b'+c'+d'+e'=3$이다.
따라서 구하는 가짓수는 방정식 $a'+b'+c'+d'+e'=3$을 만족시키는 음이 아닌 정수의 순서쌍의 개수와 같으므로
${}_5H_3={}_7C_3=35$ 너코 065

답 ⑤

G05-16

조건 (가), (나)에 의하여 선택되는 다섯 개의 숫자는 (홀수 1개, 짝수 4개) 또는 (홀수 3개, 짝수 2개)이다.
i) 홀수 1개, 짝수 4개를 선택하는 경우
1, 3, 5 중 1개를 선택하는 경우의 수는 ${}_3C_1=3$
(2, 2), (4, 4), (6, 6) 중 서로 다른 2개를 선택하는 경우의 수는 ${}_3C_2=3$
선택된 숫자를 나열하는 경우의 수는 $\frac{5!}{2!2!}=30$ 너코 063
이 경우 만들 수 있는 자연수의 개수는
$3\times3\times30=270$이다.

ii) 홀수 3개, 짝수 2개를 선택하는 경우

1, 3, 5 중 서로 다른 3개를 선택하는 경우의 수는 ${}_3C_3 = 1$

(2, 2), (4, 4), (6, 6) 중 1개를 선택하는 경우의 수는 ${}_3C_1 = 3$

선택된 숫자를 나열하는 경우의 수는 $\frac{5!}{2!} = 60$

이 경우 만들 수 있는 자연수의 개수는

$1 \times 3 \times 60 = 180$이다.

i), ii)에 의하여 구하는 자연수의 개수는

$270 + 180 = 450$이다.

답 ①

G06-01

2가 적힌 카드와 4가 적힌 카드의 순서가 정해져 있으므로

같은 숫자로 보고 주어진 5장의 카드를 일렬로 나열하면

$\frac{5!}{2!} = 60$ 너코 063

이때 같은 숫자로 본 2장의 카드에

왼쪽에서부터 각각 2, 4를 넣어주면

항상 2가 적힌 카드가 4가 적힌 카드보다 왼쪽에 나열되어

조건을 만족시킨다.

따라서 구하는 경우의 수는 60이다.

답 ④

G06-02

a, b, c를 이 순서대로 나열해야 하므로 같은 문자로 보고

주어진 6개의 문자를 일렬로 나열하면 $\frac{6!}{3!} = 120$ 너코 063

이때 같은 문자로 본 3개에

왼쪽에서부터 각각 a, b, c를 넣어주면

항상 a가 b보다 왼쪽에 나열되고, b가 c보다 왼쪽에 나열되어

조건을 만족시킨다.

따라서 구하는 경우의 수는 120이다.

답 120

G06-03

풀이 1

A, B를 제외한 4가지 업무 중 오늘 처리할 2가지를 선택하는

경우의 수는 ${}_4C_2 = 6$

이때 A를 B보다 먼저 처리해야 하므로 A, B를 같은 것으로

보고 4가지 업무의 순서를 정하면

$\frac{4!}{2!} = 12$ 너코 063

따라서 구하는 경우의 수는 $6 \times 12 = 72$

풀이 2

오늘 처리할 4가지 업무를 일렬로 나열한다고 생각하면

_ _ _ _의 빈자리 4개 중 A, B를 나열할 2자리를 선택하는

경우의 수는 ${}_4C_2 = 6$

이때 A, B가 반드시 이 순서대로 들어가므로

순서를 정하는 경우의 수는 1, 나머지 4가지 업무 중 2가지를

남은 2자리에 나열하는 경우의 수는 ${}_4P_2 = 12$

따라서 구하는 경우의 수는 $6 \times 1 \times 12 = 72$

답 ③

G06-04

풀이 1

A보다 B가 본사로부터 거리가 먼 지사의 지사장이 되도록

발령해야 하므로 같은 사람으로 보고

5개의 지사에 A, B, C, D, E를 발령하는 경우의 수는

$\frac{5!}{2!} = 60$ 너코 063

이때 A, B가 '가' 지사와 '나' 지사에 발령될 경우의 수는

제외해 주어야 한다.

A, B를 같은 사람으로 보았으므로

'가' 지사와 '나' 지사에 발령될 경우의 수는 1이고,

나머지 C, D, E를 발령하는 경우의 수는 $3! = 6$이다.

따라서 구하는 경우의 수는

$60 - 1 \times 6 = 54$

풀이 2

5개의 지사 중에서 A, B가 발령될 2개를 선택하는 경우의

수는 ${}_5C_2 = 10$

선택된 2개의 지사 중 더 먼 지사에 반드시 B가 발령되므로

A, B를 발령하는 경우의 수는 1

이때 A, B가 '가' 지사와 '나' 지사를 선택하는 경우는

제외해 주어야 하므로 $10 \times 1 - 1 = 9$

한편 나머지 3명을 발령하는 경우의 수는 $3! = 6$이다.

따라서 구하는 경우의 수는

$9 \times 6 = 54$

답 ③

G06-05

풀이 1

2와 4가 적혀 있는 카드끼리 순서가 정해져 있으므로

두 카드를 a, a라 하고

홀수가 적혀 있는 카드끼리도 순서가 정해져 있으므로

홀수가 적힌 세 카드를 b, b, b라 하여

$aabbb6$을 나열하는 경우의 수는 $\frac{6!}{2!3!} = 60$ 너코 063

이때 두 카드 a, a를 차례대로 2와 4가 적혀 있는 카드로

바꾸고 세 카드 b, b, b를 차례대로 1, 3, 5가 적혀 있는 카드로 바꾸면 조건을 만족시킨다.
따라서 구하는 경우의 수는 60이다.

풀이 2

6장의 카드를 나열할 6자리 중
2와 4가 적혀 있는 카드의 자리를 선택하는 경우의 수는
${}_6C_2 = 15$
나머지 4자리 중 홀수가 적힌 카드의 자리를 선택하는 경우의 수는 ${}_4C_3 = 4$
나머지 한 자리에 6이 적혀 있는 카드를 놓으면 된다.
이때 2, 4와 1, 3, 5는 순서가 정해져 있으므로 배열하는 경우의 수는 1이다.
따라서 구하는 경우의 수는
$15 \times 4 \times 1 = 60$

답 ②

G06-06

풀이 1

각 과목의 수준 Ⅰ의 과제와 수준 Ⅱ의 과제 사이에는 순서가 이미 정해져 있으므로 같은 것으로 생각하여
국어 과목의 과제를 a, a, 수학 과목의 과제를 b, b, 영어 과목의 과제를 c, c라 하자.
a, a, b, b, c, c를 모두 나열하는 경우의 수는
$\frac{6!}{2!2!2!} = 90$ 너코 063
이때 a, a, b, b, c, c에서 같은 문자끼리는
앞에 있는 문자를 수준 Ⅰ의 과제,
뒤에 있는 문자를 수준 Ⅱ의 과제로 바꾸면 주어진 조건을 만족시킨다.
따라서 구하는 경우의 수는 90이다.

풀이 2

6개의 과제를 제출하는 순서대로
일렬로 나열한다고 생각하면
6개의 자리 중 국어A와 국어B의 자리를
선택하는 경우의 수는 ${}_6C_2 = 15$
나머지 4개의 자리 중 수학A와 수학B의 자리를
선택하는 경우의 수는 ${}_4C_2 = 6$
나머지 2개의 자리 중 영어A와 영어B의 자리를
선택하는 경우의 수는 ${}_2C_2 = 1$
이때 각 과목의 수준 Ⅰ의 과제와 수준 Ⅱ의 과제 사이에는 순서가 이미 정해져 있으므로
국어A와 국어B, 수학A와 수학B, 영어A와 영어B를 나열하는 경우의 수는 각각 1가지이다.
따라서 구하는 경우의 수는
$15 \times 6 \times 1 \times 1 \times 1 \times 1 = 90$

답 90

G07-01

풀이 1

주어진 도로망을 그림과 같이 직사각형 모양으로 나타내고, 중간지점을 C라 하자.

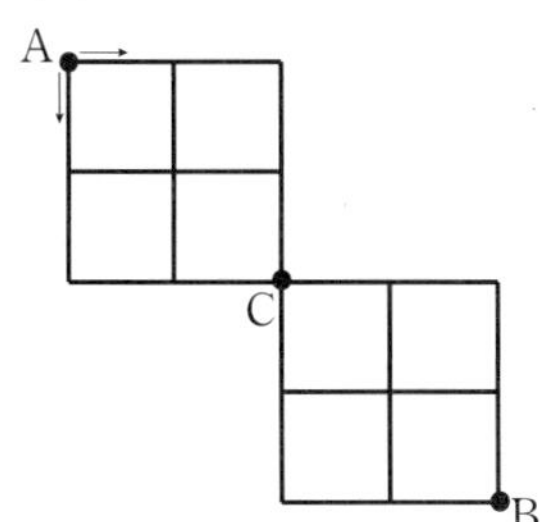

A지점에서 C지점까지 최단거리로 가려면
→, ↓방향으로 각각 2번씩 이동하면 되므로
→, →, ↓, ↓를 나열하는 경우의 수는 $\frac{4!}{2!2!} = 6$ 너코 064
C지점에서 B지점까지 최단거리로 가려면
→, ↓방향으로 각각 2번씩 이동하면 되므로
마찬가지로 경우의 수는 $\frac{4!}{2!2!} = 6$
따라서 구하는 경우의 수는
$6 \times 6 = 36$

풀이 2

주어진 도로망을 그림과 같이 직사각형 모양으로 나타내자.

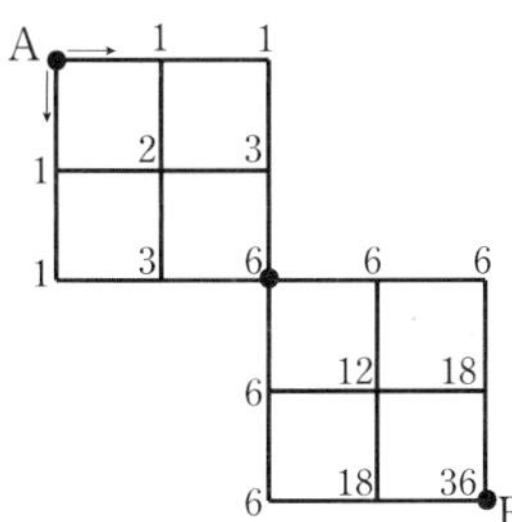

따라서 A지점에서 출발하여 B지점까지
최단거리로 가는 경우의 수를 일일이 세면 36이다. 너코 064

답 ④

G07-02

풀이 1

C, D지점을 모두 지나지 않아야 하므로
지날 수 없는 길을 제외하고 나타내면 다음과 같다.

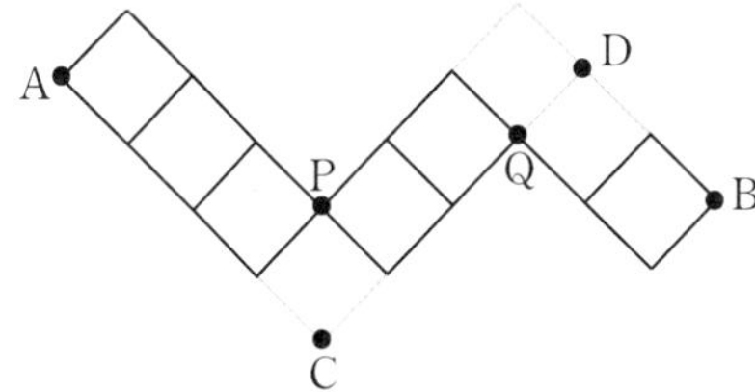

이때 P지점과 Q지점을 항상 지나야 한다.
A지점에서 P지점까지 최단거리로 가려면
↗, ↘방향으로 각각 1번, 3번씩 이동해야 하므로

↗, ↘, ↘, ↘를 나열하는 경우의 수는 $\frac{4!}{3!}=4$ 너코 064

P 지점에서 Q 지점까지 최단거리로 가려면
↗, ↘방향으로 각각 2번, 1번씩 이동해야 하므로

↗, ↗, ↘를 나열하는 경우의 수는 $\frac{3!}{2!}=3$

Q 지점에서 B 지점까지 최단거리로 가려면
반드시 먼저 ↘방향으로 한 번 이동하고
↗, ↘방향으로 각각 1번씩 이동해야 하므로
↗, ↘를 나열하는 경우의 수는 $2!=2$
따라서 구하는 경우의 수는
$4\times3\times2=24$

풀이 2

C, D 지점을 모두 지나지 않아야 하므로
지날 수 없는 길을 제외하고 나타내면 다음과 같다.

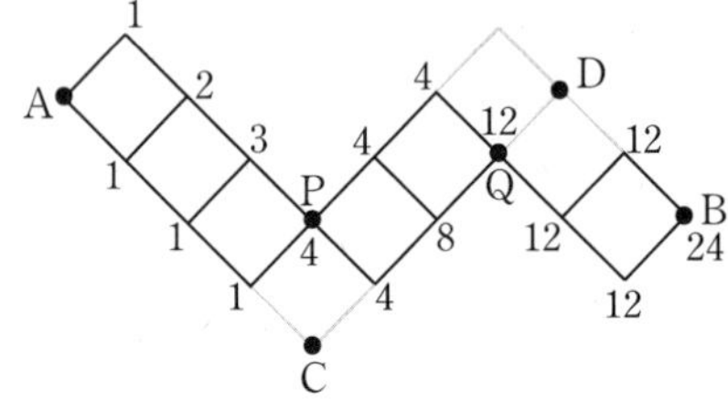

따라서 구하는 경우의 수를 일일이 세면 24이다. 너코 064

답 ②

G07-03

풀이 1

A 지점에서 P 지점까지 최단거리로 가려면
→, ↑방향으로 각각 2번씩 이동해야 하므로

→, →, ↑, ↑를 나열하는 경우의 수는 $\frac{4!}{2!2!}=6$ 너코 064

P 지점에서 B 지점까지 최단거리로 가려면
→, ↑방향으로 각각 3번, 1번씩 이동해야 하므로

→, →, →, ↑를 나열하는 경우의 수는 $\frac{4!}{3!}=4$

따라서 구하는 경우의 수는 $6\times4=24$이다.

풀이 2

A 지점에서 출발하여 P 지점을 지나 B 지점까지 이동할 때
사용하지 않는 길을 제외하면 다음과 같다.

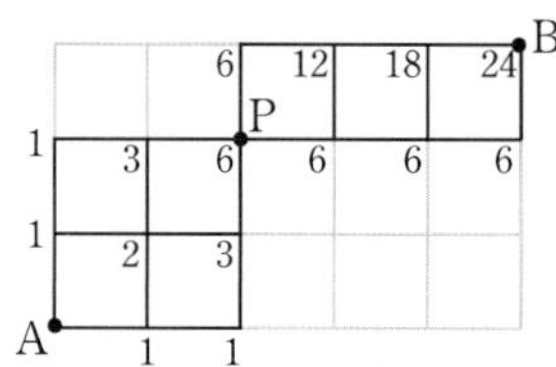

따라서 A 지점에서 출발하여 P 지점을 지나 B 지점까지
최단거리로 이동하는 경우의 수를 일일이 세면 24이다. 너코 064

답 ⑤

G07-04

풀이 1

A 지점에서 P 지점까지 최단거리로 가려면
→, ↑ 방향으로 각각 3번, 1번씩 이동해야 하므로

→, →, →, ↑를 나열하는 경우의 수는 $\frac{4!}{3!}=4$ 너코 064

P 지점에서 B 지점까지 최단거리로 가려면
→, ↑ 방향으로 각각 1번씩 이동해야 하므로
→, ↑를 나열하는 경우의 수는 $2!=2$
따라서 구하는 경우의 수는 $4\times2=8$이다.

풀이 2

A 지점에서 출발하여 P 지점을 지나 B 지점까지 이동할 때
사용하지 않는 길을 제외하면 다음과 같다.

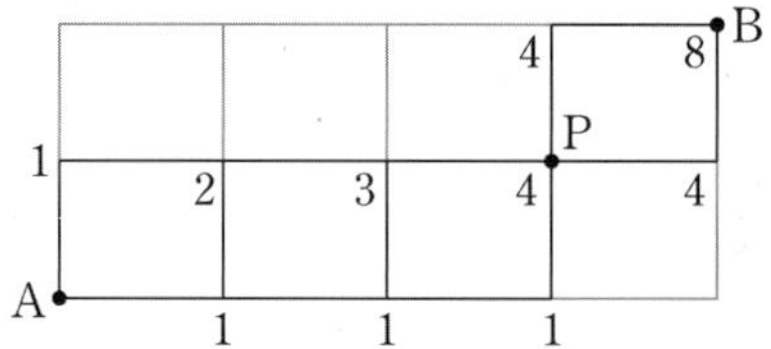

따라서 A 지점에서 출발하여 P 지점을 지나 B 지점까지
최단거리로 이동하는 경우의 수를 일일이 세면 8이다. 너코 064

답 ③

G07-05

갑과 을은 같은 속력으로 움직이므로
다음 그림의 선분 QR의 중점 P에서 만나게 된다.

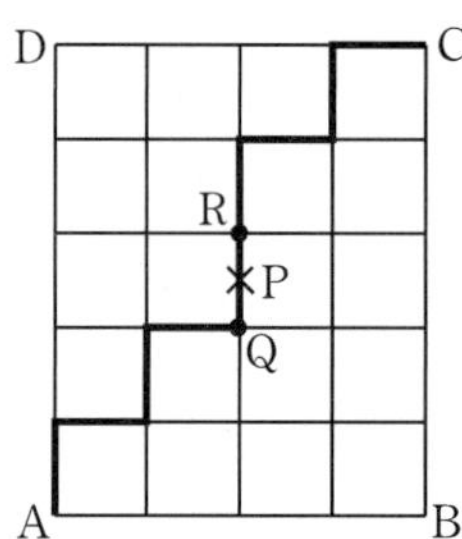

따라서 이때 병이 P를 지나려면
선분 QR를 반드시 지나야 한다.
B에서 Q까지 최단거리로 가려면
←, ↑방향으로 각각 2번씩 이동해야 하므로

←, ←, ↑, ↑를 나열하는 경우의 수는 $\frac{4!}{2!2!}=6$ 너코 064

Q에서 R로 가는 경우의 수는 1
R에서 D까지 최단거리로 가려면
←, ↑방향으로 각각 2번씩 이동해야 하므로

마찬가지로 경우의 수는 $\frac{4!}{2!2!}=6$

따라서 세 사람이 모두 만나도록 병이 B에서 D까지 가는
경우의 수는
$6\times1\times6=36$

답 36

G07-06

풀이 1

최단거리로 가려면 → 또는 ↓ 방향으로만 이동해야 하므로 지날 수 없는 길을 제외하면 다음과 같다.

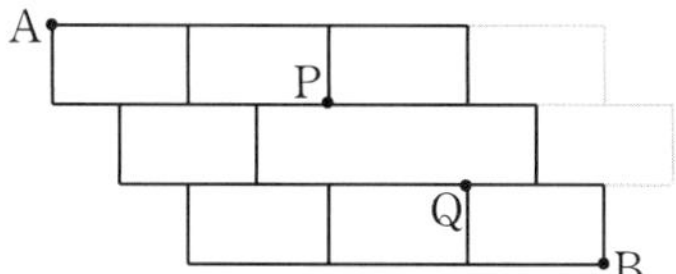

세로 방향 도로를 지난 다음 반드시 오른쪽으로 이동해야 하므로 다음과 같이 도로망을 직사각형 모양으로 바꾸어 그릴 수 있다.

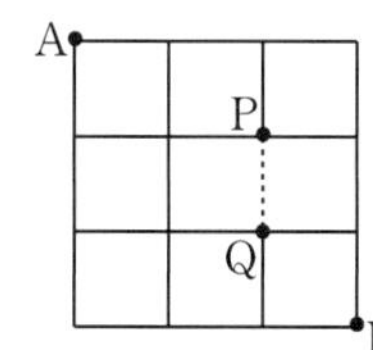

위 그림에서 선분 PQ가 연결되어 있다면
지점 A에서 지점 B까지 최단거리로 갈 때
→, ↓ 방향으로 각각 3번씩 이동해야 하므로
→, →, →, ↓, ↓, ↓를 나열하는 경우의 수는

$\frac{6!}{3!3!}=20$ 너코 064

이 중 선분 PQ를 지나는 경우는 다음과 같다.
지점 A에서 지점 P까지 최단거리로 가는 경우의 수는
→, →, ↓를 나열하는 경우의 수와 같으므로 $\frac{3!}{2!}$
지점 P에서 지점 Q로 가는 경우의 수는 1
지점 Q에서 지점 B로 가는 경우의 수는
→, ↓를 나열하는 경우의 수와 같으므로 2!
그러므로 지점 A에서 지점 B까지 선분 PQ를 지나서 가는 경우의 수는

$\frac{3!}{2!}\times 1\times 2!=6$

따라서 구하는 경우의 수는 $20-6=14$

풀이 2

주어진 도로망을 다음과 같이 직사각형 모양으로 바꾸어 그릴 수 있다.

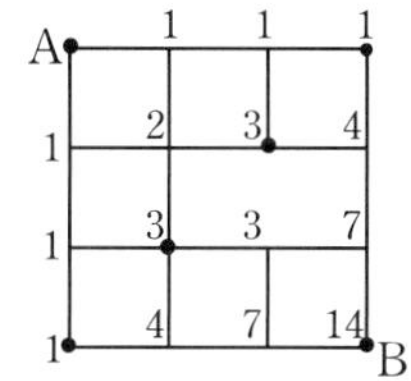

따라서 지점 A에서 지점 B까지 도로를 따라 최단거리로 가는 경우의 수를 일일이 세면 14이다. 너코 064

답 ①

G07-07

풀이 1

산책로의 각 지점 사이가 직선으로 연결된 것으로 생각해도 구하는 경우의 수는 같다.

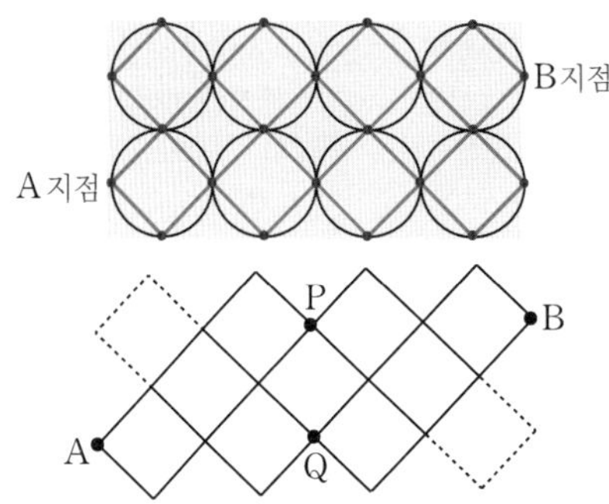

위 그림에서 점선으로 표시된 부분을 지나가면
최단거리가 아니므로 생각하지 않으며
P지점 또는 Q지점 중 하나만을 반드시 거쳐야 한다.
A지점에서 출발하여 P지점을 거쳐 B지점까지 가는 경우의 수는 다음과 같다.
A지점에서 P지점까지 가는 경우의 수는
↗, ↗, ↗, ↘를 나열하는 경우의 수와 같으므로 $\frac{4!}{3!}$ 너코 064
P지점에서 B지점까지 가는 경우의 수는 ↗, ↗, ↘, ↘를 나열하는 경우 중 ↗, ↗, ↘, ↘만 제외해 주면 되므로

$\frac{4!}{2!2!}-1$

그러므로 A지점에서 B지점까지 가는 경우의 수는

$\frac{4!}{3!}\times\left(\frac{4!}{2!2!}-1\right)=4\times 5=20$

A지점에서 출발하여 Q지점을 거쳐 B지점까지 가는 경우의 수는 위와 마찬가지로

$\left(\frac{4!}{2!2!}-1\right)\times\frac{4!}{3!}=20$

따라서 구하는 경우의 수는 $20+20=40$

풀이 2

산책로의 각 지점 사이가 직선으로 연결된 것으로 생각해도 구하는 경우의 수는 같다.

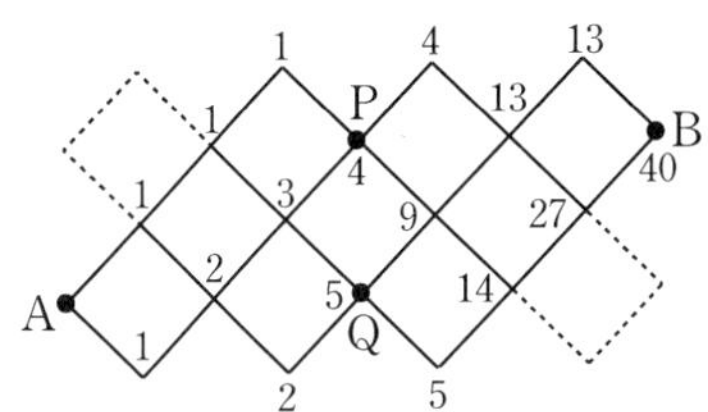

위 그림에서 점선으로 표시된 부분을 지나가면
최단거리가 아니므로 생각하지 않는다.
따라서 A지점에서 출발하여 산책로를 따라
최단거리로 B지점에 도착하는 경우의 수를 일일이 세면
40이다. 너코 064

답 40

빈출 QnA

Q. G07-06에서 도로망 전체를 직사각형 모양이 되도록 맞추었는데 G07-07에서는 왜 그렇게 만들어서 풀면 안 되나요?

A. 일단 G07-06에서 도로망을 직사각형 모양으로 변형하는 것이 가능했던 이유를 설명하겠습니다.
최단거리로 이동해야 하므로 지나지 않는 도로를 제외하면 다음과 같습니다.

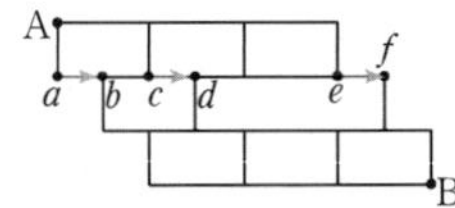

위에서 a지점을 지난 경우
반드시 b지점으로 이동해야 합니다.
또한 b지점으로 이동하려면 반드시 a지점을 지나야 하지요.
즉, a지점을 지난다는 것은 b지점을 지나는 것을 의미하고, b지점을 지난다는 것은 a지점을 지난다는 것을 의미하므로 a, b를 같은 지점으로 생각해줄 수 있습니다.
마찬가지로 생각하면 c지점과 d지점을 같게 생각할 수 있고, e지점과 f지점도 같게 생각할 수 있습니다.
각각을 같은 점으로 일치시켜서 직사각형 모양으로 도로망을 변형시키면 다음과 같습니다.

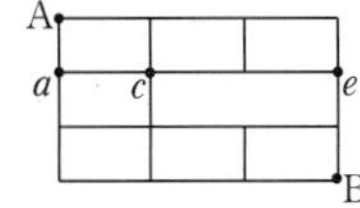

이번에는 G07-07의 경우를 보겠습니다.
산책로를 직선으로 보고 도로망을 나타내면 다음과 같습니다.

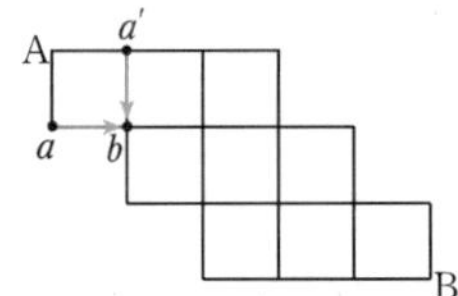

위에서 a지점을 지나면 반드시 b지점을 지나게 되지만 b지점을 지나기 위해서는 a지점을 지날 수도 있고 a'지점을 지날 수도 있습니다.
즉, a, b를 같은 지점으로 생각할 수 없습니다.
이와 같이 G07-07은
같은 지점으로 생각할 수 있는 점이 존재하지 않아서 도로망 전체를 직사각형이 되도록 변형하면 안 되는 것입니다.

G07-08

그림과 같이 점 A에서 점 B까지 움직일 때,
→ 또는 ↗ 또는 ↘ 방향으로만 움직여야 한다.

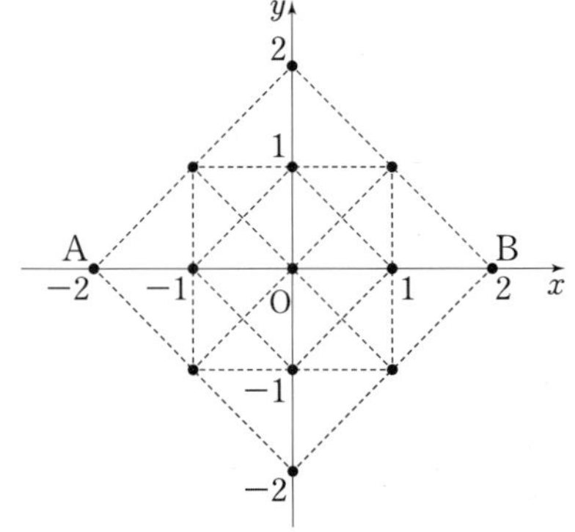

i) → 방향으로 네 번 점프하는 경우
→, →, →, →를 나열하는 경우의 수와 같으므로 1 너코064

ii) → 방향으로 두 번, ↗ 방향과 ↘ 방향으로 각각 한 번씩 점프하는 경우
→, →, ↗, ↘를 나열하는 경우의 수와 같으므로 $\frac{4!}{2!}=12$

iii) ↗ 방향과 ↘ 방향으로 각각 두 번씩 점프하는 경우
↗, ↗, ↘, ↘를 나열하는 경우의 수와 같으므로 $\frac{4!}{2!2!}=6$

i)~iii)에서 구하는 경우의 수는 $1+12+6=19$

답 19

G08-01

방정식 $x+y+z=17$을 만족시키는
음이 아닌 정수 x, y, z의 순서쌍 (x, y, z)의 개수는
서로 다른 3개의 대상 x, y, z 중에서 중복을 허락하여
17개를 뽑는 중복조합의 수와 같다. 너코066

$\therefore\ {}_{3}\mathrm{H}_{17}={}_{19}\mathrm{C}_{17}={}_{19}\mathrm{C}_{2}=171$ 너코065

답 171

G08-02

방정식 $x+y+z+w=4$를 만족시키는
음이 아닌 정수해의 순서쌍 (x, y, z, w)의 개수는
서로 다른 4개의 대상 x, y, z, w 중에서
중복을 허락하여 4개를 뽑는 경우의 수이다. 너코066

$\therefore\ {}_{4}\mathrm{H}_{4}={}_{7}\mathrm{C}_{4}=35$ 너코065

답 35

G08-03

$f(1)$의 값을 선택하는 경우의 수는 공역의 원소 중 하나를 선택하는 ${}_{4}\mathrm{C}_{1}$

$f(2)\le f(3)\le f(4)$를 만족시키도록
$f(2)$, $f(3)$, $f(4)$의 값을 선택하는 경우의 수는
공역의 원소 중에서 중복을 허락하여 3개를 선택하는
중복조합의 수와 같으므로

${}_{4}\mathrm{H}_{3}={}_{6}\mathrm{C}_{3}=20$ 너코065

따라서 구하는 함수 $f: X\to X$의 개수는

$4\times 20=80$ 너코067

답 ⑤

G08-04

$x_1<x_2$일 때, $f(x_1)\ge f(x_2)$이려면
$f(1)\ge f(2)\ge f(3)\ge f(4)$을 만족시켜야 한다.
공역의 원소 7개 중에서 $f(1)$, $f(2)$, $f(3)$, $f(4)$의 값을
중복을 허락하여 4번 뽑는 경우의 수는

${}_{7}\mathrm{H}_{4}={}_{10}\mathrm{C}_{4}=210$ 너코065

이때 뽑은 수를 $f(1) \geq f(2) \geq f(3) \geq f(4)$를 만족시키도록 대응시키는 방법은 1가지이다.
즉, 구하는 함수 f의 개수는 210이다. 너코 067

답 210

G08-05

3에서 10까지 8개의 자연수 중에
중복을 허락하여 4개의 자연수를 선택하는 경우의 수는
${}_8\mathrm{H}_4 = {}_{11}\mathrm{C}_4 = 330$ 너코 065
이때 뽑은 수를 $3 \leq a \leq b \leq c \leq d \leq 10$를 만족시키도록 대응시키는 방법은 1가지이다.
따라서 자연수 a, b, c, d의 모든 순서쌍 (a, b, c, d)의 개수는 330이다.

답 ④

G08-06

x, y, z는 $x \geq -1,\ y \geq -1,\ z \geq -1$인 정수이므로
$X = x+1,\ Y = y+1,\ Z = z+1$
(단, X, Y, Z는 음이 아닌 정수)이라 하면 주어진 방정식은
$(X-1)+(Y-1)+(Z-1)=4,\ X+Y+Z=7$이다.
구하는 순서쌍의 개수는
방정식 $X+Y+Z=7$을 만족시키는 음이 아닌 정수해의 개수와 같다. 너코 066
$\therefore\ {}_3\mathrm{H}_7 = {}_9\mathrm{C}_7 = 36$ 너코 065

답 ③

G08-07

숫자 4가 한 개 이하가 되어야 하므로
숫자 4는 택하지 않거나 1개 택해야 한다.

i) 숫자 4를 택하지 않는 경우
나머지 3개의 숫자 1, 2, 3 중에서
중복을 허락하여 5개를 택하므로
${}_3\mathrm{H}_5 = {}_7\mathrm{C}_5 = 21$ 너코 065
ii) 숫자 4를 1개 택하는 경우
나머지 3개의 숫자 1, 2, 3 중에서
중복을 허락하여 4개를 택하므로
${}_3\mathrm{H}_4 = {}_6\mathrm{C}_4 = 15$
i), ii)에서 구하는 경우의 수는
$21+15=36$

답 ④

G08-08

연립방정식 $\begin{cases} x+y+z+3w=14 \\ x+y+z+w=10 \end{cases}$에서
두 식을 변끼리 각각 빼면 $2w=4$에서 $w=2$이다.
이를 식에 대입하면 $x+y+z=8$이다.
즉, $w=2$로 정해져 있으므로 구하는 순서쌍의 개수는
방정식 $x+y+z=8$을 만족시키는 음이 아닌 정수
x, y, z의 순서쌍 (x, y, z)의 개수와 같다. 너코 066
$\therefore\ {}_3\mathrm{H}_8 = {}_{10}\mathrm{C}_8 = 45$ 너코 065

답 ②

G08-09

조건 (가)에 의하여 세 수 a, b, c는 모두 홀수이다.
조건 (나)에서 세 수 a, b, c는 모두 20 이하이므로
20 이하의 홀수 1, 3, 5, 7, 9, 11, 13, 15, 17, 19의
10개 중에서 중복을 허락하여 3개를 선택하는
경우의 수는 ${}_{10}\mathrm{H}_3 = {}_{12}\mathrm{C}_3 = 220$ 너코 065
이때 뽑은 수를 $a \leq b \leq c$를 만족시키도록 대응시키는 방법의 수는 1이다.
따라서 구하는 순서쌍의 개수는 220이다.

답 220

G08-10

음이 아닌 정수 a, b, c, d에 대하여
조건 (가)에서 $a+b+c=10-3d$이고 ……㉠
조건 (나)에서 $a+b+c \leq 5$이므로
$a+b+c=10-3d \leq 5$이다.
즉, $0 \leq 10-3d \leq 5,\ \dfrac{5}{3} \leq d \leq \dfrac{10}{3}$에서
$d=2$ 또는 $d=3$이다.

i) $d=2$일 때
㉠에서 방정식 $a+b+c=4$를 만족시키는
음이 아닌 정수 a, b, c의 순서쌍 (a, b, c)의 개수는
${}_3\mathrm{H}_4 = {}_6\mathrm{C}_4 = 15$ 너코 065 너코 066
ii) $d=3$일 때
㉠에서 방정식 $a+b+c=1$을 만족시키는
음이 아닌 정수 a, b, c의 순서쌍 (a, b, c)의 개수는
${}_3\mathrm{H}_1 = {}_3\mathrm{C}_1 = 3$
i), ii)에서 구하는 모든 순서쌍의 개수는
$15+3=18$

답 ①

G08-11

a, b, c, d, e 중에서 0이 되는 2개를 선택하는 경우의 수는
${}_5\mathrm{C}_2 = 10$
0이 되는 2개의 수를 제외하고 나머지는 자연수가 되어야 하므로 세 자연수를 X, Y, Z라 하면
$X+Y+Z=10$을 만족시켜야 한다.
이때 $X=x+1,\ Y=y+1,\ Z=z+1$
(단, x, y, z는 음이 아닌 정수)이라 하고 대입하면
$(x+1)+(y+1)+(z+1)=10,\ x+y+z=7$이다.

방정식 $x+y+z=7$을 만족시키는
음이 아닌 정수 x, y, z의 순서쌍 (x, y, z)의 개수는
${}_3\mathrm{H}_7 = {}_9\mathrm{C}_7 = 36$ 너코 065 너코 066
따라서 구하는 순서쌍의 개수는
$10 \times 36 = 360$

답 ④

G08-12

1에서 5까지 5개의 자연수 중에서
중복을 허락하여 3개의 자연수를 선택하는 경우의 수는
${}_5\mathrm{H}_3 = {}_7\mathrm{C}_3 = 35$이고, 너코 065
선택한 수를 $1 \le |a| \le |b| \le |c| \le 5$를 만족시키도록
대응시키는 경우의 수는 1이다.
이때 $|a|$, $|b|$, $|c|$의 값이 정해지면 a, b, c는 각각
절댓값은 같고 부호가 서로 다른 두 정수가 가능하므로
구하는 순서쌍 (a, b, c)의 개수는
$35 \times 2 \times 2 \times 2 = 280$

답 ③

빈출 QnA

Q. -5, -4, -3, $\cdots$, 5의 10개의 숫자 중에서 3개를 중복해서 뽑아서 ${}_{10}\mathrm{H}_3$으로 풀면 왜 안 되나요?

A. 이 문항에서는 3개의 수를 선택할 때마다
순서쌍 (a, b, c)가 하나씩 결정되지 않기 때문에,
중복조합의 수 ${}_{10}\mathrm{H}_3$과 구하는 모든 순서쌍 (a, b, c)의 개수가
서로 같다고 할 수 없습니다.
예를 들어 10개의 정수 중 -1, 1, 1을 선택하는 경우
$1 \le |a| \le |b| \le |c| \le 5$를 만족시키는 경우는
$a=-1$, $b=1$, $c=1$ 또는 $a=1$, $b=-1$, $c=1$
또는 $a=1$, $b=1$, $c=-1$로 3가지입니다.
즉, 중복조합 ${}_{10}\mathrm{H}_3$으로 센 각각의 경우에 대하여
순서쌍이 하나씩 대응되어야 하는데
위와 같이 두 개 이상의 대응이 가능하므로 오류가 생기는
것입니다.
그러므로 해설지와 같이 절댓값을 붙인 채로
$|a|$, $|b|$, $|c|$의 값을 정하고 각각의 부호를 생각해 주는 것입니다.

G08-13

방정식 $x+y+z+5w=14$를 만족시키는 양의 정수
x, y, z, w의 모든 순서쌍 (x, y, z, w)의 개수는? [4점]

① 27　② 29　③ 31
④ 33　⑤ 35

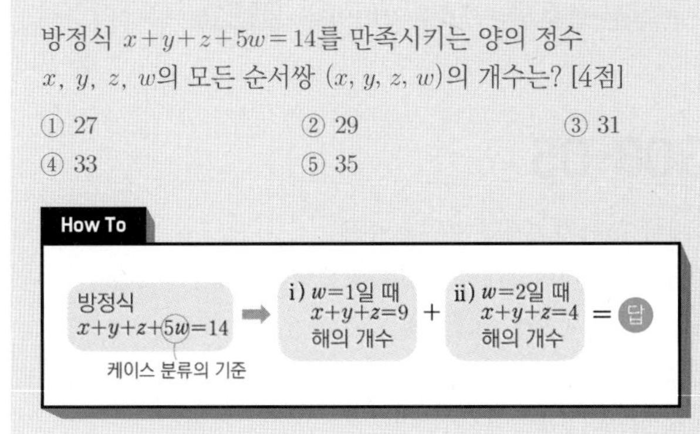

How To
방정식
x+y+z+5w=14
케이스 분류의 기준
i) w=1일 때
x+y+z=9
해의 개수
+
ii) w=2일 때
x+y+z=4
해의 개수
=
답

방정식 $x+y+z+5w=14$에서 ……㉠
계수가 다른 w의 값에 따라 경우를 나누어서 생각한다.
이때 양의 정수 x, y, z, w에 대하여 $x+y+z=14-5w$이고,
$x+y+z \ge 3$이므로
$14-5w \ge 3$, $w \le \frac{11}{5}$
즉, $w=1$ 또는 $w=2$이다.

i) $w=1$일 때
㉠에서 $x+y+z=9$이고,
$x=x'+1$, $y=y'+1$, $z=z'+1$
(단, x', y', z'은 음이 아닌 정수)이라 하면
$x'+y'+z'=6$이다. 너코 066
$w=1$인 순서쌍의 개수는
방정식 $x'+y'+z'=6$을 만족시키는 음이 아닌 정수
x', y', z'의 순서쌍 (x', y', z')의 개수와 같으므로
${}_3\mathrm{H}_6 = {}_8\mathrm{C}_6 = 28$ 너코 065

ii) $w=2$일 때
㉠에서 $x+y+z=4$이고,
$x=x'+1$, $y=y'+1$, $z=z'+1$
(단, x', y', z'은 음이 아닌 정수)이라 하면
$x'+y'+z'=1$이다.
$w=2$인 순서쌍의 개수는
방정식 $x'+y'+z'=1$을 만족시키는 음이 아닌 정수
x', y', z'의 순서쌍 (x', y', z')의 개수와 같으므로
${}_3\mathrm{H}_1 = {}_3\mathrm{C}_1 = 3$

i), ii)에서 구하는 모든 순서쌍의 개수는 $28+3=31$

답 ③

G08-14

네 자리의 자연수 중 각 자리의 수를 각각
a, b, c, d(단, a, b, c, d는 자연수)라 하면
$a+b+c+d=7$을 만족시켜야 한다.
$a=a'+1$, $b=b'+1$, $c=c'+1$, $d=d'+1$
(단, a', b', c', d'은 음이 아닌 정수)이라 하면
$a'+b'+c'+d'=3$이다. 너코 066

구하는 순서쌍의 개수는
방정식 $a'+b'+c'+d'=3$을 만족시키는 음이 아닌 정수 a', b', c', d'의 순서쌍 (a', b', c', d')의 개수와 같다.
$\therefore\ {}_4H_3={}_6C_3=20$ 너코 065

답 ④

G08-15

다음 조건을 만족시키는 음이 아닌 정수 x, y, z의 모든 순서쌍 (x, y, z)의 개수는? [4점]

(가) $x+y+z=10$
(나) $0<y+z<10$

① 39 ② 44 ③ 49
④ 54 ⑤ 59

How To

$x+y+z=10$ 의 해 − [i) $y+z=0,\ x=10$ 인 경우 + ii) $y+z=10,\ x=0$ 인 경우] = 답

($0<y+z<10$이 아닌 경우)

조건 (가)에서 방정식 $x+y+z=10$을 만족시키는 음이 아닌 정수 x, y, z의 모든 순서쌍 (x, y, z)의 개수는
${}_3H_{10}={}_{12}C_{10}=66$ 너코 065 너코 066
이 중에서 조건 (나)를 만족시키지 않는 순서쌍은 제외해야 한다.
조건 (나)를 만족시키지 않는 경우는
$y+z=0$ 또는 $y+z=10$일 때이다.

i) $y+z=0$이고 $x=10$일 때
x의 값이 정해져있으므로
방정식 $y+z=0$을 만족시키는 순서쌍의 개수는 1
ii) $y+z=10$이고 $x=0$일 때
x의 값이 정해져있으므로
방정식 $y+z=10$을 만족시키는 순서쌍의 개수는
${}_2H_{10}={}_{11}C_{10}=11$
i), ii)에서 구하는 모든 순서쌍의 개수는
$66-(1+11)=54$이다.

답 ④

G08-16

조건 (가)에 의하여
$n=1$일 때 $x_1\le x_2-2$,
$n=2$일 때 $x_2\le x_3-2$이고
조건 (나)에 의하여 $x_3\le 10$이므로
$0\le x_1\le x_2-2\le x_3-4\le 6$이다.
$0, 1, 2, \cdots, 6$의 7개의 정수 중 중복을 허락하여 3개를 선택하는 경우의 수는
${}_7H_3={}_9C_3=84$ 너코 065
이때 선택한 수를 부등식을 만족시키도록 x_1, x_2-2, x_3-4에 대응하는 방법은 1가지이다.
따라서 구하는 모든 순서쌍 (x_1, x_2, x_3)의 개수는 84이다.

답 84

G08-17

조건 (가)에 의하여
$n=1$일 때 $x_1\le x_2-2$,
$n=2$일 때 $x_2\le x_3-2$,
$n=3$일 때 $x_3\le x_4-2$이고
조건 (나)에 의하여 $x_4\le 12$이므로
$0\le x_1\le x_2-2\le x_3-4\le x_4-6\le 6$이다.
$0, 1, 2, \cdots, 6$의 7개의 정수 중 중복을 허락하여 4개를 선택하는 경우의 수는
${}_7H_4={}_{10}C_4=210$ 너코 065
이때 선택한 수를 부등식을 만족시키도록 x_1, x_2-2, x_3-4, x_4-6에 대응하는 방법은 1가지이다.
따라서 구하는 모든 순서쌍 (x_1, x_2, x_3, x_4)의 개수는 210이다.

답 ①

G08-18

조건 (나)에 의하여
d의 값으로 0, 1, 2, 3, 4가 가능하고 ……㉠
$c=c'+d$(단, c'은 음이 아닌 정수)라 할 수 있다.
조건 (가)에 이를 대입하면
$a+b+(c'+d)-d=9$이다. 너코 066
방정식 $a+b+c'=9$를 만족시키는 음이 아닌 정수 a, b, c'의 순서쌍 (a, b, c')의 개수는
${}_3H_9={}_{11}C_9={}_{11}C_2=55$이다. 너코 065 ……㉡
따라서 ㉠, ㉡에 의하여 구하는 순서쌍의 개수는
$55\times5=275$이다.

답 ③

G08-19

조건 (가)에서 방정식 $a+b+c+d=6$을 만족시키는 음이 아닌 정수 a, b, c, d의 순서쌍 (a, b, c, d)의 개수는
${}_4H_6={}_9C_6={}_9C_3=84$ 너코 065 너코 066
이 중에서 조건 (나)를 만족시키지 않는 경우, 즉
a, b, c, d가 모두 0이 아니도록 하는 순서쌍은 제외해야 한다.
이때 $a=a'+1,\ b=b'+1,\ c=c'+1,\ d=d'+1$
(단, a', b', c', d'는 음이 아닌 정수)이라 하면
방정식 $a'+b'+c'+d'=2$를 만족시키는 순서쌍의 개수는
${}_4H_2={}_5C_2=10$
따라서 구하는 순서쌍의 개수는 $84-10=74$

답 74

G08-20

조건 (나)에 의하여

$a^2-b^2=5$ 또는 $a^2-b^2=-5$이어야 한다.

$a^2-b^2=5$에서 $(a-b)(a+b)=5$이고

a, b는 자연수이므로

$a-b=1$, $a+b=5$ $\quad\therefore\ a=3$, $b=2$

$a^2-b^2=-5$에서 $(b-a)(b+a)=5$이고

a, b는 자연수이므로

$b-a=1$, $b+a=5$ $\quad\therefore\ a=2$, $b=3$

즉, 조건 (나)를 만족시키는 자연수 a, b의 값을 정하는 경우의 수는 2이고, 이때 $a+b=5$이다.

조건 (가)에서 $a+b+c+d+e=12$이므로

$c+d+e=7$ (c, d, e는 자연수)

이고, 이를 만족시키는 순서쌍 (c, d, e)의 개수는

$c=c'+1$, $d=d'+1$, $e=e'+1$이라 하면

$c'+d'+e'=4$를 만족시키는 음이 아닌 정수 c', d', e'의 순서쌍 (c', d', e')의 개수와 같으므로

${}_3H_4={}_6C_4={}_6C_2=15$ 너코 065 너코 066

따라서 구하는 순서쌍 (a, b, c, d, e)의 개수는

$2\times15=30$

답 ①

G08-21

주어진 조건 $a\le c\le d$이고 $b\le c\le d$는

$a\le b\le c\le d$ 또는 $b\le a\le c\le d$임을 의미한다.

i) $a\le b\le c\le d$인 경우

6 이하의 자연수 중에서 중복을 허락하여 4개를 선택한 후, 선택한 4개의 수를 작거나 같은 수부터 차례대로 a, b, c, d에 대응시키면 $a\le b\le c\le d$를 만족시키므로 순서쌍 (a, b, c, d)의 개수는

${}_6H_4={}_{6+4-1}C_4={}_9C_4=126$ 너코 065

ii) $b\le a\le c\le d$인 경우

i)과 같은 방법으로 구하면 순서쌍 (a, b, c, d)의 개수는

${}_6H_4={}_{6+4-1}C_4={}_9C_4=126$

iii) $a=b\le c\le d$인 경우

6 이하의 자연수 중에서 중복을 허락하여 3개를 선택한 후, 선택한 3개의 수를 작거나 같은 수부터 차례대로 $a(=b)$, c, d에 대응시키면 $a=b\le c\le d$를 만족시키므로 순서쌍 (a, b, c, d)의 개수는

${}_6H_3={}_{6+3-1}C_3={}_8C_3=56$

i)~iii)에서 구하는 순서쌍 (a, b, c, d)의 개수는

$126+126-56=196$

답 196

G08-22

$(a+b+c)^4$과 $(x+y)^3$에 서로 같은 문자가 없으므로

각각의 전개식의 항을 곱하면 모두 서로 다른 항이 된다.

이때 $(a+b+c)^4$과 $(x+y)^3$의 전개식에서 만들어지는

서로 다른 항의 개수는 다음과 같다.

i) $(a+b+c)^4$의 전개식에서 서로 다른 항의 개수

3개의 문자 a, b, c 중 4개를 택하는 중복조합의 수와 같으므로 ${}_3H_4={}_6C_4=15$ 너코 065

ii) $(x+y)^3$의 전개식에서 서로 다른 항의 개수

2개의 문자 x, y 중 3개를 택하는 중복조합의 수와 같으므로 ${}_2H_3={}_4C_3=4$

i), ii)에서 구하는 서로 다른 항의 개수는

$15\times4=60$

답 60

G08-23

다음 조건을 만족시키는 음이 아닌 정수 a, b, c의 모든 순서쌍 (a, b, c)의 개수는? [4점]

(가) $a+b+c=6$

(나) 좌표평면에서 세 점 $(1, a)$, $(2, b)$, $(3, c)$가 한 직선 위에 있지 않다.

① 19 ② 20 ③ 21 ④ 22 ⑤ 23

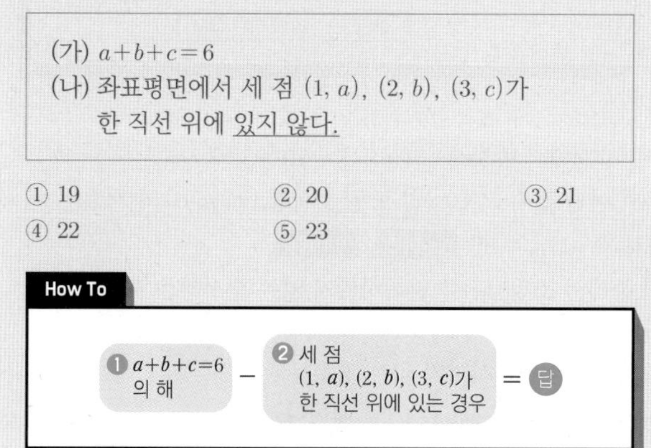

How To
❶ a+b+c=6 의 해
−
❷ 세 점 (1, a), (2, b), (3, c)가 한 직선 위에 있는 경우
= 답

❶ 조건 (가)에서 방정식 $a+b+c=6$을 만족시키는 음이 아닌 정수 a, b, c의 순서쌍의 개수는

${}_3H_6={}_8C_6=28$ 너코 065 너코 066

이 중에서 조건 (나)를 만족시키지 않는 순서쌍을 제외해야 한다.

❷ 조건 (나)를 만족시키지 않는 경우는

세 점 $(1, a)$, $(2, b)$, $(3, c)$가 한 직선 위에 있을 때이다.

즉, 두 점 $(1, a)$, $(2, b)$를 지나는 직선의 기울기와

두 점 $(2, b)$, $(3, c)$를 지나는 직선의 기울기가 같아야 하므로

$\frac{b-a}{2-1}=\frac{c-b}{3-2}$, $a+c=2b$이고,

이를 조건 (가)에 대입하면 $3b=6$이므로 $b=2$, $a+c=4$

그러므로 세 점이 한 직선 위에 있는 경우의 수는

방정식 $a+c=4$을 만족시키는

음이 아닌 정수 a, c의 순서쌍의 개수와 같다.

${}_2H_4={}_5C_4=5$

따라서 구하는 순서쌍의 개수는

$28-5=23$

답 ⑤

G08-24

네 개의 자연수 중에서 중복을 허락하여 세 수를 선택하는 방법의 수는

${}_4H_3={}_6C_3=20$ 너코 065

이 중에서 세 수의 곱이 100을 초과하는 경우를 제외해야 한다.

주어진 네 자연수는 $1=2^0$, $2=2^1$, $4=2^2$, $8=2^3$이므로

세 수를 선택하여 곱하면 항상 2^n(단, n은 음이 아닌 정수) 꼴이 된다. 이때 $2^6=64<100$, $2^7=128>100$이므로

세 수를 선택하여 곱한 값이 2^7 이상이면 100을 초과한다.

그러므로 세 수의 곱이 100 초과인 경우는

$2^3\times2^3\times2^3=2^9$, $2^3\times2^3\times2^2=2^8$,

$2^3\times2^3\times2^1=2^3\times2^2\times2^2=2^7$으로 4가지이다.

따라서 구하는 경우의 수는

$20-4=16$

답 ③

G08-25

주어진 조건을 만족시키기 위해서는 세 자연수 a, b, c가 모두 2의 거듭제곱 꼴이어야 하므로

$a=2^\alpha$, $b=2^\beta$, $c=2^\gamma$(단, α, β, γ는 자연수)과 같이 나타낼 수 있다.

그러므로 세 수의 곱은 $abc=2^{\alpha+\beta+\gamma}=2^n$이고,

순서쌍 (a, b, c)의 개수는

방정식 $\alpha+\beta+\gamma=n$을 만족시키는

세 자연수 a, b, c의 순서쌍 (α, β, γ)의 개수와 같다.

방정식 $\alpha+\beta+\gamma=n$에서

$\alpha=\alpha'+1$, $\beta=\beta'+1$, $\gamma=\gamma'+1$(단, α', β', γ'은 음이 아닌 정수)이라 하면 $\alpha'+\beta'+\gamma'=n-3$이다. 너코 066

즉, 방정식 $\alpha'+\beta'+\gamma'=n-3$을 만족시키는

음이 아닌 정수 α', β', γ'의 순서쌍의 개수가 28이다.

${}_3H_{n-3}={}_{n-1}C_{n-3}={}_{n-1}C_2=28$ 너코 065

$\dfrac{(n-1)(n-2)}{2}=28$, $(n+6)(n-9)=0$

$\therefore\ n=9$

답 9

G08-26

조건 (가)에서 방정식 $x+y+z+u=6$을 ……㉠

만족시키는 음이 아닌 정수 x, y, z, u의 순서쌍 (x, y, z, u)의 개수는 ${}_4H_6={}_9C_6=84$ 너코 065 너코 066

이 중 조건 (나)를 만족시키지 않는 경우를 제외해 주어야 한다.

조건 (나)를 만족시키지 않는 경우는 $x=u$일 때이므로 다음과 같다.

i) $x=u=0$일 때

㉠에서 방정식 $y+z=6$을 만족시키는

순서쌍의 개수는 ${}_2H_6={}_7C_6=7$

ii) $x=u=1$일 때

㉠에서 방정식 $y+z=4$를 만족시키는

순서쌍의 개수는 ${}_2H_4={}_5C_4=5$

iii) $x=u=2$일 때

㉠에서 방정식 $y+z=2$를 만족시키는

순서쌍의 개수는 ${}_2H_2={}_3C_2=3$

iv) $x=u=3$일 때

㉠에서 방정식 $y+z=0$을 만족시키는

순서쌍의 개수는 1

i)~iv)에서 $x=u$인 경우의 수는 $7+5+3+1=16$이다.

따라서 구하는 경우의 수는

$84-16=68$

답 68

G08-27

조건 (나)에서 a, b, c는 모두 d의 배수이므로

$a=dx$, $b=dy$, $c=dz$(단, x, y, z은 자연수)라 하자.

조건 (가)에 대입하면

$dx+dy+dz+d=d(x+y+z+1)=20$이다. ……㉠

이때 $20=1\times20=2\times10=4\times5$에서

$d\geq2$, $x+y+z+1\geq4$이므로

$d=2$ 또는 $d=4$ 또는 $d=5$이다.

i) $d=2$일 때

㉠에서 $x+y+z+1=10$, $x+y+z=9$에서

$x=x'+1$, $y=y'+1$, $z=z'+1$(단, x', y', z'은 음이 아닌 정수)이라 하면 $x'+y'+z'=6$이다. 너코 065 너코 066

방정식 $x'+y'+z'=6$을 만족시키는 순서쌍의 개수는

${}_3H_6={}_8C_6=28$

ii) $d=4$일 때

㉠에서 $x+y+z+1=5$, $x+y+z=4$에서

$x=x'+1$, $y=y'+1$, $z=z'+1$(단, x', y', z'은 음이 아닌 정수)이라 하면 $x'+y'+z'=1$이다.

방정식 $x'+y'+z'=1$을 만족시키는 순서쌍의 개수는

${}_3H_1={}_3C_1=3$

iii) $d=5$일 때

㉠에서 $x+y+z+1=4$, $x+y+z=3$에서

$x=x'+1$, $y=y'+1$, $z=z'+1$(단, x', y', z'은 음이 아닌 정수)이라 하면 $x'+y'+z'=0$이다.

방정식 $x'+y'+z'=0$을 만족시키는 순서쌍의 개수는

${}_3H_0=1$

i)~iii)에서 구하는 모든 순서쌍의 개수는

$28+3+1=32$

답 32

G08-28

다음 조건을 만족시키는 음이 아닌 정수 a, b, c의 모든 순서쌍 (a, b, c)의 개수를 구하시오. [4점]

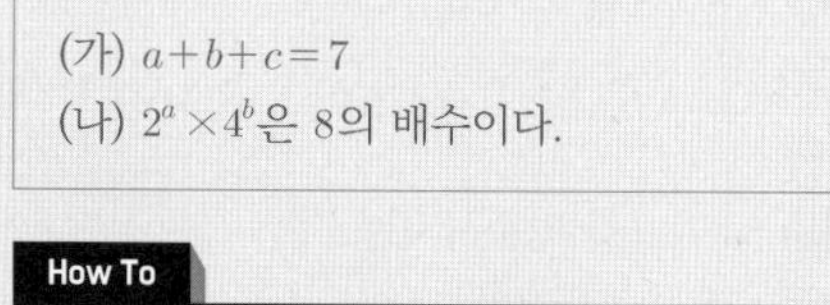
(가) $a+b+c=7$
(나) $2^a \times 4^b$은 8의 배수이다.

How To

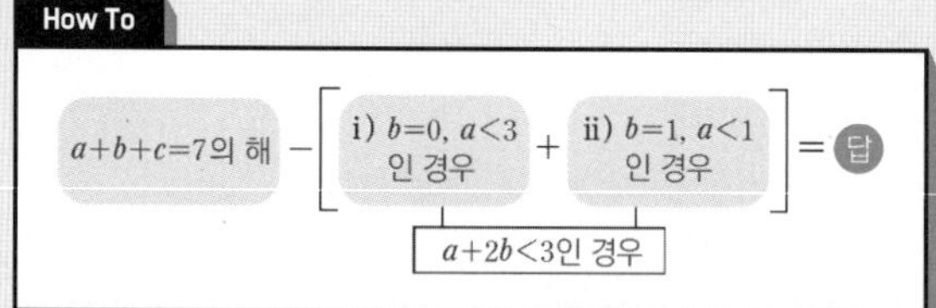

a+b+c=7의 해
i) b=0, a<3 인 경우
ii) b=1, a<1 인 경우
답
a+2b<3인 경우

풀이 1

조건 (가)에서 방정식 $a+b+c=7$을 만족시키는 음이 아닌 정수 a, b, c의 순서쌍 (a, b, c)의 개수는

${}_3\mathrm{H}_7 = {}_9\mathrm{C}_7 = 36$ 너코 065 너코 066

이 중 조건 (나)를 만족시키지 않는 경우를 제외해 주어야 한다.

조건 (나)에서 $2^a \times 4^b = 2^{a+2b}$가 8의 배수이려면 $a+2b \geq 3$이어야 하므로

조건 (나)를 만족시키지 않는 순서쌍 (a, b, c)는 $a+2b < 3$인 경우이다.

i) $b=0$일 때

$a<3$에서 $a=0, 1, 2$로 3가지

ii) $b=1$일 때

$a<1$에서 $a=0$으로 1가지

i), ii)에서 조건 (나)를 만족시키지 않는 순서쌍의 개수는 $3+1=4$이다.

따라서 구하는 모든 순서쌍의 개수는 $36-4=32$

풀이 2

조건 (가)에서

방정식 $a+b+c=7$을 만족시켜야 하고 ······㉠

조건 (나)에서 $2^a \times 4^b = 2^{a+2b}$가 8의 배수이려면

$a+2b \geq 3$이어야 한다.

i) $b=0$일 때

$a \geq 3$이어야 하므로 $a=a'+3$ (단, a'은 음이 아닌 정수)이라 하면

㉠에서 $a'+c=4$이다.

방정식 $a'+c=4$를 만족시키는 음이 아닌 정수 a', c의 순서쌍 (a', c)의 개수는

${}_2\mathrm{H}_4 = {}_5\mathrm{C}_4 = 5$ 너코 065 너코 066

ii) $b=1$일 때

$a \geq 1$이어야 하므로 $a=a'+1$ (단, a'은 음이 아닌 정수)이라 하면

㉠에서 $a'+c=5$이다.

방정식 $a'+c=5$를 만족시키는 음이 아닌 정수 a', c의 순서쌍 (a', c)의 개수는

${}_2\mathrm{H}_5 = {}_6\mathrm{C}_5 = 6$

iii) $b \geq 2$일 때

음이 아닌 모든 정수 a에 대하여 $a+2b \geq 3$이므로

$b=b'+2$ (단, b'은 음이 아닌 정수)라 하면

㉠에서 $a+b'+c=5$이다.

방정식 $a+b'+c=5$를 만족시키는

음이 아닌 정수 a, b', c의 순서쌍 (a, b', c)의 개수는

${}_3\mathrm{H}_5 = {}_7\mathrm{C}_5 = 21$

i)~iii)에서 구하는 모든 순서쌍의 개수는

$5+6+21=32$

답 32

G08-29

음이 아닌 정수 a, b, c, d가 $2a+2b+c+d=2n$을 만족시키려면 음이 아닌 정수 k에 대하여 $c+d=2k$이어야 한다.

$c+d=2k$인 경우는

i) 음이 아닌 정수 k_1, k_2에 대하여

$c=2k_1$, $d=2k_2$인 경우이거나

ii) 음이 아닌 정수 k_3, k_4에 대하여

$c=2k_3+1$, $d=2k_4+1$인 경우이다.

i) $c=2k_1$, $d=2k_2$인 경우:

$2a+2b+c+d=2n$을 만족시키는 음이 아닌 정수 a, b, c, d의 모든 순서쌍 (a, b, c, d)의 개수는

$2a+2b+2k_1+2k_2=2n$, $a+b+k_1+k_2=n$을 만족시키는 음이 아닌 정수 a, b, k_1, k_2의 모든 순서쌍 (a, b, k_1, k_2)의 개수와 같으므로 $\boxed{{}_4\mathrm{H}_n}$이다. 너코 066

ii) $c=2k_3+1$, $d=2k_4+1$인 경우:

$2a+2b+c+d=2n$을 만족시키는 음이 아닌 정수 a, b, c, d의 모든 순서쌍 (a, b, c, d)의 개수는

$2a+2b+2k_1+1+2k_2+1=2n$,

$a+b+k_3+k_4=n-1$을 만족시키는 음이 아닌 정수 a, b, k_3, k_4의 모든 순서쌍 (a, b, k_3, k_4)의 개수와 같으므로

$\boxed{{}_4\mathrm{H}_{n-1}}$이다.

i), ii)에 의하여 $2a+2b+c+d=2n$을 만족시키는 음이 아닌 정수 a, b, c, d의 모든 순서쌍 (a, b, c, d)의 개수 a_n은 $a_n = \boxed{{}_4\mathrm{H}_n} + \boxed{{}_4\mathrm{H}_{n-1}}$이다.

${}_n\mathrm{C}_0 + {}_{n+1}\mathrm{C}_1 + {}_{n+2}\mathrm{C}_2 + \cdots + {}_{n+r}\mathrm{C}_r = {}_{n+r+1}\mathrm{C}_r$가 성립함을 이용하면 자연수 m에 대하여

$$\sum_{n=1}^{m} \boxed{{}_4\mathrm{H}_{n-1}} = {}_4\mathrm{H}_0 + {}_4\mathrm{H}_1 + {}_4\mathrm{H}_2 + \cdots + {}_4\mathrm{H}_{m-1}$$

$$= {}_3\mathrm{C}_0 + {}_4\mathrm{C}_1 + {}_5\mathrm{C}_2 + \cdots + {}_{m+2}\mathrm{C}_3$$

$$= {}_{m+3}\mathrm{C}_4$$ 너코 065 너코 069 ······㉠

이므로

$$\sum_{n=1}^{m} {}_4\mathrm{H}_n = \sum_{n=1}^{m+1} {}_4\mathrm{H}_{n-1} - {}_4\mathrm{H}_0 = {}_{m+4}\mathrm{C}_4 - 1 \quad \cdots\cdots ㉡$$

임을 알 수 있다.

따라서

$$\sum_{n=1}^{8} a_n = \sum_{n=1}^{8} ({}_4\mathrm{H}_n + {}_4\mathrm{H}_{n-1}) = \sum_{n=1}^{8} {}_4\mathrm{H}_n + \sum_{n=1}^{8} {}_4\mathrm{H}_{n-1}$$ 너코 028

이고, ㉠, ㉡에 각각 $m=8$을 대입하면

$$\sum_{n=1}^{8} {}_4\mathrm{H}_{n-1} = {}_{11}\mathrm{C}_4,\ \sum_{n=1}^{8} {}_4\mathrm{H}_n = {}_{12}\mathrm{C}_4 - 1$$

이므로 구하는 값은

$$\begin{aligned}\sum_{n=1}^{8} a_n &= \sum_{n=1}^{8} {}_4\mathrm{H}_n + \sum_{n=1}^{8} {}_4\mathrm{H}_{n-1} \\ &= ({}_{12}\mathrm{C}_4 - 1) + {}_{11}\mathrm{C}_4 \\ &= \left(\frac{12\times11\times10\times9}{4\times3\times2\times1} - 1\right) + \frac{11\times10\times9\times8}{4\times3\times2\times1} \\ &= 494 + 330 = \boxed{824}\end{aligned}$$

이다.

(가) : $f(n) = {}_4\mathrm{H}_n$, (나) : $g(n) = {}_4\mathrm{H}_{n-1}$, (다) : $r = 824$

$$\begin{aligned}\therefore\ f(6) + g(5) + r &= {}_4\mathrm{H}_6 + {}_4\mathrm{H}_4 + 824 \\ &= {}_9\mathrm{C}_3 + {}_7\mathrm{C}_3 + 824 \\ &= 84 + 35 + 824 \\ &= 943\end{aligned}$$

답 ③

G08-30

다음 조건을 만족시키는 음이 아닌 정수 a, b, c, d의 모든 순서쌍 (a, b, c, d)의 개수를 구하시오. [4점]

> (가) $a+b+c+d=12$
> (나) $a \neq 2$이고 $a+b+c \neq 10$이다.

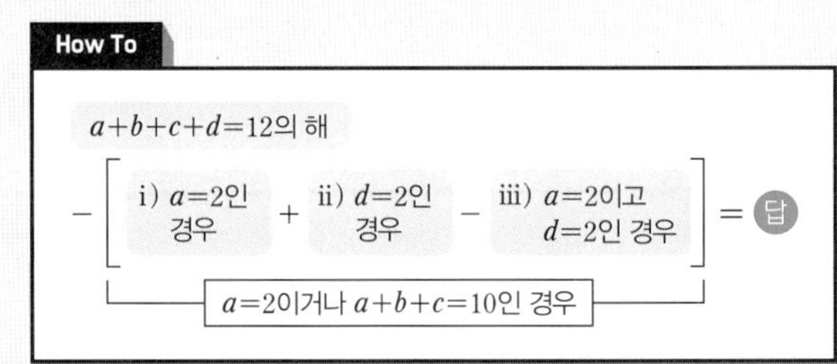

조건 (가)에서 $a+b+c+d=12$를 만족시키는 음이 아닌 정수 a, b, c, d의 순서쌍 (a, b, c, d)의 개수는

${}_4\mathrm{H}_{12} = {}_{15}\mathrm{C}_{12} = {}_{15}\mathrm{C}_3 = 455$ 너코 065 너코 066

이 중에서 조건 (나)를 만족시키지 않는 경우를 제외해야 한다.

i) $a=2$인 경우
$b+c+d=10$을 만족시키는 순서쌍 (b, c, d)의 개수는
${}_3\mathrm{H}_{10} = {}_{12}\mathrm{C}_{10} = {}_{12}\mathrm{C}_2 = 66$

ii) $a+b+c=10$, 즉 $d=2$인 경우
i)과 마찬가지로 66

iii) $a=2$이고 $d=2$인 경우
$b+c=8$을 만족시키는 순서쌍 (b, c)의 개수는
${}_2\mathrm{H}_8 = {}_9\mathrm{C}_8 = {}_9\mathrm{C}_1 = 9$

i)~iii)에 의하여 조건 (나)를 만족시키지 않는 순서쌍의 개수는

$66+66-9=123$

따라서 구하는 모든 순서쌍의 개수는 $455-123=332$

답 332

G08-31

$f(1)$의 값에 따라 경우를 나누어 생각해 보자.

i) $f(1)=1$인 경우
조건 (가)에 의하여 $f(f(1)) = f(1) = 4$
이는 $f(1)=1$이라는 것에 모순이므로 조건 (가)를 만족시킬 수 없다.

ii) $f(1)=2$인 경우
조건 (가)에 의하여 $f(f(1)) = f(2) = 4$
이때 조건 (나)에서 $2 \le f(3) \le f(5)$이고,
이를 만족시키도록 $f(3)$과 $f(5)$의 값을 정하는 경우의 수는 2, 3, 4, 5 중에서 중복을 허락하여 2개를 택하는 중복조합의 수와 같으므로
${}_4\mathrm{H}_2 = {}_5\mathrm{C}_2 = 10$ 너코 065 너코 067
각각에 대하여 $f(4)$의 값을 정하는 경우의 수는 ${}_5\mathrm{C}_1 = 5$
즉, 이 경우의 함수 f의 개수는 $10\times5=50$

iii) $f(1)=3$인 경우
조건 (가)에 의하여 $f(f(1)) = f(3) = 4$
이때 조건 (나)에서 $4 \le f(5)$이고, 이를 만족시키도록 $f(5)$의 값을 정하는 경우의 수는 4, 5의 2
각각에 대하여 $f(2)$와 $f(4)$의 값을 정하는 경우의 수는
${}_5\mathrm{C}_1 \times {}_5\mathrm{C}_1 = 25$
즉, 이 경우의 함수 f의 개수는 $2\times25=50$

iv) $f(1)=4$인 경우
조건 (가)에 의하여 $f(f(1)) = f(4) = 4$
이때 조건 (나)에서 $4 \le f(3) \le f(5)$이고,
이를 만족시키도록 $f(3)$과 $f(5)$의 값을 정하는 경우의 수는 4, 5 중에서 중복을 허락하여 2개를 택하는 중복조합의 수와 같으므로
${}_2\mathrm{H}_2 = {}_3\mathrm{C}_2 = 3$
각각에 대하여 $f(2)$의 값을 정하는 경우의 수는 ${}_5\mathrm{C}_1 = 5$
즉, 이 경우의 함수 f의 개수는 $3\times5=15$

v) $f(1)=5$인 경우
조건 (가)에 의하여 $f(f(1)) = f(5) = 4$
그런데 $f(5) \le f(1)$이 되므로 조건 (나)를 만족시킬 수 없다.

i)~v)에 의하여 구하는 함수 f의 개수는

$50+50+15=115$

답 115

G08-32

조건 (나)에 의하여 $f(1) \le 1$, $f(10) \ge 10$이므로
$f(1)=1$, $f(10)=10$이다.
한편 조건 (나)에서 $f(5) \le 5$, $f(6) \ge 6$이고, 조건 (다)에서
$f(6)=f(5)+6$이므로 $f(5)$, $f(6)$의 값에 따라 다음 네 가지 경우로 나누어 생각할 수 있다.

i) $f(5)=1$, $f(6)=7$인 경우

x	1	2	3	4	5	6	7	8	9	10
$f(x)$	1	a	b	c	1	7	x	y	z	10

조건 (가)에서 $1 \le a \le b \le c \le 1$이므로 이를 만족시키는 순서쌍 (a, b, c)의 개수는 $(1, 1, 1)$의 1가지이고, 이는 조건 (나)를 만족시킨다.
또한 조건 (가)에서 $7 \le x \le y \le z \le 10$이므로 이를 만족시키는 순서쌍 (x, y, z)의 개수는 7, 8, 9, 10 중에서 중복을 허락하여 3개를 택하는 중복조합의 수와 같다.
$\therefore\ {}_4H_3={}_6C_3=20$ 너코 065 너코 067 ……㉠
그런데 조건 (나)에서 $y \ne 7$, $z \ne 7$, $z \ne 8$이므로
㉠ 중에서 $(7, 7, 7)$, $(7, 7, 8)$, $(7, 7, 9)$, $(7, 7, 10)$
$(7, 8, 8)$, $(8, 8, 8)$의 6가지는 조건 (나)를 만족시키지 않는다.
즉, 조건 (가), (나)를 동시에 만족시키는 순서쌍 (x, y, z)의 개수는 $20-6=14$이다.
따라서 이 경우의 함수 f의 개수는 $1 \times 14=14$이다.

ii) $f(5)=2$, $f(6)=8$인 경우

x	1	2	3	4	5	6	7	8	9	10
$f(x)$	1	a	b	c	2	8	x	y	z	10

조건 (가)에서 $1 \le a \le b \le c \le 2$이므로 이를 만족시키는 순서쌍 (a, b, c)의 개수는 1, 2 중에서 중복을 허락하여 3개를 택하는 중복조합의 수와 같다.
$\therefore\ {}_2H_3={}_4C_3=4$ ➡ 4가지 모두 조건 (나)를 만족시킨다.
또한 조건 (가)에서 $8 \le x \le y \le z \le 10$이므로 이를 만족시키는 순서쌍 (x, y, z)의 개수는 8, 9, 10 중에서 중복을 허락하여 3개를 택하는 중복조합의 수와 같다.
$\therefore\ {}_3H_3={}_5C_3=10$ ……㉡
그런데 조건 (나)에서 $z \ne 8$이므로 ㉡ 중에서 $(8, 8, 8)$의 1가지는 조건 (나)를 만족시키지 않는다.
즉, 조건 (가), (나)를 동시에 만족시키는 순서쌍 (x, y, z)의 개수는 $10-1=9$이다.
따라서 이 경우의 함수 f의 개수는 $4 \times 9=36$이다.

iii) $f(5)=3$, $f(6)=9$인 경우

x	1	2	3	4	5	6	7	8	9	10
$f(x)$	1	a	b	c	3	9	x	y	z	10

ii)와 같은 방법으로 하면 함수 f의 개수는 36

iv) $f(5)=4$, $f(6)=10$인 경우

x	1	2	3	4	5	6	7	8	9	10
$f(x)$	1	a	b	c	4	10	x	y	z	10

i)과 같은 방법으로 하면 함수 f의 개수는 14

따라서 구하는 함수 f의 개수는
$14+36+36+14=100$이다.

답 100

G08-33

조건 (나)를 만족시키는 순서쌍 (a, b, c, d)는
(홀, 홀, 홀, 홀) 또는 (홀, 짝, 짝, 홀)
이므로 위의 두 경우로 나누어 조건 (가)를 만족시키는 순서쌍 (a, b, c, d)의 개수를 구하면 된다.

i) (a, b, c, d)가 (홀, 홀, 홀, 홀)인 경우
1, 3, 5, …, 13의 7개의 홀수 중에서 중복을 허락하여 4개를 선택한 후 크지 않은 순으로 a, b, c, d에 대응시키면 되므로 이 경우의 순서쌍 (a, b, c, d)의 개수는
${}_7H_4={}_{10}C_4=210$ 너코 065

ii) (a, b, c, d)가 (홀, 짝, 짝, 홀)인 경우
$a \ne b$이고 $c \ne d$이므로 $a < b \le c < d$이다. ……㉠
이때 $2 \le a+1 \le b \le c \le d-1 \le 12$인 관계가 있으므로
2, 4, 6, …, 12의 6개의 짝수 중에서 중복을 허락하여 4개를 선택한 후 크지 않은 순으로 $a+1$, b, c, $d-1$에 대응시키면 ㉠을 만족시키는 경우가 된다.
즉, 이 경우의 순서쌍 (a, b, c, d)의 개수는
${}_6H_4={}_9C_4=126$

i), ii)에 의하여 구하는 순서쌍 (a, b, c, d)의 개수는
$210+126=336$

답 336

G08-34

조건 (나)에 의해
$f(-2) \ge f(-1) \ge f(0) \ge f(1) \ge f(2)$ ……㉠
이므로 조건 (나)를 만족시키는 함수 f의 개수는
${}_5H_5={}_{5+5-1}C_5={}_9C_5={}_9C_4=126$ 너코 065 너코 067
이때 조건 (가)에 의해 X의 모든 원소 x에 대하여
$x+f(x) \in X$이므로

$$\begin{cases} f(-2) \ne -2,\ f(-2) \ne -1 \\ f(-1) \ne -2 \\ f(1) \ne 2 \\ f(2) \ne 1,\ f(2) \ne 2 \end{cases} \quad \cdots\cdots ㉡$$

이다. 그러므로
(구하는 함수의 개수)
=(㉠을 만족시키는 함수의 개수)
−(㉡을 만족시키지 않는 함수의 개수)
로 구할 수 있다.

㉠을 만족시키면서 ㉡을 만족시키지 않는 함수 f의 개수는 다음과 같다.

i) $f(-2)=-2$인 경우
$f(-1)=f(0)=f(1)=f(2)=-2$이므로 함수 f의 개수는 1이다.

ii) $f(-2)=-1$인 경우
-1, -2에서 중복을 허락하여 4개를 택하여 작지 않은 순서대로
$f(-1)$, $f(0)$, $f(1)$, $f(2)$에 대응시키면 되므로 그 경우의 수는
${}_{2}\mathrm{H}_{4}={}_{2+4-1}\mathrm{C}_{4}={}_{5}\mathrm{C}_{4}=5$

iii) $f(-2)\neq-2$, $f(-2)\neq-1$이고 $f(-1)=-2$인 경우
$f(-2)$의 값은 0, 1, 2 중 하나이고
$f(0)=f(1)=f(2)=-2$이므로 함수 f의 개수는 3이다.

iv) $f(2)=2$인 경우
$f(-1)=f(0)=f(1)=f(2)=2$이므로 함수 f의 개수는 1이다.

v) $f(2)=1$인 경우
1, 2에서 중복을 허락하여 4개를 택하여 작지 않은 순서대로 $f(-2)$, $f(-1)$, $f(0)$, $f(1)$에 대응시키면 되므로 그 경우의 수는 ${}_{2}\mathrm{H}_{4}={}_{2+4-1}\mathrm{C}_{4}={}_{5}\mathrm{C}_{4}=5$

vi) $f(2)\neq 2$, $f(2)\neq 1$이고 $f(1)=2$인 경우
$f(2)$의 값은 -2, -1, 0 중 하나이고
$f(0)=f(1)=f(2)=2$이므로 함수 f의 개수는 3이다.

i)~vi)에서 구하는 함수 f의 개수는
$126-(1+5+3+1+5+3)=108$

답 108

G08-35

조건 (가)에서 $f(1)\times f(6)$의 값이 6의 약수이고, 조건 (나)에서 $f(1)\leq f(6)$이므로 다음과 같이 나누어 생각할 수 있다.

i) $f(1)=1$, $f(6)=1$인 경우
조건 (나)에 의하여
$f(2)=f(3)=f(4)=f(5)=2$이므로
이때의 함수 f의 개수는 1이다.

ii) $f(1)=1$, $f(6)=2$인 경우
조건 (나)에 의하여
$2\leq f(2)\leq f(3)\leq f(4)\leq f(5)\leq 4$
이때의 함수 f의 개수는 2, 3, 4 중 중복을 허락하여 4개를 택하는 중복조합의 수와 같으므로
${}_{3}\mathrm{H}_{4}={}_{6}\mathrm{C}_{4}=15$ 너코065 너코067

iii) $f(1)=1$, $f(6)=3$인 경우
조건 (나)에 의하여
$2\leq f(2)\leq f(3)\leq f(4)\leq f(5)\leq 6$
이때의 함수 f의 개수는 2, 3, 4, 5, 6 중 중복을 허락하여 4개를 택하는 중복조합의 수와 같으므로
${}_{5}\mathrm{H}_{4}={}_{8}\mathrm{C}_{4}=70$

iv) $f(1)=1$, $f(6)=6$인 경우
조건 (나)에 의하여
$2\leq f(2)\leq f(3)\leq f(4)\leq f(5)\leq 12$
이고 $f(5)\leq 6$이므로
$2\leq f(2)\leq f(3)\leq f(4)\leq f(5)\leq 6$
이때의 함수 f의 개수는 iii)과 마찬가지로
${}_{5}\mathrm{H}_{4}={}_{8}\mathrm{C}_{4}=70$

v) $f(1)=2$, $f(6)=3$인 경우
$4\leq f(2)\leq f(3)\leq f(4)\leq f(5)\leq 6$
이때의 함수 f의 개수는 4, 5, 6 중 중복을 허락하여 4개를 택하는 중복조합의 수와 같으므로
${}_{3}\mathrm{H}_{4}={}_{6}\mathrm{C}_{4}=15$

i)~v)에서 구하는 함수 f의 개수는
$1+15+70+70+15=171$

답 ②

G09-01

풀이 1

사과 주스, 포도 주스, 감귤 주스를 각각 적어도 1병 이상씩 선택해야 한다.
따라서 구하는 경우의 수는
세 가지 주스를 1병씩 먼저 선택한 후
세 가지 주스 중에서 중복을 허락하여
5병을 선택하는 중복조합의 수와 같으므로
${}_{3}\mathrm{H}_{5}={}_{7}\mathrm{C}_{5}=21$ 너코065

풀이 2

사과 주스, 포도 주스, 감귤 주스를 각각
a병, b병, c병 (단, a, b, c는 자연수) 선택한다고 하면
$a+b+c=8$을 만족시켜야 한다.
즉, 구하는 경우의 수는 방정식 $a+b+c=8$을 만족시키는 자연수의 순서쌍 (a, b, c)의 개수와 같다.
$a=a'+1$, $b=b'+1$, $c=c'+1$
(단, a', b', c'은 음이 아닌 정수)이라 하면
$a'+b'+c'=5$이다. 너코066
따라서 방정식 $a'+b'+c'=5$를 만족시키는
음이 아닌 정수의 순서쌍 (a', b', c')의 개수는
${}_{3}\mathrm{H}_{5}={}_{7}\mathrm{C}_{5}=21$ 너코065

답 ③

G09-02

같은 종류의 사탕 5개를 3명에게 1개 이상씩 나누어 주려면 3개/1개/1개씩 주거나 2개/2개/1개씩 주면 된다.

i) 사탕을 3개/1개/1개로 나누어 주는 경우
사탕 3개를 받을 아이를 선택하는 경우의 수는 ${}_{3}\mathrm{C}_{1}=3$
사탕을 1개 받은 아이가 2명이므로
이 2명의 아이에게 먼저 초콜릿을 1개씩 나누어준 후
나머지 3개를 중복을 허락하여 2명에게 3번 나누어 주면 되므로
${}_{2}\mathrm{H}_{3}={}_{4}\mathrm{C}_{3}=4$ 너코065
따라서 사탕을 3개/1개/1개씩 주고 초콜릿을 나누어 주는 경우의 수는 $3\times 4=12$

ii) 사탕을 2개/2개/1개로 나누어 주는 경우
사탕 2개를 받을 아이를 선택하는 경우의 수는 ${}_{3}\mathrm{C}_{2}=3$

사탕을 1개 받은 아이가 1명이므로
이 아이에게 초콜릿을 모두 주면 된다.
그러므로 초콜릿을 나누어 주는 경우의 수는 1이다.
따라서 사탕을 2개/2개/1개씩 주고 초콜릿을 나누어 주는 경우의 수는 $3\times1=3$

i), ii)에서 구하는 경우의 수는
$12+3=15$

답 ⑤

G09-03

풀이 1

월요일, 화요일, 수요일에 각각 한 명씩 배치하고,
나머지 학생 6명은 월요일, 화요일, 수요일 중에서 중복을 허락하여 선택하면 되므로
${}_3H_6={}_8C_6=28$ 너코 065

풀이 2

상담 교사가 월요일, 화요일, 수요일에 각각 a명, b명, c명 상담하여 총 9명과 상담하므로 $a+b+c=9$이다.
즉, 작성할 수 있는 상담 계획표의 가짓수는
방정식 $a+b+c=9$을 만족시키는
자연수 a, b, c의 순서쌍 (a, b, c)의 개수와 같다.
$a=a'+1,\ b=b'+1,\ c=c'+1$
(단, a', b', c'은 음이 아닌 정수)이라 하면
$a'+b'+c'=6$이다. 너코 066
따라서 방정식 $a'+b'+c'=6$를 만족시키는 음이 아닌 정수의 순서쌍 (a', b', c')의 개수는
${}_3H_6={}_8C_6=28$ 너코 065

답 28

G09-04

같은 종류의 주스 4병을 3명에게 나누어 주는 경우의 수는
3명 중에서 중복을 허락하여 4번 뽑는 중복조합의 수와
같으므로 ${}_3H_4={}_6C_4=15$ 너코 065
마찬가지로 같은 종류의 생수 2병을 3명에게
나누어 주는 경우의 수는 3명 중에서 중복을 허락하여
2번 뽑는 중복조합의 수와 같으므로 ${}_3H_2={}_4C_2=6$
우유 1병을 줄 사람을 선택하는 방법의 수는 ${}_3C_1=3$
따라서 구하는 경우의 수는
$15\times6\times3=270$

답 ⑤

G09-05

고구마피자, 새우피자, 불고기피자 중에서
m개를 주문하는 경우의 수는
세 종류의 피자 중에서 중복을 허락하여
m개를 선택하는 중복조합의 수와 같고 이 수가 36이므로

${}_3H_m={}_{m+2}C_m={}_{m+2}C_2=\dfrac{(m+2)(m+1)}{2}=36$ 너코 065
$m^2+3m-70=0,\ (m+10)(m-7)=0$
$\therefore\ m=7\ (\because\ m$은 자연수)
이때 세 종류의 피자를 적어도 하나씩 포함하여
7개를 주문하는 경우의 수는
고구마피자, 새우피자, 불고기피자를 하나씩 먼저 선택하고
나머지 4개는 세 종류의 피자에서 중복을 허락하여
4번 선택하면 되므로
${}_3H_4={}_6C_4=15$

답 ②

G09-06

풀이 1

3명의 학생에게 각각 흰색 탁구공과 주황색 탁구공을
한 개씩 먼저 나누어 주면
흰색 탁구공 5개와 주황색 탁구공 4개가 남는다.
남은 흰색 탁구공 5개를 3명의 학생 중에서
중복을 허락하여 5번 선택해서 나누어 주는 경우의 수는
${}_3H_5={}_7C_5=21$ 너코 065
남은 주황색 탁구공 4개를 3명의 학생 중에서
중복을 허락하여 4번 선택해서 나누어 주는 경우의 수는
${}_3H_4={}_6C_4=15$
따라서 구하는 경우의 수는
$21\times15=315$

풀이 2

3명의 학생에게 흰색 탁구공과 주황색 탁구공을 나누어 주는
경우를 나누어서 살펴보면

i) 3명에게 나누어 주는 흰색 탁구공의 개수를 각각 a, b, c라 할 때
구하는 경우의 수는 방정식 $a+b+c=8$을 만족시키는
자연수 a, b, c의 순서쌍의 개수와 같다.
$a+b+c=8$에서 $a=a'+1,\ b=b'+1,\ c=c'+1$
(단, a', b', c'은 음이 아닌 정수)이라 하면
$a'+b'+c'=5$이다. 너코 066
방정식 $a'+b'+c'=5$를 만족시키는 음이 아닌
정수의 순서쌍 (a', b', c')의 개수를 구하면 되므로
구하는 경우의 수는
${}_3H_5={}_7C_5=21$

ii) 3명에게 나누어 주는 주황색 탁구공의 개수를 각각 a, b, c라 할 때
구하는 경우의 수는 방정식 $a+b+c=7$을 만족시키는
자연수 a, b, c의 순서쌍의 개수와 같다.
$a+b+c=7$에서 $a=a'+1,\ b=b'+1,\ c=c'+1$
(단, a', b', c'은 음이 아닌 정수)이라 하면
$a'+b'+c'=4$이다.

방정식 $a'+b'+c'=4$를 만족시키는 음이 아닌 정수의 순서쌍 (a', b', c')의 개수를 구하면 되므로 구하는 경우의 수는

$_3H_4={}_6C_4=15$

i), ii)에서 구하는 경우의 수는

$21\times15=315$

답 ⑤

G09-07

풀이 1

감, 배, 귤 세 종류의 과일을 1개씩 먼저 선택한 후 사과, 감, 배, 귤 네 종류의 과일 중에서 중복을 허락하여 5개를 더 선택하면 된다.
이때 사과는 1개 이하로 선택해야 하므로 다음과 같다.

i) 사과를 선택하지 않는 경우
나머지 감, 배, 귤 세 종류의 과일 중에서 중복을 허락하여 5개를 선택하는 경우의 수는
$_3H_5={}_7C_5=21$ 너코 065

ii) 사과를 1개 선택하는 경우
나머지 감, 배, 귤 세 종류의 과일 중에서 중복을 허락하여 4개를 선택하는 경우의 수는
$_3H_4={}_6C_4=15$

i), ii)에서 구하는 경우의 수는 $21+15=36$

풀이 2

선택된 사과, 감, 배, 귤의 개수를 각각 a, b, c, d라 하면
$a\le1,\ b\ge1,\ c\ge1,\ d\ge1$이고 $a+b+c+d=8$이다.
이때 $b=b'+1,\ c=c'+1,\ d=d'+1$
(단, b', c', d'은 음이 아닌 정수)이라 하면
$a=0$ 또는 $a=1$이고, $a+b'+c'+d'=5$이다. 너코 066

i) $a=0$일 때
$b'+c'+d'=5$를 만족시키는 음이 아닌 정수 b', c', d'의 순서쌍의 개수는
$_3H_5={}_7C_5=21$ 너코 065

ii) $a=1$일 때
$b'+c'+d'=4$를 만족시키는 음이 아닌 정수 b', c', d'의 순서쌍의 개수는
$_3H_4={}_6C_4=15$

i), ii)에서 구하는 경우의 수는
$21+15=36$

답 36

G09-08

우선 같은 종류의 주머니 3개에 서로 다른 종류의 사탕 3개를 1개씩 나누어 넣는 방법은 1가지이다.
사탕을 넣은 후엔 주머니 3개가 서로 구분되고, 여기에 같은 종류의 구슬 7개를 각 주머니에 1개 이상씩 들어가도록 나누어 넣어야 한다.
먼저 각 주머니에 구슬을 1개씩 넣고, 남은 구슬 4개를 서로 구분되는 주머니 3개에 중복을 허락하여 4번 선택해서 넣으면 되므로 그 방법의 수는 $_3H_4={}_6C_2=15$이다. 너코 065
따라서 구하는 경우의 수는 $1\times15=15$이다.

답 ⑤

G09-09

풀이 1

초콜릿 8개를 네 명의 학생에게 적어도 하나씩 나누어 주는 경우의 수는
먼저 1개씩 나누어 주고 네 명의 학생에게 중복을 허락해서 4개의 초콜릿을 더 나누어 주면 되므로
$_4H_4={}_7C_4=35$ 너코 065
이때 두 학생 A, B가 받는 초콜릿 개수가 같은 경우는

i) A, B가 모두 1개씩 받을 때
나머지 6개의 초콜릿을 적어도 하나씩 C, D에게 나누어 주는 경우의 수는
$_2H_4={}_5C_4=5$

ii) A, B가 모두 2개씩 받을 때
나머지 4개의 초콜릿을 적어도 하나씩 C, D에게 나누어 주는 경우의 수는
$_2H_2={}_3C_2=3$

iii) A, B가 모두 3개씩 받을 때
나머지 2개의 초콜릿을 하나씩 C, D에게 나누어 주는 경우의 수는 1

i)~iii)에 의하여 두 학생 A, B가 받는 초콜릿의 개수가 같은 경우의 수는 $5+3+1=9$이다.
그러므로 A 또는 B 중에 한 명이 더 많은 초콜릿을 받는 경우의 수는 $35-9=26$이고,
A가 더 많이 받는 경우와 B가 더 많이 받는 경우가 각각 동일하게 존재하므로
구하는 경우의 수는 $\frac{26}{2}=13$이다.

풀이 2

네 명의 학생 A, B, C, D가 받는 초콜릿의 개수를 각각 a, b, c, d라 하자.
조건 (가)에서 방정식 $a+b+c+d=8$을 만족시키는 자연수 a, b, c, d의 순서쌍 (a, b, c, d)의 개수는
$_4H_{8-4}={}_7C_4=35$이다. 너코 066
이 중 $a=b$를 만족시키는 자연수 a, b, c, d의 순서쌍 (a, b, c, d)의 개수는

i) $a=b=1$일 때

$c+d=6$을 만족시키는 자연수 c, d의 순서쌍 (c, d)의 개수와 같으므로 ${}_{2}\mathrm{H}_{4}={}_{5}\mathrm{C}_{4}=5$

ii) $a=b=2$일 때

$c+d=4$를 만족시키는 자연수 c, d의 순서쌍 (c, d)의 개수와 같으므로 ${}_{2}\mathrm{H}_{2}={}_{3}\mathrm{C}_{2}=3$

iii) $a=b=3$일 때

$c+d=2$를 만족시키는 자연수 c, d의 순서쌍 (c, d)의 개수와 같으므로 1

i)~iii)에 의하여 $a \neq b$를 만족시키는 자연수 a, b, c, d의 순서쌍 (a, b, c, d)의 개수는 $35-(5+3+1)=26$이다.
이때 $a>b$를 만족시키는 자연수 a, b, c, d의 순서쌍 (a, b, c, d)의 개수와 $a<b$를 만족시키는 자연수 a, b, c, d의 순서쌍 (a, b, c, d)의 개수는 서로 같으므로 구하는 경우의 수는 $\frac{26}{2}=13$이다.

답 ②

G09-10

세 명의 학생 중에서 한 명을 택하여 3가지 색의 카드를 각각 한 장씩 미리 나누어 준 후, 남은 카드를 세 명의 학생에게 남김없이 나누어 주면 된다.
3가지 색의 카드를 각각 한 장씩 미리 받는 학생을 택하는 경우의 수는

${}_{3}\mathrm{C}_{1}=3$

남은 빨간색 카드 3장을 세 명의 학생에게 남김없이 나누어 주는 경우의 수는 3명 중에서 중복을 허락하여 3번 뽑는 중복조합의 수와 같으므로

${}_{3}\mathrm{H}_{3}={}_{5}\mathrm{C}_{3}=10$ 너코 065

또한 남은 파란색 카드 1장을 세 명의 학생에게 나누어 주는 경우의 수는

${}_{3}\mathrm{C}_{1}=3$

따라서 구하는 경우의 수는

$3\times10\times3=90$

답 ③

G09-11

선택된 초콜릿사탕, 박하사탕, 딸기사탕, 버터사탕의 개수를 각각 a, b, c, d라 하면 $a+b+c+d=15$이다.
이때 $0\le a\le4$, $b\ge3$, $c\ge2$, $d\ge1$이므로
$b=b'+3$, $c=c'+2$, $d=d'+1$
(단, b', c', d'은 음이 아닌 정수)이라 하면
$a+b'+c'+d'=9$이다. 너코 066
방정식 $a+b'+c'+d'=9$를 만족시키는 음이 아닌 정수의 순서쌍의 개수는 a의 값에 따라 다음과 같다.

i) $a=4$일 때

방정식 $b'+c'+d'=5$를 만족시키는 음이 아닌 정수해의 개수는 ${}_{3}\mathrm{H}_{5}={}_{7}\mathrm{C}_{5}=21$ 너코 065

ii) $a=3$일 때

방정식 $b'+c'+d'=6$을 만족시키는 음이 아닌 정수해의 개수는 ${}_{3}\mathrm{H}_{6}={}_{8}\mathrm{C}_{6}=28$

iii) $a=2$일 때

방정식 $b'+c'+d'=7$을 만족시키는 음이 아닌 정수해의 개수는 ${}_{3}\mathrm{H}_{7}={}_{9}\mathrm{C}_{7}=36$

iv) $a=1$일 때

방정식 $b'+c'+d'=8$을 만족시키는 음이 아닌 정수해의 개수는 ${}_{3}\mathrm{H}_{8}={}_{10}\mathrm{C}_{8}=45$

v) $a=0$일 때

방정식 $b'+c'+d'=9$를 만족시키는 음이 아닌 정수해의 개수는 ${}_{3}\mathrm{H}_{9}={}_{11}\mathrm{C}_{9}=55$

i)~v)에서 구하는 경우의 수는
$21+28+36+45+55=185$

답 185

G09-12

풀이 1

C_1이 연결되는 포트 뒤에는
적어도 1개의 빈 포트가 있어야 하므로
$(C_1, __)$로 2개의 포트를 묶어서 생각하고,
C_2가 연결되는 포트 뒤에는
적어도 2개의 빈 포트가 있어야 하므로
$(C_2, __, __)$로 3개의 포트를 묶어서 생각하자.
즉, $(C_1, \_\_)$, $(C_2, \_\_, \_\_)$, (C_3)의 양 끝과 사이의 자리를 ㉠, ㉡, ㉢, ㉣로 나타내면 다음과 같다.
㉠ $(C_1, \_\_)$ ㉡ $(C_2, \_\_, \_\_)$ ㉢ (C_3) ㉣
남은 2개의 빈 포트가 될 자리는
㉠, ㉡, ㉢, ㉣의 자리 중 2개를
중복을 허락하여 선택하면 된다.
따라서 구하는 방법의 수는
${}_{4}\mathrm{H}_{2}={}_{5}\mathrm{C}_{2}=10$ 너코 065

풀이 2

세 포트 C_1, C_2, C_3의 양 끝과 사이의 네 자리를
㉠, ㉡, ㉢, ㉣로 나타내면 다음과 같다.
㉠ (C_1) ㉡ (C_2) ㉢ (C_3) ㉣
㉠, ㉡, ㉢, ㉣의 자리에 빈 포트의 개수가 각각 a, b, c, d라 하면 $a+b+c+d=5$이다.
이때 C_1이 연결되는 포트 뒤에는 적어도 1개,
C_2가 연결되는 포트 뒤에는 적어도 2개의
빈 포트가 있어야 하므로
$a\ge0$, $b\ge1$, $c\ge2$, $d\ge0$이다.

그러므로 $b=b'+1$, $c=c'+2$

(단, b', c'는 음이 아닌 정수)라 하면

$a+b'+c'+d=2$이다. 너코 066

따라서 구하는 방법의 수는

방정식 $a+b'+c'+d=2$를 만족시키는

음이 아닌 정수해의 순서쌍 (a, b', c', d)의 개수와 같으므로

${}_4H_2={}_5C_2=10$ 너코 065

답 10

G09-13

8점, 9점, 10점에 맞춘 화살의 개수를 각각 a, b, c라 하면

6개의 화살을 모두 과녁에 맞혔으므로 $a+b+c=6$이다.

방정식 $a+b+c=6$을 만족시키는

음이 아닌 정수해의 개수는

${}_3H_6={}_8C_6=28$ 너코 065 너코 066

이 중에서 점수의 합계가 51점 미만이 되는 경우를 제외해야 한다.

점수의 합계는 8점만 6번 맞출 때 48점으로 최소가 되므로

점수의 합계가 48점, 49점, 50점인 경우를 제외해야 한다.

i) 점수의 합계가 48점인 경우

모든 화살이 8점에 맞아

$8+8+8+8+8+8=48$인 경우로 1가지

ii) 점수의 합계가 49점인 경우

화살이 8점에 5개, 9점에 1개가 맞아

$8+8+8+8+8+9=49$인 경우로 1가지

iii) 점수의 합계가 50점인 경우

화살 4개가 8점, 2개가 9점에 맞아

$8+8+8+8+9+9=50$이거나

8점에 5개, 10점에 1개 맞아

$8+8+8+8+8+10=50$인 경우이므로 2가지

i)~iii)에서 구하는 경우의 수는

$28-(1+1+2)=24$

답 ④

G09-14

풀이 1

선택한 빨간색, 파란색, 노란색 색연필의 개수를 각각 a, b, c라 하면 $3 \le a+b+c \le 15$이다.

이때 $a=a'+1$, $b=b'+1$, $c=c'+1$

(단, a', b', c'은 음이 아닌 정수)이라 하면

$0 \le a'+b'+c' \le 12$이다.

즉, 구하는 방법의 수는 $0 \le a'+b'+c' \le 12$를 만족시키는 음이 아닌 정수해의 순서쌍 (a', b', c')의 개수이다.

방정식 $a'+b'+c'=0$을 만족시키는 음이 아닌 정수해의 순서쌍의 개수는 ${}_3H_0$ 너코 066

방정식 $a'+b'+c'=1$을 만족시키는 음이 아닌 정수해의 순서쌍의 개수는 ${}_3H_1$

방정식 $a'+b'+c'=2$를 만족시키는 음이 아닌 정수해의 순서쌍의 개수는 ${}_3H_2$

⋮

방정식 $a'+b'+c'=12$를 만족시키는 음이 아닌 정수해의 순서쌍의 개수는 ${}_3H_{12}$이다.

그러므로

${}_3H_0+{}_3H_1+{}_3H_2+\cdots+{}_3H_{12}$

$={}_2C_0+{}_3C_1+{}_4C_2+\cdots+{}_{14}C_{12}$ 너코 065

$={}_{15}C_{12}$ 너코 069

$={}_{15}C_3=455$

풀이 2

빨간색, 파란색, 노란색 색연필을 적어도 하나씩

총 15개 이하를 선택해야 하므로

빨간색, 파란색, 노란색 색연필을 먼저 한 개씩 선택한 뒤

'빨간색', '파란색', '노란색', '선택 안 함'의 4가지 중에서

중복을 허락하여 남은 12번을 선택하면 된다.

즉, '선택 안 함'을 택한 횟수에 따라

빨간색, 파란색 노란색 색연필을 택한 총 횟수가

0부터 12까지 결정된다.

'빨간색', '파란색', '노란색', '선택 안 함'을 각각

a, b, c, d(단, a, b, c, d은 음이 아닌 정수)번씩

선택한다고 하면 $a+b+c+d=12$이다.

방정식 $a+b+c+d=12$를 만족시키는 음이 아닌 정수해의 순서쌍의 개수를 구하면 되므로

${}_4H_{12}={}_{15}C_{12}=455$ 너코 065 너코 066

답 455

G09-15

세 상자에 서로 다른 개수의 공이 들어가는 경우는

'i) 세 상자에 공이 들어가는 모든 경우'에서

'ii) 세 상자에 모두 같은 개수의 공이 들어가는 경우'와

'iii) 세 상자 중 두 상자에만 같은 개수의 공이 들어가는 경우'를 제외하면 된다.

i)의 경우 :

n명의 사람이 각자 세 상자 중

공을 넣을 두 상자를 선택하는 경우의 수는

n명의 사람이 각자 공을 넣지 않을 한 상자를

선택하는 경우의 수와 같다.

따라서 세 상자에서 중복을 허락하여 n개의 상자를 선택하는

경우의 수인 ${}_3H_n$ 이다. 너코 065

ii)의 경우 :

각 상자에 $\frac{2n}{3}$개의 공이 들어가는 경우뿐이므로

경우의 수는 1이다.

iii)의 경우 :

같은 개수의 공을 넣을 2개의 상자를

선택하는 경우의 수는 ${}_3C_2$이다.

같은 개수의 공을 넣을 2개의 상자가 A, B라 할 때

세 상자 A, B, C에 들어가는 공의 개수를

각각 a, a, c라 하자.

세 상자 A, B, C에 들어가는 전체 공의 개수는 $2n$이므로

$2a+c=2n$, 즉 $a=\frac{2n-c}{2}$이다. ……㉠

n명의 사람 모두가 상자 C에 공을 넣었을 때

상자 C에 들어간 공의 개수가 최대가 되므로

상자 C에는 최대 n개의 공을 넣을 수 있고

이 경우 ㉠에 의하여 상자 A, B에는

최소 $\frac{n}{2}$개의 공을 각각 넣을 수 있다.

따라서 두 상자 A, B에 같은 개수의 공이 들어가는

경우의 수는 $\frac{n}{2} \le a \le n$을 만족시키는 자연수 a의 개수인

$\left(n-\frac{n}{2}\right)+1$, 즉 $\boxed{\frac{n}{2}+1}$ 이다.

이때 $a=\frac{2n}{3}$이면 ㉠에서 $c=\frac{2n}{3}$이므로

3개의 상자에 모두 같은 개수의 공을 넣게 되어

제외해야 한다.

그러므로 세 상자 중 두 상자에만 같은 개수의 공이 들어가는

경우의 수는

${}_3C_2\times\left(\boxed{\frac{n}{2}+1}-1\right)=\frac{3n}{2}$이다.

구하는 경우의 수는 i)의 경우에서 ii), iii)의 경우를

제외해 주어야 하므로

세 상자에 서로 다른 개수의 공이 들어가는 경우의 수는

$\boxed{{}_3H_n-1-\frac{3n}{2}}$ 이다.

(가) : $f(n)={}_3H_n$, (나) : $g(n)=\frac{n}{2}+1$,

(다) : $h(n)={}_3H_n-1-\frac{3n}{2}$

$$\begin{aligned}\therefore \frac{f(30)}{g(30)}+h(30) &= \frac{{}_3H_{30}}{16}+({}_3H_{30}-1-45)\\ &= \frac{{}_{32}C_2}{16}+({}_{32}C_2-46)\\ &= 31+450=481\end{aligned}$$

답 ①

G09-16

연필 7자루와 볼펜 4자루를 다음 조건을 만족시키도록 여학생 3명과 남학생 2명에게 남김없이 나누어 주는 경우의 수를 구하시오. (단, 연필끼리는 서로 구별하지 않고, 볼펜끼리도 서로 구별하지 않는다.) [4점]

(가) 여학생이 각각 받는 연필의 개수는 서로 같고, 남학생이 각각 받는 볼펜의 개수도 서로 같다.
(나) 여학생은 연필을 1자루 이상 받고, 볼펜을 받지 못하는 여학생이 있을 수 있다.
(다) 남학생은 볼펜을 1자루 이상 받고, 연필을 받지 못하는 남학생이 있을 수 있다.

How To

	여학생			남학생	
	a	b	c	D	E
연필	1자루	1자루	1자루	4자루	
	2자루	2자루	2자루	1자루	
볼펜	2자루			1자루	1자루
	0자루			2자루	2자루

연필: ${}_2H_4+{}_2H_1$
×
볼펜: ${}_3H_2+1$
= 답

주어진 조건에 의하여

여학생이 각각 받는 연필의 개수는 1 또는 2이고,

남학생이 각각 받는 볼펜의 개수는 1 또는 2이다.

i) 연필을 나누어 주는 경우의 수

여학생이 연필을 1자루씩 받는 경우

남은 연필 4자루를 남학생 2명에게 나누어 주면 되므로

이 경우의 수는 ${}_2H_4={}_5C_4=5$ 너코 065

여학생이 연필을 2자루씩 받는 경우

남은 연필 1자루를 남학생 2명에게 나누어 주면 되므로

이 경우의 수는 ${}_2H_1={}_2C_1=2$

따라서 연필을 나누어 주는 경우의 수는 $5+2=7$이다.

ii) 볼펜을 나누어 주는 경우의 수

남학생이 볼펜을 1자루씩 받는 경우

남은 볼펜 2자루를 여학생 3명에게 나누어 주면 되므로

이 경우의 수는 ${}_3H_2={}_4C_2=6$

남학생이 볼펜을 2자루씩 받는 경우

볼펜은 남지 않으므로 이 경우의 수는 1

따라서 볼펜을 나누어 주는 경우의 수는 $6+1=7$이다.

i), ii)에 의하여 구하는 경우의 수는 $7\times7=49$이다.

답 49

G09-17

세 명의 학생 A, B, C가 받는

사탕의 개수를 각각 a, b, c라 하고,

초콜릿의 개수를 각각 p, q, r라 하면

$a+b+c=6$, $p+q+r=5$이어야 한다.

이때 두 조건 (가), (나)를 만족시키려면

$a \ge 1$, $q \ge 1$이어야 하므로

$a=a'+1$, $q=q'+1$(단, a', q'은 음이 아닌 정수)이라 하면
방정식 $a'+b+c=5$를 만족시키는 음이 아닌 정수 a', b, c의 순서쌍 (a', b, c)의 개수는 ${}_3\mathrm{H}_5={}_7\mathrm{C}_5=21$이고,
방정식 $p+q'+r=4$를 만족시키는 음이 아닌 정수 p, q', r의 순서쌍 (p, q', r)의 개수는 ${}_3\mathrm{H}_4={}_6\mathrm{C}_4=15$이다.

너코 065 너코 066

따라서 두 조건 (가), (나)를 만족시키는 경우의 수는
$21\times15=315$이다.

이때 조건 (다)를 만족시키지 않는 경우, 즉 $c+r=0$인 경우를 제외해 주어야 한다. ……㉠
방정식 $a'+b=5$를 만족시키는 음이 아닌 정수 a', b의 순서쌍 (a', b)의 개수는 ${}_2\mathrm{H}_5={}_6\mathrm{C}_5=6$이고,
방정식 $p+q'=4$를 만족시키는 음이 아닌 정수 p, q'의 순서쌍 (p, q')의 개수는 ${}_2\mathrm{H}_4={}_5\mathrm{C}_4=5$이다.
따라서 두 조건 (가), (나)를 만족시키지만 조건 (다)를 만족시키지 않는 경우의 수는 $6\times5=30$이다.
㉠에 의하여 구하는 경우의 수는 $315-30=285$이다.

답 285

G09-18

2명의 학생에게 나누어 줄 5자루의 볼펜 중 검은색, 파란색, 빨간색 볼펜의 수를 각각 a, b, c라 할 때,
순서쌍 (a, b, c)에 따라 나누어 주는 경우의 수는 다음과 같다.

i) $(0, 1, 4)$, $(0, 4, 1)$, $(1, 0, 4)$, $(1, 4, 0)$인 경우
각각의 순서쌍에 대하여 볼펜을 나누어 주는 경우의 수는
${}_2\mathrm{H}_4\times{}_2\mathrm{H}_1={}_5\mathrm{C}_4\times{}_2\mathrm{C}_1=10$ 너코 065

ii) $(0, 2, 3)$, $(0, 3, 2)$인 경우
각각의 순서쌍에 대하여 볼펜을 나누어 주는 경우의 수는
${}_2\mathrm{H}_3\times{}_2\mathrm{H}_2={}_4\mathrm{C}_3\times{}_3\mathrm{C}_2=12$

iii) $(1, 1, 3)$, $(1, 3, 1)$인 경우
각각의 순서쌍에 대하여 볼펜을 나누어 주는 경우의 수는
${}_2\mathrm{H}_3\times{}_2\mathrm{H}_1\times{}_2\mathrm{H}_1={}_4\mathrm{C}_3\times{}_2\mathrm{C}_1\times{}_2\mathrm{C}_1=16$

iv) $(1, 2, 2)$인 경우
볼펜을 나누어 주는 경우의 수는
${}_2\mathrm{H}_2\times{}_2\mathrm{H}_2\times{}_2\mathrm{H}_1={}_3\mathrm{C}_2\times{}_3\mathrm{C}_2\times{}_2\mathrm{C}_1=18$

i)~iv)에 의하여 구하는 경우의 수는
$4\times10+2\times12+2\times16+1\times18=114$

답 114

G09-19

먼저 흰 공을 세 상자에 나누어 넣고, 각각의 경우에서 각 상자에 공이 2개 이상씩 들어가도록 검은 공을 넣는 경우의 수를 구해 보자.

i) 흰 공 4개를 한 상자에 모두 넣는 경우
흰 공 4개를 넣는 상자를 선택하는 경우의 수는 ${}_3\mathrm{C}_1=3$
흰 공을 넣지 않은 두 상자에 각각 검은 공을 2개씩 넣고,
남은 검은 공 2개를 세 상자에 나누어 넣는 경우의 수는
${}_3\mathrm{H}_2={}_4\mathrm{C}_2=6$ 너코 065
따라서 이때의 경우의 수는 $3\times6=18$

ii) 한 상자에 흰 공 3개, 다른 한 상자에 흰 공 1개를 넣는 경우
흰 공을 각각 3개, 1개씩 넣는 두 상자를 선택하는 경우의 수는 ${}_3\mathrm{P}_2=6$
흰 공을 1개 넣은 상자에는 검은 공 1개, 흰 공을 넣지 않은 상자에는 검은 공 2개를 넣고,
남은 검은 공 3개를 세 상자에 나누어 넣는 경우의 수는
${}_3\mathrm{H}_3={}_5\mathrm{C}_3=10$
따라서 이때의 경우의 수는 $6\times10=60$

iii) 두 상자에 흰 공을 각각 2개씩 넣는 경우
흰 공을 각각 2개씩 넣을 두 상자를 선택하는 경우의 수는
${}_3\mathrm{C}_2=3$
흰 공을 넣지 않은 한 상자에 검은 공 2개를 넣고,
남은 검은 공 4개를 세 상자에 나누어 넣는 경우의 수는
${}_3\mathrm{H}_4={}_6\mathrm{C}_4=15$
따라서 이때의 경우의 수는 $3\times15=45$

iv) 한 상자에 흰 공 2개, 남은 두 상자에 흰 공을 각각 1개씩 넣는 경우
흰 공을 2개 넣을 상자를 선택하는 경우의 수는 ${}_3\mathrm{C}_1=3$
흰 공을 1개씩 넣은 두 상자에 각각 검은 공을 1개씩 넣고,
남은 검은 공 4개를 세 상자에 나누어 넣는 경우의 수는
${}_3\mathrm{H}_4={}_6\mathrm{C}_4=15$
따라서 이때의 경우의 수는 $3\times15=45$

i)~iv)에 의하여 구하는 경우의 수는
$18+60+45+45=168$

답 168

G09-20

먼저 A를 제외하고 조건 (다)를 만족시키는 학생을 B라 할 때의 경우의 수를 구해 보자.
네 명의 학생 A, B, C, D가 받은 흰색 모자의 개수를 각각 a, b, c, d라 하자.
조건 (나)에 의하여 학생 A가 받는 검은색 모자의 개수는
4 또는 5이므로
이에 따라 케이스를 분류하여 구한 경우의 수는 다음과 같다.

i) 학생 A가 받는 검은색 모자의 개수가 4일 때
다음 표와 같이 두 가지 케이스 ⓐ, ⓑ로 나누어 생각할 수 있다.

ⓐ	A	B	C	D	계
검은색 모자	4	2	0	0	6
흰색 모자	a	b	c	d	6

ⓑ	A	B	C	D	계
검은색 모자	4	1	1	0	6
			0	1	
흰색 모자	a	b	c	d	6

ⓐ인 경우

$a+b+c+d=6$이고

$0 \le a \le 3,\ 0 \le b \le 1,\ c \ge 1,\ d \ge 1$이어야 한다.

이때 $c=c'+1,\ d=d'+1$이라 하면

$0 \le a \le 3,\ 0 \le b \le 1,\ c' \ge 0,\ d' \ge 0$이다.

조건을 모두 만족시키는 경우의 수는

$b=0$이고 $a+c'+d'=4$인 순서쌍 (a, c', d')의 개수와

$b=1$이고 $a+c'+d'=3$인 순서쌍 (a, c', d')의 개수의 합이다.

이때 $a=4$인 순서쌍 $(4, 0, 0)$은 제외해야 하므로

$({}_3\mathrm{H}_4-1)+{}_3\mathrm{H}_3=({}_6\mathrm{C}_2-1)+{}_5\mathrm{C}_2=14+10=24$

너코 065 너코 066

ⓑ에서 두 가지 경우 모두

$a+b+c+d=6$이고

$0 \le a \le 3,\ b=0,\ c \ge 1,\ d \ge 1$이어야 한다.

이때 $c=c'+1,\ d=d'+1$이라 하면

$0 \le a \le 3,\ b=0,\ c' \ge 0,\ d' \ge 0$이다.

조건을 모두 만족시키는 경우의 수는

$a+c'+d'=4$인 순서쌍 (a, c', d')의 개수이다.

이때 $a=4$인 순서쌍 $(4, 0, 0)$은 제외해야 하므로

$2\times({}_3\mathrm{H}_4-1)=2\times({}_6\mathrm{C}_2-1)=28$

즉, ⓐ 또는 ⓑ를 만족시키는 경우의 수는

$24+28=52$이다.

ii) 학생 A가 받는 검은색 모자의 개수가 5일 때

다음 표와 같이 한 가지 케이스 ⓒ를 생각할 수 있다.

ⓒ	A	B	C	D	계
검은색 모자	5	1	0	0	6
흰색 모자	a	b	c	d	6

$a+b+c+d=6$이고

$0 \le a \le 4,\ b=0,\ c \ge 1,\ d \ge 1$이어야 한다.

이때 $c=c'+1,\ d=d'+1$이라 하면

$0 \le a \le 4,\ b=0,\ c' \ge 0,\ d' \ge 0$이다.

조건을 모두 만족시키는 경우의 수는

$a+c'+d'=4$인 순서쌍 (a, c', d')의 개수이므로

${}_3\mathrm{H}_4={}_6\mathrm{C}_2=15$

i), ii)에서 조건 (다)를 만족시키는 학생이 A, C 또는 A, D인 경우도 마찬가지이므로

구하는 경우의 수는 $(52+15)\times 3=201$이다.

답 201

G09-21

풀이 1

네 명의 학생 A, B, C, D가 받는 사인펜의 개수를 각각 a, b, c, d (a, b, c, d는 자연수)라 하면

$a+b+c+d=14$

규칙 (가)를 만족시키는 순서쌍 (a, b, c, d)의 개수는

$a=a'+1,\ b=b'+1,\ c=c'+1,\ d=d'+1$이라 하면

$a'+b'+c'+d'=10$을 만족시키는 음이 아닌 정수 a', b', c', d'의 순서쌍 (a', b', c', d')의 개수와 같으므로

${}_4\mathrm{H}_{10}={}_{13}\mathrm{C}_{10}={}_{13}\mathrm{C}_3=286$ 너코 065 너코 066

한편 규칙 (다)를 만족시키지 않는 경우, 즉 네 명의 학생 모두 홀수 개의 사인펜을 받는 경우의 수는

$a=2x+1,\ b=2y+1,\ c=2z+1,\ d=2w+1$이라 하면

$(2x+1)+(2y+1)+(2z+1)+(2w+1)=14$, 즉

$x+y+z+w=5$를 만족시키는 음이 아닌 정수 x, y, z, w의 순서쌍 (x, y, z, w)의 개수와 같으므로

${}_4\mathrm{H}_5={}_8\mathrm{C}_5={}_8\mathrm{C}_3=56$

그러므로 규칙 (가), (다)를 만족시키는 경우의 수는

$286-56=230$

이 중에서 규칙 (나)를 만족시키지 않는 경우, 즉 각 학생이 받는 사인펜의 개수가 10, 2, 1, 1인 경우를 제외해야 한다.

10, 2, 1, 1을 일렬로 나열하는 경우의 수는 $\frac{4!}{2!}=12$ 너코 063

따라서 구하는 경우의 수는

$230-12=218$

풀이 2

(구하는 경우의 수)

=(규칙 (가), (나)를 만족시키는 경우의 수)

−(규칙 (가), (나)를 만족시키면서 규칙 (다)를 만족시키지 않는 경우의 수)

로 구할 수 있다.

네 명의 학생 A, B, C, D가 받는 사인펜의 개수를 각각 a, b, c, d라 하면 규칙 (가), (나)를 만족시키는 경우의 수는

$a+b+c+d=14$ ……㉠

(단, $1 \le a \le 9,\ 1 \le b \le 9,\ 1 \le c \le 9,\ 1 \le d \le 9$)

를 만족시키는 자연수 a, b, c, d의 순서쌍 (a, b, c, d)의 개수와 같다.

이때 $a=a'+1,\ b=b'+1,\ c=c'+1,\ d=d'+1$이라 하면

$a'+b'+c'+d'=10$ ……㉡

(단, $0 \le a' \le 8,\ 0 \le b' \le 8,\ 0 \le c' \le 8,\ 0 \le d' \le 8$)

이므로 ㉠을 만족시키는 경우의 수는 ㉡을 만족시키는 음이 아닌 정수 a', b', c', d'의 순서쌍 (a', b', c', d')의 개수와 같다.

$a'+b'+c'+d'=10$ ($a' \ge 0,\ b' \ge 0,\ c' \ge 0,\ d' \ge 0$)을 만족시키는 순서쌍 (a', b', c', d')의 개수는

${}_4\mathrm{H}_{10}={}_{13}\mathrm{C}_{10}={}_{13}\mathrm{C}_3=286$ 너코 065 너코 066

이고, 이들 순서쌍 중에서 $a'=9$인 경우는

(b', c', d')이 $(1, 0, 0), (0, 1, 0), (0, 0, 1)$인 3개이고

$a'=10$인 경우는 (b', c', d')이 $(0, 0, 0)$인 1개이다.

b', c', d'이 9 또는 10인 경우도 마찬가지이므로

㉡을 만족시키는 순서쌍 (a', b', c', d')의 개수는

$286-(3+1)\times 4=270$

한편 규칙 (가), (나)를 만족시키면서 규칙 (다)를 만족시키지 않는, 즉 네 명의 학생 모두 홀수 개의 사인펜을 받는 경우의 수는

$a=2x+1,\ b=2y+1,\ c=2z+1,\ d=2w+1$이라 하면

$(2x+1)+(2y+1)+(2z+1)+(2w+1)=14$, 즉

$x+y+z+w=5$ ……㉢

(단, $0 \le x \le 4,\ 0 \le y \le 4,\ 0 \le z \le 4,\ 0 \le w \le 4$)

를 만족시키는 음이 아닌 정수 x, y, z, w의 순서쌍 (x, y, z, w)의 개수와 같다.
$x+y+z+w=5$ $(x \ge 0,\ y \ge 0,\ z \ge 0,\ w \ge 0)$를 만족시키는 순서쌍 (x, y, z, w)의 개수는
${}_4H_5={}_8C_5={}_8C_3=56$
이고, 이들 순서쌍 중에서 $x=5$인 경우는
(y, z, w)가 $(0, 0, 0)$인 1개이다.
y, z, w가 5인 경우도 마찬가지이므로
㉢을 만족시키는 순서쌍 (x, y, z, w)의 개수는
$56-1\times4=52$
따라서 구하는 경우의 수는
$270-52=218$

풀이 3

네 명의 학생 A, B, C, D가 받는 사인펜의 개수를 각각 a, b, c, d (a, b, c, d는 자연수)라 하면
$a+b+c+d=14$
이때 사인펜이 14개이므로 규칙 (가), (다)를 만족시키려면
i) 네 명의 학생 A, B, C, D 중 2명은 짝수 개의 사인펜을 받고 나머지 2명은 홀수 개의 사인펜을 받거나
ii) 네 명의 학생 모두 짝수 개의 사인펜을 받도록 나누어 주면 된다.

i) 네 명의 학생 중 2명은 짝수 개의 사인펜을 받고 나머지 2명은 홀수 개의 사인펜을 받는 경우
4명의 학생 중 짝수 개의 사인펜을 받는 2명의 학생을 선택하는 경우의 수는 ${}_4C_2=6$
A, B는 짝수 개의 사인펜을 받고 C, D는 홀수 개의 사인펜을 받는다고 하자.
$a=2x+2$, $b=2y+2$, $c=2z+1$, $d=2w+1$이라 하면
$(2x+2)+(2y+2)+(2z+1)+(2w+1)=14$
$\therefore\ x+y+z+w=4$ ……㉠
(단, x, y, z, w는 음이 아닌 정수)
㉠을 만족시키는 음이 아닌 정수 x, y, z, w의 순서쌍 (x, y, z, w)의 개수는
${}_4H_4={}_7C_4={}_7C_3=35$ 너코 065 너코 066
규칙 (나)에 의하여 $x\ne4$, $y\ne4$이므로 이 중에서 $(4, 0, 0, 0)$, $(0, 4, 0, 0)$을 제외해야 한다.
그러므로 이때의 경우의 수는
$6\times(35-2)=198$
ii) 네 명의 학생 모두 짝수 개의 사인펜을 받는 경우
$a=2x'+2$, $b=2y'+2$, $c=2z'+2$, $d=2w'+2$라 하면
$(2x'+2)+(2y'+2)+(2z'+2)+(2w'+2)=14$
$\therefore\ x'+y'+z'+w'=3$ ……㉡
(단, x', y', z', w'은 음이 아닌 정수)
㉡을 만족시키는 음이 아닌 정수 x', y', z', w'의 순서쌍 (x', y', z', w')의 개수는
${}_4H_3={}_6C_3=20$
i), ii)에서 구하는 경우의 수는
$198+20=218$

답 218

G09-22

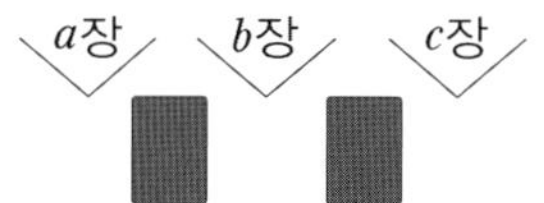

그림과 같이 검은색 카드 2장을 먼저 배열한 후, 검은색 카드 사이와 그 앞뒤에 흰색 카드를 작은 수부터 크기순으로 왼쪽에서 오른쪽으로 배열한다고 할 때, 검은색 카드 사이와 그 앞뒤에 놓이는 흰색 카드의 개수를 순서대로 a, b, c라 하면 조건 (가), (나)를 모두 만족시키는 경우의 수는 방정식
$a+b+c=8$ (a, c는 음이 아닌 정수, b는 $b\ge2$인 정수)
을 만족시키는 순서쌍 (a, b, c)의 개수와 같다.
이때 $b=b'+2$ (b'은 음이 아닌 정수)라 하면
$a+b'+c=6$ (a, b', c는 음이 아닌 정수)
이므로 순서쌍 (a, b, c)의 개수는 이 방정식을 만족시키는 순서쌍 (a, b', c)의 개수와 같다. 너코 066
$\therefore\ {}_3H_6={}_8C_6={}_8C_2=28$ 너코 065 ……㉠
그런데 조건 (다)에서 검은색 카드 사이에는 3의 배수가 적힌 흰색 카드가 1장 이상 놓여 있어야 하므로
순서쌍 (a, b, c)가 $(6, 2, 0)$, $(0, 2, 6)$, $(3, 2, 3)$인 3가지 경우는 조건 (다)를 만족시키지 않는다.
따라서 ㉠에서 이 3가지 경우는 제외해야 하므로
구하는 경우의 수는 $28-3=25$

답 25

G09-23

조건 (가)에 의하여 학생 A가 받는 공의 개수는 0 또는 1 또는 2이다.
i) 학생 A가 받는 공의 개수가 0인 경우
두 학생 B, C에게 흰 공 4개와 검은 공 4개를 나누어 주는 경우의 수는 각각 2명 중에서 중복을 허락하여 4번 뽑는 중복조합의 수와 같으므로
${}_2H_4\times{}_2H_4={}_5C_1\times{}_5C_1=25$ 너코 065
이고 이때 학생 B가 받는 공의 개수가 0 또는 1로 조건 (나)를 만족시키지 않는 경우의 수는
$1+{}_2C_1=3$
이므로 학생 A가 받는 공의 개수가 0인 경우의 수는
$25-3=22$
ii) 학생 A가 받는 공의 개수가 1인 경우
학생 A가 흰 공 또는 검은 공 중 하나를 받는 경우의 수는 ${}_2C_1=2$이고,
나머지 공을 두 학생 B, C에게 나누어 주는 경우의 수는
${}_2H_3\times{}_2H_4={}_4C_1\times{}_5C_1=20$
이때 i)과 마찬가지로 학생 B가 받는 공의 개수가 0 또는 1인 경우를 제외해주어야 하므로 학생 A가 받는 공의 개수가 1인 경우의 수는
$2\times(20-3)=34$
iii) 학생 A가 받는 공의 개수가 2인 경우
ⓐ 학생 A가 흰 공 2개를 받고,

나머지 공을 두 학생 B, C에게 나누어 주는 경우의 수는

$_2H_2 \times _2H_4 = _3C_1 \times _5C_1 = 15$이다.

ⓑ 학생 A가 검은 공 2개를 받는 경우도 ⓐ와 같으므로 경우의 수는 15이다.

ⓒ 학생 A가 흰 공 1개, 검은 공 1개를 받는 경우의 수는 1이고

나머지 공을 두 학생 B, C에게 나누어 주는 경우의 수는

$_2H_3 \times _2H_3 = _4C_1 \times _4C_1 = 16$

이때 각 경우에 대하여 ⅰ)과 마찬가지로 학생 B가 받는 공의 개수가 0 또는 1인 경우를 제외해주어야 하므로 학생 A가 받는 공의 개수가 2인 경우의 수는

$2 \times (15-3) + 1 \times (16-3) = 37$

ⅰ)~ⅲ)에서 구하는 경우의 수는

$22+34+37=93$

답 93

2 이항정리

G10-01

$(1+x)^7$의 전개식에서 일반항은

$_7C_r 1^{7-r} x^r = _7C_r x^r$ (단, $r=0, 1, 2, \cdots, 7$) 너코 068

x^4의 계수는 $r=4$일 때이므로

$_7C_4 = 35$

답 ②

G10-02

$(1+2x)^4$의 전개식에서 일반항은

$_4C_r 1^{4-r} (2x)^r = _4C_r 2^r x^r$ (단, $r=0, 1, 2, 3, 4$) 너코 068

x^2의 계수는 $r=2$일 때이므로

$_4C_2 \times 2^2 = 6 \times 4 = 24$

답 ④

G10-03

$(x+3)^8$의 전개식에서 일반항은

$_8C_r x^r 3^{8-r} = _8C_r 3^{8-r} x^r$ (단, $r=0, 1, 2, \cdots, 8$) 너코 068

x^7의 계수는 $r=7$일 때이므로

$_8C_7 \times 3^1 = 24$

답 24

G10-04

$(3x+1)^8$의 전개식에서 일반항은

$_8C_r (3x)^r 1^{8-r} = _8C_r 3^r x^r$ (단, $r=0, 1, 2, \cdots, 8$) 너코 068

x의 계수는 $r=1$일 때이므로

$_8C_1 \times 3^1 = 24$

답 24

G10-05

$(2x+1)^5$의 전개식에서 일반항은

$_5C_r (2x)^r = _5C_r 2^r x^r$ (단, $r=0, 1, 2, 3, 4, 5$) 너코 068

x^3의 계수는 $r=3$일 때이므로

$_5C_3 \times 2^3 = 80$

답 ④

G10-06

$(x+2)^7$의 전개식에서 일반항은

$_7C_r 2^{7-r} x^r$ (단, $r=0, 1, 2, 3, 4, 5, 6, 7$) 너코 068

x^5의 계수는 $r=5$일 때이므로

$_7C_5 \times 2^2 = _7C_2 \times 2^2 = 21 \times 4 = 84$

답 ④

G10-07

$(x^2+2)^6$의 전개식에서 일반항은

$_6C_r 2^{6-r} (x^2)^r = _6C_r 2^{6-r} x^{2r}$ (단, $r=0, 1, 2, 3, 4, 5, 6$)

너코 068

x^4의 계수는 $2r=4$, 즉 $r=2$일 때이므로

$_6C_2 \times 2^4 = 15 \times 16 = 240$

답 ①

G10-08

$(x^3+3)^5$의 전개식에서 일반항은

$_5C_r 3^{5-r} (x^3)^r = _5C_r 3^{5-r} x^{3r}$ (단, $r=0, 1, 2, 3, 4, 5$) 너코 068

x^9의 계수는 $3r=9$, 즉 $r=3$일 때이므로

$_5C_3 \times 3^2 = 10 \times 9 = 90$

답 ③

G10-09

$(x^2-2)^5$의 전개식의 일반항은

$_5C_r (-2)^{5-r} (x^2)^r = _5C_r (-2)^{5-r} x^{2r}$ ($r=0, 1, 2, 3, 4, 5$)

너코 068

x^6의 계수는 $2r=6$, 즉 $r=3$일 때이므로

$_5C_3 \times (-2)^2 = 10 \times 4 = 40$

답 ④

G10-10

$(x^3+2)^5$의 전개식의 일반항은

${}_5\mathrm{C}_r 2^{5-r}(x^3)^r = {}_5\mathrm{C}_r 2^{5-r}x^{3r}$ (단, $r=0,\ 1,\ 2,\ 3,\ 4,\ 5$)

너코 068

x^6의 계수는 $3r=6$, 즉 $r=2$일 때이므로

${}_5\mathrm{C}_2 \times 2^3 = 10\times 8 = 80$

답 ⑤

G10-11

$\left(x+\frac{1}{3x}\right)^6$의 전개식에서 일반항은

${}_6\mathrm{C}_r x^{6-r}\left(\frac{1}{3x}\right)^r = {}_6\mathrm{C}_r 3^{-r}x^{6-2r}$ (단, $r=0, 1, 2, \cdots, 6$)

너코 068

x^2의 계수는 $6-2r=2$, 즉 $r=2$일 때이므로

${}_6\mathrm{C}_2 3^{-2} = 15\times\frac{1}{9}=\frac{5}{3}$

답 ④

G10-12

$\left(x+\frac{2}{x}\right)^8$의 전개식에서 일반항은

${}_8\mathrm{C}_r x^{8-r}\left(\frac{2}{x}\right)^r = {}_8\mathrm{C}_r 2^r x^{8-2r}$ (단, $r=0, 1, 2, \cdots, 8$)

너코 068

x^4의 계수는 $8-2r=4$, 즉 $r=2$일 때이므로

${}_8\mathrm{C}_2\times 2^2 = 28\times 4 = 112$

답 ⑤

G10-13

다항식 $(1+2x)(1+x)^5$의 전개식에서 x^4의 계수를 구하시오. [4점]

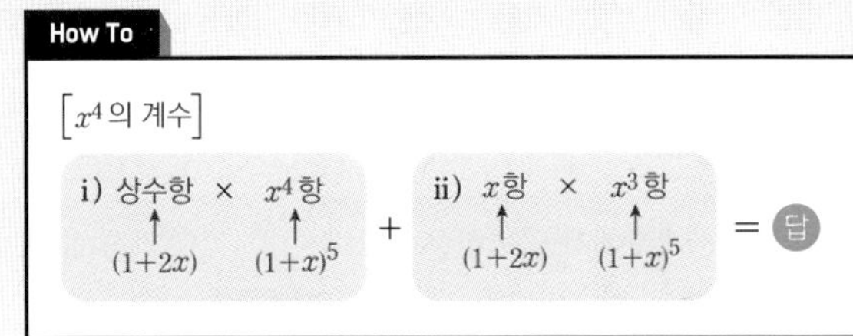

How To
[x^4의 계수]
i) 상수항 × x^4항
(1+2x)
(1+x)^5
+
ii) x항 × x^3항
(1+2x)
(1+x)^5
= 답

$(1+x)^5$의 전개식에서 일반항은

${}_5\mathrm{C}_r 1^{5-r}x^r = {}_5\mathrm{C}_r x^r$ (단, $r=0, 1, 2, \cdots, 5$) 너코 068 ……㉠

$(1+2x)(1+x)^5$의 전개식에서 x^4의 계수는

i) $(1+2x)$에서 상수항과 $(1+x)^5$에서 x^4항을 곱하는 경우

㉠에서 $r=4$일 때이므로

$1\times {}_5\mathrm{C}_4 = 5$

ii) $(1+2x)$에서 x항과 $(1+x)^5$에서 x^3항을 곱하는 경우

㉠에서 $r=3$일 때이므로

$2\times {}_5\mathrm{C}_3 = 20$

i), ii)에서 구하는 x^4의 계수는 $5+20=25$이다.

답 25

G10-14

$(2+x)^4$의 전개식에서 일반항은

${}_4\mathrm{C}_r 2^{4-r}x^r$ (단, $r=0,\ 1,\ 2,\ 3,\ 4$) 너코 068 ……㉠

$(1+3x)^3$의 전개식에서 일반항은

${}_3\mathrm{C}_s 1^{3-s}(3x)^s = {}_3\mathrm{C}_s 3^s x^s$ (단, $s=0,\ 1,\ 2,\ 3$) ……㉡

$(2+x)^4(1+3x)^3$의 전개식에서 x의 계수는

i) $(2+x)^4$에서 상수항과 $(1+3x)^3$에서 x항을 곱하는 경우

㉠에서 $r=0$, ㉡에서 $s=1$이므로

${}_4\mathrm{C}_0 2^4\times {}_3\mathrm{C}_1 3^1 = 16\times 9 = 144$

ii) $(2+x)^4$에서 x항과 $(1+3x)^3$에서 상수항을 곱하는 경우

㉠에서 $r=1$, ㉡에서 $s=0$이므로

${}_4\mathrm{C}_1 2^3\times {}_3\mathrm{C}_0 3^0 = 32\times 1 = 32$

i), ii)에서 x의 계수는 $144+32=176$

답 ②

G10-15

$\left(2x+\frac{1}{x^2}\right)^4$의 전개식에서 일반항은

${}_4\mathrm{C}_r (2x)^{4-r}\left(\frac{1}{x^2}\right)^r = {}_4\mathrm{C}_r 2^{4-r}x^{4-3r}$ (단, $r=0,\ 1,\ 2,\ 3,\ 4$)

너코 068

x의 계수는 $4-3r=1$, 즉 $r=1$일 때이므로

${}_4\mathrm{C}_1\times 2^3 = 32$

답 ⑤

G10-16

$\left(x^5+\frac{1}{x^2}\right)^6$의 전개식에서 일반항은

${}_6\mathrm{C}_r (x^5)^{6-r}\left(\frac{1}{x^2}\right)^r = {}_6\mathrm{C}_r x^{30-7r}$ (단, $r=0,\ 1,\ 2,\ \cdots,\ 6$)

너코 068

x^2의 계수는 $30-7r=2$, 즉 $r=4$일 때이므로

${}_6\mathrm{C}_4 = {}_6\mathrm{C}_2 = 15$

답 ⑤

G10-17

$\left(x+\frac{4}{x^2}\right)^6$의 전개식에서 일반항은

${}_6C_r x^{6-r}\left(\frac{4}{x^2}\right)^r={}_6C_r 4^r x^{6-3r}$ (단, $r=0,\ 1,\ 2,\ \cdots,\ 6$)

너코 068

x^3의 계수는 $6-3r=3$, 즉 $r=1$일 때이므로

${}_6C_1\times 4^1=24$

답 24

G10-18

$\left(x+\frac{3}{x^2}\right)^5$의 전개식에서 일반항은

${}_5C_r x^r\left(\frac{3}{x^2}\right)^{5-r}={}_5C_r 3^{5-r}x^{3r-10}$ (단, $r=0,\ 1,\ 2,\ \cdots,\ 5$)

너코 068

x^2의 계수는 $3r-10=2$, 즉 $r=4$일 때이므로

${}_5C_4\times 3^1=15$

답 15

G11-01

$(1+x)^n$의 전개식에서 일반항은

${}_nC_r 1^{n-r}x^r={}_nC_r x^r$ (단, $r=0,\ 1,\ 2,\ \cdots,\ n$) 너코 068

x^2항은 $r=2$일 때이고 계수가 45이므로

${}_nC_2=45,\ \frac{n(n-1)}{2}=45$

$n^2-n-90=0,\ (n+9)(n-10)=0$

$\therefore\ n=10$ ($\because$ n은 자연수)

답 10

G11-02

$(x+a)^6$의 전개식에서 일반항은

${}_6C_r x^{6-r}a^r$ (단, $r=0,\ 1,\ 2,\ \cdots,\ 6$) 너코 068

x^4항은 $r=2$일 때이고 계수가 60이므로

${}_6C_2\times a^2=15a^2=60,\ a^2=4$

$\therefore\ a=2$ ($\because\ a>0$)

답 ②

G11-03

$\left(1+\frac{x}{n}\right)^n$의 전개식에서 일반항은

${}_nC_r 1^{n-r}\left(\frac{x}{n}\right)^r={}_nC_r\left(\frac{1}{n}\right)^r x^r$ (단, $r=0,\ 1,\ 2,\ \cdots,\ n$) 너코 068

x^3의 계수는 $r=3$일 때이므로

$$a_n={}_nC_3\times\left(\frac{1}{n}\right)^3=\frac{n(n-1)(n-2)}{3\times2\times1}\times\frac{1}{n^3}=\frac{(n-1)(n-2)}{6n^2}$$

x^2의 계수는 $r=2$일 때이므로

$b_n={}_nC_2\times\left(\frac{1}{n}\right)^2=\frac{n(n-1)}{2\times1}\times\frac{1}{n^2}=\frac{n-1}{2n}$

이때 $\frac{b_n}{a_n}=5$이므로

$$\frac{\frac{n-1}{2n}}{\frac{(n-1)(n-2)}{6n^2}}=\frac{3n}{n-2}=5$$

$3n=5(n-2),\ 2n=10$

$\therefore\ n=5$

답 5

G11-04

$\left(ax+\frac{1}{x}\right)^4$의 전개식에서 일반항은

${}_4C_r(ax)^r\left(\frac{1}{x}\right)^{4-r}={}_4C_r a^r x^{2r-4}$ (단, $r=0,\ 1,\ 2,\ 3,\ 4$)

너코 068

상수항은 $2r-4=0$, 즉 $r=2$일 때이고 54이므로

${}_4C_2\times a^2=6a^2=54,\ a^2=9$

$\therefore\ a=3$ ($\because\ a>0$)

답 3

G11-05

$(x+a)^5$의 전개식에서 일반항은

${}_5C_r a^{5-r}x^r$ (단, $r=0,\ 1,\ 2,\ \cdots,\ 5$) 너코 068 ……㉠

x^3항은 $r=3$일 때이고 계수가 40이므로

${}_5C_3\times a^2=10a^2=40,\ a^2=4$

x의 계수는 ㉠에서 $r=1$일 때이므로

${}_5C_1\times a^4=5\times4^2=80$

답 ⑤

G11-06

$(x+2)^{19}$의 전개식에서 일반항은

${}_{19}C_r x^r 2^{19-r}$ (단, $r=0,\ 1,\ 2,\ \cdots,\ 19$) 너코 068

x^k의 계수는 $r=k$일 때이므로 ${}_{19}C_k\times2^{19-k}$

x^{k+1}의 계수는 $r=k+1$일 때이므로 ${}_{19}C_{k+1}\times2^{18-k}$

x^k의 계수가 x^{k+1}의 계수보다 크게 되려면

${}_{19}C_k\times2^{19-k}>{}_{19}C_{k+1}\times2^{18-k}$

$$\frac{19!}{k!(19-k)!}\times 2^{19-k} > \frac{19!}{(k+1)!(18-k)!}\times 2^{18-k}$$

$2(k+1) > 19-k$

$\therefore\ k > \frac{17}{3}$

따라서 자연수 k의 최솟값은 6이다.

답 ③

G11-07

$\left(x+\frac{a}{x^2}\right)^4$의 전개식에서 일반항은

${}_4C_r x^{4-r}\left(\frac{a}{x^2}\right)^r = {}_4C_r a^r x^{4-3r}$ (단, $r=0,\ 1,\ 2,\ 3,\ 4$) 너코 068 ……㉠

$\left(x^2-\frac{1}{x}\right)\left(x+\frac{a}{x^2}\right)^4$에서 x^3의 계수는 다음과 같다.

i) $\left(x^2-\frac{1}{x}\right)$에서 x^2항과 $\left(x+\frac{a}{x^2}\right)^4$에서 x항을 곱하는 경우

㉠에서 $r=1$일 때이므로

$1\times({}_4C_1\times a)=4a$

ii) $\left(x^2-\frac{1}{x}\right)$에서 $\frac{1}{x}$항과 $\left(x+\frac{a}{x^2}\right)^4$에서 x^4항을 곱하는 경우

㉠에서 $r=0$일 때이므로

$(-1)\times({}_4C_0\times a^0)=-1$

i), ii)에서 x^3의 계수가 $4a-1$이므로

$4a-1=7$

$\therefore\ a=2$

답 ②

G11-08

$\left(x^2+\frac{a}{x}\right)^5$의 전개식에서 일반항은

${}_5C_r (x^2)^{5-r}\left(\frac{a}{x}\right)^r = {}_5C_r a^r x^{10-3r}$ (단, $r=0,\ 1,\ 2,\ 3,\ 4,\ 5$)

너코 068

$\frac{1}{x^2}$의 계수는 $10-3r=-2$, 즉 $r=4$일 때이므로

${}_5C_4\times a^4=5a^4$

x의 계수는 $10-3r=1$, 즉 $r=3$일 때이므로

${}_5C_3\times a^3=10a^3$

$\frac{1}{x^2}$의 계수와 x의 계수가 같으므로

$5a^4=10a^3$

$\therefore\ a=2\ (\because\ a>0)$

답 ②

G11-09

풀이 1

$(x^2+1)^4$의 전개식에서 일반항은

${}_4C_r 1^{4-r}(x^2)^r={}_4C_r x^{2r}$ (단, $r=0,\ 1,\ 2,\ 3,\ 4$) ……㉠

너코 068

$(x^3+1)^n$의 전개식에서 일반항은

${}_nC_s 1^{n-s}(x^3)^s={}_nC_s x^{3s}$ (단, $s=0,\ 1,\ 2,\ \cdots,\ n$) ……㉡

이때 $(x^2+1)^4(x^3+1)^n$의 전개식에서 x^5의 계수는

(㉠의 x^2의 계수)×(㉡의 x^3의 계수)와 같다.

㉠에서 x^2의 계수는 $2r=2$, 즉 $r=1$일 때이므로 ${}_4C_1=4$

㉡에서 x^3의 계수는 $3s=3$, 즉 $s=1$일 때이므로 ${}_nC_1=n$

x^5의 계수가 $4n=12$이므로 $n=3$

따라서 주어진 식은 $(x^2+1)^4(x^3+1)^3$이고,

이 식의 전개식에서 x^6의 계수는

(㉠의 상수항)×(㉡의 x^6의 계수)

+(㉠의 x^6의 계수)×(㉡의 상수항)

과 같다.

i) (㉠의 상수항)×(㉡의 x^6의 계수)인 경우

㉠에서 상수항은 $2r=0$, 즉 $r=0$일 때이므로 ${}_4C_0=1$

㉡에서 x^6의 계수는 $3s=6$, 즉 $s=2$일 때이므로

${}_3C_2={}_3C_1=3$

즉, 이 경우의 x^6의 계수는 $1\times3=3$

ii) (㉠의 x^6의 계수)×(㉡의 상수항)인 경우

㉠에서 x^6의 계수는 $2r=6$, 즉 $r=3$일 때이므로

${}_4C_3={}_4C_1=4$

㉡에서 상수항은 $3s=0$, 즉 $s=0$일 때이므로 ${}_3C_0=1$

즉, 이 경우의 x^6의 계수는 $4\times1=4$

i), ii)에 의하여 구하는 x^6의 계수는

$3+4=7$

풀이 2

$(x^2+1)^4=(x^4+2x^2+1)^2$

$=x^8+4x^6+6x^4+4x^2+1$ ……㉠

$(x^3+1)^n$의 전개식에서 일반항은

${}_nC_r 1^{n-r}(x^3)^r={}_nC_r x^{3r}$ (단, $r=0,\ 1,\ 2,\ \cdots,\ n$) ……㉡

너코 068

이때 $(x^2+1)^4(x^3+1)^n$의 전개식에서 x^5의 계수는

(㉠의 x^2의 계수 4)×(㉡의 x^3의 계수)와 같다.

㉡에서 x^3의 계수는 $3r=3$, 즉 $r=1$일 때이므로 ${}_nC_1=n$

x^5의 계수가 $4n=12$이므로 $n=3$

따라서 $(x^3+1)^3=x^9+3x^6+3x^3+1$이므로 ……㉢

$(x^2+1)^4(x^3+1)^3$의 전개식에서 x^6의 계수는

(㉠의 x^6의 계수 4)×(㉢의 상수항 1)

+(㉠의 상수항 1)×(㉢의 x^6의 계수 3)

$=4\times1+1\times3=7$

답 ②

G11-10

$(x-1)^6$의 전개식에서 일반항은

${}_6C_r(-1)^{6-r}x^r$ (단, $r=0,\ 1,\ 2,\ \cdots,\ 6$) 너코 068 ……㉠

$(2x+1)^7$의 전개식에서 일반항은

${}_7C_s(2x)^s={}_7C_s2^sx^s$ (단, $s=0,\ 1,\ 2,\ \cdots,\ 7$) ……㉡

이때 $(x-1)^6(2x+1)^7$의 전개식에서 x^2의 계수는

i) $(x-1)^6$에서 상수항과 $(2x+1)^7$에서 x^2항을 곱하는 경우
㉠에서 $r=0$, ㉡에서 $s=2$일 때이므로
${}_6C_0(-1)^6\times{}_7C_22^2=1\times84=84$

ii) $(x-1)^6$에서 x항과 $(2x+1)^7$에서 x항을 곱하는 경우
㉠에서 $r=1$, ㉡에서 $s=1$일 때이므로
${}_6C_1(-1)^5\times{}_7C_12^1=-6\times14=-84$

iii) $(x-1)^6$에서 x^2항과 $(2x+1)^7$에서 상수항을 곱하는 경우
㉠에서 $r=2$, ㉡에서 $s=0$일 때이므로
${}_6C_2(-1)^4\times{}_7C_02^0=15\times1=15$

i)~iii)에서 x^2의 계수는

$84-84+15=15$

답 ①

G11-11

$2(x+a)^n$의 전개식에서 일반항은

$2\times{}_nC_ra^{n-r}x^r$ (단, $r=0,\ 1,\ 2,\ \cdots,\ n$) 너코 068

x^{n-1}의 계수는 $r=n-1$일 때이므로

$2\times{}_nC_{n-1}a^1=2an$ ……㉠

$(x-1)(x+a)^n$에서 x^{n-1}의 계수는 다음과 같다.

i) $(x-1)$에서 x항과 $(x+a)^n$에서 x^{n-2}항을 곱하는 경우
$1\times{}_nC_{n-2}a^2=\dfrac{n(n-1)}{2}\times a^2$

ii) $(x-1)$에서 상수항과 $(x+a)^n$에서 x^{n-1}항을 곱하는 경우
$(-1)\times{}_nC_{n-1}a^1=-an$

i), ii)에서 x^{n-1}의 계수는

$\dfrac{n(n-1)}{2}\times a^2-an=an\left\{\dfrac{(n-1)a}{2}-1\right\}$ ……㉡

$2(x+a)^n$의 전개식에서 x^{n-1}의 계수와

$(x-1)(x+a)^n$의 전개식에서 x^{n-1}의 계수가 같으므로

㉠, ㉡에서

$2an=an\left\{\dfrac{(n-1)a}{2}-1\right\}$, $2=\dfrac{(n-1)a}{2}-1$ ($\because$ $an\neq0$)

$(n-1)a=6$

이때 a는 자연수, n은 $n\geq2$인 자연수이므로

가능한 경우는

$a=1$일 때 $n=7$

$a=2$일 때 $n=4$

$a=3$일 때 $n=3$

$a=6$일 때 $n=2$

따라서 an의 최댓값은 $a=6$, $n=2$일 때 $an=12$이다.

답 12

G11-12

$(x+a^2)^n$의 전개식에서 일반항은

${}_nC_ra^{2(n-r)}x^r$ (단, $r=0,\ 1,\ 2,\ \cdots,\ n$) 너코 068

x^{n-1}의 계수는 $r=n-1$일 때이므로 ${}_nC_{n-1}a^2=a^2n$이다.

$(x^2-2a)(x+a)^n=x^2(x+a)^n-2a(x+a)^n$이므로

x^{n-1}의 계수는

$x^2(x+a)^n$의 전개식의 x^{n-1}의 계수에서

$2a(x+a)^n$의 전개식의 x^{n-1}의 계수를 뺀 값과 같다.

$(x+a)^n$의 전개식에서 일반항은

${}_nC_ra^{n-r}x^r$ (단, $r=0,\ 1,\ 2,\ \cdots,\ n$)이므로

$x^2(x+a)^n$의 전개식에서 일반항은

$x^2\times{}_nC_ra^{n-r}x^r={}_nC_ra^{n-r}x^{r+2}$ (단, $r=0,\ 1,\ 2,\ \cdots,\ n$)

x^{n-1}의 계수는 $r=n-3$일 때이므로

$\boxed{{}_nC_{n-3}}\times a^3$이고, ……㉠

$2a(x+a)^n$의 전개식에서 일반항은

$2a\times{}_nC_ra^{n-r}x^r=2{}_nC_ra^{n-r+1}x^r$ (단, $r=0,\ 1,\ 2,\ \cdots,\ n$)

x^{n-1}의 계수는 $r=n-1$일 때이므로

$2{}_nC_{n-1}a^2=2a^2n$이다. ……㉡

㉠, ㉡에 의하여 $(x^2-2a)(x+a)^n$의 전개식에서

x^{n-1}의 계수는

$\boxed{{}_nC_{n-3}}\times a^3-2a^2n$이다.

그러므로 $a^2n=\boxed{{}_nC_{n-3}}\times a^3-2a^2n$이고,

이 등식의 양변을 a^2으로 나누면

$n=\dfrac{n(n-1)(n-2)}{3\times2\times1}\times a-2n$이므로

$3n=\dfrac{n(n-1)(n-2)}{3\times2\times1}\times a$, $a=3n\times\dfrac{6}{n(n-1)(n-2)}$

$a=\dfrac{18}{\boxed{(n-1)(n-2)}}$이다.

여기서 a는 자연수이고 n은 4 이상의 자연수이므로

2 이상의 연속한 두 자연수 $n-2$, $n-1$의 곱이

18의 약수이어야 한다.

이를 만족시키는 연속한 두 자연수는 2, 3뿐이므로

$n=\boxed{4}$이다.

(가) : $f(n)={}_nC_{n-3}$, (나) : $g(n)=(n-1)(n-2)$,

(다) : $k=4$

$\therefore$ $f(k)+g(k)={}_4C_1+3\times2=10$

답 ①

G 12-01

$(1+x)^{2n}$의 전개식은

$(1+x)^{2n} = {}_{2n}C_0 + {}_{2n}C_1 x + {}_{2n}C_2 x^2 + \cdots + {}_{2n}C_{2n} x^{2n}$ 너코 068

$x=-1$일 때

$0 = {}_{2n}C_0 - {}_{2n}C_1 + {}_{2n}C_2 - {}_{2n}C_3 + \cdots - {}_{2n}C_{2n-1} + {}_{2n}C_{2n}$ ······㉠

너코 069

이고, $x=1$일 때

$2^{2n} = {}_{2n}C_0 + {}_{2n}C_1 + {}_{2n}C_2 + \cdots + {}_{2n}C_{2n}$ ······㉡

㉡−㉠을 정리하면

${}_{2n}C_1 + {}_{2n}C_3 + {}_{2n}C_5 + \cdots + {}_{2n}C_{2n-1} = 2^{2n-1}$이므로

$f(n) = \sum_{k=1}^{n} ({}_{2k}C_1 + {}_{2k}C_3 + {}_{2k}C_5 + \cdots + {}_{2k}C_{2k-1}) = \sum_{k=1}^{n} 2^{2k-1}$

등비수열의 합에 의하여 구하는 값은

$f(5) = \sum_{k=1}^{5} 2^{2k-1} = \frac{2(4^5-1)}{4-1} = 682$ 너코 026 너코 028

답 682

G 12-02

x는 0이 아닌 실수라 하자.

$(1+x)^m$의 전개식에서 일반항은

${}_mC_r x^r$ (단, $r=0, 1, 2, \cdots, m$) 너코 068

${}_mC_m$은 $r=m$일 때이므로

다항식 $(1+x)^m$에서 x^m의 계수이다.

$(1+x)^{m+1}$의 전개식에서 일반항은

${}_{m+1}C_r x^r$ (단, $r=0, 1, 2, \cdots, m+1$)

${}_{m+1}C_m$은 $r=m$일 때이므로

다항식 $(1+x)^{m+1}$에서 x^m의 계수이다.

⋮

$(1+x)^n$의 전개식에서 일반항은

${}_nC_r x^r$ (단, $r=0, 1, 2, \cdots, n$)

${}_nC_m$은 $r=m$일 때이므로

다항식 $(1+x)^n$에서 x^m의 계수이다.

따라서

${}_mC_m + {}_{m+1}C_m + \cdots + {}_nC_m$은 다항식

$(1+x)^m + (1+x)^{m+1} + (1+x)^{m+2} + \cdots + (1+x)^n$의

전개식에서 x^m의 계수이다.

$(1+x)^m + (1+x)^{m+1} + (1+x)^{m+2} + \cdots + (1+x)^n$은

첫째항이 $(1+x)^m$이고 공비가 $1+x$인 등비급수의

첫째항부터 제$n-m+1$항까지의 합과 같으므로

$(1+x)^m + (1+x)^{m+1} + (1+x)^{m+2} + \cdots + (1+x)^n$

$= \frac{(1+x)^m\{(1+x)^{n-m+1}-1\}}{(1+x)-1} = \boxed{\frac{(1+x)^{n+1}-(1+x)^m}{x}}$

너코 026

이때 $\frac{(1+x)^{n+1}-(1+x)^m}{x}$의 전개식에서

x^m항이 만들어지려면 분모에 x가 있으므로

분자에서 x^{m+1}항이 만들어져야 한다.

$(1+x)^m$의 전개식에서는 x^{m+1}항이 만들어질 수 없으므로

$\frac{(1+x)^{n+1}-(1+x)^m}{x}$에서 x^m의 계수는

$(1+x)^{n+1}$의 전개식에서 x^{m+1}의 계수와 같다.

$(1+x)^{n+1}$의 전개식에서 일반항은

${}_{n+1}C_r x^r$ (단, $r=0, 1, 2, \cdots, n+1$)

x^{m+1}의 계수는 $r=m+1$일 때이므로 ${}_{n+1}C_{m+1}$

$\therefore\ {}_mC_m + {}_{m+1}C_m + \cdots + {}_nC_m = \boxed{{}_{n+1}C_{m+1}}$ 너코 069

$\therefore$ (가) : $\frac{(1+x)^{n+1}-(1+x)^m}{x}$, (나) : ${}_{n+1}C_{m+1}$

답 ①

G 12-03

두 다항식의 곱

$(a_0 + a_1x + \cdots + a_{n-1}x^{n-1})(b_0 + b_1x + \cdots + b_nx^n)$에서

x^{n-1}의 계수는

$a_0b_{n-1} + a_1b_{n-2} + \cdots + a_{n-1}b_0$ ······(*)

등식 $(1+x)^{2n-1} = (1+x)^{n-1}(1+x)^n$에서

좌변인 $(1+x)^{2n-1}$의 전개식의 일반항은

${}_{2n-1}C_r x^r$ (단, $r=0, 1, 2, \cdots, 2n-1$) 너코 068

x^{n-1}의 계수는 $r=n-1$일 때이므로 $\boxed{{}_{2n-1}C_{n-1}}$이고,

$(1+x)^{n-1}(1+x)^n$

$= ({}_{n-1}C_0 + {}_{n-1}C_1x^1 + {}_{n-1}C_2x^2 + \cdots + {}_{n-1}C_{n-1}x^{n-1})$

$({}_nC_0 + {}_nC_1x^1 + {}_nC_2x^2 + \cdots + {}_nC_nx^n)$

$= (a_0 + a_1x + \cdots + a_{n-1}x^{n-1})(b_0 + b_1x + \cdots + b_nx^n)$

이므로 (*)을 이용하여 우변에서 x^{n-1}의 계수는

$a_0b_{n-1} + a_1b_{n-2} + \cdots + a_{n-1}b_0$

$= {}_{n-1}C_0 \times {}_nC_{n-1} + {}_{n-1}C_1 \times {}_nC_{n-2} + \cdots + {}_{n-1}C_{n-1} \times {}_nC_0$

$= \sum_{k=1}^{n} ({}_{n-1}C_{k-1} \times \boxed{{}_nC_{n-k}})$이다. 너코 028

등식 $(1+x)^{2n-1} = (1+x)^{n-1}(1+x)^n$의 좌변과 우변의

x^{n-1}의 계수는 서로 같으므로

$\boxed{{}_{2n-1}C_{n-1}} = \sum_{k=1}^{n} ({}_{n-1}C_{k-1} \times \boxed{{}_nC_{n-k}})$ ······㉠

한편 $1 \le k \le n$일 때

$k \times {}_nC_k = n \times {}_{n-1}C_{k-1}$이므로

$\sum_{k=1}^{n} k({}_nC_k)^2 = \sum_{k=1}^{n} (n \times {}_{n-1}C_{k-1} \times {}_nC_k)$

$= \sum_{k=1}^{n} (n \times {}_{n-1}C_{k-1} \times \boxed{{}_nC_{n-k}})$

$$= n \times \sum_{k=1}^{n} ({}_{n-1}\mathrm{C}_{k-1} \times \boxed{{}_{n}\mathrm{C}_{n-k}})$$
$$= n \times {}_{2n-1}\mathrm{C}_{n-1} \ (\because ㉠)$$
$$= n \times \frac{(2n-1)!}{n!(n-1)!}$$
$$= \frac{n}{2} \times \frac{(2n)!}{n!n!} = \boxed{\frac{n}{2} \times {}_{2n}\mathrm{C}_{n}}$$

$\therefore$ (가) : ${}_{2n-1}\mathrm{C}_{n-1}$, (나) : ${}_{n}\mathrm{C}_{n-k}$, (다) : $\frac{n}{2} \times {}_{2n}\mathrm{C}_{n}$

답 ③

G12-04

$$\sum_{k=1}^{n} {}_{n}\mathrm{C}_{k} = \sum_{k=0}^{n} {}_{n}\mathrm{C}_{k} - {}_{n}\mathrm{C}_{0}$$ 너코 028
$$= ({}_{n}\mathrm{C}_{0} + {}_{n}\mathrm{C}_{1} + {}_{n}\mathrm{C}_{2} + \cdots + {}_{n}\mathrm{C}_{n}) - 1$$
$$= 2^n - 1$$ 너코 069

이므로 $n = 1, 2, 3, \cdots$ 을 차례로 대입하면

$n=1$일 때 $2^1 - 1 = 1$은 3의 배수가 아니다.

$n=2$일 때 $2^2 - 1 = 3$은 3의 배수이다.

$n=3$일 때 $2^3 - 1 = 7$은 3의 배수가 아니다.

$n=4$일 때 $2^4 - 1 = 15$는 3의 배수이다.

$n=5$일 때 $2^5 - 1 = 31$은 3의 배수가 아니다.

$n=6$일 때 $2^6 - 1 = 63$은 3의 배수이다.

$\vdots$

즉, n이 짝수일 때 $\sum_{k=1}^{n} {}_{n}\mathrm{C}_{k}$의 값이 3의 배수가 된다.

따라서 구하는 50 이하의 짝수 n의 개수는 25이다.

답 25

G12-05

두 자연수 $m, n\ (2 \le m \le n)$에 대하여
1부터 n까지 자연수가 하나씩 적혀 있는 n장의 카드에서
동시에 m장을 선택할 때,
카드에 적힌 어느 두 수도 연속하지 않는 경우의 수를
$N(n, m)$이라 하자.
9장의 카드에서 3장의 카드를 선택할 때,
9가 적힌 카드가 선택되는 경우와 선택되지 않는 경우로
나누어 생각하자.

9가 적힌 카드가 선택되는 경우
이웃한 8이 적힌 카드를 제외하고
1부터 7까지 자연수가 적힌 7장의 카드 중에서
2장을 선택하면 되므로 $N(7, 2)$이고,
9가 적힌 카드가 선택되지 않는 경우
1부터 8까지 자연수가 적힌 8장의 카드 중에서
3장을 선택하면 되므로 $N(8, 3)$이다.
그러므로 $N(9, 3)$에 대하여 다음 관계식을 얻을 수 있다.
$N(9, 3) = N(\boxed{7}, 2) + N(8, 3)$

$N(8, 3)$에 8이 적힌 카드가 선택되는 경우와
선택되지 않는 경우로 나누어 적용하면
같은 방식으로 8이 적힌 카드가 선택되는 경우
1부터 6까지 자연수가 적힌 6장의 카드 중에서
2장을 선택하므로 $N(6, 2)$이고,
8이 적힌 카드가 선택되지 않는 경우
1부터 7까지 자연수가 적힌 7장의 카드 중에서
3장을 선택하므로 $N(7, 3)$이다.
즉, $N(8, 3) = N(6, 2) + N(7, 3)$이므로
$N(9, 3) = N(\boxed{7}, 2) + N(6, 2) + N(7, 3)$이다.

이와 같은 방법을 계속 적용하면
$N(9, 3)$
$= N(\boxed{7}, 2) + N(6, 2) + N(7, 3)$
$= N(\boxed{7}, 2) + N(6, 2) + N(5, 2) + N(6, 3)$
$= N(\boxed{7}, 2) + N(6, 2) + N(5, 2) + N(4, 2) + N(5, 3)$
$= N(\boxed{7}, 2) + N(6, 2) + N(5, 2) + N(4, 2) + N(3, 2)$

이므로 $N(9, 3) = \sum_{k=3}^{7} N(k, 2)$이다.

여기서 1부터 k까지 자연수가 하나씩 적혀 있는
k장의 카드에서 2장을 선택하는 방법의 수는
${}_{k}\mathrm{C}_{2}$이고, 이 중 연속한 2장을 선택하는 방법의 수는 $k-1$이다.
따라서 $N(k, 2) = \boxed{{}_{k}\mathrm{C}_{2}} - (k-1)$이고,

$N(9, 3)$
$$= \sum_{k=3}^{7} N(k, 2)$$
$$= \sum_{k=3}^{7} ({}_{k}\mathrm{C}_{2} - k + 1)$$
$$= \sum_{k=3}^{7} {}_{k}\mathrm{C}_{2} + \sum_{k=3}^{7} (-k+1)$$ 너코 028
$$= ({}_{3}\mathrm{C}_{2} + {}_{4}\mathrm{C}_{2} + {}_{5}\mathrm{C}_{2} + {}_{6}\mathrm{C}_{2} + {}_{7}\mathrm{C}_{2}) + (-2-3-4-5-6)$$
$$= {}_{8}\mathrm{C}_{3} - 21$$ 너코 069
$$= \boxed{35}$$

$\therefore$ (가) : 7, (나) : ${}_{k}\mathrm{C}_{2}$, (다) : 35

답 ①

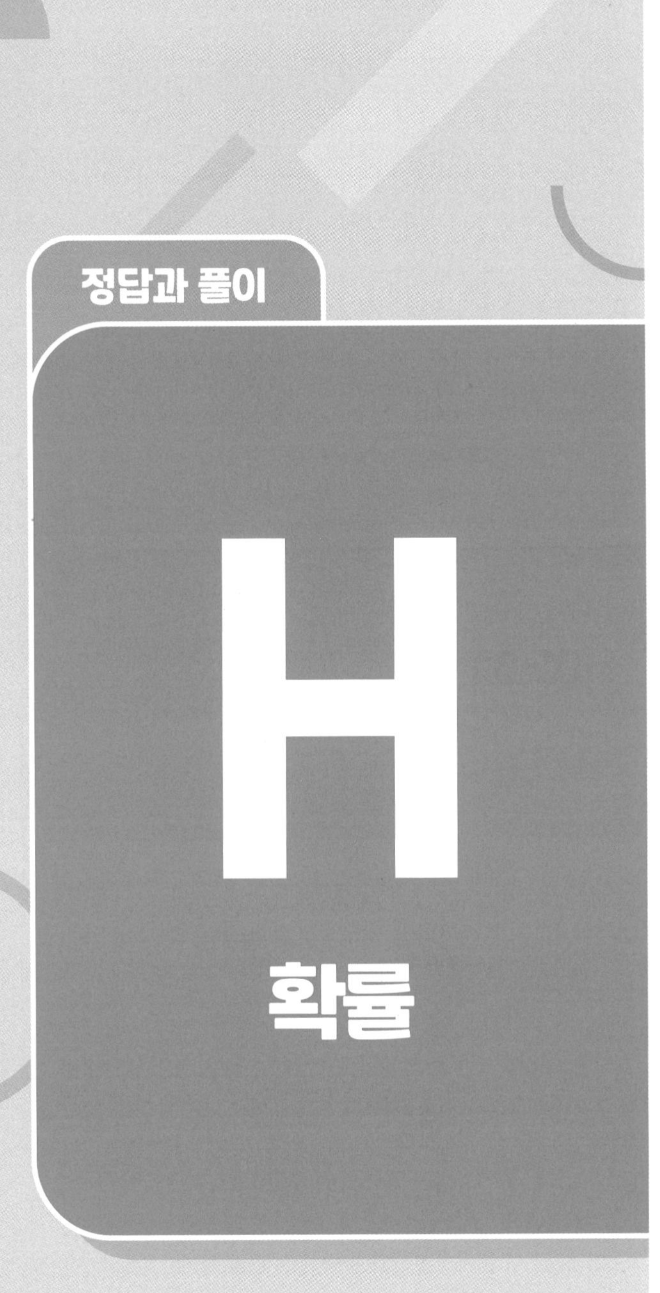

1 확률의 뜻과 활용

H01-01

a, b를 선택하는 모든 경우의 수는 $4\times4=16$

$1<\frac{b}{a}<4$, 즉 $a<b<4a$를 만족시키는 a, b의 값은 다음과 같이 경우를 나누어 구할 수 있다.

$a=1$일 때 $1<b<4$인 b의 값은 존재하지 않는다.

$a=3$일 때 $3<b<12$인 b의 값은 4, 6, 8, 10의 4개

$a=5$일 때 $5<b<20$인 b의 값은 6, 8, 10의 3개

$a=7$일 때 $7<b<28$인 b의 값은 8, 10의 2개

따라서 구하는 확률은 $\frac{4+3+2}{16}=\frac{9}{16}$ 너코 071

답 ②

H01-02

한 개의 주사위를 세 번 던져서 나오는 눈의 수를 차례로 a, b, c라 할 때, 나올 수 있는 모든 경우의 수는

$6^3=216$

이때 $a\times b\times c=4$를 만족시키는 순서쌍 (a, b, c)의 개수는

$(1, 1, 4)$, $(1, 2, 2)$, $(1, 4, 1)$

$(2, 1, 2)$, $(2, 2, 1)$

$(4, 1, 1)$

로 6이다.

따라서 구하는 확률은

$\frac{6}{216}=\frac{1}{36}$ 너코 071

답 ②

H01-03

두 수 a, b를 선택하는 모든 경우의 수는

$4\times4=16$

이때 $a\times b>31$을 만족시키는 순서쌍 (a, b)의 개수는

$(5, 8)$, $(7, 6)$, $(7, 8)$의 3이다.

따라서 구하는 확률은 $\frac{3}{16}$ 너코 071

답 ③

H01-04

두 주머니 A, B에서 꺼낸 카드에 적혀 있는 수를 각각 a, b라 할 때, 나올 수 있는 모든 순서쌍 (a, b)의 개수는

$3\times5=15$

이때 $|a-b|=1$을 만족시키는 순서쌍 (a, b)의 개수는

$(1, 2)$, $(2, 1)$, $(2, 3)$, $(3, 2)$, $(3, 4)$로 5이다.

따라서 구하는 확률은

$\frac{5}{15}=\frac{1}{3}$ 너코 071

답 ①

H01-05

원 $x^2+y^2=1$ 위에 있는 7개의 점

$P_1(1, 0)$, $P_2\left(\frac{\sqrt{2}}{2}, \frac{\sqrt{2}}{2}\right)$, $P_3\left(\frac{1}{2}, \frac{\sqrt{3}}{2}\right)$, $P_4(0, 1)$,

$P_5\left(-\frac{\sqrt{2}}{2}, \frac{\sqrt{2}}{2}\right)$, $P_6(-1, 0)$, $P_7\left(-\frac{\sqrt{3}}{2}, -\frac{1}{2}\right)$

을 좌표평면에 나타내면 다음과 같다.

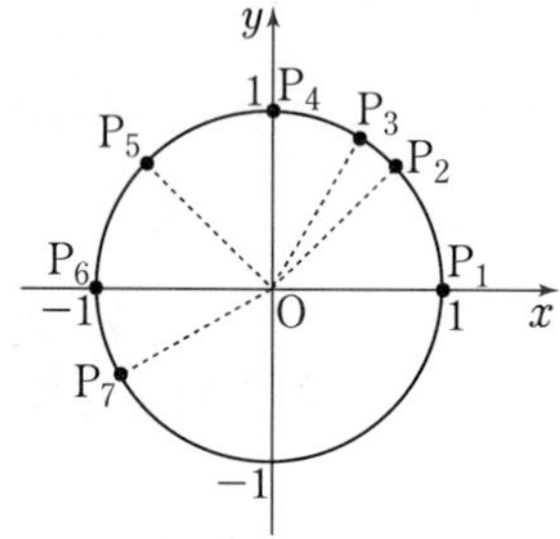

7개의 점 중 3개를 선택하는 전체 경우의 수는 ${}_7C_3=35$

이때 원에 내접하는 삼각형이 직각삼각형이 되려면

빗면은 원의 지름이 되어야 한다.

주어진 7개의 점 중 2개의 점을 이어서 지름이 되는 경우는

선분 P_1P_6뿐이므로

두 점 P_1과 P_6을 반드시 선택해야 하고,

나머지 5개의 점 P_2, P_3, P_4, P_5, P_7 중 한 개를 선택하여

삼각형을 만들면 된다.

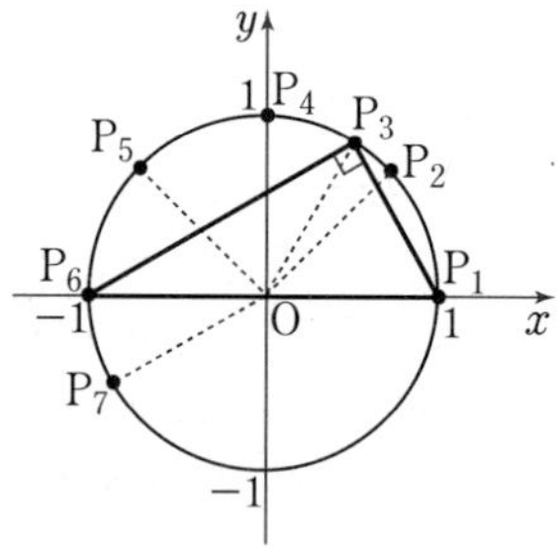

따라서 직각삼각형의 개수는 $1\times5=5$이므로

구하는 확률은

$\frac{5}{35}=\frac{1}{7}$ 너코 071

답 ①

H01-06

주사위 두 개를 동시에 던질 때 나오는 전체 경우의 수는

$6\times6=36$

이때 한 주사위 눈의 수가 다른 주사위 눈의 수의 배수가 되려면

두 눈의 수가 서로 약수 또는 배수 관계이어야 하므로

표로 나타내면 다음과 같다.

	1	2	3	4	5	6
1	○	○	○	○	○	○
2	○	○		○		○
3	○		○			○
4	○	○		○		
5	○				○	
6	○	○	○			○

표에서 조건을 만족시키는 경우의 수는 22이므로

구하는 확률은

$\frac{22}{36}=\frac{11}{18}$ 너코 071

답 ③

H01-07

10개의 구슬이 들어 있는 주머니에서

1개의 구슬을 꺼내는 전체 경우의 수는 ${}_{10}C_1=10$

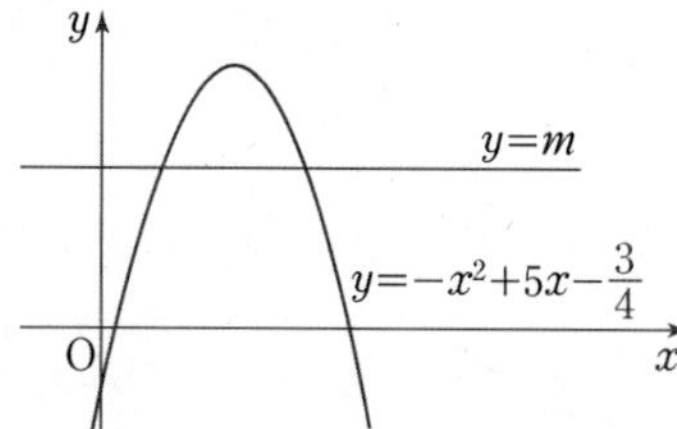

이때 직선 $y=m$과 포물선 $y=-x^2+5x-\frac{3}{4}$이 만나려면

x에 대한 이차방정식

$m=-x^2+5x-\frac{3}{4}$, 즉 $x^2-5x+\frac{3}{4}+m=0$이 실근을

가져야 한다.

그러므로 이 이차방정식의 판별식을 D라 할 때,

$D=(-5)^2-4\left(\frac{3}{4}+m\right)=22-4m\geq0$에서

$m\leq\frac{11}{2}$이어야 한다.

즉, m의 값은 $m\leq\frac{11}{2}$인 자연수이므로

m의 값이 될 수 있는 수는 1, 2, 3, 4, 5로 5개이다.

따라서 구하는 확률은

$\frac{5}{10}=\frac{1}{2}$ 너코 071

답 ④

H01-08

A, B, C 세 명이 이 순서대로 주사위를 한 번씩 던져 가장 큰 눈의 수가 나온 사람이 우승하는 규칙으로 게임을 한다. 이때 가장 큰 눈의 수가 나온 사람이 두 명 이상이면 그 사람들끼리 다시 주사위를 던지는 방식으로 게임을 계속하여 우승자를 가린다. A가 처음 던진 주사위의 눈의 수가 3일 때, C가 한 번만 주사위를 던지고 우승할 확률은? [4점]

① $\frac{2}{9}$ ② $\frac{5}{18}$ ③ $\frac{1}{3}$
④ $\frac{7}{18}$ ⑤ $\frac{4}{9}$

How To

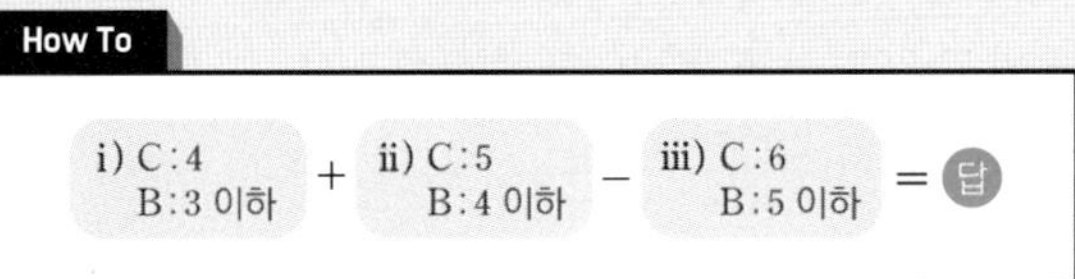

A는 이미 주사위를 던져 눈의 수가 3이 나왔고,
C가 한 번만 주사위를 던지고 우승하려면
B, C가 이 순서대로 한 번씩만 주사위를 던지고
게임이 끝나야 한다.
B, C가 주사위를 한 번씩 던지는 전체 경우의 수는
$6\times6=36$
이때 C가 우승하려면 C가 던진 주사위의 눈의 수는
A가 던져서 나온 눈의 수 3보다 커야 하므로
4 또는 5 또는 6이다.

i) C가 던진 주사위의 눈의 수가 4일 때
B가 던진 주사위의 눈은 4보다 작아야 하므로
1, 2, 3의 3가지
ii) C가 던진 주사위의 눈의 수가 5일 때
B가 던진 주사위의 눈은 5보다 작아야 하므로
1, 2, 3, 4의 4가지
iii) C가 던진 주사위의 눈의 수가 6일 때
B가 던진 주사위의 눈은 6보다 작아야 하므로
1, 2, 3, 4, 5의 5가지

i)~iii)에서 C가 우승하는 경우의 수는 $3+4+5=12$이므로
구하는 확률은
$\frac{12}{36}=\frac{1}{3}$ 너코 071

답 ③

H01-09

한 개의 주사위를 두 번 던질 때 나오는 눈의 수를 차례로 a, b라 하자. 이차함수 $f(x)=x^2-7x+10$에 대하여 $f(a)f(b)<0$이 성립할 확률은? [4점]

① $\frac{1}{18}$ ② $\frac{1}{9}$ ③ $\frac{1}{6}$
④ $\frac{2}{9}$ ⑤ $\frac{5}{18}$

How To

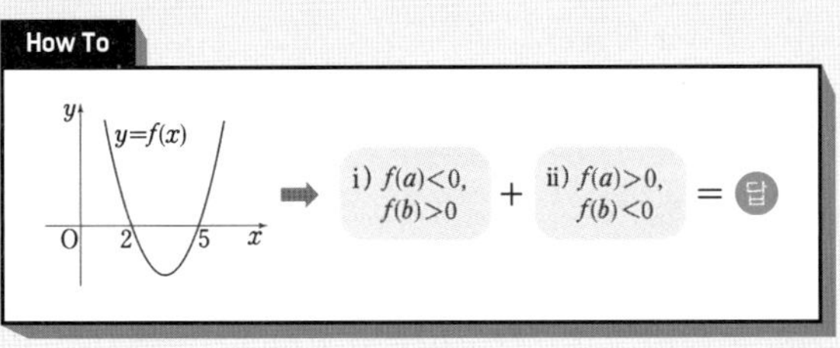

풀이 1

한 개의 주사위를 두 번 던지는 전체 경우의 수는 $6\times6=36$
이차함수 $f(x)=x^2-7x+10=(x-2)(x-5)$의 그래프는
다음과 같다.

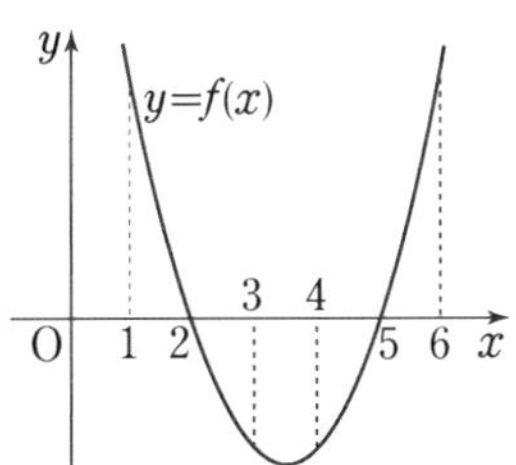

그러므로 $x=1, 6$일 때 $f(x)>0$,
$x=2, 5$일 때 $f(x)=0$,
$x=3, 4$일 때 $f(x)<0$이다.
$f(a)f(b)<0$이려면 $f(a)$, $f(b)$의 부호가 서로 달라야 하므로
이를 만족시키는 순서쌍 (a, b)는 다음과 같다.

i) $f(a)<0$, $f(b)>0$인 경우
a의 값은 3, 4 중 하나이고,
b의 값은 1, 6 중 하나이므로
순서쌍의 개수는 $2\times2=4$
ii) $f(a)>0$, $f(b)<0$인 경우
a의 값은 1, 6 중 하나이고,
b의 값은 2, 3 중 하나이므로
순서쌍의 개수는 $2\times2=4$

i), ii)에 의하여 $f(a)f(b)<0$인 경우의 수는
$4+4=8$이므로 구하는 확률은
$\frac{8}{36}=\frac{2}{9}$ 너코 071

풀이 2

x가 6 이하의 자연수일 때 $f(x)$의 값은
$f(1)=f(6)=4$, $f(2)=f(5)=0$, $f(3)=f(4)=-2$이다.
그러므로 a, b의 값에 따라 $f(a)f(b)<0$가 되는 경우를
표로 나타내면 다음과 같다.

a \ b		1	2	3	4	5	6
	$f(a)$ \ $f(b)$	4	0	-2	-2	0	4
1	4			○	○		
2	0						
3	-2	○					○
4	-2	○					○
5	0						
6	4			○	○		

따라서 구하는 확률은

$\frac{8}{36}=\frac{2}{9}$ 너코 071

풀이 3

이차함수 $f(x)=x^2-7x+10=(x-2)(x-5)$에 대하여
$x=1, 6$일 때 $f(x)>0$,
$x=2, 5$일 때 $f(x)=0$,
$x=3, 4$일 때 $f(x)<0$이다.
이때 $f(a)<0$이 되는 사건을 A, $f(a)>0$이 되는 사건을 B, $f(b)<0$이 되는 사건을 C, $f(b)>0$이 되는 사건을 D라 하면
$\mathrm{P}(A)=\frac{1}{3}$, $\mathrm{P}(B)=\frac{1}{3}$, $\mathrm{P}(C)=\frac{1}{3}$, $\mathrm{P}(D)=\frac{1}{3}$이다.

$f(a)<0$, $f(b)>0$이거나 $f(a)>0$, $f(b)<0$이면
$f(a)f(b)<0$을 만족시키므로
$f(a)f(b)<0$이 성립할 확률은 $\mathrm{P}(A\cap D)+\mathrm{P}(B\cap C)$이다.
두 사건 A와 D는 서로 독립이고 너코 076
두 사건 B와 C도 서로 독립이므로 구하는 확률은

$$\begin{aligned}\mathrm{P}(A\cap D)+\mathrm{P}(B\cap C)&=\mathrm{P}(A)\mathrm{P}(D)+\mathrm{P}(B)\mathrm{P}(C)\\&=\frac{1}{3}\times\frac{1}{3}+\frac{1}{3}\times\frac{1}{3}=\frac{2}{9}\end{aligned}$$

답 ④

H01-10

한 개의 주사위를 세 번 던질 때 나오는 눈의 수를 차례로 a, b, c라 하자. 세 수 a, b, c가 $a<b-2\le c$를 만족시킬 확률은? [4점]

① $\frac{2}{27}$ ② $\frac{1}{12}$ ③ $\frac{5}{54}$
④ $\frac{11}{108}$ ⑤ $\frac{1}{9}$

How To

i) $b=4$, $a<2\le c$ + ii) $b=5$, $a<3\le c$ + iii) $b=6$, $a<4\le c$ = 답

한 개의 주사위를 세 번 던지는 전체 경우의 수는 $6^3=216$
세 수 a, b, c는 모두 6 이하의 자연수이므로
$1\le a<b-2\le c$에서 $1<b-2$, 즉 $b>3$이다.
그러므로 b의 값에 따라 경우를 나누면 다음과 같다.

i) $b=4$일 때
$b-2=2$이므로 $a<2\le c$에서
a의 값은 1이고
c의 값은 2, 3, 4, 5, 6 중 하나이므로
경우의 수는 $1\times5=5$

ii) $b=5$일 때
$b-2=3$이므로 $a<3\le c$에서
a의 값은 1, 2 중 하나이고
c의 값은 3, 4, 5, 6 중 하나이므로
경우의 수는 $2\times4=8$

iii) $b=6$일 때
$b-2=4$이므로 $a<4\le c$에서
a의 값은 1, 2, 3 중 하나이고
c의 값은 4, 5, 6중 하나이므로
경우의 수는 $3\times3=9$

i)~iii)에 의하여 $a<b-2\le c$를 만족시키는 경우의 수는
$5+8+9=22$이므로 구하는 확률은

$\frac{22}{216}=\frac{11}{108}$ 너코 071

답 ④

H01-11

꺼낸 구슬에 적힌 두 자연수가 서로소인 경우를 표로 나타내면 다음과 같다.

	2	3	4	5	6	7	8
2	×	○		○		○	
3	×	×	○	○		○	○
4	×	×	×	○		○	
5	×	×	×	×	○	○	○
6	×	×	×	×	×	○	
7	×	×	×	×	×	×	○
8	×	×	×	×	×	×	×

표에서 꺼낸 구슬에 적힌 두 자연수가 서로소일 경우의 수는
14이므로 구하는 확률은 $\frac{14}{21}=\frac{2}{3}$ 너코 071

답 ④

H01-12

풀이 1

한 개의 주사위를 두 번 던졌을 때의 전체 경우의 수는
$6\times6=36$

ⅰ) $|a-3|+|b-3|=2$를 만족시키는 순서쌍
$(1, 3)$, $(3, 1)$, $(3, 5)$, $(5, 3)$,
$(2, 2)$, $(2, 4)$, $(4, 2)$, $(4, 4)$로 8개이다.

ⅱ) $a=b$를 만족시키는 순서쌍
$(1, 1)$, $(2, 2)$, $\cdots$, $(6, 6)$으로 6개이다.

ⅰ), ⅱ)에서 $(2, 2)$, $(4, 4)$가 중복되어 세어졌으므로 $|a-3|+|b-3|=2$이거나 $a=b$를 만족시키는 순서쌍의 개수는 $8+6-2=12$이다.

따라서 구하는 확률은 $\frac{12}{36}=\frac{1}{3}$ 너코 071

풀이 2

한 개의 주사위를 두 번 던졌을 때의 전체 경우의 수는
$6\times6=36$
$|a-3|+|b-3|=2$와 $a=b$가 나타내는 도형을 좌표평면에 나타내면 다음과 같다.

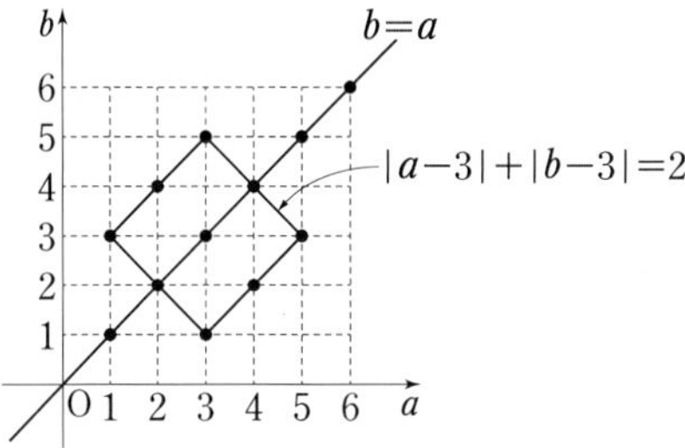

이때 $|a-3|+|b-3|=2$이거나 $a=b$를 만족시키는 a, b의 순서쌍 (a, b)의 개수는 12이다.

따라서 구하는 확률은 $\frac{12}{36}=\frac{1}{3}$ 너코 071

답 ②

H01-13

주사위를 두 번 던질 때, 나오는 눈의 수를 차례로 m, n이라 하자. $i^m\times(-i)^n$의 값이 1이 될 확률이 $\frac{q}{p}$일 때, $p+q$의 값을 구하시오. (단, $i=\sqrt{-1}$ 이고 p, q는 서로소인 자연수이다.) [4점]

How To

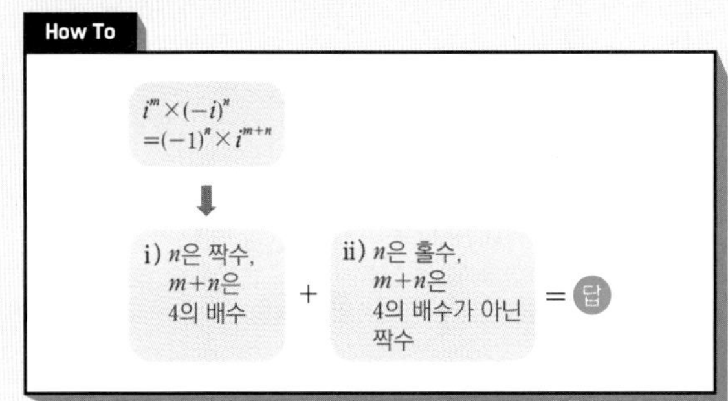

풀이 1

주사위를 두 번 던지는 전체 경우의 수는 $6\times6=36$
이때 $i^m\times(-i)^n=i^m\times(-1)^n\times i^n=(-1)^n\times i^{m+n}$이므로
$(-1)^n\times i^{m+n}=1$이 되려면
n이 짝수이고 $m+n$이 4의 배수이거나,
n이 홀수이고 $m+n$이 4의 배수가 아닌 짝수이어야 한다.

ⅰ) n이 짝수이고 $m+n$이 4의 배수인 경우
짝수 n은 2, 4, 6이므로
$m+n$이 4의 배수가 되는 순서쌍 (m, n)은
$n=2$일 때 $m=2$, 6이므로 $(2, 2)$, $(2, 6)$
$n=4$일 때 $m=4$이므로 $(4, 4)$
$n=6$일 때 $m=2$, 6이므로 $(6, 2)$, $(6, 6)$
따라서 순서쌍 (m, n)의 개수는 5이다.

ⅱ) n이 홀수이고 $m+n$이 4의 배수가 아닌 짝수인 경우
홀수 n은 1, 3, 5이므로 $m+n$이 4의 배수가 아닌 짝수가 되는 순서쌍 (m, n)은
$n=1$일 때 $m=1$, 5이므로 $(1, 1)$, $(1, 5)$
$n=3$일 때 $m=3$이므로 $(3, 3)$
$n=5$일 때 $m=1$, 5이므로 $(5, 1)$, $(5, 5)$
따라서 순서쌍 (m, n)의 개수는 5이다.

ⅰ), ⅱ)에서 $(-1)^n\times i^{m+n}=1$인 순서쌍 (m, n)의 개수는
$5+5=10$이므로 확률은 $\frac{10}{36}=\frac{5}{18}$이다. 너코 071
$\therefore\ p+q=18+5=23$

풀이 2

m, n에 따른 $i^m\times(-i)^n$의 값을 각각 계산하여 표로 나타내어 보면 다음과 같다.

n	m	1	2	3	4	5	6
	$(-i)^n$ \ i^m	i	-1	$-i$	1	i	-1
1	$-i$	1	i	-1	$-i$	1	i
2	-1	$-i$	1	i	-1	$-i$	1
3	i	-1	$-i$	1	i	-1	$-i$
4	1	i	-1	$-i$	1	i	-1
5	$-i$	1	i	-1	$-i$	1	i
6	-1	$-i$	1	i	-1	$-i$	1

표에서 $i^m\times(-i)^n$의 값이 1이 되는 경우의 수는 10이므로
구하는 확률은 $\frac{10}{36}=\frac{5}{18}$이고 너코 071
$p=18$, $q=5$이다.
$\therefore\ p+q=23$

답 23

H01-14

좌표평면 위에 두 점 A(0, 4), B(0, −4)가 있다. 한 개의 주사위를 두 번 던질 때 나오는 눈의 수를 차례로 m, n이라 하자. 점 $\mathrm{C}\left(m\cos\frac{n\pi}{3},\ m\sin\frac{n\pi}{3}\right)$에 대하여 삼각형 ABC의 넓이가 12보다 작을 확률은? [4점]

① $\frac{1}{2}$　② $\frac{5}{9}$　③ $\frac{11}{18}$　④ $\frac{2}{3}$　⑤ $\frac{13}{18}$

How To

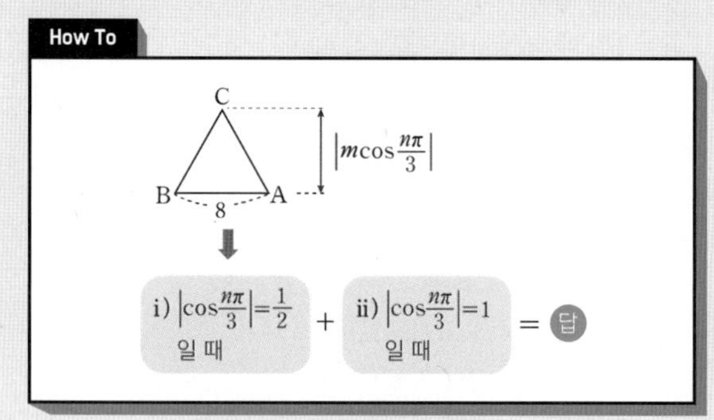

주사위를 두 번 던질 때 나오는 눈의 수를 차례로 m, n이라 했으므로 전체 순서쌍 (m, n)의 개수는 $6\times6=36$이다.

세 점 A(0, 4), B(0, −4), $\mathrm{C}\left(m\cos\frac{n\pi}{3},\ m\sin\frac{n\pi}{3}\right)$를 꼭짓점으로 하는 삼각형 ABC에서

밑변을 선분 AB로 두면

밑변의 길이는 $\overline{\mathrm{AB}}=4-(-4)=8$이고

높이는 $\left|m\cos\frac{n\pi}{3}\right|$이므로 삼각형 ABC의 넓이는

$\frac{1}{2}\times8\times\left|m\cos\frac{n\pi}{3}\right|=4m\left|\cos\frac{n\pi}{3}\right|$이다. ……㉠

이때 n의 값에 따른 $\cos\frac{n\pi}{3}$와 $\left|\cos\frac{n\pi}{3}\right|$의 값은 다음 표와 같다. 너코 018 너코 020

n	1	2	3	4	5	6
$\cos\frac{n\pi}{3}$	$\frac{1}{2}$	$-\frac{1}{2}$	-1	$-\frac{1}{2}$	$\frac{1}{2}$	1
$\left\|\cos\frac{n\pi}{3}\right\|$	$\frac{1}{2}$	$\frac{1}{2}$	1	$\frac{1}{2}$	$\frac{1}{2}$	1

그러므로 $\left|\cos\frac{n\pi}{3}\right|$의 값에 따라

삼각형 ABC의 넓이가 12보다 작을 때의 순서쌍 (m, n)의 개수는 다음과 같다.

i) $\left|\cos\frac{n\pi}{3}\right|=\frac{1}{2}$일 때

n은 1, 2, 4, 5로 4개이고,

㉠에서 삼각형의 넓이는 $4m\times\frac{1}{2}=2m$이므로

$2m<12$, 즉 $m<6$인 m의 값은 1, 2, 3, 4, 5로 5개이다.

그러므로 순서쌍 (m, n)의 개수는 $4\times5=20$이다.

ii) $\left|\cos\frac{n\pi}{3}\right|=1$일 때

n은 3, 6으로 2개이고,

㉠에서 삼각형의 넓이는 $4m\times1=4m$이므로

$4m<12$, 즉 $m<3$인 m의 값은 1, 2로 2개이다.

그러므로 순서쌍 (m, n)의 개수는 $2\times2=4$이다.

i), ii)에 의하여 삼각형 ABC의 넓이가 12보다 작을 때의 순서쌍 (m, n)의 개수는 $20+4=24$이므로

구하는 확률은 $\frac{24}{36}=\frac{2}{3}$ 너코 071

답 ④

H02-01

풀이 1

승객 4명을 4개의 좌석에 배정하는 전체 경우의 수는 $4!=24$

남자 승객 2명을 A구역 2개 좌석에 배정하고,

여자 승객 2명을 나머지 2개 좌석에 배정하는 경우의 수는

$2!\times2!=4$

따라서 구하는 확률은 $p=\frac{4}{24}=\frac{1}{6}$ 너코 071

$\therefore\ 120p=120\times\frac{1}{6}=20$

풀이 2

A구역의 2개의 좌석을 각각 a_1, a_2라 하고,

B구역, C구역의 좌석을 각각 b, c라고 하자.

두 좌석 a_1, a_2에 남자 승객이 배정되어야 하므로

좌석 a_1에 앉을 남자 승객을 선택할 확률은 $\frac{2}{4}$이고 너코 071

좌석 a_2에 앉을 남자 승객을 선택할 확률은 $\frac{1}{3}$이다.

따라서 구하는 확률은 $p=\frac{2}{4}\times\frac{1}{3}=\frac{1}{6}$이므로 너코 075

$120p=120\times\frac{1}{6}=20$

답 20

H02-02

6개의 공 중 2개를 꺼내는 전체 경우의 수는 ${}_6\mathrm{C}_2=15$

이때 흰 공 2개를 꺼내는 경우의 수는 ${}_2\mathrm{C}_2=1$

따라서 구하는 확률은 $\frac{1}{15}$이다. 너코 071

$\therefore\ p+q=15+1=16$

답 16

H02-03

1부터 7까지의 자연수 중에서 임의로 서로 다른 3개의 수를 선택하는 전체 경우의 수는 ${}_7\mathrm{C}_3=35$

선택된 3개의 수의 곱 a, 선택되지 않은 4개의 수의 곱 b가 모두 짝수이려면

선택된 수에 짝수가 1개 이상 포함되고,

선택되지 않은 수에 짝수가 1개 이상 포함되어야 한다.

i) 짝수 1개, 홀수 2개를 선택하는 경우

짝수 3개 중 1개를 선택하는 경우의 수는 ${}_3\mathrm{C}_1=3$이고

홀수 4개 중 2개를 선택하는 경우의 수는 ${}_4\mathrm{C}_2=6$이므로

이때의 경우의 수는 $3\times6=18$

ii) 짝수 2개, 홀수 1개를 선택하는 경우

짝수 3개 중 2개를 선택하는 경우의 수는 ${}_3\mathrm{C}_2=3$이고

홀수 4개 중 1개를 선택하는 경우의 수는 ${}_4\mathrm{C}_1=4$이므로

이때의 경우의 수는 $3\times4=12$

i), ii)에서 a, b가 모두 짝수인 경우의 수는

$18+12=30$이므로

구하는 확률은 $\frac{30}{35}=\frac{6}{7}$ 너코 071

답 ⑤

H02-04

7개의 공 중 4개를 꺼내는 전체 경우의 수는 ${}_7\mathrm{C}_4=35$

이때 흰 공 2개와 검은 공 2개를 꺼내는 경우의 수는

${}_3\mathrm{C}_2\times{}_4\mathrm{C}_2=3\times6=18$

따라서 구하는 확률은 $\frac{18}{35}$ 너코 071

답 ③

H02-05

카드 9장을 일렬로 나열하는 모든 경우의 수는 9!

□A□를 한 묶음으로 볼 때, A의 양옆인 □에 숫자가 적혀 있는 카드를 나열하는 경우의 수는

${}_4\mathrm{P}_2=4\times3=12$이고,

이 묶음과 나머지 6장의 카드를 일렬로 나열하는 경우의 수는 7!이다.

즉, 9장의 카드를 일렬로 나열할 때, 문자 A가 적혀 있는 카드의 바로 양옆에 각각 숫자가 적혀 있는 카드를 나열하는 경우의 수는 $12\times7!$이다.

따라서 구하는 확률은

$\frac{12\times7!}{9!}=\frac{12}{9\times8}=\frac{1}{6}$ 너코 071

답 ④

H02-06

숫자 1, 2, 3, 4, 5 중에서 중복을 허락하여 4개를 택해 일렬로 나열하여 만들 수 있는 모든 네 자리의 자연수의 개수는

${}_5\Pi_4=5^4$ 너코 062

이때 만들어진 자연수 중에서 3500보다 큰 수는

35□□, 4□□□, 5□□□ 꼴인 수이다.

i) 35□□ 꼴인 수의 개수는

나머지 두 자리의 숫자를 선택하는 경우의 수와 같으므로

${}_5\Pi_2=5^2$

ii) 4□□□ 꼴인 수의 개수는

나머지 세 자리의 숫자를 선택하는 경우의 수와 같으므로

${}_5\Pi_3=5^3$

iii) 5□□□ 꼴인 수의 개수는

ii)와 같은 방법으로 하면

${}_5\Pi_3=5^3$

i)~iii)에서 선택한 수가 3500보다 클 확률은

$\frac{5^2+5^3+5^3}{5^4}=\frac{11}{25}$ 너코 071

답 ③

H02-07

(가) : 주머니 A에서 구슬을 1개씩 두 번 꺼내는

전체 경우의 수는 ${}_{10}\mathrm{P}_2=90$

이때 차례로 1, 2가 적힌 구슬이 나오는 경우는

1가지이므로

$p=\frac{1}{90}$ 너코 071

(나) : 주머니 B에서 구슬 3개를 동시에 꺼내는

전체 경우의 수는 ${}_8\mathrm{C}_3=56$

이때 1, 2, 3이 적힌 구슬이 나오는 경우는 1가지이므로

$q=\frac{1}{56}$

(다) : 두 주머니 A, B에서 각각 구슬을 1개씩 꺼내는

전체 경우의 수는 ${}_{10}\mathrm{C}_1\times{}_8\mathrm{C}_1=10\times8=80$

이때 모두 1이 적힌 구슬이 나오는 경우는 1가지이므로

$r=\frac{1}{80}$

$\therefore\ p<r<q$

답 ②

H02-08

1부터 9까지의 자연수 중에서 임의로 서로 다른 4개의 수를 선택하여 네 자리의 자연수를 만들 때, 백의 자리의 수와 십의 자리의 수의 합이 짝수가 될 확률은? [3점]

① $\frac{4}{9}$ ② $\frac{1}{2}$ ③ $\frac{5}{9}$
④ $\frac{11}{18}$ ⑤ $\frac{13}{18}$

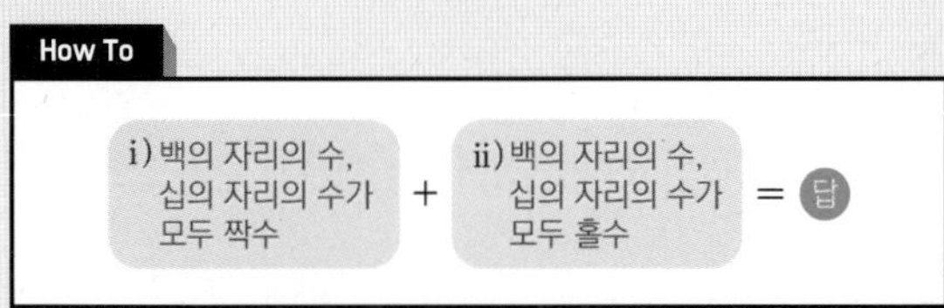

1부터 9까지의 자연수 중에서 서로 다른 4개의 수를 선택하여 네 자리의 자연수를 만드는 전체 경우의 수는 ${}_9P_4$
백의 자리 수와 십의 자리 수의 합이 짝수가 되려면
두 수 모두 짝수이거나 또는 두 수 모두 홀수이어야 한다.

i) 백의 자리의 수와 십의 자리의 수 모두 짝수인 경우
짝수 4개 중 2개를 뽑아 백의 자리의 수와 십의 자리의 수로 배열하는 방법의 수는 ${}_4P_2$
나머지 7개의 수 중 천의 자리와 일의 자리의 수를 각각 정해주는 경우의 수는 ${}_7P_2$
그러므로 자연수의 개수는 ${}_4P_2\times{}_7P_2$이다.

ii) 백의 자리의 수와 십의 자리의 수 모두 홀수인 경우
홀수 5개 중 2개를 뽑아 백의 자리의 수와 십의 자리의 수로 배열하는 방법의 수는 ${}_5P_2$
나머지 7개의 수 중 천의 자리와 일의 자리의 수를 각각 정해주는 경우의 수는 ${}_7P_2$
그러므로 자연수의 개수는 ${}_5P_2\times{}_7P_2$이다.

i), ii)에서 백의 자리 수와 십의 자리 수의 합이 짝수인 네 자리 자연수의 개수는 ${}_4P_2\times{}_7P_2+{}_5P_2\times{}_7P_2$이므로
구하는 확률은

$$\frac{{}_4P_2\times{}_7P_2+{}_5P_2\times{}_7P_2}{{}_9P_4}=\frac{4\times3\times7\times6+5\times4\times7\times6}{9\times8\times7\times6}$$
$$=\frac{4}{9}$$ 너코 071

답 ①

H02-09

○표가 있는 4개의 제비와 ×표가 있는 4개의 제비가 있다. 이 8개의 제비 중에서 4개를 뽑았을 때, ○표가 있는 제비가 3개 이상이 나오거나 4개 모두 ×표인 제비가 나올 확률을 $\frac{q}{p}$라 하자. $p+q$의 값을 구하시오.
(단, p와 q는 서로소인 자연수이다.) [4점]

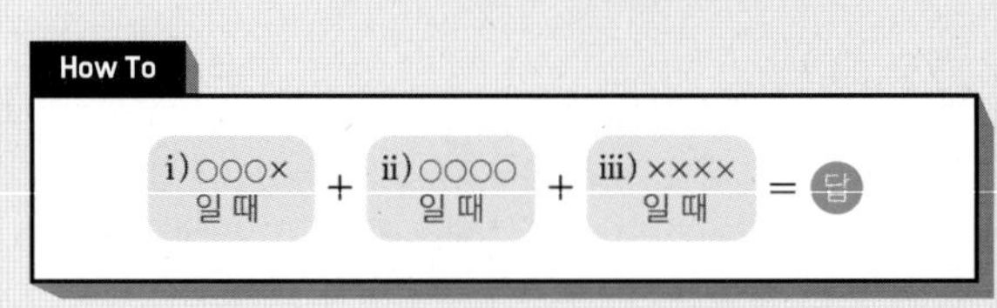

8개의 제비 중에서 4개를 뽑는 전체 경우의 수는 ${}_8C_4=70$
○표가 있는 제비가 3개 이상이 나오거나
4개 모두 ×표인 제비가 나오는 경우는 다음과 같다.

i) 뽑힌 제비가 ○, ○, ○, ×일 때
경우의 수는 ${}_4C_3\times{}_4C_1=16$

ii) 뽑힌 제비가 ○, ○, ○, ○일 때
경우의 수는 ${}_4C_4\times{}_4C_0=1$

iii) 뽑힌 제비가 ×, ×, ×, ×일 때
경우의 수는 ${}_4C_0\times{}_4C_4=1$

i)~iii)에서 ○표가 있는 제비가 3개 이상이 나오거나
4개 모두 ×표인 제비가 나오는 경우의 수는
$16+1+1=18$이므로
구하는 확률은 $\frac{18}{70}=\frac{9}{35}$ 너코 071
$\therefore\ p+q=35+9=44$

답 44

H02-10

학생 9명의 혈액형을 조사하였더니 A형, B형, O형인 학생이 각각 2명, 3명, 4명이었다. 이 9명의 학생 중에서 임의로 2명을 뽑을 때, 혈액형이 같을 확률은? [3점]

① $\frac{13}{36}$ ② $\frac{1}{3}$ ③ $\frac{11}{36}$
④ $\frac{5}{18}$ ⑤ $\frac{1}{4}$

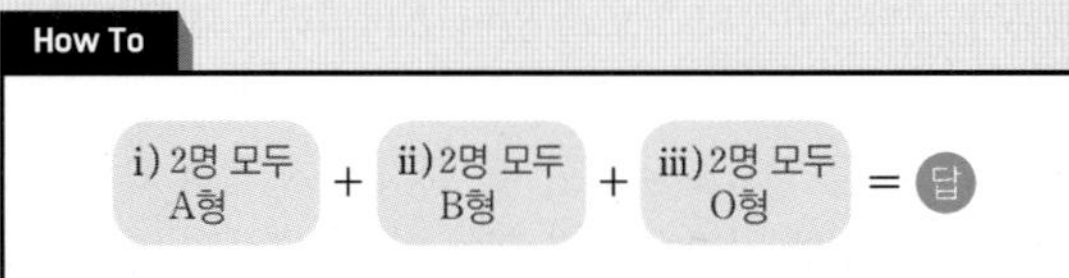

학생 9명 중 2명을 뽑는 전체 경우의 수는 ${}_9C_2=36$

i) 두 학생의 혈액형이 A형으로 같은 경우의 수는 ${}_2C_2=1$

ii) 두 학생의 혈액형이 B형으로 같은 경우의 수는 ${}_3C_2=3$

iii) 두 학생의 혈액형이 O형으로 같은 경우의 수는 ${}_4C_2=6$

i)~iii)에서 두 학생의 혈액형이 같은 경우의 수는
$1+3+6=10$이다.

따라서 구하는 확률은 $\frac{10}{36}=\frac{5}{18}$ 너코 071

답 ④

H02-11

풀이 1

6명을 2명씩 3개의 조로 편성하는 전체 경우의 수는

${}_6C_2\times{}_4C_2\times{}_2C_2\times\frac{1}{3!}=15\times6\times1\times\frac{1}{6}=15$

A와 B는 같은 조이고,
C와 D는 다른 조이어야 하므로
C, D를 E, F와 한 명씩 짝지어주는 경우의 수는 2이다.

따라서 구하는 확률은 $\frac{2}{15}$ 너코 071

풀이 2

A의 입장에서 B, C, D, E, F의 5명 중
같은 조가 될 한 명을 고르는 경우의 수는 ${}_5C_1=5$이므로

B와 같은 조가 될 확률은 $\frac{1}{5}$ 너코 071

A와 B가 같은 조가 되고, C의 입장에서
나머지 D, E, F의 3명 중 같은 조가 될 한 명을 고르는
경우의 수는 ${}_3C_1=3$이므로

C가 D를 제외한 2명 중 한 명과 같은 조가 될 확률은 $\frac{2}{3}$

따라서 A와 B는 같은 조에 편성되고,
C와 D는 서로 다른 조에 편성될 확률은

$\frac{1}{5}\times\frac{2}{3}=\frac{2}{15}$ 너코 075

답 ③

H02-12

철수는 이미 공을 꺼냈으므로
영희와 은지가 공을 뽑는 경우의 수만 고려하면 된다.
영희와 은지가 공을 꺼내는 전체 경우의 수는 ${}_9P_2=72$
영희와 은지가 꺼낸 공에 적혀 있는 수가 하나는 6보다 크고
다른 하나는 6보다 작은 경우는 다음과 같다.

i) 영희가 꺼낸 공이 6보다 크고 은지가 꺼낸 공이
6보다 작을 때
경우의 수는 ${}_4C_1\times{}_5C_1=20$

ii) 영희가 꺼낸 공이 6보다 작고 은지가 꺼낸 공이
6보다 클 때
i)과 마찬가지로 경우의 수는 ${}_5C_1\times{}_4C_1=20$

i), ii)에서 영희와 은지가 꺼낸 공에 적혀 있는 수가 하나는
6보다 크고 다른 하나는 6보다 작은 경우의 수는

$20+20=40$이므로 구하는 확률은 $\frac{40}{72}=\frac{5}{9}$ 너코 071

답 ⑤

H02-13

8명을 2명씩 4개의 조로 나누는 전체 경우의 수는

${}_8C_2\times{}_6C_2\times{}_4C_2\times{}_2C_2\times\frac{1}{4!}=105$

남자 2명과 여자 2명을 각각 뽑아서
남자 1명과 여자 1명으로 이루어진 2개의 조를 만드는
경우의 수는 ${}_4C_2\times{}_4C_2\times2!=6\times6\times2=72$
이때 나머지 4명은 반드시 남자 2명, 여자 2명끼리
조를 이루도록 하면 되므로

구하는 확률은 $\frac{72}{105}=\frac{24}{35}$ 너코 071

답 ④

H02-14

주머니 안에 1, 2, 3, 4의 숫자가 하나씩 적혀 있는 4장의 카드가 있다. 주머니에서 갑이 2장의 카드를 임의로 뽑고 을이 남은 2장의 카드 중에서 1장의 카드를 임의로 뽑을 때, 갑이 뽑은 2장의 카드에 적힌 수의 곱이 을이 뽑은 카드에 적힌 수보다 작을 확률은? [3점]

① $\frac{1}{12}$ ② $\frac{1}{6}$ ③ $\frac{1}{4}$
④ $\frac{1}{3}$ ⑤ $\frac{5}{12}$

How To

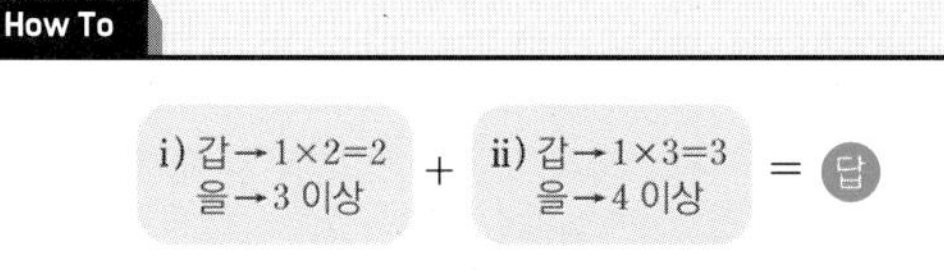

주머니에서 갑이 2장의 카드를 뽑고,
을이 남은 2장의 카드 중에서 1장의 카드를 뽑는
전체 경우의 수는 ${}_4C_2\times{}_2C_1=12$
을이 뽑은 카드에 적힌 수는 항상 4 이하이므로
갑이 뽑은 2장의 카드에 적힌 수의 곱이 4보다 작아야 한다.
즉, 갑이 뽑은 2장의 카드에 적힌 수의 곱이 될 수 있는 것은
2 또는 3이다.

i) 갑이 뽑은 카드에 적힌 숫자의 곱이 2인 경우
갑은 1, 2가 적힌 카드를 뽑고,
을은 3, 4 중에 하나를 뽑으면 된다.
그러므로 경우의 수는 $1\times2=2$이다.

ii) 갑이 뽑은 카드에 적힌 숫자의 곱이 3인 경우
갑은 1, 3이 적힌 카드를 뽑고,

을은 반드시 4를 뽑아야 한다.

그러므로 경우의 수는 $1\times1=1$이다.

ⅰ), ⅱ)에서 갑이 뽑은 2장의 카드에 적힌 수의 곱이 을이 뽑은 카드에 적힌 수보다 작은 경우의 수는 $2+1=3$이므로 구하는 확률은

$\frac{3}{12}=\frac{1}{4}$ 너코 071

답 ③

H02-15

풀이 1

주머니에 1, 1, 2, 3, 4의 숫자가 하나씩 적혀 있는 5개의 공이 들어 있다. 이 주머니에서 임의로 4개의 공을 동시에 꺼내어 임의로 일렬로 나열하고, 나열된 순서대로 공에 적혀 있는 수를 a, b, c, d라 할 때, $a\le b\le c\le d$일 확률은? [4점]

① $\frac{1}{15}$ ② $\frac{1}{12}$ ③ $\frac{1}{9}$

④ $\frac{1}{6}$ ⑤ $\frac{1}{3}$

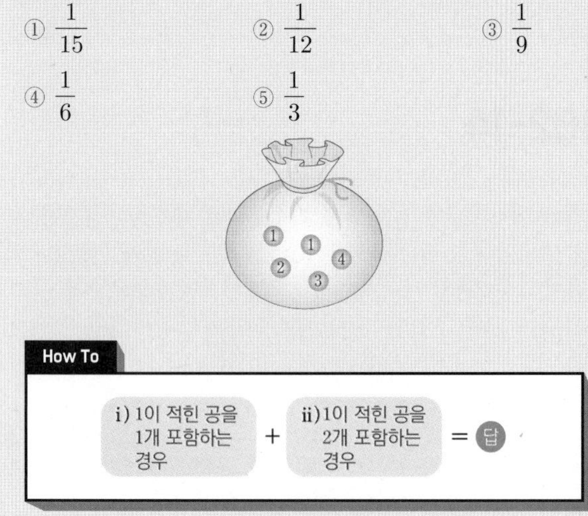

How To
ⅰ) 1이 적힌 공을 1개 포함하는 경우
+
ⅱ) 1이 적힌 공을 2개 포함하는 경우
= 답

1이 적힌 2개의 공을 서로 다른 것으로 보고 각각 1_A, 1_B라 하면 1_A, 1_B, 2, 3, 4가 하나씩 적혀 있는 5개의 공 중에서 4개의 공을 뽑아 나열하는 전체 경우의 수는 ${}_5P_4=120$이다.

이때 뽑은 공 중에 1이 적힌 공의 개수에 따라 나열하는 경우의 수는 다음과 같다.

ⅰ) 1이 적힌 공 1개를 포함하는 경우

1_A, 1_B 중 하나를 뽑는 경우의 수는 ${}_2C_1$

나머지 2, 3, 4가 적힌 공을 모두 뽑는 경우의 수는 ${}_3C_3$

이때 뽑은 공을 크지 않은 수부터 차례대로 나열하는 경우의 수는 1

그러므로 경우의 수는 ${}_2C_1\times{}_3C_3\times1=2$

ⅱ) 1이 적힌 공 2개를 포함하는 경우

1_A, 1_B가 적힌 2개의 공을 모두 뽑는 경우의 수는 ${}_2C_2$

나머지 2, 3, 4가 적힌 공 중 2개를 뽑는 경우의 수는 ${}_3C_2$

이때 뽑은 4개의 공을 크기 않은 수부터 차례대로 나열하는 경우의 수는 1_A, 1_B끼리 자리를 바꾸는 경우를 고려하면 2!

그러므로 경우의 수는 ${}_2C_2\times{}_3C_2\times2!=6$

ⅰ), ⅱ)에서 $a\le b\le c\le d$일 경우의 수는 $2+6=8$이므로

구하는 확률은 $\frac{8}{120}=\frac{1}{15}$ 너코 071

풀이 2

1, 1, 2, 3, 4의 숫자가 하나씩 적혀 있는 5개의 공 중에서 4개의 공을 뽑아 나열하는 전체 경우의 수는 다음과 같다.

ⅰ) 1이 적힌 공 1개를 포함하는 경우

나머지 2, 3, 4가 적힌 공을 모두 뽑는 경우의 수는 ${}_3C_3$

뽑은 1, 2, 3, 4가 적힌 공을 나열하는 경우의 수는 4!

그러므로 경우의 수는 ${}_3C_3\times4!=24$

ⅱ) 1이 적힌 공 2개를 포함하는 경우

나머지 2, 3, 4가 적힌 공 중 2개를 뽑는 경우의 수는 ${}_3C_2$

뽑은 4개의 공을 나열하는 경우의 수는 $\frac{4!}{2!}$ 너코 063

그러므로 경우의 수는 ${}_3C_2\times\frac{4!}{2!}=36$

ⅰ), ⅱ)에서 전체 경우의 수는 $24+36=60$

이때 $a\le b\le c\le d$를 만족시키는 경우는

(1, 2, 3, 4), (1, 1, 2, 3), (1, 1, 2, 4), (1, 1, 3, 4)로

4가지이므로 구하는 확률은 $\frac{4}{60}=\frac{1}{15}$ 너코 071

풀이 3

ⅰ) 1이 적힌 공 1개를 포함하는 경우

주머니에서 임의로 뽑은 4개의 공 중 1이 1개 포함될

확률은 $\frac{{}_2C_1}{{}_5C_4}=\frac{2}{5}$ 너코 071

뽑은 1, 2, 3, 4가 적힌 공 4개를 임의로 일렬로 나열해서 나열된 순서대로 공에 적혀있는 숫자가 1, 2, 3, 4일 확률은

$\frac{1}{4!}=\frac{1}{24}$

따라서 주어진 조건을 만족시킬 확률은

$\frac{2}{5}\times\frac{1}{24}=\frac{1}{60}$ 너코 075

ⅱ) 1이 적힌 공 2개를 포함하는 경우

주머니에서 임의로 뽑은 4개의 공 중 1이 2개 포함될

확률은 $1-\frac{2}{5}=\frac{3}{5}$ 너코 073

뽑은 1, 1, c, d (단, $1<c<d$)가 적힌 공 4개를 임의로 일렬로 나열해서 나열된 순서대로 공에 적혀있는 숫자가

1, 1, c, d일 확률은 $\frac{1}{\frac{4!}{2!}}=\frac{1}{12}$

따라서 주어진 조건을 만족시킬 확률은

$\frac{3}{5}\times\frac{1}{12}=\frac{1}{20}$

ⅰ), ⅱ)에서 구하는 확률은 $\frac{1}{60}+\frac{1}{20}=\frac{1}{15}$ 너코 072

답 ①

H02-16

두 주머니 A와 B에는 숫자 1, 2, 3, 4가 하나씩 적혀 있는 4장의 카드가 각각 들어 있다. 갑은 주머니 A에서, 을은 주머니 B에서 각자 임의로 두 장의 카드를 꺼내어 가진다. 갑이 가진 두 장의 카드에 적힌 수의 합과 을이 가진 두 장의 카드에 적힌 수의 합이 같을 확률은 $\frac{q}{p}$이다. $p+q$의 값을 구하시오. (단, p, q는 서로소인 자연수이다.) [4점]

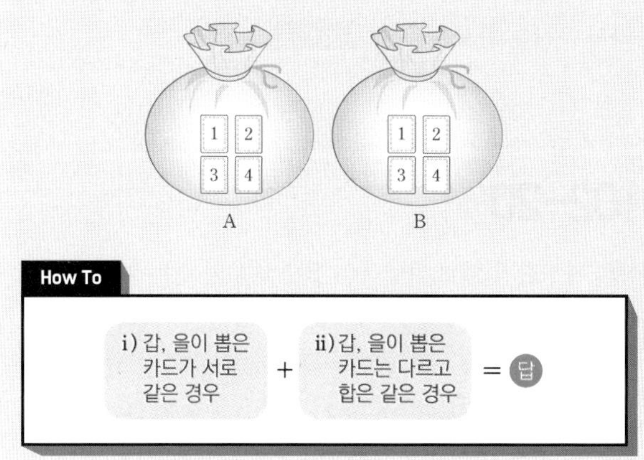

How To

i) 갑, 을이 뽑은 카드가 서로 같은 경우 + ii) 갑, 을이 뽑은 카드는 다르고 합은 같은 경우 = 답

풀이 1

갑은 주머니 A에서, 을은 주머니 B에서
각각 두 장의 카드를 꺼내는 전체 경우의 수는
$_4C_2 \times _4C_2 = 36$
갑, 을이 가진 두 장의 카드에 적힌 수의 합이 같은 경우는
다음과 같다.

i) 갑, 을이 뽑은 카드가 서로 같은 경우
갑이 카드를 꺼내는 경우의 수는 $_4C_2 = 6$
을은 갑과 같은 카드를 꺼내야 하므로 1가지
그러므로 경우의 수는 $6 \times 1 = 6$

ii) 갑, 을이 뽑은 카드는 서로 다르고 합은 같은 경우
2장의 카드에 적힌 수의 합이 같으려면
$1+4=2+3$이므로
갑이 1, 4를 꺼내고 을이 2, 3을 꺼내거나
갑이 2, 3을 꺼내고 을이 1, 4를 꺼내야 한다.
그러므로 경우의 수는 2

i), ii)에서 갑, 을이 각각 가진 두 장의 카드에 적힌 수의 합이 같은 경우의 수는 $6+2=8$이므로

구하는 확률은 $\frac{8}{36}=\frac{2}{9}$ 너코 071

$p=9$, $q=2$
$\therefore\ p+q=11$

풀이 2

갑, 을이 가진 두 장의 카드에 적힌 수의 합이 같은 경우를 표로 나타내면 다음과 같다.

갑 \ 을	뽑은 카드	1, 2	1, 3	1, 4	2, 3	2, 4	3, 4
뽑은 카드	합	3	4	5	5	6	7
1, 2	3	○					
1, 3	4		○				
1, 4	5			○	○		
2, 3	5			○	○		
2, 4	6					○	
3, 4	7						○

따라서 구하는 확률은 $\frac{8}{36}=\frac{2}{9}$이므로 너코 071

$p=9$, $q=2$
$\therefore\ p+q=11$

답 11

H02-17

풀이 1

6장의 카드를 모두 다른 카드로 보고
A_1, A_2, A_3, B_1, B_2, C라 하자.
6개의 서로 다른 카드를 일렬로 나열하는 전체 경우의 수는
$6!=720$이고
양 끝에 A_1 또는 A_2 또는 A_3가 적힌 카드가 나오게 나열하는 경우의 수는 $_3P_2 \times 4! = 144$이므로

구하는 확률은 $\frac{144}{720}=\frac{1}{5}$ 너코 071

풀이 2

6장의 카드를 일렬로 나열하는 전체 경우의 수는 $\frac{6!}{3!2!}=60$ 너코 063

양 끝 모두에 A가 적힌 카드를 놓으면 그 사이에는
A가 적힌 카드 1장, B가 적힌 카드 2장, C가 적힌 카드
1장을 나열하게 되므로 경우의 수는 $\frac{4!}{2!}=12$

따라서 구하는 확률은 $\frac{12}{60}=\frac{1}{5}$ 너코 071

풀이 3

6장의 카드 A, A, A, B, B, C를 대상으로
다음 그림과 같이 1, 2, 3, 4, 5, 6번이 적힌 위치에
순차적으로 배열하는 상황을 고려하면
확률의 곱셈정리에 의하여 다음과 같이 풀 수 있다.

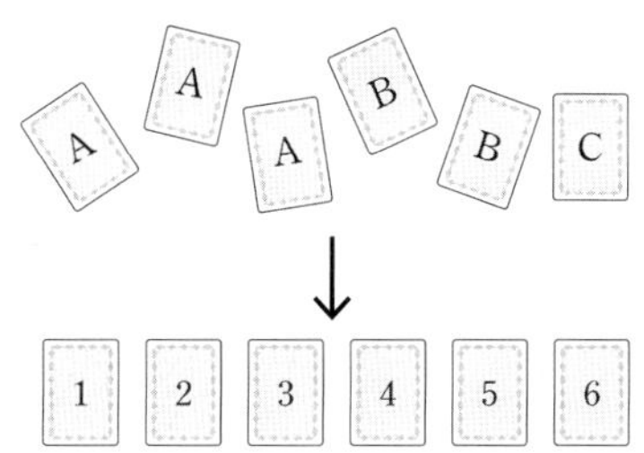

1번 위치에 6장의 카드 중

A가 적힌 카드를 선택할 확률은 $\frac{3}{6}$이고 너코 071

6번 위치에 남은 5장의 카드 중

A가 적힌 카드를 선택할 확률은 $\frac{2}{5}$이다.

따라서 구하는 확률은 $\frac{3}{6}\times\frac{2}{5}=\frac{1}{5}$ 너코 075

답 ②

H02-18

한 개의 주사위를 네 번 던지는 전체 경우의 수는 6^4

6 이하의 자연수 4개의 곱이 12이려면

$a\times b\times c\times d=6\times2\times1\times1$

$=4\times3\times1\times1$

$=3\times2\times2\times1$

이어야 하므로

$a\times b\times c\times d=12$를 만족시키는 순서쌍 (a, b, c, d)의 개수는

$\frac{4!}{2!}\times3=36$이다. 너코 063

따라서 구하는 확률은 $\frac{36}{6^4}=\frac{1}{36}$ 너코 071

답 ①

H02-19

풀이 1

한 개의 주사위를 세 번 던지는 전체 경우의 수는 $6^3=216$

6 이하의 자연수 a, b, c에 대하여 $a>b$이고 $a>c$인 경우는 다음과 같다.

i) $a>b=c$인 경우

6 이하의 자연수 중 2개를 선택하면 큰 수가 a, 작은 수가 b와 c로 결정되므로 ${}_6C_2=15$

ii) $a>b>c$인 경우

6 이하의 자연수 중 3개를 선택하면 큰 순서대로 a, b, c가 결정되므로 ${}_6C_3=20$

iii) $a>c>b$인 경우

6 이하의 자연수 중 3개를 선택하면 큰 순서대로 a, c, b가 결정되므로 ${}_6C_3=20$

i)~iii)에 의하여 $a>b$이고 $a>c$인 경우의 수는

$15+20+20=55$이다.

따라서 구하는 확률은 $\frac{55}{216}$ 너코 071

풀이 2

한 개의 주사위를 세 번 던지는 전체 경우의 수는 $6^3=216$

6 이하의 자연수 a, b, c에 대하여 $a>b$이고 $a>c$인 경우의 수는

$a=6$일 때 b, c로 가능한 값은 각각 1, 2, 3, 4, 5이므로

$5\times5=25$

$a=5$일 때 b, c로 가능한 값은 각각 1, 2, 3, 4이므로

$4\times4=16$

$a=4$일 때 b, c로 가능한 값은 각각 1, 2, 3이므로 $3\times3=9$

$a=3$일 때 b, c로 가능한 값은 각각 1, 2이므로 $2\times2=4$

$a=2$일 때 b, c로 가능한 값은 각각 1이므로 $1\times1=1$

즉, 조건을 만족시키는 모든 경우의 수는

$25+16+9+4+1=55$이다.

따라서 구하는 확률은 $\frac{55}{216}$ 너코 071

답 ②

H02-20

7장의 카드를 일렬로 나열하는 전체 경우의 수는 7!

7장의 카드를 [1] [2] [3] [4] [5] [6] [7]로 나타내자.

i) [4], [5]가 서로 이웃하도록 나열하는 경우

[4]의 양옆에 [5]와 '[6], [7] 2개 중 1개'를 나열하고

[5]의 남은 옆의 자리에 '[1], [2], [3] 3개 중 한 개'를 나열해야 한다.

이와 같이 나열하는 경우의 수는

$({}_2C_1\times2!)\times{}_3C_1=12$

이와 같이 나열된 카드를 한 묶음으로 보고,

한 묶음과 남은 카드 3장을 일렬로 나열하는 경우의 수는 4!

그러므로 이때의 경우의 수는 $12\times4!$

ii) 4와 5가 서로 이웃하지 않도록 나열하는 경우

[4]의 양옆에 '[6], [7] 2개 중 1개'를 나열하는 경우의 수는

${}_2P_2=2$

[5]의 양옆에 '[1], [2], [3] 3개 중 2개'를 나열하는 경우의 수는 ${}_3P_2=6$

이와 같이 나열된 카드를 한 묶음씩 두 개의 묶음으로 보고,

두 묶음과 남은 카드 1장을 일렬로 나열하는 경우의 수는 3!

그러므로 이때의 경우의 수는 $2\times6\times3!=3\times4!$

따라서 구하는 확률은

$\frac{12\times4!+3\times4!}{7!}=\frac{12+3}{7\times6\times5}=\frac{1}{14}$ 너코 071

답 ②

빈출 QnA

Q. 한 묶음으로 보고 나열한다는 것에 대해 자세히 설명해 주세요.

A. ii)에서 예를 들어

[4]의 양옆에 [6], [7]이 [6] [4] [7]과 같이 나열되고,

[5]의 양옆에 [2], [3]이 [3] [5] [2]와 같이 나열되면

남은 카드는 [1]이므로

다음과 같이 2개의 묶음과 [1]을 나열한다고 생각해주면 됩니다.

(6 4 7), (3 5 2), 1

(6 4 7), 1, (3 5 2)

1, (6 4 7), (3 5 2)

⋮

H02-21

풀이 1

숫자 1, 2, 3, 4, 5 중에서 서로 다른 4개를 택해 일렬로 나열하여 만들 수 있는 모든 네 자리의 자연수의 개수는

${}_5\mathrm{P}_4 = 120$

이때 만들어진 모든 네 자리의 자연수 중에서

i) 5의 배수, 즉 □□□5 꼴인 수의 개수

남은 3개의 자리에 숫자 1, 2, 3, 4 중에서 3개를 택해 일렬로 나열하는 경우의 수와 같으므로

${}_4\mathrm{P}_3 = 24$

ii) 3500 이상인 수, 즉 35□□, 4□□□, 5□□□ 꼴인 수의 개수

35□□ 꼴인 수의 개수는 남은 2개의 자리에 숫자 1, 2, 4 중에서 2개를 택해 일렬로 나열하는 경우의 수와 같으므로

${}_3\mathrm{P}_2 = 6$

4□□□ 꼴인 수의 개수는 남은 3개의 자리에 숫자 1, 2, 3, 5 중에서 3개를 택해 일렬로 나열하는 경우의 수와 같으므로 ${}_4\mathrm{P}_3 = 24$

5□□□ 꼴인 수의 개수도 같은 이유로 ${}_4\mathrm{P}_3 = 24$

즉, 3500 이상인 수의 개수는

$6 + 24 + 24 = 54$

iii) 5의 배수이면서 3500 이상인 수, 즉 4□□5 꼴인 수의 개수

남은 2개의 자리에 숫자 1, 2, 3 중에서 2개를 택해 일렬로 나열하는 경우의 수와 같으므로 ${}_3\mathrm{P}_2 = 6$

i)~iii)에 의하여 5의 배수 또는 3500 이상인 수의 개수는

$24 + 54 - 6 = 72$

따라서 구하는 확률은 $\frac{72}{120} = \frac{3}{5}$ 너코 071

풀이 2

숫자 1, 2, 3, 4, 5 중에서 서로 다른 4개를 택해 일렬로 나열하여 만들 수 있는 모든 네 자리의 자연수 중에서 임의로 하나의 수를 택할 때, 택한 수가 5의 배수인 사건을 A, 3500 이상인 사건을 B라 하면 구하는 확률은 $\mathrm{P}(A \cup B)$이다.

숫자 1, 2, 3, 4, 5 중에서 서로 다른 4개를 택해 일렬로 나열하여 만들 수 있는 모든 네 자리의 자연수의 개수는

${}_5\mathrm{P}_4 = 120$

5의 배수, 즉 □□□5 꼴인 수의 개수는 남은 3개의 자리에 숫자 1, 2, 3, 4 중에서 3개를 택해 일렬로 나열하는 경우의 수와 같으므로 ${}_4\mathrm{P}_3 = 24$

$\therefore \mathrm{P}(A) = \frac{24}{120} = \frac{1}{5}$ 너코 071

3500 이상인 수는 35□□, 4□□□, 5□□□ 꼴이고,

35□□ 꼴인 수의 개수는 남은 2개의 자리에 숫자 1, 2, 4 중에서 2개를 택해 일렬로 나열하는 경우의 수와 같으므로

${}_3\mathrm{P}_2 = 6$

4□□□ 꼴인 수의 개수는 남은 3개의 자리에 숫자 1, 2, 3, 5 중에서 3개를 택해 일렬로 나열하는 경우의 수와 같으므로

${}_4\mathrm{P}_3 = 24$

5□□□ 꼴인 수의 개수도 같은 이유로 ${}_4\mathrm{P}_3 = 24$

즉, 3500 이상인 네 자리의 자연수의 개수는

$6 + 24 + 24 = 54$

$\therefore \mathrm{P}(B) = \frac{54}{120} = \frac{9}{20}$

또한 5의 배수이면서 3500 이상인 수, 즉 4□□5 꼴인 수의 개수는 남은 2개의 자리에 숫자 1, 2, 3 중에서 2개를 택해 일렬로 나열하는 경우의 수와 같으므로 ${}_3\mathrm{P}_2 = 6$

$\therefore \mathrm{P}(A \cap B) = \frac{6}{120} = \frac{1}{20}$

따라서 구하는 확률은

$\mathrm{P}(A \cup B) = \frac{1}{5} + \frac{9}{20} - \frac{1}{20} = \frac{3}{5}$ 너코 072

답 ④

H02-22

풀이 1

세 학생 A, B, C를 포함한 7명의 학생이 원 모양의 탁자에 일정한 간격을 두고 둘러앉는 경우의 수는

$(7-1)! = 6!$ 너코 061

i) A가 B와 이웃하는 경우의 수

A와 B를 한 묶음으로 생각하여 서로 다른 6명이 원 모양의 탁자에 둘러앉는 경우의 수는 5!이고, 각각에 대하여 A, B가 서로 자리를 바꾸는 경우의 수가 2!이므로

이때의 경우의 수는 $5! \times 2!$

ii) A가 C와 이웃하는 경우의 수

A와 C를 한 묶음으로 생각하여 서로 다른 6명이 원 모양의 탁자에 둘러앉는 경우의 수는 5!이고, 각각에 대하여 A, C가 서로 자리를 바꾸는 경우의 수가 2!이므로

이때의 경우의 수는 $5! \times 2!$

iii) A가 B, C와 동시에 이웃하는 경우의 수

B, A, C를 이 순서대로 한 묶음으로 생각하여 서로 다른 5명이 원 모양의 탁자에 둘러앉는 경우의 수는 4!이고, 각각에 대하여 B, C가 서로 자리를 바꾸는 경우의 수가 2!이므로, 이때의 경우의 수는 $4! \times 2!$

i)~iii)에 의하여 구하는 확률은

$\frac{5! \times 2! + 5! \times 2! - 4! \times 2!}{6!} = \frac{1}{3} + \frac{1}{3} - \frac{1}{15} = \frac{3}{5}$ 너코 071

풀이 2

세 학생 A, B, C를 포함한 7명의 학생이 원 모양의 탁자에 일정한 간격을 두고 임의로 모두 둘러앉을 때, A가 B와 이웃하게 되는 사건을 A, A가 C와 이웃하게 되는 사건을 B라 하면 구하는 확률은 $\mathrm{P}(A\cup B)$이다.

세 학생 A, B, C를 포함한 7명의 학생이 원 모양의 탁자에 일정한 간격을 두고 둘러앉는 경우의 수는
$(7-1)!=6!$ 너코 061

i) A가 B와 이웃하게 될 확률
A와 B를 한 묶음으로 생각하여 서로 다른 6명이 원 모양의 탁자에 둘러앉는 경우의 수는 5!이고, 각각에 대하여 A, B가 서로 자리를 바꾸는 경우의 수가 2!이므로
$\mathrm{P}(A)=\dfrac{5!\times 2!}{6!}=\dfrac{1}{3}$ 너코 071

ii) A가 C와 이웃하게 될 확률
A와 C를 한 묶음으로 생각하여 서로 다른 6명이 원 모양의 탁자에 둘러앉는 경우의 수는 5!이고, 각각에 대하여 A, C가 서로 자리를 바꾸는 경우의 수가 2!이므로
$\mathrm{P}(B)=\dfrac{5!\times 2!}{6!}=\dfrac{1}{3}$

iii) A가 B, C와 동시에 이웃하게 될 확률
B, A, C를 이 순서대로 한 묶음으로 생각하여 서로 다른 5명이 원 모양의 탁자에 둘러앉는 경우의 수는 4!이고, 각각에 대하여 B, C가 서로 자리를 바꾸는 경우의 수가 2!이므로
$\mathrm{P}(A\cap B)=\dfrac{4!\times 2!}{6!}=\dfrac{1}{15}$

i)~iii)에 의하여 구하는 확률은
$\mathrm{P}(A\cup B)=\dfrac{1}{3}+\dfrac{1}{3}-\dfrac{1}{15}=\dfrac{3}{5}$ 너코 072

답 ②

H02-23

집합 X에서 Y로의 모든 일대일함수 f의 개수는
Y의 7개의 원소에서 4개를 택하여 일렬로 나열하는 경우의 수와 같으므로
${}_7\mathrm{P}_4=7\times 6\times 5\times 4=840$이다. 너코 067
이 중에서 임의로 선택한 하나의 함수가 두 조건 (가), (나)를 동시에 만족시키려면
$f(2)=2$이면서 $f(1)$, $f(3)$, $f(4)$의 값은 적어도 하나가 짝수이어야 한다.
이때 $f(2)=2$인 모든 일대일함수 f의 개수는
2를 제외한 Y의 6개의 원소에서 3개를 택하여 일렬로 나열하는 경우의 수와 같으므로
${}_6\mathrm{P}_3=6\times 5\times 4=120$이고,
$f(2)=2$이면서 $f(1)$, $f(3)$, $f(4)$의 값이 모두 홀수인 일대일함수 f의 개수는
Y의 홀수인 4개의 원소에서 3개를 택하여 일렬로 나열하는 경우의 수와 같으므로
${}_4\mathrm{P}_3=4\times 3\times 2=24$이다.
즉, 두 조건 (가), (나)를 동시에 만족시키는 일대일함수 f의 개수는 $120-24=96$이다.
따라서 구하는 확률은
$\dfrac{96}{840}=\dfrac{4}{35}$ 너코 071

답 ④

H02-24

40개의 공이 들어 있는 주머니에서 2개의 공을 동시에 꺼내는 전체 경우의 수는 ${}_{40}\mathrm{C}_2$이다.
40개의 공 중에서 흰 공의 개수를 k라 하면 검은 공의 개수는 $40-k$이다.
그러므로 흰 공 2개를 꺼낼 확률은
$p=\dfrac{{}_k\mathrm{C}_2}{{}_{40}\mathrm{C}_2}$ 너코 071
이고 흰 공 1개와 검은 공 1개를 꺼낼 확률은
$q=\dfrac{{}_k\mathrm{C}_1\times{}_{40-k}\mathrm{C}_1}{{}_{40}\mathrm{C}_2}$
이고 검은 공 2개를 꺼낼 확률은
$r=\dfrac{{}_{40-k}\mathrm{C}_2}{{}_{40}\mathrm{C}_2}$
이다. $p=q$에서
$\dfrac{{}_k\mathrm{C}_2}{{}_{40}\mathrm{C}_2}=\dfrac{{}_k\mathrm{C}_1\times{}_{40-k}\mathrm{C}_1}{{}_{40}\mathrm{C}_2}$, $\dfrac{k(k-1)}{2}=k(40-k)$
$k-1=80-2k$, 즉 $k=27$이므로
$r=\dfrac{{}_{13}\mathrm{C}_2}{{}_{40}\mathrm{C}_2}=\dfrac{\frac{13\times 12}{2}}{\frac{40\times 39}{2}}=\dfrac{1}{10}$
따라서 구하는 값은
$60r=6$

답 6

H02-25

두 사건 A, B가 서로 배반사건이므로 $A\cap B=\varnothing$이고
$0<\mathrm{P}(B)<\mathrm{P}(A)$에서 $0<n(B)<n(A)$이다.
너코 070 너코 071
이때 $n(B)\geq 3$이면
$0<n(B)<n(A)$를 만족시킬 수 없으므로
$n(B)=1$ 또는 $n(B)=2$이다.

i) $n(B)=1$인 경우
집합 B의 원소를 선택한 뒤
나머지 4개의 원소 중 집합 A의 원소는
2개, 3개, 4개가 가능하므로
${}_5\mathrm{C}_1\times({}_4\mathrm{C}_2+{}_4\mathrm{C}_3+{}_4\mathrm{C}_4)=5\times 11=55$

ii) $n(B)=2$인 경우
집합 B의 원소를 선택한 뒤
나머지 3개의 원소 중 집합 A의 원소는
3개가 되어야 하므로
${}_5C_2 \times {}_3C_3 = 10$
i), ii)에서 구하는 경우의 수는 $55+10=65$

답 ⑤

H02-26

$3n$장의 카드 중 2장의 카드를 꺼내는 경우의 수는 ${}_{3n}C_2$이다.
$3a<b$인 경우에는 $b \le 3n$이므로 $1 \le a < n$이다.
따라서 $1 \le k \le n-1$인 자연수 k에 대하여
$a=k$라 하면 $3a<b$, 즉 $3k<b\le 3n$을 만족시키는 b의 경우의 수는 $3n-3k=$ $\boxed{3(n-k)}$ 이므로

$$P_n = \frac{\sum_{k=1}^{n-1}(3n-3k)}{{}_{3n}C_2}$$ 너코 071

$$= \frac{3n(n-1)-3\times\frac{(n-1)n}{2}}{{}_{3n}C_2}$$ 너코 028 너코 029

$$= \frac{\frac{3}{2}n^2-\frac{3}{2}n}{{}_{3n}C_2} = \frac{\boxed{\frac{3}{2}n(n-1)}}{{}_{3n}C_2}$$

$\therefore$ (가) : $3(n-k)$, (나) : $\frac{3}{2}n(n-1)$

답 ①

H02-27

9개의 수 중 4개를 뽑는 전체 경우의 수는 ${}_9C_4=126$
꺼낸 공에 적혀 있는 수 중에서 가장 작은 수를 a,
가장 큰 수를 b라고 하면 $7 \le a+b \le 9$ ……㉠
a의 값에 따라 경우의 수는 다음과 같다.

i) $a=1$일 때
㉠에서 $6 \le b \le 8$이다.
$b=6$일 때 2부터 5까지의 자연수 중 나머지 두 수를 정하는 경우의 수는 ${}_4C_2=6$
$b=7$일 때 2부터 6까지의 자연수 중 나머지 두 수를 정하는 경우의 수는 ${}_5C_2=10$
$b=8$일 때 2부터 7까지의 자연수 중 나머지 두 수를 정하는 경우의 수는 ${}_6C_2=15$
그러므로 경우의 수는 $6+10+15=31$

ii) $a=2$일 때
㉠에서 $5 \le b \le 7$이다.
$b=5$일 때 나머지 두 수는 3, 4이므로 경우의 수는 1
$b=6$일 때 3부터 5까지의 자연수 중 나머지 두 수를 정하는 경우의 수는 ${}_3C_2=3$
$b=7$일 때 3부터 6까지의 자연수 중 나머지 두 수를 정하는 경우의 수는 ${}_4C_2=6$
그러므로 경우의 수는 $1+3+6=10$

iii) $a=3$일 때
㉠에서 $4 \le b \le 6$이다.
이때 a, b 사이에 적어도 2개의 자연수가 있으려면
$b=6$이어야 하고 나머지 두 수는 4, 5이므로 경우의 수는 1

iv) $a \ge 4$일 때
$a \ge 4$이면 $b \le 5$이어야 하므로
a, b 사이에 적어도 2개의 자연수가 포함되는 경우가 존재하지 않는다.

i)~iv)에서 가장 큰 수와 가장 작은 수의 합이
7 이상이고 9 이하인 경우의 수는
$31+10+1=42$이므로 구하는 확률은
$\frac{42}{126}=\frac{1}{3}$ 너코 071

답 ⑤

H02-28

어느 동호회 회원 21명이 5인승, 7인승, 9인승의 차 3대에 나누어 타고 여행을 떠나려고 한다. 현재 5인승, 7인승, 9인승의 차에 각각 4명, 5명, 6명이 타고 있고, A와 B를 포함한 6명이 아직 도착하지 않았다. 이 6명을 차 3대에 임의로 배정할 때, A와 B가 같은 차에 배정될 확률은 $\frac{q}{p}$이다. $10p+q$의 값을 구하시오.
(단, p, q는 서로소인 자연수이다.) [4점]

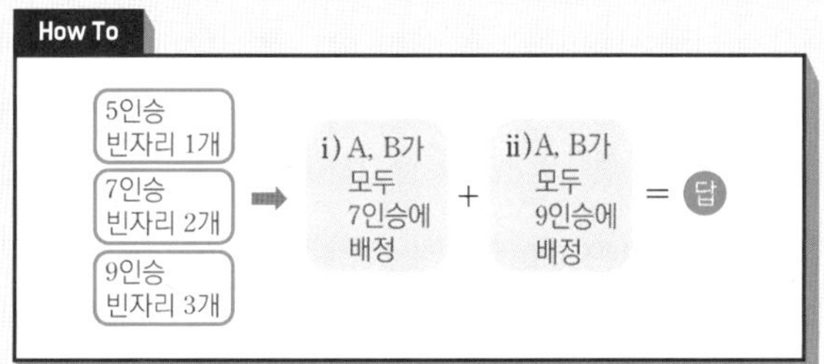

풀이 1

남은 좌석의 수는
(5인승에 1자리)/(7인승에 2자리)/(9인승에 3자리)이고
이 3대의 차에 탈 6명을 1명, 2명, 3명으로 나누어
차에 배정하는 전체 경우의 수는 ${}_6C_1\times{}_5C_2\times{}_3C_3=60$
한편 A와 B가 같은 차에 배정되려면
2자리 이상이 남아 있는 차에 타야 하므로
7인승 또는 9인승 차에 함께 배정되어야 한다.

i) A와 B가 모두 7인승 차에 배정될 때
나머지 4명을 (5인승에 1명)/(9인승에 3명)으로
나누어 배정하는 경우의 수는
${}_4C_1\times{}_3C_3=4$

H 확률

ii) A와 B가 모두 9인승 차에 배정될 때
나머지 4명을
(5인승에 1명)/(7인승에 2명)/(9인승에 1명)으로
나누어 배정하는 경우의 수는 ${}_4C_1 \times {}_3C_2 \times {}_1C_1 = 12$

… 빈출 QnA

i), ii)에서 A와 B가 같은 차에 배정되는 경우의 수는
$4+12=16$이므로 구하는 확률은 $\frac{16}{60}=\frac{4}{15}$ 너코 071

$p=15,\ q=4$

$\therefore\ 10p+q=154$

풀이 2

조건을 만족시키려면 A와 B만 고려하면 된다.
남은 5인승 1자리, 7인승 2자리, 9인승 3자리의 총 6자리 중
A와 B가 앉을 2자리를 선택하는 경우의 수는 ${}_6C_2=15$
이때 7인승 2자리를 선택하는 경우의 수는 ${}_2C_2=1$
9인승 2자리를 선택하는 경우의 수는 ${}_3C_2=3$
따라서 구하는 확률은 $\frac{1+3}{15}=\frac{4}{15}$이므로 너코 071

$p=15,\ q=4$

$\therefore\ 10p+q=154$

답 154

빈출 QnA

Q. 풀이 1 의 ii)에서 4명을 1명/2명/1명으로 나눌 때
왜 $\frac{1}{2!}$을 곱하지 않나요?

A. 1명/2명/1명으로 나눈 3개의 조에 모두 구분이 있기 때문입니다.
즉, 첫 번째 1명인 조가 5인승에, 두 번째 2명인 조가 7인승에,
세 번째 1명인 조가 9인승에 탑승하게 되지요.
그러므로 ${}_4C_1 \times {}_3C_2 \times {}_1C_1 = 12$와 같이 계산하는 것입니다.

또는 이렇게 이해할 수도 있습니다.
1명/2명/1명의 3개의 조를 구분하지 않고 나누는 방법의
수는 ${}_4C_1 \times {}_3C_2 \times {}_1C_1 \times \frac{1}{2!}$이고,
이때 1명인 2개의 조를 각각 5인승, 9인승에 나누어 배정하는
방법의 수는 2!입니다.
그러므로 ${}_4C_1 \times {}_3C_2 \times {}_1C_1 \times \frac{1}{2!} \times 2!$가 되고 위와 결과는
같습니다.

H02-29

9개의 공 중에서 3개의 공을 꺼내는 전체 경우의 수는
${}_9C_3=84$

조건 (가)에서 $a+b+c$가 홀수이려면
$a,\ b,\ c$가 모두 홀수이거나 1개만 홀수여야 한다.
조건 (나)에서 $a\times b\times c$가 3의 배수이려면
$a,\ b,\ c$ 중 적어도 하나가 3의 배수여야 한다.
그러므로 $a,\ b,\ c$ 중 홀수의 개수에 따라 경우를 나누면 다음과 같다.

i) 세 수 $a,\ b,\ c$가 모두 홀수인 경우
홀수 5개 중 3개의 수를 뽑는 경우에서
3의 배수가 포함되지 않는 경우,
즉 1, 5, 7만 뽑는 경우는 제외해 주어야 한다.
그러므로 경우의 수는 ${}_5C_3-{}_3C_3=10-1=9$

ii) 세 수 $a,\ b,\ c$ 중 홀수가 한 개인 경우
짝수 4개 중 2개를 뽑고 홀수 5개 중 1개를 뽑는 경우에서
짝수 중 6이 포함되지 않고
홀수 중 3과 9가 모두 포함되지 않는 경우,
즉 짝수 2, 4, 8 중 2개를 뽑고 홀수 1, 5, 7 중 1개를 뽑는
경우를 제외해 주어야 한다.
그러므로 경우의 수는 ${}_4C_2\times{}_5C_1-{}_3C_2\times{}_3C_1=21$

i), ii)에서 두 조건을 만족시키는 경우의 수는
$9+21=30$이므로 구하는 확률은
$\frac{30}{84}=\frac{5}{14}$ 너코 071

답 ①

H02-30

6명이 6개의 좌석에 앉는 전체 방법의 수는 $6!=720$

i) 같은 나라의 학생끼리 (11, 21), (12, 22), (13, 23)으로
앉는 경우

11	12	13
21	22	23

세 나라에 좌석을 배정하는 경우의 수는 3!이고
이때 같은 나라의 두 학생끼리는 자리를 바꿀 수 있으므로
구하는 경우의 수는
$3!\times2\times2\times2=48$

ii) 같은 나라의 학생끼리 (11, 21), (12, 13), (22, 23)으로
앉는 경우

11	12	13
21	22	23

i)과 마찬가지로 경우의 수는 $3!\times2\times2\times2=48$

iii) 같은 나라의 학생끼리 (11, 12), (21, 22), (13, 23)으로
앉는 경우

11	12	13
21	22	23

ii)와 마찬가지로 경우의 수는 $3!\times2\times2\times2=48$

i)~iii)에서 같은 나라의 두 학생끼리는 좌석 번호의 차가
1 또는 10이 되도록 앉는 경우의 수는 3×48이므로

구하는 확률은 $\frac{3\times48}{720}=\frac{1}{5}$ 너코 071

답 ④

H02-31

집합 A에서 A로의 모든 함수 f의 개수는

${}_4\Pi_4=4^4=256$ 너코 062

함수 f의 치역을 B라 하고 조건 (가)를 만족시키는 경우를 $f(1)$, $f(2)$의 값에 따라 나누면 다음과 같다.

i) $f(1)=f(2)=3$일 때

$\{3\}\subset B\subset A$, $n(B)=3$을 만족시키는 집합 B의 개수는

${}_3C_2=3$

이때 $B=\{3, a, b\}$라 하면

$f(3)=a$, $f(4)=b$ 또는 $f(3)=b$, $f(4)=a$이어야 하므로

$f(3)$, $f(4)$와 a, b를 짝짓는 경우의 수는 2

그러므로 이를 만족시키는 함수의 개수는 $3\times2=6$

ii) $f(1)=f(2)=4$일 때

i)과 마찬가지로 이를 만족시키는 함수의 개수는 6

iii) $f(1)=3$, $f(2)=4$일 때

$\{3, 4\}\subset B\subset A$, $n(B)=3$을 만족시키는 집합 B의 개수는

${}_2C_1=2$

이때 $B=\{3, 4, c\}$라 하면

$f(3)=c$ 또는 $f(4)=c$이어야 하므로

$f(3)$, $f(4)$와 3, 4, c를 짝짓는 경우의 수는

집합 $\{3, 4\}$에서 집합 $\{3, 4, c\}$로의 모든 함수의 개수에서

집합 $\{3, 4\}$에서 집합 $\{3, 4\}$로의 모든 함수의 개수를

제외한 것과 같으므로 ${}_3\Pi_2-{}_2\Pi_2=9-4=5$ 너코 067

그러므로 이를 만족시키는 함수의 개수는 $2\times5=10$

iv) $f(1)=4$, $f(2)=3$일 때

iii)과 마찬가지로 이를 만족시키는 함수의 개수는 10

i)~iv)에 의하여 조건을 만족시키는 함수의 개수는

$6+6+10+10=32$이므로

구하는 확률은 $\frac{32}{256}=\frac{1}{8}$이다. 너코 071

$\therefore\ 120p=120\times\frac{1}{8}=15$

답 15

H02-32

집합 $X=\{1, 2, 3, 4\}$의 공집합이 아닌 모든 부분집합 15개 중에서 서로 다른 세 부분집합을 뽑아 임의로 일렬로 나열하는 경우의 수는 ${}_{15}P_3$

한편 서로 다른 세 집합 A, B, C가 $A\subset B\subset C$이면

$n(A)<n(B)<n(C)$이다.

i) $n(C)=4$, $n(B)=3$, $n(A)\le2$인 경우

$C\subset X$이고 $n(C)=4$인 집합 C의 개수는 ${}_4C_4=1$

$B\subset C$이고 $n(B)=3$인 집합 B의 개수는 ${}_4C_3=4$

$A\subset B$이고 $n(A)\le2$인 집합 A의 개수는

${}_3C_2+{}_3C_1=3+3=6$

따라서 이를 만족시키는 세 집합 A, B, C의 순서쌍

(A, B, C)의 개수는 $1\times4\times6=24$

ii) $n(C)=4$, $n(B)=2$, $n(A)=1$인 경우

$C\subset X$이고 $n(C)=4$인 집합 C의 개수는 ${}_4C_4=1$

$B\subset C$이고 $n(B)=2$인 집합 B의 개수는 ${}_4C_2=6$

$A\subset B$이고 $n(A)=1$인 집합 A의 개수는 ${}_2C_1=2$

따라서 이를 만족시키는 세 집합 A, B, C의 순서쌍

(A, B, C)의 개수는 $1\times6\times2=12$

iii) $n(C)=3$, $n(B)=2$, $n(A)=1$인 경우

$C\subset X$이고 $n(C)=3$인 집합 C의 개수는 ${}_4C_3=4$

$B\subset C$이고 $n(B)=2$인 집합 B의 개수는 ${}_3C_2=3$

$A\subset B$이고 $n(A)=1$인 집합 A의 개수는 ${}_2C_1=2$

따라서 이를 만족시키는 세 집합 A, B, C의 순서쌍

(A, B, C)의 개수는 $4\times3\times2=24$

i)~iii)에 의하여 구하는 확률은

$\frac{24+12+24}{15\times14\times13}=\frac{60}{15\times14\times13}=\frac{2}{91}$ 너코 071

답 ②

H02-33

1부터 10까지의 자연수 중에서 임의로 서로 다른 3개의 수를 선택하는 경우의 수는

${}_{10}C_3=120$

선택된 세 개의 수의 곱이 5의 배수이고 합이 3의 배수이려면 세 개의 수 중에 5 또는 10이 반드시 포함되어 있으면서 세 개의 수의 합이 3의 배수가 되어야 한다.

i) 세 개의 수 중에 5가 포함되어 있는 경우

세 개의 수의 합이 3의 배수가 되려면

5를 제외한 나머지 두 수의 합을 3으로 나누었을 때

나머지가 1이어야 한다. ……㉠

1부터 10까지의 자연수 중에서 3으로 나누었을 때

나머지가 0, 1, 2인 수의 집합을 각각 A, B, C라 하면

$A=\{3, 6, 9\}$, $B=\{1, 4, 7, 10\}$, $C=\{2, 5, 8\}$이므로

㉠을 만족시키는 경우의 수는

❶ 두 집합 A, B에서 각각 수를 하나씩 선택하면 되므로

${}_3C_1\times{}_4C_1=12$

❷ 집합 C에서 5를 제외하고 두 수를 선택하면 되므로

${}_2C_2=1$

에서 $12+1=13$이다.

ii) 세 개의 수 중에 10이 포함되어 있는 경우

세 개의 수의 합이 3의 배수가 되려면

10을 제외한 나머지 두 수의 합을 3으로 나누었을 때

나머지가 2이어야 한다.

이를 만족시키는 경우의 수는

❶ 두 집합 A, C에서 각각 수를 하나씩 선택하면 되므로

${}_3C_1\times{}_3C_1=9$

❷ 집합 B에서 10을 제외하고 두 수를 선택하면 되므로

${}_3C_2=3$

에서 $9+3=12$이다.

iii) 세 개의 수 중에 5와 10이 모두 포함되어 있는 경우
세 개의 수의 합이 3의 배수가 되려면
5와 10을 제외한 나머지 수를 3으로 나누었을 때 나머지가 0이어야 한다.
이를 만족시키는 경우의 수는 집합 A에서 하나의 수를 선택하면 되므로 ${}_3C_1 = 3$이다.

i)~iii)에 의하여 구하는 확률은

$\dfrac{13+12-3}{120} = \dfrac{11}{60}$ 너코 071

답 ③

H02-34

주머니에서 임의로 2개의 공을 동시에 꺼낼 때 나올 수 있는 모든 경우의 수는

${}_8C_2 = 28$

이때 얻은 점수가 24점 이하의 짝수인 경우의 수는 다음과 같이 나누어 구할 수 있다.

i) 두 공의 색이 다른 경우
흰 공 1개와 검은 공 1개를 꺼내는 경우로,
두 공의 색이 다르면 12를 점수로 얻으므로 조건을 만족시킨다.
즉, 이때의 경우의 수는 ${}_4C_1 \times {}_4C_1 = 16$

ii) 두 공의 색이 흰색으로 같은 경우
4개의 흰 공 중에서 2개를 꺼내는 경우로,
두 공에 적힌 수는 1, 2, 3, 4 중 서로 다른 두 수이므로
두 수의 곱은 모두 12 이하이다.
이때 1과 3이 적힌 두 공을 꺼내면 홀수인 점수를 얻고
나머지 경우에는 모두 짝수인 점수를 얻는다.
즉, 이때의 경우의 수는 ${}_4C_2 - 1 = 5$

iii) 두 공의 색이 검은색으로 같은 경우
4개의 검은 공 중에서 2개를 꺼내는 경우로,
두 공에 적힌 수는 4, 5, 6, 7 중 서로 다른 두 수이므로
두 수의 곱이 24 이하의 짝수인 경우는
두 공에 적힌 수가 4와 5 또는 4와 6인 경우뿐이다.
즉, 이때의 경우의 수는 2이다.

i)~iii)에서 구하는 확률은

$\dfrac{16+5+2}{28} = \dfrac{23}{28}$ 너코 071

이므로 $p+q=51$이다.

답 51

H03-01

$P(A^C \cup B) = P((A \cap B^C)^C)$

$= 1 - P(A \cap B^C)$ 너코 073 ……㉠

두 사건 $A \cap B$, $A \cap B^C$은 서로 배반사건이므로
표본공간을 S라 하면 다음과 같다.

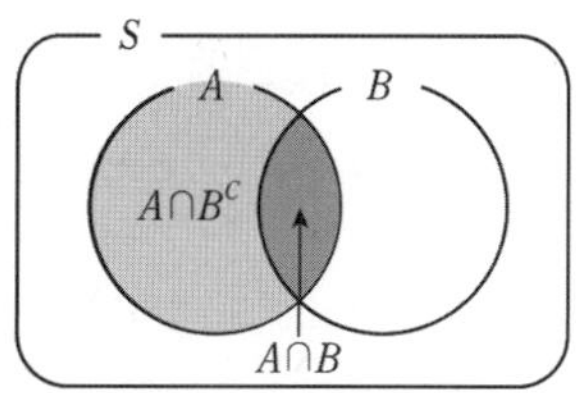

즉, $P(A) = P(A \cap B) + P(A \cap B^C)$이므로 너코 072

$P(A \cap B^C) = P(A) - P(A \cap B) = \dfrac{2}{3} - \dfrac{1}{4} = \dfrac{5}{12}$

따라서 ㉠에서

$P(A^C \cup B) = 1 - P(A \cap B^C)$

$= 1 - \dfrac{5}{12} = \dfrac{7}{12}$

답 ②

H03-02

$P(A^C \cup B^C) = P((A \cap B)^C)$

$= 1 - P(A \cap B)$ 너코 073 ……㉠

두 사건 $A \cap B$, $A \cap B^C$은 서로 배반사건이므로
표본공간을 S라 하면 다음과 같다.

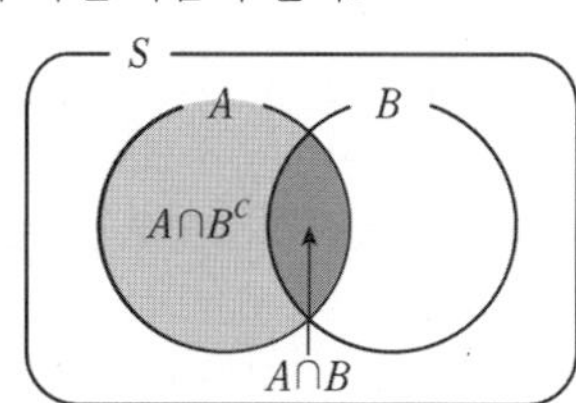

즉, $P(A) = P(A \cap B) + P(A \cap B^C)$이므로 너코 072

$P(A \cap B) = P(A) - P(A \cap B^C) = \dfrac{1}{2} - \dfrac{1}{5} = \dfrac{3}{10}$

따라서 ㉠에서

$P(A^C \cup B^C) = 1 - P(A \cap B)$

$= 1 - \dfrac{3}{10} = \dfrac{7}{10}$

답 ④

H03-03

$P(A^C \cap B) = P((A \cup B^C)^C)$

$= 1 - P(A \cup B^C)$ 너코 073

$P(A) = \dfrac{1}{3}$, $P(A^C \cap B) = \dfrac{1}{6}$이고

두 사건 A와 B^C가 서로 배반사건이므로

$P(A^C \cap B) = 1 - \{P(A) + P(B^C)\}$ 너코 072

$= \dfrac{2}{3} - P(B^C) = \dfrac{1}{6}$

에서 $P(B^C) = \dfrac{1}{2}$이다.

$\therefore$ $P(B) = 1 - P(B^C) = \dfrac{1}{2}$

답 ②

H03-04

두 사건 A, $A^C\cap B$는 서로 배반사건이므로
표본공간을 S라 하면 다음과 같다.

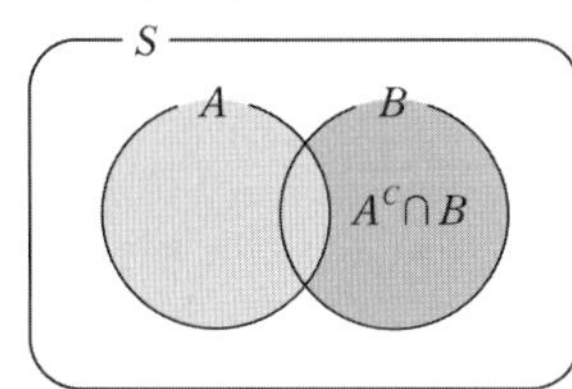

$\mathrm{P}(A\cup B)=\mathrm{P}(A)+\mathrm{P}(A^C\cap B)$이고 너코 071

조건에서 $\mathrm{P}(A\cup B)=\dfrac{3}{4}$, $\mathrm{P}(A^C\cap B)=\dfrac{2}{3}$이므로

$\mathrm{P}(A)=\mathrm{P}(A\cup B)-\mathrm{P}(A^C\cap B)$

$=\dfrac{3}{4}-\dfrac{2}{3}=\dfrac{1}{12}$

답 ①

H03-05

두 사건 A, $A^C\cap B$는 배반사건이므로
표본공간을 S라 하면 다음과 같다.

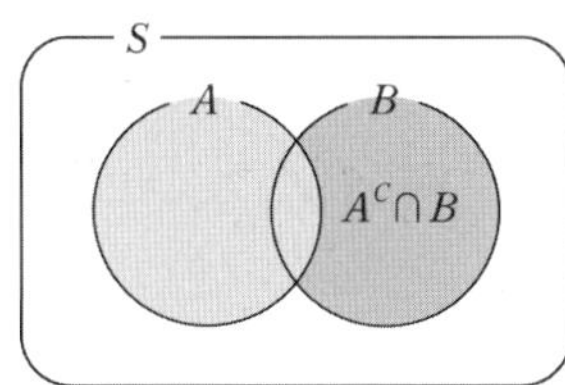

$\mathrm{P}(A^C)=\dfrac{2}{3}$에 의하여

$\mathrm{P}(A)=1-\mathrm{P}(A^C)=\dfrac{1}{3}$이고 너코 073

조건에서 $\mathrm{P}(A^C\cap B)=\dfrac{1}{4}$이므로

$\mathrm{P}(A\cup B)=\mathrm{P}(A)+\mathrm{P}(A^C\cap B)$

$=\dfrac{1}{3}+\dfrac{1}{4}=\dfrac{7}{12}$ 너코 072

답 ②

H03-06

$\mathrm{P}(A)=\dfrac{1}{2}$, $\mathrm{P}(A\cap B^C)=\dfrac{2}{7}$이고

$\mathrm{P}(A\cap B^C)=\mathrm{P}((A^C\cup B)^C)=1-\mathrm{P}(A^C\cup B)$에서 너코 073

두 사건 A^C, B가 서로 배반사건이므로

$\mathrm{P}(A\cap B^C)=1-\{\mathrm{P}(A^C)+\mathrm{P}(B)\}$ 너코 072

$=\dfrac{1}{2}-\mathrm{P}(B)=\dfrac{2}{7}$ $\left(\because\ \mathrm{P}(A^C)=1-\mathrm{P}(A)=\dfrac{1}{2}\right)$

$\therefore\ \mathrm{P}(B)=\dfrac{1}{2}-\dfrac{2}{7}=\dfrac{3}{14}$

답 ②

H03-07

$\mathrm{P}(A\cup B)=\mathrm{P}(A)+\mathrm{P}(B)-\mathrm{P}(A\cap B)$ 너코 072

즉, $1=\mathrm{P}(A)+\dfrac{1}{3}-\dfrac{1}{6}$에서 $\mathrm{P}(A)=\dfrac{5}{6}$이다.

$\therefore\ \mathrm{P}(A^C)=1-\mathrm{P}(A)=\dfrac{1}{6}$ 너코 073

답 ④

H03-08

$\mathrm{P}(A\cap B^C)=\mathrm{P}(A)-\mathrm{P}(A\cap B)=\dfrac{1}{9}$ 너코 073

$\mathrm{P}(B^C)=\dfrac{7}{18}$이므로 $\mathrm{P}(B)=1-\dfrac{7}{18}=\dfrac{11}{18}$

$\therefore\ \mathrm{P}(A\cup B)=\mathrm{P}(A)+\mathrm{P}(B)-\mathrm{P}(A\cap B)$

$=\dfrac{1}{9}+\dfrac{11}{18}=\dfrac{13}{18}$ 너코 072

답 ④

H03-09

두 사건 A, B에 대하여 A와 B^C이 서로 배반사건이므로
$A\cap B^C=\varnothing$이다.
즉, $A\subset B$이므로

$\mathrm{P}(A\cap B)=\mathrm{P}(A)=\dfrac{1}{5}$이고

$\mathrm{P}(A)+\mathrm{P}(B)=\dfrac{7}{10}$에서 $\mathrm{P}(B)=\dfrac{1}{2}$이다. 너코 072

$\therefore\ \mathrm{P}(A^C\cap B)=\mathrm{P}(B)-\mathrm{P}(A\cap B)$

$=\dfrac{1}{2}-\dfrac{1}{5}=\dfrac{3}{10}$ 너코 073

답 ③

H03-10

$\mathrm{P}(A)=1-\mathrm{P}(A^C)=1-\dfrac{5}{6}=\dfrac{1}{6}$ 너코 073

두 사건 A, B는 서로 배반사건이므로

$\mathrm{P}(A\cup B)=\mathrm{P}(A)+\mathrm{P}(B)$에서 너코 072

$\dfrac{3}{4}=\dfrac{1}{6}+\mathrm{P}(B)$

$\mathrm{P}(B)=\dfrac{3}{4}-\dfrac{1}{6}=\dfrac{7}{12}$이다.

$\therefore\ \mathrm{P}(B^C)=1-\mathrm{P}(B)=1-\dfrac{7}{12}=\dfrac{5}{12}$

답 ②

H03-11

풀이 1

$P(A^C \cup B^C) = P((A \cap B)^C) = 1 - P(A \cap B) = \frac{4}{5}$ 너코 073

이므로

$P(A \cap B) = \frac{1}{5}$

두 사건 $A \cap B$, $A \cap B^C$은 서로 배반사건이므로

표본공간을 S라 하면 다음과 같다.

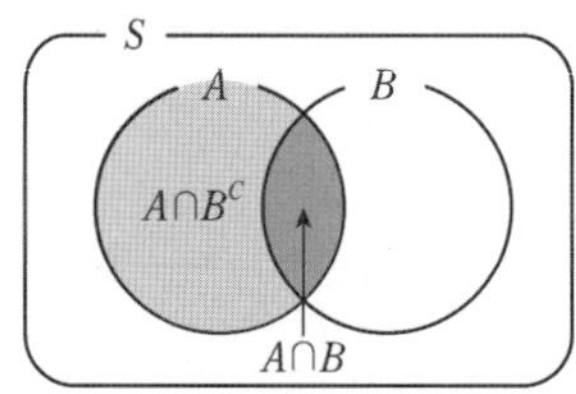

$P(A) = P(A \cap B) + P(A \cap B^C)$이고 너코 072

조건에서 $P(A \cap B^C) = \frac{1}{4}$이므로

$P(A) = P(A \cap B) + P(A \cap B^C) = \frac{1}{5} + \frac{1}{4} = \frac{9}{20}$

$\therefore\ P(A^C) = 1 - P(A)$

$= 1 - \frac{9}{20} = \frac{11}{20}$

풀이 2

$P(A^C \cup B^C) = P((A \cap B)^C)$이고

두 사건 A^C와 $A \cap B^C$은 서로 배반사건이므로

표본공간을 S라 하면 다음과 같다.

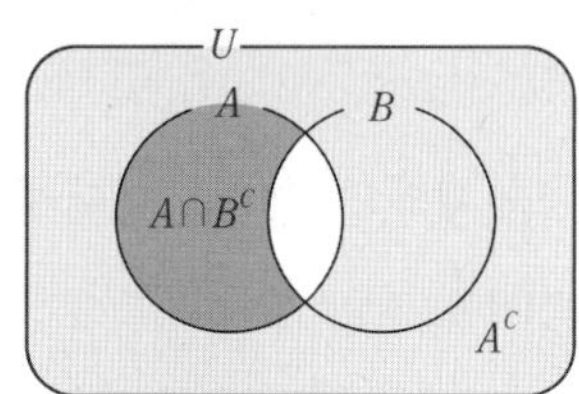

즉, $P(A^C \cup B^C) = P(A^C) + P(A \cap B^C)$이므로 너코 072

$P(A^C) = P(A^C \cup B^C) - P(A \cap B^C)$

$= \frac{4}{5} - \frac{1}{4} = \frac{11}{20}$

답 ②

H03-12

$P(A \cap B) = \frac{2}{3}P(A)$이고

$P(B) = \frac{5}{2} \times \frac{2}{3}P(A) = \frac{5}{3}P(A)$이므로

$P(A \cup B) = P(A) + P(B) - P(A \cap B)$ 너코 072

$= P(A) + \frac{5}{3}P(A) - \frac{2}{3}P(A) = 2P(A)$

$\therefore\ \frac{P(A \cup B)}{P(A \cap B)} = \frac{2P(A)}{\frac{2}{3}P(A)} = 3$

답 ①

H03-13

$P(B) = \frac{1}{2}P(A) = \frac{1}{2} \times \frac{3}{5} = \frac{3}{10}$

두 사건 A^C, B가 서로 배반사건이므로 $B \subset A$이다.

표본공간을 S라 하면 다음과 같다.

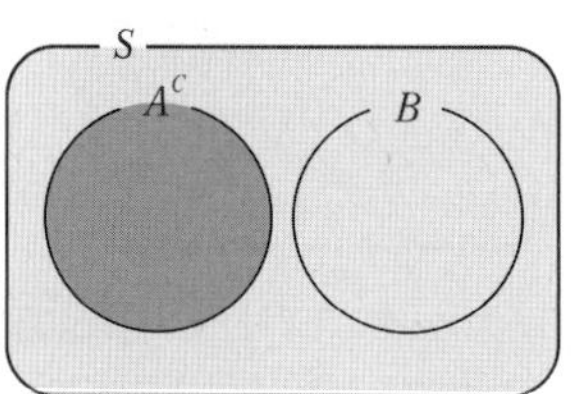

즉, $P(A \cap B) = P(B)$이므로

$\therefore\ P(A \cap B^C) = P(A) - P(A \cap B)$ 너코 072

$= P(A) - P(B)$

$= \frac{3}{5} - \frac{3}{10} = \frac{3}{10}$

답 ②

H03-14

$P(A \cap B^C) = P(A) - P(A \cap B)$이고 너코 072

$P(A^C \cap B) = P(B) - P(A \cap B)$이므로

표본공간을 S라 하고 그림으로 나타내면 다음과 같다.

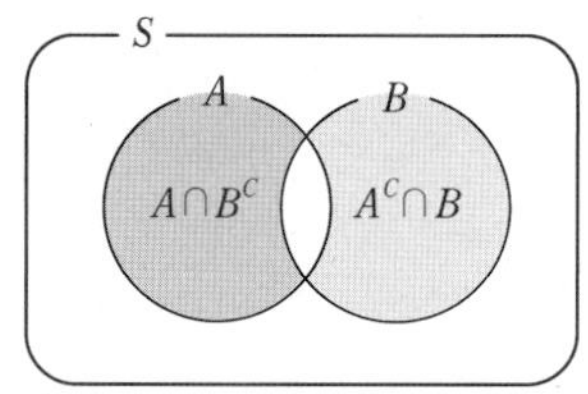

$\therefore\ P(A \cap B) = P(A \cup B) - P(A \cap B^C) - P(A^C \cap B)$

$= \frac{2}{3} - \frac{1}{6} - \frac{1}{6} = \frac{1}{3}$

답 ④

H04-01

귀가도우미로 근무조 A와 근무조 B에서

적어도 1명씩 선택될 확률은

1 −(귀가도우미 3명이 모두 같은 근무조일 확률)

로 구할 수 있다. 너코 073

i) 귀가도우미 3명이 모두 근무조 A인 경우

근무조 A는 5명이므로

확률은 $\frac{{}_5C_3}{{}_9C_3} = \frac{10}{84}$ 너코 071

ii) 귀가도우미 3명이 모두 근무조 B인 경우

근무조 B는 4명이므로

확률은 $\frac{{}_4C_3}{{}_9C_3} = \frac{4}{84}$

ⅰ), ⅱ)에서 귀가도우미 3명이 모두 같은 근무조일 확률은

$\frac{10}{84}+\frac{4}{84}=\frac{1}{6}$이다. 너코 072

따라서 구하는 확률은 $1-\frac{1}{6}=\frac{5}{6}$이다.

답 ⑤

H04-02

풀이 1

꺼낸 3개의 공 중에서 적어도 한 개가 검은 공일 확률은
1 −(꺼낸 3개의 공이 모두 흰 공일 확률)
로 구할 수 있다. 너코 073

꺼낸 3개의 공이 모두 흰 공이려면
흰 공 4개 중에서 3개를 뽑아야 하므로

$\frac{{}_4C_3}{{}_7C_3}=\frac{4}{35}$ 너코 071

따라서 구하는 확률은 $1-\frac{4}{35}=\frac{31}{35}$이다.

풀이 2

7개의 공 중에서 3개의 공을 꺼내는 전체 경우의 수는
${}_7C_3=35$

ⅰ) 검은 공 1개, 흰 공 2개를 꺼내는 경우
$\quad {}_3C_1\times{}_4C_2=3\times6=18$

ⅱ) 검은 공 2개, 흰 공 1개를 꺼내는 경우
$\quad {}_3C_2\times{}_4C_1=3\times4=12$

ⅲ) 검은 공 3개를 꺼내는 경우
$\quad {}_3C_3=1$

ⅰ)~ⅲ)에 의하여 꺼낸 3개의 공 중에서 적어도 한 개가 검은 공인 경우의 수는 $18+12+1=31$이다.

따라서 구하는 확률은 $\frac{31}{35}$이다. 너코 071

답 ⑤

H04-03

선택된 두 점 사이의 거리는 항상 1 이상이므로
선택된 두 점 사이의 거리가 1보다 클 확률은
1 −(선택된 두 점 사이의 거리가 1일 확률)
로 구할 수 있다. 너코 073

선택된 두 점 사이의 거리가 1이려면
다음 그림과 같이 이웃한 두 점을 선택하면 되므로

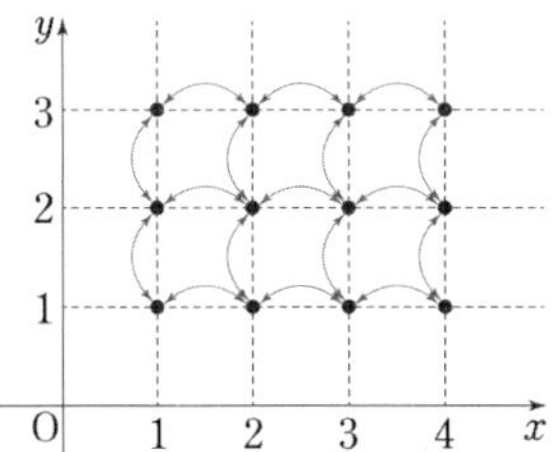

$\frac{2\times4+3\times3}{{}_{12}C_2}=\frac{17}{66}$ 너코 071

따라서 구하는 확률은 $1-\frac{17}{66}=\frac{49}{66}$이다.

답 ⑤

H04-04

꺼낸 3장의 카드에 적혀 있는 세 자연수 중에서
가장 작은 수가 4 이하이거나 7 이상인 사건의 여사건은
가장 작은 수가 5 또는 6인 사건이므로
(구하는 확률) = 1 −(가장 작은 수가 5 또는 6인 확률)
로 구할 수 있다. 너코 073

먼저 10장의 카드 중에서 임의로 3장을 동시에 꺼내는 모든 경우의 수는
${}_{10}C_3=120$
꺼낸 3장의 카드에 적혀 있는 세 자연수 중에서
가장 작은 수가 5인 경우의 수는 5가 적힌 카드 1장과 5보다 큰 수가 적혀 있는 카드 2장을 꺼내면 되므로
${}_5C_2=10$
또 가장 작은 수가 6인 경우의 수는 6이 적힌 카드 1장과 6보다 큰 수가 적혀 있는 카드 2장을 꺼내면 되므로
${}_4C_2=6$
따라서 구하는 확률은

$1-\frac{10+6}{120}=1-\frac{2}{15}=\frac{13}{15}$ 너코 071

답 ③

H04-05

꺼낸 3개의 마스크 중에서 적어도 한 개가 흰색 마스크일 확률은
1 −(꺼낸 3개의 마스크가 모두 검은색 마스크일 확률)
로 구할 수 있다. 너코 073

흰색 마스크 5개, 검은색 마스크 9개가 들어 있는 상자에서 임의로 3개의 마스크를 동시에 꺼낼 때 꺼낸 3개의 마스크가 모두 검은색 마스크일 확률은

$\frac{{}_9C_3}{{}_{14}C_3}=\frac{3}{13}$ 너코 071

따라서 구하는 확률은 $1-\frac{3}{13}=\frac{10}{13}$이다.

답 ⑤

H04-06

풀이 1

꺼낸 4장의 손수건 중에서 흰색 손수건이 2장 이상일 확률은
1 − (흰색 손수건이 1장 이하일 확률)
로 구할 수 있다. 너코 073

먼저 흰색 손수건 4장, 검은색 손수건 5장이 들어 있는 상자에서 임의로 4장의 손수건을 동시에 꺼낼 때, 나올 수 있는 모든 경우의 수는

${}_9C_4 = 126$

이때 꺼낸 4장의 손수건 중에서 흰색 손수건이 1장 이하인 경우의 수는

i) 검은색 손수건이 4장인 경우

${}_5C_4 = 5$

ii) 흰색, 검은색 손수건이 각각 1장, 3장인 경우

${}_4C_1 \times {}_5C_3 = 40$

i), ii)에 의하여 구하는 확률은

$1 - \frac{5+40}{126} = 1 - \frac{5}{14} = \frac{9}{14}$ 너코 071

풀이 2

흰색 손수건 4장, 검은색 손수건 5장이 들어 있는 상자에서 임의로 4장의 손수건을 동시에 꺼낼 때, 나올 수 있는 모든 경우의 수는

${}_9C_4 = 126$

이때 꺼낸 4장의 손수건 중에서 흰색 손수건이 2장 이상인 경우의 수는

i) 흰색, 검은색 손수건이 각각 2장, 2장인 경우

${}_4C_2 \times {}_5C_2 = 60$

ii) 흰색, 검은색 손수건이 각각 3장, 1장인 경우

${}_4C_3 \times {}_5C_1 = 20$

iii) 흰색 손수건이 4장인 경우

${}_4C_4 = 1$

i)~iii)에 의하여 흰색 손수건이 2장 이상일 확률은

$\frac{60+20+1}{126} = \frac{9}{14}$

답 ③

H04-07

양 끝에 놓인 카드에 적힌 두 수의 합이 10 이하가 될 확률은
1 − (양 끝에 놓인 카드에 적힌 두 수의 합이 10보다 클 확률)
로 구할 수 있다. 너코 073

6장의 카드를 일렬로 나열하는 경우의 수는 6!
양 끝에 5, 6이 적힌 카드를 놓고, 그 사이에 1, 2, 3, 4가 적힌 카드를 일렬로 나열하는 경우의 수는
$2! \times 4!$

따라서 구하는 확률은

$1 - \frac{2! \times 4!}{6!} = 1 - \frac{1}{15} = \frac{14}{15}$ 너코 071

답 ⑤

H04-08

문자열 중에서 임의로 하나를 선택할 때 문자 a가 한 개만 포함되는 사건을 X, 문자 b가 한 개만 포함된 사건을 Y라 하면 구하는 확률은 $\mathrm{P}(X \cup Y)$이다.
a, b, c, d 중에서 중복을 허락하여 4개를 택해 일렬로 나열하는 경우의 수는

${}_4\Pi_4 = 4^4 = 256$ 너코 062

i) $\mathrm{P}(X)$의 값

사건 X가 일어나는 경우의 수는 ${}_4C_1 \times {}_3\Pi_3 = 4 \times 3^3 = 108$

이므로 $\mathrm{P}(X) = \frac{108}{256}$ 너코 071

ii) $\mathrm{P}(Y)$의 값

사건 Y가 일어나는 경우의 수는 ${}_4C_1 \times {}_3\Pi_3 = 4 \times 3^3 = 108$

이므로 $\mathrm{P}(Y) = \frac{108}{256}$

iii) $\mathrm{P}(X \cap Y)$의 값

두 사건 X와 Y가 동시에 일어나는 경우의 수는

${}_4P_2 \times {}_2\Pi_2 = 4 \times 3 \times 2^2 = 48$

이므로 $\mathrm{P}(X \cap Y) = \frac{48}{256}$

i)~iii)에서 확률의 덧셈정리에 의해

$\mathrm{P}(X \cup Y) = \mathrm{P}(X) + \mathrm{P}(Y) - \mathrm{P}(X \cap Y)$ 너코 072

$= \frac{108}{256} + \frac{108}{256} - \frac{48}{256}$

$= \frac{21}{32}$

답 ③

H04-09

풀이 1

선택한 2개의 수 중 적어도 하나가 7 이상의 홀수일 확률은
1 −(선택한 2개의 수가 모두 7 이상의 홀수가 아닐 확률)
로 구할 수 있다. 너코 073

1부터 11까지의 자연수 중에서 서로 다른 2개의 수를 택하는 전체 경우의 수는

${}_{11}C_2 = 55$

선택한 2개의 수가 모두 7 이상의 홀수가 아닐 경우의 수는

${}_8C_2 = 28$

따라서 구하는 확률은

$1 - \frac{28}{55} = \frac{27}{55}$ 너코 071

풀이 2

1부터 11까지의 자연수 중에서 서로 다른 2개의 수를 택하는 전체 경우의 수는

$_{11}C_2=55$

i) 선택한 두 수 중 하나가 7 이상의 홀수인 경우
경우의 수는 $_8C_1\times{}_3C_1=24$

ii) 선택한 두 수가 모두 7 이상의 홀수인 경우
경우의 수는 $_3C_2=3$

i)~ii)에서 구하는 확률은

$\frac{24+3}{55}=\frac{27}{55}$ 너코 071

답 ⑤

H04-10

선택한 3명의 학생 중에서 적어도 한 명이 과목 B를 선택한 학생일 확률은
1−(선택한 3명의 학생 모두 과목 A를 선택한 학생일 확률)
로 구할 수 있다. 너코 073

16명의 학생 중 3명의 학생을 선택하는 경우의 수는

$_{16}C_3=560$

과목 A를 선택한 9명의 학생 중 3명의 학생을 선택하는 경우의 수는

$_9C_3=84$

따라서 구하는 확률은

$1-\frac{84}{560}=\frac{17}{20}$ 너코 071

답 ③

H04-11

풀이 1

선택한 카드 중에 같은 숫자가 적혀 있는 카드가 2장 이상일 확률은
1−(선택한 3장의 카드에 모두 다른 숫자가 적혀 있을 확률)
로 구할 수 있다. 너코 073

모든 카드를 서로 다른 것으로 보면
12장의 카드 중 3장을 선택하는 전체 경우의 수는 $_{12}C_3$
이때 1, 2, 3, 4 중에 3개의 숫자를 선택하는 경우의 수는 $_4C_3$이고,
선택한 세 숫자가 적힌 카드는 각각 3장씩 있으므로
1장씩 뽑는 경우의 수는

$_3C_1\times{}_3C_1\times{}_3C_1$

그러므로 선택한 3장의 카드에 모두 다른 숫자가 적혀 있을 확률은

$\frac{_4C_3\times{}_3C_1\times{}_3C_1\times{}_3C_1}{_{12}C_3}=\frac{108}{220}=\frac{27}{55}$ 너코 071

따라서 구하는 확률은 $1-\frac{27}{55}=\frac{28}{55}$ 이다.

풀이 2

모든 카드를 서로 다른 것으로 보면
12장의 카드 중 3장을 선택하는 전체 경우의 수는 $_{12}C_3$
이때 선택한 카드 중에 같은 숫자가 적혀 있는 카드가 2장 또는 3장이어야 한다.

i) 같은 숫자가 적혀 있는 카드가 2장인 경우
2장 뽑을 숫자를 선택하고
그 숫자가 적힌 3장 중 2장을 선택하는 경우의 수는
$_4C_1\times{}_3C_2$
나머지 9장의 카드 중에서 한 장을 선택하는 경우의 수는
$_9C_1$
그러므로 경우의 수는 $_4C_1\times{}_3C_2\times{}_9C_1=108$

ii) 3장 모두 같은 숫자가 적혀 있는 경우
3장 뽑을 숫자를 선택하고
그 숫자가 적힌 3장을 모두 선택하는 경우의 수는
$_4C_1\times{}_3C_3=4$

i), ii)에서 선택한 카드 중에 같은 숫자가 적혀 있는 카드가 2장 이상일 경우의 수는 $108+4=112$이므로

구하는 확률은 $\frac{112}{_{12}C_3}=\frac{112}{220}=\frac{28}{55}$ 너코 071

풀이 3

선택한 카드 중에 같은 숫자가 적혀 있는 카드가 2장 이상일 확률은
1−(선택한 3장의 카드에 모두 다른 숫자가 적혀 있을 확률)
로 구할 수 있다. 너코 073

카드를 1장씩 순차적으로 꺼내는 시행을 3번(비복원추출) 하는 것으로 생각하면

첫 번째 시행에서는 아무 카드나 뽑아도 되므로 $\frac{12}{12}$

두 번째 시행에서는 남은 카드 11장 중
첫 번째 시행에서 뽑은 숫자를 제외한 9장 중에서
뽑아야 하므로 $\frac{9}{11}$

세 번째 시행에서는 남은 카드 10장 중
첫 번째, 두 번째 시행에서 뽑은 숫자를 제외한 6장 중에서
뽑아야 하므로 $\frac{6}{10}$

그러므로 확률의 곱셈정리에 의하여
선택한 카드 3장에 적힌 숫자가 모두 다를 확률은

$\frac{12}{12}\times\frac{9}{11}\times\frac{6}{10}=\frac{27}{55}$ 너코 075

따라서 구하는 확률은 $1-\frac{27}{55}=\frac{28}{55}$ 이다.

답 ⑤

H04-12

선택한 순서쌍 (x, y, z)가
$(x-y)(y-z)(z-x) \neq 0$을 만족시킬 확률은
$1-\{(x-y)(y-z)(z-x)=0$을 만족시킬 확률$\}$
로 구할 수 있다. 너코073

방정식 $x+y+z=10$을 만족시키는
음이 아닌 정수 x, y, z의 모든 순서쌍 (x, y, z)의 개수는
${}_3H_{10} = {}_{12}C_{10} = 66$ 너코065 너코066
이 중에서 $(x-y)(y-z)(z-x)=0$을 만족시키려면
x, y, z중 적어도 2개의 값이 서로 같아야 한다.
이때 $x=y=z$, 즉 $3x=10$을 만족시키는
음이 아닌 정수 x가 존재하지 않으므로
$x=y$ 또는 $y=z$ 또는 $z=x$이다.
$x+y+z=10$에서 $x=y$인 경우
$(0, 0, 10)$, $(1, 1, 8)$, $(2, 2, 6)$, $(3, 3, 4)$, $(4, 4, 2)$,
$(5, 5, 0)$으로 6개이다.

이때 $y=z$인 경우와 $z=x$인 경우도 마찬가지로
순서쌍 (x, y, z)는 각각 6개이므로
$(x-y)(y-z)(z-x)=0$를 만족시킬 확률은
$\frac{6\times 3}{66} = \frac{3}{11}$이다. 너코071

그러므로 구하는 확률은 $1-\frac{3}{11} = \frac{8}{11}$이다.

$\therefore\ p+q=11+8=19$

답 19

H04-13

풀이 1

선택한 순서쌍 (a, b, c)가 $a<2$ 또는 $b<2$일 확률은
$1-\{$순서쌍 (a, b, c)가 $a \geq 2$, $b \geq 2$를 만족시킬 확률$\}$
로 구할 수 있다. 너코073

방정식 $a+b+c=9$를 만족시키는
음이 아닌 정수 a, b, c의 모든 순서쌍 (a, b, c)의 개수는
${}_3H_9 = {}_{11}C_9 = 55$ 너코065 너코066
이 중에서 $a \geq 2$, $b \geq 2$를 모두 만족시키는
모든 순서쌍 (a, b, c)의 개수는
$a=a'+2$, $b=b'+2$(단, a', b'는 음이 아닌 정수)라 할 때
$a'+b'+c=5$를 만족시키는 음이 아닌 정수 a', b', c의
모든 순서쌍 (a', b', c)의 개수와 같으므로
${}_3H_5 = {}_7C_5 = 21$

$a \geq 2$, $b \geq 2$를 만족시킬 확률은 $\frac{21}{55}$이므로 너코071

구하는 확률은 $1-\frac{21}{55} = \frac{34}{55}$이다.

$\therefore\ p+q=55+34=89$

풀이 2

방정식 $a+b+c=9$를 만족시키는
음이 아닌 정수 a, b, c의 모든 순서쌍 (a, b, c)의 개수는
${}_3H_9 = {}_{11}C_9 = 55$ 너코065 너코066
$a<2$ 또는 $b<2$인 경우는 다음과 같다.

i) $a<2$인 경우
$a=0$ 또는 $a=1$이어야 한다.
$a=0$일 때 $b+c=9$이므로 이 방정식을 만족시키는
순서쌍의 개수는 ${}_2H_9 = {}_{10}C_9 = 10$
$a=1$일 때 $b+c=8$이므로 이 방정식을 만족시키는
순서쌍의 개수는 ${}_2H_8 = {}_9C_8 = 9$
따라서 이를 만족시키는 순서쌍의 개수는 19

ii) $b<2$인 경우
i)과 마찬가지로 이를 만족시키는 순서쌍의 개수는 19

i), ii)에서 $(0, 0, 9)$, $(0, 1, 8)$, $(1, 0, 8)$, $(1, 1, 7)$이
중복하여 세어졌으므로
$a<2$ 또는 $b<2$를 만족시키는 모든 순서쌍 (a, b, c)의
개수는 $19+19-4=34$이다.
따라서 구하는 확률은 $\frac{34}{55}$이다. 너코071

$\therefore\ p+q=55+34=89$

답 89

H04-14

공에 2개 이상 적혀 있는 숫자는 4뿐이므로
같은 숫자가 적혀 있는 공이 서로 이웃하지 않게 나열될 확률은
$1-$(4가 적혀 있는 공이 서로 이웃하게 나열될 확률)
로 구할 수 있다. 너코073

서로 다른 7개의 공을 일렬로 나열하는 전체 경우의 수는 $7!$
이때 같은 숫자가 적혀 있는 공끼리 서로 이웃하는 경우의 수는
④, ❹를 한 묶음으로 보고 서로 다른 6개의 공을 일렬로
나열하는 경우의 수 $6!$에
④, ❹의 순서를 정하는 경우의 수 $2!$을 곱한 것과 같으므로
$6!\times 2!$이다.

따라서 여사건의 확률은 $\frac{6!\times 2!}{7!} = \frac{2}{7}$이므로 너코071

구하는 확률은 $1-\frac{2}{7} = \frac{5}{7}$이다.

$\therefore\ p+q=7+5=12$

답 12

H04-15

풀이 1

선택한 함수가 $f(1) \geq 2$이거나 치역이 B일 확률은
$1-\{f(1)=1$이고 함수 f의 치역이 B가 아닐 확률$\}$
로 구할 수 있다. 너코073

집합 A에서 집합 B로의 모든 함수 f의 개수는

${}_3\Pi_4 = 3^4 = 81$ 너코 062

$f(1)=1$이고 치역이 B가 아닌 함수 f를 선택할 확률은

$f(1)=1$이고 치역이 $\{1\}$ 또는 $\{1, 2\}$ 또는 $\{1, 3\}$인 함수 f를 선택할 확률과 같다.

$f(1)=1$이고 치역이 $\{1\}$인 함수 f의 개수는

집합 $\{2, 3, 4\}$에서 집합 $\{1\}$로의 모든 함수의 개수와 같으므로 1

$f(1)=1$이고 치역이 $\{1, 2\}$인 함수 f의 개수는

집합 $\{2, 3, 4\}$에서 집합 $\{1, 2\}$로의 모든 함수의 개수에서

집합 $\{2, 3, 4\}$에서 집합 $\{1\}$로의 모든 함수의 개수를 제외한 것과 같으므로 ${}_2\Pi_3 - 1 = 8 - 1 = 7$ 너코 067

$f(1)=1$이고 치역이 $\{1, 3\}$인 함수 f의 개수는

마찬가지 방법으로 ${}_2\Pi_3 - 1 = 7$

그러므로 여사건의 확률은

$\dfrac{1+7+7}{81} = \dfrac{15}{81} = \dfrac{5}{27}$ 너코 071

따라서 구하는 확률은 $1 - \dfrac{5}{27} = \dfrac{22}{27}$

풀이 2

집합 A에서 집합 B로의 모든 함수 f의 개수는

${}_3\Pi_4 = 3^4 = 81$ 너코 062

$f(1) \geq 2$를 만족시키는 함수의 개수는

${}_2C_1 \times {}_3\Pi_3 = 54$ 너코 067

치역이 B인 함수의 개수는 ${}_4C_2 \times 3! = 36$

이때 $f(1) \geq 2$이고 치역이 B인 함수의 개수

${}_4C_2 \times {}_2C_1 \times 2! = 24$가 중복되어 세어졌으므로

조건을 만족시키는 함수의 개수는 $54 + 36 - 24 = 66$

따라서 구하는 확률은 $\dfrac{66}{81} = \dfrac{22}{27}$ 너코 071

답 ④

빈출 QnA

Q. 다른 풀이에서 조건을 만족시키는 함수의 개수를 구하는 과정을 자세하게 설명해 주세요.

A. i) $f(1) \geq 2$를 만족시키는 함수의 개수

${}_2C_1 \times {}_3\Pi_3 = 54$

${}_2C_1$: $f(1)$의 값으로 2, 3 중 한 개를 선택하는 경우의 수

${}_3\Pi_3$: $f(2)$, $f(3)$, $f(4)$의 값으로 1, 2, 3 중에서 중복을 허락하여 3개를 선택하는 경우의 수

ii) 치역이 B인 함수의 개수 ${}_4C_2 \times 3! = 36$

${}_4C_2$: 정의역 A의 원소 중 2개를 선택하는 경우의 수

$3!$: 선택된 원소 2개를 한 묶음 x로 보고 남은 정의역의 두 원소를 y, z라 할 때 집합 $\{x, y, z\}$에서 집합 $\{1, 2, 3\}$으로의 일대일대응의 개수

iii) $f(1) \geq 2$이고 치역이 B인 함수의 개수

${}_4C_2 \times {}_2C_1 \times 2! = 24$

${}_4C_2$: 정의역 A의 원소 중 2개를 선택하는 경우의 수

${}_2C_1 \times 2!$: 선택된 원소 2개를 한 묶음 x로 보고 남은 정의역의 두 원소를 각각 y, z라 할 때 집합 $\{x, y, z\}$에서 집합 $\{1, 2, 3\}$으로의 일대일대응이면서 x, y, z 중 1(또는 1이 포함된 묶음)은 치역의 원소 2, 3 중 한 개와 대응되고, 정의역의 나머지 원소 2개는 치역의 나머지 원소 2개에 대응되는 함수의 개수

H04-16

풀이 1

A가 B보다 먼저 발표하는 사건을 X,

두 수학 동아리 사이에 2개의 과학 동아리만이 발표하는 사건을 Y라 하자.

구하는 확률은 $P(X \cup Y)$이므로 $P(X) + P(X^C \cap Y)$로 구할 수 있다. 너코 072

7개의 동아리가 발표 순서를 정하는 모든 경우의 수는 $7!$

i) $P(X)$의 값

A, B의 발표 순서가 정해졌으므로

A, B를 같은 것으로 보고 7개의 동아리의 발표 순서를 정하는 경우의 수는 $\dfrac{7!}{2!}$

따라서 $P(X) = \dfrac{\frac{7!}{2!}}{7!} = \dfrac{1}{2}$이다. 너코 071

ii) $P(X^C \cap Y)$의 값

B가 A보다 먼저 발표하고, 두 수학 동아리 사이에 2개의 과학 동아리만이 발표하는 확률과 같다.

두 수학 동아리 사이에 발표할 과학 동아리 2개를 선택하고 순서를 정하는 경우의 수는 ${}_5P_2 = 5 \times 4 = 20$

'수학 동아리 2개, 선택된 과학 동아리 2개'를 한 묶음으로 보고 이 묶음과 나머지 과학 동아리 3개의 발표 순서를 정하는 경우의 수는 $4!$

따라서 $P(X^C \cap Y) = \dfrac{20 \times 4!}{7!} = \dfrac{20}{7 \times 6 \times 5} = \dfrac{2}{21}$이다.

$\therefore$ $P(X \cup Y) = P(X) + P(X^C \cap Y)$

$= \dfrac{1}{2} + \dfrac{2}{21} = \dfrac{25}{42}$

풀이 2

A가 B보다 먼저 발표하는 사건을 X,

두 수학 동아리 사이에 2개의 과학 동아리만이 발표하는 사건을 Y라 하자.

구하는 확률은 $P(X \cup Y)$이므로

$P(X) + P(Y) - P(X \cap Y)$로 구할 수 있다. 너코 072

H 확률

7개의 동아리가 발표 순서를 정하는 모든 경우의 수는 7!

i) P(X)의 값

A, B의 발표 순서가 정해졌으므로

A, B를 같은 것으로 보고 7개의 동아리의 발표 순서를

정하는 경우의 수는 $\frac{7!}{2!}$

따라서 $P(X)=\frac{\frac{7!}{2!}}{7!}=\frac{1}{2}$이다. 너코 071

ii) P(Y)의 값

A, B의 발표 순서를 정하는 경우의 수는 2!

두 수학 동아리 사이에 발표할 과학 동아리 2개를 선택하고

순서를 정하는 경우의 수는 ${}_5P_2=5\times4=20$

'수학 동아리 2개, 선택된 과학 동아리 2개'를 한 묶음으로

보고 이 묶음과 과학 동아리 3개의 발표 순서를 정하는

경우의 수는 4!

따라서 $P(Y)=\frac{2!\times20\times4!}{7!}=\frac{2\times20}{7\times6\times5}=\frac{4}{21}$이다.

iii) P($X\cap Y$)의 값

A, B의 발표 순서가 정해져 있으므로

$P(X\cap Y)=\frac{1}{2}P(Y)=\frac{2}{21}$이다.

$\therefore\ P(X\cup Y)=P(X)+P(Y)-P(X\cap Y)$

$=\frac{1}{2}+\frac{4}{21}-\frac{2}{21}=\frac{25}{42}$

답 ③

H04-17

$A\cap B\neq\varnothing$일 확률은

$1-(A\cap B=\varnothing$일 확률)

로 구할 수 있다. 너코 073

6장의 카드 중 임의로 2장의 카드를 동시에 꺼내는 시행을

2번 반복하는 전체 경우의 수는 ${}_6C_2\times{}_6C_2$

한편 $A\cap B=\varnothing$이려면

$a_1<a_2<b_1<b_2$ 또는 $b_1<b_2<a_1<a_2$이어야 한다.

이를 만족시키는 경우의 수는

6개의 숫자 중 서로 다른 4개의 숫자를 선택하고

작은 수부터 순서대로 a_1, a_2, b_1, b_2라 하거나

작은 수부터 순서대로 b_1, b_2, a_1, a_2라 하는 경우의 수와

같으므로 ${}_6C_4\times2$

따라서 $A\cap B=\varnothing$일 확률은

$\frac{{}_6C_4\times2}{{}_6C_2\times{}_6C_2}=\frac{2}{15}$이므로 너코 071

구하는 확률은 $1-\frac{2}{15}=\frac{13}{15}$

답 ⑤

H04-18

풀이 1

5개의 수의 곱이 6의 배수일 확률은

1−(5개의 수의 곱이 6의 배수가 아닐 확률)

로 구할 수 있다. 너코 073

3개의 공이 들어 있는 주머니에서 임의로 한 개의 공을 꺼내어

공에 적혀 있는 수를 확인한 후 다시 넣는 시행을 5번 반복할

때 나오는 모든 경우의 수는 ${}_3\Pi_5=3^5=243$ 너코 062

이때 확인한 5개의 수의 곱이 6의 배수가 아닌 경우는 다음과

같다.

i) 한 개의 숫자만 나오는 경우

이때의 경우의 수는 3

ii) 두 개의 숫자가 나오는 경우

1, 2가 적혀 있는 공이 나오는 경우의 수는

${}_2\Pi_5-2=2^5-2=30$

1, 3이 적혀 있는 공이 나오는 경우의 수는

${}_2\Pi_5-2=2^5-2=30$

그러므로 이때의 경우의 수는

$30+30=60$

i), ii)에서 5개의 수의 곱이 6의 배수가 아닌 경우의 수는

$3+60=63$이므로 그 확률은

$\frac{63}{243}=\frac{7}{27}$ 너코 071

따라서 구하는 확률은 $1-\frac{7}{27}=\frac{20}{27}$이므로 $p=27$, $q=20$

$\therefore\ p+q=27+20=47$

풀이 2

5개의 수의 곱이 6의 배수일 확률은

1−(5개의 수의 곱이 6의 배수가 아닐 확률)

로 구할 수 있다. 너코 073

이때 5개의 수의 곱이 6의 배수가 아닌 경우는

5번의 독립시행에서

1 또는 3만 나오거나 1 또는 2만 나오는 경우이다.

i) 1 또는 3만 나올 확률

한 번의 시행에서 1 또는 3이 나올 확률은 $\frac{2}{3}$이므로

이 경우의 확률은 $\left(\frac{2}{3}\right)^5$ 너코 077

ii) 1 또는 2만 나올 확률

한 번의 시행에서 1 또는 2가 나올 확률은 $\frac{2}{3}$이므로

이 경우의 확률은 $\left(\frac{2}{3}\right)^5$

iii) 1만 나올 확률

한 번의 시행에서 1이 나올 확률은 $\frac{1}{3}$이므로

이 경우의 확률은 $\left(\frac{1}{3}\right)^5$

ⅰ)~ⅲ)에서 5개의 수의 곱이 6의 배수가 아닐 확률은

$\frac{32}{243}+\frac{32}{243}-\frac{1}{243}=\frac{7}{27}$ 너코 072

이므로 구하는 확률은

$1-\frac{7}{27}=\frac{20}{27}$

따라서 $p=27$, $q=20$이므로

$p+q=27+20=47$

답 47

H04-19

주머니에서 임의로 3개의 공을 동시에 꺼낼 때,
흰 공 1개, 검은 공 2개를 꺼내는 사건 A가 일어날 확률은

$\mathrm{P}(A)=\frac{{}_2\mathrm{C}_1\times{}_4\mathrm{C}_2}{{}_6\mathrm{C}_3}=\frac{2\times6}{20}=\frac{3}{5}$ 너코 071

꺼낸 3개의 공에 적혀 있는 수를 모두 곱한 값이 8이 되려면
2가 적힌 공 3개를 꺼내야 하므로 사건 B가 일어날 확률은

$\mathrm{P}(B)=\frac{{}_4\mathrm{C}_3}{{}_6\mathrm{C}_3}=\frac{4}{20}=\frac{1}{5}$

사건 $A\cap B$는 2가 적힌 흰 공 1개, 2가 적힌 검은 공 2개를
꺼내는 사건이므로 사건 $A\cap B$가 일어날 확률은

$\mathrm{P}(A\cap B)=\frac{{}_1\mathrm{C}_1\times{}_3\mathrm{C}_2}{{}_6\mathrm{C}_3}=\frac{3}{20}$

$\therefore\ \mathrm{P}(A\cup B)=\mathrm{P}(A)+\mathrm{P}(B)-\mathrm{P}(A\cap B)$ 너코 072

$=\frac{3}{5}+\frac{1}{5}-\frac{3}{20}=\frac{13}{20}$

답 ③

H04-20

조건 (가)에서 함수 f는 일대일함수이므로
함수 f의 개수는 ${}_4\mathrm{P}_3=24$ 너코 067
또한 조건 (나)에서 함수 g의 치역이 Z이므로
공역과 치역이 같다.
따라서 집합 Y에서 집합 Z로의 전체 함수 중
치역이 $\{0\}$ 또는 $\{1\}$인 경우,
즉 함숫값이 모두 같은 경우를 제외해 주어야 하므로
함수 g의 개수는 ${}_2\Pi_4-2=14$ 너코 062
따라서 조건에 맞는 두 함수 f와 g 중 하나씩을 선택하는
전체 경우의 수는 24×14이다.

한편 합성함수 $g\circ f$의 치역이 Z가 아닐 때는
$g(f(1))$, $g(f(2))$, $g(f(3))$의 값이 모두 같을 때이다.
즉, 함수 f 각각에 대하여 다음과 같이
$g(f(1))=g(f(2))=g(f(3))=0$인 경우와
$g(f(1))=g(f(2))=g(f(3))=1$인 경우로
2가지씩 존재한다.

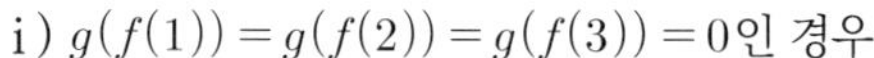

ⅰ) $g(f(1))=g(f(2))=g(f(3))=0$인 경우

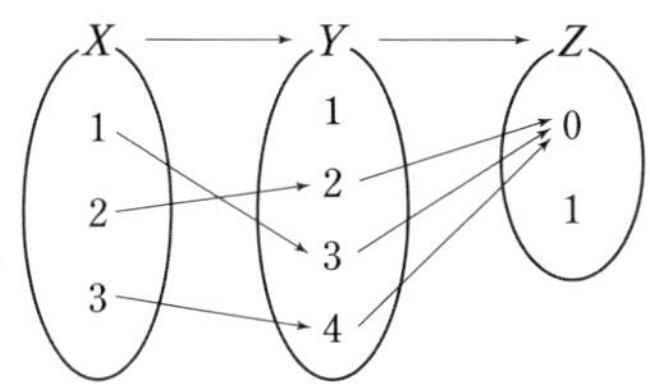

경우의 수는 ${}_4\mathrm{P}_3=24$

ⅱ) $g(f(1))=g(f(2))=g(f(3))=1$인 경우

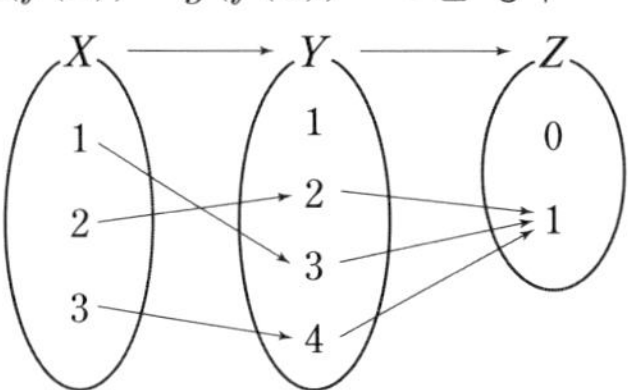

경우의 수는 ${}_4\mathrm{P}_3=24$

따라서 구하는 확률은

$1-\frac{24\times2}{24\times14}=1-\frac{1}{7}=\frac{6}{7}$ 너코 071 너코 073

$\therefore\ p+q=7+6=13$

답 13

H04-21

다음 좌석표에서 2행 2열 좌석을 제외한 8개의 좌석에
여학생 4명과 남학생 4명을 1명씩 임의로 배정할 때,
적어도 2명의 남학생이 서로 이웃하게 배정될 확률은
p이다. $70p$의 값을 구하시오.
(단, 2명이 같은 행의 바로 옆이나 같은 열의 바로 앞뒤에
있을 때 이웃한 것으로 본다.) [4점]

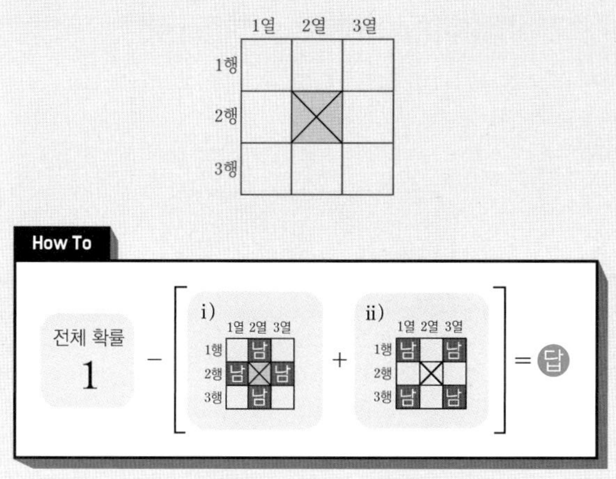

적어도 2명의 남학생이 서로 이웃하게 배정될 확률은
$1-$(어느 남학생 2명도 이웃하지 않을 확률)
로 구할 수 있다. 너코 073

8명의 학생을 8개의 좌석에 배정하는 전체 경우의 수는 $8!$
이때 어느 남학생 2명도 이웃하지 않게 앉는 방법은
다음과 같이 2가지이다.

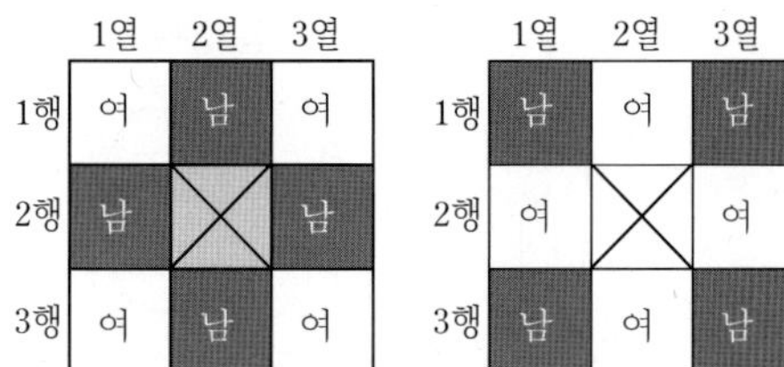

1열 2열 3열
1행 여 남 여
2행 남 남
3행 여 남 여
1열 2열 3열
1행 남 여 남
2행 여 여
3행 남 여 남

각 경우에서 4자리에 남학생을 배정하는 방법의 수는 4!
나머지 4자리에 여학생을 배정하는 방법의 수가 4!이므로
어느 남학생 2명도 이웃하지 않을 확률은

$\frac{2\times 4!\times 4!}{8!}=\frac{1}{35}$ 너코 071

따라서 $p=1-\frac{1}{35}=\frac{34}{35}$이므로

$70p=70\times\frac{34}{35}=68$

답 68

2 조건부확률

H05-01

풀이 1

조건부확률의 정의에 의하여

$P(B^C|A^C)=\frac{P(A^C\cap B^C)}{P(A^C)}$ 너코 074

이때 $P(A^C)=1-P(A)=1-\frac{7}{10}=\frac{3}{10}$이고 너코 073

$P(A^C\cap B^C)=P((A\cup B)^C)=1-P(A\cup B)$

$=1-\frac{9}{10}=\frac{1}{10}$

이다.

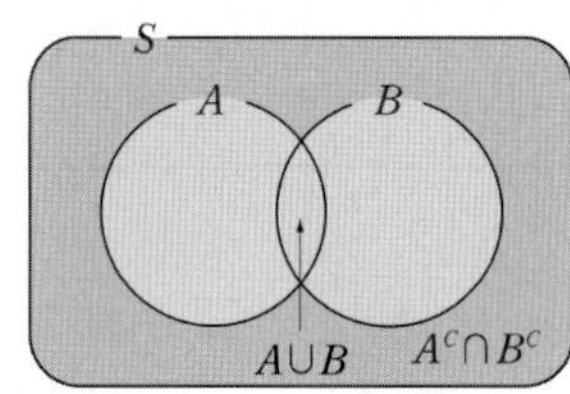

$\therefore\ P(B^C|A^C)=\frac{P(A^C\cap B^C)}{P(A^C)}=\frac{\frac{1}{10}}{\frac{3}{10}}=\frac{1}{3}$

풀이 2

$P(A)=\frac{7}{10}$에서 A가 전체 표본공간의 $\frac{7}{10}$을 차지하고

$P(A\cup B)=\frac{9}{10}$에서 $A\cup B$가 전체 표본공간의 $\frac{9}{10}$를 차지한다.

이를 그림으로 나타내면 다음과 같다.

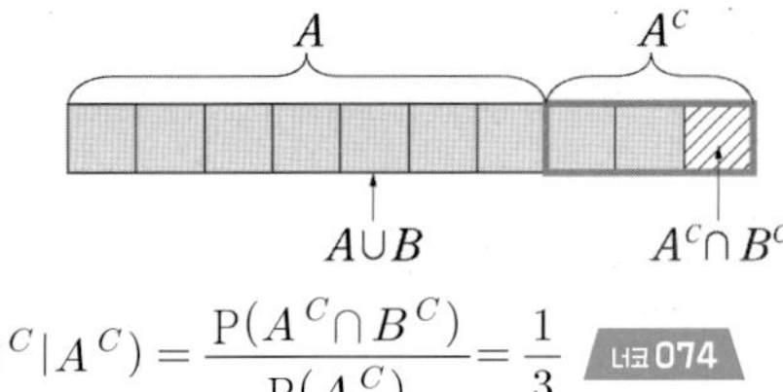

$\therefore\ P(B^C|A^C)=\frac{P(A^C\cap B^C)}{P(A^C)}=\frac{1}{3}$ 너코 074

답 ④

H05-02

$P(A\cap B)=P(A)+P(B)-P(A\cup B)$

$=\frac{2}{5}+\frac{4}{5}-\frac{9}{10}=\frac{3}{10}$ 너코 072

이므로 조건부확률의 정의에 의하여

$P(B|A)=\frac{P(A\cap B)}{P(A)}=\frac{\frac{3}{10}}{\frac{2}{5}}=\frac{3}{4}$ 너코 074

답 ⑤

H05-03

$P(B|A)=\frac{P(A\cap B)}{P(A)}=\frac{1}{4}$에서 너코 074

$P(A)=4P(A\cap B)$

$P(A|B)=\frac{P(A\cap B)}{P(B)}=\frac{1}{3}$에서

$P(B)=3P(A\cap B)$

이때 $P(A)+P(B)=\frac{7}{10}$이므로

$4P(A\cap B)+3P(A\cap B)=\frac{7}{10}$

$7P(A\cap B)=\frac{7}{10}$

$\therefore\ P(A\cap B)=\frac{1}{10}$

답 ④

H05-04

$P(A|B)=P(B|A)$이므로

$\frac{P(A\cap B)}{P(B)}=\frac{P(A\cap B)}{P(A)}$이고, 너코 074

$P(A\cap B)\neq 0$이므로 $P(A)=P(B)$이다.

이때 $P(A\cup B)=1$, $P(A\cap B)=\frac{1}{4}$이므로

$P(A\cup B)=P(A)+P(B)-P(A\cap B)$에서 너코 072

$1=P(A)+P(A)-\frac{1}{4}$, $2P(A)=\frac{5}{4}$

$\therefore\ P(A)=\frac{5}{8}$

답 ③

H05-05

$\mathrm{P}(A|B)=\dfrac{\mathrm{P}(A\cap B)}{\mathrm{P}(B)}=\dfrac{1}{2}$ 에서 너코 074

$\mathrm{P}(B)=2\mathrm{P}(A\cap B)=\dfrac{2}{5}$

$\therefore\ \mathrm{P}(A\cup B)=\mathrm{P}(A)+\mathrm{P}(B)-\mathrm{P}(A\cap B)$ 너코 072

$=\dfrac{1}{2}+\dfrac{2}{5}-\dfrac{1}{5}$

$=\dfrac{7}{10}$

답 ③

H05-06

풀이 1

$\mathrm{P}(B^C)=1-\mathrm{P}(B)=1-\dfrac{1}{4}=\dfrac{3}{4}$이고 너코 073

$\mathrm{P}(A\cap B^C)=\mathrm{P}(A\cup B)-\mathrm{P}(B)$

$=\dfrac{5}{8}-\dfrac{1}{4}=\dfrac{3}{8}$

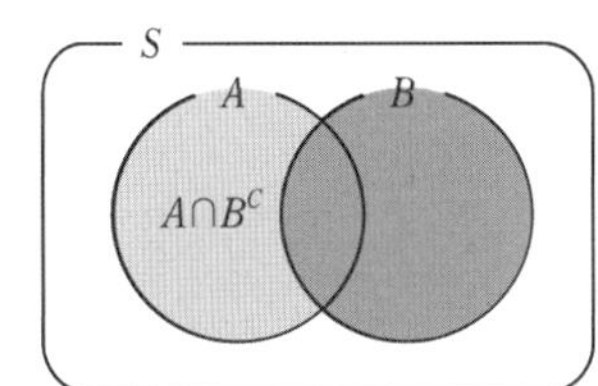

$\therefore\ \mathrm{P}(A|B^C)=\dfrac{\mathrm{P}(A\cap B^C)}{\mathrm{P}(B^C)}=\dfrac{\frac{3}{8}}{\frac{3}{4}}=\dfrac{1}{2}$ 너코 074

풀이 2

$\mathrm{P}(A\cup B)=\dfrac{5}{8}$에서 $A\cup B$가 전체 표본공간의 $\dfrac{5}{8}$를 차지하고

$\mathrm{P}(B)=\dfrac{1}{4}=\dfrac{2}{8}$에서 B가 전체 표본공간의 $\dfrac{2}{8}$를 차지한다.

이를 그림으로 나타내면 다음과 같다.

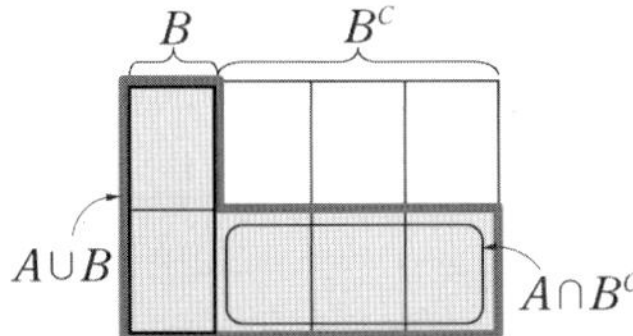

따라서 $\mathrm{P}(A|B^C)=\dfrac{\mathrm{P}(A\cap B^C)}{\mathrm{P}(B^C)}=\dfrac{3}{6}=\dfrac{1}{2}$ 너코 074

답 ①

H05-07

$\mathrm{P}(B|A)=\dfrac{\mathrm{P}(A\cap B)}{\mathrm{P}(A)}$에서 너코 074

$\mathrm{P}(A\cap B)=\mathrm{P}(A)\mathrm{P}(B|A)$

$=\dfrac{1}{2}\times\dfrac{1}{6}=\dfrac{1}{12}$

또한 $\mathrm{P}(B)=1-\mathrm{P}(B^C)=1-\dfrac{2}{3}=\dfrac{1}{3}$, 너코 073

$\mathrm{P}(A^C\cap B)=\mathrm{P}(B)-\mathrm{P}(A\cap B)=\dfrac{1}{3}-\dfrac{1}{12}=\dfrac{1}{4}$ 너코 072

이므로

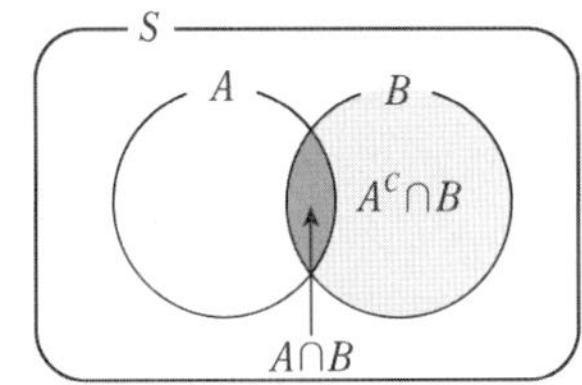

$\mathrm{P}(A^C|B)=\dfrac{\mathrm{P}(A^C\cap B)}{\mathrm{P}(B)}=\dfrac{\frac{1}{4}}{\frac{1}{3}}=\dfrac{3}{4}$

답 ④

H05-08

$\mathrm{P}(B^C|A)=2\mathrm{P}(B|A)$에서

$\dfrac{\mathrm{P}(A\cap B^C)}{\mathrm{P}(A)}=2\times\dfrac{\mathrm{P}(A\cap B)}{\mathrm{P}(A)}$ 너코 074

$\mathrm{P}(A\cap B^C)=2\mathrm{P}(A\cap B)=\dfrac{2}{8}\left(\because\ \mathrm{P}(A\cap B)=\dfrac{1}{8}\right)$

$\mathrm{P}(A)=\mathrm{P}(A\cap B)+\mathrm{P}(A\cap B^C)$이므로 너코 072

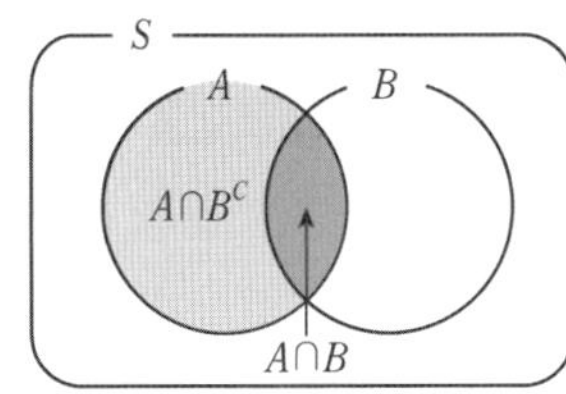

$\mathrm{P}(A)=\dfrac{1}{8}+\dfrac{2}{8}=\dfrac{3}{8}$

답 ②

H05-09

풀이 1

$\mathrm{P}(A)=\dfrac{1}{3}$, $\mathrm{P}(A\cap B)=\dfrac{1}{8}$이므로

$\mathrm{P}(A\cap B^C)=\mathrm{P}(A)-\mathrm{P}(A\cap B)=\dfrac{1}{3}-\dfrac{1}{8}=\dfrac{5}{24}$ 너코 072

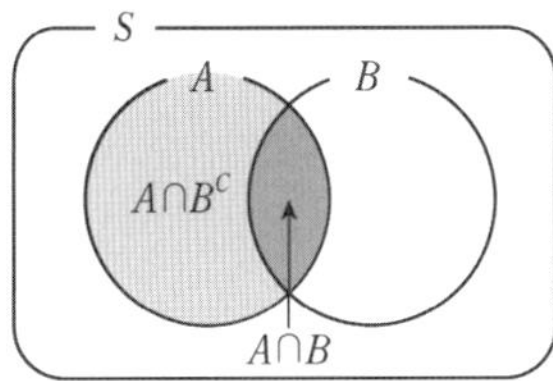

$\therefore\ \mathrm{P}(B^C|A)=\dfrac{\mathrm{P}(A\cap B^C)}{\mathrm{P}(A)}=\dfrac{\frac{5}{24}}{\frac{1}{3}}=\dfrac{5}{8}$ 너코 074

풀이 2

$\mathrm{P}(A)=\frac{1}{3}=\frac{8}{24}$에서 A가 전체 표본공간의 $\frac{8}{24}$을 차지하고

$\mathrm{P}(A\cap B)=\frac{1}{8}=\frac{3}{24}$에서

$A\cap B$가 전체 표본공간의 $\frac{3}{24}$을 차지한다.

이를 그림으로 나타내면 다음과 같다.

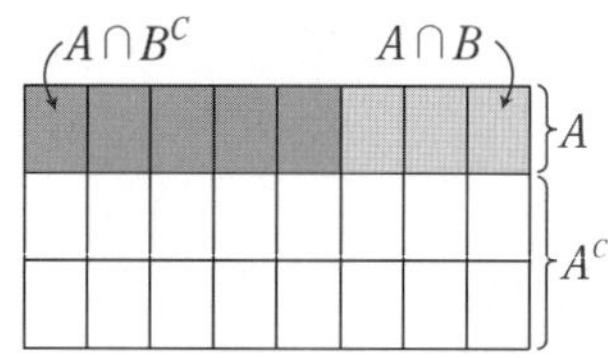

$\therefore\ \mathrm{P}(B^C|A)=\frac{\mathrm{P}(A\cap B^C)}{\mathrm{P}(A)}=\frac{5}{8}$ 너코 074

답 ⑤

H05-10

풀이 1

조건부확률의 정의에 의하여

$\mathrm{P}(A^C|B^C)=\frac{\mathrm{P}(A^C\cap B^C)}{\mathrm{P}(B^C)}$ 너코 074

이때 $\mathrm{P}(B^C)=\frac{3}{10}$이므로

$\mathrm{P}(A^C\cap B^C)=\mathrm{P}(B^C)-\mathrm{P}(A\cap B^C)$ 너코 072

$=\mathrm{P}(B^C)-\{\mathrm{P}(A)-\mathrm{P}(A\cap B)\}$

$=\frac{3}{10}-\left(\frac{2}{5}-\frac{1}{5}\right)=\frac{1}{10}$

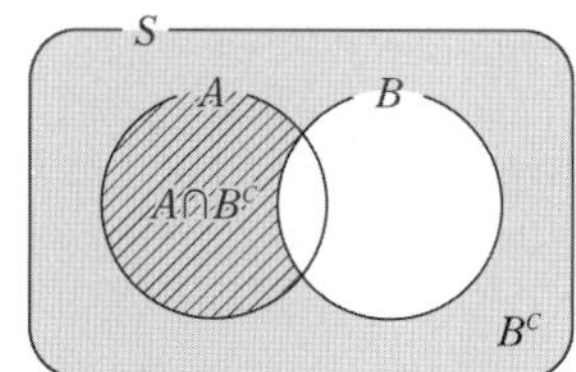

$\therefore\ \mathrm{P}(A^C|B^C)=\frac{\frac{1}{10}}{\frac{3}{10}}=\frac{1}{3}$

풀이 2

$\mathrm{P}(A)=\frac{2}{5}=\frac{4}{10}$에서 A가 전체 표본공간의 $\frac{4}{10}$를 차지하고

$\mathrm{P}(A\cap B)=\frac{1}{5}=\frac{2}{10}$에서 $A\cap B$가 전체 표본공간의 $\frac{2}{10}$를 차지하며

$\mathrm{P}(B^C)=\frac{3}{10}$에서 B^C이 전체 표본공간의 $\frac{3}{10}$을 차지한다.

이를 그림으로 나타내면 다음과 같다.

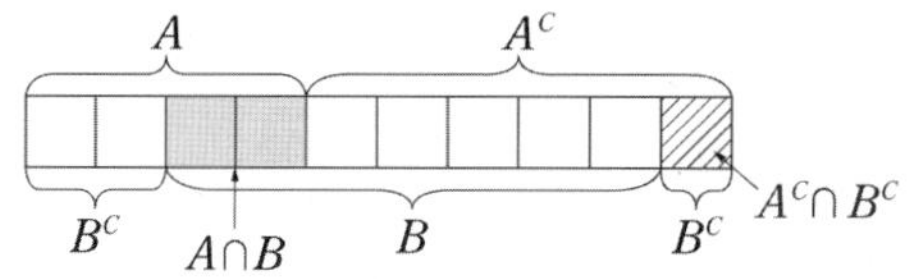

따라서 $\mathrm{P}(A^C|B^C)=\frac{\mathrm{P}(A^C\cap B^C)}{\mathrm{P}(B^C)}=\frac{1}{3}$이다. 너코 074

답 ④

H06-01

풀이 1

A, B, C, D 중에서 반장과 부반장을 각각 한 명씩 뽑는 전체 경우의 수는 ${}_4\mathrm{P}_2$

i) A 또는 B를 반장으로 뽑는 확률

A 또는 B 중에서 반장을 뽑고,
나머지 3명 중에서 부반장을 뽑으면 되므로

$\frac{{}_2\mathrm{C}_1\times{}_3\mathrm{C}_1}{{}_4\mathrm{P}_2}=\frac{6}{12}=\frac{1}{2}$ 너코 071

ii) A 또는 B를 반장으로 뽑고 C를 부반장으로 뽑는 확률

$\frac{{}_2\mathrm{C}_1\times{}_1\mathrm{C}_1}{{}_4\mathrm{P}_2}=\frac{1}{6}$

i), ii)에서 구하는 확률은

$\frac{\text{ii)}}{\text{i)}}=\frac{\frac{1}{6}}{\frac{1}{2}}=\frac{1}{3}$이다. 너코 074

풀이 2

i) A 또는 B를 반장으로 뽑고, 나머지 3명 중 부반장을 뽑는 경우의 수는

${}_2\mathrm{C}_1\times{}_3\mathrm{C}_1=6$

ii) A 또는 B를 반장으로 뽑고, C를 부반장으로 뽑는 경우의 수는

${}_2\mathrm{C}_1\times{}_1\mathrm{C}_1=2$

i), ii)에서 구하는 확률은

$\frac{2}{6}=\frac{1}{3}$ 너코 071 너코 074

답 ②

H06-02

풀이 1

네 학생이 교과서를 한 권씩 선택하는 전체 경우의 수는 4!

A, B, C, D의 교과서를 각각 a, b, c, d라 하자.

i) D가 a를 선택하는 경우
세 학생 A, B, C가 나머지 3권을 한 권씩 선택하게 되므로
$\frac{3!}{4!}=\frac{1}{4}$ 너코 071

ii) D가 a를 선택하고, 세 학생 A, B, C는 아무도 자신의 교과서를 선택하지 못하는 경우
D가 먼저 a를 선택하고,
세 학생 A, B, C가 아무도 자신의 교과서를 선택하지 못하는 경우를
수형도로 세면 다음과 같이 3가지이다.

a b c d
D — A — B — C
D — C — A — B
D — C — B — A

그러므로 확률은 $\frac{3}{4!}$

i), ii)에서 구하는 확률은

$$\frac{\text{ii)}}{\text{i)}}=\frac{\frac{3}{4!}}{\frac{1}{4}}=\frac{1}{2}$$ 너코 074

$p=2,\ q=1$
$\therefore\ 10(p+q)=30$

풀이 2

A, B, C, D의 교과서를 각각 a, b, c, d라 하자.

i) D가 a를 선택하는 경우
세 학생 A, B, C가 나머지 3권을 한 권씩 선택하게 되므로
$3!=6$

ii) D가 a를 선택하고, 세 학생 A, B, C는 아무도 자신의 교과서를 선택하지 못하는 경우
D가 먼저 a를 선택하고,
세 학생 A, B, C가 아무도 자신의 교과서를 선택하지 못하는 경우를
수형도로 세면 다음과 같이 3가지이다.

a b c d
D — A — B — C
D — C — A — B
D — C — B — A

i), ii)에서 구하는 확률은

$$\frac{\text{ii)}}{\text{i)}}=\frac{3}{6}=\frac{1}{2}$$ 너코 071 너코 074

$p=2,\ q=1$
$\therefore\ 10(p+q)=30$

답 30

H06-03

주머니 A에는 1, 2, 3, 4, 5의 숫자가 하나씩 적혀 있는 5장의 카드가 들어 있고, 주머니 B에는 6, 7, 8, 9, 10의 숫자가 하나씩 적혀 있는 5장의 카드가 들어 있다.
두 주머니 A, B에서 각각 카드를 임의로 한 장씩 꺼냈다.
꺼낸 2장의 카드에 적혀 있는 두 수의 합이 홀수일 때, 주머니 A에서 꺼낸 카드에 적혀 있는 수가 짝수일 확률은? [3점]

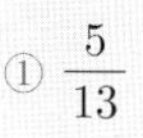

① $\frac{5}{13}$ ② $\frac{4}{13}$ ③ $\frac{3}{13}$
④ $\frac{2}{13}$ ⑤ $\frac{1}{13}$

How To

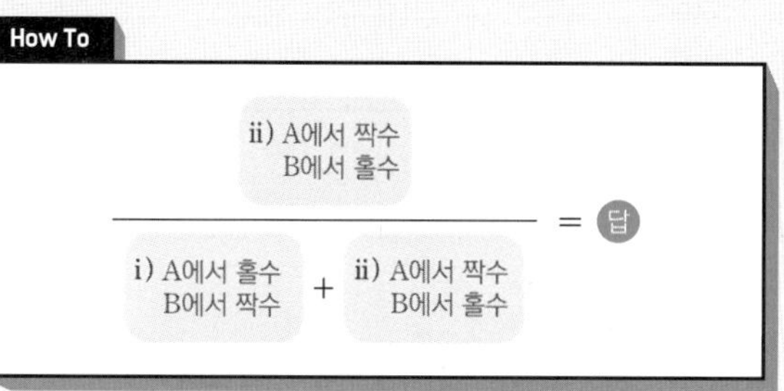

두 주머니 A, B에서 꺼낸
2장의 카드에 적혀 있는 두 수의 합이 홀수이려면
2장 중에서 1장만 홀수가 적힌 카드이어야 한다.

i) A에서 홀수, B에서 짝수를 꺼내는 확률
$\frac{3}{5}\times\frac{3}{5}=\frac{9}{25}$ 너코 071 너코 075

ii) A에서 짝수, B에서 홀수를 꺼내는 확률
$\frac{2}{5}\times\frac{2}{5}=\frac{4}{25}$

i), ii)에서 구하는 확률은

$$\frac{\text{ii)}}{\text{i)}+\text{ii)}}=\frac{\frac{4}{25}}{\frac{9}{25}+\frac{4}{25}}=\frac{4}{13}$$ 너코 074

답 ②

H 확률

H06-04

주머니 A에는 1, 2, 3, 4, 5의 숫자가 하나씩 적혀 있는 5장의 카드가 들어 있고, 주머니 B에는 1, 2, 3, 4, 5, 6의 숫자가 하나씩 적혀 있는 6장의 카드가 들어 있다. 한 개의 주사위를 한 번 던져서 나온 눈의 수가 3의 배수이면 주머니 A에서 임의로 카드를 한 장 꺼내고, 3의 배수가 아니면 주머니 B에서 임의로 카드를 한 장 꺼낸다. 주머니에서 꺼낸 카드에 적힌 수가 짝수일 때, 그 카드가 주머니 A에서 꺼낸 카드일 확률은? [3점]

① $\frac{1}{5}$　② $\frac{2}{9}$　③ $\frac{1}{4}$　④ $\frac{2}{7}$　⑤ $\frac{1}{3}$

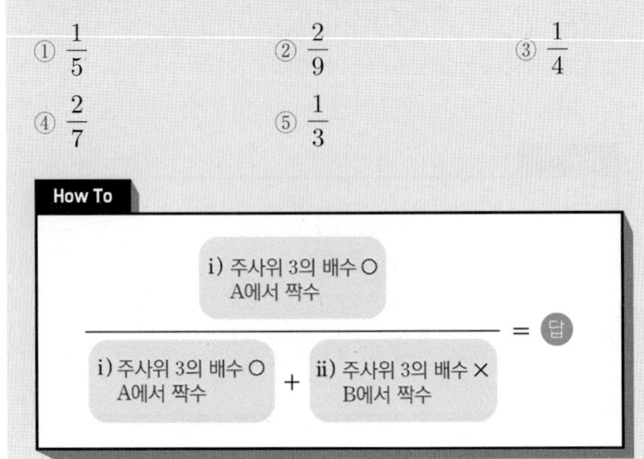

주사위의 눈의 수에 따라 짝수가 적힌 카드를 꺼내는 경우의 확률은 다음과 같다.

i) 주사위의 눈의 수가 3의 배수이고, 주머니 A에서 짝수가 적힌 카드를 꺼낼 확률

$\frac{2}{6}\times\frac{2}{5}=\frac{2}{15}$ 너코 071 너코 075

ii) 주사위의 눈의 수가 3의 배수가 아니고, 주머니 B에서 짝수가 적힌 카드를 꺼낼 확률

$\frac{4}{6}\times\frac{3}{6}=\frac{1}{3}$

i), ii)에서 구하는 확률은

$$\frac{\text{i)}}{\text{i)}+\text{ii)}}=\frac{\frac{2}{15}}{\frac{2}{15}+\frac{1}{3}}=\frac{2}{7}$$ 너코 074

답 ④

H06-05

주머니 A에는 검은 구슬 3개가 들어 있고, 주머니 B에는 검은 구슬 2개와 흰 구슬 2개가 들어 있다. 두 주머니 A, B 중 임의로 선택한 하나의 주머니에서 동시에 꺼낸 2개의 구슬이 모두 검은 색일 때, 선택된 주머니가 B이었을 확률은? [3점]

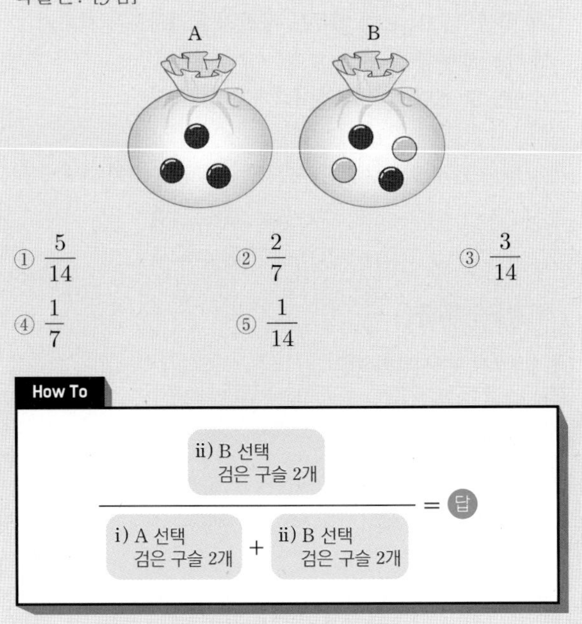

① $\frac{5}{14}$　② $\frac{2}{7}$　③ $\frac{3}{14}$　④ $\frac{1}{7}$　⑤ $\frac{1}{14}$

주머니 A, B 중 하나를 선택하고 검은 구슬 2개를 꺼내는 확률은 다음과 같다.

i) 주머니 A를 선택한 후 검은 구슬 2개를 꺼낼 확률

$\frac{1}{2}\times\frac{{}_3C_2}{{}_3C_2}=\frac{1}{2}$ 너코 071 너코 075

ii) 주머니 B를 선택한 후 검은 구슬 2개를 꺼낼 확률

$\frac{1}{2}\times\frac{{}_2C_2}{{}_4C_2}=\frac{1}{12}$

i), ii)에서 구하는 확률은

$$\frac{\text{ii)}}{\text{i)}+\text{ii)}}=\frac{\frac{1}{12}}{\frac{1}{2}+\frac{1}{12}}=\frac{1}{7}$$ 너코 074

답 ④

H06-06

표와 같이 두 상자 A, B에는 흰 구슬과 검은 구슬이 섞여서 각각 100개씩 들어 있다.

(단위 : 개)

	상자 A	상자 B
흰 구슬	a	$100-2a$
검은 구슬	$100-a$	$2a$
합계	100	100

두 상자 A, B에서 각각 1개씩 임의로 꺼낸 구슬이 서로 같은 색일 때, 그 색이 흰색일 확률은 $\frac{2}{9}$이다. 자연수 a의 값을 구하시오. [4점]

How To

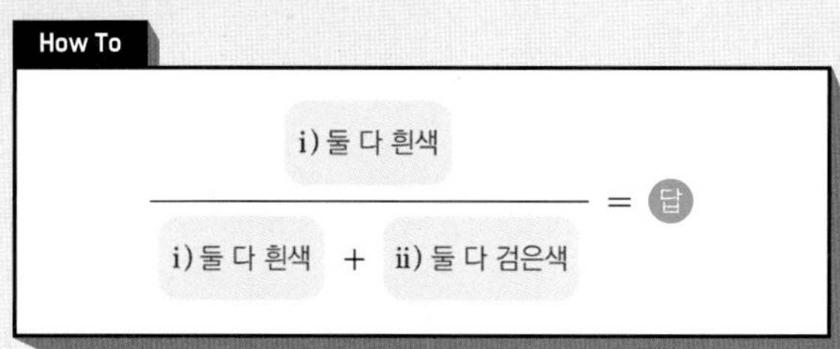

두 상자 A, B에서 각각 1개씩 임의로 꺼낸 구슬이 모두 흰색이거나 모두 검은색이어야 하므로 확률은 다음과 같다.

i) 둘 다 흰색일 확률
두 상자 A, B의 흰 구슬의 개수는 각각 a, $100-2a$이므로
$\frac{a}{100}\times\frac{100-2a}{100}$ 너코071 너코075

ii) 둘 다 검은색일 확률
두 상자 A, B의 검은 구슬의 개수는 각각 $100-a$, $2a$이므로
$\frac{100-a}{100}\times\frac{2a}{100}$

i), ii)에 의하여 꺼낸 구슬이 서로 같은 색일 때, 그 색이 흰색일 확률은

$$\frac{\text{i)}}{\text{i)}+\text{ii)}}=\frac{\frac{a}{100}\times\frac{100-2a}{100}}{\frac{a}{100}\times\frac{100-2a}{100}+\frac{100-a}{100}\times\frac{2a}{100}}$$ 너코074

$$=\frac{100-2a}{300-4a}$$

이고 이 값이 $\frac{2}{9}$이므로

$9(100-2a)=2(300-4a)$에서 $10a=300$

$\therefore\ a=30$

답 30

H06-07

한 개의 주사위를 두 번 던질 때 나오는 눈의 수를 차례로 a, b라 하자. 두 수의 곱 ab가 6의 배수일 때, 이 두 수의 합 $a+b$가 7일 확률은? [3점]

① $\frac{1}{5}$　② $\frac{7}{30}$　③ $\frac{4}{15}$　④ $\frac{3}{10}$　⑤ $\frac{1}{3}$

How To

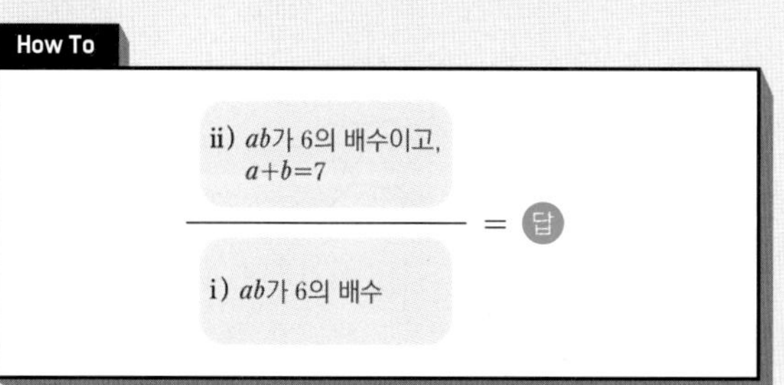

주사위를 두 번 던질 때 전체 경우의 수는 $6\times6=36$
a, b에 따른 ab의 값을 표로 나타내면 다음과 같다.

i) ab가 6의 배수일 확률
ab가 6의 배수인 경우를 표를 그려서 세면 다음과 같다.

a \ b	1	2	3	4	5	6
1	1	2	3	4	5	6
2	2	4	6	8	10	12
3	3	6	9	12	15	18
4	4	8	12	16	20	24
5	5	10	15	20	25	30
6	6	12	18	24	30	36

그러므로 확률은 $\frac{15}{36}$ 너코071

ii) ab가 6의 배수이고, $a+b=7$일 확률
ab가 6의 배수인 색칠된 경우 중 $a+b=7$일 때는 다음과 같다.

a \ b	1	2	3	4	5	6
1	2	3	4	5	6	**7**
2	3	4	5	6	7	8
3	4	5	6	**7**	8	9
4	5	6	**7**	8	9	10
5	6	7	8	9	10	11
6	**7**	8	9	10	11	12

그러므로 확률은 $\frac{4}{36}$

i), ii)에서 구하는 확률은

$$\frac{\text{ii)}}{\text{i)}}=\frac{\frac{4}{36}}{\frac{15}{36}}=\frac{4}{15}$$ 너코074

답 ③

H06-08

그림과 같이 주머니 A에는 1부터 6까지의 자연수가 하나씩 적힌 6장의 카드가 들어 있고 주머니 B와 C에는 1부터 3까지의 자연수가 하나씩 적힌 3장의 카드가 각각 들어 있다. 갑은 주머니 A에서, 을은 주머니 B에서, 병은 주머니 C에서 각각 임의로 1장의 카드를 꺼낸다. 이 시행에서 갑이 꺼낸 카드에 적힌 수가 을이 꺼낸 카드에 적힌 수보다 클 때, 갑이 꺼낸 카드에 적힌 수가 을과 병이 꺼낸 카드에 적힌 수의 합보다 클 확률이 k이다. $100k$의 값을 구하시오. [4점]

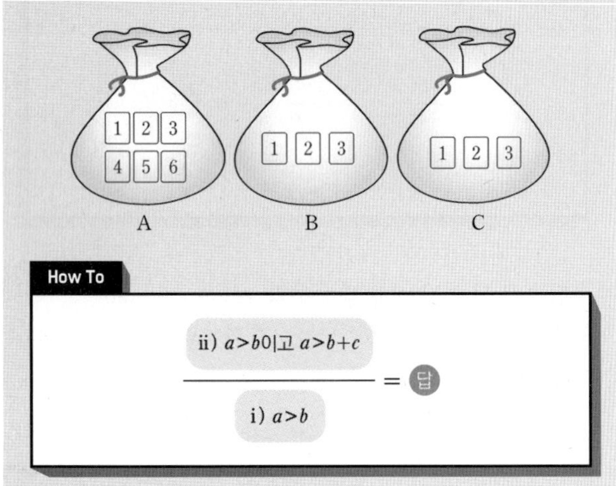

How To

$$\frac{\text{ii) } a>b\text{이고 } a>b+c}{\text{i) } a>b}=\text{답}$$

갑, 을, 병이 카드를 하나씩 꺼내는 전체 경우의 수는

${}_6C_1 \times {}_3C_1 \times {}_3C_1 = 54$

갑, 을, 병이 꺼낸 카드에 적힌 수를 각각 a, b, c라 하자.

i) $a > b$일 확률

$b=1$이면 $a=2, 3, 4, 5, 6$으로 5가지

$b=2$이면 $a=3, 4, 5, 6$으로 4가지

$b=3$이면 $a=4, 5, 6$으로 3가지

이고, 각각의 경우에 대하여 병은 3장 중에 아무 카드나 꺼내도 되므로 확률은

$\frac{(5+4+3)\times 3}{54}=\frac{36}{54}$ 너코 071

ii) $a > b$이고, $a > b+c$일 확률

을, 병이 카드를 꺼내는 모든 경우의 순서쌍 (b, c)에 대하여 $a>b+c$인 경우를 표로 나타내면 다음과 같다.

(b, c)	$b+c$	a
(1, 1)	2	3, 4, 5, 6
(1, 2)	3	4, 5, 6
(2, 1)	3	4, 5, 6
(2, 2)	4	5, 6
(1, 3)	4	5, 6
(3, 1)	4	5, 6
(2, 3)	5	6
(3, 2)	5	6
(3, 3)	6	가능한 값 없음

그러므로 확률은 $\frac{4+3+3+2+2+2+1+1}{54}=\frac{18}{54}$

i), ii)에서 구하는 확률은

$\frac{\text{ii)}}{\text{i)}}=\frac{\frac{18}{54}}{\frac{36}{54}}=\frac{1}{2}$ 너코 074

$\therefore\ 100k=100\times\frac{1}{2}=50$

답 50

H06-09

한 개의 주사위를 두 번 던진다. 6의 눈이 한 번도 나오지 않을 때, 나온 두 눈의 수의 합이 4의 배수일 확률은? [3점]

① $\frac{4}{25}$ ② $\frac{1}{5}$ ③ $\frac{6}{25}$ ④ $\frac{7}{25}$ ⑤ $\frac{8}{25}$

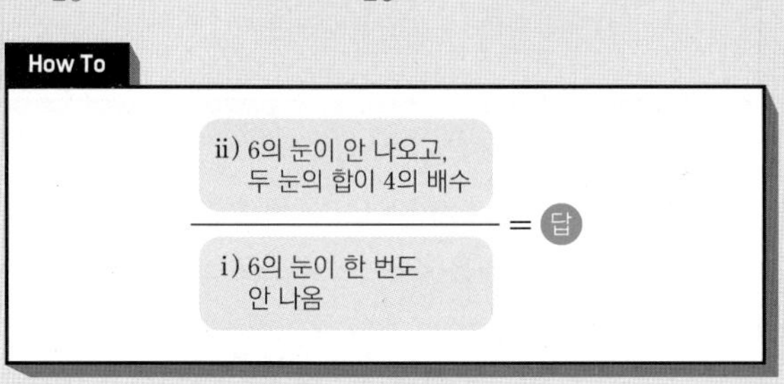

How To
ii) 6의 눈이 안 나오고, 두 눈의 합이 4의 배수
i) 6의 눈이 한 번도 안 나옴
= 답

풀이 1

주사위 한 개를 두 번 던지는 전체 경우의 수는 $6\times 6=36$

i) 6의 눈이 한 번도 나오지 않을 확률

두 번 모두 눈의 수가 1, 2, 3, 4, 5 중 하나이어야 하므로

확률은 $\frac{5\times 5}{36}=\frac{25}{36}$ 너코 071

ii) 6의 눈이 한 번도 나오지 않고, 두 눈의 수의 합이 4의 배수일 확률

두 번 모두 눈의 수가 1, 2, 3, 4, 5 중 하나이면서 두 눈의 수의 합이 4의 배수가 되는 경우는

합이 4일 때 $(1, 3)$, $(2, 2)$, $(3, 1)$로 3가지,

합이 8일 때 $(3, 5)$, $(4, 4)$, $(5, 3)$으로 3가지이므로

확률은 $\frac{3+3}{36}=\frac{6}{36}$

i), ii)에서 구하는 확률은

$\frac{\text{ii)}}{\text{i)}}=\frac{\frac{6}{36}}{\frac{25}{36}}=\frac{6}{25}$ 너코 074

풀이 2

주사위 한 개를 두 번 던질 때 나오는 눈의 수를 차례로 각각 a, b라 하자.

이때 a, b에 따른 $a+b$의 값을 표로 나타내면 다음과 같다.

a \ b	1	2	3	4	5	6
1	2	3	**4**	5	6	7
2	3	**4**	5	6	7	8
3	**4**	5	6	7	**8**	9
4	5	6	7	**8**	9	10
5	6	7	**8**	9	10	11
6	7	8	9	10	11	12

위에서 6의 눈이 한 번도 나오지 않는 경우는 색칠된 25가지이고,
6의 눈이 한 번도 나오지 않고, 두 눈의 수의 합이 4의 배수인 경우는 6가지이다.

따라서 구하는 확률은 $\dfrac{6}{25}$ 너코 071 너코 074

답 ③

H06-10

주머니에 들어 있는 8개의 공 중에서 4개의 공을 선택하는 전체 경우의 수는 ${}_8\mathrm{C}_4$
꺼낸 공에 적혀 있는 수가 같은 것이 있을 사건을 A,
꺼낸 공 중 검은 공이 2개일 사건을 B라 하면 구하는 확률은 $\mathrm{P}(B|A)$이다.
숫자 1, 2, 3, 4가 하나씩 적힌 흰 공을 각각 ①, ②, ③, ④라 하고
숫자 3, 4, 5, 6이 하나씩 적힌 검은 공을 각각 ❸, ❹, ❺, ❻이라 하자.

i) $\mathrm{P}(A)$의 값

③, ❸을 선택하고, 남은 6개의 공 중에서 2개를 선택하는 경우의 수는 ${}_6\mathrm{C}_2=15$

④, ❹를 선택하고, 남은 6개의 공 중에서 2개를 선택하는 경우의 수는 ${}_6\mathrm{C}_2=15$

이때 ③, ❸, ④, ❹를 선택하는 경우가 중복되어 세어졌으므로

$$\mathrm{P}(A)=\frac{15+15-1}{{}_8\mathrm{C}_4}=\frac{29}{{}_8\mathrm{C}_4}$$ 너코 071

ii) $\mathrm{P}(A\cap B)$의 값

③, ❸을 선택하고, 남은 흰 공 3개와 검은 공 3개 중에서 흰 공 1개와 검은 공 1개를 선택하는 경우의 수는
${}_3\mathrm{C}_1\times{}_3\mathrm{C}_1=9$

④, ❹를 선택하고, 남은 흰 공 3개와 검은 공 3개 중에서 흰 공 1개와 검은 공 1개를 선택하는 경우의 수는
${}_3\mathrm{C}_1\times{}_3\mathrm{C}_1=9$

이때 ③, ❸, ④, ❹를 선택하는 경우가 중복되어 세어졌으므로

$$\mathrm{P}(A\cap B)=\frac{9+9-1}{{}_8\mathrm{C}_4}=\frac{17}{{}_8\mathrm{C}_4}$$

따라서 구하는 확률은

$$\mathrm{P}(B|A)=\frac{\mathrm{P}(A\cap B)}{\mathrm{P}(A)}=\frac{\dfrac{17}{{}_8\mathrm{C}_4}}{\dfrac{29}{{}_8\mathrm{C}_4}}=\frac{17}{29}$$ 너코 074

답 ③

H06-11

주머니에서 꺼낸 2개의 공이 모두 흰색인 사건을 A, 주사위를 한 번 던져서 5 이상의 눈이 나오는 사건을 B라 하면
구하는 확률은 $\mathrm{P}(B|A)$이다.

i) 주사위에서 나온 눈의 수가 5 이상이고
주머니 A에서 꺼낸 2개의 공이 모두 흰색일 확률

$$\mathrm{P}(A\cap B)=\frac{2}{6}\times\frac{{}_2\mathrm{C}_2}{{}_6\mathrm{C}_2}$$ 너코 071 너코 075

$$=\frac{1}{3}\times\frac{1}{15}=\frac{1}{45}$$

ii) 주사위에서 나온 눈의 수가 4 이하이고
주머니 B에서 꺼낸 2개의 공이 모두 흰색일 확률

$$\mathrm{P}(A\cap B^C)=\frac{4}{6}\times\frac{{}_3\mathrm{C}_2}{{}_6\mathrm{C}_2}$$

$$=\frac{2}{3}\times\frac{3}{15}=\frac{2}{15}$$

i), ii)에 의하여 주머니에서 꺼낸 2개의 공이 모두 흰색일 확률은

$$\mathrm{P}(A)=\mathrm{P}(A\cap B)+\mathrm{P}(A\cap B^C)$$

$$=\frac{1}{45}+\frac{2}{15}=\frac{7}{45}$$

따라서 구하는 확률은

$$\mathrm{P}(B|A)=\frac{\mathrm{P}(A\cap B)}{\mathrm{P}(A)}$$

$$=\frac{\dfrac{1}{45}}{\dfrac{7}{45}}=\frac{1}{7}$$ 너코 074

답 ①

H06-12

한 개의 주사위를 2번 던져 나오는 눈의 수를 차례로 a, b라 할 때, $a\times b$가 4의 배수인 사건을 A, $a+b\le 7$인 사건을 B라 하면 구하는 확률은 $\mathrm{P}(B|A)$이다.

한 개의 주사위를 2번 던질 때 나올 수 있는 모든 순서쌍 $(a,\ b)$의 개수는
$6\times 6=36$
이때 사건 A가 일어나는 경우의 수, 즉 $a\times b$가 4의 배수인 순서쌍 $(a,\ b)$의 개수는 다음과 같이 표를 만들어 구해 보면 15이다.

a \ b	1	2	3	4	5	6
1	1	2	3	4	5	6
2	2	4	6	8	10	12
3	3	6	9	12	15	18
4	4	8	12	16	20	24
5	5	10	15	20	25	30
6	6	12	18	24	30	36

$\therefore\ \mathrm{P}(A)=\dfrac{15}{36}=\dfrac{5}{12}$ 너코 071

사건 $A\cap B$가 일어나는 경우의 수, 즉 $a\times b$가 4의 배수이고 $a+b\leq 7$을 만족시키는 순서쌍 $(a,\ b)$의 개수는 위의 표에서 $(1,\ 4)$, $(2,\ 2)$, $(2,\ 4)$, $(3,\ 4)$, $(4,\ 1)$, $(4,\ 2)$, $(4,\ 3)$ 으로 7이다.

$\therefore\ \mathrm{P}(A\cap B)=\dfrac{7}{36}$

따라서 구하는 확률은

$$\mathrm{P}(B|A)=\frac{\mathrm{P}(A\cap B)}{\mathrm{P}(A)}=\frac{\frac{7}{36}}{\frac{5}{12}}=\frac{7}{15}$$ 너코 074

답 ②

H06-13

세 코스 A, B, C를 순서대로 한 번씩 체험하는 수련장이 있다. A 코스에는 30개, B 코스에는 60개, C 코스에는 90개의 봉투가 마련되어 있고, 각 봉투에는 1장 또는 2장 또는 3장의 쿠폰이 들어 있다. 다음 표는 쿠폰 수에 따른 봉투의 수를 코스별로 나타낸 것이다.

코스 \ 쿠폰 수	1장	2장	3장	계
A	20	10	0	30
B	30	20	10	60
C	40	30	20	90

각 코스를 마친 학생은 그 코스에 있는 봉투를 임의로 1개 선택하여 봉투 속에 들어있는 쿠폰을 받는다.
첫째 번에 출발한 학생이 세 코스를 모두 체험한 후 받은 쿠폰이 모두 4장이었을 때, B 코스에서 받은 쿠폰이 2장일 확률은? [3점]

① $\dfrac{6}{23}$ ② $\dfrac{8}{23}$ ③ $\dfrac{10}{23}$ ④ $\dfrac{12}{23}$ ⑤ $\dfrac{14}{23}$

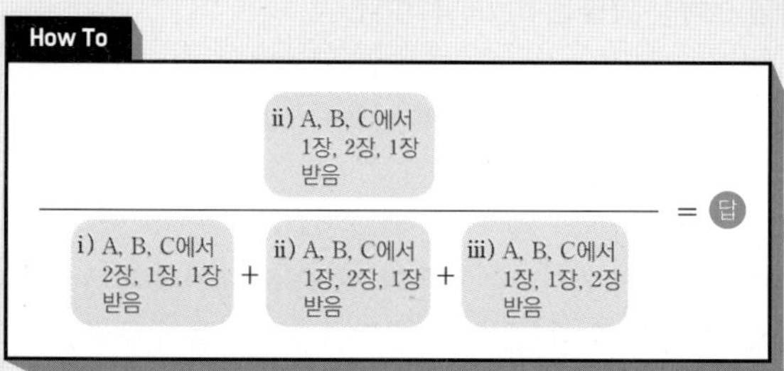

세 코스를 모두 체험한 후 받은 쿠폰이 4장이려면
세 코스 A, B, C에서 받은 쿠폰이 각각
(2장, 1장, 1장) 또는 (1장, 2장, 1장) 또는
(1장, 1장, 2장)이어야 한다.

i) A 코스에서 2장, B, C 코스에서 1장씩을 받는 확률

$\dfrac{10}{30}\times\dfrac{30}{60}\times\dfrac{40}{90}$ 너코 071 너코 075

ii) B 코스에서 2장, A, C 코스에서 1장씩을 받는 확률

$\dfrac{20}{30}\times\dfrac{20}{60}\times\dfrac{40}{90}$

iii) C 코스에서 2장, A, B 코스에서 1장씩을 받는 확률

$\dfrac{20}{30}\times\dfrac{30}{60}\times\dfrac{30}{90}$

i)~iii)에서 구하는 확률은

$\dfrac{\text{ii)}}{\text{i)}+\text{ii)}+\text{iii)}}$

$$=\frac{\frac{20}{30}\times\frac{20}{60}\times\frac{40}{90}}{\frac{10}{30}\times\frac{30}{60}\times\frac{40}{90}+\frac{20}{30}\times\frac{20}{60}\times\frac{40}{90}+\frac{20}{30}\times\frac{30}{60}\times\frac{30}{90}}$$

$=\dfrac{8}{23}$ 너코 074

답 ②

H06-14

14명의 학생이 특별활동 시간에 연주할 악기를 다음과 같이 하나씩 선택하였다.

피아노	바이올린	첼로
3명	5명	6명

14명의 학생 중에서 임의로 뽑은 3명이 선택한 악기가 모두 같을 때, 그 악기가 피아노이거나 첼로일 확률은? [3점]

① $\dfrac{13}{31}$ ② $\dfrac{15}{31}$ ③ $\dfrac{17}{31}$ ④ $\dfrac{19}{31}$ ⑤ $\dfrac{21}{31}$

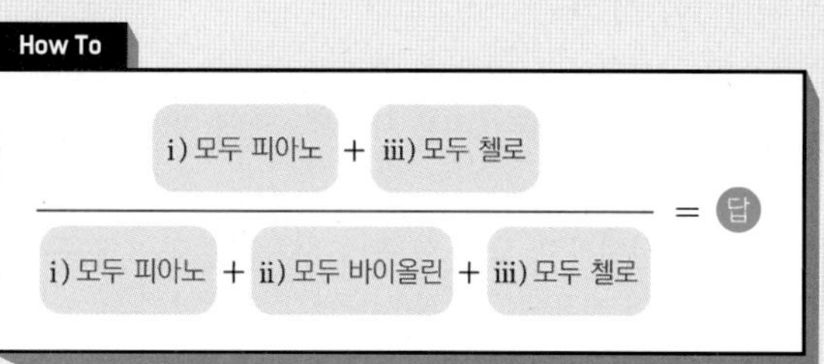

14명의 학생 중에서 3명을 뽑는 전체 경우의 수는 ${}_{14}\mathrm{C}_3$
학생 3명이 선택한 악기가 모두 같은 경우의 확률은 다음과 같다.

i) 선택한 악기가 모두 피아노일 확률

$\frac{{}_3C_3}{{}_{14}C_3}=\frac{1}{{}_{14}C_3}$ 너코 071

ii) 선택한 악기가 모두 바이올린일 확률

$\frac{{}_5C_3}{{}_{14}C_3}=\frac{10}{{}_{14}C_3}$

iii) 선택한 악기가 모두 첼로일 확률

$\frac{{}_6C_3}{{}_{14}C_3}=\frac{20}{{}_{14}C_3}$

i)~iii)에서 구하는 확률은

$$\frac{\text{i)}+\text{iii)}}{\text{i)}+\text{ii)}+\text{iii)}}=\frac{\frac{1}{{}_{14}C_3}+\frac{20}{{}_{14}C_3}}{\frac{1}{{}_{14}C_3}+\frac{10}{{}_{14}C_3}+\frac{20}{{}_{14}C_3}}=\frac{21}{31}$$ 너코 074

답 ⑤

H06-15

한 개의 주사위를 사용하여 다음 규칙에 따라 점수를 얻는 시행을 한다.

(가) 한 번 던져 나온 눈의 수가 5 이상이면 나온 눈의 수를 점수로 한다.
(나) 한 번 던져 나온 눈의 수가 5보다 작으면 한 번 더 던져 나온 눈의 수를 점수로 한다.

시행의 결과로 얻은 점수가 5점 이상일 때, 주사위를 한 번만 던졌을 확률을 $\frac{q}{p}$라 하자. p^2+q^2의 값을 구하시오.
(단, p와 q는 서로소인 자연수이다.) [4점]

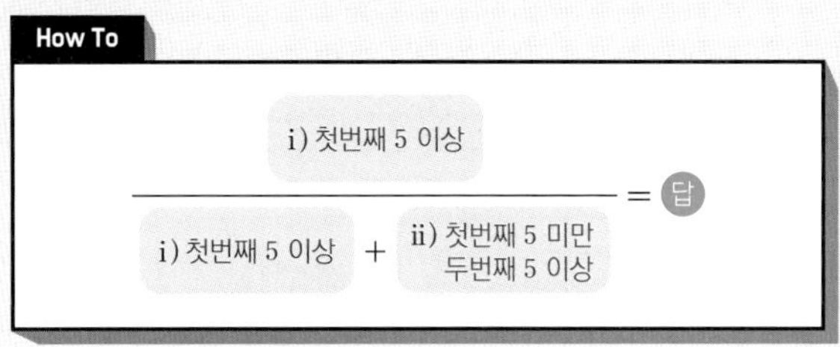

시행의 결과로 얻은 점수가 5점 이상이 되는 확률은 다음과 같다.

i) 첫 번째로 던진 주사위의 눈의 수가 5 이상일 확률

$\frac{2}{6}$

ii) 첫 번째로 던진 주사위의 눈의 수는 5 미만이고,
두 번째로 던진 주사위의 눈의 수가 5 이상일 확률

$\frac{4}{6}\times\frac{2}{6}=\frac{2}{9}$ 너코 071 너코 075

i), ii)에서 구하는 확률은

$$\frac{\text{i)}}{\text{i)}+\text{ii)}}=\frac{\frac{2}{6}}{\frac{2}{6}+\frac{2}{9}}=\frac{3}{5}$$ 너코 074

$p=5,\ q=3$

$\therefore\ p^2+q^2=25+9=34$

답 34

H06-16

다음 조건을 만족시키는 좌표평면 위의 점 (a, b) 중에서 임의로 서로 다른 두 점을 선택한다. 선택된 두 점의 y좌표가 같을 때, 이 두 점의 y좌표가 2일 확률은? [4점]

(가) a, b는 정수이다.
(나) $0<b<4-\frac{a^2}{4}$

① $\frac{4}{17}$ ② $\frac{5}{17}$ ③ $\frac{6}{17}$ ④ $\frac{7}{17}$ ⑤ $\frac{8}{17}$

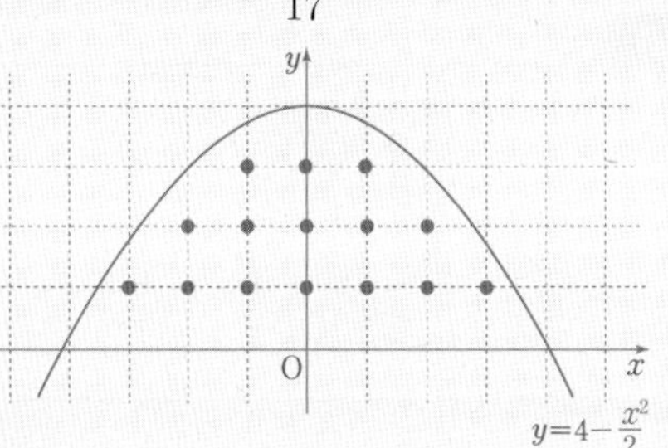

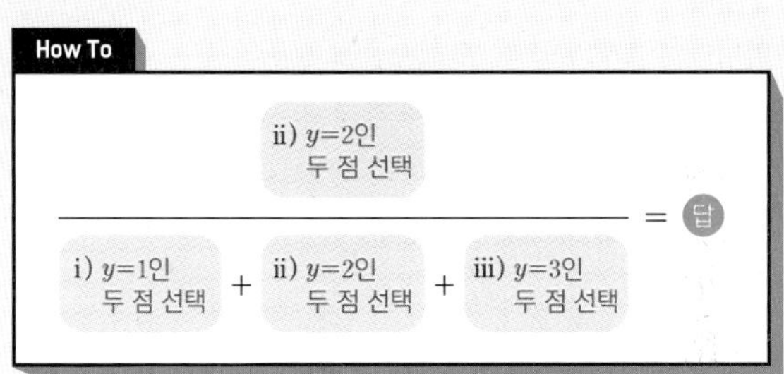

조건을 만족시키는 점의 개수는 그래프에 표시된 것과 같이 $3+5+7=15$이고,
이 중 2개의 점을 선택하는 전체 경우의 수는 ${}_{15}C_2$이다.
이때 조건을 만족시키는 점의 y좌표는 1 또는 2 또는 3이므로 선택한 두 점의 y좌표가 서로 같은 경우의 확률은 다음과 같다.

i) y좌표가 1인 두 점을 선택할 확률
조건을 만족시키는 점 중 y좌표가 1인 점은 7개이므로

$\frac{{}_7C_2}{{}_{15}C_2}=\frac{21}{105}$ 너코 071

ii) y좌표가 2인 두 점을 선택할 확률
조건을 만족시키는 점 중 y좌표가 2인 점은 5개이므로

$\frac{{}_5C_2}{{}_{15}C_2}=\frac{10}{105}$

iii) y좌표가 3인 두 점을 선택할 확률
조건을 만족시키는 점 중 y좌표가 3인 점은 3개이므로

$\frac{{}_3C_2}{{}_{15}C_2}=\frac{3}{105}$

ⅰ)~ⅲ)에서 구하는 확률은

$$\frac{\text{ii)}}{\text{i)}+\text{ii)}+\text{iii)}}=\frac{\frac{10}{105}}{\frac{21}{105}+\frac{10}{105}+\frac{3}{105}}=\frac{10}{34}=\frac{5}{17}$$ 너코 074

답 ②

H06-17

흰 공 3개, 검은 공 4개가 들어 있는 주머니가 있다. 이 주머니에서 임의로 3개의 공을 동시에 꺼내어, 꺼낸 흰 공과 검은 공의 개수를 각각 m, n이라 하자. 이 시행에서 $2m \geq n$일 때, 꺼낸 흰 공의 개수가 2일 확률은 $\frac{q}{p}$이다. $p+q$의 값을 구하시오. (단, p와 q는 서로소인 자연수이다.) [4점]

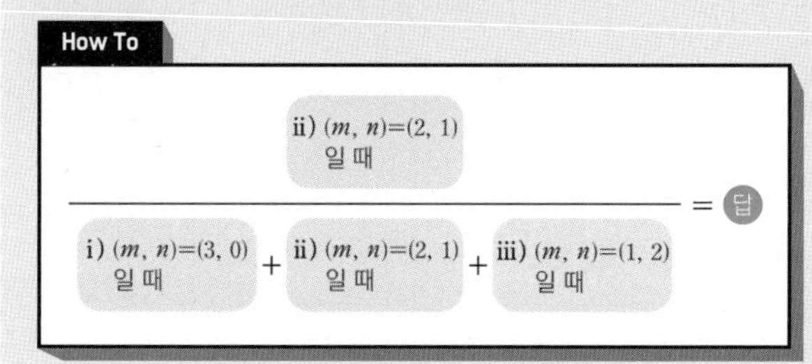

주머니에서 3개의 공을 꺼내는 전체 경우의 수는 ${}_7C_3$
꺼낸 흰 공과 검은 공의 개수가 각각 m, n이므로
$m+n=3$이고, 조건에서 $2m \geq n$이므로
이를 만족시키는 m, n의 순서쌍 (m, n)은
$(3, 0)$, $(2, 1)$, $(1, 2)$이다.

ⅰ) $(m, n)=(3, 0)$일 확률
흰 공 3개를 꺼내는 확률이므로
$\frac{{}_3C_3}{{}_7C_3}=\frac{1}{35}$ 너코 071

ⅱ) $(m, n)=(2, 1)$일 확률
흰 공 2개, 검은 공 1개를 꺼낼 확률이므로
$\frac{{}_3C_2\times{}_4C_1}{{}_7C_3}=\frac{12}{35}$

ⅲ) $(m, n)=(1, 2)$일 확률
흰 공 1개, 검은 공 2개를 꺼낼 확률이므로
$\frac{{}_3C_1\times{}_4C_2}{{}_7C_3}=\frac{18}{35}$

ⅰ)~ⅲ)에서 구하는 확률은

$$\frac{\text{ii)}}{\text{i)}+\text{ii)}+\text{iii)}}=\frac{\frac{12}{35}}{\frac{1}{35}+\frac{12}{35}+\frac{18}{35}}=\frac{12}{31}$$ 너코 074

$p=31$, $q=12$
$\therefore\ p+q=43$

답 43

H06-18

1부터 n까지의 자연수 중에서 중복을 허락하여 2개 뽑아 크지 않은 수부터 차례대로 각각 x, y라 하면 순서쌍 (x, y)가 만들어지므로 집합 A의 전체 원소의 개수는
${}_nH_2={}_{n+1}C_2$ 너코 065
n 이하의 3의 배수 중 가장 큰 값을 $3m$ (m은 자연수)이라 하면 ……㉠
n 이하의 3의 배수의 개수는 m개이다.

ⅰ) b가 3의 배수일 확률
㉠에서 b가 될 수 있는 수는 3, 6, 9, …, $3m$이고,
각 경우에 대하여 a는 b 이하의 자연수 중 하나가 되어야 한다.

$b=3$이고, $a=1, 2, 3$ 중 하나일 확률은 $\frac{3}{{}_{n+1}C_2}$ 너코 071

$b=6$이고, $a=1, 2, 3, \cdots, 6$일 확률은 $\frac{6}{{}_{n+1}C_2}$

$b=9$이고, $a=1, 2, 3, \cdots, 9$일 확률은 $\frac{9}{{}_{n+1}C_2}$

⋮

$b=3m$이고, $a=1, 2, 3, \cdots, 3m$일 확률은 $\frac{3m}{{}_{n+1}C_2}$

그러므로 $b=3, 6, 9, \cdots, 3m$일 확률을 모두 더하면

$$\sum_{k=1}^{m}\frac{3k}{{}_{n+1}C_2}=\frac{3}{{}_{n+1}C_2}\times\frac{m(m+1)}{2}$$ 너코 029

$$=\frac{3m(m+1)}{2\times{}_{n+1}C_2}$$

ⅱ) b가 3의 배수이고, $a=b$일 확률
a, b가 될 수 있는 값은 3, 6, 9, …, $3m$으로
m가지이므로 $\frac{m}{{}_{n+1}C_2}$

ⅰ), ⅱ)에서 b가 3의 배수일 때, $a=b$일 확률은

$$\frac{\text{ii)}}{\text{i)}}=\frac{\frac{m}{{}_{n+1}C_2}}{\frac{3m(m+1)}{2\times{}_{n+1}C_2}}=\frac{2}{3(m+1)}$$ 너코 074

이고 이 값이 $\frac{1}{9}$이므로
$2\times9=3(m+1)$ $\quad\therefore\ m=5$
이때 ㉠에 의하여 n 이하의 자연수 중
가장 큰 3의 배수가 15이므로 $n=15, 16, 17$
따라서 구하는 모든 자연수 n의 값의 합은
$15+16+17=48$

답 48

H06-19

선택한 세 개의 수의 곱이 짝수일 사건을 A,
선택한 세 개의 수의 합이 3의 배수일 사건을 B라 하자.

$P(A)=1-$(선택한 세 개의 수가 모두 홀수일 확률)

$$=1-\frac{{}_5C_3}{{}_{10}C_3}=1-\frac{10}{120}=\frac{110}{120}$$ 너코 071 너코 073

1부터 10까지의 자연수를 나머지에 따라 분류하면 다음과 같다.

나머지가 1인 수 : 1, 4, 7, 10

나머지가 2인 수 : 2, 5, 8

나머지가 0인 수 : 3, 6, 9

이때 선택한 세 개의 수의 합이 3의 배수이려면

나머지가 같은 세 개의 수를 선택하거나

나머지가 모두 다른 세 개의 수를 선택해야 한다.

i) 나머지가 같은 세 개의 수를 선택하는 경우의 수는

$${}_4C_3+{}_3C_3+{}_3C_3=4+1+1=6$$

이 중에서 선택한 세 개의 수가 모두 홀수인 경우는 존재하지 않는다.

ii) 나머지가 모두 다른 세 개를 수를 선택하는 경우의 수는

$${}_4C_1\times{}_3C_1\times{}_3C_1=4\times3\times3=36$$

이 중에서 선택한 세 개의 수가 모두 홀수인 경우의 수

${}_2C_1\times{}_1C_1\times{}_2C_1=2\times1\times2=4$를 제외해 주어야 하므로

$36-4=32$

i), ii)에 의하여 $P(A\cap B)=\frac{6+32}{{}_{10}C_3}=\frac{38}{120}$

$$\therefore\ P(B|A)=\frac{P(A\cap B)}{P(A)}=\frac{\frac{38}{120}}{\frac{110}{120}}=\frac{19}{55}$$ 너코 074

답 ③

H06-20

주머니에서 임의로 3개의 공을 동시에 꺼내어 공에 적혀 있는 수를 작은 수부터 크기 순서대로 a, b, c라 할 때, $b-a\geq5$인 사건을 A, $c-a\geq10$인 사건을 B라 하면 구하는 확률은 $P(B|A)$이다.

주머니에서 임의로 3개의 공을 동시에 꺼낼 때, 나올 수 있는 모든 순서쌍 $(a,\ b,\ c)$ $(1\leq a<b<c\leq12)$의 개수는

$${}_{12}C_3=\frac{12\times11\times10}{3\times2\times1}=220$$

이때 사건 A가 일어나는 경우의 수는

$b-a\geq5$와 $1\leq a<b<c\leq12$를 동시에 만족시키는, 즉

$1\leq a<a+5\leq b<c\leq12$

를 만족시키는 순서쌍 $(a,\ b,\ c)$의 개수와 같으므로 b의 값을 기준으로 다음 표와 같이 구할 수 있다.

a	b	c	순서쌍 개수
1	6	7, 8, 9, 10, 11, 12	$1\times6=6$
1, 2	7	8, 9, 10, 11, 12	$2\times5=10$
1, 2, 3	8	9, 10, 11, 12	$3\times4=12$
1, 2, 3, 4	9	10, 11, 12	$4\times3=12$
1, 2, 3, 4, 5	10	11, 12	$5\times2=10$
1, 2, 3, 4, 5, 6	11	12	$6\times1=6$
합계			56

$$\therefore\ P(A)=\frac{56}{220}=\frac{14}{55}$$ 너코 071

한편, 사건 $A\cap B$가 일어나는 경우의 수는 위의 표에서 만들어지는 순서쌍 중에서 $c-a\geq10$, 즉 $c\geq a+10$을 만족시키는 순서쌍 $(a,\ b,\ c)$의 개수와 같다. 즉,

$a=1$, $c=11$인 순서쌍 $(a,\ b,\ c)$의 개수는 5,

$a=1$, $c=12$인 순서쌍 $(a,\ b,\ c)$의 개수는 6,

$a=2$, $c=12$인 순서쌍 $(a,\ b,\ c)$의 개수는 5이므로

$$P(A\cap B)=\frac{16}{220}=\frac{4}{55}$$

따라서 구하는 확률은

$$P(B|A)=\frac{P(A\cap B)}{P(A)}=\frac{\frac{4}{55}}{\frac{14}{55}}=\frac{2}{7}$$ 너코 074

$\therefore\ p+q=7+2=9$

답 9

H06-21

주어진 시행을 4번 반복한 후 상자 B에 들어 있는 공의 개수가 8인 사건을 A, 상자 B에 들어 있는 검은 공의 개수가 2인 사건을 B라 하면 구하는 확률은 $P(B|A)$이다.

한 번의 시행에서 상자 B에 넣는 공의 개수는 1 또는 2 또는 3이므로 주어진 시행을 4번 반복한 후 공의 개수가 8이 되는 경우는 다음과 같다. ($\because$ 참고)

$8=1+1+3+3$

$=1+2+2+3$

$=2+2+2+2$

i) 상자 B에 넣은 공의 개수가 1, 1, 3, 3인 경우

상자 B에 들어 있는 검은 공의 개수는

$1+1=2$

1이 적힌 카드가 2번, 4가 적힌 카드가 2번 나와야 하므로 이때의 확률은

$$\frac{4!}{2!\times2!}\times\left(\frac{1}{4}\right)^4=\frac{3}{128}$$ 너코 071 너코 075

ii) 상자 B에 넣은 공의 개수가 1, 2, 2, 3인 경우

상자 B에 들어 있는 검은 공의 개수는

$1+1+1=3$

1이 적힌 카드가 1번, 2 또는 3이 적힌 카드가 2번, 4가 적힌 카드가 1번 나와야 하므로 이때의 확률은

$$\frac{4!}{2!}\times\frac{1}{4}\times\left(\frac{1}{2}\right)^2\times\frac{1}{4}=\frac{3}{16}$$

iii) 상자 B에 넣은 공의 개수가 2, 2, 2, 2인 경우

상자 B에 들어 있는 검은 공의 개수는

$1+1+1+1=4$

2 또는 3이 적힌 카드가 4번 나와야 하므로 이때의 확률은

$$\left(\frac{1}{2}\right)^4=\frac{1}{16}$$

H 확률

i)~iii)에서

$$\mathrm{P}(A)=\frac{3}{128}+\frac{3}{16}+\frac{1}{16}=\frac{35}{128},\ \mathrm{P}(A\cap B)=\frac{3}{128}$$

따라서 구하는 확률은

$$\mathrm{P}(B|A)=\frac{\mathrm{P}(A\cap B)}{\mathrm{P}(A)}=\frac{\frac{3}{128}}{\frac{35}{128}}=\frac{3}{35}$$ 너코 074

참고

4번의 시행 중 1이 나오는 횟수를 x, 2 또는 3이 나오는 횟수를 y, 4가 나오는 횟수를 z라 하면

$x+y+z=4$이고 $x+2y+3z=8$

(x, y, z는 4 이하의 음이 아닌 정수)

이어야 한다.

이를 만족시키는 x, y, z의 순서쌍 (x, y, z)는

$(0, 4, 0)$, $(1, 2, 1)$, $(2, 0, 2)$이다.

답 ④

H06-22

5번의 시행을 반복한 후 4개의 동전이 모두 같은 면이 보이도록 놓이는 사건을 A, 모두 앞면이 보이도록 놓이는 사건을 B라 하면 구하는 확률은 $\mathrm{P}(B|A)$이다.

4개의 동전 중 임의로 한 개의 동전을 택하여 뒤집는 시행을 5번 하는 모든 경우의 수는 4^5이다.

앞면이 보이는 동전을 각각 a, b, c라 하고 뒷면이 보이는 동전을 d라 할 때, 사건 A가 일어나는 경우는 다음과 같다.

i) 5번의 시행을 반복한 후 4개의 동전이 모두 앞면이 보이도록 놓이는 경우

ⓐ 동전 d를 5번 뒤집는 경우

그 경우의 수는 1

ⓑ 동전 a, b, c 중 1개를 2번 뒤집고, 동전 d를 3번 뒤집는 경우

동전 1개를 고르는 경우의 수는 ${}_3\mathrm{C}_1=3$

동전 a가 택해졌다고 하면 a, a, d, d, d를 나열하는 경우의 수는 $\frac{5!}{2!\times3!}=10$ 너코 063

이므로 이 경우의 수는 $3\times10=30$

ⓒ 동전 a, b, c 중 2개를 각각 2번씩 뒤집고, 동전 d를 1번 뒤집는 경우

동전 2개를 고르는 경우의 수는 ${}_3\mathrm{C}_2=3$

동전 a, b가 택해졌다고 하면 a, a, b, b, d를 나열하는 경우의 수는 $\frac{5!}{2!\times2!}=30$

이므로 이 경우의 수는 $3\times30=90$

ⓓ 동전 a, b, c 중 1개를 4번 뒤집고, 동전 d를 1번 뒤집는 경우

동전 1개를 고르는 경우의 수는 ${}_3\mathrm{C}_1=3$

동전 a가 택해졌다고 하면 a, a, a, a, d를 나열하는 경우의 수는 $\frac{5!}{4!}=5$

이므로 이 경우의 수는 $3\times5=15$

ii) 5번의 시행을 반복한 후 4개의 동전이 모두 뒷면이 보이도록 놓이는 경우

ⓔ 동전 a, b, c를 각각 1번씩 뒤집고, 동전 d는 2번 뒤집는 경우

a, b, c, d, d를 나열하는 경우의 수는 $\frac{5!}{2!}=60$

ⓕ 동전 a, b, c 중 1개를 3번 뒤집고 나머지 2개의 동전을 각각 1번씩 뒤집는 경우

동전 1개를 고르는 경우의 수는 ${}_3\mathrm{C}_1=3$

동전 a가 택해졌다고 하면 a, a, a, b, c를 나열하는 경우의 수는 $\frac{5!}{3!}=20$

이므로 이 경우의 수는 $3\times20=60$

i)~ii)에서

$$\mathrm{P}(A)=\frac{1+30+90+15+60+60}{4^5}=\frac{256}{4^5}$$ 너코 071

이고 이때

$$\mathrm{P}(A\cap B)=\frac{1+30+90+15}{4^5}=\frac{136}{4^5}$$

이므로

$$\mathrm{P}(B|A)=\frac{\mathrm{P}(A\cap B)}{\mathrm{P}(A)}=\frac{\frac{136}{4^5}}{\frac{256}{4^5}}=\frac{17}{32}$$ 너코 074

답 ①

H06-23

a가 b의 약수일 때 $f(a)$가 $f(b)$의 약수일 사건을 A라 하고, $f(4)$가 짝수일 사건을 B라 하면 구하는 확률은 $\mathrm{P}(B|A)$이다.

집합 X에서 X로의 함수 f의 개수는 ${}_4\Pi_4=4^4$ 너코 067

사건 A는 다음과 같이 네 가지 경우가 동시에 일어나는 경우이다.

$f(1)$은 $f(2)$의 약수이다.

$f(1)$은 $f(3)$의 약수이다.

$f(1)$은 $f(4)$의 약수이다.

$f(2)$는 $f(4)$의 약수이다.

따라서 $f(1)$의 값에 따라 경우를 나누면 다음과 같다.

i) $f(1)=1$인 경우

가능한 $f(2)$, $f(3)$, $f(4)$의 값을 표로 나타내면 다음과 같다.

$f(3)$	$f(2)$	$f(4)$
1, 2, 3, 4	1	1, 2, 3, 4
	2	2, 4
	3	3
	4	4

따라서 이 경우 사건 A가 일어나는 경우의 수는

$4\times(4+2+1+1)=32$

사건 $A\cap B$가 일어나는 경우의 수는

$4\times(2+2+1)=20$

ii) $f(1)=2$인 경우

가능한 $f(2)$, $f(3)$, $f(4)$의 값을 표로 나타내면 다음과 같다.

$f(3)$	$f(2)$	$f(4)$
2, 4	2	2, 4
	4	4

따라서 이 경우 사건 A가 일어나는 경우의 수는

$2\times(2+1)=6$

사건 $A\cap B$가 일어나는 경우의 수도 6이다.

iii) $f(1)=3$인 경우

$f(2)=f(3)=f(4)=3$인 경우뿐이므로

사건 A가 일어나는 경우의 수는 1이고 사건 $A\cap B$는 일어나지 않는다.

iv) $f(1)=4$인 경우

$f(2)=f(3)=f(4)=4$인 경우뿐이므로

사건 A가 일어나는 경우의 수는 1이고 사건 $A\cap B$가 일어나는 경우의 수도 1이다.

i)~iv)에서

$\mathrm{P}(A)=\frac{32+6+1+1}{4^4}=\frac{40}{4^4}$ 너코 071

$\mathrm{P}(A\cap B)=\frac{20+6+0+1}{4^4}=\frac{27}{4^4}$

따라서 구하는 확률은

$$\mathrm{P}(B|A)=\frac{\mathrm{P}(A\cap B)}{\mathrm{P}(A)}=\frac{\frac{27}{4^4}}{\frac{40}{4^4}}=\frac{27}{40}$$ 너코 074

답 ④

H07-01

주어진 표는 다음과 같다.

(단위 : 장)

입력 \ 인식	고양이 사진	강아지 사진	합계
고양이 사진	32	8	40
강아지 사진	4	36	40
합계	36	44	80

고양이 사진으로 인식된 사진은 36장이고,

이 중 고양이 사진은 32장이므로

구하는 확률은 $\frac{32}{36}=\frac{8}{9}$ 너코 074

답 ⑤

H07-02

주어진 표는 다음과 같다.

(단위 : 명)

구분	문화체험	생태연구	합계
남학생	40	60	100
여학생	50	50	100
합계	90	110	200

생태연구를 선택한 학생의 수는 110이고,

이 중 여학생의 수는 50이므로

구하는 확률은 $\frac{50}{110}=\frac{5}{11}$ 너코 074

답 ①

H07-03

주어진 표는 다음과 같다.

(단위 : 명)

구분	진로활동 A	진로활동 B	합계
1학년	7	5	12
2학년	4	4	8
합계	11	9	20

진로활동 B를 선택한 학생의 수는 9이고,

이 중 1학년 학생의 수가 5이므로

구하는 확률은 $\frac{5}{9}$ 너코 074

답 ②

H07-04

주어진 2개의 표를 붙여서 나타내면 다음과 같다.

(단위 : 명)

성별	Rh	A형	B형	AB형	O형
남학생	Rh+형	203	150	71	159
	Rh-형	7	6	1	3
여학생	Rh+형	150	80	40	115
	Rh-형	6	4	0	5

B형인 학생의 수는 $150+6+80+4=240$이고,

이 중 Rh+형인 남학생의 수는 150이므로

구하는 확률은 $\frac{150}{240}=\frac{5}{8}$ 너코 074

답 ④

H07-05

A 검색대를 통과한 여학생의 수를 a라 할 때

주어진 상황을 표로 나타내어 보면 다음과 같다.

(단위 : 명)

	남학생	여학생	합계
A 검색대	4	a	$4+a$
B 검색대	3	$7-a$	$10-a$
합계	7	7	14

여학생의 수는 7이고,
이 중 A검색대를 통과한 학생의 수는 a이므로

$p=\frac{a}{7}$ 너코 074

B검색대를 통과한 학생의 수는 $10-a$이고,
이 중 남학생의 수는 3이므로

$q=\frac{3}{10-a}$

조건에서 $p=q$이므로 $\frac{a}{7}=\frac{3}{10-a}$

$a^2-10a+21=0$, $(a-3)(a-7)=0$

이때 각 검색대로 적어도 1명의 여학생이 통과하므로
$1 \le a \le 6$이다.

$\therefore\ a=3$

답 ③

H07-06

주어진 표는 다음과 같다.

(단위 : 건)

구분	메인 보드 고장	액정 화면 고장	합계
품질보증 기간 이내	90	50	140
품질보증 기간 이후	a	b	60

액정 화면 고장은 $50+b$건이고,
이 중 품질보증 기간 이내인 경우가 50건이므로

$\frac{50}{50+b}=\frac{2}{3}$ 너코 074

$150=2(50+b)$ $\quad\therefore\ b=25$

이때 $a+b=60$ 이므로 $a=35$

$\therefore\ a-b=35-25=10$

답 10

H07-07

주어진 표는 다음과 같다.

(단위 : 명)

구분	19세 이하	20대	30대	40세 이상	계
남성	40	a	$60-a$	100	200
여성	35	$45-b$	b	20	100

도서관 이용자 300명 중에서 30대의 수는 $60-a+b$이고
차지하는 비율이 12%이므로

$\frac{60-a+b}{300}=\frac{12}{100}$ 너코 074

$60-a+b=36$

$a-b=24$ ……㉠

선택한 1명이 남성일 때 이 이용자가 20대일 확률은 $\frac{a}{200}$

선택한 1명이 여성일 때 이 이용자가 30대일 확률은 $\frac{b}{100}$

두 확률이 같으므로

$\frac{a}{200}=\frac{b}{100}$ 에서 $a=2b$

㉠에 대입하면 $a=48$, $b=24$

$\therefore\ a+b=72$

답 72

H07-08

체험 학습 A를 선택한 학생의 수는 $90+70=160$이므로
체험 학습 B를 선택한 학생의 수는 $360-160=200$이다.
구하고자 하는 이 학교의 여학생의 수를 a라 할 때
주어진 상황을 표로 나타내면 다음과 같다.

(단위 : 명)

구분	남학생	여학생	합계
체험 학습 A	90	70	160
체험 학습 B	$270-a$	$a-70$	200
합계	$360-a$	a	360

체험 학습 B를 선택한 학생의 수는 200이고,
이 중 남학생의 수는 $270-a$이므로

$\frac{270-a}{200}=\frac{2}{5}$ 너코 074

$270-a=80$

$\therefore\ a=190$

답 ③

H07-09

여학생 100명 중에
영화 A를 본 여학생의 수는 45,
영화 B를 본 여학생의 수는 72이므로
영화 A, B를 모두 본 여학생의 수는 $45+72-100=17$
남학생 200명 중에
영화 A를 본 남학생의 수는 $150-45=105$,
영화 B를 본 남학생의 수는 $180-72=108$이므로
영화 A, B를 모두 본 남학생의 수는 $105+108-200=13$
두 영화 A, B를 관람한 학생들의 수를 표로 나타내어 보면
다음과 같다.

(단위 : 명)

구분	A 관람	B 관람	모두 관람
여학생	45	72	17
남학생	105	108	13
합계	150	180	30

두 영화를 모두 관람한 학생의 수는 30이고,
이 중 여학생의 수는 17이므로

구하는 확률은 $\frac{17}{30}$ 너코 074

답 ④

H08-01

풀이 1

가수 A의 팬클럽 회원 중에서
가수 C를 선호하는 비율이 0.7이므로
전체 회원 중에서 가수 A의 팬클럽 회원이면서
가수 C를 선호하는 사람의 수는 150×0.7이다.
이와 같이 주어진 상황을 표로 나타내어 보면 다음과 같다.

	가수 A	가수 B	합계
C 선호	150×0.7	200×0.5	205
C 선호 X	150×0.3	200×0.5	145

가수 C를 선호하는 사람은 모두 205명이고,
이 중 가수 A의 팬클럽 회원은 $150\times0.7=105$명이므로
구하는 확률은 $\frac{105}{205}=\frac{21}{41}$ 너코 074

풀이 2

가수 A 또는 가수 B의 팬클럽 회원이면서
가수 C를 선호할 확률은 다음과 같다.

ⅰ) 가수 A의 팬클럽 회원이면서 가수 C를 선호할 확률
$\frac{150}{150+200}\times0.7=\frac{3}{7}\times0.7$ 너코 075
ⅱ) 가수 B의 팬클럽 회원이면서 가수 C를 선호할 확률
$\frac{200}{150+200}\times0.5=\frac{4}{7}\times0.5$
ⅰ), ⅱ)에서 구하는 확률은

$$\frac{\text{ⅰ)}}{\text{ⅰ)}+\text{ⅱ)}}=\frac{\frac{3}{7}\times0.7}{\frac{3}{7}\times0.7+\frac{4}{7}\times0.5}=\frac{21}{21+20}=\frac{21}{41}$$ 너코 074

답 ④

H08-02

풀이 1

남성 중 기혼의 비율이 0.5이므로
전체 산악회 회원 중에서 남성이면서 기혼인 비율은
0.6×0.5이다.
이와 같이 주어진 상황을 표로 나타내어 보면 다음과 같다.

	남성	여성	합계
기혼	0.6×0.5	0.4×0.4	0.46
미혼	0.6×0.5	0.4×0.6	0.54

뽑은 회원이 기혼일 확률은 0.46이고,
기혼이면서 여성일 확률은 $0.4\times0.4=0.16$이므로 너코 075
구하는 확률은 $\frac{0.16}{0.46}=\frac{8}{23}$ 너코 074

풀이 2

산악회의 남성 또는 여성이 기혼일 확률은 다음과 같다.

ⅰ) 남성이고 기혼일 확률
0.6×0.5 너코 075
ⅱ) 여성이고 기혼일 확률
0.4×0.4
ⅰ), ⅱ)에서 구하는 확률은

$$\frac{\text{ⅰ)}}{\text{ⅰ)}+\text{ⅱ)}}=\frac{0.4\times0.4}{0.6\times0.5+0.4\times0.4}=\frac{0.16}{0.46}=\frac{8}{23}$$ 너코 074

답 ②

H08-03

풀이 1

'여행'이라는 단어를 포함하는 전자우편의 비율이 0.1이므로
'여행'을 포함하고 광고인 전자우편의 비율은 0.1×0.5이다.
이와 같이 주어진 상황을 표로 나타내어 보면 다음과 같다.

	여행 O	여행 X	합계
광고 O	0.1×0.5	0.9×0.2	0.23
광고 X	0.1×0.5	0.9×0.8	0.77

철수가 받은 전자우편이 광고일 확률은 0.23이고,
광고이면서 '여행'을 포함할 확률은 $0.1\times0.5=0.05$이므로
너코 075
구하는 확률은 $\frac{0.05}{0.23}=\frac{5}{23}$ 너코 074

풀이 2

'여행'을 포함하는지의 여부에 따라
철수가 받은 전자우편이 광고일 확률은 다음과 같다.

ⅰ) 전자우편에 '여행'을 포함하고, 광고일 확률
0.1×0.5
ⅱ) 전자우편에 '여행'을 포함하지 않고, 광고일 확률
0.9×0.2
ⅰ), ⅱ)에서 구하는 확률은

$$\frac{\text{ⅰ)}}{\text{ⅰ)}+\text{ⅱ)}}=\frac{0.1\times0.5}{0.1\times0.5+0.9\times0.2}=\frac{0.05}{0.23}=\frac{5}{23}$$ 너코 074

답 ①

H08-04

전체 학생 중 남학생 비율이 0.4, 여학생 비율이 0.6이다.
K자격증을 가지고 있는 학생의 비율은 0.7이고,
이 중 남학생 비율이 0.2이므로
여학생의 비율은 $0.7-0.2=0.5$이다.
이와 같이 주어진 상황을 표로 나타내어 보면 다음과 같다.

	남학생	여학생	합계
K자격증 O	0.2	0.5	0.7
K자격증 X	0.2	0.1	0.3
합계	0.4	0.6	1

임의로 선택한 학생이 K자격증을 가지고 있지 않을 확률이 0.3이고, 이 중 여학생일 확률이 0.1이므로

구하는 확률은 $\frac{0.1}{0.3}=\frac{1}{3}$ 너코 074

답 ②

H08-05

풀이 1

버스로 등교하는 학생의 비율이 0.6이므로

버스로 등교하여 지각한 학생의 비율은 $0.6\times\frac{1}{20}$이다.

이와 같이 주어진 상황을 표로 나타내어 보면 다음과 같다.

	버스	도보	합계
지각 O	$0.6\times\frac{1}{20}$	$0.4\times\frac{1}{15}$	$\frac{17}{300}$
지각 X	$0.6\times\frac{19}{20}$	$0.4\times\frac{14}{15}$	$\frac{283}{300}$

임의로 선택한 학생이 지각했을 확률은 $\frac{17}{300}$,

이 중 버스로 등교한 학생일 확률은 $0.6\times\frac{1}{20}=\frac{3}{100}$이므로

너코 075

구하는 확률은 $\frac{\frac{3}{100}}{\frac{17}{300}}=\frac{9}{17}$ 너코 074

풀이 2

등교 수단에 따라 학생이 지각했을 확률은 다음과 같다.

i) 버스를 타고 등교해서 지각했을 확률

$0.6\times\frac{1}{20}$

ii) 걸어서 등교해서 지각했을 확률

$0.4\times\frac{1}{15}$

i), ii)에서 구하는 확률은

$$\frac{\text{i)}}{\text{i)}+\text{ii)}}=\frac{0.6\times\frac{1}{20}}{0.6\times\frac{1}{20}+0.4\times\frac{1}{15}}=\frac{\frac{3}{100}}{\frac{17}{300}}=\frac{9}{17}$$ 너코 074

답 ⑤

H08-06

총 100명의 학생 중

축구를 선택한 학생의 비율이 0.7이므로

축구를 선택한 학생의 수는 $100\times0.7=70$이고,

축구를 선택한 남학생일 확률은 $\frac{2}{5}$이므로

축구를 선택한 남학생의 수는 $100\times\frac{2}{5}=40$이다.

이와 같이 주어진 상황을 표로 나타내어 보면 다음과 같다.

(단위 : 명)

	여학생	남학생	합계
축구	30	40	70
야구	10	20	30
합계	40	60	100

이 학교의 학생 중 야구를 선택한 학생이 30명이고,

이 중 여학생은 $40-(70-40)=10$명이므로

구하는 확률은 $\frac{10}{30}=\frac{1}{3}$ 너코 074

답 ②

H08-07

남학생의 수를 a라 하면 여학생의 수는 $320-a$이다.

수학동아리에 가입한 남학생의 수는 $a\times0.6$이고,

수학동아리에 가입한 여학생의 수는 $(320-a)\times0.5$이다.

이와 같이 주어진 상황을 표로 나타내어 보면 다음과 같다.

(단위 : 명)

	남학생	여학생	합계
가입 O	$a\times0.6$	$(320-a)\times0.5$	$160+0.1a$
가입 X	$a\times0.4$	$(320-a)\times0.5$	$160-0.1a$
합계	a	$320-a$	320

수학동아리에 가입한 학생 중 1명을 선택할 때

이 학생이 남학생일 확률은

$p_1=\frac{0.6a}{160+0.1a}$ 너코 074

수학동아리에 가입한 학생 중 1명을 선택할 때

이 학생이 여학생일 확률은

$p_2=\frac{(320-a)\times0.5}{160+0.1a}$

조건에서 $p_1=2p_2$이므로

$$\frac{0.6a}{160+0.1a}=2\times\frac{(320-a)\times0.5}{160+0.1a}$$

$0.6a=320-a$

$\therefore\ a=200$

답 ④

H08-08

A 부서 전체는 20명이고 이 중 50%가 여성이므로

A 부서의 여직원의 수는 $20\times0.5=10$

이때 이 회사의 여직원의 수를 a라 하면

B 부서의 여직원의 수는 $0.6a$

A, B 부서의 여직원의 수의 합이 a이므로

$10+0.6a=a$

$\therefore\ a=25$

이와 같이 주어진 상황을 표로 나타내어 보면 다음과 같다.

(단위 : 명)

	남성	여성	합계
A 부서	10	10	20
B 부서	25	15	40
합계	35	25	60

이 회사 직원 중 B 부서에 속해 있는 직원이 모두 40명이고,
이 중 여성 직원은 15명이므로 구하는 확률은

$p=\frac{15}{40}=\frac{3}{8}$ 너코 074

$\therefore\ 80p=30$

답 30

H09-01

숫자 1이 나오고 영역 A를 칠할 확률은 $\frac{3}{4}$이고, 너코 071

숫자 2가 나오고 영역 B를 칠할 확률은 $\frac{1}{4}$이다.

3번째에 두 영역을 모두 칠하게 되려면
2번째까지 같은 영역을 2번 칠해야 한다.

i) 영역 A를 먼저 두 번 칠하고 3번째에 B를 칠하는 확률

$\frac{3}{4}\times\frac{3}{4}\times\frac{1}{4}=\frac{9}{64}$ 너코 075

ii) 영역 B를 먼저 두 번 칠하고 3번째에 A를 칠하는 확률

$\frac{1}{4}\times\frac{1}{4}\times\frac{3}{4}=\frac{3}{64}$

i), ii)에서 구하는 확률은

$\frac{9}{64}+\frac{3}{64}=\frac{12}{64}=\frac{3}{16}$ 너코 072

$p=16,\ q=3$

$\therefore\ p+q=19$

답 19

H09-02

1반은 부전승으로 결정되어 있으므로
2반과 준결승전 또는 결승전에서 축구 시합을 할 수 있고
각각의 확률은 다음과 같다.

i) 준결승전에서 1반과 2반이 축구 시합을 하는 경우
2반은 대진표의 6곳 중
1반과 준결승전에서 만날 수 있는 2곳 중에 들어가야 하고,
2반이 첫 경기에서 반드시 이겨야 하므로

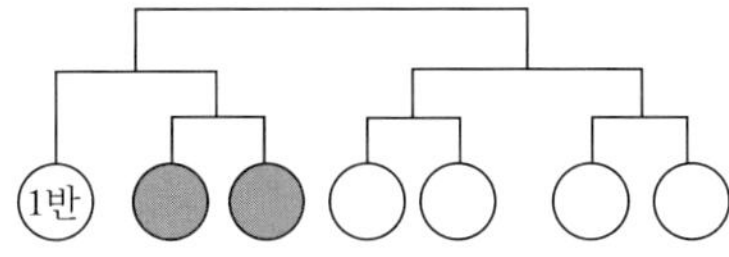

확률은 $\frac{2}{6}\times\frac{1}{2}=\frac{1}{6}$ 너코 071 너코 075

ii) 결승전에서 1반과 2반이 축구 시합을 하는 경우
2반은 대진표의 6곳 중
1반과 결승전에서 만날 수 있는 4곳 중에 들어가야 하고,
2반은 처음 두 경기, 1반은 첫 경기를 반드시 이겨야 하므로

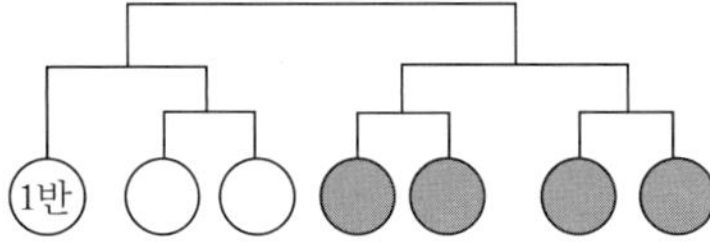

확률은 $\frac{4}{6}\times\left(\frac{1}{2}\right)^2\times\frac{1}{2}=\frac{1}{12}$

i), ii)에서 구하는 확률은 $\frac{1}{6}+\frac{1}{12}=\frac{1}{4}$ 너코 072

답 ⑤

빈출 QnA

Q. 대진표에서 6자리가 모두 구분되는 것은 아니지 않나요?
예선에서 1반과 이웃해 있는 1쌍과 나머지 2쌍으로
2가지로만 구분되는 것 아닌가요?

A. 대진표 자체만 보면 6자리가 모두 구분되는 것은 아니지만
구하는 것이 확률이기 때문에 출현 빈도를 고려해 주어야 합니다.
너코 071 에서 같은 종류의 물건이라도 확률을 구할 때는
모두 서로 다른 것으로 생각해야 한다는 것을 배웠습니다.
같은 아이디어로 대진표의 6자리를 모두 서로 다른 것으로
구분해서 확률을 구하는 것입니다.

H09-03

첫 번째 시행에서 철수는 어느 구슬을 꺼내도 상관없으므로

확률은 $\frac{5}{5}$ 너코 071

이때 철수가 꺼낸 구슬에 적힌 숫자가 x라 하면
영희는 x가 아닌 4개의 숫자가 적힌 구슬 중

하나를 꺼내야 하므로 그 확률은 $\frac{4}{5}$

영희가 꺼낸 구슬에 적힌 숫자가 y라 하면
두 번째 시행에서는 $x,\ y$를 제외한 3개의 숫자 중
하나를 공통으로 꺼내야 하므로

철수가 구슬을 꺼낼 확률은 $\frac{3}{4}$

이때 영희는 철수가 꺼낸 숫자와 같은 구슬을 꺼내야 하므로

확률은 $\frac{1}{4}$

따라서 구하는 확률은 $\frac{5}{5}\times\frac{4}{5}\times\frac{3}{4}\times\frac{1}{4}=\frac{3}{20}$ 너코 075

답 ①

H09-04

각 면에 1, 1, 1, 2, 2, 3의 숫자가 하나씩 적혀 있는 정육면체 모양의 상자를 던져 윗면에 적힌 수를 읽기로 한다. 이 상자를 3번 던질 때, 첫 번째와 두 번째 나온 수의 합이 4이고 세 번째 나온 수가 홀수일 확률은? [4점]

① $\frac{5}{27}$ ② $\frac{11}{54}$ ③ $\frac{2}{9}$
④ $\frac{13}{54}$ ⑤ $\frac{7}{27}$

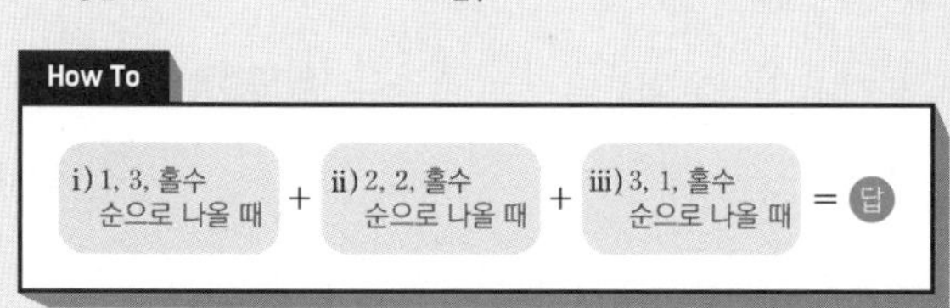

How To
i) 1, 3, 홀수 순으로 나올 때
+
ii) 2, 2, 홀수 순으로 나올 때
+
iii) 3, 1, 홀수 순으로 나올 때
= 답

각각의 시행에서

1이 나올 확률은 $\frac{3}{6}$, 2가 나올 확률은 $\frac{2}{6}$,

3이 나올 확률은 $\frac{1}{6}$이고,

홀수 1 또는 3이 나올 확률은 $\frac{4}{6}$이다. 너코 071

이때 $4=1+3=2+2=3+1$이므로
첫 번째와 두 번째 나온 수가
1, 3 또는 2, 2 또는 3, 1이어야 하고
각각의 확률은 다음과 같다.

i) (1, 3, 홀수)의 순서로 나오는 확률

$\frac{3}{6}\times\frac{1}{6}\times\frac{4}{6}=\frac{12}{6^3}$ 너코 075

ii) (2, 2, 홀수)의 순서로 나오는 확률

$\frac{2}{6}\times\frac{2}{6}\times\frac{4}{6}=\frac{16}{6^3}$

iii) (3, 1, 홀수)의 순서로 나오는 확률

$\frac{1}{6}\times\frac{3}{6}\times\frac{4}{6}=\frac{12}{6^3}$

i)~iii)에서 구하는 확률은

$\frac{12+16+12}{6^3}=\frac{5}{27}$ 너코 072

답 ①

H09-05

주머니 A에는 흰 공 2개와 검은 공 3개가 들어 있고, 주머니 B에는 흰 공 1개와 검은 공 3개가 들어 있다. 주머니 A에서 임의로 1개의 공을 꺼내어 흰 공이면 흰 공 2개를 주머니 B에 넣고 검은 공이면 검은 공 2개를 주머니 B에 넣은 후, 주머니 B에서 임의로 1개의 공을 꺼낼 때 꺼낸 공이 흰 공일 확률은? [4점]

① $\frac{1}{6}$ ② $\frac{1}{5}$ ③ $\frac{7}{30}$
④ $\frac{4}{15}$ ⑤ $\frac{3}{10}$

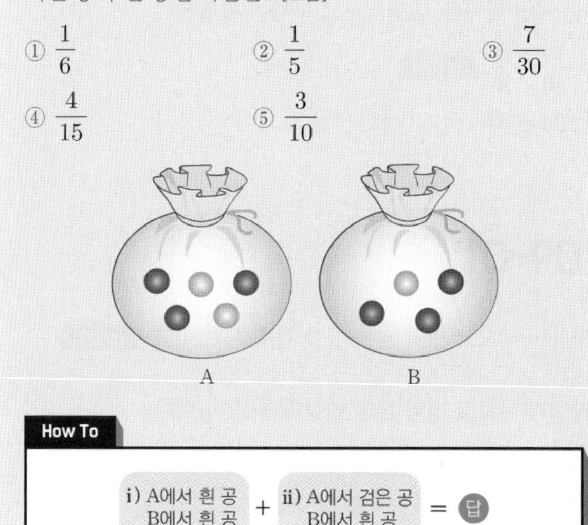

How To

i) A에서 흰 공 B에서 흰 공 + ii) A에서 검은 공 B에서 흰 공 = 답

주머니 A에서 흰 공 또는 검은 공을 뽑고
주머니 B에서 흰 공을 뽑을 확률은 다음과 같다.

i) A에서 흰 공, B에서 흰 공을 뽑는 경우

주머니 A에서 흰 공을 뽑을 확률은 $\frac{2}{5}$ 너코 071

주머니 B에 흰 공 2개를 더 넣으면
흰 공 3개, 검은 공 3개가 되므로

이 중 흰 공을 뽑을 확률은 $\frac{3}{6}$

그러므로 $\frac{2}{5}\times\frac{3}{6}=\frac{6}{30}$ 너코 075

ii) A에서 검은 공, B에서 흰 공을 뽑는 경우

주머니 A에서 검은 공을 뽑을 확률은 $\frac{3}{5}$

주머니 B에 검은 공 2개를 더 넣으면
흰 공 1개, 검은 공 5개가 되므로

이 중 흰 공을 뽑을 확률은 $\frac{1}{6}$

그러므로 $\frac{3}{5}\times\frac{1}{6}=\frac{3}{30}$

i), ii)에서 구하는 확률은

$\frac{6}{30}+\frac{3}{30}=\frac{3}{10}$ 너코 072

답 ⑤

H09-06

주어진 표의 수를 각각 3으로 나눈 나머지만을 표시하면 다음과 같다.

2	1	2
1	2	1
2	1	2

1 또는 2를 세 번 곱하면
$1\times1\times1=1$, $1\times1\times2=2$, $1\times2\times2=4$,
$2\times2\times2=8$이므로
3으로 나눈 나머지가 1이 되려면
$1\times1\times1=1$ 또는 $1\times2\times2=4$인 경우이어야 한다.

i) 각 행에서 1, 1, 1을 차례로 곱하는 경우
확률은 $\frac{1}{3}\times\frac{2}{3}\times\frac{1}{3}=\frac{2}{27}$ 너코 071 너코 075

ii) 각 행에서 1, 2, 2를 차례로 곱하는 경우
확률은 $\frac{1}{3}\times\frac{1}{3}\times\frac{2}{3}=\frac{2}{27}$

iii) 각 행에서 2, 1, 2를 차례로 곱하는 경우
확률은 $\frac{2}{3}\times\frac{2}{3}\times\frac{2}{3}=\frac{8}{27}$

iv) 각 행에서 2, 2, 1을 차례로 곱하는 경우
확률은 $\frac{2}{3}\times\frac{1}{3}\times\frac{1}{3}=\frac{2}{27}$

i)~iv)에서 구하는 확률은
$\frac{2}{27}+\frac{2}{27}+\frac{8}{27}+\frac{2}{27}=\frac{14}{27}$ 너코 072

답 ③

H09-07

각각 3명의 선수로 구성된 A팀과 B팀이 있다. 각 팀 3명의 순번을 1, 2, 3번으로 정하고 다음 규칙에 따라 경기를 한다.

(가) A팀 1번 선수와 B팀 1번 선수가 먼저 대결한다.
(나) 대결에서 승리한 선수는 상대 팀의 다음 순번 선수와 대결한다.
(다) 어느 팀이든 3명이 모두 패하면 경기가 종료된다.

A팀의 2번 선수가 승리한 횟수가 1인 확률은?
(단, 각 선수가 승리할 확률은 $\frac{1}{2}$이고 무승부는 없다.) [4점]

① $\frac{1}{32}$ ② $\frac{1}{16}$ ③ $\frac{1}{8}$
④ $\frac{1}{4}$ ⑤ $\frac{1}{2}$

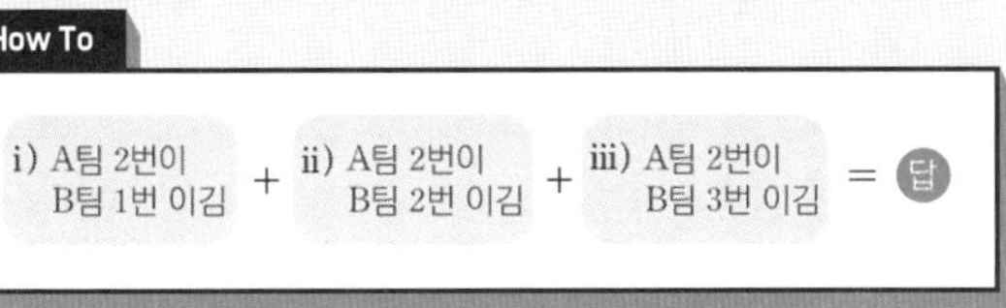

How To
i) A팀 2번이 B팀 1번 이김
+
ii) A팀 2번이 B팀 2번 이김
+
iii) A팀 2번이 B팀 3번 이김
= 답

A팀의 2번 선수가 1번 승리하므로
B팀의 몇 번 선수에게 승리하는지에 따라
확률은 다음과 같다.

i) A팀의 2번 선수가 B팀의 1번 선수에게 승리하는 경우
A팀의 1번 선수가 B팀의 1번 선수에게 지고,
A팀의 2번 선수가 B팀의 1번 선수에게 이긴 다음
B팀의 2번 선수에게 져야 하므로 확률은
$\frac{1}{2}\times\frac{1}{2}\times\frac{1}{2}=\frac{1}{8}$ 너코 071 너코 075

ii) A팀의 2번 선수가 B팀의 2번 선수에게 승리하는 경우
A팀의 1번 선수가 B팀의 1번 선수를 이긴 다음
2번 선수에게 지고,
A팀의 2번 선수가 B팀의 2번 선수를 이긴 다음
3번 선수에게 져야 하므로 확률은
$\frac{1}{2}\times\frac{1}{2}\times\frac{1}{2}\times\frac{1}{2}=\frac{1}{16}$

iii) A팀의 2번 선수가 B팀의 3번 선수에게 승리하는 경우
A팀의 1번 선수가 B팀의 1번, 2번 선수를 이긴 다음
3번 선수에게 지고,
A팀의 2번 선수가 B팀의 3번 선수를 이기면
경기가 종료되므로 확률은
$\frac{1}{2}\times\frac{1}{2}\times\frac{1}{2}\times\frac{1}{2}=\frac{1}{16}$

i)~iii)에서 구하는 확률은
$\frac{1}{8}+\frac{1}{16}+\frac{1}{16}=\frac{4}{16}=\frac{1}{4}$ 너코 072

답 ④

H 확률

H09-08

첫 세트에서 A가 이기는 것이 결정되어 있으므로
A가 승리하는 경우를 표로 나타내어 보면 다음과 같다.

ⅰ) A가 2세트까지 연속으로 2승하는 경우

1세트	2세트
A승	A승

확률은 $\frac{1}{3}$

ⅱ) A가 2세트는 지고, 3, 4세트를 연속으로 이기는 경우

1세트	2세트	3세트	4세트
A승	B승	A승	A승

확률은 $\frac{2}{3}\times\frac{1}{3}\times\frac{1}{3}=\frac{2}{27}$ 너코 075

ⅲ) A가 2, 4세트는 지고, 3, 5세트를 이겨서 총 세 세트를 이기는 경우

1세트	2세트	3세트	4세트	5세트
A승	B승	A승	B승	A승

확률은 $\frac{2}{3}\times\frac{1}{3}\times\frac{2}{3}\times\frac{1}{3}=\frac{4}{81}$

ⅰ)~ⅲ)에서 구하는 확률은

$\frac{1}{3}+\frac{2}{27}+\frac{4}{81}=\frac{37}{81}$ 너코 072

$p=81,\ q=37$

$\therefore\ p+q=118$

답 118

H09-09

풀이 1

사건 A가 일어나려면 카드에 붙어 있는 스티커의 총 개수가
3의 배수가 되어야 한다.
처음 주머니 안 카드에 붙어 있는 스티커의 총 개수는
$1+2+3=6$으로 3의 배수이므로
시행을 1회, 2회, 4회, 5회 했을 때는 어떤 경우에도
사건 A가 일어날 수 없고,
3회 또는 6회 시행 후 사건 A가 일어날 수 있다.

3회 시행 후 사건 A가 일어날 확률은 다음과 같다.
먼저 3회 시행하는 전체 경우의 수는 ${}_3\Pi_3=27$ 너코 062
처음 스티커가 1개 붙은 카드를 a, 2개 붙은 카드를 b,
3개 붙은 카드를 c라 하면
사건 A가 일어날 경우의 수는

ⅰ) 3으로 나눈 나머지가 모두 0이 되는 경우
a를 2번, b를 1번 뽑고 $a,\ a,\ b$를 나열하는
경우의 수와 같으므로 $\frac{3!}{2!}=3$ 너코 063

ⅱ) 3으로 나눈 나머지가 모두 1이 되는 경우
b를 2번, c를 1번 뽑는 경우의 수이므로 마찬가지로 3

ⅲ) 3으로 나눈 나머지가 모두 2가 되는 경우
c를 2번, a를 1번 뽑는 경우의 수이므로 마찬가지로 3

ⅰ)~ⅲ)에서 3회 시행 후 스티커의 개수를 3으로 나눈 나머지가
모두 같아지는 경우의 수는 $3+3+3=9$이므로

사건 A가 일어날 확률은 $\frac{9}{27}=\frac{1}{3}$이다. 너코 071

한편 3회 시행 후 사건 A가 일어나지 않는다면
세 카드에 붙어 있는 스티커의 개수를 3으로 나눈 나머지는
모두 서로 다르므로 처음 스티커가 1개, 2개, 3개
붙어 있는 상황으로 reset된다.
구하는 확률은 3회에 사건 A가 일어나지 않고 6회에서
사건 A가 일어날 확률이므로

$\left(1-\frac{1}{3}\right)\times\frac{1}{3}=\frac{2}{9}$ 너코 073 너코 075

$p=9,\ q=2$

$\therefore\ p+q=11$

풀이 2

사건 A가 일어나려면 카드에 붙어 있는 스티커의 총 개수가
3의 배수가 되어야 한다.
그러므로 시행을 1회, 2회, 4회, 5회 했을 때는
어떤 경우에도 사건 A가 일어날 수 없고,
3회 또는 6회 시행 후 사건 A가 일어날 수 있다.

처음 스티커가 1개, 2개, 3개 붙어 있는 카드를 기준으로
스티커의 개수를 3으로 나눈 나머지를 $(1,\ 2,\ 0)$으로 표현하고
3회 시행 후 사건 A가 일어나는 경우를 수형도로 나타내어
보면 다음과 같다.

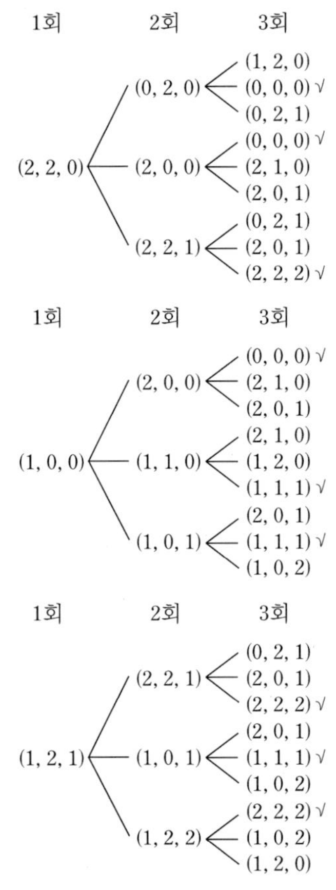

그러므로 3회 시행 후 사건 A가 일어날 확률은

$\frac{3+3+3}{27}=\frac{1}{3}$이다. 너코 071

한편 3회 시행 후 사건 A가 일어나지 않는다면
세 카드에 붙어 있는 스티커의 개수를 3으로 나눈 나머지는
모두 서로 다르므로 처음 스티커가 1개, 2개, 3개
붙어 있는 상황으로 reset된다.
구하는 확률은 3회에 사건 A가 일어나지 않고 6회에서
사건 A가 일어날 확률이므로

$\left(1-\frac{1}{3}\right)\times\frac{1}{3}=\frac{2}{9}$ 너코 073 너코 075

$p=9,\ q=2$

$\therefore\ p+q=11$

답 11

H09-10

[실행 1] 또는 [실행 2]를 한 뒤
상자 B에 빨간 공의 개수가 1일 확률은 다음과 같다.

i) [실행 1]을 하고 빨간 공의 개수가 1일 확률
[실행 1]을 하려면 상자 A에서 적어도 하나의 빨간 공을 꺼내야 하고, 이때 상자 B에 넣는 빨간 공의 개수가 1이어야 하므로
상자 A에서 빨간 공 1개와 검은 공 1개를 꺼내야 한다.

$\frac{{}_3C_1\times{}_5C_1}{{}_8C_2}=\frac{15}{28}$ 너코 071

ii) [실행 2]를 하고 빨간 공의 개수가 1일 확률
[실행 2]를 하려면 상자 A에서 처음 공을 꺼낼 때
검은 공 2개를 꺼내고, 2개의 공을 더 꺼낼 때
빨간 공 1개와 검은 공 1개를 꺼내야 한다.

$\frac{{}_5C_2}{{}_8C_2}\times\frac{{}_3C_1\times{}_3C_1}{{}_6C_2}=\frac{6}{28}$ 너코 075

i), ii)에서 구하는 확률은

$\frac{15}{28}+\frac{6}{28}=\frac{21}{28}=\frac{3}{4}$ 너코 072

답 ④

H09-11

풀이 1

두 자연수 m, n에 대하여 $m>n$일 확률과 $m<n$일 확률이
서로 같으므로
$m=n$일 사건, 즉 $a_1=a_4,\ a_2=a_5,\ a_3=a_6$일 사건을 A라
하면 $m>n$일 확률은 $\frac{1}{2}\{1-\mathrm{P}(A)\}$이다. 너코 073

이때 $\mathrm{P}(A)$는 다음과 같이 구할 수 있다.

첫 번째 시행에서는 어느 공을 꺼내도 상관없으므로 확률은 $\frac{6}{6}$

두 번째 시행에서는 a_1이 아닌 수가 적힌 공을 꺼내야 하므로
확률은 $\frac{4}{5}$

세 번째 시행에서는 a_1, a_2가 아닌 수가 적힌 공을 꺼내야
하므로 확률은 $\frac{2}{4}$

네 번째, 다섯 번째, 여섯 번째 시행에서는 각각 a_1, a_2, a_3이
적힌 공을 꺼내야 하므로 확률은 $\frac{1}{3}\times\frac{1}{2}\times\frac{1}{1}$ 너코 075

따라서 $\mathrm{P}(A)=\frac{6}{6}\times\frac{4}{5}\times\frac{2}{4}\times\frac{1}{3}\times\frac{1}{2}\times\frac{1}{1}=\frac{1}{15}$이므로

구하는 확률은 $\frac{1}{2}\left(1-\frac{1}{15}\right)=\frac{7}{15}$이다.

$\therefore\ p+q=15+7=22$

풀이 2

주머니에서 한 개의 공을 임의로 꺼내는 시행을 6번 반복할 때,
$k\,(1\le k\le 6)$번째 꺼낸 공에 적힌 수를 a_k라고 하는 것은
숫자 1, 1, 2, 2, 3, 3을 일렬로 나열하고 나열한 순서대로
$a_1,\ a_2,\ \cdots,\ a_6$이라 하는 것과 같다.
두 자연수 m, n에 대하여 $m>n$일 확률과 $m<n$일 확률이
서로 같으므로
$m=n$일 사건, 즉 $a_1=a_4,\ a_2=a_5,\ a_3=a_6$일 사건을 A라
하면 $m>n$일 확률은 $\frac{1}{2}\{1-\mathrm{P}(A)\}$이다. 너코 073

숫자 1, 1, 2, 2, 3, 3을 일렬로 나열하는 전체 경우의 수는

$\frac{6!}{2!2!2!}=90$ 너코 063

$a_1=a_4,\ a_2=a_5,\ a_3=a_6$이 되도록 일렬로 나열하는 경우의
수는 $a_1,\ a_2,\ a_3$과 1, 2, 3을 대응시키는 경우의 수와 같으므로
$3!=6$

따라서 $\mathrm{P}(A)=\frac{6}{90}=\frac{1}{15}$이므로 너코 071

구하는 확률은 $\frac{1}{2}\left(1-\frac{1}{15}\right)=\frac{7}{15}$이다.

$\therefore\ p+q=15+7=22$

풀이 3

주머니에서 $k\,(1\le k\le 6)$번째 꺼낸 공에 적힌 수를 a_k라 할 때
$m>n$일 확률은
숫자 1, 1, 2, 2, 3, 3을 일렬로 나열하고 나열한 순서대로
$a_1,\ a_2,\ \cdots,\ a_6$이라 할 때
'$a_1=a_4$이고 $a_2>a_5$' 또는 '$a_1>a_4$'일 확률과 같다.
숫자 1, 1, 2, 2, 3, 3을 일렬로 나열하는 전체 경우의 수는

$\frac{6!}{2!2!2!}=90$ 너코 063

i) '$a_1=a_4$이고 $a_2>a_5$'가 되도록 나열하는 경우의 수
$a_1=a_4$이고 $a_2=a_3>a_5=a_6$일 때 ${}_3C_1\times1=3$
$a_1=a_4$이고 $a_2=a_6>a_5=a_3$일 때 ${}_3C_1\times1=3$
따라서 이때의 경우의 수는 $3+3=6$

ii) $a_1 > a_4$가 되도록 나열하는 경우의 수

a_1, a_4를 $a_1 > a_4$가 되도록 먼저 정해주고 a_2, a_3, a_5, a_6에 남은 숫자를 배열하면 되므로

${}_3C_2 \times \frac{4!}{2!} = 36$

i), ii)에 의하여 조건을 만족시키도록 숫자를 나열하는 경우의 수는 $6+36=42$이므로

구하는 확률은 $\frac{42}{90} = \frac{7}{15}$이다. 너코071

$\therefore\ p+q = 15+7 = 22$

답 22

H09-12

꺼낸 빨간색 공의 개수를 x, 파란색 공의 개수를 y, 노란색 공의 개수를 z라 할 때,
얻은 점수의 합이 24점 이상인 사람이 A뿐이기 위해서는 x, y, z가 다음 조건을 만족시켜야 한다.
$x=6$, $0<y<3$, $0<z<3$, $y+z \geq 3$
이 조건을 만족시키는 순서쌍 (x, y, z)는
$(6, 1, 2)$, $(6, 2, 1)$, $(6, 2, 2)$이다.

i) $(x, y, z) = (6, 1, 2)$인 경우

12개의 공 중 9개의 공을 꺼내는 전체 경우의 수는
${}_{12}C_9 = {}_{12}C_3 = 220$
이때 빨간색 공 6개, 파란색 공 3개, 노란색 공 3개 중 빨간색 공 6개, 파란색 공 1개, 노란색 공 2개를 꺼내는 경우의 수는 ${}_6C_6 \times {}_3C_1 \times {}_3C_2 = 1\times3\times3 = 9$

따라서 이 경우의 확률은 $\boxed{\frac{9}{220}}$이다. 너코071

ii) $(x, y, z) = (6, 2, 1)$인 경우

12개의 공 중 9개의 공을 꺼내는 전체 경우의 수는
${}_{12}C_9 = {}_{12}C_3 = 220$
이때 빨간색 공 6개, 파란색 공 3개, 노란색 공 3개 중 빨간색 공 6개, 파란색 공 2개, 노란색 공 1개를 꺼내는 경우의 수는 ${}_6C_6 \times {}_3C_2 \times {}_3C_1 = 1\times3\times3 = 9$

따라서 이 경우의 확률은 $\boxed{\frac{9}{220}}$이다.

iii) $(x, y, z) = (6, 2, 2)$인 경우

9번째 시행까지 빨간색 공 5개, 파란색 공 2개, 노란색 공 2개를 꺼내고,
10번째 시행에서 빨간색 공 1개를 꺼내야 한다.
먼저 9번째 시행까지
12개의 공 중 9개의 공을 꺼내는 전체 경우의 수는
${}_{12}C_9 = {}_{12}C_3 = 220$
이때 빨간색 공 6개, 파란색 공 3개, 노란색 공 3개 중 빨간색 공 5개, 파란색 공 2개, 노란색 공 2개를 꺼내는 경우의 수는 ${}_6C_5 \times {}_3C_2 \times {}_3C_2 = 54$
따라서 9번째 시행까지 조건에 맞게 공을 뽑을 확률은
$\frac{54}{220} = \frac{27}{110}$이다.
이후 10번째 시행에서 남은 3개의 공 중 빨간색 공 1개를 꺼내는 확률은 $\frac{1}{3}$이다.

따라서 이 경우의 확률은 $\frac{27}{110} \times \frac{1}{3} = \boxed{\frac{9}{110}}$이다. 너코075

i), ii), iii)에 의하여 구하는 확률은

$2\times\boxed{\frac{9}{220}} + \boxed{\frac{9}{110}}$이다. 너코072

(가) : $p = \frac{9}{220}$, (나) : $q = \frac{9}{110}$

$\therefore\ p+q = \frac{9}{220} + \frac{9}{110} = \frac{27}{220}$

답 ②

H09-13

i) 주머니에서 꺼낸 공에 적힌 수가 3인 경우

주머니에서 꺼낸 공에 적힌 수가 3일 확률은 $\frac{2}{5}$
주사위를 3번 던져 나오는 세 눈의 수를 차례로 a, b, c(단, a, b, c는 6 이하의 자연수)라 하자.
얻은 점수가 10점, 즉 $a+b+c=10$인 경우의 수는
$a=a'+1$, $b=b'+1$, $c=c'+1$이라 할 때
$a'+b'+c'=7$을 만족시키는 5 이하의 음이 아닌 정수 a', b', c'의 순서쌍 (a', b', c')의 개수와 같다.
즉, 구하는 경우의 수는 ${}_3H_7$에서 너코065 너코066
a', b', c' 중 6 이상인 수가 포함된 경우의 수를 제외해 주어야 한다.
이때 a', b', c'와 7, 0, 0을 짝짓는 경우의 수는 $\frac{3!}{2!}$,
a', b', c'와 6, 1, 0을 짝짓는 경우의 수는 3!이므로
구하는 경우의 수는
${}_3H_7 - \left(\frac{3!}{2!} + 3!\right) = {}_9C_2 - 9 = 36 - 9 = 27$
그러므로 이때의 확률은
$\frac{2}{5} \times \frac{27}{6\times6\times6} = \frac{1}{20}$ 너코071 너코075

ii) 주머니에서 꺼낸 공에 적힌 수가 4인 경우

주머니에서 꺼낸 공에 적힌 수가 4일 확률은 $\frac{3}{5}$
주사위를 4번 던져 나오는 네 눈의 수를 차례로 a, b, c, d(단, a, b, c, d는 6 이하의 자연수)라 하자.
얻은 점수가 10점, 즉 $a+b+c+d=10$인 경우의 수는
$a=a'+1$, $b=b'+1$, $c=c'+1$, $d=d'+1$이라 할 때
$a'+b'+c'+d'=6$을 만족시키는 5 이하의 음이 아닌 정수 a', b', c', d'의 순서쌍 (a', b', c', d')의 개수와 같다.
즉, 구하는 경우의 수는 ${}_4H_6$에서
a', b', c', d' 중 6 이상인 수가 포함된 경우의 수를 제외해 주어야 한다.
이때 a', b', c', d'와 6, 0, 0, 0을 짝짓는 경우의 수는
$\frac{4!}{3!}$이므로 구하는 경우의 수는

$_4H_6 - \frac{4!}{3!} = {}_9C_3 - 4 = 84 - 4 = 80$

그러므로 이때의 확률은

$\frac{3}{5} \times \frac{80}{6 \times 6 \times 6 \times 6} = \frac{1}{27}$

i), ii)에서 구하는 확률은

$\frac{1}{20} + \frac{1}{27} = \frac{47}{540}$ 너코 072

$\therefore\ p + q = 540 + 47 = 587$

답 587

H10-01

$P(A) = 1 - P(A^C) = 1 - \frac{1}{4} = \frac{3}{4}$이고 너코 073

두 사건 A, B가 서로 독립이므로

$P(A \cap B) = P(A)P(B)$ 너코 076

$\frac{1}{2} = \frac{3}{4}P(B)$에서 $P(B) = \frac{2}{3}$이다.

이때 두 사건 A^C, B도 서로 독립이므로 구하는 확률은

$P(B|A^C) = P(B) = \frac{2}{3}$

답 ④

H10-02

$P(B) = 1 - P(B^C) = 1 - \frac{1}{3} = \frac{2}{3}$이고 너코 073

두 사건 A, B가 서로 독립이므로

$P(A|B) = P(A) = \frac{1}{2}$ 너코 076

$\therefore\ P(A)P(B) = \frac{1}{2} \times \frac{2}{3} = \frac{1}{3}$

답 ④

H10-03

두 사건 A와 B가 서로 독립이므로

$P(A \cap B) = P(A)P(B)$ 너코 076

$\frac{1}{9} = \frac{2}{3}P(B)$

$\therefore\ P(B) = \frac{1}{6}$

답 ①

H10-04

두 사건 A, B가 서로 독립이므로

$P(A \cup B) = P(A) + P(B) - P(A \cap B)$ 너코 072

$\qquad = P(A) + P(B) - P(A)P(B)$ 너코 076

$P(A) = \frac{2}{3}$, $P(A \cup B) = \frac{5}{6}$이므로

$\frac{5}{6} = \frac{2}{3} + P(B) - \frac{2}{3}P(B)$

$\therefore\ P(B) = \frac{1}{2}$

답 ③

H10-05

두 사건 A와 B가 서로 독립이므로

$P(A|B) = P(A)$이다. 너코 076

이때 주어진 조건에서 $P(A|B) = P(B)$이므로

$P(A) = P(B)$ ……㉠

또한 $P(A \cap B) = P(A)P(B) = \frac{1}{9}$이므로

$\{P(A)\}^2 = \frac{1}{9}$ ($\because$ ㉠)

$\therefore\ P(A) = \frac{1}{3}$ ($\because\ P(A) > 0$)

답 ②

H10-06

$P(A^C) = 2P(A)$에서

$1 - P(A) = 2P(A)$ 너코 073

$3P(A) = 1 \qquad \therefore\ P(A) = \frac{1}{3}$

두 사건 A, B가 서로 독립이므로

$P(A \cap B) = P(A)P(B)$ 너코 076

$\frac{1}{4} = \frac{1}{3}P(B)$

$\therefore\ P(B) = \frac{3}{4}$

답 ④

H10-07

두 사건 A와 B가 서로 독립이고

$P(A) = \frac{2}{3}$, $P(A \cap B) = \frac{1}{6}$이므로

$P(A \cap B) = P(A)P(B)$에 대입하면 너코 076

$\frac{1}{6} = \frac{2}{3} \times P(B)$

그러므로 $P(B) = \frac{1}{4}$

$\therefore\ P(A \cup B) = P(A) + P(B) - P(A \cap B)$ 너코 072

$\qquad = \frac{2}{3} + \frac{1}{4} - \frac{1}{6}$

$\qquad = \frac{3}{4}$

답 ①

H10-08

두 사건 A, B가 서로 독립이므로
두 사건 A와 B^C도 서로 독립이다. 너코 076
그러므로 $\mathrm{P}(A\cap B)=2\mathrm{P}(A\cap B^C)$에서
$\mathrm{P}(A)\mathrm{P}(B)=2\mathrm{P}(A)\{1-\mathrm{P}(B)\}$ 너코 073
$\mathrm{P}(B)=2-2\mathrm{P}(B)$ $(\because \mathrm{P}(A)\neq 0)$
그러므로 $\mathrm{P}(B)=\dfrac{2}{3}$
이때 A^C와 B도 서로 독립이므로
$\mathrm{P}(A^C\cap B)=\mathrm{P}(A^C)\mathrm{P}(B)$
$\dfrac{1}{12}=\{1-\mathrm{P}(A)\}\times\dfrac{2}{3}$
$1-\mathrm{P}(A)=\dfrac{1}{8}$
$\therefore\ \mathrm{P}(A)=\dfrac{7}{8}$

답 ④

H10-09

두 사건 A와 B가 서로 독립이므로
$\mathrm{P}(A\cup B)=\mathrm{P}(A)+\mathrm{P}(B)-\mathrm{P}(A\cap B)$ 너코 072
$=\mathrm{P}(A)+\mathrm{P}(B)-\mathrm{P}(A)\mathrm{P}(B)$ 너코 076
$\mathrm{P}(A)=\dfrac{1}{4}$, $\mathrm{P}(A\cup B)=\dfrac{1}{2}$이므로
$\dfrac{1}{2}=\dfrac{1}{4}+\mathrm{P}(B)-\dfrac{1}{4}\mathrm{P}(B)$
$\dfrac{1}{2}=\dfrac{1}{4}+\dfrac{3}{4}\mathrm{P}(B)$
그러므로 $\mathrm{P}(B)=\dfrac{1}{3}$
한편 두 사건 B^C, A도 서로 독립이므로
$\mathrm{P}(B^C|A)=\mathrm{P}(B^C)=1-\dfrac{1}{3}=\dfrac{2}{3}$ 너코 073

답 ④

H10-10

두 사건 A와 B가 서로 독립이므로
$\mathrm{P}(A|B)=\mathrm{P}(A)=\dfrac{3}{8}$이고, 너코 076
$\mathrm{P}(A\cup B)=\mathrm{P}(A)+\mathrm{P}(B)-\mathrm{P}(A\cap B)$ 너코 072
$=\mathrm{P}(A)+\mathrm{P}(B)-\mathrm{P}(A)\mathrm{P}(B)$
$\mathrm{P}(A\cup B)=\dfrac{1}{2}$이므로
$\dfrac{1}{2}=\dfrac{3}{8}+\mathrm{P}(B)-\dfrac{3}{8}\mathrm{P}(B)$
$\dfrac{1}{2}=\dfrac{3}{8}+\dfrac{5}{8}\mathrm{P}(B)$
그러므로 $\mathrm{P}(B)=\dfrac{1}{5}$
한편 두 사건 A와 B^C도 독립이므로
$\mathrm{P}(A\cap B^C)=\mathrm{P}(A)\mathrm{P}(B^C)$
$=\dfrac{3}{8}\times\left(1-\dfrac{1}{5}\right)=\dfrac{3}{10}$ 너코 073

답 ⑤

H10-11

두 사건 A, B가 서로 독립이고 $\mathrm{P}(A)=\dfrac{1}{6}$이므로
$\mathrm{P}(A\cap B)=\mathrm{P}(A)\mathrm{P}(B)=\dfrac{1}{6}\mathrm{P}(B)$이고, 너코 076
$\mathrm{P}(A\cap B^C)+\mathrm{P}(A^C\cap B)$
$=\mathrm{P}(A)+\mathrm{P}(B)-2\mathrm{P}(A\cap B)$이므로 너코 072

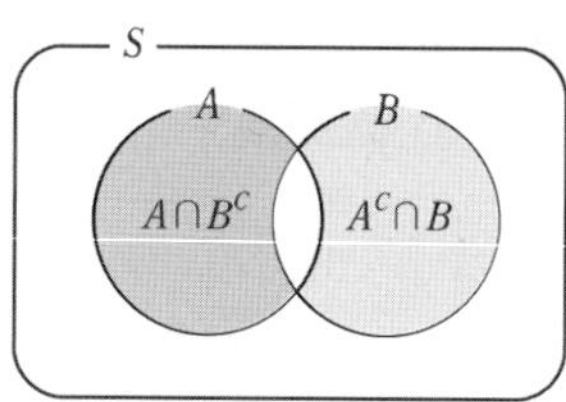

$\dfrac{1}{3}=\dfrac{1}{6}+\mathrm{P}(B)-2\times\dfrac{1}{6}\mathrm{P}(B)$
$\dfrac{2}{3}\mathrm{P}(B)=\dfrac{1}{6}$
$\therefore\ \mathrm{P}(B)=\dfrac{1}{4}$

답 ②

H10-12

갑은 두 사건이 서로 독립이라고 생각하고 계산했으므로
$\mathrm{P}(A\cup B)=\mathrm{P}(A)+\mathrm{P}(B)-\mathrm{P}(A\cap B)$ 너코 072
$=\mathrm{P}(A)+\mathrm{P}(B)-\mathrm{P}(A)\mathrm{P}(B)$ 너코 076
$0.7=\mathrm{P}(A)+\mathrm{P}(B)-\mathrm{P}(A)\mathrm{P}(B)$ ……㉠
을은 두 사건이 서로 배반이라고 잘못 생각하고 계산했으므로
$\mathrm{P}(A\cup B)=\mathrm{P}(A)+\mathrm{P}(B)$
$0.9=\mathrm{P}(A)+\mathrm{P}(B)$ ……㉡

㉠, ㉡에서 $0.7=0.9-\mathrm{P}(A)\mathrm{P}(B)$이므로
$\mathrm{P}(A)\mathrm{P}(B)=0.2$
그러므로
$\{\mathrm{P}(A)-\mathrm{P}(B)\}^2=\{\mathrm{P}(A)+\mathrm{P}(B)\}^2-4\mathrm{P}(A)\mathrm{P}(B)$
$=0.9^2-4\times0.2=0.01$
$\therefore\ |\mathrm{P}(A)-\mathrm{P}(B)|=0.1$

답 ①

H11-01

재직 연수가 10년 미만일 사건을 A,
조직 개편안에 찬성할 사건을 B라 하자.

(단위 : 명)

재직 연수 \ 찬반 여부	찬성	반대	계
10년 미만	a	b	120
10년 이상	c	d	240
계	150	210	360

주어진 표에서 전체 360명 중

재직 연수가 10년 미만인 사람의 수가 120이므로

$\mathrm{P}(A)=\dfrac{120}{360}$

조직 개편안에 찬성하는 사람의 수가 150이므로

$\mathrm{P}(B)=\dfrac{150}{360}$

재직 연수가 10년 미만이고

조직 개편에 찬성하는 사람의 수는 a이므로

$\mathrm{P}(A\cap B)=\dfrac{a}{360}$

이때 두 사건 A, B가 서로 독립이므로

$\mathrm{P}(A\cap B)=\mathrm{P}(A)\mathrm{P}(B)$ 너코 076

$\dfrac{a}{360}=\dfrac{120}{360}\times\dfrac{150}{360}$

$\therefore\ a=50$

답 50

H11-02

철수가 받는 두 점수의 합이 70인 경우는

	관람객 투표(점수)	심사 위원(점수)
i)	점수 A(40)	점수 C(30)
ii)	점수 B(30)	점수 B(40)
iii)	점수 C(20)	점수 A(50)

이고, 관람객 투표 점수와 심사 위원 점수를 받는 사건이 서로 독립이므로 각각의 확률은 다음과 같다.

i) 관람객 투표 점수 A(40), 심사 위원 점수 C(30)를 받을 확률은

$\dfrac{1}{2}\times\dfrac{1}{6}=\dfrac{1}{12}$ 너코 076

ii) 관람객 투표 점수 B(30), 심사 위원 점수 B(40)를 받을 확률은

$\dfrac{1}{3}\times\dfrac{1}{3}=\dfrac{1}{9}$

iii) 관람객 투표 점수 C(20), 심사 위원 점수 A(50)를 받을 확률은

$\dfrac{1}{6}\times\dfrac{1}{2}=\dfrac{1}{12}$

i)~iii)에서 구하는 확률은

$\dfrac{1}{12}+\dfrac{1}{9}+\dfrac{1}{12}=\dfrac{5}{18}$ 너코 072

답 ③

H11-03

첫 번째 던져서 나오는 주사위의 눈의 수를 a라 할 때

$f(a)=0$이 되는 사건을 A라 하고,

두 번째 던져서 나오는 주사위의 눈의 수를 b라 할 때

$f(b)=0$이 되는 사건을 B라 하자.

이차함수 $f(x)=x^2-7x+12=(x-3)(x-4)$에 대하여

이차방정식 $f(x)=0$의 해는 $x=3$ 또는 $x=4$이므로

$\mathrm{P}(A)=\dfrac{2}{6}=\boxed{\dfrac{1}{3}}$, $\mathrm{P}(B)=\dfrac{2}{6}=\boxed{\dfrac{1}{3}}$

$f(a)f(b)=0$에서 $f(a)=0$ 또는 $f(b)=0$이어야 하므로

구하는 확률 $\mathrm{P}(A\cup B)$는

$\mathrm{P}(A\cup B)=\mathrm{P}(A)+\mathrm{P}(B)-\mathrm{P}(A\cap B)$ 너코 072 ……㉠

이고, 두 사건 A와 B는 서로 독립이므로

$\mathrm{P}(A\cap B)=\mathrm{P}(A)\mathrm{P}(B)=\dfrac{1}{3}\times\dfrac{1}{3}=\boxed{\dfrac{1}{9}}$ 너코 076

이다. 그러므로 ㉠에 대입하면

$\mathrm{P}(A\cup B)=\dfrac{1}{3}+\dfrac{1}{3}-\dfrac{1}{9}=\boxed{\dfrac{5}{9}}$

이다.

(가) : $\dfrac{1}{3}$, (나) : $\dfrac{1}{9}$, (다) : $\dfrac{5}{9}$

$\therefore\ m\times n\times k=\dfrac{1}{3}\times\dfrac{1}{9}\times\dfrac{5}{9}=\dfrac{5}{243}$

답 ②

H11-04

$A=\{4, 8, 12\}$이므로 $\mathrm{P}(A)=\dfrac{3}{12}=\dfrac{1}{4}$이고,

$n(A\cap X)=2$이므로 $\mathrm{P}(A\cap X)=\dfrac{2}{12}=\dfrac{1}{6}$ 너코 071

두 사건 A와 X가 서로 독립이려면

$\mathrm{P}(A\cap X)=\mathrm{P}(A)\mathrm{P}(X)$이어야 하므로 너코 076

$\dfrac{1}{6}=\dfrac{1}{4}\times\mathrm{P}(X)$

그러므로 $\mathrm{P}(X)=\dfrac{2}{3}=\dfrac{8}{12}$

즉, 사건 X는 $n(X)=8$이고,

$n(A\cap X)=2$, $n(A^C\cap X)=6$을 만족시켜야 한다.

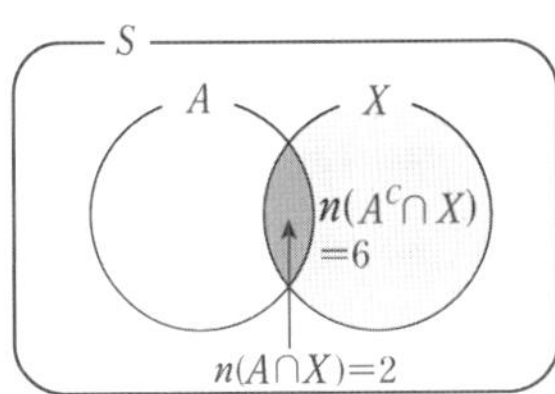

집합 A의 원소 중 집합 $A\cap X$의 원소 2개를 선택하는 경우의 수는 ${}_3\mathrm{C}_2$

나머지 집합 A^C의 9개의 원소 중

집합 $A^C\cap X$의 원소 6개를 선택하는 경우의 수는 ${}_9\mathrm{C}_6$

따라서 사건 X의 개수는
${}_3C_2 \times {}_9C_6 = 3 \times 84 = 252$

답 252

H11-05

이 회사 전체 직원의 수는 $6+20+36+x=62+x$이고,
주어진 상황을 표로 나타내어 보면 다음과 같다.

(단위 : 명)

	남성(A)	여성(A^C)	합계
미혼(B)	20	x	$20+x$
기혼(B^C)	6	36	42
합계	26	$36+x$	$62+x$

남성 직원의 수가 26이므로 $\mathrm{P}(A)=\frac{26}{62+x}$

미혼 직원의 수가 $20+x$이므로 $\mathrm{P}(B)=\frac{20+x}{62+x}$

이때 남성인 미혼 직원의 수가 20이므로

$\mathrm{P}(A\cap B)=\frac{20}{62+x}$

두 사건 A와 B가 서로 독립이므로

$\mathrm{P}(A\cap B)=\mathrm{P}(A)\mathrm{P}(B)$

$\frac{20}{62+x}=\frac{26}{62+x}\times\frac{20+x}{62+x}$ 너코 076

$10(62+x)=13(20+x)$, $3x=360$

$\therefore\ x=120$

답 120

H11-06

$A=\{1, 3, 5\}$이므로 $\mathrm{P}(A)=\frac{3}{6}$이고, 너코 071

$m=1$일 때 $\mathrm{P}(B)=\frac{1}{6}$, $\mathrm{P}(A\cap B)=\frac{1}{6}$

$m=2$일 때 $\mathrm{P}(B)=\frac{2}{6}$, $\mathrm{P}(A\cap B)=\frac{1}{6}$

$m=3$일 때 $\mathrm{P}(B)=\frac{2}{6}$, $\mathrm{P}(A\cap B)=\frac{2}{6}$

$m=4$일 때 $\mathrm{P}(B)=\frac{3}{6}$, $\mathrm{P}(A\cap B)=\frac{1}{6}$

$m=5$일 때 $\mathrm{P}(B)=\frac{2}{6}$, $\mathrm{P}(A\cap B)=\frac{2}{6}$

$m=6$일 때 $\mathrm{P}(B)=\frac{4}{6}$, $\mathrm{P}(A\cap B)=\frac{2}{6}$이다.

두 사건 A와 B가 서로 독립, 즉 $\mathrm{P}(A)\times\mathrm{P}(B)=\mathrm{P}(A\cap B)$ 너코 076

이 되도록 하는 m의 값은 2, 6이다.

따라서 구하는 모든 m의 값의 합은 $2+6=8$이다.

답 8

H11-07

A_k는 k번째 자리에 k 이하의 자연수 중 하나가 적힌 카드가 놓여 있고, k번째 자리를 제외한 7개의 자리에 나머지 7장의 카드가 놓여 있는 사건이므로

$\mathrm{P}(A_k)=\frac{{}_kC_1\times 7!}{8!}=\boxed{\frac{k}{8}}$이다. 너코 071

$A_m\cap A_n\ (m<n)$은 m번째 자리에 m 이하의 자연수 중 하나가 적힌 카드가 놓여 있고, n번째 자리에 n 이하의 자연수 중 m번째 자리에 놓인 카드에 적힌 수가 아닌 자연수가 적힌 카드가 놓여 있고, m번째와 n번째 자리를 제외한 6개의 자리에 나머지 6장의 카드가 놓여 있는 사건이므로

$\mathrm{P}(A_m\cap A_n)=\frac{{}_mC_1\times{}_{(n-1)}C_1\times 6!}{8!}=\boxed{\frac{m(n-1)}{56}}$이다.

한편 두 사건 A_m과 A_n이 서로 독립이기 위해서는

$\mathrm{P}(A_m\cap A_n)=\mathrm{P}(A_m)\mathrm{P}(A_n)$을 만족시켜야 한다. 너코 076

즉, $\frac{m(n-1)}{56}=\frac{m}{8}\times\frac{n}{8}$에서

$8(n-1)=7n\ (\because\ m\neq 0)$이므로 $n=8$이다.

따라서 두 사건 A_m과 A_n이 서로 독립이 되도록 하는 m, n의 모든 순서쌍 (m, n)의 개수는

$(1, 8)$, $(2, 8)$, $(3, 8)$, $\cdots$, $(7, 8)$로 $\boxed{7}$이다.

(가) : $\frac{k}{8}$, (나) : $\frac{m(n-1)}{56}$, (다) : 7

$\therefore\ p\times q\times r=\frac{4}{8}\times\frac{3\times 4}{56}\times 7=\frac{3}{4}$

답 ④

H12-01

주사위를 한 번 던질 때 홀수의 눈이 나올 확률은

$\frac{3}{6}=\frac{1}{2}$ 너코 071

따라서 6번 중 홀수의 눈이 5번 나올 확률은

${}_6C_5\left(\frac{1}{2}\right)^5\left(\frac{1}{2}\right)^1=\frac{6}{64}=\frac{3}{32}$ 너코 077

답 ②

H12-02

동전을 5번 던져서

앞면, 뒷면이 나오는 횟수의 곱이 6이 되려면

앞면, 뒷면이 나오는 횟수가 각각 2, 3이거나 3, 2이어야 한다.

i) 앞면 2회, 뒷면 3회 나오는 경우

확률은 ${}_5C_2\left(\frac{1}{2}\right)^2\left(\frac{1}{2}\right)^3=\frac{5}{16}$ 너코 077

ii) 앞면 3회, 뒷면 2회 나오는 경우

확률은 ${}_5C_3\left(\frac{1}{2}\right)^3\left(\frac{1}{2}\right)^2=\frac{5}{16}$

ⅰ), ⅱ)에서 구하는 확률은

$\frac{5}{16}+\frac{5}{16}=\frac{5}{8}$ 너코 072

답 ①

H12-03

주사위를 한 번 던질 때 4의 눈이 나올 확률은 $\frac{1}{6}$ 너코 071

따라서 3번 중 4의 눈이 한 번만 나올 확률은

${}_3C_1\left(\frac{1}{6}\right)^1\left(\frac{5}{6}\right)^2=\frac{25}{72}$ 너코 077

답 ①

H12-04

한 상자 안의 20개의 야구공 중에서
5개의 야구공을 임의추출할 때 당첨이 되려면
별(★) 모양이 그려져 있는 야구공 1개를 포함하여 뽑아야 한다.

그러므로 당첨될 확률은 $\frac{{}_1C_1\times{}_{19}C_4}{{}_{20}C_5}=\frac{1}{4}$ 너코 071

한 번의 시행에서 당첨될 확률이 $\frac{1}{4}$이고,

야구공 3상자를 구입하여 3번의 시행을 하게 되므로
이 중 2번 당첨될 확률은

${}_3C_2\left(\frac{1}{4}\right)^2\left(\frac{3}{4}\right)^1=\frac{9}{64}$ 너코 077

$p=64,\ q=9$

$\therefore\ p+q=73$

답 73

H12-05

1단계 치료와 2단계 치료가 모두 성공해야 완치가 되고,
1단계 치료와 2단계 치료가 서로 독립이므로
한 명의 환자가 완치될 확률은

$\frac{1}{2}\times\frac{2}{3}=\frac{1}{3}$ 너코 076

따라서 4명의 환자를 대상으로 이 치료법을 적용하여
2명의 환자가 완치가 될 확률은

${}_4C_2\left(\frac{1}{3}\right)^2\left(\frac{2}{3}\right)^2=\frac{24}{81}=\frac{8}{27}$ 너코 077

답 ②

H12-06

행운권 추첨에 당첨이 되는 횟수를 x라고 하면
당첨되지 않은 횟수는 $4-x$이다.
당첨되면 5점, 당첨되지 않으면 1점을 얻고 총점이 16점이므로
$5x+(4-x)=16,\ 4x=12,\ x=3$

즉, 행운권 4회 추첨 후 회원 점수가 16점 올라가기 위해서는
3번 당첨되고 1번 당첨되지 않아야 한다.

행운권이 당첨될 확률은 $\frac{1}{3}$이므로

구하는 확률은 ${}_4C_3\left(\frac{1}{3}\right)^3\left(\frac{2}{3}\right)^1=\frac{8}{81}$ 너코 077

답 ①

H12-07

주사위를 1개 던져서 나오는 눈의 수가 6의 약수이면
동전을 3개 동시에 던지고, 6의 약수가 아니면 동전을 2개
동시에 던진다. 1개의 주사위를 1번 던진 후 그 결과에
따라 동전을 던질 때, 앞면이 나오는 동전의 개수가 1일
확률은? [3점]

① $\frac{1}{3}$ ② $\frac{3}{8}$ ③ $\frac{5}{12}$
④ $\frac{11}{24}$ ⑤ $\frac{1}{2}$

How To

ⅰ) 주사위 6의 약수 O 동전 3개 중 1개 앞면 + ⅱ) 주사위 6의 약수 × 동전 2개 중 1개 앞면 = 답

주사위의 눈의 수에 따라 앞면이 나오는 동전의 개수가
1인 확률은 다음과 같다.

ⅰ) 주사위가 6의 약수의 눈이 나오고,
동전을 3개 던져서 앞면이 1개 나오는 경우

주사위의 눈이 6의 약수 1, 2, 3, 6이 나올 확률은 $\frac{4}{6}$ 너코 071

동전을 3개 던져서 앞면의 개수가 1일 확률은

${}_3C_1\left(\frac{1}{2}\right)^1\left(\frac{1}{2}\right)^2$ 너코 077

그러므로 확률은 $\frac{4}{6}\times{}_3C_1\left(\frac{1}{2}\right)^1\left(\frac{1}{2}\right)^2=\frac{1}{4}$

ⅱ) 주사위가 6의 약수의 눈이 나오지 않고,
동전을 2개 던져서 앞면이 1개 나오는 경우

주사위의 눈이 6의 약수의 눈이 나오지 않을 확률은 $\frac{2}{6}$

동전을 2개 던져서 앞면의 개수가 1일 확률은

${}_2C_1\left(\frac{1}{2}\right)^1\left(\frac{1}{2}\right)^1$

그러므로 확률은 $\frac{2}{6}\times{}_2C_1\left(\frac{1}{2}\right)^1\left(\frac{1}{2}\right)^1=\frac{1}{6}$

ⅰ), ⅱ)에 의하여 구하는 확률은

$\frac{1}{4}+\frac{1}{6}=\frac{5}{12}$ 너코 072

답 ③

H12-08

A가 동전을 2개 던져서 나온 앞면의 개수만큼 B가 동전을 던진다. B가 던져서 나온 앞면의 개수가 1일 때, A가 던져서 나온 앞면의 개수가 2일 확률은? [3점]

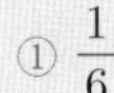
① $\frac{1}{6}$ ② $\frac{1}{5}$ ③ $\frac{1}{4}$
④ $\frac{1}{3}$ ⑤ $\frac{1}{2}$

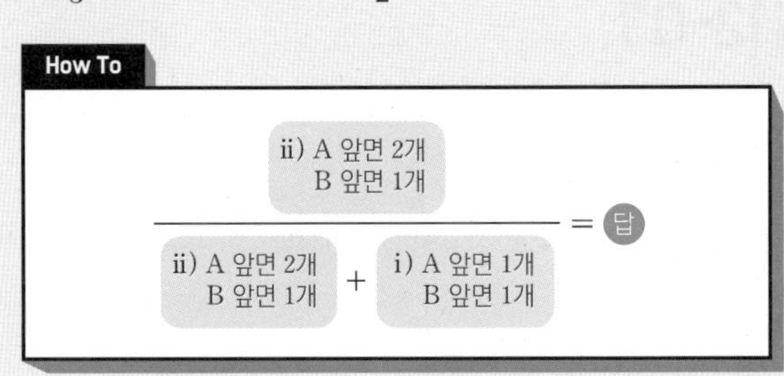

A가 동전을 던진 결과에 따라
B가 던져서 나온 앞면의 개수가 1일 확률은 다음과 같다.

i) A가 동전을 던져서 나온 앞면의 개수가 1,
B가 던져서 나온 앞면의 개수가 1인 경우
A가 동전을 던져서 나온 앞면의 개수가 1일 확률은
$_2C_1\left(\frac{1}{2}\right)^1\left(\frac{1}{2}\right)^1$ 너코 077
B가 동전 1개를 던져 앞면이 나올 확률은 $\frac{1}{2}$
그러므로 확률은 $_2C_1\left(\frac{1}{2}\right)^1\left(\frac{1}{2}\right)^1 \times \frac{1}{2} = \frac{1}{4}$ 너코 075

ii) A가 동전을 던져서 나온 앞면의 개수가 2,
B가 던져서 나온 앞면의 개수가 1인 경우
A가 동전을 던져서 나온 앞면의 개수가 2일 확률은
$_2C_2\left(\frac{1}{2}\right)^2\left(\frac{1}{2}\right)^0$
B가 동전 2개를 던져 앞면이 1개 나올 확률은
$_2C_1\left(\frac{1}{2}\right)^1\left(\frac{1}{2}\right)^1$
그러므로 확률은 $_2C_2\left(\frac{1}{2}\right)^2\left(\frac{1}{2}\right)^0 \times {_2C_1}\left(\frac{1}{2}\right)^1\left(\frac{1}{2}\right)^1 = \frac{1}{8}$

i), ii)에 의하여 구하는 확률은

$$\frac{\text{ii)}}{\text{i)}+\text{ii)}} = \frac{\frac{1}{8}}{\frac{1}{4}+\frac{1}{8}} = \frac{1}{3}$$ 너코 074

답 ④

H12-09

흰 공 4개, 검은 공 3개가 들어 있는 주머니가 있다. 이 주머니에서 임의로 2개의 공을 동시에 꺼내어, 꺼낸 2개의 공의 색이 서로 다르면 1개의 동전을 3번 던지고, 꺼낸 2개의 공의 색이 서로 같으면 1개의 동전을 2번 던진다. 이 시행에서 동전의 앞면이 2번 나올 확률은? [3점]

① $\frac{9}{28}$ ② $\frac{19}{56}$ ③ $\frac{5}{14}$
④ $\frac{3}{8}$ ⑤ $\frac{11}{28}$

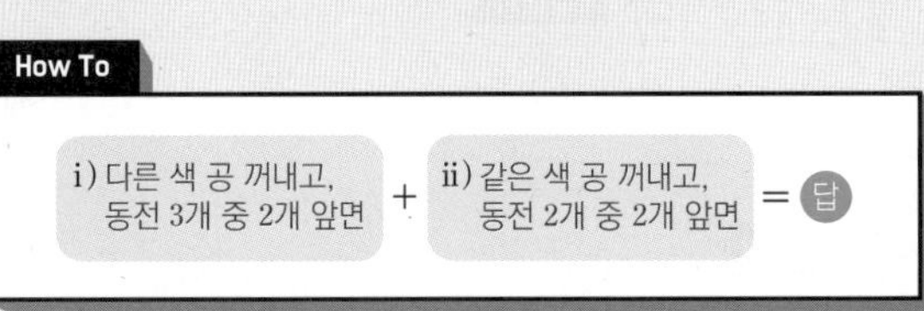

How To
i) 다른 색 공 꺼내고,
동전 3개 중 2개 앞면
+
ii) 같은 색 공 꺼내고,
동전 2개 중 2개 앞면
= 답

주머니에서 꺼낸 공의 색에 따라
동전의 앞면이 2번 나올 확률은 다음과 같다.

i) 주머니에서 서로 다른 색의 공을 꺼내고,
동전을 3번 던져 앞면이 2번 나오는 경우
주머니에서 흰 공, 검은 공을 각각 1개씩 꺼낼 확률은
$\frac{_4C_1 \times {_3C_1}}{_7C_2}$ 너코 071
동전을 3번 던져 동전의 앞면이 2번 나올 확률은
$_3C_2\left(\frac{1}{2}\right)^2\left(\frac{1}{2}\right)^1$ 너코 077
그러므로 확률은
$\frac{_4C_1 \times {_3C_1}}{_7C_2} \times {_3C_2}\left(\frac{1}{2}\right)^2\left(\frac{1}{2}\right)^1 = \frac{3}{14}$ 너코 075

ii) 주머니에서 서로 같은 색의 공을 꺼내고,
동전을 2번 던져 앞면이 2번 나오는 경우
주머니에서 흰 공 2개 또는 검은 공 2개를 꺼낼 확률은
$\frac{_4C_2 + {_3C_2}}{_7C_2}$
동전을 2번 던져 동전의 앞면이 2번 나올 확률은
$_2C_2\left(\frac{1}{2}\right)^2\left(\frac{1}{2}\right)^0$
그러므로 확률은 $\frac{_4C_2 + {_3C_2}}{_7C_2} \times {_2C_2}\left(\frac{1}{2}\right)^2\left(\frac{1}{2}\right)^0 = \frac{3}{28}$

i), ii)에 의하여 구하는 확률은
$\frac{3}{14} + \frac{3}{28} = \frac{9}{28}$ 너코 072

답 ①

H12-10

$i^{|m-n|} = -i$를 만족시키려면 $|m-n|$의 값을
4로 나눈 나머지가 3이어야 하므로
$|m-n| = 3$이다.

즉, $m-n=3$ 또는 $m-n=-3$이다.

상자를 던졌을 때 밑면에 적힌 숫자가 2일 확률은 $\frac{1}{4}$,

2 이외의 숫자일 확률은 $\frac{3}{4}$이고,

상자를 3번 던져 2가 나오는 횟수가 m,
2가 아닌 숫자가 나오는 횟수가 n이므로
확률은 다음과 같다.

i) $m-n=3$인 경우

$m=3$, $n=0$이므로 확률은 ${}_3C_3\left(\frac{1}{4}\right)^3\left(\frac{3}{4}\right)^0=\frac{1}{64}$ 너코 077

ii) $m-n=-3$인 경우

$m=0$, $n=3$이므로 확률은 ${}_3C_0\left(\frac{1}{4}\right)^0\left(\frac{3}{4}\right)^3=\frac{27}{64}$

i), ii)에서 구하는 확률은

$\frac{27}{64}+\frac{1}{64}=\frac{7}{16}$ 너코 072

답 ②

H12-11

서로 다른 2개의 주사위를 동시에 던져 나온 눈의 수가 같으면 한 개의 동전을 4번 던지고, 나온 눈의 수가 다르면 한 개의 동전을 2번 던진다. 이 시행에서 동전의 앞면이 나온 횟수와 뒷면이 나온 횟수가 같을 때, 동전을 4번 던졌을 확률은? [4점]

① $\frac{3}{23}$ ② $\frac{5}{23}$ ③ $\frac{7}{23}$ ④ $\frac{9}{23}$ ⑤ $\frac{11}{23}$

How To

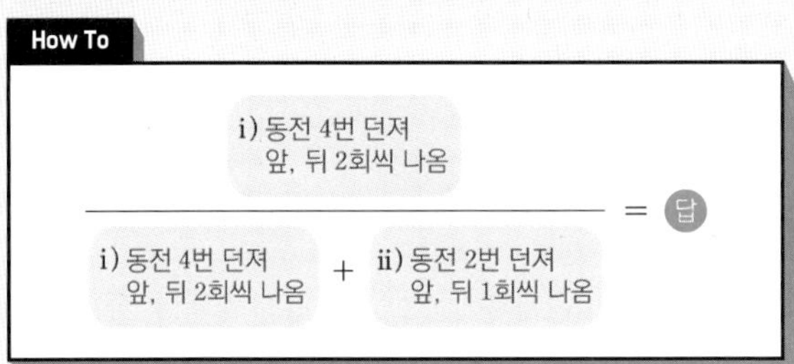

주사위를 던진 결과에 따라
동전의 앞면이 나온 횟수와 뒷면이 나온 횟수가
같을 확률은 다음과 같다.

i) 주사위의 두 눈의 수가 같고, 동전을 4번 던져서 동전의 앞면과 뒷면이 각각 2회씩 나오는 경우

주사위의 두 눈의 수가 같을 확률은 $\frac{6}{36}=\frac{1}{6}$이고,

동전을 4번 던져서 앞면, 뒷면이 각각 2번씩 나올 확률은

${}_4C_2\left(\frac{1}{2}\right)^2\left(\frac{1}{2}\right)^2$ 너코 077

그러므로 확률은 $\frac{1}{6}\times{}_4C_2\left(\frac{1}{2}\right)^2\left(\frac{1}{2}\right)^2=\frac{1}{16}$ 너코 075

ii) 주사위의 두 눈의 수가 다르고, 동전을 2번 던져서 동전의 앞면과 뒷면이 각각 1회씩 나오는 경우

주사위의 두 눈의 수가 다를 확률은 $1-\frac{1}{6}=\frac{5}{6}$ 너코 073

동전을 2번 던져서 앞면, 뒷면이 각각 1번씩 나올 확률은

${}_2C_1\left(\frac{1}{2}\right)^1\left(\frac{1}{2}\right)^1$

그러므로 확률은 $\frac{5}{6}\times{}_2C_1\left(\frac{1}{2}\right)^1\left(\frac{1}{2}\right)^1=\frac{5}{12}$

i), ii)에서 구하는 확률은

$\frac{\text{i)}}{\text{i)}+\text{ii)}}=\frac{\frac{1}{16}}{\frac{1}{16}+\frac{5}{12}}=\frac{3}{23}$ 너코 074

답 ①

H12-12

한 개의 동전을 6번 던질 때,
앞면이 나오는 횟수가 뒷면이 나오는 횟수보다 크려면
앞면, 뒷면이 나오는 횟수가 각각
4, 2 또는 5, 1 또는 6, 0이어야 한다.

i) 앞면이 4번, 뒷면이 2번 나올 확률은

${}_6C_4\left(\frac{1}{2}\right)^4\left(\frac{1}{2}\right)^2=\frac{15}{64}$ 너코 077

ii) 앞면이 5번, 뒷면이 1번 나올 확률은

${}_6C_5\left(\frac{1}{2}\right)^5\left(\frac{1}{2}\right)^1=\frac{6}{64}$

iii) 앞면이 6번, 뒷면이 0번 나올 확률은

${}_6C_6\left(\frac{1}{2}\right)^6\left(\frac{1}{2}\right)^0=\frac{1}{64}$

i)~iii)에서 구하는 확률은

$\frac{15}{64}+\frac{6}{64}+\frac{1}{64}=\frac{11}{32}$ 너코 072

$\therefore\ p+q=32+11=43$

답 43

H12-13

$0\le a\le 5$인 정수 a, $0\le b\le 4$인 정수 b에 대하여
$a-b=3$을 만족시키는 a, b의 모든 순서쌍 (a, b)는
$(5, 2)$, $(4, 1)$, $(3, 0)$이다.

i) $a=5$, $b=2$일 확률은

${}_5C_5\left(\frac{1}{2}\right)^5\left(\frac{1}{2}\right)^0\times{}_4C_2\left(\frac{1}{2}\right)^2\left(\frac{1}{2}\right)^2=\frac{1}{32}\times\frac{6}{16}=\frac{6}{512}$

너코 075 너코 077

ii) $a=4$, $b=1$일 확률은

${}_5C_4\left(\frac{1}{2}\right)^4\left(\frac{1}{2}\right)^1\times{}_4C_1\left(\frac{1}{2}\right)^1\left(\frac{1}{2}\right)^3=\frac{5}{32}\times\frac{4}{16}=\frac{20}{512}$

iii) $a=3,\ b=0$일 확률은

$${}_5\mathrm{C}_3\left(\frac{1}{2}\right)^3\left(\frac{1}{2}\right)^2\times{}_4\mathrm{C}_0\left(\frac{1}{2}\right)^0\left(\frac{1}{2}\right)^4=\frac{10}{32}\times\frac{1}{16}=\frac{10}{512}$$

i)~iii)에서 구하는 확률은

$$\frac{6}{512}+\frac{20}{512}+\frac{10}{512}=\frac{36}{512}=\frac{9}{128}$$ 너코 072

$\therefore\ p+q=128+9=137$

답 137

H12-14

풀이 1

앞면이 나오는 동전의 개수를 a라 하면 주어진 조건에 의하여 a가 1, 2, 3, 4인 경우를 생각할 수 있다.

이때 두 주사위의 눈의 수를 순서쌍 (b, c)로 나타내면

$bc=1$인 경우의 수는 $(1, 1)$의 1

$bc=2$인 경우의 수는 $(1, 2)$, $(2, 1)$의 2

$bc=3$인 경우의 수는 $(1, 3)$, $(3, 1)$의 2

$bc=4$인 경우의 수는 $(1, 4)$, $(2, 2)$, $(4, 1)$의 3이므로

i) $a=bc=1$일 확률은 ${}_4\mathrm{C}_1\left(\frac{1}{2}\right)^1\left(\frac{1}{2}\right)^3\times\frac{1}{6^2}=\frac{4}{2^4\times6^2}$

너코 075 너코 077

ii) $a=bc=2$일 확률은 ${}_4\mathrm{C}_2\left(\frac{1}{2}\right)^2\left(\frac{1}{2}\right)^2\times\frac{2}{6^2}=\frac{12}{2^4\times6^2}$

iii) $a=bc=3$일 확률은 ${}_4\mathrm{C}_3\left(\frac{1}{2}\right)^3\left(\frac{1}{2}\right)^1\times\frac{2}{6^2}=\frac{8}{2^4\times6^2}$

iv) $a=bc=4$일 확률은 ${}_4\mathrm{C}_4\left(\frac{1}{2}\right)^4\left(\frac{1}{2}\right)^0\times\frac{3}{6^2}=\frac{3}{2^4\times6^2}$

i)~iv)에서 구하는 확률은

$$\frac{4+12+8+3}{2^4\times6^2}=\frac{27}{16\times36}=\frac{3}{64}$$ 너코 072

풀이 2

주사위 2개와 동전 4개를 동시에 던질 때, 나올 수 있는 모든 경우의 수는

$6^2\times2^4$

앞면이 나오는 동전의 개수를 a라 하고

두 주사위의 눈의 수를 순서쌍 (b, c)로 나타낼 때,

$a=bc$인 경우는 다음 4가지 경우로 나누어 생각할 수 있다.

i) $a=bc=1$인 경우

$a=1$인 경우의 수는 ${}_4\mathrm{C}_1=4$이고,

$bc=1$인 경우의 수는 $(1, 1)$의 1이므로

이 경우의 수는 $4\times1=4$

ii) $a=bc=2$인 경우

$a=2$인 경우의 수는 ${}_4\mathrm{C}_2=6$이고,

$bc=2$인 경우의 수는 $(1, 2)$, $(2, 1)$의 2이므로

이 경우의 수는 $6\times2=12$

iii) $a=bc=3$인 경우

$a=3$인 경우의 수는 ${}_4\mathrm{C}_3=4$이고,

$bc=3$인 경우의 수는 $(1, 3)$, $(3, 1)$의 2이므로

이 경우의 수는 $4\times2=8$

iv) $a=bc=4$인 경우

$a=4$인 경우의 수는 ${}_4\mathrm{C}_4=1$이고,

$bc=4$인 경우의 수는 $(1, 4)$, $(2, 2)$, $(4, 1)$의 3이므로

이 경우의 수는 $1\times3=3$

i)~iv)에서 구하는 확률은

$$\frac{4+12+8+3}{6^2\times2^4}=\frac{27}{36\times16}=\frac{3}{64}$$ 너코 071

답 ①

H12-15

(4번째 시행 후 점 P의 좌표가 2 이상일 확률)

$=1-$(4번째 시행 후 점 P의 좌표가 1 이하일 확률)

로 구할 수 있다. 너코 073

주사위를 한 번 던져 나온 눈의 수가 6의 약수일 확률은

$\frac{4}{6}=\frac{2}{3}$이므로

i) 4번째 시행 후 점 P의 좌표가 0일 확률

4번의 시행 모두 주사위의 눈의 수가 6의 약수가 아닌 수가 나와야 하므로

$${}_4\mathrm{C}_0\left(\frac{1}{3}\right)^4=\frac{1}{81}$$ 너코 077

ii) 4번째 시행 후 점 P의 좌표가 1일 확률

4번의 시행 중 1번만 6의 약수가 나와야 하므로

$${}_4\mathrm{C}_1\left(\frac{2}{3}\right)\left(\frac{1}{3}\right)^3=4\times\frac{2}{81}=\frac{8}{81}$$

i), ii)에 의하여 구하는 확률은

$$1-\left(\frac{1}{81}+\frac{8}{81}\right)=\frac{8}{9}$$

답 ④

H12-16

동전을 두 번 던지는 시행에서 앞면이 나온 횟수가 2일 확률은 $\frac{1}{4}$이고 앞면이 나온 횟수가 0 또는 1일 확률은 $\frac{3}{4}$이다.

이때 주어진 시행을 5번 반복하는 독립시행에서

문자 B가 보이도록 카드가 놓이려면 5번의 시행에서 카드를 뒤집는 횟수가 1 또는 3 또는 5이어야 한다.

따라서 구하는 확률은

$$p={}_5\mathrm{C}_1\left(\frac{1}{4}\right)\left(\frac{3}{4}\right)^4+{}_5\mathrm{C}_3\left(\frac{1}{4}\right)^3\left(\frac{3}{4}\right)^2+{}_5\mathrm{C}_5\left(\frac{1}{4}\right)^5$$

너코 072 너코 077

$$=\frac{405}{4^5}+\frac{90}{4^5}+\frac{1}{4^5}$$

$$=\frac{496}{4^5}=\frac{31}{64}$$

$\therefore\ 128\times p=62$

답 62

H12-17

갑이 상자 B를 선택하였을 때, 을의 판단이 틀렸다면
을이 '갑이 상자 A를 선택하였다.'라고 판단한 것이다.
그러므로 구하는 확률은
상자 B에서 복원추출로 공을 5번 꺼낼 때
빨간 공이 3회 이하로 나올 확률이다.
이때 이 확률은
1−(상자 B에서 빨간 공이 5번 중에 4회 이상 나올 확률)
로 구할 수 있다. 너코 073

상자 B에서 공을 한 번 꺼낼 때
빨간 공이 나올 확률은 $\frac{2}{3}$이므로
상자 B에서 복원추출로 공을 5번 꺼낼 때
빨간 공이 4회 또는 5회 나올 확률은

$${}_5C_4\left(\frac{2}{3}\right)^4\left(\frac{1}{3}\right)^1+{}_5C_5\left(\frac{2}{3}\right)^5=\frac{5\times16+32}{3^5}$$ 너코 072 너코 077

따라서 구하는 확률은

$$1-\frac{5\times16+32}{3^5}=\frac{131}{3^5}$$

답 ③

H12-18

5번의 시행 후 B가 주사위를 가지게 되려면
시계 반대 방향으로 5번 이동하거나
시계 반대 방향으로 2번, 시계 방향으로 3번 이동해야 한다.
주사위를 한 번 던져서
시계 반대 방향으로 이동할 확률은 $\frac{2}{3}$이므로

i) 시계 반대 방향으로 5번 이동할 확률

$${}_5C_5\left(\frac{2}{3}\right)^5=\frac{32}{243}$$ 너코 077

ii) 시계 반대 방향으로 2번, 시계 방향으로 3번 이동할 확률

$${}_5C_2\left(\frac{2}{3}\right)^2\left(\frac{1}{3}\right)^3=\frac{40}{243}$$

i), ii)에서 구하는 확률은

$$\frac{32}{243}+\frac{40}{243}=\frac{72}{243}=\frac{8}{27}$$ 너코 072

답 ③

H12-19

세 공장 A, B, C에 따라 임의추출한 제품 3개 중 2개가
불량품일 확률은 다음과 같다.

i) A공장을 선택하고, A공장에서 임의추출한 제품 3개 중 2개가 불량품일 확률

$$\frac{1}{3}\times{}_3C_2\left(\frac{2}{100}\right)^2\left(\frac{98}{100}\right)^1=\frac{392}{10^6}$$ 너코 075 너코 077

ii) B공장을 선택하고, B공장에서 임의추출한 제품 3개 중 2개가 불량품일 확률

$$\frac{1}{3}\times{}_3C_2\left(\frac{1}{100}\right)^2\left(\frac{99}{100}\right)^1=\frac{99}{10^6}$$

iii) C공장을 선택하고, C공장에서 임의추출한 제품 3개 중 2개가 불량품일 확률

B공장과 불량률이 같으므로 마찬가지로 $\frac{99}{10^6}$

i)~iii)에서 구하는 확률은

$$p=\frac{392}{10^6}+2\times\frac{99}{10^6}=\frac{590}{10^6}$$ 너코 072

$\therefore\ 10^6p=590$

답 590

H12-20

한 개의 주사위를 A는 4번 던지고 B는 3번 던지므로
$0\le a\le4,\ 0\le b\le3$이다.
그러므로 $a+b=6$인 경우는
$a=3,\ b=3$이거나 $a=4,\ b=2$일 때이고,
한 개의 주사위를 던져서 3의 배수의 눈이 나오는 확률은
$\frac{2}{6}=\frac{1}{3}$이므로

i) $a=3,\ b=3$일 확률

$a=3$일 확률은 ${}_4C_3\left(\frac{1}{3}\right)^3\left(\frac{2}{3}\right)^1$, 너코 077

$b=3$일 확률은 ${}_3C_3\left(\frac{1}{3}\right)^3$

그러므로

$${}_4C_3\left(\frac{1}{3}\right)^3\left(\frac{2}{3}\right)^1\times{}_3C_3\left(\frac{1}{3}\right)^3=\frac{8}{3^4}\times\frac{1}{3^3}=\frac{8}{3^7}$$ 너코 075

ii) $a=4,\ b=2$일 확률

$a=4$일 확률은 ${}_4C_4\left(\frac{1}{3}\right)^4$,

$b=2$일 확률은 ${}_3C_2\left(\frac{1}{3}\right)^2\left(\frac{2}{3}\right)^1$

그러므로

$${}_4C_4\left(\frac{1}{3}\right)^4\times{}_3C_2\left(\frac{1}{3}\right)^2\left(\frac{2}{3}\right)^1=\frac{1}{3^4}\times\frac{6}{3^3}=\frac{6}{3^7}$$

i), ii)에서 구하는 확률은

$$\frac{8}{3^7}+\frac{6}{3^7}=\frac{14}{3^7}$$ 너코 072

답 ⑤

H12-21

동전의 앞면이 나와 상자 A에서 공 1개를 꺼내어
상자 B에 넣는 시행을 a번,
동전의 뒷면이 나와 상자 B에서 공 1개를 꺼내어
상자 A에 넣는 시행을 b번 한다고 하자.

H 확률

시행을 6번 반복하므로 $a+b=6$ ……㉠
처음 상자 B에는 6개의 공이 들어 있고,
공을 a번 넣고 b번 빼서 6번째 시행 후 들어 있는
공의 개수가 8이려면
$6+a-b=8$에서 $a-b=2$ ……㉡
㉠, ㉡을 연립하면 $a=4$, $b=2$이다.

이때 6번째 시행 후 처음으로 상자 B에 들어 있는 공의 개수가 8이 되려면 처음 공의 개수 6에서 한 번의 시행마다 1씩 더하거나 빼서 6번째에 처음으로 8이 되어야 한다.
이를 만족시키는 모든 경우를 수형도로 나타내면 다음과 같다.

1번째	2번째	3번째	4번째	5번째	6번째

시작(6) ─ 앞(7) ─ 뒤(6) ─ 앞(7) ─ 뒤(6) ─ 앞(7) ─ 앞(8)
시작(6) ─ 앞(7) ─ 뒤(6) ─ 뒤(5) ─ 앞(6) ─ 앞(7) ─ 앞(8)
시작(6) ─ 뒤(5) ─ 앞(6) ─ 앞(7) ─ 뒤(6) ─ 앞(7) ─ 앞(8)
시작(6) ─ 뒤(5) ─ 앞(6) ─ 뒤(5) ─ 앞(6) ─ 앞(7) ─ 앞(8)
시작(6) ─ 뒤(5) ─ 뒤(4) ─ 앞(5) ─ 앞(6) ─ 앞(7) ─ 앞(8)

위와 같이 조건을 만족시키는 경우가 5가지이고,
각 경우마다 앞면 4번, 뒷면 2번이 나와야 한다.
따라서 구하는 확률은

$$5\times\left(\frac{1}{2}\right)^4\left(\frac{1}{2}\right)^2=\frac{5}{64}$$ 너코 077

답 ③

H12-22

풀이 1

동전 A의 앞면과 뒷면에는 각각 1과 2가 적혀 있으므로
동전 A를 세 번 던져 나온 수의 합을 x라 하면

$x=1+1+1=3$일 확률은 ${}_3C_3\left(\frac{1}{2}\right)^3\left(\frac{1}{2}\right)^0=\frac{1}{8}$ 너코 077

$x=1+1+2=4$일 확률은 ${}_3C_2\left(\frac{1}{2}\right)^2\left(\frac{1}{2}\right)^1=\frac{3}{8}$

$x=1+2+2=5$일 확률은 ${}_3C_1\left(\frac{1}{2}\right)^1\left(\frac{1}{2}\right)^2=\frac{3}{8}$

$x=2+2+2=6$일 확률은 ${}_3C_0\left(\frac{1}{2}\right)^0\left(\frac{1}{2}\right)^3=\frac{1}{8}$

동전 B의 앞면과 뒷면에는 각각 3과 4가 적혀 있으므로
동전 B를 네 번 던져 나온 수의 합을 y라 하면

$y=3+3+3+3=12$일 확률은 ${}_4C_4\left(\frac{1}{2}\right)^4\left(\frac{1}{2}\right)^0=\frac{1}{16}$

$y=3+3+3+4=13$일 확률은 ${}_4C_3\left(\frac{1}{2}\right)^3\left(\frac{1}{2}\right)^1=\frac{4}{16}$

$y=3+3+4+4=14$일 확률은 ${}_4C_2\left(\frac{1}{2}\right)^2\left(\frac{1}{2}\right)^2=\frac{6}{16}$

$y=3+4+4+4=15$일 확률은 ${}_4C_1\left(\frac{1}{2}\right)^1\left(\frac{1}{2}\right)^3=\frac{4}{16}$

$y=4+4+4+4=16$일 확률은 ${}_4C_0\left(\frac{1}{2}\right)^0\left(\frac{1}{2}\right)^4=\frac{1}{16}$

따라서 $x+y=19$ 또는 $x+y=20$일 확률을
x의 값에 따라 구하면 다음과 같다.

i) $x=3$일 때
$y=16$이어야 하므로 $\frac{1}{8}\times\frac{1}{16}=\frac{1}{128}$ 너코 075

ii) $x=4$일 때
$y=15$ 또는 $y=16$이어야 하므로 $\frac{3}{8}\times\left(\frac{4}{16}+\frac{1}{16}\right)=\frac{15}{128}$

iii) $x=5$일 때
$y=14$ 또는 $y=15$이어야 하므로 $\frac{3}{8}\times\left(\frac{6}{16}+\frac{4}{16}\right)=\frac{30}{128}$

iv) $x=6$일 때
$y=13$ 또는 $y=14$이어야 하므로 $\frac{1}{8}\times\left(\frac{4}{16}+\frac{6}{16}\right)=\frac{10}{128}$

i)~iv)에서 구하는 확률은

$$\frac{1}{128}+\frac{15}{128}+\frac{30}{128}+\frac{10}{128}=\frac{7}{16}$$ 너코 072

풀이 2

동전 A를 세 번 던졌을 때 앞면이 나온 횟수를 a라 하면
뒷면이 나온 횟수는 $3-a$이다.
동전 B를 네 번 던졌을 때 앞면이 나온 횟수를 b라 하면
뒷면이 나온 횟수는 $4-b$이다.
동전 A의 앞면과 뒷면에는 각각 1과 2가 적혀 있으므로
동전 A를 던졌을 때 나온 수의 합은
$1\times a+2\times(3-a)=6-a$
동전 B의 앞면과 뒷면에는 각각 3과 4가 적혀 있으므로
동전 B를 던졌을 때 나온 수의 합은
$3\times b+4\times(4-b)=16-b$
그러므로 두 동전 A, B를 던져서 나온 수의 총합은
$(6-a)+(16-b)=22-a-b$

이때 두 동전 A, B를 던져서 나온 수의 총합이
19 또는 20이어야 하므로
$22-a-b=19$에서 $a+b=3$
$22-a-b=20$에서 $a+b=2$
즉, 두 동전 A, B를 합쳐서 생각하면
동전을 총 7번 던져서
앞면이 나온 횟수가 3 또는 2이면 된다.
따라서 구하는 확률은

$$ {}_7C_3\left(\frac{1}{2}\right)^3\left(\frac{1}{2}\right)^4+{}_7C_2\left(\frac{1}{2}\right)^2\left(\frac{1}{2}\right)^5$$
$$=\frac{35}{128}+\frac{21}{128}=\frac{7}{16}$$ 너코 072 너코 077

답 ①

H12-23

x좌표에 따라 y좌표가 처음으로 3이 되는 경우는 다음과 같다.

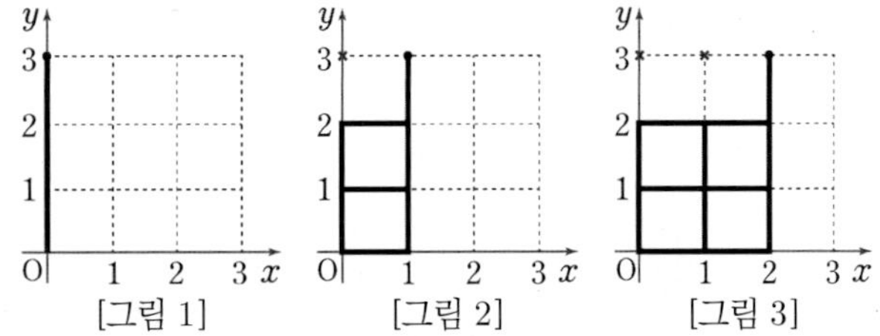

ⅰ) [그림 1]과 같이 점 A의 좌표가 (0, 3)일 때
시행을 멈추는 확률
동전의 뒷면만 3번 나와야 하므로

$${}_3\mathrm{C}_3\left(\frac{1}{2}\right)^3=\frac{1}{8}$$ 너코 077

ⅱ) [그림 2]와 같이 점 A의 좌표가 (1, 3)일 때
시행을 멈추는 확률
세 번째 시행까지 뒷면 2번, 앞면 1번이 나오고
네 번째 시행에서 반드시 뒷면이 나와야 하므로

$${}_3\mathrm{C}_2\left(\frac{1}{2}\right)^2\left(\frac{1}{2}\right)^1\times\frac{1}{2}=\frac{3}{16}$$ 너코 075

ⅲ) [그림 3]과 같이 점 A의 좌표가 (2, 3)일 때
시행을 멈추는 확률
네 번째 시행까지 뒷면 2번, 앞면 2번이 나오고
다섯 번째 시행에서 반드시 뒷면이 나와야 하므로

$${}_4\mathrm{C}_2\left(\frac{1}{2}\right)^2\left(\frac{1}{2}\right)^2\times\frac{1}{2}=\frac{3}{16}$$

ⅰ)~ⅲ)에서 구하는 확률은

$$\frac{\text{ⅱ)}}{\text{ⅰ)}+\text{ⅱ)}+\text{ⅲ)}}=\frac{\frac{3}{16}}{\frac{1}{8}+\frac{3}{16}+\frac{3}{16}}=\frac{3}{8}$$ 너코 074

답 ③

H12-24

두 조건 (가), (나)를 만족시키는 확률을
앞면, 뒷면이 나오는 개수에 따라 나누어 구하면 다음과 같다.

ⅰ) 앞면이 3번, 뒷면이 4번 나오는 확률
조건 (나)를 만족시키지 않는 경우를 제외해 주어야 한다.
(뒷면 a번) (앞면) (뒷면 b번) (앞면) (뒷면 c번) (앞면) (뒷면 d번)
위와 같은 순서로 나올 때 $b\ge1$이고 $c\ge1$이면 조건 (나)를
만족시키지 않으므로
$b=b'+1$, $c=c'+1$(단, b', c'은 음이 아닌 정수)이라 하면
방정식 $a+b'+c'+d=2$를 만족시키는 음이 아닌 정수
a, b', c', d의 순서쌍 (a, b', c', d)의 개수는
${}_4\mathrm{H}_2={}_5\mathrm{C}_2=10$이다.

$$({}_7\mathrm{C}_3-10)\left(\frac{1}{2}\right)^3\left(\frac{1}{2}\right)^4=\frac{25}{128}$$ 너코 077

ⅱ) 앞면이 4번, 뒷면이 3번 나오는 확률
조건 (나)를 만족시키지 않는
'앞면, 뒷면, 앞면, 뒷면, 앞면, 뒷면, 앞면'의 순서로 나오는
경우를 제외해 주어야 하므로

$$({}_7\mathrm{C}_4-1)\left(\frac{1}{2}\right)^4\left(\frac{1}{2}\right)^3=\frac{34}{128}$$

ⅲ) 앞면이 5번, 뒷면이 2번 나오는 확률

$${}_7\mathrm{C}_5\left(\frac{1}{2}\right)^5\left(\frac{1}{2}\right)^2=\frac{21}{128}$$

ⅳ) 앞면이 6번, 뒷면이 1번 나오는 확률

$${}_7\mathrm{C}_6\left(\frac{1}{2}\right)^6\left(\frac{1}{2}\right)^1=\frac{7}{128}$$

ⅴ) 앞면이 7번 나오는 확률

$${}_7\mathrm{C}_7\left(\frac{1}{2}\right)^7\left(\frac{1}{2}\right)^0=\frac{1}{128}$$

ⅰ)~ⅴ)에서 구하는 확률은

$$\frac{25}{128}+\frac{34}{128}+\frac{21}{128}+\frac{7}{128}+\frac{1}{128}=\frac{88}{128}=\frac{11}{16}$$ 너코 072

답 ①

H12-25

주어진 시행을 5번 반복할 때 $a_5+b_5\ge7$인 사건을 A,
$a_k=b_k$ $(1\le k\le5)$인 자연수 k가 존재하는 사건을 B라 하면
구하는 확률은 $\mathrm{P}(B|A)$이다.

먼저 한 개의 주사위를 던지는 시행을 5번 반복할 때,
5 이상의 눈이 나오는 횟수를 x $(0\le x\le5$인 정수$)$라 하면
5번의 시행 후 주머니에 들어 있는 공의 개수의 합은
$a_5+b_5=2x+(5-x)=x+5$
이때 $a_5+b_5=x+5\ge7$에서 $x\ge2$이므로
사건 A가 일어날 확률은 $x\ge2$일 확률과 같다.
한 개의 주사위를 한 번 던져서 나오는 눈의 수가 5 이상일
확률은 $\frac{1}{3}$이고, 이를 5번 반복하는 독립시행이므로 사건 A가
일어날 확률은

$$\mathrm{P}(A)=1-\mathrm{P}(A^C)$$
$$=1-\left\{{}_5\mathrm{C}_0\left(\frac{2}{3}\right)^5+{}_5\mathrm{C}_1\left(\frac{1}{3}\right)\left(\frac{2}{3}\right)^4\right\}$$ 너코 073 너코 077
$$=1-\left(\frac{32}{243}+\frac{80}{243}\right)=\frac{131}{243}$$

한편 n번 시행 후 주머니 속에 들어 있는 흰 공의 개수는 항상
0 또는 짝수이고, 5번의 시행에서 흰 공과 검은 공의 개수가
4 이상의 개수로 같은 경우는 존재하지 않으므로
$a_k=b_k$이려면 $a_k=b_k=2$인 경우만 존재한다.
즉, $a_k=b_k$인 자연수 k $(1\le k\le5)$가 존재하려면
처음 세 번의 시행에서 5 이상의 눈이 1번, 4 이하의 눈이 2번
나와야 한다.
그런데 $x\ge2$이어야 하므로 4번째, 5번째 시행에서
적어도 한 번은 5 이상의 눈이 나와야 한다.
따라서 사건 $A\cap B$가 일어날 확률은

$$\mathrm{P}(A\cap B)={}_3\mathrm{C}_1\left(\frac{1}{3}\right)\left(\frac{2}{3}\right)^2\times\left\{1-{}_2\mathrm{C}_2\left(\frac{2}{3}\right)^2\right\}$$
$$=\frac{4}{9}\times\frac{5}{9}=\frac{20}{81}$$

$$\therefore\ \mathrm{P}(B|A)=\frac{\mathrm{P}(A\cap B)}{\mathrm{P}(A)}=\frac{\frac{20}{81}}{\frac{131}{243}}=\frac{60}{131}$$ 너코 074

$\therefore\ p+q=191$

답 191

H12-26

주어진 시행을 3번 반복한 후 6장의 카드에 보이는 모든 수의 합이 짝수인 사건을 A, 주사위의 1의 눈이 한 번만 나오는 사건을 B라 하면 구하는 확률은 $\mathrm{P}(B|A)$이다.

시행 전 카드에 보이는 모든 수의 합은 $1+2+3+4+5+6=21$로 홀수이므로 주어진 시행을 3번 반복한 후 모든 수의 합이 짝수가 되려면 홀수의 눈이 1번 또는 3번 나와야 한다.
한 개의 주사위를 한 번 던져서 나오는 눈의 수가 홀수일 확률은 $\frac{1}{2}$이고, 이를 3번 반복하는 독립시행이므로 사건 A가 일어날 확률은

$$\mathrm{P}(A)={}_3\mathrm{C}_1\left(\frac{1}{2}\right)^1\left(\frac{1}{2}\right)^2+{}_3\mathrm{C}_3\left(\frac{1}{2}\right)^3\left(\frac{1}{2}\right)^0$$ 너코 077

$$=\frac{3}{8}+\frac{1}{8}=\frac{1}{2}$$

사건 $A\cap B$가 일어날 확률은 다음 두 경우로 나누어 구할 수 있다.

ⅰ) 홀수의 눈이 1번 나오고, 1의 눈이 한 번만 나오는 경우
3번의 시행 중 1의 눈이 한 번 나오고, 짝수의 눈이 두 번 나오는 경우이므로 그 확률은

$${}_3\mathrm{C}_1\times\frac{1}{6}\times\left(\frac{1}{2}\right)^2=\frac{1}{8}$$

ⅱ) 홀수의 눈이 3번 나오고, 1의 눈이 한 번만 나오는 경우
3번의 시행 중 1의 눈이 한 번, 3 또는 5의 눈이 두 번 나오는 경우이므로 그 확률은

$${}_3\mathrm{C}_1\times\frac{1}{6}\times\left(\frac{1}{3}\right)^2=\frac{1}{18}$$

ⅰ), ⅱ)에서 사건 $A\cap B$가 일어날 확률은

$$\mathrm{P}(A\cap B)=\frac{1}{8}+\frac{1}{18}=\frac{13}{72}$$ 너코 072

따라서 구하는 확률은

$$\mathrm{P}(B|A)=\frac{\mathrm{P}(A\cap B)}{\mathrm{P}(A)}=\frac{\frac{13}{72}}{\frac{1}{2}}=\frac{13}{36}$$ 너코 074

$\therefore\ p+q=36+13=49$

답 49

H12-27

풀이 1

3번의 시행 후 5개의 동전이 모두 앞면이 보이도록 놓이는 경우는
뒷면이 보이도록 놓여 있는 동전 3개를 각각 한 번씩 뒤집거나 ……㉠
앞면이 보이도록 놓인 2개의 동전을 한 번씩 뒤집고 동전 전체를 모두 한 번에 뒤집는 경우이다. ……㉡
㉠을 만족하려면 주사위의 눈의 수가 3, 4, 5 각각 한 번씩 나와야 하고, ㉡을 만족하려면 주사위의 눈의 수가 1, 2, 6 각각 한 번씩 나와야한다.

ⅰ) 주사위 눈의 수가 3, 4, 5 한 번씩 나오는 경우
확률은 $3!\times\left(\frac{1}{6}\right)^3=\frac{1}{36}$ 너코 077

ⅱ) 주사위의 눈의 수가 1, 2, 6 한 번씩 나오는 경우
확률은 $3!\times\left(\frac{1}{6}\right)^3=\frac{1}{36}$

ⅰ), ⅱ)에서 구하는 확률은
$\frac{1}{36}+\frac{1}{36}=\frac{1}{18}$이므로 너코 072
$p=18,\ q=1$
$\therefore\ p+q=19$

풀이 2

$k=6$이면 모든 동전을 한 번씩 뒤집어 제자리에 놓으므로 주사위의 6의 눈이 나오는 횟수에 따라 다음과 같이 나누어 생각할 수 있다.

ⅰ) 주사위의 6의 눈이 나오지 않는 경우
시행을 3번 반복한 후 5개의 동전이 모두 앞면이 보이도록 놓여 있으려면 주사위 눈의 수가 3, 4, 5 모두 1번씩 나와야 하므로 이때의 확률은
$3!\times\left(\frac{1}{6}\right)^3=\frac{1}{36}$ 너코 077

ⅱ) 주사위의 6의 눈이 1번 나오는 경우
시행을 3번 반복한 후 5개의 동전이 모두 앞면이 보이도록 놓여 있으려면 주사위 눈의 수가 1, 2, 6 모두 1번씩 나와야 하므로 이때의 확률은
$3!\times\left(\frac{1}{6}\right)^3=\frac{1}{36}$

ⅲ) 주사위의 6의 눈이 2번 나오는 경우
시행을 3번 반복한 후 앞면이 보이도록 놓여 있는 동전의 개수는 1 또는 3이므로 5개의 동전이 모두 앞면이 보이도록 놓여 있을 수 없다.

ⅳ) 주사위의 6의 눈이 3번 나오는 경우
시행을 3번 반복한 후 앞면이 보이도록 놓여 있는 동전의 개수는 3이므로 5개의 동전이 모두 앞면이 보이도록 놓여 있을 수 없다.

ⅰ)~ⅳ)에서 구하는 확률은
$\frac{1}{36}+\frac{1}{36}=\frac{1}{18}$이므로 너코 072
$p=18,\ q=1$
$\therefore\ p+q=19$

답 19

1 확률분포

01-01

이산확률변수 X의 확률분포를 표로 나타내면
다음과 같다. 너코 078

X	-2	-1	0	1	2	합계
$\mathrm{P}(X=x)$	$k+\frac{2}{9}$	$k+\frac{1}{9}$	k	$k+\frac{1}{9}$	$k+\frac{2}{9}$	1

확률의 총합이 1이므로

$$\left(k+\frac{2}{9}\right)+\left(k+\frac{1}{9}\right)+k+\left(k+\frac{1}{9}\right)+\left(k+\frac{2}{9}\right)=1$$

$$5k+\frac{6}{9}=1$$

$$\therefore\ k=\frac{1}{15}$$

답 ①

01-02

주사위를 한 번 던져 나온 눈의 수가 2 이하이면
무게가 1인 추 1개를 주머니에 넣고,
눈의 수가 3 이상이면 무게가 2인 추 1개를 주머니에 넣는
시행을 반복하여 주머니에 들어 있는 추의 총무게가
처음으로 6보다 크거나 같을 때,
주머니에 들어 있는 추의 개수를 확률변수 X라 하자. 너코 078
다음은 X의 확률질량함수 $\mathrm{P}(X=x)\ (x=3,4,5,6)$을
구하는 과정이다.

i) $X=3$인 사건은
주머니에 무게가 2인 추 3개가 들어 있는 경우이므로
$\mathrm{P}(X=3)=\boxed{{}_3\mathrm{C}_0\left(\frac{1}{3}\right)^0\left(\frac{2}{3}\right)^3=\frac{8}{27}}$ 너코 077

ii) $X=4$일 때
세 번째 시행까지 넣은 추의 총무게가 $1+1+2=4$이고
네 번째 시행에서 무게가 2인 추를 넣는 경우의 확률은
${}_3\mathrm{C}_2\left(\frac{1}{3}\right)^2\left(\frac{2}{3}\right)^1\times\frac{2}{3}$
세 번째 시행까지 넣은 추의 총무게가 $1+2+2=5$이면
네 번째 시행에서 어떤 추를 넣어도 무게가 6보다 크거나
같게 되므로 이 경우의 확률은
${}_3\mathrm{C}_1\left(\frac{1}{3}\right)^1\left(\frac{2}{3}\right)^2$
따라서
$\mathrm{P}(X=4)=\boxed{{}_3\mathrm{C}_2\left(\frac{1}{3}\right)^2\left(\frac{2}{3}\right)^1\times\frac{2}{3}}+{}_3\mathrm{C}_1\left(\frac{1}{3}\right)^1\left(\frac{2}{3}\right)^2$이다.

iii) $X=5$일 때

네 번째 시행까지 넣은 추의 총무게가

$1+1+1+1=4$이고

다섯 번째 시행에서 무게가 2인 추를 넣는 경우의 확률은

$${}_4C_4\left(\frac{1}{3}\right)^4\left(\frac{2}{3}\right)^0\times\frac{2}{3}$$

네 번째 시행까지 넣은 추의 총무게가

$1+1+1+2=5$이면

다섯 번째 시행에서 어떤 추를 넣어도 무게가 6보다 크거나 같게 되므로 이 경우의 확률은

$${}_4C_3\times\left(\frac{1}{3}\right)^3\left(\frac{2}{3}\right)^1$$

따라서

$\mathrm{P}(X=5)={}_4C_4\left(\frac{1}{3}\right)^4\left(\frac{2}{3}\right)^0\times\frac{2}{3}+\boxed{{}_4C_3\times\left(\frac{1}{3}\right)^3\left(\frac{2}{3}\right)^1}$이다.

iv) $X=6$인 사건은

다섯 번째 시행까지 넣은 추의 총무게가

$1+1+1+1+1=5$인 경우이므로

$$\mathrm{P}(X=6)={}_5C_5\left(\frac{1}{3}\right)^5\left(\frac{2}{3}\right)^0=\left(\frac{1}{3}\right)^5$$

$\therefore$ (가) : $\frac{8}{27}$, (나) : $\frac{4}{27}$, (다) : $\frac{8}{81}$

$$\therefore\ \frac{ab}{c}=\frac{\frac{8}{27}\times\frac{4}{27}}{\frac{8}{81}}=\frac{4}{9}$$

답 ①

01-03

풀이 1

주어진 시행에서 나올 수 있는 결과를

수형도로 일일이 세어 나타내면 다음과 같다.

- 흰
  - 흰 $X=2$
  - 검
    - 흰 $X=3$
    - 검
      - 흰 $X=4$
      - 검 — 흰 $X=5$
- 검
  - 흰
    - 흰 $X=3$
    - 검
      - 흰 $X=4$
      - 검 — 흰 $X=5$
  - 검
    - 흰
      - 흰 $X=4$
      - 검 — 흰 $X=5$
    - 검 — 흰 — 흰 $X=5$

위의 수형도에서 확률분포표는 다음과 같다. 너코 071 너코 078

X	2	3	4	5	합계
$\mathrm{P}(X=x)$	$\frac{1}{10}$	$\frac{2}{10}$	$\frac{3}{10}$	$\frac{4}{10}$	1

$\mathrm{P}(X=4)=\frac{3}{10}$, $\mathrm{P}(X=5)=\frac{4}{10}$이므로

$\mathrm{P}(X>3)=\mathrm{P}(X=4)+\mathrm{P}(X=5)=\frac{7}{10}$

$p=10,\ q=7$

$\therefore\ p+q=17$

풀이 2

X가 취할 수 있는 값 중에 최솟값은 2이고 최댓값은 5이므로

확률분포는 다음과 같다. 너코 078

i) $X=2$인 경우

흰 공을 연속해서 2번 꺼내야 하므로

$\mathrm{P}(X=2)=\frac{2}{5}\times\frac{1}{4}=\frac{1}{10}$ 너코 075

ii) $X=3$인 경우

(흰, 검, 흰)의 순서로 뽑는 확률은 $\frac{2}{5}\times\frac{3}{4}\times\frac{1}{3}=\frac{1}{10}$

(검, 흰, 흰)의 순서로 뽑는 확률은 $\frac{3}{5}\times\frac{2}{4}\times\frac{1}{3}=\frac{1}{10}$

그러므로 $\mathrm{P}(X=3)=\frac{1}{10}\times2=\frac{2}{10}$

iii) $X=4$인 경우

(흰, 검, 검, 흰)의 순서로 뽑는 확률은

$\frac{2}{5}\times\frac{3}{4}\times\frac{2}{3}\times\frac{1}{2}=\frac{1}{10}$

(검, 흰, 검, 흰)의 순서로 뽑는 확률은

$\frac{3}{5}\times\frac{2}{4}\times\frac{2}{3}\times\frac{1}{2}=\frac{1}{10}$

(검, 검, 흰, 흰)의 순서로 뽑는 확률은

$\frac{3}{5}\times\frac{2}{4}\times\frac{2}{3}\times\frac{1}{2}=\frac{1}{10}$

그러므로 $\mathrm{P}(X=4)=\frac{1}{10}\times3=\frac{3}{10}$

iv) $X=5$인 경우

(흰, 검, 검, 검, 흰)의 순서로 뽑는 확률은

$\frac{2}{5}\times\frac{3}{4}\times\frac{2}{3}\times\frac{1}{2}\times\frac{1}{1}=\frac{1}{10}$

(검, 흰, 검, 검, 흰)의 순서로 뽑는 확률은

$\frac{3}{5}\times\frac{2}{4}\times\frac{2}{3}\times\frac{1}{2}\times\frac{1}{1}=\frac{1}{10}$

(검, 검, 흰, 검, 흰)의 순서로 뽑는 확률은

$\frac{3}{5}\times\frac{2}{4}\times\frac{2}{3}\times\frac{1}{2}\times\frac{1}{1}=\frac{1}{10}$

(검, 검, 검, 흰, 흰)의 순서로 뽑는 확률은

$\frac{3}{5}\times\frac{2}{4}\times\frac{1}{3}\times\frac{2}{2}\times\frac{1}{1}=\frac{1}{10}$

그러므로 $\mathrm{P}(X=5)=\frac{1}{10}\times4=\frac{4}{10}$

i)~iv)에서 확률분포표는 다음과 같다. 너코 071

X	2	3	4	5	합계
$\mathrm{P}(X=x)$	$\frac{1}{10}$	$\frac{2}{10}$	$\frac{3}{10}$	$\frac{4}{10}$	1

따라서 구하는 값은

$$\mathrm{P}(X>3)=\mathrm{P}(X=4)+\mathrm{P}(X=5)=\frac{3}{10}+\frac{4}{10}=\frac{7}{10}$$

$p=10,\ q=7$

$\therefore\ p+q=17$

답 17

01-04

편의상 앞면을 a, 뒷면을 b로 표기하면
두 조건 (가), (나)에 의하여 첫 번째 자리에 a가 올 때와, b 바로 다음 a가 올 때 △로 표시한다.
동전을 5번 던지는 전체 경우의 수는 $2^5=32$이고, 32가지 경우에서 △가 표시되는 경우를 수형도로 일일이 세어 나타내면 다음과 같다.

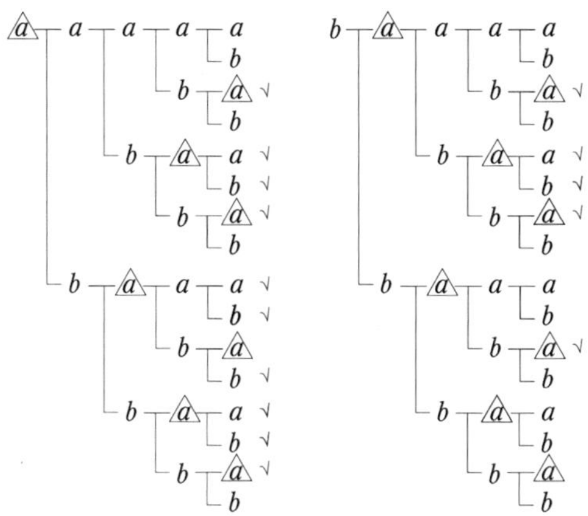

위에서 확률변수 X의 값이 2일 때, 즉 △의 개수가 2일 때는 √표시한 15가지이므로 너코 078

$\mathrm{P}(X=2)=\dfrac{15}{32}$ 너코 071

답 ②

02-01

X의 확률분포를 표로 나타내면 다음과 같다. 너코 078

X	1	2	3	4	5	합계
$\mathrm{P}(X=x)$	$\frac{3}{7}$	$\frac{2}{7}$	$\frac{1}{7}$	0	$\frac{1}{7}$	1

$\mathrm{E}(X)=1\times\dfrac{3}{7}+2\times\dfrac{2}{7}+3\times\dfrac{1}{7}+4\times0+5\times\dfrac{1}{7}$ 너코 079

$=\dfrac{15}{7}$

$\therefore\ \mathrm{E}(14X+5)=14\mathrm{E}(X)+5=14\times\dfrac{15}{7}+5=35$

답 ②

02-02

$\mathrm{P}(0\le X\le 2)=\dfrac{7}{8}$이고, 너코 078

$\mathrm{P}(X=0)+\mathrm{P}(X=1)+\mathrm{P}(X=2)=\dfrac{1}{8}+\dfrac{3+a}{8}+\dfrac{1}{8}$이므로

$\dfrac{1}{8}+\dfrac{3+a}{8}+\dfrac{1}{8}=\dfrac{7}{8}$

$a+5=7$에서 $a=2$이므로 X의 확률분포를 표로 나타내면 다음과 같다.

X	-1	0	1	2	합계
$\mathrm{P}(X=x)$	$\frac{1}{8}$	$\frac{1}{8}$	$\frac{5}{8}$	$\frac{1}{8}$	1

$\therefore\ \mathrm{E}(X)=(-1)\times\dfrac{1}{8}+0\times\dfrac{1}{8}+1\times\dfrac{5}{8}+2\times\dfrac{1}{8}$ 너코 079

$=\dfrac{3}{4}$

답 ⑤

02-03

확률의 총합은 1이므로 너코 078

$a+\dfrac{1}{4}+b=1$에서 $a+b=\dfrac{3}{4}$ ……㉠

한편 $\mathrm{E}(X)=1\times a+3\times\dfrac{1}{4}+7\times b=5$이므로 너코 079

$a+7b=\dfrac{17}{4}$ ……㉡

㉠, ㉡에서 $a=\dfrac{1}{6}$, $b=\dfrac{7}{12}$

답 ③

02-04

확률의 총합은 1이므로 너코 078

$\dfrac{1}{4}+a+2a=1$에서 $a=\dfrac{1}{4}$

X의 확률분포를 표로 나타내면 다음과 같다.

X	0	1	2	합계
$\mathrm{P}(X=x)$	$\frac{1}{4}$	$\frac{1}{4}$	$\frac{1}{2}$	1

$\mathrm{E}(X)=0\times\dfrac{1}{4}+1\times\dfrac{1}{4}+2\times\dfrac{1}{2}=\dfrac{5}{4}$ 너코 079

$\therefore\ \mathrm{E}(4X+10)=4\mathrm{E}(X)+10=4\times\dfrac{5}{4}+10=15$

답 ⑤

02-05

주어진 확률분포표에서 X의 평균은

$\mathrm{E}(X)=(-4)\times\dfrac{1}{5}+0\times\dfrac{1}{10}+4\times\dfrac{1}{5}+8\times\dfrac{1}{2}=4$ 너코 079

$\therefore\ \mathrm{E}(3X)=3\mathrm{E}(X)=3\times4=12$

답 ⑤

02-06

주어진 확률분포표에서 X의 평균은

$\mathrm{E}(X)=(-5)\times\dfrac{1}{5}+0\times\dfrac{1}{5}+5\times\dfrac{3}{5}=2$ 너코 079

$\therefore\ \mathrm{E}(4X+3)=4\mathrm{E}(X)+3=4\times2+3=11$

답 11

I 통계

02-07

9개의 정사각형 중에서 임의로 3개를 색칠하는
전체 경우의 수는 ${}_9C_3 = 84$
세 가지 유형에 따라 확률분포는 다음과 같다.

i) 유형 1의 모양으로 색칠하는 경우

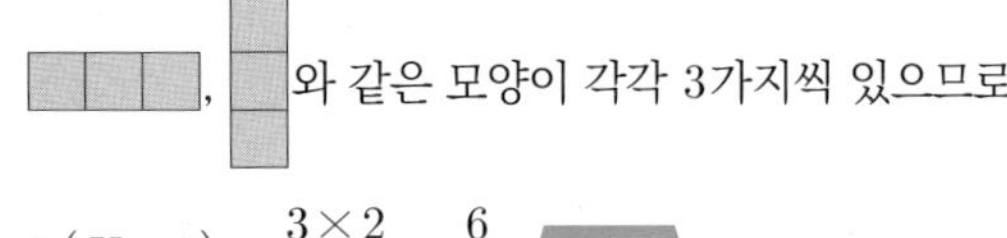
와 같은 모양이 각각 3가지씩 있으므로

$P(X=1) = \frac{3\times 2}{84} = \frac{6}{84}$ 너코 071

ii) 유형 2의 모양으로 색칠하는 경우

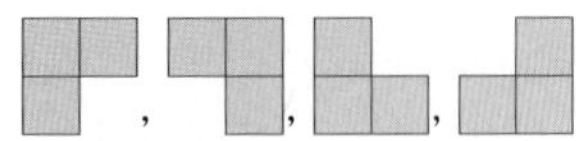

와 같은 모양이 각각 4가지씩 있으므로

$P(X=2) = \frac{4\times 4}{84} = \frac{16}{84}$

iii) 유형 3의 모양으로 색칠하는 경우
모양의 개수가 $84-(6+16)=62$이므로

$P(X=3) = \frac{62}{84}$

i)~iii)에서 확률변수 X의 확률분포를 표로 나타내어 보면 다음과 같다. 너코 078

X	1	2	3	합계
$P(X=x)$	$\frac{6}{84}$	$\frac{16}{84}$	$\frac{62}{84}$	1

$E(X) = 1\times\frac{6}{84} + 2\times\frac{16}{84} + 3\times\frac{62}{84} = \frac{224}{84}$ 너코 079

$\therefore\ E(42X) = 42E(X) = 42\times\frac{224}{84} = 112$

답 112

02-08

확률변수 X가 취할 수 있는 값은 2, 3, 4, 5이고,
각 지점에 연결된 도로의 개수를 표시하면 다음과 같다.

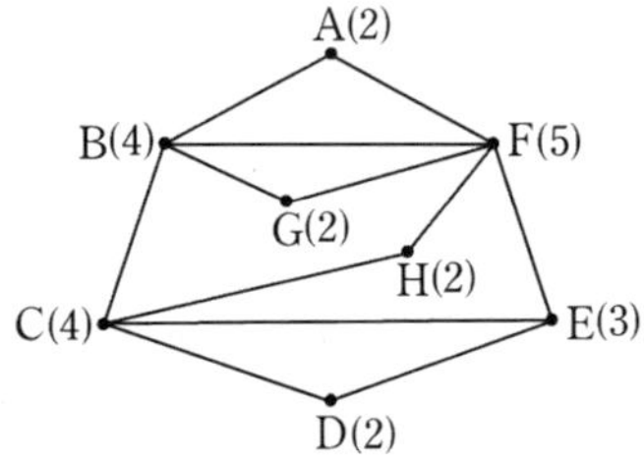

$X=2$인 경우가 A, D, G, H로 4가지
$X=3$인 경우가 E로 1가지
$X=4$인 경우가 B, C로 2가지
$X=5$인 경우가 F로 1가지이므로
X의 확률분포를 표로 나타내면 다음과 같다. 너코 071 너코 078

X	2	3	4	5	합계
$P(X=x)$	$\frac{4}{8}$	$\frac{1}{8}$	$\frac{2}{8}$	$\frac{1}{8}$	1

$E(X) = 2\times\frac{4}{8} + 3\times\frac{1}{8} + 4\times\frac{2}{8} + 5\times\frac{1}{8} = 3$ 너코 079

$\therefore\ E(3X+1) = 3E(X)+1 = 3\times 3+1 = 10$

답 ③

02-09

5개의 서랍 중 2개를 선택하는 전체 경우의 수는
${}_5C_2 = 10$이고,
확률변수 X가 취할 수 있는 값은 1, 2, 3, 4이다.

i) $X=1$인 경우
서랍 두 개에 적힌 수 중 1이 포함되어야 하므로
{1, 2}, {1, 3}, {1, 4}, {1, 5}의 4가지이다.

ii) $X=2$인 경우
서랍 두 개에 적힌 수 중 2가 작은 수이어야 하므로
{2, 3}, {2, 4}, {2, 5}의 3가지이다.

iii) $X=3$인 경우
서랍 두 개에 적힌 수 중 3이 작은 수이어야 하므로
{3, 4}, {3, 5}의 2가지이다.

iv) $X=4$인 경우
서랍 두 개에 적힌 수 중 4가 작은 수이어야 하므로
{4, 5}의 1가지이다.

i)~iv)에서 X의 확률분포를 표로 나타내면 다음과 같다.
너코 071 너코 078

X	1	2	3	4	합계
$P(X=x)$	$\frac{4}{10}$	$\frac{3}{10}$	$\frac{2}{10}$	$\frac{1}{10}$	1

$E(X) = 1\times\frac{4}{10} + 2\times\frac{3}{10} + 3\times\frac{2}{10} + 4\times\frac{1}{10} = 2$ 너코 079

$\therefore\ E(10X) = 10E(X) = 10\times 2 = 20$

답 20

02-10

자연수 $k\,(4\le k\le n)$에 대하여 확률변수 X의 값이
k일 확률은 1부터 $k-1$까지의 자연수가 적혀 있는 카드 중에서
서로 다른 3장의 카드와 k가 적혀 있는 카드를 선택하는
경우의 수 ${}_{k-1}C_3\times 1$을 전체 경우의 수 ${}_nC_4$로 나누는 것이므로

$P(X=k) = \frac{\boxed{{}_{k-1}C_3}}{{}_nC_4}$ 너코 071

이다. 자연수 $r\,(1\le r\le k)$에 대하여

${}_kC_r = \frac{k}{r}\times{}_{k-1}C_{r-1}$ … 빈출 QnA

이므로 $r=4$일 때

${}_kC_4 = \frac{k}{4}\times{}_{k-1}C_3,\ k\times\boxed{{}_{k-1}C_3} = 4\times\boxed{{}_kC_4}$

이다. 그러므로

$$\mathrm{E}(X)=\sum_{k=4}^{n}\{k\times \mathrm{P}(X=k)\}$$ 너코 028 너코 079

$$=\frac{1}{{}_n\mathrm{C}_4}\sum_{k=4}^{n}(k\times \boxed{{}_{k-1}\mathrm{C}_3})$$

$$=\frac{4}{{}_n\mathrm{C}_4}\sum_{k=4}^{n}\boxed{{}_k\mathrm{C}_4}$$

이다.

$$\sum_{k=4}^{n}\boxed{{}_k\mathrm{C}_4}={}_4\mathrm{C}_4+{}_5\mathrm{C}_4+{}_6\mathrm{C}_4+\cdots+{}_n\mathrm{C}_4={}_{n+1}\mathrm{C}_5$$ 너코 069

이므로

$$\mathrm{E}(X)=\frac{4}{{}_n\mathrm{C}_4}\sum_{k=4}^{n}\boxed{{}_k\mathrm{C}_4}$$

$$=\frac{4}{{}_n\mathrm{C}_4}\times{}_{n+1}\mathrm{C}_5$$

$$=4\times\frac{\frac{(n+1)n(n-1)(n-2)(n-3)}{5!}}{\frac{n(n-1)(n-2)(n-3)}{4!}}$$

$$=4\times\frac{n+1}{5}$$

$$=(n+1)\times\boxed{\frac{4}{5}}$$

이다.

$\therefore$ (가) : ${}_{k-1}\mathrm{C}_3$, (나) : ${}_k\mathrm{C}_4$, (다) : $\frac{4}{5}$

$\therefore\ a\times f(6)\times g(5)=\frac{4}{5}\times{}_{6-1}\mathrm{C}_3\times{}_5\mathrm{C}_4=40$

답 ①

빈출 QnA

Q. ${}_k\mathrm{C}_r=\frac{k}{r}\times{}_{k-1}\mathrm{C}_{r-1}$이 갑자기 어떻게 나온 건지 모르겠습니다. 이게 왜 성립하나요?

A. 일단 주어진 등식이 왜 성립하는지 설명하겠습니다.

$${}_k\mathrm{C}_r=\frac{k!}{r!(k-r)!}=\frac{k}{r}\times\frac{(k-1)!}{(r-1)!(k-r)!}$$

$$=\frac{k}{r}\times{}_{k-1}\mathrm{C}_{r-1}$$

입니다. 그리고 $\mathrm{E}(X)$를 계산하는 과정에서 이 식을 이용하기 위해서 등장한 것이지요.

02-11

점프를 반복하여 점 $(0, 0)$에서 점 $(4, 3)$까지 이동하는 모든 경우의 수를 N이라 하자.

점 (x, y)에서 점 $(x+1, y)$로는 오른쪽으로 한 칸 이동,

점 (x, y)에서 점 $(x, y+1)$로는 위쪽으로 한 칸 이동,

점 (x, y)에서 점 $(x+1, y+1)$로는 대각선 위쪽으로 한 칸 이동한다.

점 $(0, 0)$에서 점 $(4, 3)$까지 이동하는 횟수가 최소이려면 대각선 위쪽으로 3번, 오른쪽으로 1번 이동해야 하므로 $k=\boxed{4}$이고, 최대이려면 오른쪽으로 4칸, 위쪽으로 3칸 이동해야 하므로 $k+3=7$이다.

점 (x, y)에서 세 점 $(x+1, y)$, $(x, y+1)$, $(x+1, y+1)$으로 이동하는 방향을 각각 →, ↑, ↗로 나타낼 때 확률분포는 다음과 같다.

i) $X=k=4$일 때

점 $(0, 0)$에서 점 $(4, 3)$까지 이동하는 경우의 수는 ↗, ↗, ↗, →를 일렬로 나열하는 경우의 수와 같으므로 $\frac{4!}{3!}$ 너코 063

$$\mathrm{P}(X=k)=\mathrm{P}(X=4)=\frac{1}{N}\times\frac{4!}{3!}=\frac{4}{N}$$

ii) $X=k+1=5$일 때

점 $(0, 0)$에서 점 $(4, 3)$까지 이동하는 경우의 수는 ↗, ↗, →, →, ↑를 일렬로 나열하는 경우의 수와 같으므로 $\frac{5!}{2!2!}$

$$\mathrm{P}(X=k+1)=\mathrm{P}(X=5)=\frac{1}{N}\times\frac{5!}{2!2!}=\frac{30}{N}$$

iii) $X=k+2=6$일 때

점 $(0, 0)$에서 점 $(4, 3)$까지 이동하는 경우의 수는 ↗, →, →, →, ↑, ↑를 일렬로 나열하는 경우의 수와 같으므로 $\frac{6!}{2!3!}$

$$\mathrm{P}(X=k+2)=\mathrm{P}(X=6)=\frac{1}{N}\times\frac{6!}{2!3!}=\frac{1}{N}\times\boxed{60}$$

iv) $X=k+3=7$일 때

점 $(0, 0)$에서 점 $(4, 3)$까지 이동하는 모든 경우의 수는 →, →, →, →, ↑, ↑, ↑를 일렬로 나열하는 경우의 수와 같으므로 $\frac{7!}{3!4!}$

$$\mathrm{P}(X=k+3)=\mathrm{P}(X=7)=\frac{1}{N}\times\frac{7!}{3!4!}=\frac{35}{N}$$

i)~iv)에서 확률분포를 표로 나타내면 다음과 같다. 너코 078

X	4	5	6	7	합계
$\mathrm{P}(X=x)$	$\frac{4}{N}$	$\frac{30}{N}$	$\frac{60}{N}$	$\frac{35}{N}$	1

확률의 총합은 1이므로

$\frac{4+30+60+35}{N}=1$, $N=4+30+60+35=\boxed{129}$이다.

따라서 확률변수 X의 평균 $\mathrm{E}(X)$는 다음과 같다.

$$\mathrm{E}(X)=\sum_{i=k}^{k+3}\{i\times\mathrm{P}(X=i)\}=\frac{257}{43}$$ 너코 028 너코 079

$\therefore$ (가) : 4, (나) : 60, (다) : 129

$\therefore\ a+b+c=4+60+129=193$

답 ②

I 통계

02-12

풀이 1

$\mathrm{E}(X)=4$이므로

$\mathrm{E}(X)=\sum_{k=1}^{5}\{k\times \mathrm{P}(X=k)\}=4$이고, 너코 028 너코 079

……㉠

$\mathrm{P}(Y=k)=\frac{1}{2}\mathrm{P}(X=k)+\frac{1}{10}$을 대입하면

$$\begin{aligned}\mathrm{E}(Y)&=\sum_{k=1}^{5}\{k\times \mathrm{P}(Y=k)\}\\&=\sum_{k=1}^{5}\left\{\frac{1}{2}\times k\times \mathrm{P}(X=k)+\frac{1}{10}\times k\right\}\\&=\frac{1}{2}\sum_{k=1}^{5}\{k\times \mathrm{P}(X=k)\}+\frac{1}{10}\sum_{k=1}^{5}k\\&=\frac{1}{2}\times 4+\frac{1}{10}\times\frac{5\times 6}{2}=\frac{7}{2}=a\ (\because ㉠)\end{aligned}$$ 너코 029

$\therefore\ 8a=28$

풀이 2

$\mathrm{P}(X=k)=p_k\ (k=1, 2, 3, 4, 5)$라 하면 X의 확률분포는 다음과 같다. 너코 078

X	1	2	3	4	5	합계
$\mathrm{P}(X=k)$	p_1	p_2	p_3	p_4	p_5	1

$\mathrm{E}(X)=4$이므로 너코 079

$1\times p_1+2\times p_2+3\times p_3+4\times p_4+5\times p_5=4$이다. ……㉠

한편, $\mathrm{P}(Y=k)=\frac{1}{2}\mathrm{P}(X=k)+\frac{1}{10}\ (k=1, 2, 3, 4, 5)$인 확률변수 Y의 확률분포는 다음과 같다.

Y	1	2	3	4	5	합계
$\mathrm{P}(Y=k)$	$\frac{1}{2}p_1+\frac{1}{10}$	$\frac{1}{2}p_2+\frac{1}{10}$	$\frac{1}{2}p_3+\frac{1}{10}$	$\frac{1}{2}p_4+\frac{1}{10}$	$\frac{1}{2}p_5+\frac{1}{10}$	1

그러므로

$$\begin{aligned}&\mathrm{E}(Y)\\&=1\times\left(\frac{1}{2}p_1+\frac{1}{10}\right)+2\times\left(\frac{1}{2}p_2+\frac{1}{10}\right)+3\times\left(\frac{1}{2}p_3+\frac{1}{10}\right)\\&\qquad+4\times\left(\frac{1}{2}p_4+\frac{1}{10}\right)+5\times\left(\frac{1}{2}p_5+\frac{1}{10}\right)\\&=\frac{1}{2}(1\times p_1+2\times p_2+3\times p_3+4\times p_4+5\times p_5)\\&\qquad+\frac{1}{10}(1+2+3+4+5)\\&=\frac{1}{2}\times 4+\frac{3}{2}=\frac{7}{2}=a\ (\because ㉠)\end{aligned}$$

$\therefore\ 8a=28$

답 28

02-13

4개의 동전을 동시에 던져서 앞면이 나오는 동전의 개수가 확률변수 X이므로 X가 가질 수 있는 값은 0, 1, 2, 3, 4이고, 각각의 확률은 다음과 같다.

$\mathrm{P}(X=0)={}_4\mathrm{C}_0\left(\frac{1}{2}\right)^0\left(\frac{1}{2}\right)^4=\frac{1}{16}$ 너코 077

$\mathrm{P}(X=1)={}_4\mathrm{C}_1\left(\frac{1}{2}\right)^1\left(\frac{1}{2}\right)^3=\frac{4}{16}$

$\mathrm{P}(X=2)={}_4\mathrm{C}_2\left(\frac{1}{2}\right)^2\left(\frac{1}{2}\right)^2=\frac{6}{16}$

$\mathrm{P}(X=3)={}_4\mathrm{C}_3\left(\frac{1}{2}\right)^3\left(\frac{1}{2}\right)^1=\frac{4}{16}$

$\mathrm{P}(X=4)={}_4\mathrm{C}_4\left(\frac{1}{2}\right)^4\left(\frac{1}{2}\right)^0=\frac{1}{16}$

이때 이산확률변수 Y가 가질 수 있는 값은 0, 1, 2이고,
$\mathrm{P}(Y=0)=\mathrm{P}(X=0)$, $\mathrm{P}(Y=1)=\mathrm{P}(X=1)$,
$\mathrm{P}(Y=2)=\mathrm{P}(X=2)+\mathrm{P}(X=3)+\mathrm{P}(X=4)$이므로 Y의 확률분포를 표로 나타내면 다음과 같다. 너코 078

Y	0	1	2	합계
$\mathrm{P}(Y=y)$	$\frac{1}{16}$	$\frac{4}{16}$	$\frac{11}{16}$	1

$\therefore\ \mathrm{E}(Y)=0\times\frac{1}{16}+1\times\frac{4}{16}+2\times\frac{11}{16}=\frac{26}{16}=\frac{13}{8}$ 너코 079

답 ②

02-14

$\mathrm{P}(X=k)=\mathrm{P}(X=k+2)\ (k=0, 1, 2)$

이므로

$\mathrm{P}(X=0)=p_0$라 하면 $\mathrm{P}(X=2)=\mathrm{P}(X=4)=p_0$

$\mathrm{P}(X=1)=p_1$이라 하면 $\mathrm{P}(X=3)=p_1$

그러므로 확률변수 X의 확률분포를 표로 나타내면 다음과 같다. 너코 078

X	0	1	2	3	4	합계
$\mathrm{P}(X=x)$	p_0	p_1	p_0	p_1	p_0	1

확률의 총합은 1이므로

$3p_0+2p_1=1$ ……㉠

$\mathrm{E}(X^2)$

$=0^2\times p_0+1^2\times p_1+2^2\times p_0+3^2\times p_1+4^2\times p_0$ 너코 079

$=20p_0+10p_1$

이므로 $\mathrm{E}(X^2)=\frac{35}{6}$에서

$20p_0+10p_1=\frac{35}{6}$, 즉 $4p_0+2p_1=\frac{7}{6}$ ……㉡

㉡−㉠에서 $p_0=\frac{1}{6}$

$\therefore\ \mathrm{P}(X=0)=\frac{1}{6}$

답 ④

02-15

주사위를 두 번 던져 나올 수 있는 전체 경우의 수는
${}_6\Pi_2=36$ 너코 062
확률변수 X가 취할 수 있는 값은 0, 1, $\sqrt{3}$, 2이다.

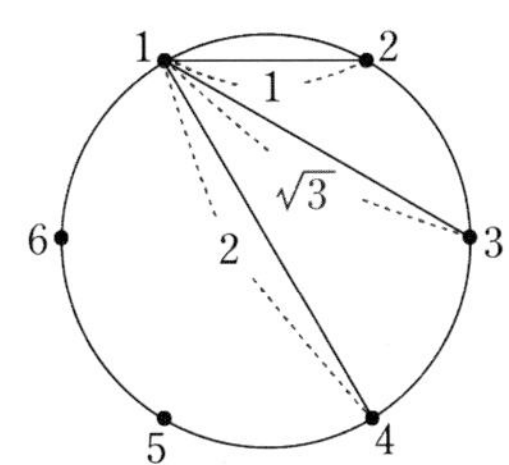

i) $X=0$일 때
두 주사위의 눈의 수가 같을 때이므로
(1, 1), (2, 2), (3, 3), (4, 4), (5, 5), (6, 6)
의 6가지이고,
$\mathrm{P}(X=0)=\frac{6}{36}=\frac{1}{6}$ 너코 071

ii) $X=1$일 때
(1, 2), (2, 3), (3, 4), (4, 5), (5, 6), (6, 1),
(2, 1), (3, 2), (4, 3), (5, 4), (6, 5), (1, 6)
의 12가지이고,
$\mathrm{P}(X=1)=\frac{12}{36}=\frac{1}{3}$

iii) $X=\sqrt{3}$일 때
(1, 3), (2, 4), (3, 5), (4, 6), (5, 1), (6, 2),
(3, 1), (4, 2), (5, 3), (6, 4), (1, 5), (2, 6)
의 12가지이고,
$\mathrm{P}(X=\sqrt{3})=\frac{12}{36}=\frac{1}{3}$

iv) $X=2$일 때
(1, 4), (2, 5), (3, 6), (4, 1), (5, 2), (6, 3)
의 6가지이고,
$\mathrm{P}(X=2)=\frac{6}{36}=\frac{1}{6}$

i)~iv)에서 X의 확률분포를 표로 나타내면 다음과 같다.
너코 078

X	0	1	$\sqrt{3}$	2	합계
$\mathrm{P}(X=x)$	$\frac{1}{6}$	$\frac{1}{3}$	$\frac{1}{3}$	$\frac{1}{6}$	1

$\therefore\ \mathrm{E}(X)=0\times\frac{1}{6}+1\times\frac{1}{3}+\sqrt{3}\times\frac{1}{3}+2\times\frac{1}{6}$ 너코 079
$=\frac{2+\sqrt{3}}{3}$

답 ④

02-16

$n=3$일 때, 다음과 같이 5개의 점 P_1, P_2, P_3, P_4, P_5가 호 AB를 6등분한다.

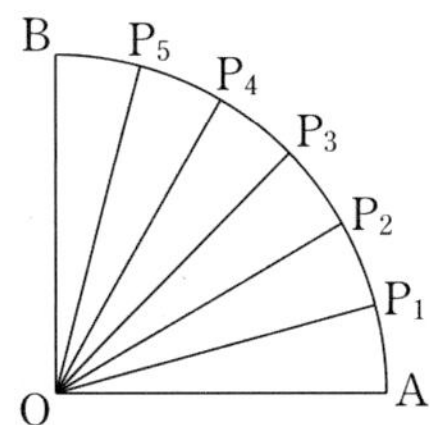

부채꼴 AOB의 넓이는 $\frac{1}{2}\times1^2\times\frac{\pi}{2}=\frac{\pi}{4}$이므로 너코 017

6등분 된 부채꼴 1개의 넓이는 $\frac{\pi}{4}\times\frac{1}{6}=\frac{\pi}{24}$이다.

i) $\mathrm{P}=\mathrm{P}_1$ 또는 $\mathrm{P}=\mathrm{P}_5$일 때
부채꼴 OPA의 넓이와 부채꼴 OPB의 넓이의 차 X는
$X=5\times\frac{\pi}{24}-1\times\frac{\pi}{24}=\frac{\pi}{6}$이고, $\mathrm{P}\left(X=\frac{\pi}{6}\right)=\frac{2}{5}$

ii) $\mathrm{P}=\mathrm{P}_2$ 또는 $\mathrm{P}=\mathrm{P}_4$일 때
부채꼴 OPA의 넓이와 부채꼴 OPB의 넓이의 차 X는
$X=4\times\frac{\pi}{24}-2\times\frac{\pi}{24}=\frac{\pi}{12}$이고, $\mathrm{P}\left(X=\frac{\pi}{12}\right)=\frac{2}{5}$

iii) $\mathrm{P}=\mathrm{P}_3$일 때
부채꼴 OPA의 넓이와 부채꼴 OPB의 넓이의 차 X는
$X=3\times\frac{\pi}{24}-3\times\frac{\pi}{24}=0$이고, $\mathrm{P}(X=0)=\frac{1}{5}$

i)~iii)에서 확률변수 X의 확률분포를 표로 나타내면 다음과 같다. 너코 078

X	0	$\frac{\pi}{12}$	$\frac{\pi}{6}$	합계
$\mathrm{P}(X=x)$	$\frac{1}{5}$	$\frac{2}{5}$	$\frac{2}{5}$	1

$\therefore\ \mathrm{E}(X)=0\times\frac{1}{5}+\frac{\pi}{12}\times\frac{2}{5}+\frac{\pi}{6}\times\frac{2}{5}=\frac{\pi}{10}$ 너코 079

답 ②

03-01

풀이 1

$\mathrm{E}(X)=0\times\frac{2}{10}+1\times\frac{3}{10}+2\times\frac{3}{10}+3\times\frac{2}{10}=\frac{3}{2}$이고,

너코 079

X	0	1	2	3	계
X^2	0	1	4	9	
$\mathrm{P}(X=x)$	$\frac{2}{10}$	$\frac{3}{10}$	$\frac{3}{10}$	$\frac{2}{10}$	1

$\mathrm{E}(X^2)=0\times\frac{2}{10}+1\times\frac{3}{10}+4\times\frac{3}{10}+9\times\frac{2}{10}=\frac{33}{10}$이다.

그러므로

$\mathrm{V}(X)=\mathrm{E}(X^2)-\{\mathrm{E}(X)\}^2=\frac{33}{10}-\left(\frac{3}{2}\right)^2=\frac{21}{20}$

$\therefore\ \mathrm{V}(Y)=\mathrm{V}(10X+5)=100\mathrm{V}(X)=105$

풀이 2

확률변수 $Y=10X+5$의 확률분포를 표로 나타내어 보면 다음과 같다. 너코 078

X	0	1	2	3	합계
Y	5	15	25	35	
$(Y-m)^2$	$(-15)^2$	$(-5)^2$	5^2	15^2	
$\mathrm{P}(Y=y)$	$\frac{2}{10}$	$\frac{3}{10}$	$\frac{3}{10}$	$\frac{2}{10}$	1

$\mathrm{E}(Y)=5\times\frac{2}{10}+15\times\frac{3}{10}+25\times\frac{3}{10}+35\times\frac{2}{10}=20$이므로 너코 079

$\mathrm{V}(Y)=(-15)^2\times\frac{2}{10}+(-5)^2\times\frac{3}{10}+5^2\times\frac{3}{10}+15^2\times\frac{2}{10}$
$=105$

답 105

03-02

풀이 1

$\mathrm{E}(X)=0\times\frac{2}{7}+1\times\frac{3}{7}+2\times\frac{2}{7}=1$이고, 너코 079

X	0	1	2	계
X^2	0	1	4	
$\mathrm{P}(X=x)$	$\frac{2}{7}$	$\frac{3}{7}$	$\frac{2}{7}$	1

$\mathrm{E}(X^2)=0\times\frac{2}{7}+1\times\frac{3}{7}+4\times\frac{2}{7}=\frac{11}{7}$이다.

그러므로 $\mathrm{V}(X)=\mathrm{E}(X^2)-\{\mathrm{E}(X)\}^2=\frac{11}{7}-1^2=\frac{4}{7}$

$\therefore\ \mathrm{V}(7X)=49\mathrm{V}(X)=49\times\frac{4}{7}=28$

풀이 2

$\mathrm{E}(X)=0\times\frac{2}{7}+1\times\frac{3}{7}+2\times\frac{2}{7}=1$이고, 너코 079

X	0	1	2	계
$(X-1)^2$	1	0	1	
$\mathrm{P}(X=x)$	$\frac{2}{7}$	$\frac{3}{7}$	$\frac{2}{7}$	1

$\mathrm{V}(X)=1\times\frac{2}{7}+0\times\frac{3}{7}+1\times\frac{2}{7}=\frac{4}{7}$

$\therefore\ \mathrm{V}(7X)=49\mathrm{V}(X)=49\times\frac{4}{7}=28$

답 ③

03-03

$\mathrm{P}(X=0)+\mathrm{P}(X=2)=1$이므로 너코 078
확률변수 X가 취할 수 있는 값은 0, 2뿐이고
$0<\mathrm{P}(X=0)<1$이므로 $\mathrm{P}(X=2)=p$라 하면
$0<p<1$이다.

확률변수 X의 확률분포를 표로 나타내면 다음과 같다.

X	0	2	합계
X^2	0	4	
$\mathrm{P}(X=x)$	$1-p$	p	1

$\mathrm{E}(X)=0\times(1-p)+2\times p=2p$ 너코 079
$\mathrm{E}(X^2)=0\times(1-p)+4\times p=4p$
$\mathrm{V}(X)=\mathrm{E}(X^2)-\{\mathrm{E}(X)\}^2=4p-(2p)^2=4p(1-p)$
$\{\mathrm{E}(X)\}^2=2\mathrm{V}(X)$에서
$(2p)^2=2\times 4p(1-p)$, $12p^2-8p=0$, $4p(3p-2)=0$
$\therefore\ p=\frac{2}{3}$ ($\because\ 0<p<1$)

답 ④

03-04

동전을 세 번 던져 나오는 전체 경우의 수는 ${}_2\Pi_3=8$ 너코 062

i) $X=0$인 경우
동전의 같은 면이 연속해서 나오는 경우가 없어야 하므로
(앞, 뒤, 앞) 또는 (뒤, 앞, 뒤)의 2가지이고,
$\mathrm{P}(X=0)=\frac{2}{8}$ 너코 071

ii) $X=1$인 경우
동전의 같은 면이 2번만 연속한 경우이므로
(앞, 앞, 뒤), (뒤, 앞, 앞), (뒤, 뒤, 앞), (앞, 뒤, 뒤)의
4가지이고,
$\mathrm{P}(X=2)=\frac{4}{8}$

iii) $X=3$인 경우
동전이 3번 모두 같은 면이 나오는 경우이므로
(앞, 앞, 앞) 또는 (뒤, 뒤, 뒤)의 2가지이고,
$\mathrm{P}(X=3)=\frac{2}{8}$

i)~iii)에서 확률변수 X의 확률분포를 표로 나타내어 보면 다음과 같다. 너코 078

X	0	1	3	합계
X^2	0	1	9	
$\mathrm{P}(X=x)$	$\frac{2}{8}$	$\frac{4}{8}$	$\frac{2}{8}$	1

$\mathrm{E}(X)=0\times\frac{2}{8}+1\times\frac{4}{8}+3\times\frac{2}{8}=\frac{5}{4}$ 너코 079

$\mathrm{E}(X^2)=0\times\frac{2}{8}+1\times\frac{4}{8}+9\times\frac{2}{8}=\frac{11}{4}$

$\therefore\ \mathrm{V}(X)=\mathrm{E}(X^2)-\{\mathrm{E}(X)\}^2=\frac{11}{4}-\frac{25}{16}=\frac{19}{16}$

답 ②

03-05

주어진 확률분포를 표로 나타내면 다음과 같다. 너코 078

X	-1	0	1	2	합계
$\mathrm{P}(X=x)$	$\frac{-a+2}{10}$	$\frac{2}{10}$	$\frac{a+2}{10}$	$\frac{2a+2}{10}$	1

이때 확률의 총합은 1이므로

$\frac{-a+2}{10}+\frac{2}{10}+\frac{a+2}{10}+\frac{2a+2}{10}=1$ 에서 $a=1$

위의 확률분포표에 대입하면 다음과 같다.

X	-1	0	1	2	합계
X^2	1	0	1	4	
$\mathrm{P}(X=x)$	$\frac{1}{10}$	$\frac{2}{10}$	$\frac{3}{10}$	$\frac{4}{10}$	1

$\mathrm{E}(X)=(-1)\times\frac{1}{10}+0\times\frac{2}{10}+1\times\frac{3}{10}+2\times\frac{4}{10}=1$

너코 079

$\mathrm{E}(X^2)=1\times\frac{1}{10}+0\times\frac{2}{10}+1\times\frac{3}{10}+4\times\frac{4}{10}=2$

그러므로 $\mathrm{V}(X)=\mathrm{E}(X^2)-\{\mathrm{E}(X)\}^2=2-1^2=1$

$\therefore\ \mathrm{V}(3X+2)=9\mathrm{V}(X)=9\times1=9$

답 ①

03-06

$Y=10X-2.21$이라 하자.

확률변수 Y의 확률분포를 표로 나타내면 다음과 같다. 너코 078

Y	-1	0	1	합계
$\mathrm{P}(Y=y)$	a	b	$\frac{2}{3}$	1

$\mathrm{E}(Y)=\mathrm{E}(10X-2.21)=10\mathrm{E}(X)-2.21=0.5$이므로

너코 079

$(-1)\times a+0\times b+1\times\frac{2}{3}=\frac{1}{2}$에서 $a=\boxed{\frac{1}{6}}$이고

확률의 총합은 1이므로

$a+b+\frac{2}{3}=1$에서 $b=\boxed{\frac{1}{6}}$이다.

또한 $\mathrm{E}(Y^2)=(-1)^2\times\frac{1}{6}+0^2\times\frac{1}{6}+1^2\times\frac{2}{3}=\frac{5}{6}$이므로

$\mathrm{V}(Y)=\mathrm{E}(Y^2)-\{\mathrm{E}(Y)\}^2=\frac{5}{6}-\left(\frac{1}{2}\right)^2=\frac{7}{12}$이다.

한편, $Y=10X-2.21$이므로 $\mathrm{V}(Y)=\boxed{100}\times\mathrm{V}(X)$이다.

따라서 $\mathrm{V}(X)=\frac{1}{\boxed{100}}\times\frac{7}{12}$이다

$\therefore$ (가) : $\frac{1}{6}$, (나) : $\frac{1}{6}$, (다) : 100

$\therefore\ pqr=\frac{1}{6}\times\frac{1}{6}\times100=\frac{25}{9}$

답 ⑤

03-07

$\mathrm{E}(X)=2$, $\mathrm{E}(X^2)=5$이므로

$\mathrm{V}(X)=\mathrm{E}(X^2)-\{\mathrm{E}(X)\}^2=5-2^2=1$ 너코 079

이때 주어진 확률분포표에 의하여 $Y=10X+1$이므로

$\mathrm{E}(Y)=\mathrm{E}(10X+1)=10\mathrm{E}(X)+1=10\times2+1=21$

$\mathrm{V}(Y)=\mathrm{V}(10X+1)=10^2\mathrm{V}(X)=100\times1=100$

$\therefore\ \mathrm{E}(Y)+\mathrm{V}(Y)=21+100=121$

답 121

03-08

주어진 표에 의하여

$\mathrm{E}(X)=a+3b+5c+7b+9a=10a+10b+5c$

$\mathrm{E}(X^2)=a+3^2b+5^2c+7^2b+9^2a=82a+58b+25c$ 너코 079

$\mathrm{V}(X)=\mathrm{E}(X^2)-\{\mathrm{E}(X)\}^2=\frac{31}{5}$ ……㉠

$\mathrm{E}(Y)=a+\frac{1}{20}+3b+5\left(c-\frac{1}{10}\right)+7b+9\left(a+\frac{1}{20}\right)$

$=10a+10b+5c=\mathrm{E}(X)$

$\mathrm{E}(Y^2)=a+\frac{1}{20}+3^2b+5^2\left(c-\frac{1}{10}\right)+7^2b+9^2\left(a+\frac{1}{20}\right)$

$=82a+58b+25c+\frac{8}{5}=\mathrm{E}(X^2)+\frac{8}{5}$

$\therefore\ \mathrm{V}(Y)=\mathrm{E}(Y^2)-\{\mathrm{E}(Y)\}^2$

$=\mathrm{E}(X^2)+\frac{8}{5}-\{\mathrm{E}(X)\}^2$

$=\frac{31}{5}+\frac{8}{5}=\frac{39}{5}$ ($\because$ ㉠)

$\therefore\ 10\times\mathrm{V}(Y)=10\times\frac{39}{5}=78$

답 78

03-09

$\sigma(X)=\mathrm{E}(X)$이므로

$\mathrm{V}(X)=\{\mathrm{E}(X)\}^2$이다. ($\because\ \sigma(X)=\sqrt{\mathrm{V}(X)}$) 너코 079

이때 $\mathrm{V}(X)=\mathrm{E}(X^2)-\{\mathrm{E}(X)\}^2$이므로

$\{\mathrm{E}(X)\}^2=\mathrm{E}(X^2)-\{\mathrm{E}(X)\}^2$에서

$\mathrm{E}(X^2)=2\{\mathrm{E}(X)\}^2$이다. ……㉠

주어진 표에서

$\mathrm{E}(X^2)=0^2\times\frac{1}{10}+1^2\times\frac{1}{2}+a^2\times\frac{2}{5}=\frac{2}{5}a^2+\frac{1}{2}$,

$\mathrm{E}(X)=0\times\frac{1}{10}+1\times\frac{1}{2}+a\times\frac{2}{5}=\frac{2}{5}a+\frac{1}{2}$

이므로 ㉠에 의하여

$\frac{2}{5}a^2+\frac{1}{2}=2\left(\frac{2}{5}a+\frac{1}{2}\right)^2$

$\frac{2}{5}a^2+\frac{1}{2}=\frac{8}{25}a^2+\frac{4}{5}a+\frac{1}{2}$

$\frac{2}{25}a^2-\frac{4}{5}a=0$, $\frac{2}{25}a(a-10)=0$

$\therefore\ a=10$ ($\because\ a>1$)

$\therefore\ \mathrm{E}(X^2)+\mathrm{E}(X)=\frac{2}{5}a^2+\frac{2}{5}a+1$

$=40+4+1=45$

답 ⑤

03-10

확률변수 X가 취할 수 있는 값은
연속하는 100개의 자연수에서 임의로 뽑은 두 수의 차이므로
0, 1, 2, ⋯, 99이다. 너코 078
확률변수 Y가 취할 수 있는 값은
연속하는 100개의 홀수에서 임의로 뽑은 두 수의 차이므로
0, 2, 4, ⋯, 198이고 $Y=2X$를 만족시킨다.
확률변수 Z가 취할 수 있는 값은
연속하는 100개의 짝수에서 임의로 뽑은 두 수의 차이므로
0, 2, 4, ⋯, 198이고 $Z=2X$를 만족시킨다.
즉, $Y=Z=2X$이므로
$\mathrm{V}(Y)=\mathrm{V}(2X)=4\mathrm{V}(X)$, $\mathrm{V}(Z)=\mathrm{V}(2X)=4\mathrm{V}(X)$ 너코 079
$\therefore\ \mathrm{V}(X)<\mathrm{V}(Y)=\mathrm{V}(Z)$

답 ⑤

04-01

이항분포 $\mathrm{B}\left(n,\ \frac{1}{2}\right)$을 따르는 확률변수 X의 분산은

$\mathrm{V}(X)=n\times\frac{1}{2}\times\frac{1}{2}=\frac{n}{4}$이므로 너코 080

$\mathrm{V}\left(\frac{1}{2}X+1\right)=\left(\frac{1}{2}\right)^2\times\frac{n}{4}=\frac{n}{16}$ 너코 079

$\mathrm{V}\left(\frac{1}{2}X+1\right)=5$라 주어졌으므로

$\frac{n}{16}=5$

$\therefore\ n=80$

답 80

04-02

이항분포 $\mathrm{B}\left(n,\ \frac{1}{2}\right)$을 따르는 확률변수 X의 평균과 분산은

$\mathrm{E}(X)=\frac{n}{2}$, $\mathrm{V}(X)=\frac{n}{4}$이므로 너코 080

$\mathrm{E}(X^2)=\mathrm{V}(X)+\{\mathrm{E}(X)\}^2=\frac{n}{4}+\frac{n^2}{4}$이다. 너코 079

또한 $\mathrm{E}(X^2)=\frac{n}{4}+25$라 주어졌으므로

$\frac{n}{4}+\frac{n^2}{4}=\frac{n}{4}+25$에서 $\frac{n^2}{4}=25$이다.

$\therefore\ n=10$

답 ①

04-03

이항분포 $\mathrm{B}\left(n,\ \frac{1}{4}\right)$을 따르는 확률변수 X의 분산은

$\mathrm{V}(X)=n\times\frac{1}{4}\times\frac{3}{4}=\frac{3}{16}n$이다. 너코 080

이때 $\mathrm{V}(X)=6$이라 주어졌으므로

$\frac{3}{16}n=6$

$\therefore\ n=32$

답 32

04-04

이항분포 $\mathrm{B}(80,\ p)$를 따르는 확률변수 X의 평균은
$\mathrm{E}(X)=80p$이다. 너코 080
이때 $\mathrm{E}(X)=20$이라 주어졌으므로

$80p=20$에서 $p=\frac{1}{4}$이다.

$\therefore\ \mathrm{V}(X)=80\times\frac{1}{4}\times\frac{3}{4}=15$

답 15

04-05

이항분포 $\mathrm{B}\left(80,\ \frac{1}{8}\right)$을 따르는 확률변수 X의 평균은

$\mathrm{E}(X)=80\times\frac{1}{8}=10$ 너코 080

답 ①

04-06

이항분포 $\mathrm{B}\left(60,\ \frac{1}{4}\right)$을 따르는 확률변수 X의 평균은

$\mathrm{E}(X)=60\times\frac{1}{4}=15$ 너코 080

답 ③

04-07

이항분포 $\mathrm{B}\left(n,\ \frac{1}{3}\right)$을 따르는 확률변수 X의 분산은

$\mathrm{V}(X)=n\times\frac{1}{3}\times\frac{2}{3}=\frac{2}{9}n$이므로 너코 080

$\mathrm{V}(2X)=4\mathrm{V}(X)=\frac{8}{9}n=40$에서

$n=45$

답 ④

04-08

이항분포 $\mathrm{B}\left(30,\ \frac{1}{5}\right)$을 따르는 확률변수 X의 평균은

$\mathrm{E}(X)=30\times\frac{1}{5}=6$ 너코 080

답 ①

04-09

확률변수 X가 이항분포 $\mathrm{B}(10, p)$를 따르므로

$\mathrm{P}(X=x)={}_{10}\mathrm{C}_x p^x(1-p)^{10-x}$이다. 너코 080

$\mathrm{P}(X=4)={}_{10}\mathrm{C}_4 p^4(1-p)^6$

$\mathrm{P}(X=5)={}_{10}\mathrm{C}_5 p^5(1-p)^5$

이때 $\mathrm{P}(X=4)=\frac{1}{3}\mathrm{P}(X=5)$이므로

${}_{10}\mathrm{C}_4 p^4(1-p)^6=\frac{1}{3}\times{}_{10}\mathrm{C}_5 p^5(1-p)^5$

$1-p=\frac{2}{5}p,\ p=\frac{5}{7}\ (\because\ 0<p<1)$

그러므로 확률변수 X는 이항분포 $\mathrm{B}\left(10, \frac{5}{7}\right)$를 따르므로

$\mathrm{E}(X)=10\times\frac{5}{7}=\frac{50}{7}$

$\therefore\ \mathrm{E}(7X)=7\mathrm{E}(X)=7\times\frac{50}{7}=50$ 너코 079

답 50

04-10

확률변수 X의 평균과 표준편차는

$\mathrm{E}(X)=np,\ \sigma(X)=\sqrt{np(1-p)}$이다. 너코 080

확률변수 $2X-5$의 평균과 표준편차가 각각 175, 12라 주어졌으므로

$\mathrm{E}(2X-5)=2\mathrm{E}(X)-5=175$에서 $\mathrm{E}(X)=90$ 너코 079

$np=90$ ……㉠

$\sigma(2X-5)=|2|\sigma(X)=12$에서 $\sigma(X)=6$

$\sqrt{90(1-p)}=6,\ 90(1-p)=36$에서 $p=\frac{3}{5}$ ……㉡

㉠, ㉡에서 $n=150$

답 ⑤

04-11

확률변수 X는 이항분포 $\mathrm{B}(n, p)$를 따르고

$\mathrm{E}(X)=1,\ \mathrm{V}(X)=\frac{9}{10}$라 주어졌으므로

$\mathrm{E}(X)=np=1$ 너코 080 ……㉠

$\mathrm{V}(X)=np(1-p)=\frac{9}{10}$ ……㉡

㉠, ㉡에서 $1-p=\frac{9}{10},\ p=\frac{1}{10}$

㉠에 대입하면 $n=10$

$\therefore\ \mathrm{P}(X<2)=\mathrm{P}(X=0)+\mathrm{P}(X=1)$

$={}_{10}\mathrm{C}_0\left(\frac{1}{10}\right)^0\left(\frac{9}{10}\right)^{10}+{}_{10}\mathrm{C}_1\left(\frac{1}{10}\right)^1\left(\frac{9}{10}\right)^9$

$=\frac{19}{10}\left(\frac{9}{10}\right)^9$

답 ①

05-01

주사위의 눈의 수 m은 6 이하의 자연수이므로

$f(m)>0$을 만족시키는 m의 값은 1, 2로 2가지이다.

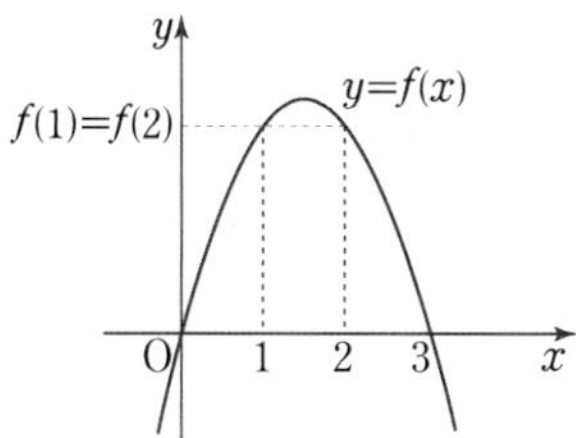

그러므로 $\mathrm{P}(A)=\frac{2}{6}=\frac{1}{3}$이고, 너코 071

주사위를 15회 던지는 독립시행에서

사건 A가 일어나는 횟수 X는 이항분포 $\mathrm{B}\left(15, \frac{1}{3}\right)$을 따른다. 너코 080

$\therefore\ \mathrm{E}(X)=15\times\frac{1}{3}=5$

답 ⑤

05-02

한 개의 주사위를 20번 던질 때 1의 눈이 나오는 횟수를 확률변수 X라 하고, 한 개의 동전을 n번 던질 때 앞면이 나오는 횟수를 확률변수 Y라 하자. Y의 분산이 X의 분산보다 크게 되도록 하는 n의 최솟값을 구하시오. [4점]

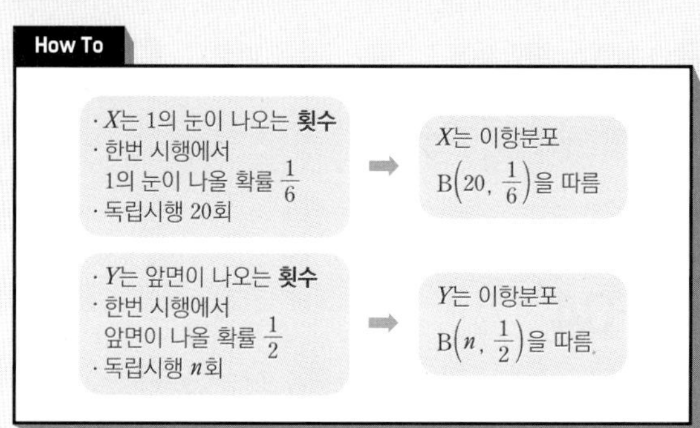

주사위를 1번 던져 1의 눈이 나올 확률은 $\frac{1}{6}$이므로 너코 071

확률변수 X는 이항분포 $\mathrm{B}\left(20, \frac{1}{6}\right)$을 따르고, 너코 080

동전을 1번 던져 앞면이 나올 확률은 $\frac{1}{2}$이므로

확률변수 Y는 이항분포 $\mathrm{B}\left(n, \frac{1}{2}\right)$을 따른다.

X, Y의 분산은

$\mathrm{V}(X)=20\times\frac{1}{6}\times\frac{5}{6}=\frac{25}{9}$

$\mathrm{V}(Y)=n\times\frac{1}{2}\times\frac{1}{2}=\frac{n}{4}$이고

$\mathrm{V}(Y)>\mathrm{V}(X)$에서 $\frac{n}{4}>\frac{25}{9},\ n>\frac{100}{9}$

n은 자연수이므로 n의 최솟값은 12이다.

답 12

05-03

한 개의 주사위를 던져 나온 눈의 수 a에 대하여 직선 $y=ax$와 곡선 $y=x^2-2x+4$가 서로 다른 두 점에서 만나는 사건을 A라 하자. 한 개의 주사위를 300회 던지는 독립시행에서 사건 A가 일어나는 횟수를 확률변수 X라 할 때, X의 평균 $\mathrm{E}(X)$는? [4점]

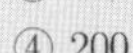

① 100 ② 150 ③ 180
④ 200 ⑤ 240

How To

· X는 사건 A가 일어나는 **횟수**
· 한번 시행에서 사건 A의 확률 $\frac{2}{3}$
· 독립시행 300회
➡ X는 이항분포 $\mathrm{B}\left(300,\ \frac{2}{3}\right)$을 따름

직선 $y=ax$와 곡선 $y=x^2-2x+4$가
서로 다른 두 점에서 만나려면
이차방정식 $ax=x^2-2x+4$, 즉 $x^2-(a+2)x+4=0$이
서로 다른 두 실근을 가져야 하므로
$D=(a+2)^2-16>0$, $(a+6)(a-2)>0$에서
$a>2\ (\because a>0)$
즉, a로 가능한 값은 3, 4, 5, 6이므로 $\mathrm{P}(A)=\frac{4}{6}=\frac{2}{3}$이고, 너코 071

확률변수 X는 이항분포 $\mathrm{B}\left(300,\ \frac{2}{3}\right)$을 따른다. 너코 080

$\therefore\ \mathrm{E}(X)=300\times\frac{2}{3}=200$

답 ④

05-04

어느 수학반에 남학생 3명, 여학생 2명으로 구성된 모둠이 10개 있다. 각 모둠에서 임의로 2명씩 선택할 때, 남학생들만 선택된 모둠의 수를 확률변수 X라 하자. X의 평균 $\mathrm{E}(X)$의 값은?
(단, 두 모둠 이상에 속한 학생은 없다.) [3점]

① 6 ② 5 ③ 4
④ 3 ⑤ 2

How To

· X는 남학생들만 선택된 모둠의 **수**
· 한 모둠에서 남학생들만 선택될 확률 $\frac{3}{10}$
· 독립시행 10회
➡ X는 이항분포 $\mathrm{B}\left(10,\ \frac{3}{10}\right)$을 따름

한 모둠에서 임의로 2명을 선택할 때 남학생들만 선택될
확률은 $\frac{{}_3\mathrm{C}_2}{{}_5\mathrm{C}_2}=\frac{3}{10}$이고, 너코 071

10개의 모둠에서 임의로 2명씩 선택하는 것을
10번의 독립시행으로 볼 수 있으므로
확률변수 X는 이항분포 $\mathrm{B}\left(10,\ \frac{3}{10}\right)$을 따른다. 너코 080

$\therefore\ \mathrm{E}(X)=10\times\frac{3}{10}=3$

답 ④

05-05

동전 2개를 동시에 던지는 시행을 10회 반복할 때, 동전 2개 모두 앞면이 나오는 횟수를 확률변수 X라 하자.
확률변수 $4X+1$의 분산 $\mathrm{V}(4X+1)$의 값을 구하시오. [3점]

How To

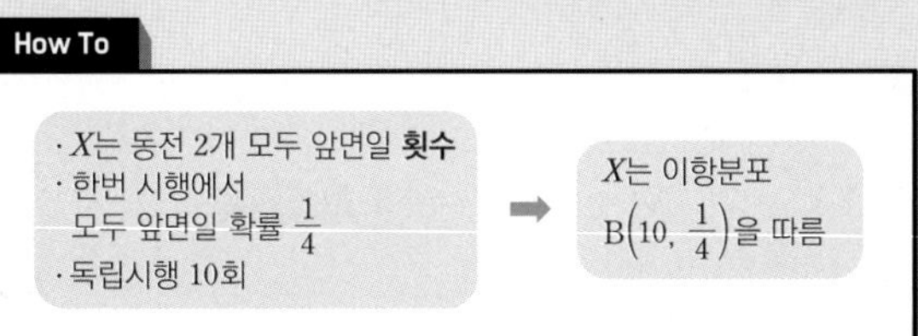

· X는 동전 2개 모두 앞면일 **횟수**
· 한번 시행에서 모두 앞면일 확률 $\frac{1}{4}$
· 독립시행 10회
X는 이항분포 $\mathrm{B}\left(10,\ \frac{1}{4}\right)$을 따름

동전 2개를 던지는 시행에서 모두 앞면이 나올 확률은
${}_2\mathrm{C}_2\times\left(\frac{1}{2}\right)^2=\frac{1}{4}$이고, 너코 077
동전 2개를 동시에 던지는 시행을 10회 반복할 때,
동전 2개 모두 앞면이 나오는 횟수 X는
이항분포 $\mathrm{B}\left(10,\ \frac{1}{4}\right)$를 따르므로 너코 080
분산은 $\mathrm{V}(X)=10\times\frac{1}{4}\times\frac{3}{4}=\frac{15}{8}$이다.

$\therefore\ \mathrm{V}(4X+1)=16\mathrm{V}(X)=16\times\frac{15}{8}=30$ 너코 079

답 30

05-06

어느 농장에서 한 상자에 40개의 과일을 넣어 판매하고 있는데, 한 상자당 상한 과일은 2개라 한다. 한 상자에서 3개의 과일을 임의추출하여 상한 과일이 없으면 이 상자를 5,000원에 판매하고, 상한 과일이 1개 이상이면 상자 속의 상한 과일을 모두 정상인 과일로 바꾸어 6,000원에 판매한다. 이러한 방식으로 130상자를 판매할 때, 전체 판매액의 기댓값은? [3점]

① 749,000원 ② 729,000원 ③ 709,000원
④ 689,000원 ⑤ 669,000원

How To

· X를 5000원에 판매할 상자의 개수로 **정의**
· 한번 시행에서 상자를 5000원에 판매할 확률 $\frac{111}{130}$
· 독립시행 130회
➡ X는 이항분포 $\mathrm{B}\left(130,\ \frac{111}{130}\right)$을 따름

1개의 상자를 5,000원에 판매할 확률은
3개의 과일을 임의추출할 때 3개 모두 정상인 과일을 뽑을 확률이므로

$\frac{{}_{38}C_3}{{}_{40}C_3}=\frac{38\times37\times36}{40\times39\times38}=\frac{111}{130}$ 이고, 너코 071

130 상자 중 5000원에 판매할 상자의 수를 확률변수 X라 하면
X는 이항분포 $B\left(130, \frac{111}{130}\right)$을 따르므로 너코 080

$E(X)=130\times\frac{111}{130}=111$이다.

이때 6,000원에 판매하는 상자의 개수는 $130-X$이므로
전체 판매액을 Y라 하면
$Y=5000X+6000(130-X)=780000-1000X$
따라서 전체 판매액의 기댓값은
$E(Y)=E(780000-1000X)$
$=780000-1000E(X)=669000$ 너코 079

답 ⑤

05-07

어느 공장에서 생산되는 제품은 한 상자에 50개씩 넣어 판매되는데, 상자에 포함된 불량품의 개수는 이항분포를 따르고 평균이 m, 분산이 $\frac{48}{25}$이라 한다.
한 상자를 판매하기 전에 불량품을 찾아내기 위하여 50개의 제품을 모두 검사하는 데 총 60000원의 비용이 발생한다. 검사하지 않고 한 상자를 판매할 경우에는 한 개의 불량품에 a원의 애프터서비스 비용이 필요하다. 한 상자의 제품을 모두 검사하는 비용과 애프터서비스로 인해 필요한 비용의 기댓값이 같다고 할 때, $\frac{a}{1000}$의 값을 구하시오.
(단, a는 상수이고, m은 5 이하인 자연수이다.) [4점]

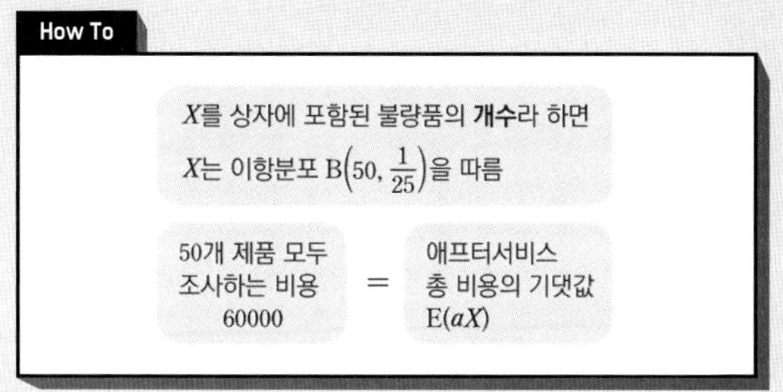

50개의 제품이 들어 있는 한 상자에 포함된 불량품의 개수를 확률변수 X라 하자.
1개의 제품이 불량품일 확률을 p라 하면
X는 이항분포 $B(50, p)$를 따른다. 너코 080

X의 평균이 m, 분산이 $\frac{48}{25}$이므로

$E(X)=50p=m$ ……㉠

$V(X)=50p(1-p)=\frac{48}{25}$에서

$p(1-p)=\frac{24}{25}\times\frac{1}{25}$

그러므로 $p=\frac{1}{25}$ 또는 $p=\frac{24}{25}$
이때 m은 5 이하인 자연수이므로
㉠에서 $p=\frac{1}{25}$, $m=2$

한편 한 상자의 제품을 모두 검사하는 비용 60000원과 애프터서비스로 인해 필요한 비용 aX의 기댓값
$E(aX)=aE(X)=2a$가 같으므로 너코 079
$2a=60000$
$\therefore \frac{a}{1000}=30$

답 30

05-08

두 주사위 A, B를 동시에 던질 때, 나오는 각각의 눈의 수 m, n에 대하여 $m^2+n^2\le25$가 되는 사건을 E라 하자.
두 주사위 A, B를 동시에 던지는 12회의 독립시행에서 사건 E가 일어나는 횟수를 확률변수 X라 할 때, X의 분산 $V(X)$는 $\frac{q}{p}$이다. $p+q$의 값을 구하시오.
(단, p, q는 서로소인 자연수이다.) [4점]

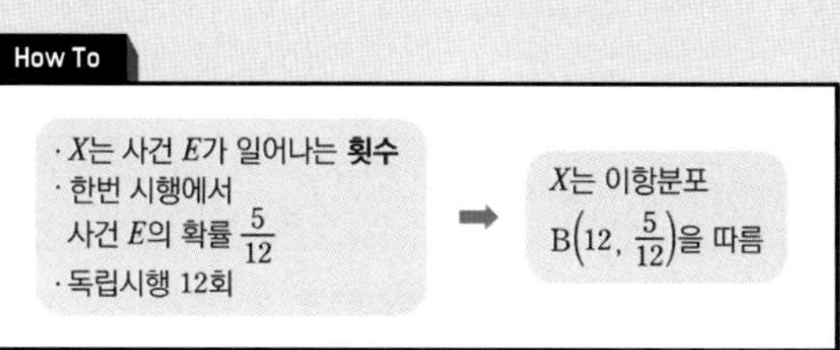

How To
· X는 사건 E가 일어나는 횟수
· 한번 시행에서 사건 E의 확률 5/12
· 독립시행 12회
X는 이항분포 B(12, 5/12)을 따름

두 주사위 A, B를 동시에 던지는 전체 경우의 수는
$6\times6=36$이고,
m, n은 모두 6 이하의 자연수이므로 m의 값에 따라
$m^2+n^2\le25$가 되는 경우는 다음과 같다.

i) $m=1$일 때
$n^2\le24$를 만족시키는 자연수 n은 1, 2, 3, 4로 4개
ii) $m=2$일 때
$n^2\le21$을 만족시키는 자연수 n은 1, 2, 3, 4로 4개
iii) $m=3$일 때
$n^2\le16$을 만족시키는 자연수 n은 1, 2, 3, 4로 4개
iv) $m=4$일 때
$n^2\le9$를 만족시키는 자연수 n은 1, 2, 3으로 3개
v) $m=5$ 또는 $m=6$일 때
부등식 $m^2+n^2\le25$를 만족시키는 자연수 n은 존재하지 않는다.

i)~v)에서 $m^2+n^2\le25$를 만족시키는 경우의 수는
$4+4+4+3=15$이므로 두 주사위를 동시에 던질 때
사건 E가 일어날 확률은 $\frac{15}{36}=\frac{5}{12}$ 너코 071

12회의 독립시행에서 사건 E가 일어나는 횟수 X는

이항분포 $\mathrm{B}\left(12, \frac{5}{12}\right)$를 따르므로 너코 080

$\mathrm{V}(X)=12\times\frac{5}{12}\times\frac{7}{12}=\frac{35}{12}$

$p=12,\ q=35$

$\therefore\ p+q=47$

답 47

05-09

추가된 부품 중 S의 개수가 이항분포 $\mathrm{B}\left(2, \frac{1}{2}\right)$을 따르므로

S가 r개, T가 $2-r$개 추가될 확률은 ${}_2\mathrm{C}_r\left(\frac{1}{2}\right)^r\left(\frac{1}{2}\right)^{2-r}$이다.

너코 080

그러므로 부품 T, T를 추가할 확률은 ${}_2\mathrm{C}_0\times\left(\frac{1}{2}\right)^2=\frac{1}{4}$,

부품 S, T를 추가할 확률은 ${}_2\mathrm{C}_1\times\left(\frac{1}{2}\right)^1\left(\frac{1}{2}\right)^1=\frac{1}{2}$,

부품 S, S를 추가할 확률은 ${}_2\mathrm{C}_2\times\left(\frac{1}{2}\right)^2=\frac{1}{4}$이고,

이때 7개의 부품 중 T를 뽑을 확률은 다음과 같다.

	추가한 부품	부품 추가 후 창고 안의 부품	창고 안의 부품 중 T를 뽑을 확률
i)	T, T	SSSTTTT	$\frac{4}{7}$
ii)	S, T	SSSSTTT	$\frac{3}{7}$
iii)	S, S	SSSSSTT	$\frac{2}{7}$

i) 부품 T, T를 추가하고, 창고 안의 부품 중 T를 선택하는 경우

확률은 $\frac{1}{4}\times\frac{4}{7}=\frac{1}{7}$ 너코 075

ii) 부품 S, T를 추가하고, 창고 안의 부품 중 T를 선택하는 경우

확률은 $\frac{1}{2}\times\frac{3}{7}=\frac{3}{14}$

iii) 부품 S, S를 추가하고, 창고 안의 부품 중 T를 선택하는 경우

확률은 $\frac{1}{4}\times\frac{2}{7}=\frac{1}{14}$

i)~iii)에서 구하는 확률은

$$\frac{\text{iii)}}{\text{i)}+\text{ii)}+\text{iii)}}=\frac{\frac{1}{14}}{\frac{1}{7}+\frac{3}{14}+\frac{1}{14}}=\frac{1}{6}$$ 너코 074

답 ①

05-10

두 사람 A와 B가 각각 주사위를 한 개씩 동시에 던지는 시행을 한다. 이 시행에서 나온 두 주사위의 눈의 수의 차가 3보다 작으면 A가 1점을 얻고, 그렇지 않으면 B가 1점을 얻는다. 이와 같은 시행을 15회 반복할 때, A가 얻는 점수의 합의 기댓값과 B가 얻는 점수의 합의 기댓값의 차는? [4점]

① 1 ② 3 ③ 5 ④ 7 ⑤ 9

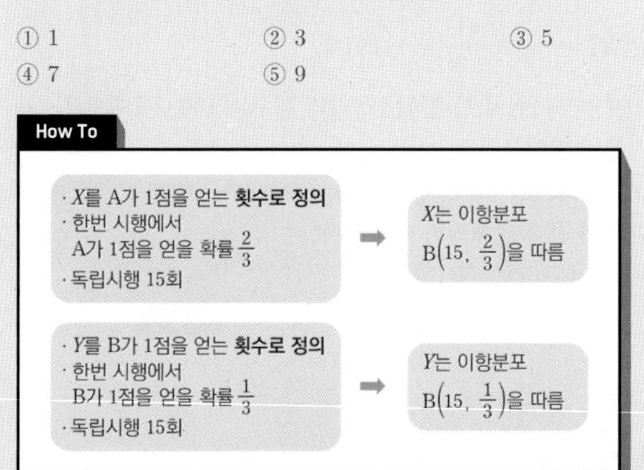

두 사람 A와 B가 각각 주사위를 한 개씩 던지는 전체 경우의 수는 $6\times6=36$이고, 두 주사위의 눈의 수의 차가 3보다 작은 경우를 표로 나타내어 보면 다음과 같다.

A \ B	1	2	3	4	5	6
1	○	○	○			
2	○	○	○	○		
3	○	○	○	○	○	
4		○	○	○	○	○
5			○	○	○	○
6				○	○	○

즉, A가 1점을 얻을 확률은 $\frac{24}{36}=\frac{2}{3}$, 너코 071

B가 1점을 얻을 확률은 $\frac{12}{36}=\frac{1}{3}$이다.

15회의 독립시행에서 A가 얻는 점수의 합을 확률변수 X라 하면

X는 이항분포 $\mathrm{B}\left(15, \frac{2}{3}\right)$를 따르므로 너코 080

$\mathrm{E}(X)=15\times\frac{2}{3}=10$

15회의 독립시행에서 B가 얻는 점수의 합을 확률변수 Y라 하면

Y는 이항분포 $\mathrm{B}\left(15, \frac{1}{3}\right)$을 따르므로

$\mathrm{E}(Y)=15\times\frac{1}{3}=5$

따라서 두 기댓값의 차는 $|\mathrm{E}(X)-\mathrm{E}(Y)|=10-5=5$

답 ③

05-11

주사위를 던지는 시행을 15번 반복할 때, 2 이하의 눈의 수가 나오는 횟수를 확률변수 Y라 하자.
한 개의 주사위를 한 번 던져 나온 눈의 수가 2 이하일 확률은 $\frac{1}{3}$이므로 너코 071

확률변수 Y는 이항분포 $\mathrm{B}\left(15, \frac{1}{3}\right)$을 따른다. 너코 080

$\therefore\ \mathrm{E}(Y)=15\times\frac{1}{3}=5$

이때 이동된 점 P의 좌표는 $(3Y,\ 15-Y)$이므로
점 P와 직선 $3x+4y=0$ 사이의 거리 X는

$$X=\frac{|3\times3Y+4(15-Y)|}{\sqrt{3^2+4^2}}$$
$$=\frac{5Y+60}{5}=Y+12$$

$\therefore\ \mathrm{E}(X)=\mathrm{E}(Y+12)$
$=\mathrm{E}(Y)+12$ 너코 079
$=5+12=17$

답 ③

06-01

확률밀도함수 그래프와 x축 및 두 직선 $x=0$, $x=4$로 둘러싸인 부분의 넓이는 1이다. 너코 081

즉, $\frac{1}{2}\times1\times a+\frac{1}{2}\times3\times3a=1$을 정리하면

$5a=1$, $a=\frac{1}{5}$이다.

이때 $\mathrm{P}(0\le X\le 2)$의 값은
확률밀도함수의 그래프와 x축 및 두 직선 $x=0$, $x=2$로 둘러싸인 부분의 넓이와 같으므로

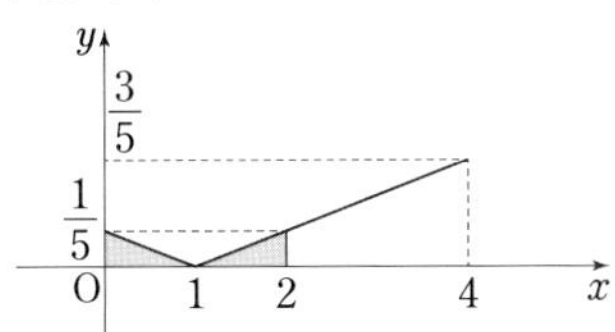

$$\mathrm{P}(0\le X\le 2)=\frac{1}{2}\times1\times\frac{1}{5}+\frac{1}{2}\times1\times\frac{1}{5}$$
$$=\frac{1}{10}+\frac{1}{10}=\frac{1}{5}$$

$\therefore\ 100\mathrm{P}(0\le X\le 2)=100\times\frac{1}{5}=20$

답 20

06-02

함수 $f(x)$는 연속확률변수 X의 확률밀도함수이므로
함수의 그래프와 x축 및 두 직선 $x=0$, $x=3$으로 둘러싸인 부분의 넓이가 1이다. 너코 081

즉, $3\times k+\frac{1}{2}\times3\times(3k-k)=1$을 정리하면

$6k=1$, $k=\frac{1}{6}$이다.

이때 $\mathrm{P}(0\le X\le 2)$의 값은
확률밀도함수의 그래프와 x축 및 두 직선 $x=0$, $x=2$로 둘러싸인 부분의 넓이와 같으므로

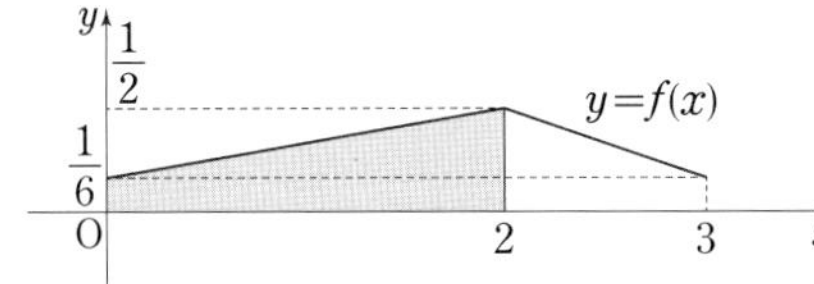

$$\mathrm{P}(0\le X\le 2)=2\times\frac{1}{6}+\frac{1}{2}\times2\times\frac{1}{3}=\frac{2}{3}$$

$\therefore\ p+q=3+2=5$

답 5

06-03

확률밀도함수 그래프와 x축 및 두 직선 $x=0$, $x=1$로 둘러싸인 부분의 넓이는 1이다. 너코 081

즉, $\frac{1}{2}\times\left(1+\frac{1}{2}\right)\times a=1$을 정리하면

$\frac{3}{4}a=1$

$\therefore\ a=\frac{4}{3}$

답 ③

06-04

함수 $f(x)$는 연속확률변수 X의 확률밀도함수이므로
함수의 그래프와 x축 및 두 직선 $x=0$, $x=2$로 둘러싸인 부분의 넓이가 1이다. 너코 081

즉, $\frac{1}{2}\times\left(2+a-\frac{1}{3}\right)\times\frac{3}{4}=1$을 정리하면

$a+\frac{5}{3}=\frac{8}{3}$, $a=1$이다.

이때 $\mathrm{P}\left(\frac{1}{3}\le X\le a\right)$, 즉 $\mathrm{P}\left(\frac{1}{3}\le X\le 1\right)$의 값은

확률밀도함수의 그래프와 x축 및 두 직선 $x=\frac{1}{3}$, $x=1$로 둘러싸인 부분의 넓이와 같으므로

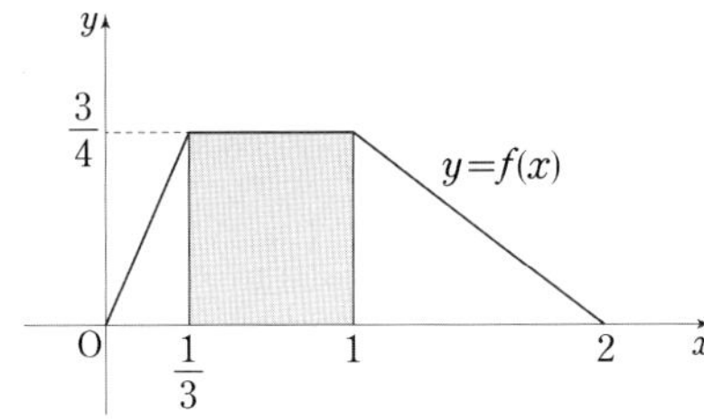

$$\mathrm{P}\left(\frac{1}{3}\le X\le 1\right)=\frac{2}{3}\times\frac{3}{4}=\frac{1}{2}$$

답 ④

I 통계

06-05

확률밀도함수 $f(x)$의 그래프가 직선 $x=4$에 대하여 대칭이므로

$\mathrm{P}(4 \le X \le 6)=p$라 하면

$\mathrm{P}(2 \le X \le 4)=\mathrm{P}(4 \le X \le 6)=p$이고, ……㉠

$\mathrm{P}(6 \le X \le 8)=\mathrm{P}(4 \le X \le 8)-\mathrm{P}(4 \le X \le 6)$

$=\frac{1}{2}-p$ 너코 081 ……㉡

$3\mathrm{P}(2 \le X \le 4)=4\mathrm{P}(6 \le X \le 8)$에 ㉠, ㉡을 대입하면

$3p=4\left(\frac{1}{2}-p\right)$에서 $p=\frac{2}{7}$이다.

$\therefore\ \mathrm{P}(2 \le X \le 6)=\mathrm{P}(2 \le X \le 4)+\mathrm{P}(4 \le X \le 6)$

$=2p=\frac{4}{7}$

답 ③

06-06

확률밀도함수 $y=f(x)$의 그래프는 다음 그림과 같다.

$(\because\ 1<a<2)$

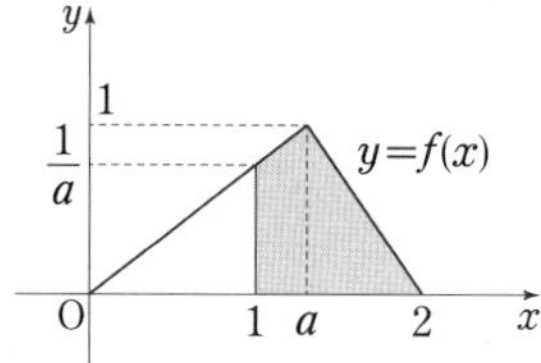

$\mathrm{P}(1 \le X \le 2)=\frac{3}{5}$이므로

확률밀도함수의 그래프와 x축 및 두 직선 $x=1$, $x=2$로 둘러싸인 부분의 넓이는 $\frac{3}{5}$이다. 너코 081

즉, $\frac{1}{2}\times 2\times 1-\frac{1}{2}\times 1\times \frac{1}{a}=\frac{3}{5}$을 정리하면

$1-\frac{1}{2a}=\frac{3}{5}$, $\frac{1}{2a}=\frac{2}{5}$에서

$a=\frac{5}{4}$이다.

$\therefore\ 100a=125$

답 125

06-07

함수 $f(x)$는 연속확률변수 X의 확률밀도함수이므로

확률 $\mathrm{P}\left(a \le X \le a+\frac{1}{2}\right)$의 값은

함수의 그래프와 x축 및 두 직선 $x=a$, $x=a+\frac{1}{2}$로

둘러싸인 부분의 넓이와 같다. 너코 081

따라서 $\mathrm{P}\left(a \le X \le a+\frac{1}{2}\right)$의 값이 최대가 되도록 하는 a의 값은 이 넓이가 최대가 되도록 하는 a의 값과 같다.

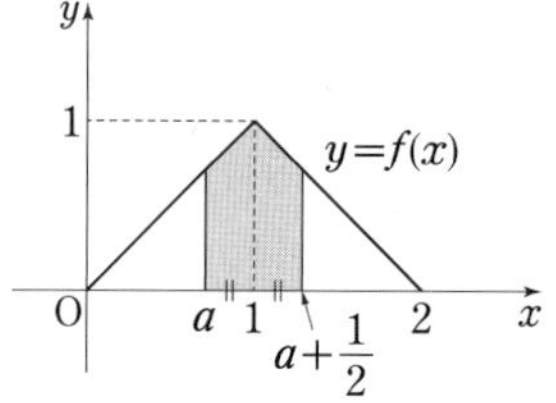

이때 함수의 그래프가 직선 $x=1$에 대하여 대칭이므로

$\frac{a+\left(a+\frac{1}{2}\right)}{2}=1$이어야 한다.

$2a+\frac{1}{2}=2$

$\therefore\ a=\frac{3}{4}$

답 ④

06-08

$f(x) \ge 0$, $g(x) \ge 0$이고,

$0 \le x \le 6$에서 함수 $y=f(x)$의 그래프와 x축 사이의 넓이가 1, 너코 081

$0 \le x \le 6$에서 함수 $y=g(x)$의 그래프와 x축 사이의 넓이가 1이므로

$0 \le x \le 6$에서 두 함숫값의 합으로 이루어진 함수

$y=f(x)+g(x)$의 그래프와 x축 사이의 넓이는

$1+1=2$이어야 한다.

$0 \le x \le 6$인 모든 x에 대하여 $f(x)+g(x)=k$ (상수)이므로

그래프와 x축 사이의 넓이 $6k=2$에서 $k=\frac{1}{3}$이고,

$g(x)=\frac{1}{3}-f(x)$이므로 함수 $y=g(x)$의 그래프는

$y=f(x)$의 그래프를 x축에 대하여 대칭이동한 후 y축의

방향으로 $\frac{1}{3}$만큼 평행이동한 다음 그림과 같다.

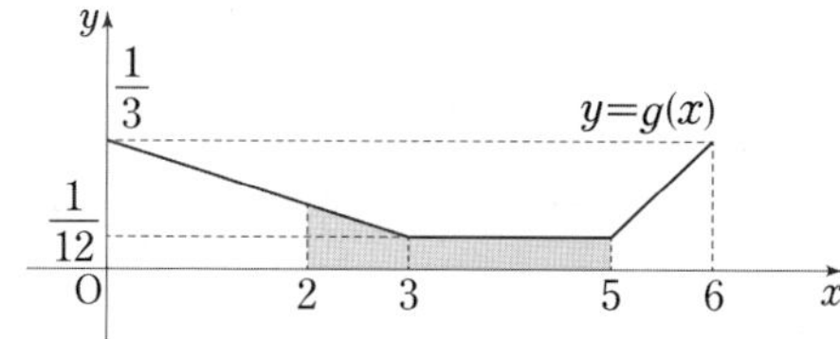

$\therefore\ \mathrm{P}(6k \le Y \le 15k)=\mathrm{P}(2 \le Y \le 5)$

$=\frac{1}{2}\times\left(\frac{1}{6}+\frac{1}{12}\right)\times 1+\frac{1}{12}\times 2$

$=\frac{1}{8}+\frac{1}{6}=\frac{7}{24}$

$\therefore\ p+q=31$

답 31

06-09

연속확률변수 X의 확률밀도함수의 그래프와 x축으로

둘러싸인 부분의 넓이는 1이므로 너코 081

$\frac{1}{2}\times a\times c=1 \qquad \therefore\ ac=2$ ……㉠

또한 $\mathrm{P}(X \le b)+\mathrm{P}(X \ge b)=1$이고 주어진 조건에서

$\mathrm{P}(X \le b)-\mathrm{P}(X \ge b)=\frac{1}{4}$이므로 두 식을 연립하여 풀면

$\mathrm{P}(X \le b)=\frac{5}{8}$, $\mathrm{P}(X \ge b)=\frac{3}{8}$

$\mathrm{P}(X \le b)=\frac{5}{8}$이므로 확률밀도함수의 그래프와 x축 및 직선 $x=b$로 둘러싸인 부분의 넓이는 $\frac{5}{8}$이다.

즉, $\frac{1}{2}\times b \times c=\frac{5}{8}$에서 $bc=\frac{5}{4}$ ……㉡

한편 $\mathrm{P}(X \le \sqrt{5})=\frac{1}{2}$이므로 $\sqrt{5}<b$이고, 확률밀도함수의 그래프와 x축 및 직선 $x=\sqrt{5}$로 둘러싸인 부분의 넓이가 $\frac{1}{2}$이다.

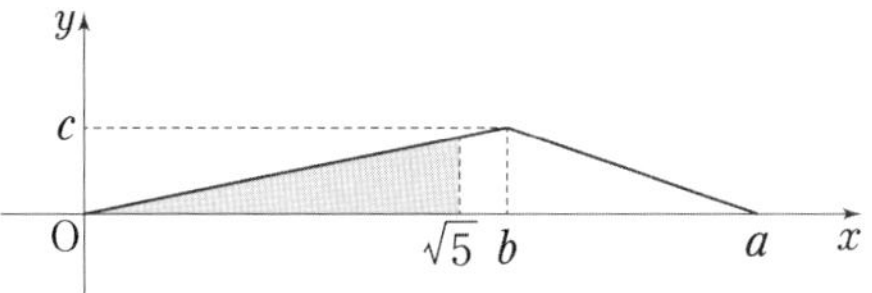

이때 두 점 $(0,\ 0)$, $(b,\ c)$를 지나는 직선의 방정식은

$y=\frac{c}{b}x$이므로

$\frac{1}{2}\times\sqrt{5}\times\frac{c}{b}\sqrt{5}=\frac{1}{2}$ $\quad\therefore\ b=5c$ ……㉢

㉢을 ㉡에 대입하면

$5c^2=\frac{5}{4}$, $c^2=\frac{1}{4}$ $\quad\therefore\ c=\frac{1}{2}\ (\because\ c>0)$

$c=\frac{1}{2}$을 ㉠, ㉢에 대입하면 $a=4$, $b=\frac{5}{2}$

$\therefore\ a+b+c=4+\frac{5}{2}+\frac{1}{2}=7$

답 ④

07-01

$\mathrm{P}\left(\frac{1}{2}\le X \le 2\right)=\mathrm{P}(0\le X\le 2)-\mathrm{P}\left(0\le X\le\frac{1}{2}\right)$ 너코 081

$=f(2)-f\left(\frac{1}{2}\right)$

$=1-\frac{1}{4}=\frac{3}{4}$

답 ④

07-02

$\mathrm{P}\left(\frac{5}{4}\le X \le 4\right)=\mathrm{P}(0\le X\le 4)-\mathrm{P}\left(0\le X\le\frac{5}{4}\right)$ 너코 081

$=g(4)-g\left(\frac{5}{4}\right)$

$=1-\frac{1}{2}=\frac{1}{2}$

답 ③

빈출 QnA

Q. 문제에서 주어진 그래프로 넓이를 구하면 1이 넘습니다. 확률의 총합은 1인데 왜 이런 건가요?

A. 학생이 $g(x)$를 확률밀도함수로 혼동한 것 같습니다.
주어진 함수는 $g(x)=\mathrm{P}(0\le X\le x)$로
확률변수 X가 $0\le X\le x$에 속할 확률이므로
확률밀도함수와 다른 함수입니다.
확률의 총합을 뜻하는 값은 $\mathrm{P}(0\le X\le 4)=g(4)$이므로
$g(4)=1$이 되는 것이지요.

07-03

$\mathrm{P}(X>k)=G(k)=-k+1$이고 너코 081

$\mathrm{P}\left(\frac{1}{4}<Y\le\frac{3}{4}\right)=\mathrm{P}\left(Y>\frac{1}{4}\right)-\mathrm{P}\left(Y>\frac{3}{4}\right)$

$=H\left(\frac{1}{4}\right)-H\left(\frac{3}{4}\right)$

$=0.8-0.2=0.6$

그러므로 $\mathrm{P}(X>k)=\mathrm{P}\left(\frac{1}{4}<Y\le\frac{3}{4}\right)$에서

$-k+1=0.6$

$\therefore\ k=0.4=\frac{2}{5}$

답 ⑤

07-04

연속확률변수 X가 갖는 값의 범위는 $0\le X\le 3$이고,
확률의 총합은 1이므로 너코 081

$\mathrm{P}(0\le X\le 3)=a(3-0)=1$, $a=\frac{1}{3}$

그러므로 $\mathrm{P}(x\le X\le 3)=\frac{1}{3}(3-x)$이다.

이때

$\mathrm{P}(a\le X\le 3)=\mathrm{P}\left(\frac{1}{3}\le X\le 3\right)$

$=\frac{1}{3}\left(3-\frac{1}{3}\right)=\frac{8}{9}$

이므로

$\mathrm{P}(0\le X<a)=\mathrm{P}(0\le X\le 3)-\mathrm{P}(a\le X\le 3)$

$=1-\frac{8}{9}=\frac{1}{9}$

$p=9$, $q=1$

$\therefore\ p+q=10$

답 10

08-01

확률변수 X가 정규분포 $\mathrm{N}\left(m,\ \left(\frac{m}{3}\right)^2\right)$을 따르므로 너코 082

I 통계

$$\mathrm{P}\left(X \le \frac{9}{2}\right) = \mathrm{P}\left(Z \le \frac{\frac{9}{2}-m}{\frac{m}{3}}\right)$$ 너코 083

$$= \mathrm{P}\left(Z \le \frac{27-6m}{2m}\right) = 0.9987$$

한편 표준정규분포표에 의하여

$$\mathrm{P}(Z \le 3) = \mathrm{P}(Z \le 0) + \mathrm{P}(0 \le Z \le 3)$$
$$= 0.5 + 0.4987 = 0.9987$$

이므로 $\frac{27-6m}{2m} = 3$에서

$27-6m = 6m$, $12m = 27$

$\therefore\ m = \frac{9}{4}$

답 ④

08-02

확률변수 X가 정규분포 $\mathrm{N}(m, 10^2)$을 따르므로 너코 082

$\mathrm{P}(X \le 50) = \mathrm{P}\left(Z \le \frac{50-m}{10}\right) = 0.2119$이다. 너코 083

한편 표준정규분포표에 의하여

$$\mathrm{P}(Z \ge 0.8) = \mathrm{P}(Z \ge 0) - \mathrm{P}(0 \le Z \le 0.8)$$
$$= 0.5 - 0.2881 = 0.2119$$

이므로 $\frac{50-m}{10} = -0.8$에서 $50-m = -8$

$\therefore\ m = 58$

답 ④

08-03

정규분포를 따르는 확률변수의 확률밀도함수는 직선 $x=m$에 대하여 대칭이므로 너코 082

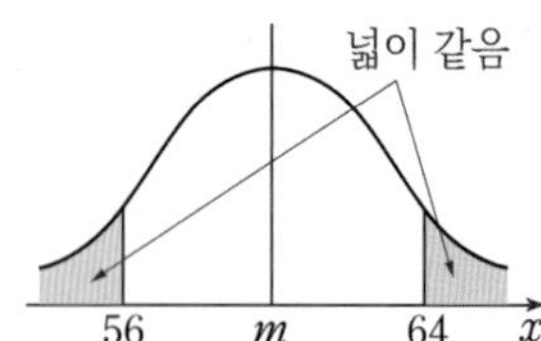

조건 (가)에서 $m = \frac{64+56}{2} = 60$

조건 (나)에서 $\sigma^2 = 3616 - m^2 = 3616 - 60^2 = 16$

따라서 $\sigma = 4$이고 X는 정규분포 $\mathrm{N}(60, 4^2)$을 따른다.

이때 주어진 표는 다음과 같다.

x	$\mathrm{P}(60 \le X \le x)$
66	0.4332
68	0.4772
70	0.4938

$$\therefore\ \mathrm{P}(X \le 68) = \mathrm{P}(X \le 60) + \mathrm{P}(60 \le X \le 68)$$
$$= 0.5 + 0.4772 = 0.9772$$

답 ④

08-04

확률변수 X는 정규분포 $\mathrm{N}\left(\frac{3}{2}, 2^2\right)$를 따르므로 너코 082

$$H(0) = \mathrm{P}(0 \le X \le 1)$$
$$= \mathrm{P}\left(\frac{0-\frac{3}{2}}{2} \le Z \le \frac{1-\frac{3}{2}}{2}\right)$$ 너코 083
$$= \mathrm{P}(-0.75 \le Z \le -0.25)$$
$$= \mathrm{P}(0.25 \le Z \le 0.75)$$
$$= \mathrm{P}(0 \le Z \le 0.75) - \mathrm{P}(0 \le Z \le 0.25)$$
$$= 0.2734 - 0.0987 = 0.1747$$

$$H(2) = \mathrm{P}(2 \le X \le 3)$$
$$= \mathrm{P}\left(\frac{2-\frac{3}{2}}{2} \le Z \le \frac{3-\frac{3}{2}}{2}\right)$$
$$= \mathrm{P}(0.25 \le Z \le 0.75)$$
$$= H(0) = 0.1747$$

$$\therefore\ H(0) + H(2) = 0.1747 + 0.1747 = 0.3494$$

답 ①

08-05

정규분포 $\mathrm{N}(4, 3^2)$을 따르는 확률변수 X의 확률밀도함수는 직선 $x=4$에 대하여 대칭이므로 너코 082

$\mathrm{P}(X \le 5) = \mathrm{P}(X \ge 3)$, $\mathrm{P}(X \le 6) = \mathrm{P}(X \ge 2)$,

$\mathrm{P}(X \le 7) = \mathrm{P}(X \ge 1)$이고,

$\mathrm{P}(X \le 4) = 0.5$이다.

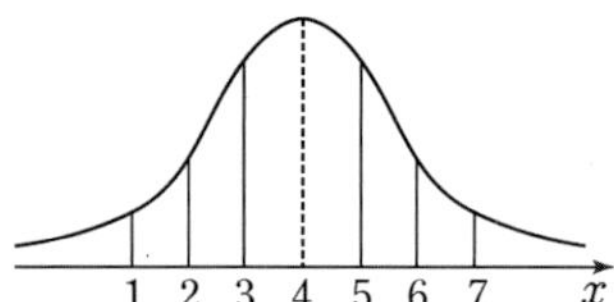

$\sum_{n=1}^{7} \mathrm{P}(X \le n)$ 너코 028

$$= \mathrm{P}(X \le 1) + \mathrm{P}(X \le 2) + \mathrm{P}(X \le 3) + \mathrm{P}(X \le 4) + \mathrm{P}(X \le 5) + \mathrm{P}(X \le 6) + \mathrm{P}(X \le 7)$$
$$= \mathrm{P}(X \le 1) + \mathrm{P}(X \le 2) + \mathrm{P}(X \le 3) + \mathrm{P}(X \le 4) + \mathrm{P}(X \ge 3) + \mathrm{P}(X \ge 2) + \mathrm{P}(X \ge 1)$$
$$= \{\mathrm{P}(X \le 1) + \mathrm{P}(X \ge 1)\} + \{\mathrm{P}(X \le 2) + \mathrm{P}(X \ge 2)\} + \{\mathrm{P}(X \le 3) + \mathrm{P}(X \ge 3)\} + \mathrm{P}(X \le 4)$$
$$= 1 \times 3 + 0.5 = 3.5 = a$$

$\therefore\ 10a = 35$

답 35

08-06

두 확률변수 X, Y의 표준편차가 같으므로

함수 $y=f(x)$의 그래프를 적당히 평행이동시키면

함수 $y=g(x)$의 그래프와 일치한다. 너코 082

$f(12)=g(26)$에서
$x=12$일 때 함수 $f(x)$의 함숫값과
$x=26$일 때 함수 $g(x)$의 함숫값이 서로 같다는 것은
'확률변수 X의 평균 10'과 '12'의 차가
'확률변수 Y의 평균 m'과 '26'의 차와 같다는 것으로 해석할 수 있다.
또한 $\mathrm{P}(Y \geq 26) \geq 0.5$이라 주어졌으므로 $26<m$이다.
따라서 다음 그림과 같이
$12-10=m-26$이므로 $m=28$이다.

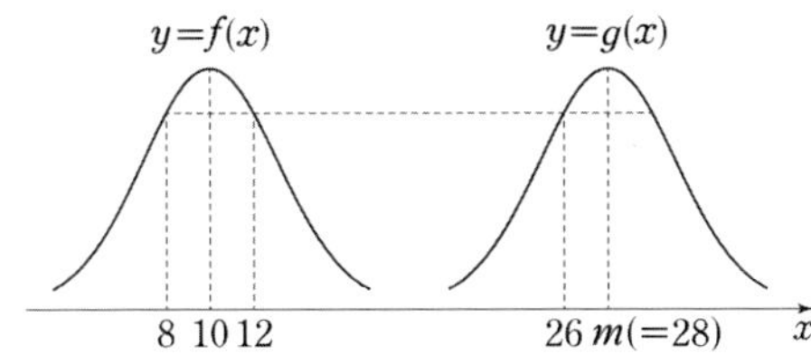

$\therefore\ \mathrm{P}(Y \leq 20)=\mathrm{P}\left(Z \leq \dfrac{20-28}{4}\right)$ 너코 083

$=\mathrm{P}(Z \leq -2)=\mathrm{P}(Z \geq 2)$

$=0.5-\mathrm{P}(0 \leq Z \leq 2)$

$=0.5-0.4772=0.0228$

답 ②

08-07

조건 (가)의 $f(10)>f(20)$에서
$x=10$일 때 함수 $f(x)$의 함숫값이
$x=20$일 때 함수 $f(x)$의 함숫값보다 크다는 것은
'확률변수 X의 평균 m'과 '10'의 차가
'확률변수 X의 평균 m'과 '20'의 차보다 작다는 것으로 해석할 수 있다. 너코 082
즉, $|m-10|<|m-20|$이므로 $m<15$이다. ……㉠
조건 (나)의 $f(4)<f(22)$에서도 마찬가지로 해석하면
$|m-4|>|m-22|$이므로 $m>13$이다. ……㉡

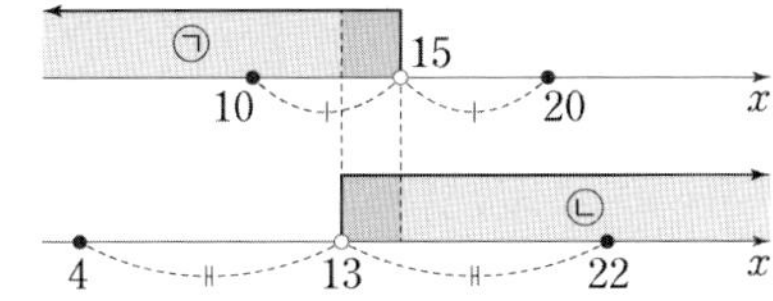

㉠, ㉡을 모두 만족시키는 m의 값의 범위는
$13<m<15$이므로 이를 만족시키는 자연수 m의 값은 14이다.

$\therefore\ \mathrm{P}(17 \leq X \leq 18)$

$=\mathrm{P}\left(\dfrac{17-14}{5} \leq Z \leq \dfrac{18-14}{5}\right)$ 너코 083

$=\mathrm{P}(0.6 \leq Z \leq 0.8)$

$=\mathrm{P}(0 \leq Z \leq 0.8)-\mathrm{P}(0 \leq Z \leq 0.6)$

$=0.288-0.226=0.062$

답 ③

08-08

확률변수 X는 정규분포 $\mathrm{N}(m, \sigma^2)$을 따르므로 너코 082

$\mathrm{P}(m \leq X \leq m+12)=\mathrm{P}\left(\dfrac{m-m}{\sigma} \leq Z \leq \dfrac{(m+12)-m}{\sigma}\right)$ 너코 083

$=\mathrm{P}\left(0 \leq Z \leq \dfrac{12}{\sigma}\right)$ ……㉠

$\mathrm{P}(X \leq m-12)=\mathrm{P}\left(Z \leq \dfrac{(m-12)-m}{\sigma}\right)$

$=\mathrm{P}\left(Z \leq -\dfrac{12}{\sigma}\right)$

$=0.5-\mathrm{P}\left(0 \leq Z \leq \dfrac{12}{\sigma}\right)$ ……㉡

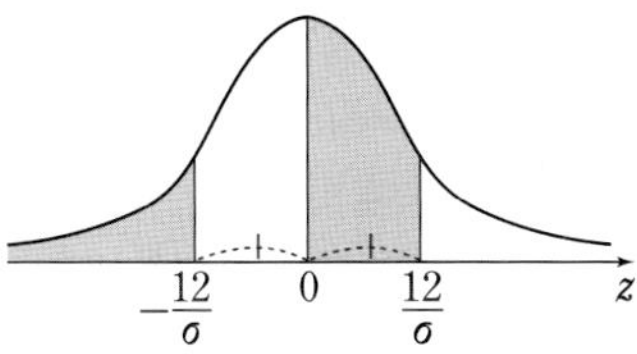

$\mathrm{P}(m \leq X \leq m+12)-\mathrm{P}(X \leq m-12)=0.3664$이므로
㉠, ㉡에서

$\mathrm{P}\left(0 \leq Z \leq \dfrac{12}{\sigma}\right)-\left\{0.5-\mathrm{P}\left(0 \leq Z \leq \dfrac{12}{\sigma}\right)\right\}=0.3664$

$2\mathrm{P}\left(0 \leq Z \leq \dfrac{12}{\sigma}\right)-0.5=0.3664,\ \mathrm{P}\left(0 \leq Z \leq \dfrac{12}{\sigma}\right)=0.4332$

주어진 표준정규분포표에서 $\mathrm{P}(0 \leq Z \leq 1.5)=0.4332$이므로

$\dfrac{12}{\sigma}=1.5$

$\therefore\ \sigma=8$

답 ③

08-09

정규분포 $\mathrm{N}(m, \sigma^2)$을 따르는 확률변수 X의
확률밀도함수의 그래프는 직선 $x=m$에 대하여 대칭이므로 너코 082

$\mathrm{P}(X \leq m)=0.5$이다.

$\mathrm{P}(X \leq 80)=\mathrm{P}(X \leq 3)+\mathrm{P}(3 \leq X \leq 80)$

$=0.3+0.3=0.6$

이므로

$\mathrm{P}(m \leq X \leq 80)=\mathrm{P}(X \leq 80)-\mathrm{P}(X \leq m)$

$=0.6-0.5=0.1$

이고,

$\mathrm{P}(3 \leq X \leq m)=\mathrm{P}(X \leq m)-\mathrm{P}(X \leq 3)$

$=0.5-0.3=0.2$

이다.

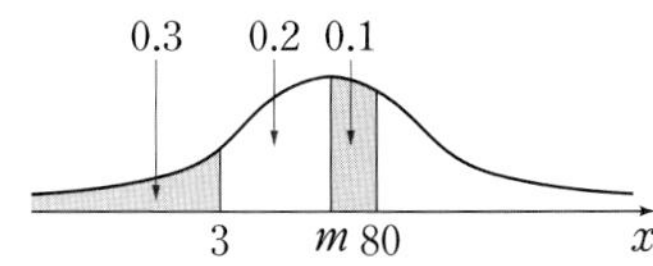

한편 조건에서
$\mathrm{P}(0 \leq Z \leq 0.25)=0.1,\ \mathrm{P}(0 \leq Z \leq 0.52)=0.2$이므로

$\mathrm{P}(m \leq X \leq 80)=\mathrm{P}\left(\dfrac{m-m}{\sigma} \leq Z \leq \dfrac{80-m}{\sigma}\right)$ 너코 083

$=\mathrm{P}(0 \leq Z \leq 0.25)$

$$\mathrm{P}(3 \le X \le m) = \mathrm{P}\left(\frac{3-m}{\sigma} \le Z \le \frac{m-m}{\sigma}\right)$$
$$= \mathrm{P}(-0.52 \le Z \le 0)$$

따라서 $\frac{80-m}{\sigma} = 0.25$, $\frac{3-m}{\sigma} = -0.52$이고,

두 식을 연립하면 $m = 55$, $\sigma = 100$이다.

$\therefore\ m + \sigma = 155$

답 155

08-10

두 확률변수 X, Y의 표준편차가 같으므로
함수 $y=f(x)$의 그래프를 적당히 평행이동시키면
함수 $y=g(x)$의 그래프와 일치한다.
$f(12) \le g(20)$에서
$x=12$일 때 함수 $f(x)$의 함숫값이
$x=20$일 때 함수 $g(x)$의 함숫값보다 작거나 같다는 것은
'확률변수 X의 평균 10'과 '12'의 차가
'확률변수 Y의 평균 m'과 '20'의 차보다 크거나 같다는
것으로 해석할 수 있다. 너코 082

따라서 다음 그림과 같이
$12-10 \ge |m-20|$, 즉 $18 \le m \le 22$이다. ……㉠

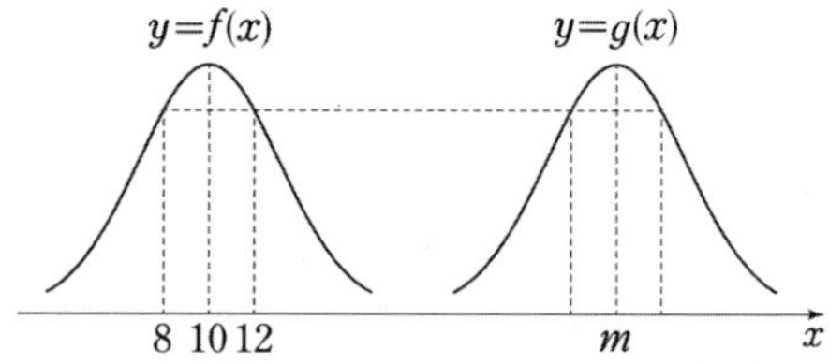

$$\mathrm{P}(21 \le Y \le 24) = \mathrm{P}\left(\frac{21-m}{2} \le Z \le \frac{24-m}{2}\right)\text{에서}$$

너코 083

$\frac{24-m}{2} - \frac{21-m}{2} = 1.5$로 일정하므로
㉠의 범위 내에서 m이 값이 클수록 다음 그림과 같이
$\mathrm{P}\left(\frac{21-m}{2} \le Z \le \frac{24-m}{2}\right)$, 즉 표준정규분포곡선과 z축 및
두 직선 $z = 21 - \frac{m}{2}$, $z = \frac{24-m}{2}$으로 둘러싸인 부분의
넓이가 커진다.

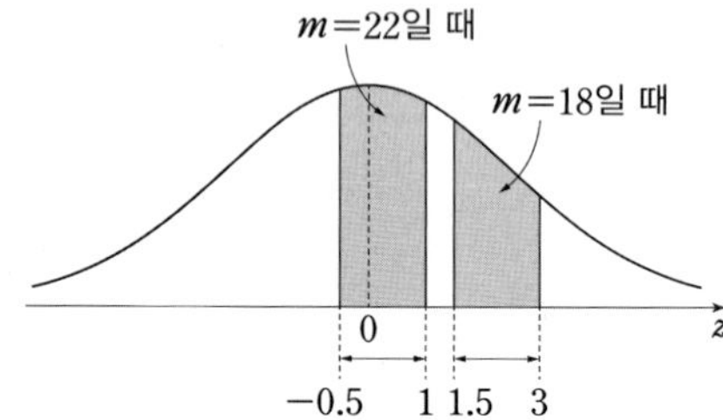

따라서 구하는 최댓값은

$$\mathrm{P}(21 \le Y \le 24) = \mathrm{P}\left(\frac{21-22}{2} \le Z \le \frac{24-22}{2}\right)$$
$$= \mathrm{P}(-0.5 \le Z \le 1)$$
$$= \mathrm{P}(0 \le Z \le 0.5) + \mathrm{P}(0 \le Z \le 1)$$
$$= 0.1915 + 0.3413 = 0.5328$$

답 ①

08-11

확률변수 X가 정규분포 $\mathrm{N}(8, 3^2)$을 따르므로 너코 082

$$\mathrm{P}(4 \le X \le 8) = \mathrm{P}\left(\frac{4-8}{3} \le Z \le \frac{8-8}{3}\right)$$ 너코 083
$$= \mathrm{P}\left(-\frac{4}{3} \le Z \le 0\right) = \mathrm{P}\left(0 \le Z \le \frac{4}{3}\right)$$

확률변수 Y가 정규분포 $\mathrm{N}(m, \sigma^2)$을 따르므로

$\mathrm{P}(Y \ge 8) = \mathrm{P}\left(Z \ge \frac{8-m}{\sigma}\right)$이다.

이때 $\mathrm{P}\left(0 \le Z \le \frac{4}{3}\right) + \mathrm{P}\left(Z \ge \frac{8-m}{\sigma}\right) = \frac{1}{2}$이므로

$\frac{4}{3} = \frac{8-m}{\sigma}$에서 $4\sigma = 24 - 3m$이다. ……㉠

$$\therefore\ \mathrm{P}\left(Y \le 8 + \frac{2\sigma}{3}\right) = \mathrm{P}\left(Z \le \frac{8 + \frac{2\sigma}{3} - m}{\sigma}\right)$$
$$= \mathrm{P}\left(Z \le \frac{24 + 2\sigma - 3m}{3\sigma}\right)$$
$$= \mathrm{P}(Z \le 2)\ (\because ㉠)$$
$$= 0.5 + \mathrm{P}(0 \le Z \le 2)$$
$$= 0.5 + 0.4772$$
$$= 0.9772$$

답 ④

08-12

확률변수 X는 정규분포 $\mathrm{N}\left(t, \frac{1}{t^4}\right)$을 따르므로 너코 082

$$G(t) = \mathrm{P}\left(X \le \frac{3}{2}\right) = \mathrm{P}\left(Z \le \frac{\frac{3}{2} - t}{\frac{1}{t^2}}\right)$$
$$= \mathrm{P}\left(Z \le \frac{3}{2}t^2 - t^3\right)$$ 너코 083

에서 $\frac{3}{2}t^2 - t^3$의 값이 최대일 때 $G(t)$의 값이 최대이다.

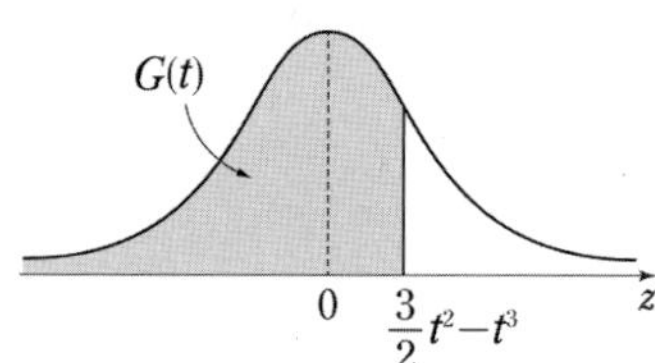

$f(t) = \frac{3}{2}t^2 - t^3$이라 하면

$f'(t) = 3t - 3t^2 = 3t(1-t)$이므로 너코 044
$t = 1\ (\because t > 0)$일 때 $f'(t) = 0$이다.
$t > 0$에서 함수 $f(t)$의 증가와 감소를 표로 나타내면 다음과
같다. 너코 049

t	0	$\cdots$	1	$\cdots$
$f'(t)$		+	0	−
$f(t)$		↗	$\frac{1}{2}$	↘

따라서 $t>0$에서 함수 $f(t)$는

$t=1$일 때 극댓값이자 최댓값 $f(1)=\frac{1}{2}$을 가지므로 너코 051

함수 $G(t)$의 최댓값은

$G(1)=\mathrm{P}(Z\le f(1))$

$=\mathrm{P}\left(Z\le \frac{1}{2}\right)$

$=0.5+\mathrm{P}\left(0\le Z\le \frac{1}{2}\right)$

$=0.5+0.1915$

$=0.6915$

답 ③

08-13

정규분포 $\mathrm{N}(1,\ t^2)$을 따르는 확률변수 X의 확률밀도함수를 $f(x)$라 하면 $y=f(x)$의 그래프는 직선 $x=1$에 대하여 대칭이다. 너코 082

따라서 $\mathrm{P}(X\le 5t)\ge \frac{1}{2}$이 되려면

$5t\ge 1 \quad \therefore\ t\ge \frac{1}{5}$ ……㉠

한편 확률변수 $Z=\frac{X-1}{t}$은 표준정규분포 $\mathrm{N}(0,\ 1)$을 따르므로

$\mathrm{P}(t^2-t+1\le X\le t^2+t+1)$

$=\mathrm{P}\left(\frac{t^2-t+1-1}{t}\le Z\le \frac{t^2+t+1-1}{t}\right)$

$=\mathrm{P}(t-1\le Z\le t+1)$ 너코 083 ……㉡

이때 $(t+1)-(t-1)=2$로 일정하므로 t의 값이 확률변수 Z의 평균 0에 가장 가까울 때 ㉡의 값은 최대가 된다.

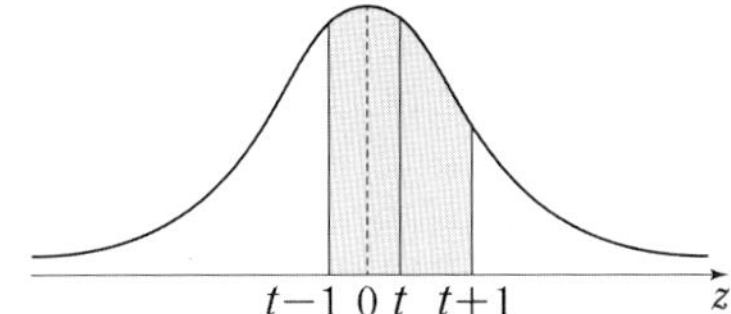

즉, ㉠에서 $t=\frac{1}{5}$일 때 ㉡의 값이 최대이므로 구하는 최댓값은

$\mathrm{P}\left(-\frac{4}{5}\le Z\le \frac{6}{5}\right)=\mathrm{P}(-0.8\le Z\le 1.2)$

$=\mathrm{P}(0\le Z\le 0.8)+\mathrm{P}(0\le Z\le 1.2)$

$=0.288+0.385=0.673$

따라서 $k=0.673$이므로

$1000\times k=1000\times 0.673=673$

답 673

08-14

한 개의 주사위를 한 번 던질 때, 나온 눈의 수가 4 이하일 확률은 $\frac{2}{3}$이고, 너코 071

한 개의 주사위를 16200번 던질 때 4 이하의 눈이 나오는 횟수를 확률변수 X라 하면 X는 이항분포 $\mathrm{B}\left(16200,\ \frac{2}{3}\right)$를 따르므로 너코 080

$\mathrm{E}(X)=16200\times\frac{2}{3}=10800$

$\mathrm{V}(X)=16200\times\frac{2}{3}\times\frac{1}{3}=3600$

$\sigma(X)=60$

한편 한 개의 주사위를 16200번 던질 때 수직선의 원점에 있는 점 A의 위치는

$X-(16200-X)=2X-16200$

이므로

$k=\mathrm{P}(2X-16200\le 5700)=\mathrm{P}(X\le 10950)$ ……㉠

이때 이항분포를 따르는 확률변수 X는 근사적으로 정규분포 $\mathrm{N}(10800,\ 60^2)$을 따르므로 너코 082

㉠에서

$k=\mathrm{P}(X\le 10950)$

$=\mathrm{P}\left(Z\le \frac{10950-10800}{60}\right)$ 너코 083

$=\mathrm{P}(Z\le 2.5)=0.5+\mathrm{P}(0\le Z\le 2.5)$

$=0.5+0.494=0.994$

이다.

$\therefore\ 1000\times k=994$

답 994

08-15

풀이 1

정규분포 $\mathrm{N}(m_1,\ \sigma_1^{\,2})$을 따르는 확률변수 X의 확률밀도함수를 $f(x)$라 하고, 정규분포 $\mathrm{N}(m_2,\ \sigma_2^{\,2})$을 따르는 확률변수 Y의 확률밀도함수를 $g(x)$라 하자. 너코 082

모든 실수 x에 대하여

$\mathrm{P}(X\le x)=\mathrm{P}(X\ge 40-x)$이므로

$m_1=\frac{x+(40-x)}{2}=20$

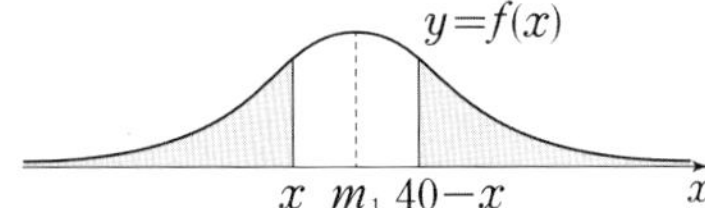

모든 실수 x에 대하여

$\mathrm{P}(Y\le x)=\mathrm{P}(X\le x+10)$이 성립하므로

$g(x)=f(x+10)$에서 함수 $y=g(x)$의 그래프를 x축의 방향으로 10만큼 평행이동 시키면 함수 $y=f(x)$의 그래프와 일치한다.

즉, $m_2=m_1-10=10$이고, $\sigma_1=\sigma_2$이다.

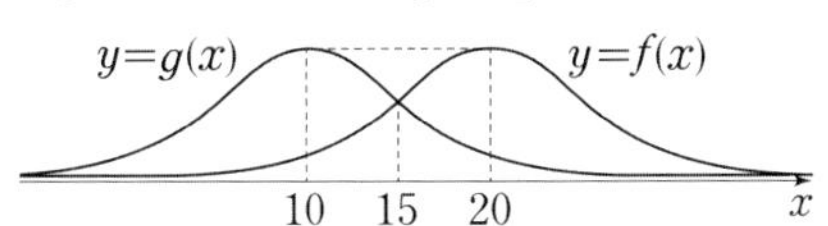

그러므로

$\mathrm{P}(15 \le X \le 20)+\mathrm{P}(15 \le Y \le 20)$

$=\mathrm{P}(10 \le Y \le 15)+\mathrm{P}(15 \le Y \le 20)$

$=\mathrm{P}(10 \le Y \le 20)$

$=\mathrm{P}\left(0 \le Z \le \dfrac{20-10}{\sigma_2}\right)=\mathrm{P}\left(0 \le Z \le \dfrac{10}{\sigma_2}\right)$ 너코 083

이때 $\mathrm{P}(15 \le X \le 20)+\mathrm{P}(15 \le Y \le 20)=0.4772$에서

$\mathrm{P}\left(0 \le Z \le \dfrac{10}{\sigma_2}\right)=0.4772$

표준정규분포표에서 $\mathrm{P}(0 \le Z \le 2)=0.4772$이므로

$\dfrac{10}{\sigma_2}=2$에서 $\sigma_2=5$

$\therefore\ m_1+\sigma_2=20+5=25$

풀이 2

정규분포 $\mathrm{N}(m_1, \sigma_1^2)$을 따르는 확률변수 X에 대하여 너코 082

$\mathrm{P}(X \le x)=\mathrm{P}(X \ge 40-x)$이고

$\mathrm{P}(X \le x)=\mathrm{P}(X \ge 2m_1-x)$이므로

$40-x=2m_1-x$ 즉, $m_1=20$

$\mathrm{P}(Y \le x)=\mathrm{P}(X \le x+10)$에 $x=10$을 대입하면

$\mathrm{P}(Y \le 10)=\mathrm{P}(X \le 20)=0.5$이므로

$m_2=10$

$\mathrm{P}(15 \le X \le 20)+\mathrm{P}(15 \le Y \le 20)$

$=\mathrm{P}(X \le 20)-\mathrm{P}(X \le 15)+\mathrm{P}(15 \le Y \le 20)$

$=\mathrm{P}(Y \le 10)-\mathrm{P}(Y \le 5)+\mathrm{P}(15 \le Y \le 20)$

$=\mathrm{P}(5 \le Y \le 10)+\mathrm{P}(15 \le Y \le 20)$

$=\mathrm{P}(10 \le Y \le 15)+\mathrm{P}(15 \le Y \le 20)$

$=\mathrm{P}(10 \le Y \le 20)$

$\mathrm{P}(10 \le Y \le 20)=\mathrm{P}\left(0 \le Z \le \dfrac{20-10}{\sigma_2}\right)$

$=\mathrm{P}\left(0 \le Z \le \dfrac{10}{\sigma_2}\right)$ 너코 083

이때 $\mathrm{P}(15 \le X \le 20)+\mathrm{P}(15 \le Y \le 20)=0.4772$에서

$\mathrm{P}\left(0 \le Z \le \dfrac{10}{\sigma_2}\right)=0.4772$

표준정규분포표에서 $\mathrm{P}(0 \le Z \le 2)=0.4772$이므로

$\dfrac{10}{\sigma_2}=2$에서 $\sigma_2=5$

$\therefore\ m_1+\sigma_2=20+5=25$

답 25

09-01

각 학생이 기부한 쌀의 무게(kg)를 확률변수 X라 하면

X는 정규분포 $\mathrm{N}(1.5, 0.2^2)$을 따른다. 너코 082

그러므로 구하는 확률은

$\mathrm{P}(1.3 \le X \le 1.8)$

$=\mathrm{P}\left(\dfrac{1.3-1.5}{0.2} \le Z \le \dfrac{1.8-1.5}{0.2}\right)$ 너코 083

$=\mathrm{P}(-1 \le Z \le 1.5)$

$=\mathrm{P}(0 \le Z \le 1)+\mathrm{P}(0 \le Z \le 1.5)$

$=0.3413+0.4332=0.7745$

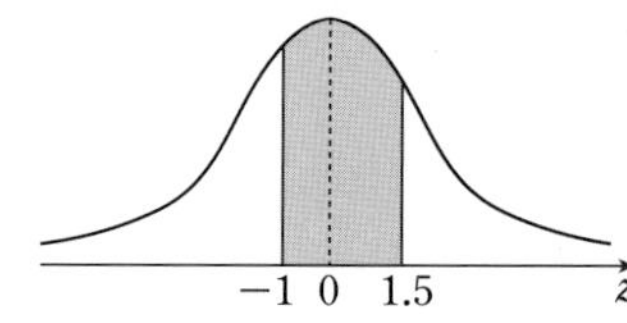

답 ③

09-02

수하물 1개의 무게(kg)를 확률변수 X라 하면

X는 정규분포 $\mathrm{N}(18, 2^2)$을 따른다. 너코 082

그러므로 구하는 확률은

$\mathrm{P}(16 \le X \le 22)$

$=\mathrm{P}\left(\dfrac{16-18}{2} \le Z \le \dfrac{22-18}{2}\right)$ 너코 083

$=\mathrm{P}(-1 \le Z \le 2)$

$=\mathrm{P}(0 \le Z \le 1)+\mathrm{P}(0 \le Z \le 2)$

$=0.3413+0.4772=0.8185$

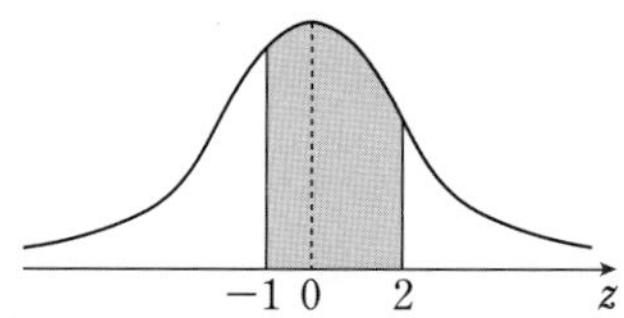

답 ④

09-03

하루 동안 추출한 호르몬의 양(mg)을 X라 하면

X는 정규분포 $\mathrm{N}(30.2, 0.6^2)$을 따른다. 너코 082

그러므로 구하는 확률은

$\mathrm{P}(29.6 \le X \le 31.4)$

$=\mathrm{P}\left(\dfrac{29.6-30.2}{0.6} \le Z \le \dfrac{31.4-30.2}{0.6}\right)$ 너코 083

$=\mathrm{P}(-1 \le Z \le 2)$

$=\mathrm{P}(0 \le Z \le 1)+\mathrm{P}(0 \le Z \le 2)$

$=0.3413+0.4772=0.8185$

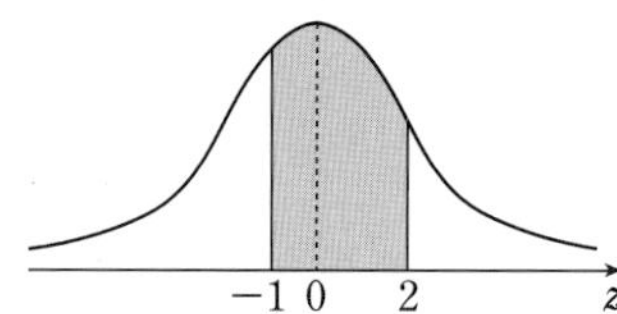

답 ⑤

09-04

이 농장에서 수확한 파프리카 1개의 무게(g)를 확률변수 X라 하면 X는 정규분포 $\mathrm{N}(180, 20^2)$을 따른다. 너코 082

그러므로 구하는 확률은

$\mathrm{P}(190 \le X \le 210)$

$=\mathrm{P}\left(\dfrac{190-180}{20} \le Z \le \dfrac{210-180}{20}\right)$ 너코 083

$= \mathrm{P}(0.5 \le Z \le 1.5)$
$= \mathrm{P}(0 \le Z \le 1.5) - \mathrm{P}(0 \le Z \le 0.5)$
$= 0.4332 - 0.1915 = 0.2417$

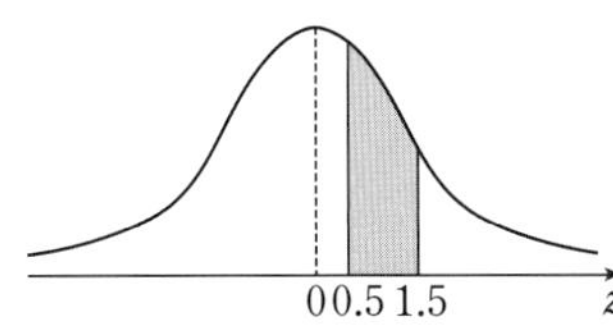

답 ⑤

09-05

수험생의 시험 점수를 확률변수 X라 하면 X는 정규분포 $\mathrm{N}(68,\ 10^2)$을 따른다. 너코 082
따라서 구하는 확률은

$\mathrm{P}(55 \le X \le 78) = \mathrm{P}\left(\frac{55-68}{10} \le Z \le \frac{78-68}{10}\right)$ 너코 083
$= \mathrm{P}(-1.3 \le Z \le 1)$
$= \mathrm{P}(-1.3 \le Z \le 0) + \mathrm{P}(0 \le Z \le 1)$
$= \mathrm{P}(0 \le Z \le 1.3) + \mathrm{P}(0 \le Z \le 1)$
$= 0.4032 + 0.3413 = 0.7445$

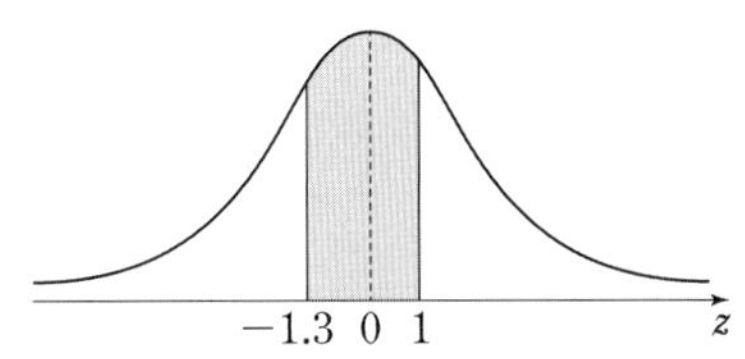

답 ②

09-06

병의 내압강도를 확률변수 X라 하면
X는 정규분포 $\mathrm{N}(m,\ \sigma^2)$을 따르고 너코 082
공정능력지수 G에 대하여 $G = 0.8$이면

$0.8 = \frac{m-40}{3\sigma}$, $m - 40 = 2.4\sigma$ ……㉠

따라서 임의로 추출한 한 개의 병이 불량품일 확률,
즉 $X < 40$일 확률은

$\mathrm{P}(X < 40) = \mathrm{P}\left(Z < \frac{40-m}{\sigma}\right)$ 너코 083
$= \mathrm{P}\left(Z < -\frac{2.4\sigma}{\sigma}\right)$ ($\because$ ㉠)
$= \mathrm{P}(Z < -2.4)$
$= 0.5 - 0.4918 = 0.0082$

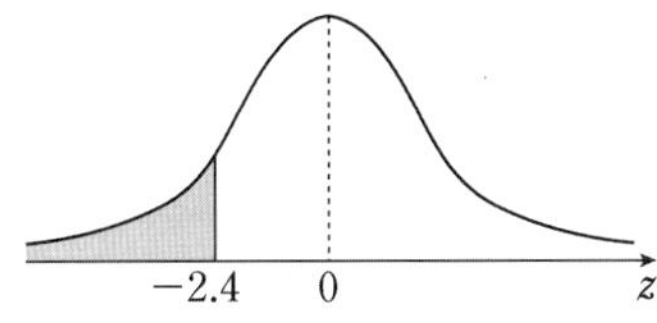

답 ③

09-07

어느 동물의 특정 자극에 대한 반응 시간을 확률변수 X라 하면 X는 정규분포 $\mathrm{N}(m,\ 1^2)$을 따른다. 너코 082

반응 시간이 2.93 미만일 확률, 즉 $X < 2.93$일 확률이 0.1003이므로
$\mathrm{P}(X < 2.93) = 0.1003$
$\mathrm{P}\left(Z < \frac{2.93-m}{1}\right) = 0.1003$ 너코 083
한편 주어진 표준정규분포표에서
$\mathrm{P}(0 \le Z \le 1.28) = 0.3997$이므로
$\mathrm{P}(Z < -1.28) = 0.5 - 0.3997 = 0.1003$이다.

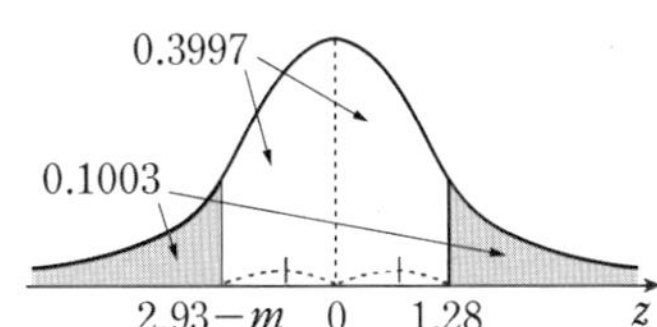

즉, $\mathrm{P}\left(Z < \frac{2.93-m}{1}\right) = \mathrm{P}(Z < -1.28)$이므로
$2.93 - m = -1.28$
$\therefore\ m = 4.21$

답 ③

09-08

회사 직원들의 출근 시간(분)을 확률변수 X라 하면
X는 정규분포 $\mathrm{N}(66.4,\ 15^2)$을 따르므로 너코 082

$\mathrm{P}(X \ge 73) = \mathrm{P}\left(Z \ge \frac{73-66.4}{15}\right)$ 너코 083
$= \mathrm{P}(Z \ge 0.44)$
$= 0.5 - \mathrm{P}(0 \le Z \le 0.44)$
$= 0.5 - 0.17 = 0.33$

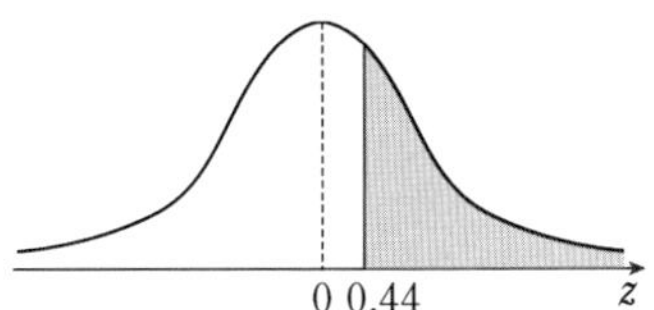

출근 시간에 따라 이 날 출근한 이 회사 직원들 중 임의로 선택한 1명이 지하철을 이용한 경우는 다음과 같다.

ⅰ) 출근 시간이 73분 이상이고 지하철을 이용하였을 경우
확률은 $0.33 \times 0.4 = 0.132$ 너코 075
ⅱ) 출근 시간이 73분 미만이고 지하철을 이용하였을 경우
확률은 $(1 - 0.33) \times 0.2 = 0.134$
ⅰ), ⅱ)에서 구하는 확률은
$0.132 + 0.134 = 0.266$

답 ⑤

09-09

신입사원 전체의 연수 점수를 X라 하면
X는 정규분포 $\mathrm{N}(83,\ 5^2)$을 따른다. 너코 082
신입사원 300명 중
연수 점수에 따라 상위 36명을 뽑으므로
36명 안에 들기 위한 최소 점수를 k라 하면
$\mathrm{P}(X \ge k) = \frac{36}{300} = 0.12$이다.

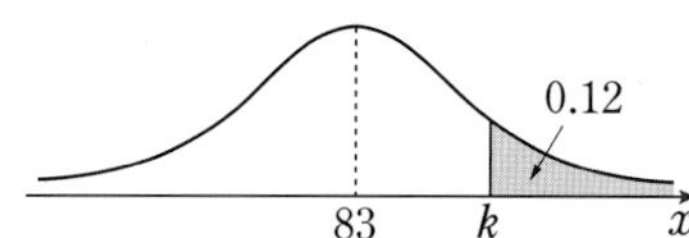

이때 $P(X \geq k) = P\left(Z \geq \frac{k-83}{5}\right) = 0.12$이고, 너코 083

주어진 표준정규분포표에서 $P(0 \leq Z \leq 1.2) = 0.38$이므로
$P(Z \geq 1.2) = 0.5 - 0.38 = 0.12$

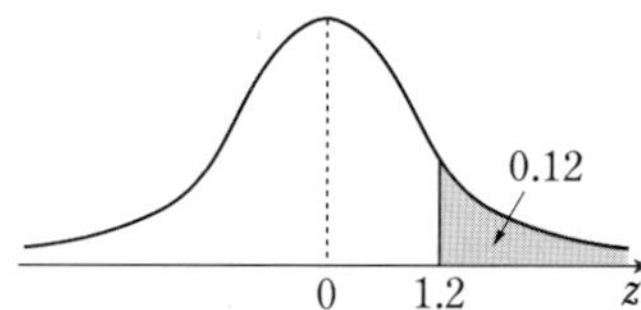

즉, $\frac{k-83}{5} = 1.2$

$\therefore\ k = 89$

답 89

09-10

생후 7개월 된 돼지 200마리의 무게(kg)를 X라 하면
X는 정규분포 $N(110, 10^2)$을 따른다. 너코 082
돼지 200마리 중 무거운 것부터 3마리를 뽑으므로
3마리 안에 들기 위한 최소 무게를 k라 하면

$P(X \geq k) = \frac{3}{200} = 0.015$이다.

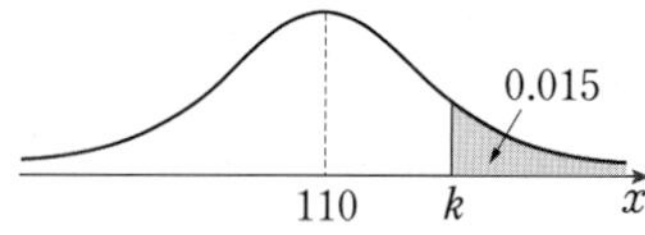

이때 $P(X \geq k) = P\left(Z \geq \frac{k-110}{10}\right) = 0.015$이고, 너코 083

주어진 표준정규분포표에서
$P(0 \leq Z \leq 2.17) = 0.4850$이므로
$P(Z \geq 2.17) = 0.5 - 0.4850 = 0.015$

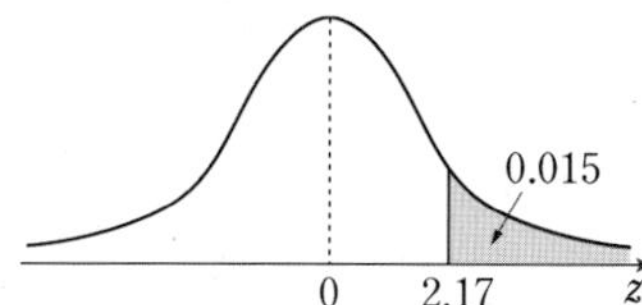

즉, $\frac{k-110}{10} = 2.17$

$\therefore\ k = 131.7$

답 ④

09-11

신입 사원의 키(cm)를 확률변수 X라 하면
X는 정규분포 $N(m, 10^2)$을 따른다. 너코 082
전체 신입 사원 중에서 키가 177 이상인 사원이 242명이므로

$P(X \geq 177) = \frac{242}{1000} = 0.242$이다.

이때 $P(X \geq 177) = P\left(Z \geq \frac{177-m}{10}\right) = 0.242$이고 너코 083

주어진 표준정규분포표에서 $P(0 \leq Z \leq 0.7) = 0.2580$이므로

$P(Z \geq 0.7) = 0.5 - 0.2580 = 0.242$

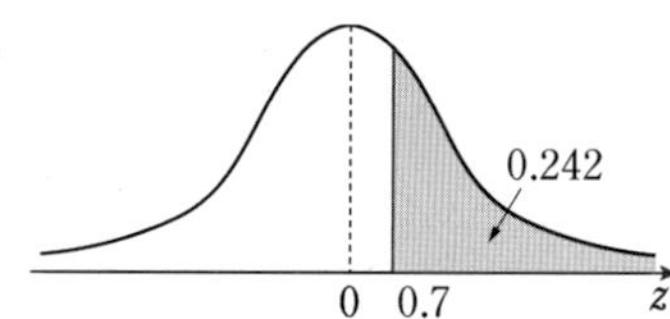

즉, $\frac{177-m}{10} = 0.7$에서 $m = 170$

따라서 X는 정규분포 $N(170, 10^2)$을 따르므로
구하는 확률은

$$P(X \geq 180) = P\left(Z \geq \frac{180-170}{10}\right)$$
$$= P(Z \geq 1)$$
$$= 0.5 - 0.3413 = 0.1587$$

답 ①

09-12

고객의 집에서 시장까지의 거리(m)를 확률변수 X라 하면
X는 정규분포 $N(1740, 500^2)$을 따른다. 너코 082
고객의 집에서 시장까지의 거리가 2000m 이상일 확률은

$$P(X \geq 2000) = P\left(Z \geq \frac{2000-1740}{500}\right)$$ 너코 083
$$= P(Z \geq 0.52)$$
$$= 0.5 - P(0 \leq Z \leq 0.52)$$
$$= 0.5 - 0.2 = 0.3$$

이고, 집에서 시장까지의 거리가 2000m 미만일 확률은
$P(X < 2000) = 1 - 0.3 = 0.7$ 너코 073
그러므로 고객의 자가용 이용 여부와 집에서 시장까지의 거리에 따른 비율을 표를 그려 보면 다음과 같다.

	자가용 O	자가용 X	합계
2000m 이상	0.3×0.15	0.3×0.85	0.3
2000m 미만	0.7×0.05	0.7×0.95	0.7

따라서 구하는 확률은

$$\frac{0.7 \times 0.05}{0.3 \times 0.15 + 0.7 \times 0.05} = \frac{7}{16}$$ 너코 074

답 ②

10-01

제품 A의 무게(g) X는 정규분포 $N(40, 5^2)$을 따르고, 너코 082
제품 B의 무게(g) Y는 정규분포 $N(24, 3^2)$을 따른다.
이때 $P(X \geq 50) = P(Y \geq k)$에서

$P\left(Z \geq \frac{50-40}{5}\right) = P\left(Z \geq \frac{k-24}{3}\right)$, 너코 083

$P(Z \geq 2) = P\left(Z \geq \frac{k-24}{3}\right)$이다.

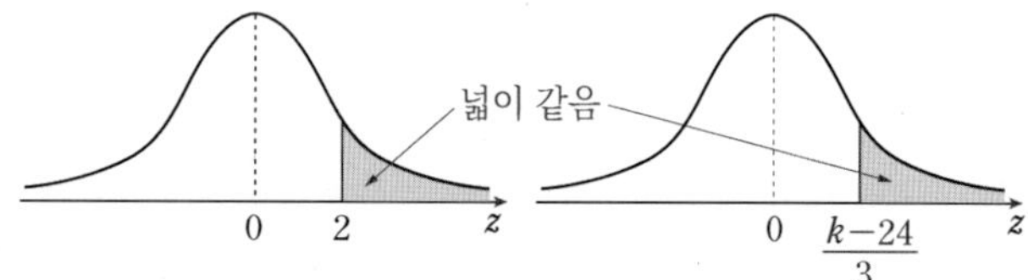

즉, $2=\frac{k-24}{3}$

$\therefore k=30$

답 30

10-02

A과목 성적 X는 정규분포 $N(72, 6^2)$을 따르고, 너코 082

B과목 성적 Y는 정규분포 $N(80, \sigma^2)$을 따른다.

이때 $P(X \le 78)=P(Y \le 83)$에서

$P\left(Z \ge \frac{78-72}{6}\right)=P\left(Z \ge \frac{83-80}{\sigma}\right)$, 너코 083

$P(Z \ge 1)=P\left(Z \ge \frac{3}{\sigma}\right)$이다.

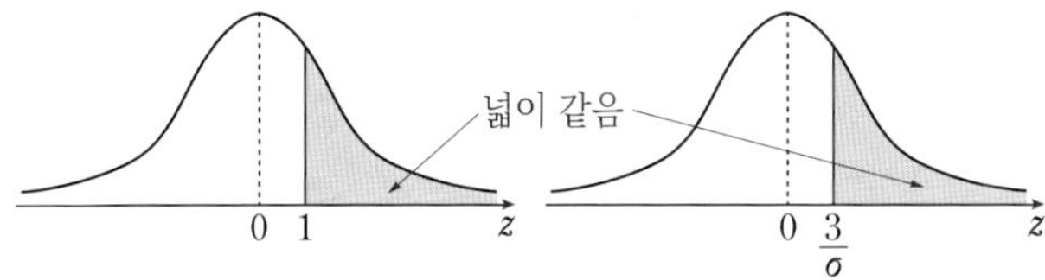

즉, $1=\frac{3}{\sigma}$

$\therefore \sigma=3$

답 3

10-03

과자 A의 길이를 확률변수 X라 하면

X는 정규분포 $N(m, {\sigma_1}^2)$을 따르고,

과자 B의 길이를 확률변수 Y라 하면

Y는 정규분포 $N(m+25, {\sigma_2}^2)$을 따른다. 너코 082

과자 A의 길이가 $m+10$ 이상일 확률은

$P(X \ge m+10)=P\left(Z \ge \frac{(m+10)-m}{\sigma_1}\right)$ 너코 083

$=P\left(Z \ge \frac{10}{\sigma_1}\right)$

과자 B의 길이가 $m+10$ 이하일 확률은

$P(Y \le m+10)=P\left(Z \le \frac{m+10-(m+25)}{\sigma_2}\right)$

$=P\left(Z \le -\frac{15}{\sigma_2}\right)$

이때 두 확률이 같으므로

$P\left(Z \ge \frac{10}{\sigma_1}\right)=P\left(Z \le -\frac{15}{\sigma_2}\right)$에서 $\frac{10}{\sigma_1}+\left(-\frac{15}{\sigma_2}\right)=0$

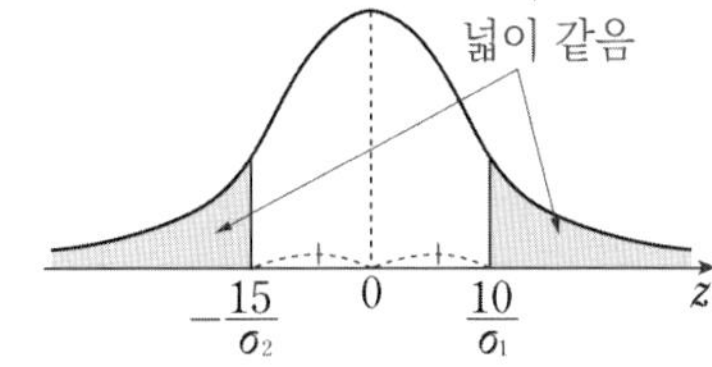

즉, $\frac{10}{\sigma_1}=\frac{15}{\sigma_2}$

$\therefore \frac{\sigma_2}{\sigma_1}=\frac{15}{10}=\frac{3}{2}$

답 ①

10-04

동물 A의 이 부위의 길이(cm)를 X라 하면

X는 정규분포 $N(10, 0.4^2)$을 따르고, 너코 082

동물 B의 이 부위의 길이(cm)를 Y라 하면

Y는 정규분포 $N(12, 0.6^2)$을 따른다.

동물 A의 화석을 동물 A의 화석으로 판단할 확률은

$P(X < d)=P\left(Z < \frac{d-10}{0.4}\right)$ 너코 083

동물 B의 화석을 동물 B의 화석으로 판단할 확률은

$P(Y \ge d)=P\left(Z \ge \frac{d-12}{0.6}\right)$

두 확률이 같아지려면

$P\left(Z < \frac{d-10}{0.4}\right)=P\left(Z \ge \frac{d-12}{0.6}\right)$에서

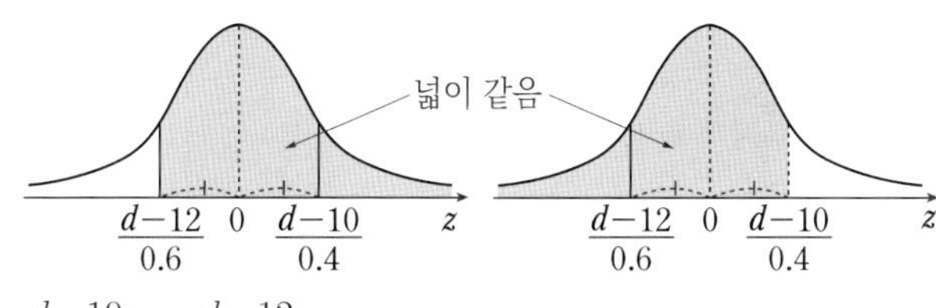

$\frac{d-10}{0.4}=-\frac{d-12}{0.6}$

$\therefore d=10.8$

답 ⑤

10-05

근무 기간이 16개월인 직원의 하루 생산량을 확률변수 X라 하면 X는 정규분포 $N(16a+100, 12^2)$을 따른다. 너코 082

근무 기간이 16개월인 직원의 하루 생산량이 84 이하일 확률이 0.0228이므로

$P(X \le 84)=P\left(Z \le \frac{84-16a-100}{12}\right)$ 너코 083

$=P\left(Z \le \frac{-4a-4}{3}\right)$

$=P(Z \ge 0)-P\left(0 \le Z \le \frac{4a+4}{3}\right)$

$=0.0228$

에서 $P\left(0 \le Z \le \frac{4a+4}{3}\right)=0.5-0.0228=0.4772$이고

주어진 표준정규분포표에서 $P(0 \le Z \le 2)=0.4772$이므로

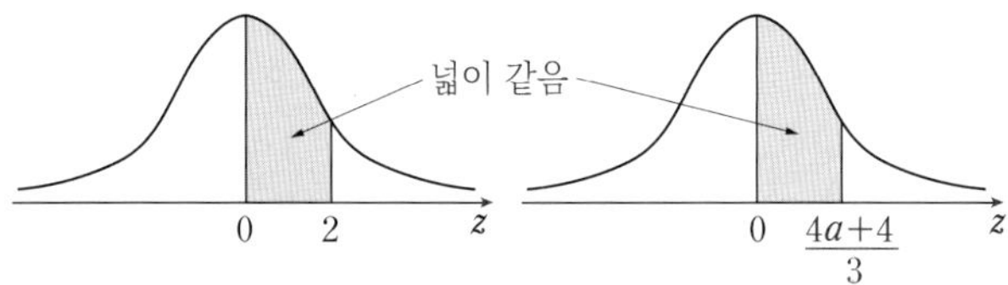

$\frac{4a+4}{3}=2$, $a=\frac{1}{2}$

한편, 근무 기간이 36개월인 직원의 하루 생산량을
확률변수 Y라 하면

Y는 정규분포 $\mathrm{N}(118,\ 12^2)$을 따른다. ($\because\ a=\frac{1}{2}$)

$$\therefore\ \mathrm{P}(100\le Y\le 142)=\mathrm{P}\left(\frac{100-118}{12}\le Z\le \frac{142-118}{12}\right)$$
$$=\mathrm{P}(-1.5\le Z\le 2)$$
$$=0.4332+0.4772$$
$$=0.9104$$

답 ③

10-06

제품 A의 무게를 확률변수 X라 하면
X는 정규분포 $\mathrm{N}(m,\ 1^2)$을 따르고, 너코 082
제품 B의 무게를 확률변수 Y라 하면
Y는 정규분포 $\mathrm{N}(2m,\ 2^2)$을 따른다.
제품 A의 무게가 k 이상일 확률은

$$\mathrm{P}(X\ge k)=\mathrm{P}\left(Z\ge \frac{k-m}{1}\right)$$ 너코 083

제품 B의 무게가 k 이하일 확률은

$$\mathrm{P}(Y\le k)=\mathrm{P}\left(Z\le \frac{k-2m}{2}\right)$$

두 확률이 서로 같으므로
$\mathrm{P}\left(Z\ge \frac{k-m}{1}\right)=\mathrm{P}\left(Z\le \frac{k-2m}{2}\right)$에서

$\frac{k-m}{1}=-\frac{k-2m}{2}$, $3k=4m$

$$\therefore\ \frac{k}{m}=\frac{4}{3}$$

답 ⑤

10-07

A 과수원에서 생산하는 귤의 무게를 확률변수 X라 하면
X는 정규분포 $\mathrm{N}(86,\ 15^2)$을 따르고, 너코 082
B 과수원에서 생산하는 귤의 무게를 확률변수 Y라 하면
Y는 정규분포 $\mathrm{N}(88,\ 10^2)$을 따른다.
A 과수원에서 임의로 선택한 귤의 무게가 98 이하일 확률은

$$\mathrm{P}(X\le 98)=\mathrm{P}\left(Z\le \frac{98-86}{15}\right)=\mathrm{P}\left(Z\le \frac{4}{5}\right)$$ 너코 083

B 과수원에서 임의로 선택한 귤의 무게가 a 이하일 확률은

$$\mathrm{P}(Y\le a)=\mathrm{P}\left(Z\le \frac{a-88}{10}\right)$$

두 확률이 서로 같으므로
$$\mathrm{P}\left(Z\le \frac{4}{5}\right)=\mathrm{P}\left(Z\le \frac{a-88}{10}\right)$$

$\frac{4}{5}=\frac{a-88}{10}$

$\therefore\ a=96$

답 96

10-08

이 회사에서 생산하는 A제품 1개의 중량을 확률변수 X,
B제품 1개의 중량을 확률변수 Y라 하면 두 확률변수 X, Y는
각각 정규분포 $\mathrm{N}(9,\ 0.4^2)$, $\mathrm{N}(20,\ 1^2)$을 따른다. 너코 082

$$\mathrm{P}(8.9\le X\le 9.4)=\mathrm{P}\left(\frac{8.9-9}{0.4}\le Z\le \frac{9.4-9}{0.4}\right)$$ 너코 083
$$=\mathrm{P}(-0.25\le Z\le 1)$$
$$\mathrm{P}(19\le Y\le k)=\mathrm{P}\left(\frac{19-20}{1}\le Z\le \frac{k-20}{1}\right)$$
$$=\mathrm{P}(-1\le Z\le k-20)$$

두 확률이 서로 같으므로
$\mathrm{P}(-0.25\le Z\le 1)=\mathrm{P}(-1\le Z\le k-20)$

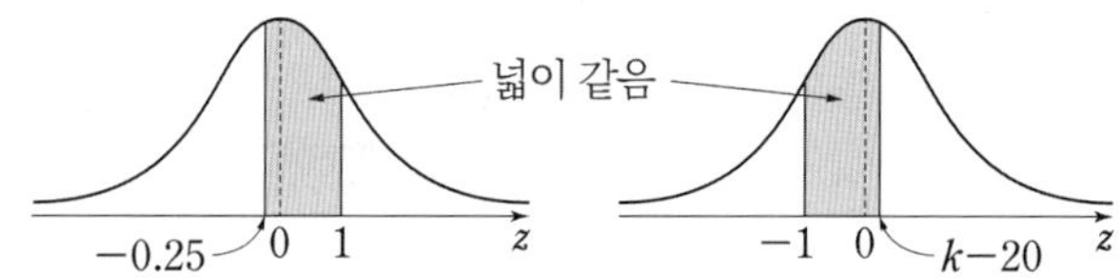

$k-20=0.25$
$\therefore\ k=20.25$

답 ④

10-09

A과목 시험 점수를 확률변수 X라 하면
X는 정규분포 $\mathrm{N}(m,\ \sigma^2)$을 따르고, 너코 082
B과목 시험 점수를 확률변수 Y라 하면
Y는 정규분포 $\mathrm{N}(m+3,\ \sigma^2)$을 따른다.
A과목 시험 점수가 80점 이상인 학생의 비율이 9%이므로

$$\mathrm{P}(X\ge 80)=\mathrm{P}\left(Z\ge \frac{80-m}{\sigma}\right)$$ 너코 083
$$=0.5-\mathrm{P}\left(0\le Z\le \frac{80-m}{\sigma}\right)$$
$$=0.09$$

에서 $\mathrm{P}\left(0\le Z\le \frac{80-m}{\sigma}\right)=0.41$이고,
주어진 조건에서 $\mathrm{P}(0\le Z\le 1.34)=0.41$이므로

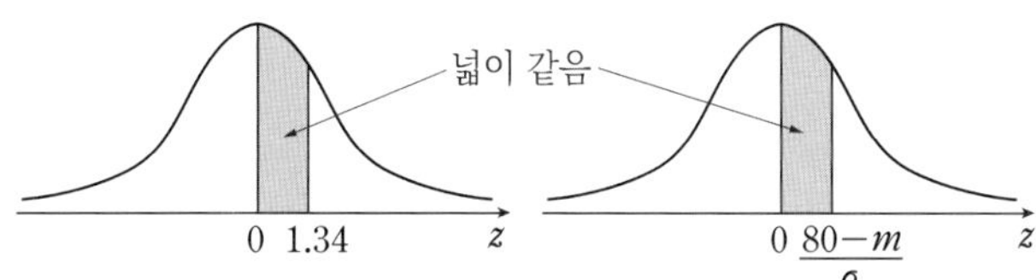

$\frac{80-m}{\sigma}=1.34,\ m=80-1.34\sigma$ ……㉠

B과목 시험 점수가 80점 이상인 학생의 비율이 15%이므로

$\mathrm{P}(Y \geq 80)=\mathrm{P}\left(Z \geq \frac{77-m}{\sigma}\right)$

$=0.5-\mathrm{P}\left(0 \leq Z \leq \frac{77-m}{\sigma}\right)$

$=0.15$

에서 $\mathrm{P}\left(0 \leq Z \leq \frac{77-m}{\sigma}\right)=0.35$이고

주어진 조건에서 $\mathrm{P}(0 \leq Z \leq 1.04)=0.35$이므로

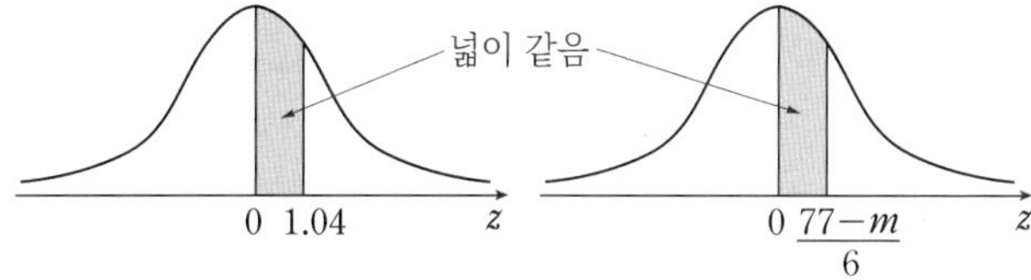

$\frac{77-m}{\sigma}=1.04,\ m=77-1.04\sigma$ ……㉡

㉠, ㉡에서

$80-1.34\sigma=77-1.04\sigma,\ 0.3\sigma=3$이므로 $\sigma=10$

㉠에 $\sigma=10$을 대입하면 $m=66.6$

$\therefore\ m+\sigma=66.6+10=76.6$

답 ⑤

2 통계적 추정

11-01

모표준편차가 14인 모집단에서 크기가 n인 표본을 임의추출하여 구한 표본평균 $\overline{X}$에 대하여 너코 084

$\sigma(\overline{X})=2$이므로 $\sigma(\overline{X})=\frac{14}{\sqrt{n}}=2$ 너코 085

$2\sqrt{n}=14,\ \sqrt{n}=7$

$\therefore\ n=49$

답 ⑤

11-02

정규분포 $\mathrm{N}(20,\ 5^2)$을 따르는 모집단의 확률변수를 X라 하면

$\mathrm{E}(X)=20,\ \sigma(X)=5$

이 모집단에서 크기가 16인 표본을 임의추출하여 구한 표본평균 $\overline{X}$에 대하여 너코 084

$\mathrm{E}(\overline{X})=\mathrm{E}(X)=20$이고,

$\sigma(\overline{X})=\frac{\sigma(X)}{\sqrt{16}}=\frac{5}{4}$이다. 너코 085

$\therefore\ \mathrm{E}(\overline{X})+\sigma(\overline{X})=20+\frac{5}{4}=\frac{85}{4}$

답 ④

11-03

모집단에서 뽑은 크기가 2인 표본을 $(X_1,\ X_2)$라 하자.

$\overline{X}=1.5$, 즉 $\frac{X_1+X_2}{2}=1.5$인 경우의 표본은

$(1,\ 2),\ (2,\ 1)$의 두 가지이므로 $a=2$이고 너코 084

$\mathrm{P}(\overline{X}=1.5)=0.5\times0.3+0.3\times0.5=0.3$에서 $c=0.3$

너코 085

$\overline{X}=2$, 즉 $\frac{X_1+X_2}{2}=2$인 경우의 표본은

$(1,\ 3),\ (2,\ 2),\ (3,\ 1)$의 세 가지이므로 $b=3$이고

$\mathrm{P}(\overline{X}=2)=0.5\times0.2+0.3\times0.3+0.2\times0.5=0.29$에서

$d=0.29$

$\therefore\ 100(b+c)=100\times(3+0.3)=330$

답 330

11-04

주어진 5개의 자료의 평균은

$\frac{8+9+11+12+15}{5}=11$ 이므로

$\mathrm{E}(\overline{X})=11$

주어진 5개의 자료의 분산은

$\frac{(8-11)^2+(9-11)^2+(11-11)^2+(12-11)^2+(15-11)^2}{5}$

$=\frac{9+4+1+16}{5}=6$ 이므로

$\mathrm{V}(\overline{X})=6$이다.

모집단의 평균은 m이고 표준편차는 σ이므로

$\mathrm{E}(\overline{X})=m=11$ 너코 085

$\mathrm{V}(\overline{X})=\frac{\sigma^2}{24}=6$에서

$\sigma^2=144,\ \sigma=12$

$\therefore\ m+\sigma=11+12=23$

답 23

11-05

확률의 총합은 1이므로 너코078

$\frac{1}{4}+a+\frac{1}{2}=1$에서 $a=\frac{1}{4}$

그러므로

$E(X)=(-2)\times\frac{1}{4}+0\times\frac{1}{4}+1\times\frac{1}{2}=0$ 너코079

$E(X^2)=(-2)^2\times\frac{1}{4}+0^2\times\frac{1}{4}+1^2\times\frac{1}{2}=\frac{3}{2}$

$V(X)=E(X^2)-\{E(X)\}^2=\frac{3}{2}-0^2=\frac{3}{2}$

이고, X의 표준편차는

$\sigma(X)=\sqrt{\frac{3}{2}}=\frac{\sqrt{6}}{2}$이다.

이 모집단에서 임의추출한 크기가 16 인 표본의

표본평균 $\overline{X}$ 의 표준편차는

$\sigma(\overline{X})=\frac{\sigma(X)}{\sqrt{16}}=\frac{\sqrt{6}}{8}$ 너코085

답 ①

11-06

주머니에서 공 1개를 꺼냈을 때 공에 적힌 수를 확률변수 X라 하자.

X의 확률분포를 표로 나타내면 다음과 같다. 너코078

X	1	2	3	계
$P(X=x)$	$\frac{1}{8}$	$\frac{2}{8}$	$\frac{5}{8}$	1

이때 공을 두 번 꺼냈을 때 공에 적혀 있는 수를

꺼낸 순서대로 각각 X_1, X_2라 하자.

$\overline{X}=2$, 즉 $\frac{X_1+X_2}{2}=2$이려면 순서쌍 (X_1, X_2)가

$(1, 3)$ 또는 $(2, 2)$ 또는 $(3, 1)$이어야 한다.

i) 순서쌍 (X_1, X_2)가 $(1, 3)$인 경우

확률은 $\frac{1}{8}\times\frac{5}{8}=\frac{5}{64}$ 너코075

ii) 순서쌍 (X_1, X_2)가 $(2, 2)$인 경우

확률은 $\frac{2}{8}\times\frac{2}{8}=\frac{4}{64}$

iii) 순서쌍 (X_1, X_2)가 $(3, 1)$인 경우

확률은 $\frac{5}{8}\times\frac{1}{8}=\frac{5}{64}$

i)~iii)에서

$P(\overline{X}=2)=\frac{5}{64}+\frac{4}{64}+\frac{5}{64}=\frac{14}{64}=\frac{7}{32}$ 너코085

답 ⑤

11-07

확률의 총합은 1이므로 너코078

$\frac{1}{6}+a+b=1$, 즉 $a+b=\frac{5}{6}$ ……㉠

$E(X^2)=\frac{16}{3}$이라 주어졌으므로 너코079

$0^2\times\frac{1}{6}+2^2\times a+4^2\times b=\frac{16}{3}$, 즉 $a+4b=\frac{4}{3}$ ……㉡

㉠, ㉡에 의하여 $a=\frac{2}{3}$, $b=\frac{1}{6}$이다.

그러므로 확률변수 X의 확률분포가 다음 표와 같다.

X	0	2	4	합계
$P(X=x)$	$\frac{1}{6}$	$\frac{2}{3}$	$\frac{1}{6}$	1

$E(X)=0\times\frac{1}{6}+2\times\frac{2}{3}+4\times\frac{1}{6}=2$이므로

$V(X)=E(X^2)-\{E(X)\}^2=\frac{16}{3}-2^2=\frac{4}{3}$이다.

$\therefore\ V(\overline{X})=\frac{V(X)}{20}=\frac{1}{15}$ 너코085

답 ④

11-08

한 번의 시행에서 카드에 적혀 있는 수를 확률변수 X라 하고

X의 확률분포를 표로 나타내면 다음과 같다. 너코078

X	1	3	5	7	9	합계
$P(X=x)$	$\frac{1}{5}$	$\frac{1}{5}$	$\frac{1}{5}$	$\frac{1}{5}$	$\frac{1}{5}$	1

$E(X)=1\times\frac{1}{5}+3\times\frac{1}{5}+5\times\frac{1}{5}+7\times\frac{1}{5}+9\times\frac{1}{5}$ 너코079

$=5$

$E(X^2)=1^2\times\frac{1}{5}+3^2\times\frac{1}{5}+5^2\times\frac{1}{5}+7^2\times\frac{1}{5}+9^2\times\frac{1}{5}$

$=33$

$V(X)=E(X^2)-\{E(X)\}^2$

$=33-5^2=8$

표본의 크기가 3이므로

$V(\overline{X})=\frac{V(X)}{3}=\frac{8}{3}$ 너코085

따라서 $V(a\overline{X}+6)=a^2V(\overline{X})=\frac{8}{3}a^2=24$이므로

$a=3$ ($\because a>0$)

답 ③

11-09

$E(X)=E(\overline{X})$이므로 너코085

$E(X)=10\times\frac{1}{2}+20\times a+30\times\left(\frac{1}{2}-a\right)$

$=20-10a=18$

에서 $10a=2$, $a=\frac{1}{5}$이고 X의 확률분포표는 다음과 같다.

너코 078

X	10	20	30	계
$\mathrm{P}(X=x)$	$\frac{1}{2}$	$\frac{1}{5}$	$\frac{3}{10}$	1

모집단에서 뽑은 크기가 2인 표본을 (X_1, X_2)라 할 때

$\overline{X}=20$, 즉 $\frac{X_1+X_2}{2}=20$이려면 순서쌍 (X_1, X_2)가

$(10, 30)$ 또는 $(20, 20)$ 또는 $(30, 10)$이어야 한다.

… 빈출 QnA

i) $(X_1, X_2)=(10, 30)$인 경우

확률은 $\frac{1}{2}\times\frac{3}{10}=\frac{3}{20}$ 너코 075

ii) $(X_1, X_2)=(20, 20)$인 경우

확률은 $\frac{1}{5}\times\frac{1}{5}=\frac{1}{25}$

iii) $(X_1, X_2)=(30, 10)$인 경우

확률은 $\frac{3}{10}\times\frac{1}{2}=\frac{3}{20}$

i)~iii)에서

$\mathrm{P}(\overline{X}=20)=\frac{3}{20}+\frac{1}{25}+\frac{3}{20}=\frac{17}{50}$

답 ④

빈출 QnA

Q. 왜 두 표본 (10, 30)과 (30, 10)을 구분해야 하나요?

A. 복원추출은 한 번 추출한 원소를 다시 되돌려 놓은 후 다음 원소를 뽑는 추출을 말합니다.
그러므로 복원추출로 크기가 2인 표본을 뽑았다면 처음 뽑은 것과 그 다음으로 뽑은 것이 순서가 있으므로 구분이 가능합니다.
그러므로 표본은 순서쌍을 생각해야 하므로 두 표본 (10, 30)과 (30, 10)을 서로 구분해야 하는 것입니다.

11-10

주머니에 들어 있는 60개의 공을 모집단으로 하자.
이 모집단에서 임의로 한 개의 공을 꺼낼 때, 이 공에 적혀 있는 수를 확률변수 X라 하면 X의 확률분포, 즉 모집단의 확률분포는 다음 표와 같다.

X	1	2	3	합계
$\mathrm{P}(X=x)$	$\frac{1}{6}$	$\frac{1}{3}$	$\frac{1}{2}$	1

따라서 모평균 m은

$m=\mathrm{E}(X)=1\times\frac{1}{6}+2\times\frac{1}{3}+3\times\frac{1}{2}=\frac{7}{3}$이다. 너코 079

또한 $\mathrm{E}(X^2)=1^2\times\frac{1}{6}+2^2\times\frac{1}{3}+3^2\times\frac{1}{2}=6$이므로

모분산 σ^2은

$\sigma^2=\mathrm{V}(X)=\mathrm{E}(X^2)-\{\mathrm{E}(X)\}^2$

$=6-\left(\frac{7}{3}\right)^2=\boxed{\frac{5}{9}}$

이다. 모집단에서 크기가 10인 표본을 임의추출하여 구한 표본평균을 $\overline{X}$라 하면

$\mathrm{E}(\overline{X})=\mathrm{E}(X)=\frac{7}{3}$,

$\mathrm{V}(\overline{X})=\frac{\mathrm{V}(X)}{10}=\boxed{\frac{1}{18}}$이다. 너코 085

주머니에서 n번째 꺼낸 공에 적혀 있는 수를 X_n이라 하면

$Y=\sum_{n=1}^{10}X_n=10\overline{X}$이므로

$\mathrm{E}(Y)=\mathrm{E}(10\overline{X})=10\mathrm{E}(\overline{X})=\frac{70}{3}$,

$\mathrm{V}(Y)=\mathrm{V}(10\overline{X})=10^2\mathrm{V}(\overline{X})=\boxed{\frac{50}{9}}$이다.

$\therefore$ (가) : $p=\frac{5}{9}$, (나) : $q=\frac{1}{18}$, (다) : $r=\frac{50}{9}$

$\therefore\ p+q+r=\frac{5}{9}+\frac{1}{18}+\frac{50}{9}=\frac{37}{6}$

답 ④

11-11

두 주머니 A, B 중 임의로 선택한 하나의 주머니에서 임의로 한 개의 공을 꺼냈을 때 공에 적힌 수를 확률변수 X라 하자.
X의 확률분포를 표로 나타내면 다음과 같다. 너코 078

X	$\mathrm{P}(X=x)$
1	$\frac{1}{2}\times\frac{1}{2}=\frac{1}{4}$
2	$\frac{1}{2}\times\frac{1}{2}=\frac{1}{4}$
3	$\frac{1}{2}\times\frac{1}{3}=\frac{1}{6}$
4	$\frac{1}{2}\times\frac{1}{3}=\frac{1}{6}$
5	$\frac{1}{2}\times\frac{1}{3}=\frac{1}{6}$
계	1

공을 3번 꺼냈을 때 공에 적혀 있는 수를 꺼낸 순서대로 각각 X_1, X_2, X_3이라 하자.

$\overline{X}=2$이려면 $\frac{X_1+X_2+X_3}{3}=2$,

즉 $X_1+X_2+X_3=6$이어야 한다.

i) X_1, X_2, X_3이 4, 1, 1일 확률

$\left(\frac{1}{6}\times\frac{1}{4}\times\frac{1}{4}\right)\times\frac{3!}{2!}=\frac{1}{32}$ 너코 075

I 통계

ii) X_1, X_2, X_3이 3, 2, 1일 확률

$$\left(\frac{1}{6}\times\frac{1}{4}\times\frac{1}{4}\right)\times 3! = \frac{1}{16}$$

iii) X_1, X_2, X_3이 2, 2, 2일 확률

$$\left(\frac{1}{4}\times\frac{1}{4}\times\frac{1}{4}\right)\times 1 = \frac{1}{64}$$

i)~iii)에서

$$\mathrm{P}(\overline{X}=2) = \frac{1}{32}+\frac{1}{16}+\frac{1}{64} = \frac{2+4+1}{64} = \frac{7}{64}$$ 너코 085

$\therefore\ p+q=64+7=71$

답 71

11-12

주머니에서 임의로 한 장의 카드를 꺼내어 카드에 적힌 수를 확인하는 시행을 4번 반복할 때, 카드에 적힌 수를 순서대로 a, b, c, d (a, b, c, d는 1 이상 6 이하의 자연수)라 하면 $\overline{X}=\dfrac{a+b+c+d}{4}$이다.

따라서 구하는 확률 $\mathrm{P}\left(\overline{X}=\dfrac{11}{4}\right)$은 주어진 시행에서 $a+b+c+d=11$일 확률이다. 너코 085

주어진 시행에서 나올 수 있는 모든 순서쌍 (a, b, c, d)의 개수는 6^4이다.

$a+b+c+d=11$ (a, b, c, d는 1 이상 6 이하의 자연수) ……㉠

을 만족시키는 순서쌍 (a, b, c, d)의 개수는
$a=a'+1$, $b=b'+1$, $c=c'+1$, $d=d'+1$이라 할 때
$a'+b'+c'+d'=7$ (a', b', c', d'은 5 이하의 음이 아닌 정수)
을 만족시키는 순서쌍 (a', b', c', d')의 개수와 같다.
이때 a', b', c', d'이 5 이하의 음이 아닌 정수이므로
순서쌍 (a', b', c', d')의 개수는
서로 다른 4개에서 중복을 허락하여 7개를 선택하는
중복조합의 수에서 '7, 0, 0, 0'과 '1, 6, 0, 0'을 일렬로
나열하는 경우의 수를 제외한 것과 같다.
즉, ㉠을 만족시키는 모든 순서쌍 (a, b, c, d)의 개수는

$${}_4\mathrm{H}_7-\frac{4!}{3!}-\frac{4!}{2!} = {}_{10}\mathrm{C}_3-4-12 = 104$$ 너코 063 너코 065 너코 066

따라서 구하는 확률은

$$\mathrm{P}\left(\overline{X}=\frac{11}{4}\right)=\frac{104}{6^4}=\frac{13}{162}$$ 너코 071

$\therefore\ p+q=162+13=175$

답 175

11-13

주어진 시행을 한 번 했을 때 꺼낸 2개의 공에 적혀 있는 수를 순서쌍 (a, b) $(a<b)$로 나타내고, 두 수의 차를 확률변수 X라 하면 X가 가질 수 있는 값은 1, 2, 3이고 각각의 확률은 다음과 같이 구할 수 있다.

i) $X=2$인 경우
주사위에서 3의 배수의 눈이 나오고
주머니 A에서 (1, 3)을 꺼내거나
주사위에서 3의 배수가 아닌 눈이 나오고
주머니 B에서 (1, 3) 또는 (2, 4)를 꺼내는 경우이므로

$$\mathrm{P}(X=2)=\frac{1}{3}\times\frac{1}{{}_3\mathrm{C}_2}+\frac{2}{3}\times\frac{2}{{}_4\mathrm{C}_2}$$ 너코 072 너코 075

$$=\frac{1}{3}\times\frac{1}{3}+\frac{2}{3}\times\frac{2}{6}=\frac{1}{3}$$

ii) $X=3$인 경우
주사위에서 3의 배수가 아닌 눈이 나오고
주머니 B에서 (1, 4)를 꺼내는 경우이므로

$$\mathrm{P}(X=3)=\frac{2}{3}\times\frac{1}{{}_4\mathrm{C}_2}=\frac{2}{3}\times\frac{1}{6}=\frac{1}{9}$$

iii) $X=1$인 경우

$$\mathrm{P}(X=1)=1-\mathrm{P}(X=2)-\mathrm{P}(X=3)=1-\frac{1}{3}-\frac{1}{9}=\frac{5}{9}$$ 너코 073

i)~iii)에 의하여 확률변수 X의 확률분포를 표로 나타내면 다음과 같다. 너코 078

X	1	2	3	합계
$\mathrm{P}(X=x)$	$\frac{5}{9}$	$\frac{1}{3}$	$\frac{1}{9}$	1

한편 주어진 시행을 2번 반복할 때 각 시행에서 얻은 두 수를 순서쌍 (X_1, X_2)로 나타내면 $\overline{X}=\dfrac{X_1+X_2}{2}$이다.

이때 $\overline{X}=2$인 경우는 $\dfrac{X_1+X_2}{2}=2$에서 $X_1+X_2=4$이므로 순서쌍 (X_1, X_2)가 (1, 3), (2, 2), (3, 1)인 경우이다.

(X_1, X_2)가 (1, 3)일 확률은 $\dfrac{5}{9}\times\dfrac{1}{9}=\dfrac{5}{81}$

(X_1, X_2)가 (2, 2)일 확률은 $\dfrac{1}{3}\times\dfrac{1}{3}=\dfrac{1}{9}$

(X_1, X_2)가 (3, 1)일 확률은 $\dfrac{1}{9}\times\dfrac{5}{9}=\dfrac{5}{81}$

따라서 구하는 확률은

$$\mathrm{P}(\overline{X}=2)=\frac{5}{81}+\frac{1}{9}+\frac{5}{81}=\frac{19}{81}$$ 너코 085

답 ⑤

12-01

직원들이 일주일 동안 운동하는 시간(분)을 확률변수 X라 하면 X는 정규분포 $\mathrm{N}(65, 15^2)$을 따른다.
임의추출한 25명이 일주일 동안 운동하는 시간의 평균을 $\overline{X}$라 하면

$\mathrm{E}(\overline{X})=65$, $\sigma(\overline{X})=\sqrt{\dfrac{15^2}{25}}=3$이므로 너코 085

$\overline{X}$는 정규분포 $\mathrm{N}(65, 3^2)$을 따른다. 너코 086

따라서 구하는 확률은

$P(\overline{X} \geq 68) = P\left(Z \geq \frac{68-65}{3}\right)$ 너코 083

$= P(Z \geq 1)$

$= 0.5 - P(0 \leq Z \leq 1)$

$= 0.5 - 0.3413 = 0.1587$

답 ③

12-02

방송사의 뉴스 방송시간(분)을 X라 하면

X는 정규분포 $N(50,\ 2^2)$을 따른다.

크기가 9인 표본의 표본평균 $\overline{X}$에 대하여

$E(\overline{X}) = 50,\ \sigma(\overline{X}) = \sqrt{\frac{2^2}{9}} = \frac{2}{3}$이므로 너코 085

$\overline{X}$는 정규분포 $N\left(50,\ \left(\frac{2}{3}\right)^2\right)$을 따른다. 너코 086

따라서 구하는 확률은

$P(49 \leq \overline{X} \leq 51) = P\left(\frac{49-50}{\frac{2}{3}} \leq Z \leq \frac{51-50}{\frac{2}{3}}\right)$ 너코 083

$= P(-1.5 \leq Z \leq 1.5)$

$= 2P(0 \leq Z \leq 1.5)$

$= 2 \times 0.4332 = 0.8664$

답 ①

12-03

생산되는 화장품의 무게(g)를 확률변수 X라 하면

X는 정규분포 $N(201.5,\ 1.8^2)$을 따른다.

크기가 9인 표본의 표본평균을 $\overline{X}$라 하면

$E(\overline{X}) = 201.5,\ \sigma(\overline{X}) = \sqrt{\frac{1.8^2}{9}} = 0.6$이므로 너코 085

$\overline{X}$는 정규분포 $N(201.5,\ 0.6^2)$을 따른다. 너코 086

따라서 구하는 확률은

$P(\overline{X} \geq 200) = P\left(Z \geq \frac{200-201.5}{0.6}\right)$ 너코 083

$= P(Z \geq -2.5) = P(Z \leq 2.5)$

$= P(Z \leq 0) + P(0 \leq Z \leq 2.5)$

$= 0.5 + 0.4938 = 0.9938$

답 ⑤

12-04

공용 자전거의 1회 이용 시간(분)을 확률변수 X라 하면

X는 정규분포 $N(60,\ 10^2)$을 따른다.

25회 이용시간의 평균을 $\overline{X}$라 하면

$E(\overline{X}) = 60,\ V(\overline{X}) = \frac{10^2}{25} = \left(\frac{10}{5}\right)^2 = 2^2$이므로 너코 085

$\overline{X}$는 정규분포 $N(60,\ 2^2)$을 따른다. 너코 086

25회 이용시간의 총합이 1450분 이상이려면

$\overline{X} \geq \frac{1450}{25}$, 즉 $\overline{X} \geq 58$이므로 구하는 확률은

$P(\overline{X} \geq 58) = P\left(Z \geq \frac{58-60}{2}\right)$ 너코 083

$= P(Z \geq -1)$

$= P(Z \leq 1) = P(Z \leq 0) + P(0 \leq Z \leq 1)$

$= 0.5 + 0.3413 = 0.8413$

답 ②

12-05

고등학교 학생들의 일주일 독서 시간을 확률변수 X라 하면

X는 정규분포 $N(7,\ 2^2)$을 따른다.

크기가 36인 표본의 표본평균을 $\overline{X}$라 하면

$E(\overline{X}) = 7,\ V(\overline{X}) = \frac{2^2}{36} = \left(\frac{2}{6}\right)^2 = \left(\frac{1}{3}\right)^2$이므로 너코 085

$\overline{X}$는 정규분포 $N\left(7,\ \left(\frac{1}{3}\right)^2\right)$을 따른다. 너코 086

따라서 구하는 확률은

$P\left(6 + \frac{40}{60} \leq \overline{X} \leq 7 + \frac{30}{60}\right)$

$= P\left(6 + \frac{2}{3} \leq \overline{X} \leq 7 + \frac{1}{2}\right)$

$= P\left(\frac{-\frac{1}{3}}{\frac{1}{3}} \leq Z \leq \frac{\frac{1}{2}}{\frac{1}{3}}\right)$ 너코 083

$= P(-1 \leq Z \leq 1.5)$

$= P(0 \leq Z \leq 1) + P(0 \leq Z \leq 1.5)$

$= 0.3413 + 0.4332 = 0.7745$

답 ②

12-06

상담 전화의 상담 시간(분)을 확률변수 X라 하면

X는 정규분포 $N(20,\ 5^2)$을 따른다.

크기가 16인 표본의 표본평균을 $\overline{X}$라 하면

$E(\overline{X}) = 20,\ V(\overline{X}) = \frac{5^2}{16} = \left(\frac{5}{4}\right)^2$이므로 너코 085

$\overline{X}$는 정규분포 $N\left(20,\ \left(\frac{5}{4}\right)^2\right)$을 따른다. 너코 086

따라서 구하는 확률은

$P(19 \leq \overline{X} \leq 22) = P\left(\frac{19-20}{\frac{5}{4}} \leq Z \leq \frac{22-20}{\frac{5}{4}}\right)$ 너코 083

$= P\left(-\frac{4}{5} \leq Z \leq \frac{8}{5}\right)$

$= P(0 \leq Z \leq 0.8) + P(0 \leq Z \leq 1.6)$

$= 0.2881 + 0.4452 = 0.7333$

답 ②

12-07

1인 가구의 월 식료품 구입비(만 원)를 확률변수 X라 하면
X는 정규분포 $N(45,\ 8^2)$을 따른다.
크기가 16인 표본의 평균을 $\overline{X}$라 하면
$E(\overline{X})=45,\ V(\overline{X})=\frac{8^2}{16}=\left(\frac{8}{4}\right)^2=2^2$이므로 너코 085
$\overline{X}$는 정규분포 $N(45,\ 2^2)$을 따른다. 너코 086

따라서 구하는 확률은
$$P(44\le\overline{X}\le 47)=P\left(\frac{44-45}{2}\le Z\le\frac{47-45}{2}\right)$$ 너코 083
$$=P(-0.5\le Z\le 1)$$
$$=P(0\le Z\le 0.5)+P(0\le Z\le 1)$$
$$=0.1915+0.3413=0.5328$$

답 ②

12-08

확률변수 X가 평균이 m, 표준편차가 σ인 정규분포를 따른다고 하자.
$P(X\ge 3.4)=\frac{1}{2}$에서 $m=3.4$이므로 너코 082
$P(X\le 3.9)=P\left(Z\le\frac{3.9-3.4}{\sigma}\right)=P\left(Z\le\frac{0.5}{\sigma}\right)$ 너코 083
$P(X\le 3.9)+P(Z\le -1)=1$에서
$P\left(Z\le\frac{0.5}{\sigma}\right)+P(Z\le -1)=1$이므로
$\frac{0.5}{\sigma}=-(-1)$, 즉 $\sigma=0.5$이다.
따라서 X는 정규분포 $N(3.4,\ 0.5^2)$을 따르므로
크기가 25인 표본평균 $\overline{X}$는
$E(\overline{X})=3.4,\ V(\overline{X})=\frac{0.5^2}{25}=0.1^2$에 의하여
정규분포 $N(3.4,\ 0.1^2)$을 따른다.
$$\therefore\ P(\overline{X}\ge 3.55)=P\left(Z\ge\frac{3.55-3.4}{0.1}\right)$$
$$=P(Z\ge 1.5)$$
$$=0.5-P(0\le Z\le 1.5)$$
$$=0.5-0.4332$$
$$=0.0668$$

답 ③

12-09

A상자에 들어 있는 제품의 무게(g)를 확률변수 X라 하면
X는 정규분포 $N(16,\ 6^2)$을 따르고,
B상자에 들어 있는 제품의 무게(g)를 확률변수 Y라 하면
Y는 정규분포 $N(10,\ 6^2)$을 따른다.
크기가 16인 표본의 평균을 $\overline{X}$라 하면
$E(\overline{X})=16,\ V(\overline{X})=\frac{6^2}{16}=\left(\frac{6}{4}\right)^2=\left(\frac{3}{2}\right)^2$이므로 너코 085
$\overline{X}$는 정규분포 $N\left(16,\ \left(\frac{3}{2}\right)^2\right)$을 따른다. 너코 086
크기가 16인 표본의 평균을 $\overline{Y}$라 하면
$E(\overline{Y})=10,\ V(\overline{Y})=\frac{6^2}{16}=\left(\frac{6}{4}\right)^2=\left(\frac{3}{2}\right)^2$이므로
$\overline{Y}$는 정규분포 $N\left(10,\ \left(\frac{3}{2}\right)^2\right)$을 따른다.

$\overline{X}$가 12.7 미만일 확률 p는
$$p=P(\overline{X}<12.7)=P\left(Z<\frac{12.7-16}{\frac{3}{2}}\right)$$ 너코 083
$$=P(Z<-2.2)=P(Z>2.2)$$
$$=P(Z\ge 0)-P(0\le Z\le 2.2)$$
$$=0.5-0.4861=0.0139$$
$\overline{Y}$가 12.7 이상일 확률 q는
$$q=P(\overline{Y}\ge 12.7)$$
$$=P\left(Z\ge\frac{12.7-10}{\frac{3}{2}}\right)$$
$$=P(Z\ge 1.8)$$
$$=P(Z\ge 0)-P(0\le Z\le 1.8)$$
$$=0.5-0.4641=0.0359$$
$$\therefore\ p+q=0.0139+0.0359=0.0498$$

답 ②

13-01

학생들의 통학 시간(분)을 확률변수 X라 하면
X는 정규분포 $N(50,\ \sigma^2)$을 따른다.
크기가 16인 표본의 표본평균 $\overline{X}$는
$E(\overline{X})=50,\ V(\overline{X})=\frac{\sigma^2}{16}=\left(\frac{\sigma}{4}\right)^2$이므로 너코 085
정규분포 $N\left(50,\ \left(\frac{\sigma}{4}\right)^2\right)$을 따른다. 너코 086
$P(50\le\overline{X}\le 56)=0.4332$이므로
$$P(50\le\overline{X}\le 56)=P\left(\frac{50-50}{\frac{\sigma}{4}}\le Z\le\frac{56-50}{\frac{\sigma}{4}}\right)$$ 너코 083
$$=P\left(0\le Z\le\frac{24}{\sigma}\right)=0.4332$$
이고, 표준정규분포표에서
$P(0\le Z\le 1.5)=0.4332$이므로
$P\left(0\le Z\le\frac{24}{\sigma}\right)=P(0\le Z\le 1.5)$에서

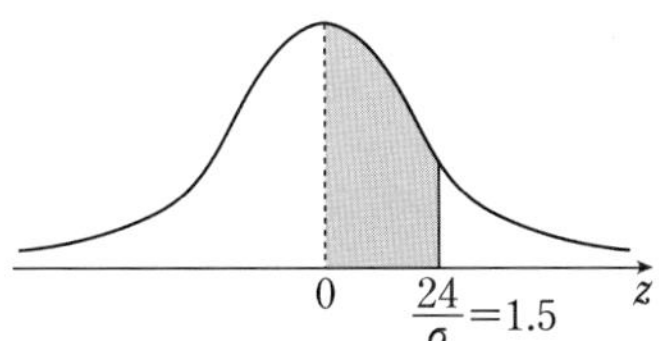

$\frac{24}{\sigma}=1.5$

$\therefore\ \sigma=\frac{24}{1.5}=16$

답 16

13-02

약품 1병의 용량(mL)을 확률변수 X라 하면
X는 정규분포 $\mathrm{N}(m,\ 10^2)$을 따른다.
크기가 25인 표본의 표본평균을 $\overline{X}$라 하면

$\mathrm{E}(\overline{X})=m,\ \mathrm{V}(\overline{X})=\frac{10^2}{25}=\left(\frac{10}{5}\right)^2=2^2$이므로 너코 085

$\overline{X}$는 정규분포 $\mathrm{N}(m,\ 2^2)$을 따른다. 너코 086

표본평균이 2000 이상일 확률이 0.9772이므로

$\mathrm{P}(\overline{X}\geq 2000)=\mathrm{P}\left(Z\geq\frac{2000-m}{2}\right)$ 너코 083

$=0.5+\mathrm{P}\left(0\leq Z\leq\frac{m-2000}{2}\right)$

$=0.9772$

에서 $\mathrm{P}\left(0\leq Z\leq\frac{m-2000}{2}\right)=0.4772$이고,
표준정규분포표에서 $\mathrm{P}(0\leq Z\leq 2)=0.4772$이므로
$\mathrm{P}\left(0\leq Z\leq\frac{m-2000}{2}\right)=\mathrm{P}(0\leq Z\leq 2)$에서

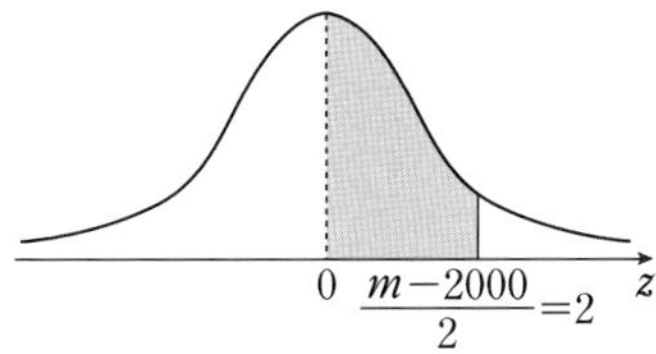

$\frac{m-2000}{2}=2$

$\therefore\ m=2004$

답 ②

13-03

공장에서 생산되는 건전지의 수명(시간)을 확률변수 X라 하면
X는 정규분포 $\mathrm{N}(m,\ 3^2)$을 따른다.
크기가 n인 표본의 표본평균 $\overline{X}$는

$\mathrm{E}(\overline{X})=m,\ \mathrm{V}(\overline{X})=\frac{3^2}{n}=\left(\frac{3}{\sqrt{n}}\right)^2$이므로 너코 085

정규분포 $\mathrm{N}\left(m,\ \left(\frac{3}{\sqrt{n}}\right)^2\right)$을 따른다. 너코 086

$\mathrm{P}(m-0.5\leq\overline{X}\leq m+0.5)=0.8664$ 이므로

$\mathrm{P}(m-0.5\leq\overline{X}\leq m+0.5)$

$=\mathrm{P}\left(\frac{(m-0.5)-m}{\frac{3}{\sqrt{n}}}\leq Z\leq\frac{(m+0.5)-m}{\frac{3}{\sqrt{n}}}\right)$ 너코 083

$=\mathrm{P}\left(-\frac{\sqrt{n}}{6}\leq Z\leq\frac{\sqrt{n}}{6}\right)$

$=2\mathrm{P}\left(0\leq Z\leq\frac{\sqrt{n}}{6}\right)=0.8664$

에서 $\mathrm{P}\left(0\leq Z\leq\frac{\sqrt{n}}{6}\right)=0.4332$이고,
표준정규분포표에서 $\mathrm{P}(0\leq Z\leq 1.5)=0.4332$이므로
$\mathrm{P}\left(0\leq Z\leq\frac{\sqrt{n}}{6}\right)=\mathrm{P}(0\leq Z\leq 1.5)$에서

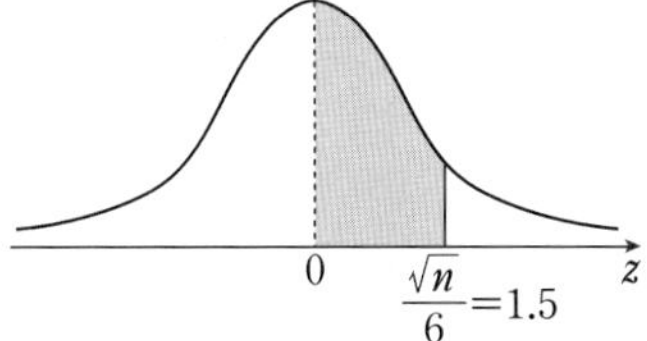

$\frac{\sqrt{n}}{6}=1.5,\ \sqrt{n}=9$

$\therefore\ n=81$

답 ③

13-04

학생들의 멀리뛰기 기록(cm)을 확률변수 X라 하면
X는 정규분포 $\mathrm{N}(196.8,\ 10^2)$을 따른다.
크기가 4인 표본의 표본평균 $\overline{X}$는

$\mathrm{E}(\overline{X})=196.8,\ \mathrm{V}(\overline{X})=\frac{10^2}{4}=\left(\frac{10}{2}\right)^2=5^2$이므로 너코 085

정규분포 $\mathrm{N}(196.8,\ 5^2)$을 따른다. 너코 086

표본평균 $\overline{X}$가 상수 L보다 클 확률이 0.8770이므로

$\mathrm{P}(\overline{X}>L)=\mathrm{P}\left(Z>\frac{L-196.8}{5}\right)$ 너코 083

$=0.5+\mathrm{P}\left(0\leq Z\leq\frac{196.8-L}{5}\right)$

$=0.8770$

에서 $\mathrm{P}\left(0\leq Z\leq\frac{196.8-L}{5}\right)=0.3770$이고,
표준정규분포표에서 $\mathrm{P}(0\leq Z\leq 1.16)=0.3770$이므로
$\mathrm{P}\left(0\leq Z\leq\frac{196.8-L}{5}\right)=\mathrm{P}(0\leq Z\leq 1.16)$에서

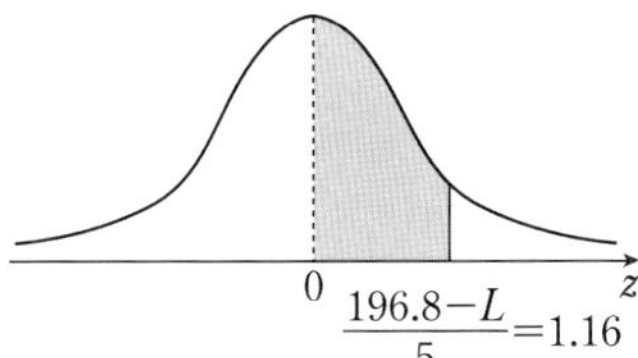

$\frac{196.8-L}{5}=1.16$

$\therefore\ L=191$

답 ②

13-05

정규분포 $\mathrm{N}(0,\ 4^2)$을 따르는 모집단에서 크기가 9인 표본의 표본평균 $\overline{X}$는

$\mathrm{E}(\overline{X})=0,\ \mathrm{V}(\overline{X})=\dfrac{4^2}{9}=\left(\dfrac{4}{3}\right)^2$이므로 너코 085

정규분포 $\mathrm{N}\left(0,\ \left(\dfrac{4}{3}\right)^2\right)$을 따르고, 너코 086

정규분포 $\mathrm{N}(3,\ 2^2)$을 따르는 모집단에서 크기가 16인 표본의 표본평균 $\overline{Y}$는

$\mathrm{E}(\overline{Y})=3,\ \mathrm{V}(\overline{Y})=\dfrac{2^2}{16}=\left(\dfrac{2}{4}\right)^2=\left(\dfrac{1}{2}\right)^2$이므로

정규분포 $\mathrm{N}\left(3,\ \left(\dfrac{1}{2}\right)^2\right)$을 따른다.

이때

$\mathrm{P}(\overline{X}\ge 1)=\mathrm{P}\left(Z\ge \dfrac{1-0}{\frac{4}{3}}\right)=\mathrm{P}\left(Z\ge\dfrac{3}{4}\right)$, 너코 083

$\mathrm{P}(\overline{Y}\le a)=\mathrm{P}\left(Z\le \dfrac{a-3}{\frac{1}{2}}\right)=\mathrm{P}(Z\le 2a-6)$이고,

$\mathrm{P}(\overline{X}\ge 1)=\mathrm{P}(\overline{Y}\le a)$이므로

$\mathrm{P}\left(Z\ge\dfrac{3}{4}\right)=\mathrm{P}(Z\le 2a-6)$

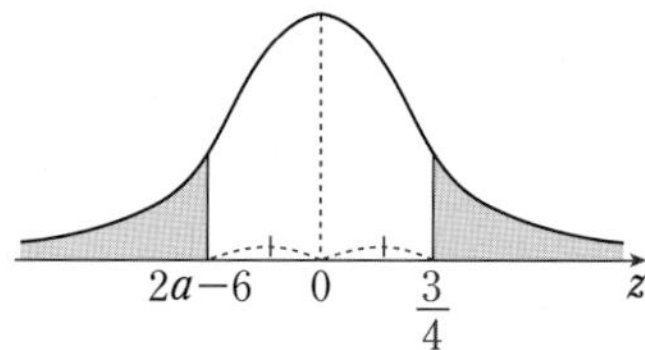

즉, $\dfrac{3}{4}=-(2a-6)$이므로 $a=\dfrac{21}{8}$

답 ③

13-06

직장인의 월 교통비(만 원)를 확률변수 X라 하면 X는 정규분포 $\mathrm{N}(8,\ 1.2^2)$을 따른다.

크기가 n인 표본의 표본평균 $\overline{X}$는

$\mathrm{E}(\overline{X})=8,\ \mathrm{V}(\overline{X})=\dfrac{(1.2)^2}{n}=\left(\dfrac{1.2}{\sqrt{n}}\right)^2$이므로 너코 085

정규분포 $\mathrm{N}\left(8,\ \left(\dfrac{1.2}{\sqrt{n}}\right)^2\right)$을 따른다. 너코 086

이때 $\mathrm{P}(7.76\le\overline{X}\le 8.24)\ge 0.6826$을 만족시키려면

$\mathrm{P}(7.76\le\overline{X}\le 8.24)$

$=\mathrm{P}\left(\dfrac{7.76-8}{\frac{1.2}{\sqrt{n}}}\le Z\le\dfrac{8.24-8}{\frac{1.2}{\sqrt{n}}}\right)$ 너코 083

$=\mathrm{P}\left(-\dfrac{\sqrt{n}}{5}\le Z\le\dfrac{\sqrt{n}}{5}\right)$

$=2\mathrm{P}\left(0\le Z\le\dfrac{\sqrt{n}}{5}\right)\ge 0.6826$

에서 $\mathrm{P}\left(0\le Z\le\dfrac{\sqrt{n}}{5}\right)\ge 0.3413$이어야 한다.

표준정규분포표에서 $\mathrm{P}(0\le Z\le 1)=0.3413$이므로

$\mathrm{P}\left(0\le Z\le\dfrac{\sqrt{n}}{5}\right)\ge\mathrm{P}(0\le Z\le 1)$에서

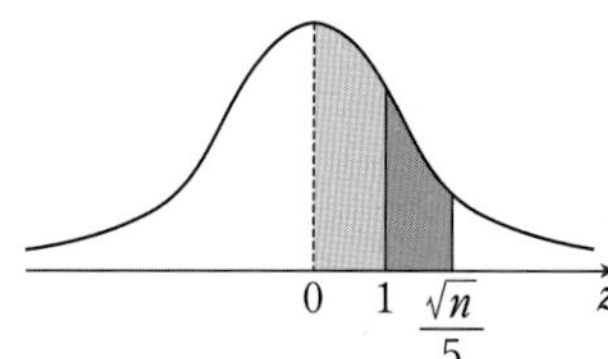

$\dfrac{\sqrt{n}}{5}\ge 1$, 즉 $n\ge 25$

따라서 구하는 n의 최솟값은 25이다.

답 25

13-07

플랫폼 근로자의 일주일 근무 시간을 확률변수 X라 하면 X는 정규분포 $\mathrm{N}(m,\ 5^2)$을 따른다.

크기가 36인 표본의 표본평균을 $\overline{X}$라 하면

$\mathrm{E}(\overline{X})=m,\ \mathrm{V}(\overline{X})=\dfrac{5^2}{36}=\left(\dfrac{5}{6}\right)^2$이므로 너코 085

$\overline{X}$는 정규분포 $\mathrm{N}\left(m,\ \left(\dfrac{5}{6}\right)^2\right)$을 따른다. 너코 086

표본평균이 38 이상일 확률이 0.9332이므로

$\mathrm{P}(\overline{X}\ge 38)=\mathrm{P}\left(Z\ge\dfrac{38-m}{\frac{5}{6}}\right)$ 너코 083

$=\mathrm{P}\left(\dfrac{38-m}{\frac{5}{6}}\le Z\le 0\right)+\mathrm{P}(Z\ge 0)$

$=\mathrm{P}\left(0\le Z\le\dfrac{m-38}{\frac{5}{6}}\right)+0.5$

$=0.9332$

에서 $\mathrm{P}\left(0\le Z\le\dfrac{m-38}{\frac{5}{6}}\right)=0.4332$이다.

또한 표준정규분포표에서 $\mathrm{P}(0\le Z\le 1.5)=0.4332$이므로

$\dfrac{m-38}{\frac{5}{6}}=1.5$이다.

$\therefore\ m=38+\dfrac{3}{2}\times\dfrac{5}{6}=39.25$

답 ③

13-08

정규분포 $\mathrm{N}(m,\ 6^2)$을 따르는 모집단에서 크기가 9인 표본을 임의추출하여 구한 표본평균 $\overline{X}$는

$\mathrm{E}(\overline{X})=m,\ \mathrm{V}(\overline{X})=\dfrac{6^2}{9}=2^2$이므로 너코 085

정규분포 $\mathrm{N}(m,\ 2^2)$를 따르고, 너코086
정규분포 $\mathrm{N}(6,\ 2^2)$을 따르는 모집단에서 크기가 4인 표본을 임의추출하여 구한 표본평균 $\overline{Y}$는

$\mathrm{E}(\overline{Y})=6,\ \mathrm{V}(\overline{X})=\dfrac{2^2}{4}=1^2$이므로

정규분포 $\mathrm{N}(6,\ 1^2)$을 따른다. 이때

$\mathrm{P}(\overline{X}\le 12)=\mathrm{P}\left(Z\le \dfrac{12-m}{2}\right)$ 너코083

$\mathrm{P}(\overline{Y}\ge 8)=\mathrm{P}\left(Z\ge \dfrac{8-6}{1}\right)=\mathrm{P}(Z\ge 2)$이고

$\mathrm{P}(\overline{X}\le 12)+\mathrm{P}(\overline{Y}\ge 8)=1$이므로

$\mathrm{P}\left(Z\le \dfrac{12-m}{2}\right)+\mathrm{P}(Z\ge 2)=1$

즉, $\dfrac{12-m}{2}=2$이다.

$\therefore\ m=8$

답 ③

13-09

X는 정규분포 $\mathrm{N}(m,\ 4^2)$을 따르므로
$\mathrm{P}(m\le X\le a)=0.3413$에서

$$\begin{aligned}\mathrm{P}(m\le X\le a)&=\mathrm{P}\left(\dfrac{m-m}{4}\le Z\le \dfrac{a-m}{4}\right)\\&=\mathrm{P}\left(0\le Z\le \dfrac{a-m}{4}\right)\\&=0.3413\end{aligned}$$ 너코083

이고, 표준정규분포표에서 $\mathrm{P}(0\le Z\le 1)=0.3413$이므로

$\mathrm{P}\left(0\le Z\le \dfrac{a-m}{4}\right)=\mathrm{P}(0\le Z\le 1)$에서

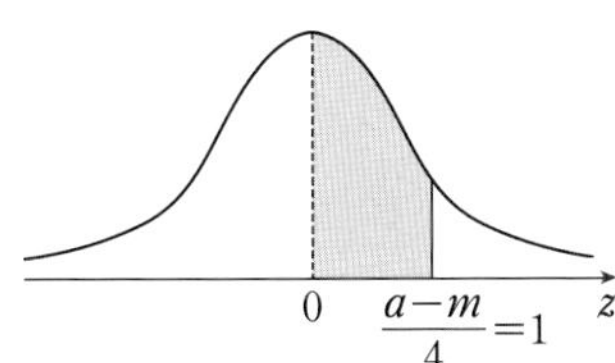

$\dfrac{a-m}{4}=1,\ a=m+4$ ……㉠

크기가 16인 표본의 표본평균을 $\overline{X}$라 하면

$\mathrm{E}(\overline{X})=m,\ \mathrm{V}(\overline{X})=\dfrac{4^2}{16}=1^2$이므로 너코085

$\overline{X}$는 정규분포 $\mathrm{N}(m,\ 1^2)$을 따른다. 너코086

$$\begin{aligned}\therefore\ \mathrm{P}(\overline{X}\ge a-2)&=\mathrm{P}(\overline{X}\ge m+2)\ (\because ㉠)\\&=\mathrm{P}\left(Z\ge \dfrac{(m+2)-m}{1}\right)\\&=\mathrm{P}(Z\ge 2)\\&=\mathrm{P}(Z\ge 0)-\mathrm{P}(0\le Z\le 2)\\&=0.5-0.4772\\&=0.0228\end{aligned}$$

답 ①

13-10

정규분포 $\mathrm{N}(50,\ 8^2)$을 따르는 모집단에서 크기가 16인 표본의 표본평균 $\overline{X}$는

$\mathrm{E}(\overline{X})=50,\ \mathrm{V}(\overline{X})=\dfrac{8^2}{16}=\left(\dfrac{8}{4}\right)^2=2^2$이므로 너코085

정규분포 $\mathrm{N}(50,\ 2^2)$을 따르고, 너코086
정규분포 $\mathrm{N}(75,\ \sigma^2)$을 따르는 모집단에서 크기가 25인 표본의 표본평균 $\overline{Y}$는

$\mathrm{E}(\overline{Y})=75,\ \mathrm{V}(\overline{Y})=\dfrac{\sigma^2}{25}=\left(\dfrac{\sigma}{5}\right)^2$이므로

정규분포 $\mathrm{N}\left(75,\ \left(\dfrac{\sigma}{5}\right)^2\right)$을 따른다.

그러므로

$\mathrm{P}(\overline{X}\le 53)=\mathrm{P}\left(Z\le \dfrac{53-50}{2}\right)=\mathrm{P}(Z\le 1.5)$이고, 너코083

$\mathrm{P}(\overline{Y}\le 69)=\mathrm{P}\left(Z\le \dfrac{69-75}{\frac{\sigma}{5}}\right)=\mathrm{P}\left(Z\le -\dfrac{30}{\sigma}\right)$이다.

조건에서 $\mathrm{P}(\overline{X}\le 53)+\mathrm{P}(\overline{Y}\le 69)=1$이므로

$\mathrm{P}(Z\le 1.5)+\mathrm{P}\left(Z\le -\dfrac{30}{\sigma}\right)=1$이고,

이때 $\mathrm{P}(Z\le 1.5)+\mathrm{P}(Z\le -1.5)=1$ 이므로

$-\dfrac{30}{\sigma}=-1.5,\ \sigma=20$

그러므로 표본평균 $\overline{Y}$는 정규분포 $\mathrm{N}(75,\ 4^2)$을 따른다.

$$\begin{aligned}\therefore\ \mathrm{P}(\overline{Y}\ge 71)&=\mathrm{P}\left(Z\ge \dfrac{71-75}{4}\right)\\&=\mathrm{P}(Z\ge -1)=\mathrm{P}(Z\le 1)\\&=\mathrm{P}(Z\le 0)+\mathrm{P}(0\le Z\le 1)\\&=0.5+0.3413=0.8413\end{aligned}$$

답 ①

13-11

조건 (가), (나)에 의하여 두 확률변수 $X,\ Y$의 표준편차를 σ, $\dfrac{3}{2}\sigma\ (\sigma>0)$라 하면 X는 정규분포 $\mathrm{N}(220,\ \sigma^2)$을 따르고

Y는 정규분포 $\mathrm{N}\left(240,\ \left(\dfrac{3}{2}\sigma\right)^2\right)$을 따른다.

이때 지역 A에서 임의추출한 크기가 n인 표본평균 $\overline{X}$는

$\mathrm{E}(\overline{X})=220,\ \mathrm{V}(\overline{X})=\dfrac{\sigma^2}{n}=\left(\dfrac{\sigma}{\sqrt{n}}\right)^2$이므로 너코085

정규분포 $\mathrm{N}\left(220,\ \left(\dfrac{\sigma}{\sqrt{n}}\right)^2\right)$을 따르고, 너코086

지역 B에서 임의추출한 크기가 $9n$인 표본평균 $\overline{Y}$는

$\mathrm{E}(\overline{Y})=240,\ \mathrm{V}(\overline{Y})=\dfrac{\frac{9}{4}\sigma^2}{9n}=\left(\dfrac{\sigma}{2\sqrt{n}}\right)^2$이므로

정규분포 $\mathrm{N}\left(240,\ \left(\dfrac{\sigma}{2\sqrt{n}}\right)^2\right)$을 따른다.

I 통계

$$\mathrm{P}(\overline{X} \le 215) = \mathrm{P}\left(Z \le \frac{215-220}{\frac{\sigma}{\sqrt{n}}}\right)$$ 너코 083

$$= \mathrm{P}\left(Z \le -\frac{5\sqrt{n}}{\sigma}\right) = \mathrm{P}\left(Z \ge \frac{5\sqrt{n}}{\sigma}\right)$$

$$= 0.5 - \mathrm{P}\left(0 \le Z \le \frac{5\sqrt{n}}{\sigma}\right) = 0.1587$$

이므로 $\mathrm{P}\left(0 \le Z \le \frac{5\sqrt{n}}{\sigma}\right) = 0.3413$이다.

주어진 표준정규분포표에서 $\mathrm{P}(0 \le Z \le 1) = 0.3413$이므로

$\frac{5\sqrt{n}}{\sigma} = 1$ ······㉠

$$\therefore\ \mathrm{P}(\overline{Y} \ge 235) = \mathrm{P}\left(Z \ge \frac{235-240}{\frac{\sigma}{2\sqrt{n}}}\right)$$

$$= \mathrm{P}\left(Z \ge -\frac{10\sqrt{n}}{\sigma}\right)$$

$= \mathrm{P}(Z \ge -2)$ ($\because$ ㉠)

$$= \mathrm{P}(Z \le 2)$$

$$= 0.5 + \mathrm{P}(0 \le Z \le 2)$$

$$= 0.5 + 0.4772 = 0.9772$$

답 ⑤

14-01

모표준편차가 2인 모집단에서 크기가 256인 표본을 임의추출하여 구한 표본평균의 값을 $\overline{x_1}$이라 하면 $\mathrm{P}(|Z| \le 1.96) = 0.95$에서 모평균 m에 대한 신뢰도 95%의 신뢰구간은 너코 087

$$\overline{x_1} - 1.96 \times \frac{2}{\sqrt{256}} \le m \le \overline{x_1} + 1.96 \times \frac{2}{\sqrt{256}}$$

이므로

$$b - a = 2 \times 1.96 \times \frac{2}{16} = 0.49$$

답 ①

14-02

어느 회사 직원들의 하루 여가 활동 시간은 모평균이 m, 모표준편차가 10인 정규분포를 따른다고 한다. 이 회사 직원 중 n명을 임의추출하여 신뢰도 95%로 추정한 모평균 m에 대한 신뢰구간이 $[38.08, 45.92]$일 때, n의 값은? (단, 시간의 단위는 분이고, Z가 표준정규분포를 따르는 확률변수일 때 $\mathrm{P}(0 \le Z \le 1.96) = 0.475$로 계산한다.) [3점]

① 25　② 36　③ 49　④ 64　⑤ 81

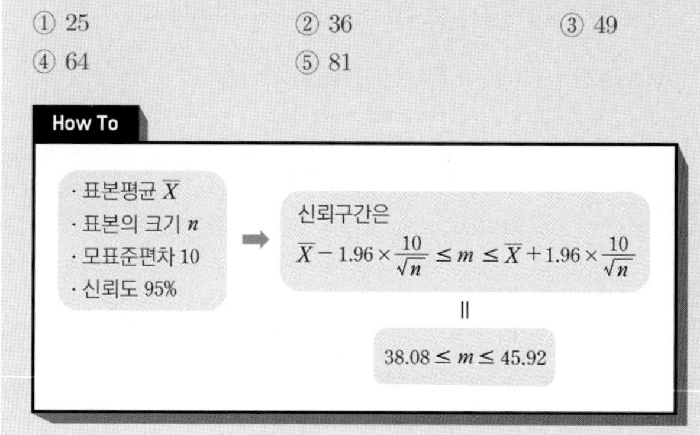

How To
· 표본평균 $\overline{X}$
· 표본의 크기 n
· 모표준편차 10
· 신뢰도 95%
신뢰구간은
$\overline{X} - 1.96 \times \frac{10}{\sqrt{n}} \le m \le \overline{X} + 1.96 \times \frac{10}{\sqrt{n}}$
$38.08 \le m \le 45.92$

회사 직원들의 하루 여가 활동 시간(분)을 확률변수 X라 하면 X는 정규분포 $\mathrm{N}(m, 10^2)$을 따른다.

회사 직원 중 n명을 임의추출하여 구한 표본평균을 $\overline{X}$라 하면 $\mathrm{P}(|Z| \le 1.96) = 0.95$에서 모평균 m에 대한 신뢰도 95%의 신뢰구간은 너코 087

$$\overline{X} - 1.96 \times \frac{10}{\sqrt{n}} \le m \le \overline{X} + 1.96 \times \frac{10}{\sqrt{n}}$$

이때 이 신뢰구간이 $[38.08, 45.92]$와 같으므로

$\overline{X} + 1.96 \times \frac{10}{\sqrt{n}} = 45.92$ ······㉠

$\overline{X} - 1.96 \times \frac{10}{\sqrt{n}} = 38.08$ ······㉡

이고, ㉠－㉡에서

$$2 \times 1.96 \times \frac{10}{\sqrt{n}} = 7.84,\ \frac{10}{\sqrt{n}} = 2$$

$$\therefore\ n = 25$$

답 ①

14-03

어느 농가에서 생산하는 석류의 무게는 평균이 m, 표준편차가 40인 정규분포를 따른다고 한다. 이 농가에서 생산하는 석류 중에서 임의추출한, 크기가 64인 표본을 조사하였더니 석류 무게의 표본평균의 값이 $\overline{x}$이었다. 이 결과를 이용하여, 이 농가에서 생산하는 석류 무게의 평균 m에 대한 신뢰도 99%의 신뢰구간을 구하면 $\overline{x}-c \le m \le \overline{x}+c$이다. c의 값은? (단, 무게의 단위는 g이고, Z가 표준정규분포를 따르는 확률변수일 때 $\mathrm{P}(0 \le Z \le 2.58)=0.495$로 계산한다.) [4점]

① 25.8 ② 21.5 ③ 17.2
④ 12.9 ⑤ 8.6

How To

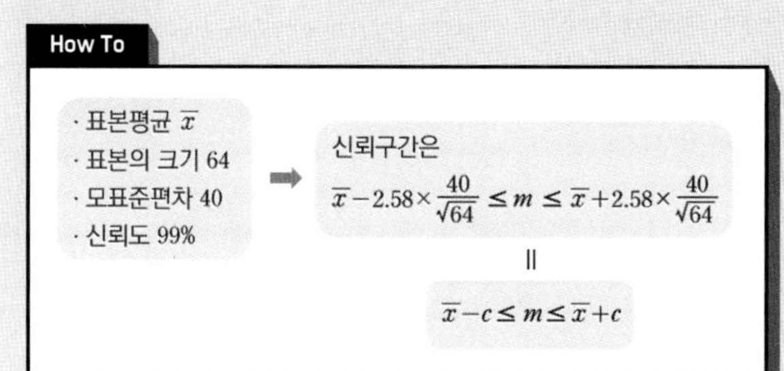

석류의 무게(g)를 확률변수 X라 하면
X는 정규분포 $\mathrm{N}(m,\ 40^2)$을 따른다.
크기가 64인 표본에 대한 표본평균의 값이 $\overline{x}$이고,
$\mathrm{P}(|Z| \le 2.58)=0.99$이므로
모평균 m에 대한 신뢰도 99%의 신뢰구간은 너코 087

$$\overline{x}-2.58\times\frac{40}{\sqrt{64}} \le m \le \overline{x}+2.58\times\frac{40}{\sqrt{64}}$$

이때 이 신뢰구간이 $\overline{x}-c \le m \le \overline{x}+c$와 같으므로

$$c=2.58\times\frac{40}{\sqrt{64}}=12.9$$

답 ④

14-04

어느 회사에서 생산하는 초콜릿 한 개의 무게는 평균이 m, 표준편차가 σ인 정규분포를 따른다고 한다. 이 회사에서 생산하는 초콜릿 중에서 임의추출한, 크기가 49인 표본을 조사하였더니 초콜릿 무게의 표본평균의 값이 $\overline{x}$이었다. 이 결과를 이용하여, 이 회사에서 생산하는 초콜릿 한 개의 무게의 평균 m에 대한 신뢰도 95%의 신뢰구간을 구하면 $1.73 \le m \le 1.87$이다. $\frac{\sigma}{\overline{x}}=k$일 때, $180k$의 값을 구하시오. (단, 무게의 단위는 g이고, Z가 표준정규분포를 따르는 확률변수일 때 $\mathrm{P}(0 \le Z \le 1.96)=0.475$로 계산한다.) [4점]

How To

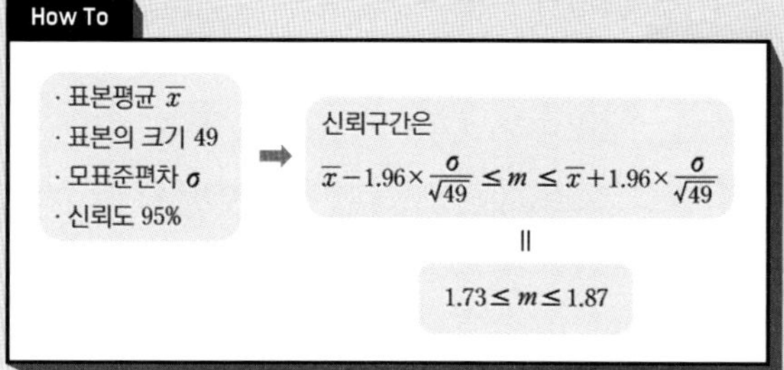

초콜릿 1개의 무게(g)를 확률변수 X라 하면
X는 정규분포 $\mathrm{N}(m,\ \sigma^2)$을 따른다.
크기가 49인 표본에 대한 표본평균의 값이 $\overline{x}$이고,
$\mathrm{P}(|Z| \le 1.96)=0.95$이므로
모평균 m에 대한 신뢰도 95%의 신뢰구간은 너코 087

$$\overline{x}-1.96\times\frac{\sigma}{\sqrt{49}} \le m \le \overline{x}+1.96\times\frac{\sigma}{\sqrt{49}}$$

이때 이 신뢰구간이 $1.73 \le m \le 1.87$와 같으므로

$$\overline{x}-1.96\times\frac{\sigma}{\sqrt{49}}=1.73 \quad \cdots\cdots ㉠$$

$$\overline{x}+1.96\times\frac{\sigma}{\sqrt{49}}=1.87 \quad \cdots\cdots ㉡$$

㉠+㉡에서 $2\overline{x}=3.6$이므로 $\overline{x}=1.8$이고,

㉡−㉠에서 $2\times1.96\times\frac{\sigma}{\sqrt{49}}=0.14$이므로 $\sigma=0.25$이다.

$$\therefore\ 180k=180\times\frac{\sigma}{\overline{x}}=180\times\frac{0.25}{1.8}=25$$

답 25

14-05

풀이 1

어느 마을에서 수확하는 수박의 무게는 평균이 $m$kg, 표준편차가 1.4kg인 정규분포를 따른다고 한다.
이 마을에서 수확한 수박 중에서 49개를 임의추출하여 얻은 표본평균을 이용하여, 이 마을에서 수확하는 수박의 무게의 평균 m에 대한 신뢰도 95%의 신뢰구간을 구하면 $a \le m \le 7.992$이다. a의 값은?
(단, Z가 표준정규분포를 따르는 확률변수일 때, $\mathrm{P}(|Z| \le 1.96 = 0.95$로 계산한다.) [3점]

① 7.198 ② 7.208 ③ 7.218
④ 7.228 ⑤ 7.238

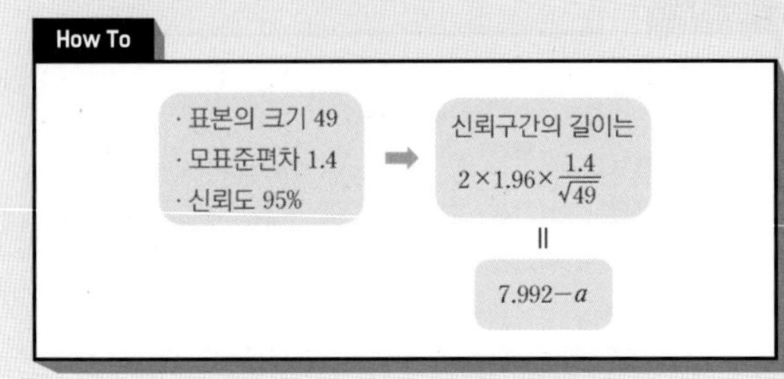

수박의 무게(kg)를 확률변수 X라 하면
X는 정규분포 $\mathrm{N}(m,\ 1.4^2)$을 따른다.
표본의 크기가 49이고 $\mathrm{P}(|Z| \le 1.96) = 0.95$이므로
신뢰도 95%로 추정한 모평균 m에 대한 신뢰구간의 길이는

$$2 \times 1.96 \times \frac{1.4}{\sqrt{49}} = 2 \times 1.96 \times 0.2$$ 너코 087

이때 주어진 조건에서 신뢰구간은 $a \le m \le 7.992$이므로
$7.992 - a = 2 \times 1.96 \times 0.2$
$\therefore\ a = 7.992 - 0.784 = 7.208$

풀이 2

어느 마을에서 수확하는 수박의 무게는 평균이 $m$kg, 표준편차가 1.4kg인 정규분포를 따른다고 한다.
이 마을에서 수확한 수박 중에서 49개를 임의추출하여 얻은 표본평균을 이용하여, 이 마을에서 수확하는 수박의 무게의 평균 m에 대한 신뢰도 95%의 신뢰구간을 구하면 $a \le m \le 7.992$이다. a의 값은?
(단, Z가 표준정규분포를 따르는 확률변수일 때, $\mathrm{P}(|Z| \le 1.96 = 0.95$로 계산한다.) [3점]

① 7.198 ② 7.208 ③ 7.218
④ 7.228 ⑤ 7.238

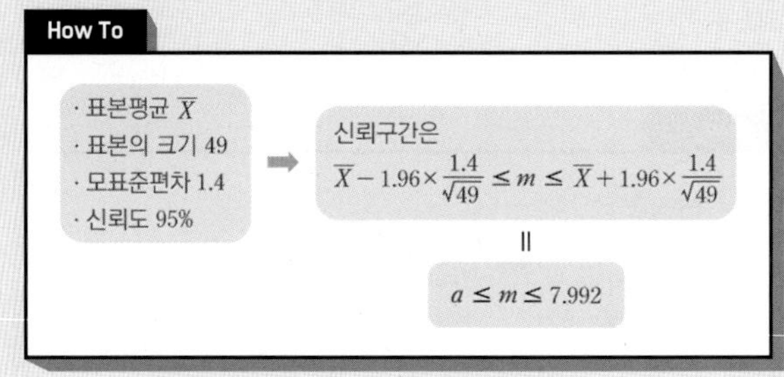

수박의 무게(kg)를 확률변수 X라 하면
X는 정규분포 $\mathrm{N}(m,\ 1.4^2)$을 따른다.
크기가 49인 표본으로 구한 표본평균을 $\overline{X}$라 하면
$\mathrm{P}(|Z| \le 1.96) = 0.95$이므로
신뢰도 95%로 추정한 모평균 m에 대한 신뢰구간은

$$\overline{X} - 1.96 \times \frac{1.4}{\sqrt{49}} \le m \le \overline{X} + 1.96 \times \frac{1.4}{\sqrt{49}}$$ 너코 087

이때 주어진 조건에서 신뢰구간은 $a \le m \le 7.992$이므로

$\overline{X} + 1.96 \times \dfrac{1.4}{\sqrt{49}} = 7.992$에서 $\overline{X} = 7.6$

$$\therefore\ a = 7.6 - 1.96 \times \frac{1.4}{\sqrt{49}} = 7.208$$

답 ②

14-06

어느 지역 주민들의 하루 여가 활동 시간은 평균이 m분, 표준편차가 σ분인 정규분포를 따른다고 한다. 이 지역 주민 중 16명을 임의추출하여 구한 하루 여가 활동 시간의 표본평균이 75분일 때, 모평균 m에 대한 신뢰도 95%의 신뢰구간이 $a \le m \le b$이다. 이 지역 주민 중 16명을 다시 임의추출하여 구한 하루 여가 활동 시간의 표본평균이 77분일 때, 모평균 m에 대한 신뢰도 99%의 신뢰구간이 $c \le m \le d$이다. $d-b=3.86$을 만족시키는 σ의 값을 구하시오. (단, Z가 표준정규분포를 따르는 확률변수일 때, $\mathrm{P}(|Z| \le 1.96)=0.95$, $\mathrm{P}(|Z| \le 2.58)=0.99$로 계산한다.) [4점]

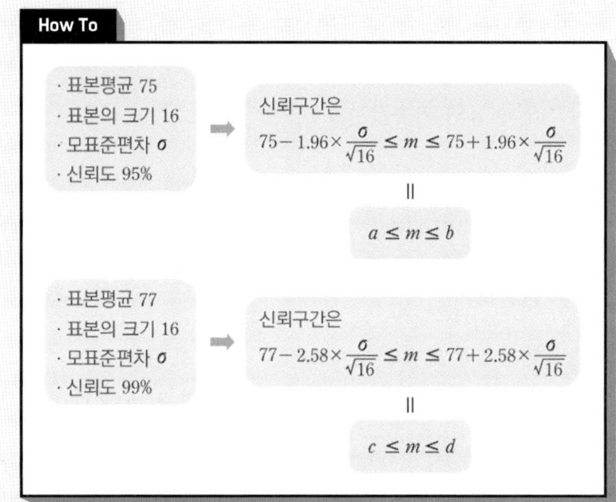

지역 주민들의 하루 여가 활동 시간을 확률변수 X라 하면
X는 정규분포 $\mathrm{N}(m, \sigma^2)$을 따른다.
따라서 표본의 크기가 16이고 표본평균이 75, 77일 때
모평균 m에 대한 신뢰도 95%, 99%의 신뢰구간은 각각

$75-1.96\times\frac{\sigma}{\sqrt{16}} \le m \le 75+1.96\times\frac{\sigma}{\sqrt{16}}$, 너코 087 ……㉠

$77-2.58\times\frac{\sigma}{\sqrt{16}} \le m \le 77+2.58\times\frac{\sigma}{\sqrt{16}}$이다. ……㉡

이때 주어진 조건에서 표본평균이 75, 77일 때
모평균 m에 대한 신뢰도 95%, 99%의 신뢰구간은 각각
$a \le m \le b$, ……㉢
$c \le m \le d$이므로 ……㉣
㉠, ㉡, ㉢, ㉣에 의하여

$b=75+1.96\times\frac{\sigma}{\sqrt{16}}$, $d=77+2.58\times\frac{\sigma}{\sqrt{16}}$이다.

이때 $d-b=3.86$이므로

$$d-b=\left(77+2.58\times\frac{\sigma}{\sqrt{16}}\right)-\left(75+1.96\times\frac{\sigma}{\sqrt{16}}\right)$$
$$=2+\frac{\sigma}{4}\times0.62=3.86$$

$\therefore\ \sigma=12$

답 12

14-07

풀이 1

어느 음식점을 방문한 고객의 주문 대기 시간은 평균이 m분, 표준편차가 σ분인 정규분포를 따른다고 한다. 이 음식점을 방문한 고객 중 64명을 임의추출하여 얻은 표본평균을 이용하여, 이 음식점을 방문한 고객의 주문 대기 시간의 평균 m에 대한 신뢰도 95%의 신뢰구간을 구하면 $a \le m \le b$이다. $b-a=4.9$일 때, σ의 값을 구하시오. (단, Z가 표준정규분포를 따르는 확률변수일 때, $\mathrm{P}(|Z| \le 1.96)=0.95$로 계산한다.) [3점]

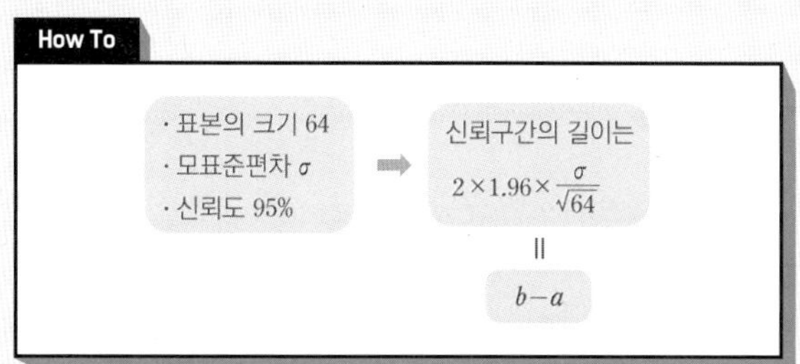

주문 대기 시간을 확률변수 X라 하면
X는 정규분포 $\mathrm{N}(m, \sigma^2)$을 따른다.
표본의 크기가 64이고 $\mathrm{P}(|Z| \le 1.96)=0.95$이므로
신뢰도 95%로 추정한 모평균 m에 대한 신뢰구간의 길이는

$2\times1.96\times\frac{\sigma}{\sqrt{64}}=0.49\sigma$ 너코 087

이때 주어진 조건에서 신뢰구간의 길이는 $b-a=4.9$이므로
$0.49\sigma=4.9$
$\therefore\ \sigma=10$

풀이 2

어느 음식점을 방문한 고객의 주문 대기 시간은 평균이 m분, 표준편차가 σ분인 정규분포를 따른다고 한다. 이 음식점을 방문한 고객 중 64명을 임의추출하여 얻은 표본평균을 이용하여, 이 음식점을 방문한 고객의 주문 대기 시간의 평균 m에 대한 신뢰도 95%의 신뢰구간을 구하면 $a \le m \le b$이다. $b-a=4.9$일 때, σ의 값을 구하시오. (단, Z가 표준정규분포를 따르는 확률변수일 때, $\mathrm{P}(|Z| \le 1.96)=0.95$로 계산한다.) [3점]

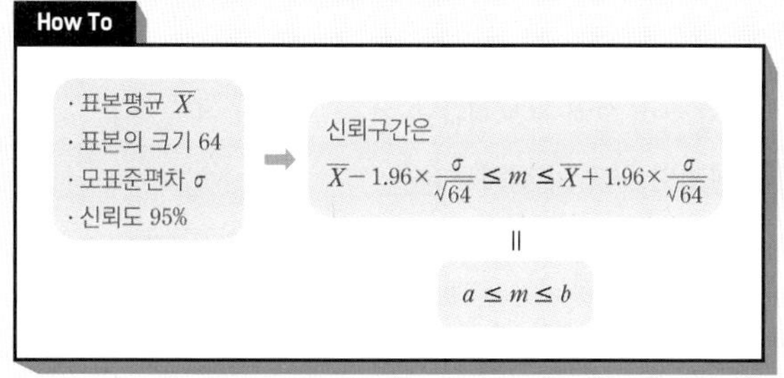

주문 대기 시간을 확률변수 X라 하면
X는 정규분포 $\mathrm{N}(m, \sigma^2)$을 따른다.

Ⅰ 통계

크기가 64인 표본평균의 값을 $\overline{X}$라 하면

$P(|Z| \le 1.96) = 0.95$이므로

신뢰도 95%로 추정한 모평균 m에 대한 신뢰구간은

$\overline{X} - 1.96 \times \dfrac{\sigma}{\sqrt{64}} \le m \le \overline{X} + 1.96 \times \dfrac{\sigma}{\sqrt{64}}$ 너코 087

이때 주어진 조건에서 신뢰구간은 $a \le m \le b$이므로

$b - a = 2 \times 1.96 \times \dfrac{\sigma}{\sqrt{64}}$에서 $4.9 = 0.49\sigma$이다.

$\therefore\ \sigma = 10$

답 10

14-08

표본평균 $\overline{x_1}$를 이용하여 구한 모평균 m에 대한 신뢰도 95%의 신뢰구간은

$\overline{x_1} - 1.96 \times \dfrac{\sigma}{10} \le m \le \overline{x_1} + 1.96 \times \dfrac{\sigma}{10}$이고, 너코 087

표본평균 $\overline{x_2}$를 이용하여 구한 모평균 m에 대한 신뢰도 99%의 신뢰구간은

$\overline{x_2} - 2.58 \times \dfrac{\sigma}{20} \le m \le \overline{x_2} + 2.58 \times \dfrac{\sigma}{20}$이다.

$\therefore\ a = \overline{x_1} - 1.96 \times \dfrac{\sigma}{10},\ b = \overline{x_1} + 1.96 \times \dfrac{\sigma}{10}$

$c = \overline{x_2} - 2.58 \times \dfrac{\sigma}{20},\ d = \overline{x_2} + 2.58 \times \dfrac{\sigma}{20}$

이때 $a = c$이므로

$\overline{x_1} - 1.96 \times \dfrac{\sigma}{10} = \overline{x_2} - 2.58 \times \dfrac{\sigma}{20}$

$\overline{x_1} - \overline{x_2} = 1.96 \times \dfrac{\sigma}{10} - 2.58 \times \dfrac{\sigma}{20}$

$1.34 = 0.196\sigma - 0.129\sigma$ ($\because\ \overline{x_1} - \overline{x_2} = 1.34$)

$1.34 = 0.067\sigma$

$\therefore\ \sigma = 20$

$\therefore\ b - a = 2 \times 1.96 \times \dfrac{20}{10} = 7.84$

답 ②

14-09

모표준편차가 σ인 모집단에서 크기가 16인 표본을 임의추출하여 구한 표본평균의 값을 $\overline{x_1}$라 하면 모평균 m에 대한 신뢰도 95%의 신뢰구간은

$\overline{x_1} - 1.96 \times \dfrac{\sigma}{\sqrt{16}} \le m \le \overline{x_1} + 1.96 \times \dfrac{\sigma}{\sqrt{16}}$ 너코 087

이 신뢰구간이 $746.1 \le m \le 755.9$와 같으므로

$\overline{x_1} - 1.96 \times \dfrac{\sigma}{4} = 746.1$ ……㉠

$\overline{x_1} + 1.96 \times \dfrac{\sigma}{4} = 755.9$ ……㉡

이때 ㉡－㉠을 하면

$2 \times 1.96 \times \dfrac{\sigma}{4} = 9.8 \qquad \therefore\ \sigma = 10$

한편 모표준편차가 10인 모집단에서 크기가 n인 표본을 임의추출하여 구한 표본평균의 값을 $\overline{x_2}$라 하면 모평균 m에 대한 신뢰도 99%의 신뢰구간은

$\overline{x_2} - 2.58 \times \dfrac{10}{\sqrt{n}} \le m \le \overline{x_2} + 2.58 \times \dfrac{10}{\sqrt{n}}$

이 신뢰구간이 $a \le m \le b$와 같으므로

$b - a = 2 \times 2.58 \times \dfrac{10}{\sqrt{n}}$

이때 $b - a$의 값이 6 이하가 되려면

$2 \times 2.58 \times \dfrac{10}{\sqrt{n}} \le 6$

$\sqrt{n} \ge 8.6 \qquad \therefore\ n \ge 73.96$

따라서 자연수 n의 최솟값은 74이다.

답 ②

14-10

모표준편차가 5인 모집단에서 크기가 49인 표본을 임의추출하여 얻은 표본평균이 $\overline{x}$이므로 모평균 m에 대한 신뢰도 95%의 신뢰구간은 너코 087

$\overline{x} - 1.96 \times \dfrac{5}{\sqrt{49}} \le m \le \overline{x} + 1.96 \times \dfrac{5}{\sqrt{49}}$

$\therefore\ \overline{x} - 1.4 \le m \le \overline{x} + 1.4$

이 신뢰구간이 $a \le m \le \dfrac{6}{5}a$와 같으므로

$\overline{x} - 1.4 = a$ ……㉠

$\overline{x} + 1.4 = \dfrac{6}{5}a$ ……㉡

㉡－㉠을 하면

$\dfrac{1}{5}a = 2.8 \qquad \therefore\ a = 14$

이를 ㉠에 대입하면

$\overline{x} = a + 1.4 = 14 + 1.4 = 15.4$

답 ②

14-11

어느 공장에서 생산되는 제품의 길이는 모표준편차가 $\frac{1}{1.96}$인 정규분포를 따른다고 한다. 이 공장에서 생산되는 제품 중에서 임의추출한 10개 제품의 길이를 측정하여 표본평균을 구하였다. 이 표본평균을 이용하여 구한 제품의 길이의 모평균에 대한 신뢰도 95%의 신뢰구간을 $\alpha \le m \le \beta$라 하자. α와 β가 이차방정식 $10x^2-100x+k=0$의 두 근일 때, k의 값을 구하시오. (단, Z가 표준정규분포를 따르는 확률변수일 때, $\mathrm{P}(0 \le Z \le 1.96)=0.4750$이다.) [4점]

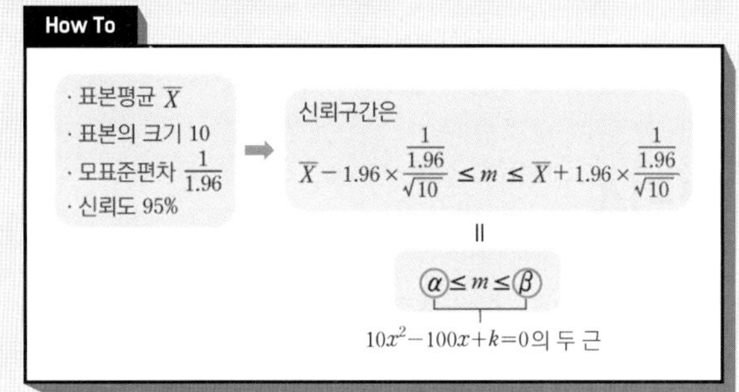

How To
· 표본평균 $\overline{X}$
· 표본의 크기 10
· 모표준편차 $\frac{1}{1.96}$
· 신뢰도 95%
신뢰구간은
$\overline{X}-1.96\times\frac{\frac{1}{1.96}}{\sqrt{10}} \le m \le \overline{X}+1.96\times\frac{\frac{1}{1.96}}{\sqrt{10}}$
$\alpha \le m \le \beta$
$10x^2-100x+k=0$의 두 근

제품의 길이를 확률변수 X라 하면

X는 모표준편차가 $\frac{1}{1.96}$인 정규분포를 따른다.

크기가 10인 표본의 표본평균을 $\overline{X}$라 하면

$\mathrm{P}(|Z| \le 1.96)=0.95$이므로

모평균에 대한 신뢰도 95%의 신뢰구간은 너코 087

$$\overline{X}-1.96\times\frac{\frac{1}{1.96}}{\sqrt{10}} \le m \le \overline{X}+1.96\times\frac{\frac{1}{1.96}}{\sqrt{10}}$$

$$\overline{X}-\frac{1}{\sqrt{10}} \le m \le \overline{X}+\frac{1}{\sqrt{10}}$$

이 신뢰구간이 $\alpha \le m \le \beta$와 일치하므로

$$\alpha=\overline{X}-\frac{1}{\sqrt{10}},\ \beta=\overline{X}+\frac{1}{\sqrt{10}}$$

한편 α, β가 이차방정식 $10x^2-100x+k=0$의 두 근이므로

이차방정식의 근과 계수의 관계에 의하여

두 근의 합은 $\alpha+\beta=\frac{100}{10}=10$

$\left(\overline{X}-\frac{1}{\sqrt{10}}\right)+\left(\overline{X}+\frac{1}{\sqrt{10}}\right)=10$에서 $\overline{X}=5$

두 근의 곱은 $\alpha\beta=\frac{k}{10}$ ……㉠

$$\left(\overline{X}-\frac{1}{\sqrt{10}}\right)\times\left(\overline{X}+\frac{1}{\sqrt{10}}\right)=\left(5-\frac{1}{\sqrt{10}}\right)\times\left(5+\frac{1}{\sqrt{10}}\right)$$

$$=25-\frac{1}{10}=\frac{249}{10}$$

㉠에서 $\frac{249}{10}=\frac{k}{10}$이므로 $k=249$

답 249

14-12

평균이 m이고 표준편차가 5인 정규분포를 따르는 모집단이 있다. 어느 조사에서 크기 n인 표본을 임의추출하여 얻은 모평균에 대한 신뢰도 95%의 신뢰구간이 $a \le m \le b$일 때, 조사 비용과 추정의 정확도에 따른 수익이 다음과 같다고 한다.

n	$\frac{\sqrt{n}}{1+\log n}$
1600	9.51
1700	9.75
1800	9.97
1900	10.19
2000	10.40

비용 : $10n$, 수익 : $10^{\frac{2}{b-a}}$

n이 100의 배수일 때, 수익이 비용보다 크게 되는 n의 최솟값을 오른쪽 표를 이용하여 구한 것은? (단, Z가 표준정규분포를 따르는 확률변수일 때, $\mathrm{P}(0 \le Z \le 1.96)=0.4750$이다.) [4점]

① 1600 ② 1700 ③ 1800
④ 1900 ⑤ 2000

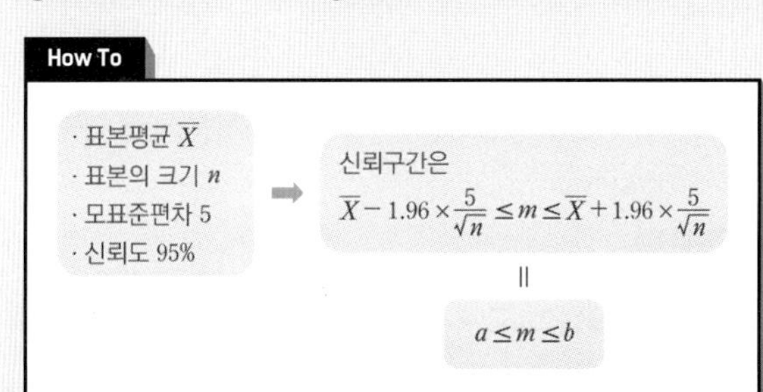

정규분포 $\mathrm{N}(m, 5^2)$를 따르는 모집단에서 크기가 n인 표본의 표본평균을 $\overline{X}$라 하면 $\mathrm{P}(|Z| \le 1.96)=0.95$이므로

모평균에 대한 신뢰도 95%의 신뢰구간은 너코 087

$$\overline{X}-1.96\times\frac{5}{\sqrt{n}} \le m \le \overline{X}+1.96\times\frac{5}{\sqrt{n}}$$

이 신뢰구간이 $a \le m \le b$와 일치하므로

$a=\overline{X}-1.96\times\frac{5}{\sqrt{n}}$, $b=\overline{X}+1.96\times\frac{5}{\sqrt{n}}$이다.

이때 $b-a=2\times1.96\times\frac{5}{\sqrt{n}}=\frac{19.6}{\sqrt{n}}$이므로

정확도에 따른 수익은 $10^{\frac{2}{b-a}}=10^{\frac{2}{\frac{19.6}{\sqrt{n}}}}=10^{\frac{\sqrt{n}}{9.8}}$이다.

수익이 비용보다 크게 되려면

$10n<10^{\frac{2}{b-a}}$에서 $10n<10^{\frac{\sqrt{n}}{9.8}}$

양변에 상용로그를 취하면

$1+\log n<\frac{\sqrt{n}}{9.8}$, $9.8(1+\log n)<\sqrt{n}$

이때 n은 100의 배수이고 $1+\log n>0$이므로

양변을 각각 $1+\log n$으로 나누어 주면

$$9.8<\frac{\sqrt{n}}{1+\log n}$$

주어진 표에서 n의 값이 커짐에 따라 $\frac{\sqrt{n}}{1+\log n}$의 값도 커지므로

I 통계

$\dfrac{\sqrt{1700}}{1+\log 1700}=9.75$, $\dfrac{\sqrt{1800}}{1+\log 1800}=9.97$

에서 부등식 $9.8<\dfrac{\sqrt{n}}{1+\log n}$을 만족시키는

최소의 100의 배수 n은 1800이다.

답 ③

14-13

표준편차 σ가 알려진 정규분포를 따르는 모집단에서 크기가 n인 표본을 임의추출하여 얻은 모평균 m에 대한 신뢰도 95%의 신뢰구간이 $100.4 \le m \le 139.6$이었다. 같은 표본을 이용하여 얻은 모평균에 대한 신뢰도 99%의 신뢰구간에 속하는 자연수의 개수를 구하시오.
(단, Z가 표준정규분포를 따르는 확률변수일 때, $\mathrm{P}(0 \le Z \le 1.96)=0.475$, $\mathrm{P}(0 \le Z \le 2.58)=0.495$로 계산한다.) [3점]

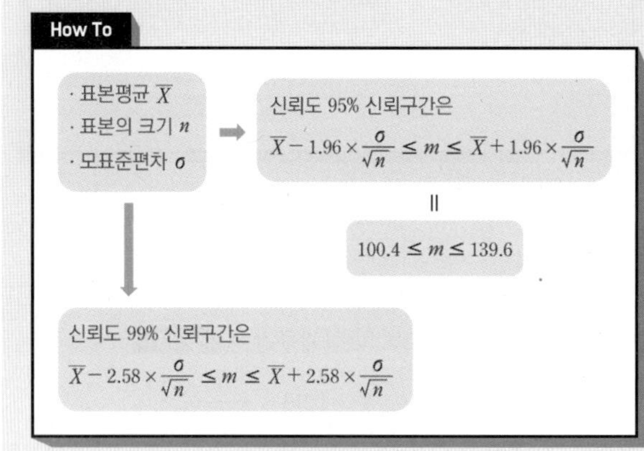

How To
· 표본평균 $\overline{X}$
· 표본의 크기 n
· 모표준편차 σ
신뢰도 95% 신뢰구간은
$\overline{X}-1.96\times\frac{\sigma}{\sqrt{n}} \le m \le \overline{X}+1.96\times\frac{\sigma}{\sqrt{n}}$
$100.4 \le m \le 139.6$
신뢰도 99% 신뢰구간은
$\overline{X}-2.58\times\frac{\sigma}{\sqrt{n}} \le m \le \overline{X}+2.58\times\frac{\sigma}{\sqrt{n}}$

모집단이 모표준편차가 σ인 정규분포를 따른다.

크기가 n인 표본의 표본평균을 $\overline{X}$라 하면

$\mathrm{P}(|Z| \le 1.96)=0.95$이므로

모평균에 대한 신뢰도 95%의 신뢰구간은 너코 087

$$\overline{X}-1.96\times\frac{\sigma}{\sqrt{n}} \le m \le \overline{X}+1.96\times\frac{\sigma}{\sqrt{n}}$$

이고, 이 신뢰구간이 $100.4 \le m \le 139.6$와 일치하므로

$$\overline{X}-1.96\times\frac{\sigma}{\sqrt{n}}=100.4 \quad \cdots\cdots ㉠$$

$$\overline{X}+1.96\times\frac{\sigma}{\sqrt{n}}=139.6 \quad \cdots\cdots ㉡$$

㉠+㉡에서

$2\overline{X}=100.4+139.6=240$, $\overline{X}=120$

㉡에 대입하면

$120+1.96\times\dfrac{\sigma}{\sqrt{n}}=139.6$, $1.96\times\dfrac{\sigma}{\sqrt{n}}=19.6$

$$\frac{\sigma}{\sqrt{n}}=10$$

한편, $\mathrm{P}(|Z| \le 2.58)=0.99$이므로

같은 표본을 이용하여 모평균에 대한 신뢰도 99%의 신뢰구간을 구하면

$$\overline{X}-2.58\times\frac{\sigma}{\sqrt{n}} \le m \le \overline{X}+2.58\times\frac{\sigma}{\sqrt{n}}$$

$120-2.58\times 10 \le m \le 120+2.58\times 10$

$94.2 \le m \le 145.8$

따라서 신뢰도 99%의 신뢰구간에 속하는 자연수는

95, 96, 97, $\cdots$, 145로 51개이다.

답 51

14-14

어느 나라에서 작년에 운행된 택시의 연간 주행거리는 모평균이 m인 정규분포를 따른다고 한다. 이 나라에서 작년에 운행된 택시 중에서 16대를 임의추출하여 구한 연간 주행거리의 표본평균이 $\overline{x}$이고, 이 결과를 이용하여 신뢰도 95%로 추정한 m에 대한 신뢰구간이 $\overline{x}-c \le m \le \overline{x}+c$이었다. 이 나라에서 작년에 운행된 택시 중에서 임의로 1대를 선택할 때, 이 택시의 연간 주행거리가 $m+c$ 이하일 확률을 오른쪽 표준정규분포표를 이용하여 구한 것은?
(단, 주행거리의 단위는 km이다.) [4점]

z	$\mathrm{P}(0 \le Z \le z)$
0.49	0.1879
0.98	0.3365
1.47	0.4292
1.96	0.4750

① 0.6242 ② 0.6635 ③ 0.6879
④ 0.8365 ⑤ 0.9292

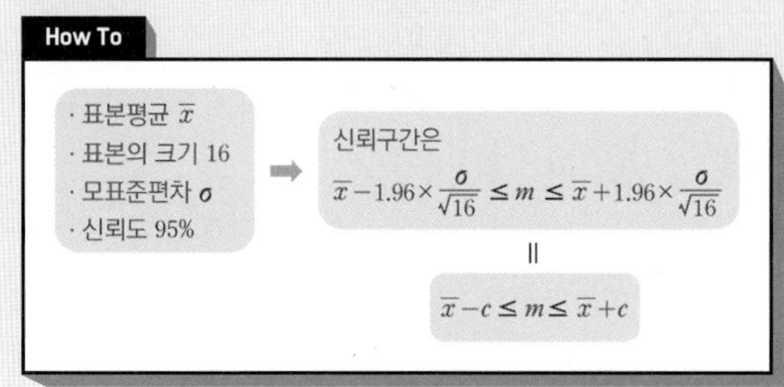

How To
· 표본평균 $\overline{x}$
· 표본의 크기 16
· 모표준편차 σ
· 신뢰도 95%
신뢰구간은
$\overline{x}-1.96\times\frac{\sigma}{\sqrt{16}} \le m \le \overline{x}+1.96\times\frac{\sigma}{\sqrt{16}}$
$\overline{x}-c \le m \le \overline{x}+c$

어느 나라에서 작년에 운행된 택시의 연간 주행거리(km)를 확률변수 X, 모표준편차를 σ라 하면

X는 정규분포 $\mathrm{N}(m, \sigma^2)$을 따른다.

임의추출한 16대로 구한 표본평균이 $\overline{x}$이고,

$\mathrm{P}(|Z| \le 1.96)=0.95$이므로

모평균 m에 대한 신뢰도 95%의 신뢰구간은 너코 087

$$\overline{x}-1.96\times\frac{\sigma}{\sqrt{16}} \le m \le \overline{x}+1.96\times\frac{\sigma}{\sqrt{16}}$$

이고, 이 신뢰구간이 $\overline{x}-c \le m \le \overline{x}+c$와 일치하므로

$$c=1.96\times\frac{\sigma}{\sqrt{16}}=1.96\times\frac{\sigma}{4} \quad \cdots\cdots ㉠$$

따라서 임의로 선택한 택시 1대의 연간 주행거리가 $m+c$ 이하일 확률은

$$\mathrm{P}(X \le m+c) = \mathrm{P}\left(Z \le \frac{(m+c)-m}{\sigma}\right)$$
$$= \mathrm{P}\left(Z \le \frac{c}{\sigma}\right)$$
$$= \mathrm{P}\left(Z \le \frac{1.96 \times \frac{\sigma}{4}}{\sigma}\right) \ (\because ㉠)$$
$$= \mathrm{P}(Z \le 0.49)$$
$$= 0.5 + 0.1879$$
$$= 0.6879$$

답 ③

14-15

어느 고등학교 학생들의 1개월 자율학습실 이용 시간은 평균이 m, 표준편차가 5인 정규분포를 따른다고 한다. 이 고등학교 학생 25명을 임의추출하여 1개월 자율학습실 이용 시간을 조사한 표본평균이 $\overline{x_1}$일 때, 모평균 m에 대한 신뢰도 95%의 신뢰구간이 $80-a \le m \le 80+a$이었다. 또 이 고등학교 학생 n명을 임의추출하여 1개월 자율학습실 이용 시간을 조사한 표본평균이 $\overline{x_2}$일 때, 모평균 m에 대한 신뢰도 95%의 신뢰구간이 다음과 같다.

$$\frac{15}{16}\overline{x_1} - \frac{5}{7}a \le m \le \frac{15}{16}\overline{x_1} + \frac{5}{7}a$$

$n+\overline{x_2}$의 값은? (단, 이용 시간의 단위는 시간이고, Z가 표준정규분포를 따르는 확률변수일 때, $\mathrm{P}(0 \le Z \le 1.96) = 0.475$로 계산한다.) [4점]

① 121 ② 124 ③ 127
④ 130 ⑤ 133

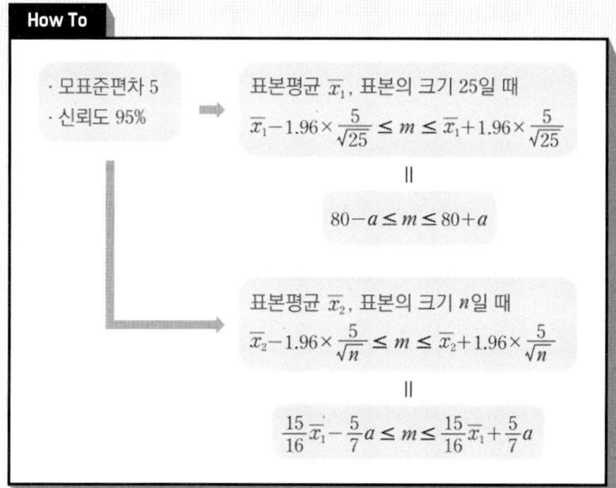
How To
· 모표준편차 5
· 신뢰도 95%
표본평균 $\overline{x_1}$, 표본의 크기 25일 때
$\overline{x_1}-1.96\times\frac{5}{\sqrt{25}} \le m \le \overline{x_1}+1.96\times\frac{5}{\sqrt{25}}$
$80-a \le m \le 80+a$
표본평균 $\overline{x_2}$, 표본의 크기 n일 때
$\overline{x_2}-1.96\times\frac{5}{\sqrt{n}} \le m \le \overline{x_2}+1.96\times\frac{5}{\sqrt{n}}$
$\frac{15}{16}\overline{x_1}-\frac{5}{7}a \le m \le \frac{15}{16}\overline{x_1}+\frac{5}{7}a$

학생들의 1개월 자율학습실 이용 시간을 확률변수 X라 하면 X는 정규분포 $\mathrm{N}(m, 5^2)$을 따른다.
크기가 25인 표본으로 구한 표본평균이 $\overline{x_1}$이고,
$\mathrm{P}(|Z| \le 1.96) = 0.95$이므로
모평균 m에 대한 신뢰도 95%의 신뢰구간은 너코 087

$$\overline{x_1} - 1.96 \times \frac{5}{\sqrt{25}} \le m \le \overline{x_1} + 1.96 \times \frac{5}{\sqrt{25}}$$
$$\overline{x_1} - 1.96 \le m \le \overline{x_1} + 1.96$$

이 신뢰구간이 $80-a \le m \le 80+a$와 일치하므로
$\overline{x_1}+1.96 = 80+a$, $\overline{x_1}-1.96 = 80-a$에서
$\overline{x_1} = 80$, $a = 1.96$ ……㉠

크기가 n인 표본으로 구한 표본평균이 $\overline{x_2}$이고,
$\mathrm{P}(|Z| \le 1.96) = 0.95$이므로
모평균 m에 대한 신뢰도 95%의 신뢰구간은

$$\overline{x_2} - 1.96 \times \frac{5}{\sqrt{n}} \le m \le \overline{x_2} + 1.96 \times \frac{5}{\sqrt{n}}$$

이 신뢰구간이 $\frac{15}{16}\overline{x_1} - \frac{5}{7}a \le m \le \frac{15}{16}\overline{x_1} + \frac{5}{7}a$와 일치하므로

$$\overline{x_2} - 1.96 \times \frac{5}{\sqrt{n}} = \frac{15}{16}\overline{x_1} - \frac{5}{7}a \quad ……㉡$$
$$\overline{x_2} + 1.96 \times \frac{5}{\sqrt{n}} = \frac{15}{16}\overline{x_1} + \frac{5}{7}a \quad ……㉢$$

㉡, ㉢에서 $\overline{x_2} = \frac{15}{16}\overline{x_1}$이고,
㉠을 대입하면 $\overline{x_2} = 75$
$1.96 \times \frac{5}{\sqrt{n}} = \frac{5}{7}a$, $\sqrt{n} = \frac{1.96 \times 7}{a}$이고,
㉠을 대입하면 $\sqrt{n} = 7$, $n = 49$
$\therefore n + \overline{x_2} = 49 + 75 = 124$

답 ②

I 통계